단백질체학 2판

Principles of PROTEOMICS

Richard M. Twyman

대표역자 임재환

김용태 · 김용호 · 김지인 · 김지회 · 백규원
서울원 · 소인섭 · 이상원 · 이용석 공 역

월드사이언스
WORLD SCIENCE
worldscience.co.kr

단백질체학 2판

인　　쇄 | 2019년 2월 1일
발　　행 | 2019년 2월 10일

저　　자 | Richard M. Twyman
공 역 자 | 임재환 · 김용태 · 김용호 · 김지인 · 김지회
백규원 · 서을원 · 소인섭 · 이상원 · 이용석

발 행 인 | 박선진
발 행 처 | (주)도서출판 월드사이언스

주　　소 | 서울특별시 서초구 도구로 115 월드빌딩 1층
등록일자 | 1988년 2월 12일
등록번호 | 제 16-1601호

대표전화 | (02) 581-5811~3
팩　　스 | (02) 521-6418
E-mail | worldscience@hanmail.net
U R L | http://www.worldscience.co.kr

정　　가 | 20,000원
I S B N | 978-89-5881-238-8

이 도서의 국립중앙도서관 출판시도서목록(CIP)은 서지정보유통지원시스템 홈페이지(http://seoji.nl.go.kr)와 국가자료공동목록시스템(http://www.nl.go.kr/kolisnet)에서 이용하실 수 있습니다.
(CIP제어번호 : CIP2019003076)

저자서문

2003년 Principles of Proteomics의 초판을 썼을 때 전문화된 개별 기술에 초점을 맞추기보다는 프로테오믹스 분야 전체를 광범위하게 다루려고 시도한 최초의 책이었습니다.

초판은 프로테오믹스가 신흥 분야였을 때 출간되었지만 주목할 가치가 있는 많은 기술 플랫폼의 가능성에 대한 확신에도 불구하고 여전히 그 발판을 확신할 수 없었습니다. 거의 10년 후 제 2 판을 쓰는 것은 중요한 도전 과제였습니다. 특정 기술이 확고하게 자리 잡으면서 다른 기술은 쓸모없게 되면서 프로테오믹스는 안정화되었지만 2000대 초까지 거의 밝혀지지 않은 프로테옴을 더욱 자세하게 파악하기 위한 최첨단 기술 플랫폼은 여전히 풍부하고 다양하게 발전하고 있습니다. 그러나 프로테오믹스 (proteomics)는 또한 점점 상업화되고 있습니다. 이 수십억 달러에 달하는 산업에서 관심을 끌기 위해 경쟁하고 있는 수많은 회사가 있으며, 이들은 프로테오믹스를 사용하여 질병 바이오 마커, 약물 표적, 백신 후보 물질, 새로운 화학 저해제, 산업 공정을 위한 향상된 효소, 식물, 먹이 사슬 및 환경을 보호하는 제품을 찾고자 하는 다른 회사에 기술, 솔루션 및 계약 연구를 제공하고 있습니다, 이들은 여전히 프로테오믹스의 근본적인 측면을 인식하며 변화의 속도를 따라 가고 있지만, 우선적으로 모든 것을 가능하게 만드는 핵심 원리는 독점 기술의 지배적인 위치와 프로테오믹스 기술 및 프로테오믹스 데이터 처리 전략과 관련한 특허의 폭발로 인해 어려운 작업을 더욱 어렵게 만들고 있습니다.

그럼에도 불구하고 프로테오믹스는 단백질의 전체적 분석에 관한 것임을 기억해야 합니다. 그것은 유전체학이 무엇을 할 수 없는지, 즉 세포를 암호화하는 유전자보다는 그 구성 요소를 직접 분석함으로써 모든 기능적 구성 요소의 측면에서 살아있는 세포에 대한 완전한 해석을 가능하도록 합니다. 단백질은 서열, 구조와 더불어서 변이, 세포 내 위치, 그리고 무엇보다도 단백질과 다른 분자 간의 상호 작용에 의해 영향을 받는 생화학적 및 생물학적 기능을 포함하는 풍부한 데이터 소스를 제공하고 있다. 유전자가 지시 전달자라면 단백질은 그 지시를 실행하는 분자입니다. 유전자는 진화론적 시간 척도를 넘어서는 변화의 도구이지만, 단백질은 받아들여지거나 버려지는 변화를 정의하는 분자이다. 우리는 살아있는 세포와 유기체가 어떻게 만들어지고 유지되는지 그리고 그것들의 기능 장애를 일으키는 것이 무엇인지를 단백질로부터 배우게 됩니다.

현재 확고하게 기틀을 잡고 있지만, 프로테오믹스는 프로테오믹스의 한 분야에 대한 전문가를 포함하여 전문 용어 및 기술에 익숙하지 않은 사람들에게는 적응하기 어려운 분야입니다. 한번 설명되었어도 이상하게 쓰여 지는 전문 용어와 많은 하이픈이 있는 두 문자어는 여전히 많으나 최첨단 분야에서 여전히 많은 방법의 변화가 크게 존재하여 이를 또한 유지하기도 매우 어렵습니다. 이러한 상황은 연구자들이 기능적 구성 요소뿐만 아니라 정보 (유전자, 전사체) 및 산출물 (대사 산물, 표현형 등), 이 네트워크와 시스템이 어떻게 연결되어 있는지를 조사하여 세포 과정을 모델링하려고 시도하기 위한 연구자들이 프로테오믹스와 대규모 생물학의 다른 영역과 통합하면서 더욱 악화되고 있다.

제가 초판의 서문에서 말했듯이,이 책이 프로테오믹스의 광범위한 개요와 그것이 제공해야하는 것을 필요로 하는 사람들에게 유용하게 되는 것이 나의 소망입니다. 즉, 특정 분야의 전문 지식을 제공하기 위한 것이 아닙니다. 특정 기술 및 응용 프로그램, 프로테오믹 데이터의 처리 및 보관, 다른 분야와의 프로테오믹스 통합 등을 다루는 책은 많이 있습니다. 이 교재의 목적은 다른 프로테오믹스 기술과 응용 프로그램을 모아서 간단하고 논리적이며 사용자에게 친숙한 방식으로 제시하는 것입니다. 밀레니엄 시대 이래의 프로테오믹스의 역사에 대한 최신 정보를 제공하는 간단히 소개하는 장 이후에 2차원 겔 전기 영동, 다차원 액체 크로마토그래피, 질량 분석, 서열 분석, 구조 분석, 단백질 상호 작용 및 변형을 연구하는 방법, 단백질 마이크로어레이의 개발 및 응용 등 프로테오믹스의 주요 기술은 매우 자세히 기술하였습니다. 각 장들은 초판 이후의 새로운 기술 발전을 설명하기 위해 확대되었지만 초판의 장점 중 하나인 자료의 간결함을 유지할 수 있도록 모든 노력을 기울였습니다. 나는 독자가 필수적으로 분자생물학과 생화학에 대한 실무 지식을 가지고 있을 것으로 가정하였습니다.

각 장에는 관심 있는 독자가 문헌을 깊이 있게 학습하는 데 도움이 되는 고전 서적과 유용한 리뷰가 나열된 짧은 서지 목록이 있습니다. 제 2 판은 Garland Science의 편집 팀의 도움과 지원없이는 가능하지 않았으므로 필자는 Gina Almond, David Borrowdale 및 Ioana Moldovan에게 집필 및 교정 과정에서의 그들의 헌신과 지원에 대해 특별한 감사의 말을 전합니다. 초판에 대한 피드백이나 제 2 판에 대한 제안 또는 오류 및 누락을 지적한 친구 및 동료들에게도 감사드립니다.
이 책을 부모님, Peter and Irene, 내 아이들, Emily 와 Lucy, 그리고 Hannah, Joshua, Dylan에게 사랑으로 바치고자 합니다.

Richard M. Twyman
2013 년 8 월

강사 리소스 웹 사이트

www.garlandscience.com에 액세스할 수 있는 강사 리소스 사이트는 등록이 필요하며 자격을 갖춘 강사에게만 액세스가 허용됩니다. 강사 리소스 사이트에 액세스하려면 science@garland.com으로 전자 메일을 보내 주십시오.

본 교재의 Principes of Proteomics에 있는 이미지는 강사에게 제공됩니다. 리소스 사이트에는 디스플레이용으로 최적화되어 있는 두 가지의 편리한 형식, 즉 PowerPoint 및 JPEG으로 제공하고 있습니다. 리소스는 각 장 또는 검색 엔진으로 탐색할 수 있습니다.

역자서문

들어가는 말

단백질은 분자 수준에서 생물체의 기능 및 프로세스에 대한 통찰력을 제공할 수 있는 매우 효과적인 바이오 마커 물질입니다. 생물학적 샘플에서 단백질의 동정 및 정량화는 생물학적 기능 분석뿐만 아니라 질병 진단과 치료 모니터링에 일상적으로 사용되고 있습니다. 복잡한 생물학적 샘플에서 다수의 단백질 정량은 아직도 어려운 과제이지만, 이를 극복하기 위한 단백질체의 정량 분석 기술을 발전시키기 위한 많은 노력이 있어 왔습니다. 2000년대 초반 이후 프로테옴의 정량적 분석을 가능하게 하는 새로운 유도체화 시약, 새로운 샘플링 방법, 새로운 유형의 분석기 및 스캐닝 기술 및 데이터 분석 지원 소프트웨어 등을 포함한 여러 기술들이 개발되었고, 현재 우리는 그 도구를 더욱 광범위하게 선택할 수 있게 되었습니다. 최근 단백질체학에 대한 관심이 크게 증가하고, 다양한 방법이 개발됨에 따라 이를 활용하기 위한 연구 수요는 급격히 증가하고 있습니다. 따라서 우리는 비교적 최신 학문인 단백질체학의 적용과 응용 기술에 대한 최신 정보를 일목요연하게 정리된 교재의 필요와 이를 활용하는 교수님들의 추천을 받아서 Richard M. Twyman 교수가 저술한 "Principles of Proteomics"의 번역을 시작하였습니다.

단백질체 분석의 필요

2002년 생체 분자의 동정과 구조적 특성 분석에 대한 연구로 Fenn, Tanaka, Wüthrich 박사들에게 노벨 화학상을 수여함으로써 우리는 기초적 연구에서부터 생체 의학적인 연구 분야까지 프로테오믹스의 중요성이 더욱 커지고 있는 것을 확인하게 되었습니다. 또 최근까지 우리는 보건 분야와 동·식물, 박테리아, 바이오 연료, 영양 관리 분야에 이르기까지 프로테오믹스 응용 범위가 지속적으로 확장되는 것을 목격하고 있습니다. 즉, 프로테오믹스는 특정 표본에 대해 더 깊이 이해하고자 하는 많은 과학자들에게 귀중한 정보를 제공하고 있습니다. 하나의 예는 작물의 여러 유전자변형 생물체를 대상으로 수행한 단백질체 분석결과로 질량 분석 기술을 사용하여 각 변이체에 대해 발현된 단백질의 목록을 작성하고 목적에 맞는 가장 효율적인 작물 변이체를 식별한 것입니다. 이러한 특정 표적을 충족시키는 우수 후보 개체의 선별에 사용되어 연구에 필요한 시간과 예산을 절약하는 데 크게 기여하고 있습니다. 또한 인간 게놈 프로젝트를 기반으로 한 생물 의학 연구는 단백질체학의 발전과 개선을 위한 기반이 되어 이후 생물체의 보건 분야 연구에서 정상 세포의 단백질체 분석과 암이나 당뇨병 등의 질병이 있는 상태의 세포 단백질체를 함께 비교하여 그 차이에서 중요한 문제를 찾아내는 Human Proteome Project, Cell Map Project 등으로 확대되어 수행되고 있습니다.

단백질체 분석 기술의 발달

단백질체학은 초기에 우리가 얻을 수 있는 극히 적은 양의 생물 샘플로 인하여 단백질체 분석의 어려움이 있었습니다. 최근 1분당 나노리터의 유속에서 생체 분자들의 신뢰할 수 있는 크로마토그래피 분리를 가능하게 하는 나노플로(nano-flow) HPLC의 출현으로 단백질체학의 응용 범위는 이제 매우 제한적인 샘플을 분석에 적용할 수 있는 상태까지 확장되었습니다. Nano-flow 기술을 사용하여 낮은 유속 분리를 적용하기 위해 내경 (ID)이 75 μm인 역상 크로마토그래피 컬럼을 만들어졌으며, 이는 이전에 사용되어 오던 4.6 mm ID 컬럼을 활용할 때와 비교하여 3,750배의 적은 시료 양으로도 이전에 불가능하던 단백질체 분석을 가능하게 하였습니다. 이러한 기술의 발전에 따라 단백질체학의 숙제는 분석 기술에서 대량의 데이터 처리 및 해석의 필요성을 충족시키는 방향으로 급속히 변화하였습니다. 예를 들어, 나노플로 HPLC와 질량 분석기를 활용한 실험에서 단일 시료 분석의 데이터 크기는 400 Mbytes와 1 Gbyte 사이에 분포합니다. 즉, 우리는 단백질체 분석에서 여러 대의 장비를 가진 핵심 시설에서 연속적으로 실행되는 실험을 수행하고 즉각적으로 또 수년이 지난 후에도 데이터를 보관하고 검색할 수 있는 효율적인 데이터 관리 시스템을 구현하는 것을 필요로 하였습니다. 더불어 중요한 측면은 샘플 내의 단백질을 확인하는 데 필요한 포괄적인 단백질 데이터베이스 검색을 수행하는 기술에 관한 것이었습니다. 일반적으로 단백질체 연구에서 수백만 개의 MS/MS 스펙트럼이 지속적으로 생성되기 때문에 MS/MS 스펙트럼을 수동으로 분석하는 것은 불가능에 가까웠습니다. 다행히도, 데이터의 가공 처리와 단백질을 식별하기 위해 내•외부 데이터베이스을 쉽게 검색하는 프로그램이 개발되었습니다. 최근에는 데이터베이스 검색에서 얻은 프로테이믹 결과 데이터 분석을 단순화하고 샘플 간의 빠른 통계 비교분석을 가능하게 하고 그래픽 변환이 즉시 가능한 새로운 유형의 소프트웨어 등이 등장했습니다. 현재 우리는 질병 상태 세포를 비교한 데이터 세트를 단 한 명의 분석가가 몇 분 만에 대조군과 비교할 수 있는 환경에 도달해 있습니다.

프로테오믹스의 미래 동향

단백질체학 연구자들은 생물체의 유전체학 및 단백질체학 접근법의 통합을 위한 국제 연구 프로젝트를 수행하고 있습니다. 일부 연구실에서 시작되어 발전한 이 시스템 생물학(Systems Biology) 분석 결과는 에피유전체학(epigenomics, epigenetics), 전사체학(transcriptomics) 및 단백질 상호작용체학(interactomics), 대사체학(Metabolomics) 등의 발전에 동시에 기여하고 최종적으로 생명 의학 및 생명과학 연구에서의 우리의 이해를 진전시키게 될 것입니다. 또한 현재 고가의 기기를 필수로 하는 단백질체학의 최신 기술은 단백질체의 분리동정에서부터 정량적인 연구 분야와 데이터 분석에까지 지속적으로 발전하여 간소화되고 단순화될 것입니다.

나오는 말

"omics"기술은 생물학, 유전학, 컴퓨터 과학 및 공학 분야의 여러 분야의 전문 지식을 결합하는 고유의 특징을 가지고 있습니다. 이러한 융합적인 추세는 질병 등의 복잡한 생물 표현형의 분석에서 유전자의 인위적 또는 자연적 변이 및 물리적, 화학적, 생물학적 환경의 변화로 인한 생물체의 게놈 구조와 유전자 발현, 그리고 단백질 기능 및 상호작용 등에 어떠한 영향을 어떻게 미치는지를 포괄적으로 연구할 수 있도록 하고, 이를 기반으로 인간의 건강한 미래 사회에 대한 새로운 통찰력을 제공하게 될 것입니다. 끝으로 번역 초판이기에 많은 선후배 연구자들로부터의 오타와 문맥이 어색한 글들에 대한 따끔한 지적이 있기를 바라며, 이러한 오류를 수정할 수 있는 추가 번역 기회가 있기를 기대합니다. 본 번역을 함께 해준 동료 학자들과 교정 작업에 도움을 준 권진협, 이은주 학생, 그리고 좋은 번역 기회를 만들어 준 월드사이언스 임직원 여러분께 깊이 감사드립니다.

역자소개

대표역자

임재환 안동대학교 생명공학부

김용태 바이오 빛 /성균관대학교 화학과

김용호 성균관대학교 나노과학기술학과

김지인 경북대학교 의과대학/안동대학교 백신산업연구소

김지회 영남대학교 생명공학부

백규원 GeneCast

서을원 안동대학교 생명공학부

소인섭 경북대학교 의과대학

이상원 경희대학교 유전공학과

이용석 순천향대학교 생명시스템학과

차례

제3장

단백질 동정 방법 51

제4장

단백질 정량 75

제5장

단백질 서열 분석

제10장 단백질체학의 적용 229

CHAPTER 1

단백질체학의 기원

1

1.1 개요

프로테오믹스(**proteomics**, 단백질체학)는 단백질들에 대한 체계적이며 광범위한 분석 학문이다. 프로테오믹스의 개념은 **프로테옴**(**proteome**, 단백체)이 세포나 조직 또는 생물체에 의해 생성되는 단백질의 완전한 세트라는 것에 바탕을 두고 있다. 즉, 프로테오믹스는 생물체에서 생산되는 모든 단백질들의 목록 또는 주어진 조건에서 발현되는 단백질들의 목록으로 설명될 수 있다. 잘 알려진 바와 같이, 단백질은 세포 내에서 일어나는 대부분의 생물학적 활동에 관여하므로, 세포 내 단백질에 대한 포괄적인 분석은 생물학적 시스템이 생성되고 유지되는 데 있어, 이들 분자들이 어떻게 상호작용하고 협력하는지를 보여주는 전체적인 시각을 유일하게 제시하게 된다. 생명체의 최소 단위인 세포는 단백질의 발현 수위와 활성을 조절하여 내부와 외부의 변화에 반응하므로, 프로테옴에서 일어나는 질적 또는 양적 변화는 활동 중인 세포가 처한 그 순간에 대한 생물학적 정보를 제공한다. 프로테옴은 프로테옴 구성체, 다시 말해 단백질들의 아미노산 서열, 구조, 수위, 안정성, 위치, 변형, 상호작용 및 생화학적 작용을 정의함으로써 풍부하고 다양한 자료를 제공한다. 이처럼 다양한 프로테옴의 속성들을 분석하기 위해서는 여러 가지 기술들이 필요하며, 우리는 이 책을 통해 그 다양한 기술들을 설명하고자 한다.

제1장에서는 광범위 생물학적 개념에서 프로테오믹스의 중요성과 함께, 프로테오믹스의 중요한 목적과 주요 기술적 플랫폼(platforms)을 소개할 것이다. 그러기 위해 우리는 1990년대 게놈(genome) 혁명기에 발생한 프로테오믹스의 기원과 기본 개념에서 시작하여 2015년 6백만 달러 이상의 세계 시장 가치가 예상되는 프로테오믹스 관련 주요 기술까지의 진화 과정을 추적해 보고자 한다.

1.2 광범위 생물학의 탄생과 “OMICS”의 기원

분자생물학의 전반적인 목표는 유전자의 기능과 발현산물을 결정하는 것으로, 이러한 연구는 유전자들 간의 네트워크와 경로를 연결시켜 생물학적 시스템이 어떻게 작동하는지를 설명한다. 2000년도까지의 분자생물학은 개별 유전자들과 단백질들의 분리와 특성에 대한 연구가 주를 이루는데, 이는 포괄적 규모의 광범위한 연구를 할 수 있는 정보와 기술의 부족 때문이었다. 당시 생물학적 시스템을 연구하는 유일한 방법은 관심 유전자의 제거를 통해 세포 구성체를 파괴하고, 각 개체별 연구를 통해,

시스템이 전체적으로 어떻게 작동하는지에 대한 가설을 세우고, 실험으로 증명하는 것이었다. 이러한 연구방법을 **환원적(reductionist approach)** 혹은 **귀납적 접근**이라고 한다.

생물학적 연구의 기술적 분기점은 1990년대에 **대용량 DNA 염기 서열 분석**이 가능하게 되면서 부터이다. 이 시기 전까지 과학자들은 각 유전자의 뉴클레오티드(nucleotide) 염기 서열과 단백질의 아미노산(aminoacid) 서열 분석을 통해 느리게 얻어진 결과를 분류하면서 연구 성과를 축적하여 왔다.

이러한 노력은 1980년대부터 1990년대까지 **INSDC(International Nucleotide Sequence Database Collaboration) 뉴클레오티드 서열 데이터베이스**의 꾸준한 성장을 이루게 하였으며, 저장된 서열 분석 데이터는 천만 염기쌍에 이르렀다(그림 1.1). 이 시기 거의 모든 DNA 염기 서열 분석은 **생거 사슬 종결법(Sanger chain termination method)**(Box 1.1)을 이용하여 수동적으로 수행되었으나, 1990년대 이르러 자동화된 DNA 염기 서열 분석법이 출현함으로써 DNA 염기 서열 자료를 빠르게 수집할 수 있게 되었다. 1990년대 초, 분석된 새로운 시퀀스 분석 자료는 cDNA의 무작위적 분석을 통해 얻은 짧은 DNA 조각들인, 발현 시퀀스 태그(expressed sequence tags, ESTs)로 표현되었다. 이후 1995년에 처음으로 단일세포 균인 *Haemophilus influenza*의 완벽한 유전체 염기 서열이 공개되었다. 이것은 분자생물학 분야에서 새로운 페러다임(paradigm)을 상징하는 것이다. 그 이유는 처음으로 완벽한 생물학적 시스템을 연구할 수 있는 자료가 생겼기 때문이다. 이후 수년간 100개 이상의 게놈 염기 서열이 해독되었으며, 2003년에는 인간 게놈이 완성되기에 이르렀다. 2003년 이후 데이터베이스에 첨부된 자료는 **전체 게놈 샷건(whole genome shotgun)**—전체 게놈을 포괄하는 대용량 염기 서열의 모음—프로젝트로부터 생성된 무작위 게놈 클론(random genomic clones)의 형태인데, 강력한 컴퓨터를 이용하여 중복된 절편(contig)의 조합으로 완성되었다. 2000년대, 염기 서열 분석 자료의 축적 속도는, 근본적인 기술의 한계에도 불구하고 자동화된 생거 시퀀싱(Sanger sequencing)을 통해 꾸준히 증가하였다(Box 1.2). 이는 동시에 많은 수의 자동화된 반응을 밤낮으로 수행할 수 있는 모세관 염기 서열분석기(capillary sequencing machines)의 발전으로 인한 것이다. 쇄도하는 수많은 정보의 관리를 위해 2001년, 두 개의 INSDC 연계기관이 협력하여 **추적기록보관소(trace archive)**를 설립하였다. 추적기록보관소는 세계적인 시퀀싱 센터에서 자료를 수집하기 위해 개발되었으며, 2001년도부터 2006년까지 보관소에 저장된 정보는 10개월마다 두 배씩 증가하였다.

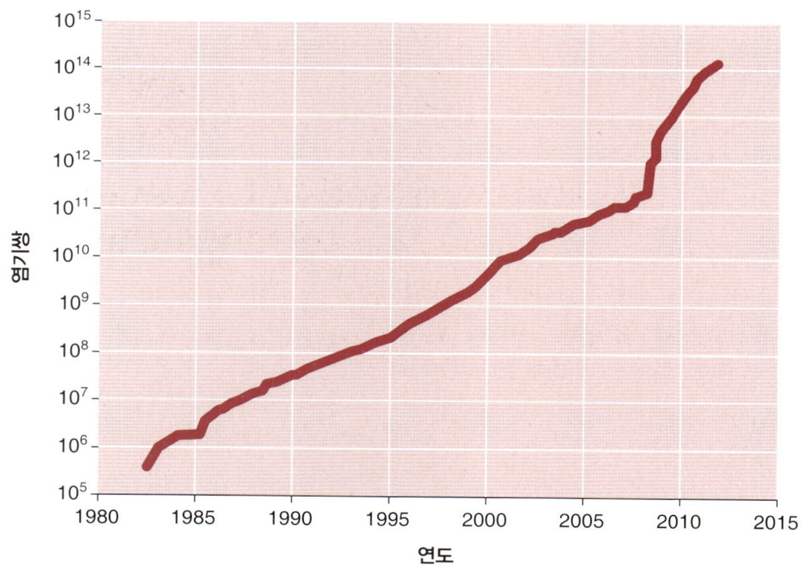

그림 1.1 INSDC 운영기간 동안 누적된 염기 쌍(추적기록보관소 제외). INSDC(International Nucleotide Sequence Databases Collaboration)은 Genbank, European Nucleotide Archive (ENA) 그리고 DNA Data Bank of Japan (DDBJ)와 공조적 협력관계를 가지고 있다. 이 협력은 염기 서열 데이터의 매일 진행되는 정보 교환과 상호 동기화 그리고 대중적으로 접근 가능한 뉴클레오티드 염기 서열 자료 제공하였다(Karsch-Mizrachi I, Nakamura Y & Cochrane G (2012) International Nucleotide Sequencw Database Collaboration, Nucleic Acids Res, 40, D33에서 인용. Oxford University Press의 허가를 득함.)

2005년에는 또 다른 페러다임의 변화가 있었다. 이 변화는 첫 번째 **차세대 염기서열분석법**

(next-generation Sequencing)이 생거 기술(Sanger technique)을 대체할 즈음이었다. 최근, 많은 차세대 염기 서열 분석기술이 존재하며 서로 다른 원리에 기반을 두고 있지만, 모든 기술들의 공통점은 병렬적인 짧은 DNA 시퀀스의 분석이 가능하다는 것이다(Box 1.3). 변화의 속도를 보면, 인간 게놈 프로젝트의 경우 많은 연구자들이 생거 시퀀싱을 통해 수십억 달러의 기부금을 사용하여 10년에 걸쳐 진행되었지만, 새로운 차세대 염기 서열 분석법이 개발되면서 많은 회사들이 각 개인의 게놈을 몇 주 안에 10만 달러 미만의 비용으로 제공할 수 있을 만큼 빠르게 발전하였다. 이러한 발전에 힘입어 2010년에는 1000 게놈 프로젝트가 완성되었으며, 매 2년마다 최소 1,000개의 다른 인간 게놈의 염기 서열 분석을 목표로 한다. 이 수치는 매 24

BOX 1.1 관련 기술
DNA 염기 서열 분석을 위한 Sanger 방법

DAN 염기 서열 분석을 위한 Fredrick Sanger의 사슬 종결법(dideoxy 방법으로도 알려진)은 짧고, 표지가 달린 프라이머(primer) 그리고 4개의 2′-dideoxynucleotide triphosphates(dNTPs)와 함께 작은 양의 특별한 체인 종결 유사체(chain-terminating analog; 2′, 3′-dideoxynucleoside triphosphate, 또는 ddNTPs)가 제공될 때 한 가닥(single-stranded) DNA 주형에 다양한 길이의 상보적인 가닥을 합성하는 DNA 중합효소의 능력을 이용한다. DNA 합성을 위한 정상적인 기질들은 아데노신(adenosine(A)), 시티딘(cytidine (C)), 구아노신(guanosine(G)), 그리고 사이미딘(thymidine(T))으로 대변되는 네 개의 dNTPs이다. 이들은 3′ 탄소에 수산기를 가지고 있어 다음 뉴클레오티드와 phosphodiester 결합을 형성하게 한다. 이들에 상응하는 ddNTPs에는 수산기(hydroxyl) 그룹이 결핍되어 있으며, 효소에 의해 합성되어지는 가닥은 ddNTP와의 결합으로 연장이 종결된다. 이처럼 체인 종결자로서의 역할을 이용한 방법이 Fredrick Sanger의 사슬 종결법이다. 원래의 Sanger 방법은 네 개의 병렬 반응으로 이루어진다. 각각의 혼합 구성들은 DNA 합성을 위한 주형, 방사능 표지화된 프라이머(primer), DNA 중합효소, 4개의 dNTPs와 소량의 4개의 상보적 ddNTP들로 구성된다. 각 반응에서 ddNTP는 주형의 상보적인 염기가 노출될 때 무작위적으로 결합한다. 이는 프라이머에 해당하는 공통의 5′ 말단을 가지고 있지만, 다양한 길이의 3′ 말단을 가진, 그러나 항상 같은 유사체(analogue, 3′ 탄소에 수산기가 없는) 염기를 가진 DNA 분자 집단들이 만들어진다. 이들 4개의 반응 생성물들은 반응 직후에 수행되는 하나의 염기 차이를 분리할 수 있을 만큼의 충분한 분리 능력을 가진 폴리아크릴아미드 겔(polyacrylamide gel) 전기영동에 의해 분리되어진다. 분리 이후 건조된 겔의 X-선 필름 노출을 통해 사다리 형태의 밴드로 표현되고 염기 서열을 읽는 데 사용된다.

BOX 1.2 배경적인 요인
Sanger 염기 서열 분석의 한계 요소

DNA 염기 서열 분석을 위한 Sanger 사슬 종결 방법은 25년간(1980~2005) 분자생물학을 지배했다. 이 기간 동안, 이 방법의 처리량은 이중가닥 DNA 주형의 사용, 더 좋은 효소의 사용, 그리고 더욱 민감한 표지법의 사용과 같은 기술적 발전과 함께 점차적으로 증가하였다. 그러나 가장 괄목할 만한 성장은 방사능 동위원소로 표지된 프라이머를 4개의 다른 형광단으로 표지된 ddNTP로 대체한 것이다. 이는 4개의 반응을 단일 겔 레인(single-gel lane)에서 독립적으로 일어날 수 있도록 (4개의 세트 생산물이 각기 다른 신호를 만들기 때문) 하였으며, 전기영동 수일 후 필름에 감광된 방사선 영상이 아닌, 전기영동과 동시에 실시간으로 형광을 탐지하여 염기 서열을 자동으로 분석하게 하였다. 이것은 처리량의 증가뿐만 아니라 염기 서열 해석에서의 인간의 역할을 축소시키고 두 가닥 모두에 대한 반복적 염기 서열 분석을 위해 충분한 능력을 제공함으로써 분석의 정확성을 향상시켰다. 많은 노력과 시간 소비적인 널 판 형태의 겔(slab gel) 사용을 모세관 전기영동으로 대체함으로써 분리속도가 5배가 빨라졌으며, 인위적인 작업들을 줄여내고, 작동자의 작업을 최소화시킴으로써 대용량 처리가 가능해졌다. 모세관 전기영동은 공장 단위 Sanger 염기 서열 분석 프로그램에 근거하여, 384개의 반응을 동시에 가동해서 하루에 백만 염기쌍까지 분석할 수 있게 했다. 결과적으로 모세관 추적 데이터의 처리가 자동화되었으며 고품질의 데이터를 산출하기 위한 엄격한 품질 관리가 진행되었다.

그럼에도 불구하고, 주형 DNA를 준비해야 하고 사슬 종결반응을 수행한 후 생산물들을 분리해야 하는 Sanger 방법은 타협할 수 없는 세 가지 한계점들을 가지고 있었으며, 이 모든 일들은 시간을 필요로 하였다. 이러한 제한적인 요소들은 Box 1.3의 논의에서처럼 오늘날의 차세대 염기 서열분석 방법들에 의해 해결되었다.

Box 1.3 관련 기술
차세대 염기 서열 분석

차세대 염기 서열 분석법들은 Sanger 사슬 종결법의 근본적인 한계성, 다시 말해 주형 준비의 필요성 그리고 사슬 종결반응의 완성과 분리를 위해 필요한 시간과 같은 한계성들을 극복하기 위하여 발달하였다. 주형 준비를 위한 문제점은 가장 극단적인 형태에서 직접적으로 클론되지 않은 DNA를 직접 분석하는 중합효소 사슬반응(polymerase chain reaction, PCR)과 DNA 염기 서열 분석법의 결합에 의해 처음으로 극복되어졌으며, 이는 가장 최근에 직접적으로 해독할 수 있거나, 반응계 내에서 증폭되어질 수 있는 고체 기질의 표면 또는 기름방울 내에서 고정된 단일분자 주형을 사용함으로써 필요 없게 되었다. 사슬 종결과 결과물의 분리로 인한 병목적 문제점은 실시간 DNA 시퀀싱에 의해 해결되었으며, 이후에 논의할 대폭적인 소형화에 의해 처리량이 증가하고 있다. 이러한 방법의 대부분은 Box 1.4에서 논의하는 바와 같이, 현재 DNA 시퀀싱뿐만 아니라 RNA 프로파일화에 적용되고 있다. 그것들은 모두 50에서 100 bp 정도로 짧지만 엄청난 양의 시퀀스 판독을 가능하게 하여 중첩 부위의 조합을 통한 시퀀스 분석이 가능하도록 하며, 같은 DNA 절편의 다수 반복적 시퀀싱을 통해 분석의 정확도를 향상시킨다.

454 시퀀싱

이 플랫폼은 파이로 시퀀싱(pyrosequencing)의 대용량 처리 형태로서 pyrophosphate의 방출을 탐지함으로써 DNA에 뉴클레오티드의 결합을 실시간으로 기록한다. DNA 중합효소가 주형을 따라 이동함으로써, 각 4개의 뉴클레오사이드들은 반응에 의해 순차적으로 결합하며 pyrophosphate의 방출이 일어난다. 이때 방출되는 pyrophosphate의 섬광을 탐지한다. 다중화는 이멀젼(emulsion) PCR에 의해 증폭되는 주형 DNA의 마이크로비드에서의 개별적 시퀀싱 반응을 억제시킴으로써 획득된다. 이들 마이크로비드들은 1~2백만 반응을 동시에 모니터링 할 수 있는 picotiter 판의 well에 고정되어 있다.

Illumina/Solax 시퀀싱

이 방법은 가역적 연쇄 종결을 기초로 한다. 즉, 사슬-종결 뉴클레오티드 유사체가 결합 후 분리·제거될 수 있어, 사슬 확장을 일시 정지하게 하고 다시 시작하게 하는데, 이는 형광 표지를 통해 검출된다. 따라서 이 방법은 원래 Sanger 방법과 개념적으로 가장 가까운 방법이다. Illumina/Solexa 플랫폼은, 2개의 레이저를 사용하는 TIRF(Total Internal Reflection Fluorescence) 이미지에 의해 검출되는, 네 가지 색으로 중단된 가역적 종결자로 시퀀싱한 후 유리 슬라이드에서 고체상 동일계 주형 증폭을 수행한다. Heliscope로 알려진 유사한 플랫폼은 증폭되지 않은 단일 분자 주형을 사용한다.

SOLiD 시퀀싱

이 방법의 플랫폼은 연결된 생성물의 검출을 기초로 한다. 연결에 의한 시퀀싱은 특정 형광 표지에 의해 식별 가능한 하나 또는 2개의 염기를 가진 짧은 올리고 뉴클레오티드(oligonucleotide) 탐침으로 인지되는 단일가닥 DNA 분석을 말한다. 만약 식별 가능한 염기들이 프라이머 바로 옆 주형과 일치하는 경우, 그 올리고 뉴클레오티드는 프라이머에 연결되며, 일치하지 않는 경우, 연결은 일어나지 않고 세척을 통해 제거된다. 프라이머에 연결된 이 염기는 세척 과정 이후 형광 검출에 의해 결정되어진다.

DNA 나노비드 염기 서열 분석

롤링 서클 복제를 이용한 이 방법은 게놈 DNA의 짧은 절편들을 증폭하기 위해 DNA 나노비드를 사용해서 연결(ligation)에 의한 시퀀싱 방법을 통해 특정화된다. 이 플랫폼은 Complete Genomics에 의해 제공된다.

HeliScope 시퀀싱

HeliScope 시퀀싱은 유동 세포 표면에 부착된 폴리(A) 꼬리 어뎁터(adepter)를 가진 DNA 절편을 이용하는 방법으로, 형광 이미지에 의한 신호 검출과 세척 전에 개별적으로 형광 표지된 뉴클레오티드의 반복적인 첨가에 의해 획득되는 확장-기반 시퀀싱 보다 앞선 방법이다.

SMRT 시퀀싱

단일분자 실시간 시퀀싱은 zero-mode 도파관(DNA 중합효소를 고착화 시킨 웰을 가진)과 용액 내 형광 표지화된 뉴클레오티드를 이용한 합성 시퀀싱 방법이다. 웰(well)들은 바닥에서 형광 신호만을 감지할 수 있도록 만들어져 있어, 해당 뉴클레오티드가 DNA 가닥에 결합되었을 때 붙어있는 형광 표지를 검출하게 한다.

이외의 최신 방법들

앞서 설명한 방법들 이외에 몇 개의 추가적인 시퀀싱 기술들은 많은 가능성을 시사하였지만, 기존의 방법들이 가진 기술적인 한계를 극복할 만큼의 발전을 이루지는 못하고 있다. 이들 방법들에는 작은 구멍을 통해 나온 한 가닥의 DNA와 다양하지만 구멍을 교차하는 전하에서 염기 특이적 차이를 측정함으로써 검출되는 나노포어(nanopore) 시퀀싱, 중합 과정에서 떨어져 나오는 수소이온들을 검출하는 것에 기반을 둔 이온 반도체 시퀀싱, 혼성화(hybridization)를 이용한 시퀀싱 방법들이 포함된다. 비록 후자의 경우에는 상업화된 플랫폼으로 발전되지는 못했지만, 차세대 기술의 좋은 예라 할 수 있다. 이유는 이 방법이 DNA 합성에 의존하지 않으며, 반응 생성물을 검출하는 방법이 아니기 때문이다. 그것은 단지 현시간의 짧은 시퀀스이기는 하지만 즉각적인 염기 서열 판독 기능을 제고하는 유일한 방법이다. 혼성화(hybridization)에 의한 시퀀싱의 기본은 특정 길이(예를 들어, 65,536개의 가능한 모든 올리고뉴클레오티드)의 모든 가능한 올리고뉴클레오티드의 배열을 포함하는 올리고뉴클레오티드 칩으로의 표찰화된 DNA 탐침(결정될 시퀀스)의 결합이다. 탐침은 상보적인 뉴클레오티드에 유일하게 결합할 것이며, 이 결합은 중첩된 상보적인 8개의 뉴클레오티드 단편의 시리즈로 재구성되게 한다.

시간마다 수백억 염기(3개의 완성된 인간 게놈)가 해독되어 나온다는 것을 의미한다. INSDC의 세 기관[Genbank, European Nucleotide Archive(ENA) 그리고 DNA Data Bank of Japan(DDBJ)]이 2007년과 2008년의 차세대 염기 서열 데이터 자료를 기록하기 시작하였고, 2009년에는 급격히 쇄도하는 수많은 추가 자료들(그림 1.1의 Y축이 logarithmic scale임을 고려할 때)을 관리하기 위해 **공조된 sequence read achieve(SRA)**를 시작하였다. 다시 말해, 시퀀스 자료의 축적 속도가 기하급수적임을 의미한다. 이들 기술 발달 측면에서 보면, INSDC 데이터베이스는 2009년에 1,000억 개의 염기쌍 DNA를 초과하였고, 2011년에는 100조 개의 염기쌍에 이르렀다. 이전에 없던 작은 노력과 소요 비용으로 많은 염기 서열 데이터를 만들 수 있다는 것은, 생체의 특성을 연구하는 데 있어서 전체 게놈의 염기 서열을 분석하는 것이 생물체의 특징을 분석하는 첫 번째 단계로 인식되고 있음을 의미한다.

대규모 시퀀싱 프로젝트는 **유전체학(genomics)**의 시대를 열었으며, 앞으로 논의되어질 유전체학과 파생 학문을 일컫는 "**오믹스(omics)**" 개념의 시대로 우리를 이끌었다. 이것은 게놈으로 접근하기 위한 정보 장애를 효과적으로 제거하였으며, 크고 복잡한 생물체가 가진 시스템도 결국 유한적이라는 것을 이해하게 해주었다. 1990년대에는 단순히 구성요소들을 분류하고 하나하나 열거해 나가면서, 만약 충분한 양의 데이터를 수집할 수 있다면, 생물학적 시스템을 광범위하고 전체적인 접근을 통해 연구할 수 있다는 아이디어가 형성되었다. 하지만 유전체 시퀀싱 방법들의 빠른 발전에 반해, 새롭게 발견된 유전자의 기능을 연구하는 기술들은 상대적으로 뒤쳐져 있었다. 데이터베이스들은 이름이 붙여지지 않은 유전자들의 염기 서열과 조각난 유전자 절편들로 가득하였으며, 이미 많은 연구가 진행된 생물체에서 예상하지 못했던 새로운 유전자들이 발견되었다. 효모인 *Saccharomyces cerevisiae*의 예를 들어보자. *Saccharomyces cerevisiae*는 1996년 게놈 시퀀싱 프로젝트가 완성되기 전까진 가장 많은 연구가 진행된 모델 생물체였다. 2,000개가 넘는 유전자들이 전통적인 실험을 통해 연구되었으며, 게놈 시퀀싱으로 많아도 몇 백 개 정도의 새로운 유전자를 찾아낼 것으로 예상되었다. 하지만 이후 과학자들은 *Saccharomyces cerevisiae* 게놈이 6,000개 이상의 잠재적 유전자를 가지고 있다는 충격적인 사실을 알게 되었다. 더욱이 6,000개 이상의 유전자 중 3분의 1은 이전에 발견된 유전자들과는 전혀 관련이 없었으며(그림 1.2), 오늘날에 이르기까지 *S. cerevisiae* 게놈에서 예상되는 발현 가능한 유전자들의 4분의 1이 증명되지 않았거나 또는 기능적으로 명명이 되지 않은 채로 남아있다.

이처럼 의심스러운 또는 증명되지 않은 시퀀스들을 설명하는 몇 개의 관련 용어들이 있다. 시퀀스가 하나의 유전자를 표현하기에 조금이라도 부족함이 있을 때는 그 시퀀스를 "**미확인의(unconfirmed)**" 또는 "**의심스러운(questionable)**" 시퀀스라고 표현한다. 이 시퀀스들은 너무 짧거나 일반적인 유전자에서 발견되는 특정 부위가 결여되었기 때문이다. 이 시퀀스들은 이미 알고 있는 유전자와 유사할지라도 다른 어떤 것을 가지고 있거나, 어떤 유전자의 단편, 또는 절편(즉, pseudogene)으로 제안되기도 한다. 또 다른 시퀀스로는 **희귀유전자(orphan gene)**가 있다. 예를 들면, 발현이 증명되었을 수도 있으며, 유전자로써의 기능을 수행하지만, 그 시퀀스가 이미 알고 있는 다른 어떤 유전자와도 연관성이 없는 유전자이다. 다시 말해, 그 유전자는 알려진 어떤 유전자 집단(family)에도 속하지 않는다. 이들 유전자는 이는 상동성에

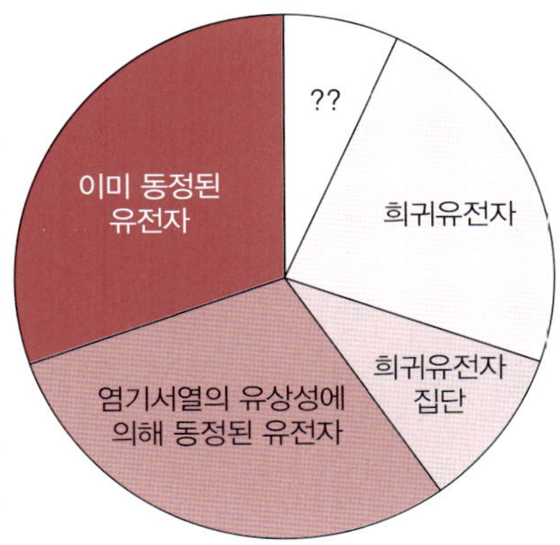

그림 1.2 *Saccharomyces cerevisiae* **게놈 프로젝트 이후 주석화된 효모 유전자들의 분포** [??는 의심스러운 (미확인) ORF (open reading frame)]을 표시함

의한 기능적 주석화는 어렵지만, 독립적인 방법에 의해서는 이들, 희귀유전자의 기능적 주석이 가능하다. 이러한 휘귀 유전자에 대한 정의는 이들 유전자가 새로운 집단으로 지정되는 것이 선호되긴 하지만, 많은 관련된 유전자들이 희귀유전자 집단으로 그룹화될 수도 있는 모순을 가지고 있다. 마지막으로 **가설적 단백질(hypothetical protein)**은 단백질 수준에서의 실체는 직접적으로 증명되지는 않으나, 유전자 시퀀스는 존재하여 실제 발현되는 단백질로 예측되는 것들이다. 이 가설적 단백질은 미확인 시퀀스, 희귀 시퀀스, 또는 잘 알려진 유전자 집단의 발현 산물일 수도 있다. 가설적 단백질은 제5장에서 소개할 게놈 분석을 위한 단백질 유전체학(proteogenomics)을 통해 현존하는 단백질로 밝혀지기도 하였다.

수백 개의 다른 생물체로부터 쏟아져 나온 많은 양의 새로운 시퀀스 자료의 활용은 분자 생명 과학의 연구 방법들을 변화시켰다. 유전자의 기능 연구에 대한 전통적인 방식은 표현형질로부터 유전자로의 접근을 통해 진행되었던 **정방향 유전학(forward genetics)**이라 불리는 방법이었다. 관찰된 돌연변이의 표현형질은(또는 분리, 정제된 단백질의 경우에서) 상응하는 유전자의 지도를 그리거나 동정하는 데 사용되었으며, 이는 그 유전자와 발현체의 기능 분석에 사용되었다. 이와는 상반된 접근법인 **역방향 유전학(reverse genetic)**은 연구되지 않은 유전자의 시퀀스와 이 유전자의 변형을 통한 표현형질의 변화를 관찰하는 것이다.

시간이 갈수록 새로운 시퀀스들이 데이터베이스에 수집되면서, 연구의 접근 방식이 정방향 유전학에서 역방향 유전학으로 바뀌게 되었다. 1995년 이전에 수행된 대부분의 연구들은 **가설 중심(hypothesis-driven)**적인 것이었다. 연구자가 어떤 관찰을 설명하기 위해 가설을 제안하고, 그 가설을 증명하거나 또는 반증하도록 실험을 디자인하였다. 이후 유전학적 혁명은 **검색 중심(discovery-driven)** 연구라 불리는 진보적인 변화를 시작하였으며, 이는 시스템의 구성요소들이 어떻게 작용하는지에 대한 가설과 상관없이, 연구를 통해 이 시스템들의 구성요소들을 수집하는 것이다.

마지막 패러다임(paradigm)의 변화는 최근 실험들에서 생성된 방대한 분량의 자료와 연관된 것이다. 과거, 연구자들이 개별적인 유전자의 생산물들에 집중하고 다소 소량의 자료들을 만들었던 반면, 최근의 추세는 많은 유전자들과 그 유전자의 생성물들을 분석하고 컴퓨터를 이용하여 방대한 자료 중에서 흥미로운 돌출 정보를 찾는 것이다. 따라서 이러한 유전학의 진보들이 **생물정보학(bioinformatics)**, 즉 컴퓨터를 이용한 처리, 분석, 추출, 보관과 생물학적 자료의 표현기술과 동반하여 진보하고 있다.

1.3 유전체, 전사체, 단백질체 그리고 대사체

광범위 생물학은 환원적 실험(reductionist experiment)들을 점진적으로 대체하고 있다. 한 유전자가 전사 과정을 거쳐 RNA(Ribonucleic acid)가 되고 이후 단백질로 발현된다는 분자생물학의 센트럴 도그마(central dogma)를 재평가해야 할 필요성이 생겼다(그림 1.3a). 센트럴 도그마는 역전사와 같은 새로운 발견들을 설명하기 위해 이전부터 수정되어질 필요가 있었으며, 광범위 생물학이 그 규모에 기초하여 센트럴 도그마의 재평가에 힘을 실어주고 있다. 새로운 패러다임은 특정 생물체에 있는 모든 유전자들이 특정 세포 내 완전한 세트의 mRNA인 **전사체(transcriptom)**를 만들고, 발현되어 세포내 완전한 단백질 집합체인 **단백질체(프로테옴, proteome)**이 된

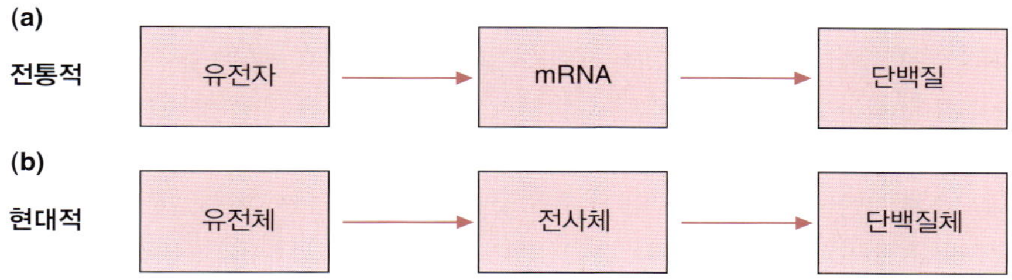

그림 1.3 **분자생물학의 새로운 패러다임 단일 유전자와 그들의 생성물 중심에서 대규모 분석으로 대체되고 있다.**

다는 것이다(그림 1.3b). 단백질체는 세포 또는 생물체에 있는 거의 모든 화학적 구성물(**대사체**)들을 합성한다. 이들 대사체는 게놈, 전사체 그리고 단백질체의 조절에 관여하며, 이 과정들이 생물학적 시스템을 완성시킨다. 이 모든 정보들을 동원하여 연구에 이용하고 생명체를 모델화함으로써 우리는 시스템 생물학의 시대로 진입했다(Box 1.4).

게놈은 두 가지 중요한 측면에서 전사체(transcriptome)나 단백질체(proteome)와 다르다. 첫째, 게놈은 한정적이며 제한된 정보를 가지고 있는데, 이유는 게놈이 뉴클레오티드의 일차원적 시퀀스이기 때문이다. 전사체와 단백질체는 게놈보다 훨씬 복잡한데, 이는 하나의 유전자가 다양한 mRNA와 단백질을 만들 수 있기 때문이다. 알려진 바와 같이, alternative splicing, alternative promoter 또는 polyadenylation 위치 그리고 RNA 편집과 같은 특별한 과정이 하나의 유전자로부터 다양한 전사체들을 만들 수 있다. 시작과 종결 코돈(codon)의 다양성이 다른 단백질들을 만들 수 있고, 이 mRNA들에서 만들어진 단백질들은 발현 과정과 발현 후에 변형될 수 있다. 발현 후 단백질의 변형 중 당화(glycosylation)와 같은 일부 변형들은 영구적일 가능성이 높으며, 인산화(phosphorylation)와 같은 다른 변형들은 영구적이지 않고 단백질의 활성과 혹은 다른 분자들과의 상호작용을 조절하는 데 작용한다. 이처럼 같은 단백질이 다양한 방법으로 변형될 수 있으며, 이들 변형은 무수한 변수들을 가진다. 예를 들어, 인간 단백질의 70%는 당화될 수 있는 가능성을 가지고 있고, 글리칸(glycan) 사슬들은 다양한 구조들을 가질 수 있다. 종종 같은 단백질에 많은 당들이 결합할 수도 있고, 다른 글리칸 사슬들이 각 사이트들에 추가될 수 있다. 알고 있는 단일 폴

BOX 1.4 관련 기술
프로테오믹스—대사체학 그리고 시스템 생물학

프로테오믹스는 DNA에 저장되어 있는 생물학적 정보의 발현을 통해 만들어져 세포의 다양한 영역에서 활동을 수행하는 기능성 분자인 단백질의 대규모 분석으로 취급된다(단백질의 기능들에 대해 자세히 언급한 Box 1.8 참조). 효소, 수용체, 수송체, 그리고 신호전달 과정에 참여하는 요소들과 같은 단백질에 의해 통제되는 세포 과정의 최종 산물은 세포의 대사 프로파일을 만드는 대사체로 정의되는 완전한 세트의 작은 물질들이다. 따라서 대사체학은 세포나 생명체의 생화학적 표현을 위해 RNA를 거쳐 DNA로부터 단백질로 발현되는 정보의 완벽한 사슬인 대사물질들에 대한 대규모 연구이다. 여러 면에서 대사체는 단백질체보다 세포나 생명체의 기능에 대한 보다 정확한 단편적인 정보로 생각되는데, 이는 대사체가 실시간의 물리적 상태에 대한 순간의 정보를 제공하기 때문이며, 이런 이유로 특정 대사체들은 진단 마커로써 아주 널리 이용되고 있다.

단백질체처럼, 대사체 또한 매우 역동적이며 특정한 단일 방법으로 분석이 어려울 만큼 다양한 구조로 가득하다. 이들 대사체들은 다양한 속성에 따라 gas chromatography, HPLC, 그리고 모세관 전기영동(전하를 띈 물질)을 통해 분리될 수 있다(제2장 참조). 이 기술들은 대사체의 절편 패턴이나 핵자기공명 분석(제6장)을 이용하여 검출하고, 대사체 성분을 동정하기 위한 다양한 형태의 질량 분석(제3장 참조)과 결합하여 사용된다.

리펩타이드에 당화 위치의 수는 제일 많을 경우 20개를 넘으며, 이는 수백만 개의 가능한 당단백질이 만들어질 수 있음을 의미한다. 알려진 발현 후 변형(post-translated modification) 과정은 400가지가 넘으며, 이는 단백질 다양성의 큰 원천이기도 하다. 따라서 인간 게놈에 20,000에서 25,000가지의 유전자들이 있다고 예상되지만, 발현 후 변형(post-translated modification)을 고려하면, 백만 개 이상의 단백질을 가질 확률적 숫자가 예상된다. EST 데이터를 기초로 한 인간 유전자의 초기 예상 수는 50,000~100,000가지였다. 인간 게놈의 시퀀싱과 주석화 후 이 숫자는 점점 더 작게 수정되고 있으며, 현재 보유하고 있는 많은 정보에도 불구하고 아직까지 인간 게놈의 유전자 수는 정확하지 않다. 예를 들어, Ensemble release 67.37은 20,115개의 유전자들이 있다고 발표했으나, Uniprot는 20,231개의 유전자들이 있다고 발표했다(Box 5.1). 이 숫자는 선충(~18,000 genes), 초파리(~12,000 genes), 그리고 효모(~6,000 genes)에 비교한다면, 인간이 가진 전사체와 단백질체 수준의 다양성을 증가시켜야만 복합적인 생물학적 특성을 설명할 수 있다.

게놈은 몇 가지 경우를 제외하고는 세포의 종류와 환경 조건들에 관계없이 계속 같은 상태로 지속되는 불변의 정보자원이라는 것이 전사체와의 주요한 차이점이다. 반면에, 전사체와 단백질체는 전사 과정, RNA processing, RNA 안정성, 단백질 합성과 변형, 그리고 단백질 안정성의 조절에 따라 다른 조건들에서 많이 변화될 수 있는 역동적인 존재들이다. 전사체와 단백질체는 질적(mRNA와 단백질의 표현형태), 양적(전반적인 시간과 내·외부적 자극에 따라 유동적인 mRNA와 단백질의 양)으로 다르다. 다시 말해 효모와 같은 단순 유기체와 포유류, 고등식물과 같은 복합 생물체들의 생물학적 복합성의 증가는 전사체와 단백질체 수준에서 결정된다.

1.4 기능 유전체학

현재 사용 가능한 많은 생물체들의 완성된 게놈 시퀀스들은 모든 유전자에 대한 잠재적 접근을 제공함으로써 **기능 유전체학(functional genomics)**이라 알려진 대용량 기능 분석의 가능성을 열어주고 있다. 하지만 완성된 유전자 카탈로그는 발현되는 단백질의 목록만 제공할 뿐이다. 자동차와 비교하면, 차를 어떻게 운전할지에 대해 이야기하지 않고, 자동차를 구성하는 기계 부품들만 제공하는 것이다. 이런 목록들이 세균, 쥐, 사과나무, 또는 인간을 어떻게 구성하는지 이해하기 전에, 그것들이 개별 물질로서 무엇을 하고, 서로 어떻게 상호작용하고 합력하는지 이해하여야 한다. 게놈은 단지 청사진에 불과하므로 유전자의 기능적 관련성들만이 추론될 수밖에 없다. 이를 위해 전사체와 단백질체 수준에서 유전자 생성물에 대한 작용을 연구함으로써 직접적인 증거를 수집하여야 한다. 이런 분석에 대한 필요성이 많은 mRNA와 단백질 분자들을 동시에 연구 가능하게 하는 새로운 기술의 개발을 촉진시키고 있다.

전사체학은 mRNA의 조직적이고 포괄적인 분석이다

유전학의 혁명은 대규모 DNA 클로닝과 시퀀싱 기술의 진보를 기초로 했기에, 이 기술들이 유전자 기능 연구에 이용되는 것은 당연한 것이다. 초기 기능 유전학 방법들은 DNA 시퀀싱을 기초로 하고, mRNA 표현 프로파일들을 대규모적으로 연구하는데 사용되었으며, 전사체학이라고 불리는 새로운 분야를 만들게 했다. 유전자의 발현 프로파일은 세포에서 한 유전자의 역할과 다른 유전자들과의 기능적 연관성을 밝힐 수 있다. 일례로, 많은 유전자들은 특정 세포나 특정 발달 단계에서만 발현될 수 있으며(췌장의 β-cells에서만 발현되는 인슐린 같은), 이는 유전자가 그 기관에서 특별한 기능을 하고 있음을 의미한다. 또 어떤 유전자들은 외부 자극에 반응하면서 발현된다. 예를 들어, 어떤 유전자들은 성장 인자와 같은 내생적 분자나 DNA-손실 물질과 같은 환경적 분자에 노출된 세포에서 발현되거나 그렇지 않을 수 있다. 발현에 있어 유사한 프로파일을 가진 유전자들은 유사한 기능 과정에 참여할 확률이 높다. 다시 말해, 기능이 밝혀지지 않은 어떤 유전자가 이미 전체 기능이 밝혀진 유전자와 유사한 발현 프로파일을 보이면, "집단 추론(guilt-by-association)"을 기초로 그 유전자의 기능을 가늠할 수 있다. 더 나아가, 한 유전자의 돌연변이는 다른 유전자의 발현 프로파일에 영향을 줄 수 있으며, 이는 그 유전자들의 기능적 경로와 네트워크를 연결하는 데 도움이 된다.

처음 전사체학 기술은 현재의 **센서스 시퀀싱(census sequencing)**으로 알려진 개념을 기초로 하였다. 센서스 시퀀싱은 상응하는 mRNA들을 동정하기에 충분한 짧은 대표적 cDNA 시퀀스(**태그**)의 수집과 측정을 의미한다. 주어진 시퀀스가 의미하는 숫자는 조직 내 존재하는 mRNA의 양이다. 원래 이 방법에서는 클론들을 cDNA 라이브러리(library)로부터 무작위적으로 추출하고, **발현 시퀀스 태그(expressed sequence tags, ESTs)**라고 불리는 200~300 bp 시퀀스들을 생거 사슬 종결법들을 이용하여 만들었다. 이처럼 주어진 샘플의 mRNA 양을 비교하는 것은 고가의 노동집약적 방법이었고, 비교할 수 있는 cDNA 라이브러리가 없이는 샘플 간의 mRNA 양을 비교하기가 어려웠다. 따라서 차등 디스플레이 PCR(differential display polymerase chain reaction) 또는 동시 분석이 가능한 매우 짧은 시퀀스 태그(9~15 bp)의 획득과 같은 mRNA 존재량의 신속한 정량적 분석을 위한 다른 방법들이 고안되었다. **유전자 발현의 연속적 분석(serial analysis of gene expression, SAGE)**과 **대량 병렬 서열 시퀀싱(massively parallel signature sequencing, MPSS)**이 그 예이다. 이처럼 태그를 기반으로 한 기술들은 대규모 cDNA 시퀀싱보다 훨씬 신뢰할 수 있었지만 실현하기에 매우 복잡하다. 차세대 시퀀싱 방법(Box 1.3)의 출현은 수백만 개의 보다 긴 시퀀스 태그(~50 bp)를 빠르고 저렴하게 수집할 수 있게 해 주었으며, SAGE (serial analysis of gene expression)같은 기술들을 가능하게 했다. 포괄적으로 RNA-Seq이라 알려진 이 방법들은 최근 많이 이용되고 있다. 센서스 시퀀싱 방법들의 기본 원리는 Box 1.5에 간단히 설명되어 있다.

주요 전사체학의 많은 대체 기술들은 다양한 DNA 시퀀스들이 그리드(grid) 형태로 고정되어 있는 소형 장치인 DNA 마이크로어레이(microarray)를 기초로 한다. DNA 마이크로어레이는 두 가지 형태가 있는데, 하나는 코팅된 유리 슬라이드 위에 DNA 분자를 기계적으로 떨어뜨리는 방식으로 만들어졌으며, 다른 하나는 유리판 위에서 올리고뉴클레오티드를 직접 합성하는 방식인 *in situ* **oligonucleotide synthesis**(이후 oligonucleotide chips으로 알려져 있는)로 만들어졌다. 두 방식은 방법에 있어 완전히 다른지만, 두 장치들의 mRNA 분석에 있어서의 기본 원리는 거의 유사하다. 발현 분석은 표지화된 복잡한 DNA 또는 RNA 분자의 전체를 집단적으로 사용하는 **다중혼성화(multiplex hybridization)**를 기초로 한다(그림 1.4와 색상판). 두 장치 모두, 특정 시료로부터의 mRNA 분자 전체를 대표하는 복합 cDNA 집단을 만들기 위해서

BOX 1.5 관련 기술
유전자 발현의 광범위 분석을 위한 시퀀스 샘플링과 표현 기술

cDNA 라이브러리의 샘플링

임의로 선택된 클론들은 상응하는 유전자의 동정을 위해 염기 서열 분석 이후 데이터베이스들을 대상으로 검색된다. 각 서열의 출현 빈도는 원래 시료에서 mRNA의 상대적 존재량에 대한 대략적인 지침을 제공한다. 이것은 높은 비용과 많은 노동력을 필요로 하는 방법으로, 비교해야 할 cDNA 라이브러리가 많을수록 더욱 그렇다.

EST 데이터베이스 분석

발현된 시퀀싱 태그는 임의로 선택된 cDNA 클론의 단일 패스 시퀀싱에 의해 생성된 신호이다. 만약 주어진 라이브러리에 대한 EST 자료를 사용할 수 있다면 데이터베이스에서 각 시퀀스의 발현을 결정하여 다른 전사체의 양을 추정할 수 있다. 이는 신속한 접근방식으로, 전체적으로 컴퓨터를 이용한 가상(모의) 실험(in silico)으로 수행되기에 유리하지만, 관련 시료에 대한 EST 자료의 가용성에 의존한다.

차등 디스플레이 PCR

이것은 2개 이상의 시료에서 다르게 발현되는 cDNA 시퀀스의 신속한 동정을 위해 고안된 방법이다. 하지만 이 방법은 한 번의 실험에서 전체 전사체를 처리할 수 있는 충분한 해상도를 가지지 못한다. 따라서 하나의 oligo-dT 프라이머와 하나의 임의 프라이머를 이용한 RT-PCR을 이용하여 전사체 하위 분획을 나타내는 표찰화된 cDNA 단편 집단을 생성한다. 두 개의 생물학적 시료로부터 동일한 프라이머 조합을 이용하여 동등하게 증폭된 산물은 시퀀싱 겔 상에서 나란히 실행되고 차등적으로 발현된 cDNA들은 밴드 강도의 정량적 차이에 의해 표현된다. 이 기술은 유전자 발현의 비교 분석을 위한 것이지만 일반적인 거짓 양성(false-positive)을 포함한다. 따라서 다른 방법을 통해 예측된 발현 프로파일을 검증해야 한다.

SAGE(serial analysis of gene expression)

이 방법에서 많은 cDNA들을 표현하는 매우 짧은 시퀀스 태그들은 서열화된 연결체를 형성하여 서로 결합한다. 이 태그들은 9~15 bp 정도로 짧지만 개개의 cDNA 서열을 분석하기에 적합하므로 정량적 측정이 가능하다. SAGE 방법은 복잡하지만 본질적으로 흔하게 사용되는 절단제한효소로 cDNA 집단을 절단하고, 폴리(A) 꼬리와 짧게 노출된 단편을 포획하는 것이다. IIS 제한효소(몇 개의 인지 염기쌍 다음 부위를 자르는) 인지 부위를 가진 링커에 연결한 다음, 정의된 길이의 시퀀스 태그를 생성한다. 링커 태그 쌍을 연결하고 그 링커를 프라이머 결합 부위로 사용해서, PCR 방법에 의해 증폭시키기 위한 프라이머 결합 부위로 사용한다. 이후 링커는 제거되고 시퀀싱과 측정을 위한 큰 연결체를 만들기 위해 쌍을 이루는 태그를 연결한다. SAGE는 50~100개의 태그가 각각의 시퀀싱 반응에 대해 측정될 수 있기 때문에 표준 cDNA 샘플링보다 훨씬 효율적이다.

MPSS(massive parallel signature sequencing)

MPSS 기술은 SAGE와 마찬가지로 많은 cDNA로부터 짧은 시퀀스 태그를 수집한다. 하지만 SAGE(기존의 시퀀싱에 의해 동정될 수 있도록 개별 태그들이 연속적으로 복제되는)와는 달리, MPSS는 진전된 시퀀스 해독에 의해 유동 세포에 부착된 수천 개의 cDNA의 병렬 분석에 의존한다. 이 방법은 SAGE처럼, 유형 IIS 제한효소를 사용하여 시퀀싱 재료를 생성하지만, SAGE는 각 cDNA에 대한 단일 태그만을 만드는 반면, MPSS에서는 효소가 각 cDNA 상에 순차적 4개의 염기 돌출부를 노출시키기 위해 사용되며, 특정 발색단에 의해 동정된 적절한 올리고 뉴클레오티드에 의해 해독된다. 그 cDNA들은 점진적으로 분리되며 4개의 뉴클레오티드 "바이트(bites)"로 해독된다.

RNA-Seq

시퀀스 샘플링은 RNA-Seq으로 완전한 원형을 이루며, 원재료로부터 역전사된 것을 제외하고는 원래의 cDNA 샘플링 방법과 근본적으로 동일하다. 그 결과 cDNA 집단은 무작위로 매우 다양하고 깊이 있게, 즉 수백만 개의 짧은 서열이 얻어진 후, Box 1.3에 설명된 차세대 서열 분석 방법을 이용하여 분석된다. 이는 동일한 시료에서 다른 mRNA 종류들의 상대적 존재량에 대해 통계적으로 매우 믿을만한 자료를 제공하므로, 시료들 간의 직접적인 비교에 적합하다.

는 먼저 역전사되어야 한다. Spotted 마이크로어레이의 경우, 형광물질이 결합되어 있는 뉴클레오티드가 반응 혼합물에 포함되어 있어, cDNA 전체가 모두 일반적으로 표지화된다. 올리고뉴클레오티드 칩의 경우, 표지화되지 않은 cDNA는 비오틴(biotin)의 혼입에 의해 표지화된 cRNA(complementary RNA) 집단으로 전환된 후 형광물질이 결합된 아비딘(avidin)을 이용하여 검출된다. 이어서 표지화된 핵산의 복합체 집단을 어레이(array)에 적용하고 결합시킨다. 어레이 내에 개별적 특징을 갖는 각각의 스팟(spot)은 10^6~10^9개의 동일한 염기 서열 DNA를 가지고 있어서, 혼성화 반응에서 완전히 포화되지는 않는다. 이러한 조건 때문에, 각 spot에서의 신호 강도는 혼합물 내의 특정 cDNA 또는 cRNA의 상대적 양에 비례하며, 이는 원래의 시료 집단

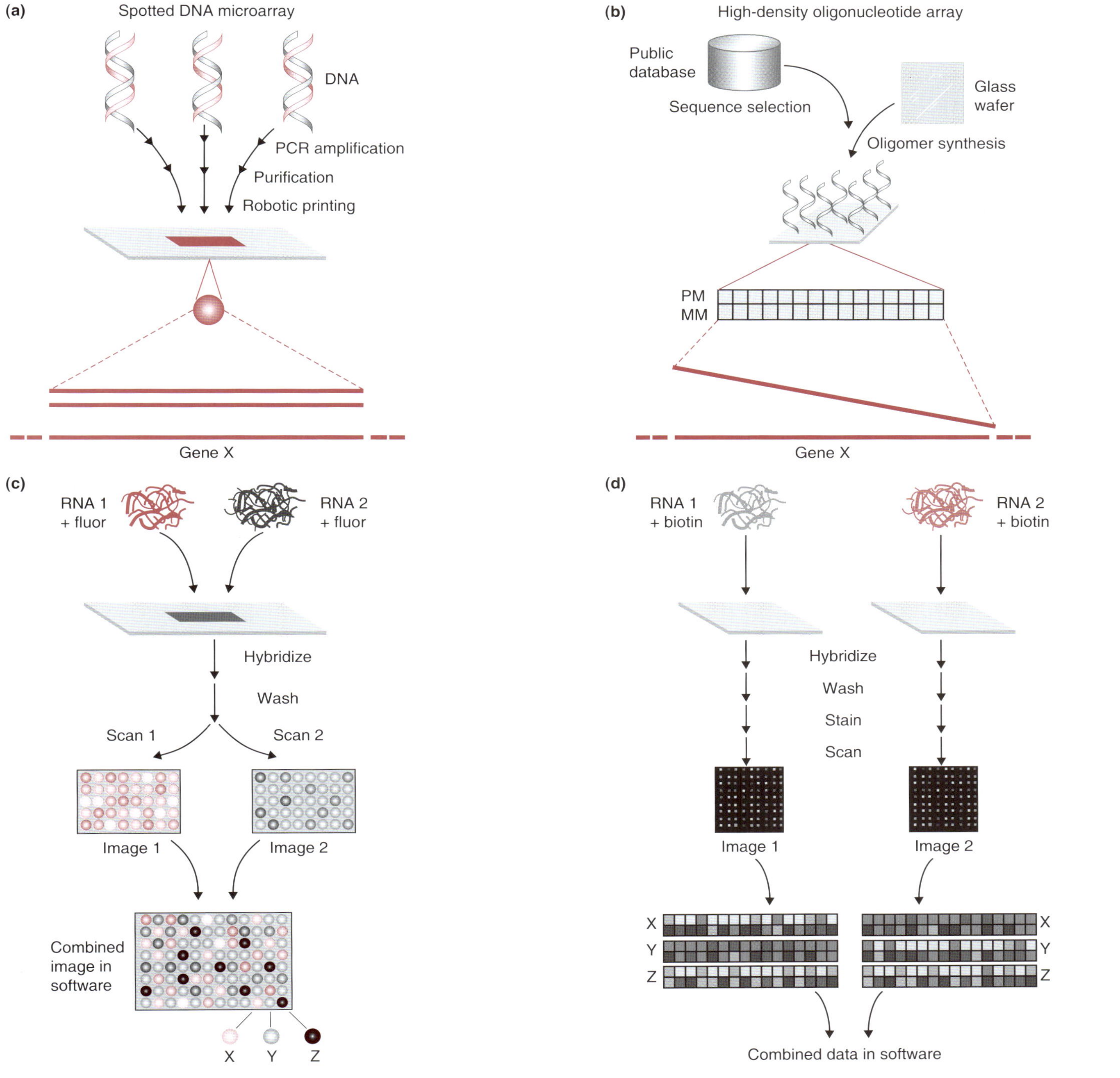

그림 1.4 DNA microarray를 이용한 발현 분석. (a) Spotted microarray는 로봇을 이용하여, 증폭된 cDNA를 유리 슬라이드 위에 인쇄하여 만들어진다. 인쇄된 각 스팟은 수백 쌍 이상의 인접한 유전자 단편에 해당한다. (b) 고밀도 올리고뉴클레오티드 칩은 작은 유리 칩 위에 고밀도로 배열된 수천 개의 상이한 시퀀스를 생산하기 위해 빛을 이용한 조합 화학 합성방법을 이용하여 제작된다. 유전자는 15~20개의 다른 올리고뉴클레오티드 쌍(PM, 완전 일치; MM, 불일치)으로 어레이 상에 표현된다. (c) 스팟 어레이에서 발현 비교 분석은 일반적으로 2개의 mRNA 또는 cDNA 샘플을 서로 다른 형광단으로 차별적으로 표지화하여 수행된다. 이미지 하단의 음영 처리된 X, Y 및 Z는 샘플 1 (X)의 전사체 증가 정도, 샘플 2의 증가된 전사체 수준 (Y) 및 샘플 1과 2 (Z)의 유사한 수준의 전사체에 해당한다. Affimetrix 유전자 칩에서는, 비오틴화(biotinylated)된 cRNA가 어레이에 결합하고 아비딘(avidin)에 결합되어 있는 형광체로 염색된다. 이 신호가 레이저 스캐닝을 통해 검출된다. 가설적 유전자에 대한 올리고뉴클레오티드 쌍 세트는 시료 1 (X), 2 (Y)에서 증가된 정도를 나타내고, 시료 1과 2에서 유사한 정도는 Z에 보여진다. 색 선명도는 색상 판 항목을 참조. (Harrington CA, Rosenow C & Retief J (2000) *Curr. Opin. Microbiol.* 3, 285에서 인용. Elsevier의 허가를 득함.)

에서의 상응하는 mRNA의 양을 반영하게 된다. 따라서 수천 개의 서로 다른 전사체들에 대한 상대적인 발현량의 차이를 한 번의 실험에서 측정할 수 있다. 각 시료 간의 비교는 각각의 샘플로부터 준비된 표지화된 cDNA 또는 cRNA를 동일한 마이크로어레이로 혼성화하거나, 서로 다른 형광체를 표지하고 다른 방출 파장에서 스캐닝하여, 각 위치에서 두 개의 신호를 비교함으로써 얻을 수 있다(그림 1.4와 색상판 참조). 마이크로어레이는 다른 조건(예: 정상 조직 대 종양 조직, 다른 첨가제를 포함한 배양액에 대한 세포 반응)에서 유전자 발현의 전체적 경향을 추론하는 데 널리 사용되었지만, 재현성을 보장하기 위해서 실험들은 신중하게 통제되어야 하며 검증된 통계 방법을 사용하여 데이터를 분석해야 한다.

대규모 돌연변이와 간섭들도 유전자들의 기능을 포괄적인 수준에서 결정할 수 있다

유전자의 기능을 규명하는 데 있어서 가장 간단한 방법들 중 하나는 유전자를 돌연변이시키고, 결과적인 표현 형질을 관찰하는 것이다. 돌연변이는 20세기 초부터 생물학 연구의 중심에 있었지만, **광범위 돌연변이 라이브러리(comprehensive mutant library)**는 1990년대에서야 제작될 수 있었다. 광범위 돌연변이 라이브러리는 유전체에 존재하는 모든 유전자에 영향을 미치도록 하여 체계적으로 생성된 돌연변이를 가진 생물체의 집단이다. 전사체학과 같이, 이러한 개발들은 대규모 클론 준비와 시퀀싱 이전의 기술들에 의존했다.

돌연변이 제조 방법은 두 가지 접근법으로 구분된다. 첫째는 **상동재조합(homologous-recombination)**을 이용한 유전체 전반에 걸친 돌연변이 제조이다. 이것은 의도적이며 조직적인 방법으로, 비기능적 서열을 가진 DNA 카세트(cassette)를 사용하여 생물 유전체에 존재하는 각 유전자를 대체하는 방식으로 불활성화시킨다(그림 1.5). 이러한 형태의 유전자 교체를 **유전자 녹아웃(gene knockout)**이라 하며, 표현형질에서 완벽한 **기능상실**을 유도하는 **null 돌연변이(null mutation)**를 만들게 된다. 물론 유전적 중복성(redundancy)에 의해 효과가 나타나지 않을 때도 있다. 녹아웃 방법은 유전체 전반적인 규모로 사용될 수 있는데, 대상 생물의 유전체 염기 서열이 밝혀져 있고 상동재조합이 가능할 경우에 가능하다. 비록 쥐 배아 줄기세포에서 조건적 녹아웃 돌연변이들의 포괄적 집단을 제조하기 위해 공동체(community) 기반의 노력이 있긴 하지만, 현재까지 체계적인 상동재조합을 이용한 광범위 돌연변이 라이브러리의 제조는 효모나 박테리아와 같이 상대적으로 작은 유전체를 가진 경우로 제한적인데, 이는 각 돌연변이 제조 카세트가 각 유전자마다 필요하기 때문이다. 상동재조합은 초파리인 *Drosophila melanogaster*에서 그리고 다른 모델 생물체에서도 만들어질 수 있으며, 이들 생물체들의 유전체 전반에 걸친 유전자 녹아웃 프로젝트는 계속 진행되고 있다. 상동재조합은 특정 유전체 위치에 새로운 염기 서열을 도입하

그림 1.5 **효모 유전자 녹아웃을 통한 대규모 돌연변이 제조.** 이것은 상동성 카세트 내에 삽입된 비기능적 시퀀스 또는 마커(빨간색 막대)로 효모가 가진 각 유전자 (회색 막대)를 체계적으로 교환함으로써 제조되었다. 재조합은 상동성을 가진 유전자의 측면 부위 (X)에서 일어나 기능을 가진 원래 유전자를 비기능성 시퀀스 또는 마커로의 치환을 유도한다.

는 **녹인(knock-in)**으로 알려진 방법에도 사용되고 있다. 프로테오믹스 맥락에서 볼 때 이것은 특별한 관련성을 가지고 있는데, 그 이유는 그것이 단백질의 위치나 분리를 용이하게 하는 표지 마커와 결합되어 발현된 단백질을 가진 종합적인 단백질체 집단을 제조하는 수단을 제공하기 때문이다. 이 부분은 제7장에서 더욱 자세히 다루고자 한다.

돌연변이 제조를 위한 두번째 방법은 유전체 전반에 걸친 **무작위적 돌연변이(random mutagenesis)**이다. 이것은 사실 가장 오래된 방법 중 하나이자 유전학에서 가장 잘 정립된 기술이다. 하지만 유전학의 혁명은 이 방법을 변화시켰다. 원래 방사선 조사나 돌연변이를 일으킬 수 있는 화학물질에 노출시켜 제조된 돌연변이 집단을 대용량 스크리닝을 통해 관심 있는 특정 생리학적 과정이 결핍된 돌연변이를 선발하였다. 가장 최근에는 삽입 돌연변이 제조 방법이 선택적으로 이용되고 있다. 이 방법은 유전자를 파괴할 때 돌연변이의 표현형질을 생성하는 DNA 카세트의 무작위적 삽입(integration)을 수반한다. 방사선 조사나 화학물질에 의한 돌연변이 제조는 포인트 돌연변이로 많은 노력이 수반되는 유전자 맵핑(mappimg)을 필요로 하는 반면, **삽입 돌연변이(insertional mutagenesis)** 제작은 혼성화나 PCR을 통해 확인 가능한 특정 DNA 서열을 획득하게 하여, 인접 서열을 직접 클로닝하고 돌연변이가 일어난 유전자를 빠르게 동정하게 한다. 상동재조합 방법처럼 체계적이지는 않지만 삽입 돌연변이 제작은 폭 넓은 생물체를 대상으로 응용되고 있는데, 이는 완전한 유전체 염기 서열이 밝혀지지 않아도 가능하며, 수행 과정이 훨씬 쉽기 때문이다. 이에 따라 삽입 돌연변이 라이브러리는 박테리아, 효모, 선충류, *Caenorhabditis elegans*, 초파리, 쥐, 제브라피쉬(zebrafish) 및 많은 식물을 포함한 다양한 종에서 제작되었다. 이 라이브러리 중 일부는 유전체에서 자연적 이동 능력을 가진 변형된 **트랜스포존(transposons)**을 사용하여 제작되었으며, 다른 것들은 인공적 카세트를 사용하여 제작되었다. 식물에서 가장 많이 사용되는 방법은 식물 유전체에 자연적으로 삽입되는 아그로박테리움(뿌리혹박테리아, *Agrobacterium tumefaciens*)의 T-DNA(전이 DNA)를 이용하는 것이다. 상동재조합 카세트처럼, 삽입 돌연변이 제조를 위한 구조체는 돌연변이 표현형질을 생성하는 것 외에도 그 유전자의 정보를 수집하기 위해 설계될 수 있다(Box 1.6). 더 나아가, 전사(transcription)와 번역(translation)의 융합은 파괴된 유전자의 발현과 단백질의 위치를 연구하는 데 사용되는 반면에 강력하고 표현적인 프로모터는 삽입 위치에 인접한 유전자를 활성화시켜서 과발현이나 비정상적 발현을 유도하여 강력한 획득 표현형질을 만든다. 그림 1.6에서처럼 효모에서 사용되는 고도로 변형된 삽입 구조체가 그 예이다.

돌연변이는 DNA 서열의 변경을 엄격히 요구하지만 기능 분석은 유전자 발현의 억제를 통해 획득될 수도 있다. 이를 달성하는 여러 가지 방법이 있지만, 게놈 차원의 분석에 가장 인기 있는 방법은 **RNA 간섭(RNA interference, RNAi)**으로, 특정 mRNA가 빠르게 분해되고 **유전자 침묵(유전자 발현 파괴, gene silencing**으로도 알려진)을 통하여 돌연변이 표현형질의 기능 손실(loss-of-function)이 발생한다. 이 효과는 이중가닥 RNA(dsRNA)에 의해 유발되며 종종 dsRNA 복제 매개체를 사용하는 바이러스로부터 세포를 보호하기 위해 사용되는 방어 기작이다. 이 방어 기작은 유도된 dsRNA 분자를 파괴하고 동일한 서열을 가진 세포에서 임의의 단일 가닥 RNA를 표적으로 한다(Box 1.7). 기능 유전학의 맥락에서 RNAi는 내부 유전자에 상동 dsRNA 분자

BOX 1.6 다른 응용
기능 유전학을 위한 발전된 삽입 요소들

본문에서 논의한 바와 같이, 상동성 재조합 구조체와 삽입 돌연변이 유발 카세트는 일차적으로 돌연변이에 의해 데이터를 생성하고, 기능 상실 표현형질의 분석을 가능하게 한다. 그러나 혁신적인 구조 설계에 의해, 유전자 기능에 대한 훨씬 많은 정보가 mRNA와 단백질 수준에서 생성될 수 있다. 따라서 삽입 카세트는 단백질체 분석의 핵심 요소이다.

Gene traps

유전자 트랩은 스플라이스(splice) 수용체 하부에 위치하는 리포트 유전자를 가진 삽입 요소이다. 리포트 유전자는 간단한 분석을 통해 검출되거나 가시화될 수 있는 단백질을 코딩한다. 예를 들어, lacZ 유전자는 무색기질인 X-gal을 진한 청색으로 바꾸는 β-galactosidase라는 효소를 코딩하고, gfp 유전자는 적절한 조명하에서 빛을 방출하는 녹색 형광 단백질을 코딩한다. 유전자 트랩이 어떤 내부 유전자의 전사 단위 내에 통합되어 있다면, 스플라이스 수용체 부위는 리포터 유전자를 엑손(exon)으로 인식하여 전사 융합 생성물을 생산한다. 이렇게 융합된 전사체는 구조체 삽입으로 손상된 유전자의 프로모터에 의해 발현이 조절되기 때문에 리포터 유전자의 발현 패턴은 손상된 유전자의 발현 양상과 동일하다.

Enhancer traps

인핸서 트랩(enhancer trap)은 작은 프로모터 아래에 놓인 리포터 유전자를 가진 삽입 구조체이다. 정상적인 상황에서, 프로모터는 유전자의 발현을 활성화시킬 만큼 강하지 못하여 리포터 유전자는 발현되지 않는다. 하지만 구조체가 내부 인핸서 근처에 삽입되면, 마커가 활성화 되고, 인핸서에 의해 유도된 발현 프로파일을 알려주게 된다.

Activation traps

활성화 트랩은 강한 발현 프로모터를 가진 삽입 구조체이다. 만약 이 구조체가 내재된 유전자 근처에 삽입되면, 그 유전자의 발현은 삽입 구조체가 가진 프로모터에 의해 활성화된다. 유전자에 삽입되어 기능 상실을 유도하는 다른 삽입 벡터와 달리, 활성 태그는 유전자의 과발현 또는 비정상적 발현을 통해 기능 획득을 유도한다.

Protein localization traps

단백질 위치 확인 트랩은 세포에서의 위치에 따른 특정 종류의 단백질을 동정하는 삽입 구조체나 상동 카세트를 말한다. 예를 들어, 리포터 유전자가 CD4 타입 1 단백질의 막 투과 도메인에 융합되어 발현되는 구조를 보면 알 수 있다. 만약 이것이 분비 단백질을 코딩하는 유전자에 삽입된다면, 생성된 융합 단백질은 분비 신호 펩타이드를 함유하고 β-galactosidase 활성을 유지하기 위하여 바른 방향으로 소포체의 막에 삽입된다. 하지만 그 구조체가 다른 유형의 유전자에 삽입되면, 재조합 단백질은 반대 방향으로 소포체 막에 삽입되고, β-galactosidase 활성은 상실된다.

Purification tags

상동성 재조합 카세트와 삽입 구조체는 모두 에피토프 도입에 사용될 수 있어서, 융합 단백질의 위치를 면역조직화학(immunohistochemistry) 염색으로 결정할 수 있거나 면역친화성(immunoaffinity) 크로마토그래피를 이용하여 정제할 수 있다. 이 방법의 가장 혁신적인 사용은 2개 이상의 단백질 복합체를 분리하여 결합 파트너를 동정하는 것인데, 이는 co-immunopurification의 한 형태로 제7장에 자세히 설명되어 있다.

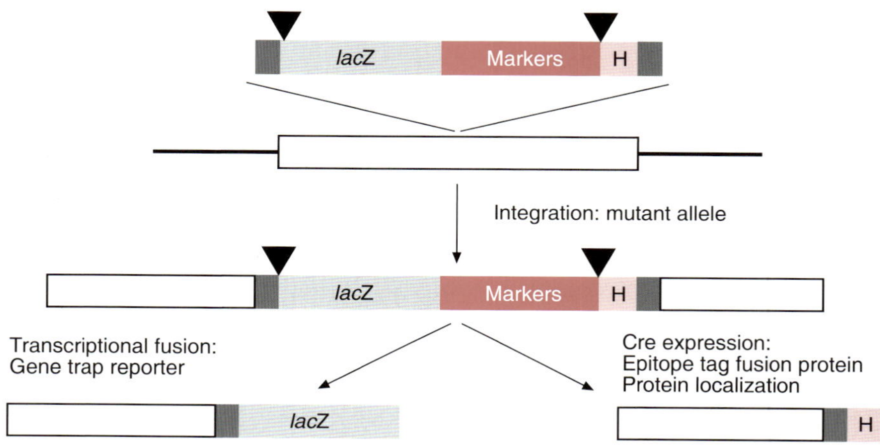

그림 1.6 **효소에서 무작위 돌연변이 제조를 위해 사용되는 다중기능성 대장균(*E. coli*) Tn3 카세트.** 카세트는 Tn3 요소(진회색), *lacZ* 유전자(연회색), 선별 마커(빨간색), His6와 같은 에피토프 표지(분홍색, H)로 구성된다. *lacZ* 유전자와 마커는 loxP 시퀀스 사이에 위친한다. 이 카세트의 융합은 돌연변이 표현형질을 나타내거나 나타내지 않을 수 도 있는 돌연변이 대립형질을 만든다. 이 구조체의 5′ 말단에 *lacZ* 유전자의 존재는 융합된 전사체의 발현을 허용한다. 따라서 이 삽입체는 파괴된 유전자의 정상적 발현 프로파일을 나타내는 리포터 구조체로 사용된다. 만약 Cre 재조합효소(recombinase)가 첨가되면 *lacZ* 유전자와 마커가 분리되고 에피토프 표지와 결합되어 있는 내성의 유전자는 단백질의 위치 연구를 용이하게 한다.

의 도입으로 상응하는 mRNA를 빠르게 파괴하여 유전자의 전사 과정 후에 강력한 **유전자 침묵(gene silencing)**을 일으키기에 유용하다. RNAi 방법의 쉬운 적용은 이 현상이 처음 밝혀진 선충 C. elegans에서 대규모적인 RNAi 프로그램의 수행을 용이하게 하였다. 이 실험은 수천 개의 dsRNA 분자의 합성과 microinjection, soaking 또는 feeding을 통한 체계적인 선충으로의 투여 방법 등을 포함한다. *C. elegans* 게놈의 약 86%에 해당하는 서로 다른 dsRNA를 각각 발현하도록 형질전환된 약 17,000개의 박테리아 균주를 제작하고 이를 선충에 투여하는 스크리닝이 수행되었다.

RNAi가 모든 종에 적합하지는 않다. 특히, 제브라피쉬(zebrafish)와 생물모델 개구리인 *Xenopus laevis*처럼 비특이적 유전자 침묵 효과가 일반적인 경우에는 더욱 그렇다(포유류에서 발생하는 유사한 현상은 비특이적 효과가 long dsRNA 분자에 의해 유발되기 때문에 합성 siRNA로 RNAi를 유도함으로써 극복될 수 있다. Box 1.7 참조). 이들 종에서, 올리고뉴클레오티드는 유전자 특이적 억제제로 대신 사용되고 스플라이싱(splicing), 단백질 합성, 또는 상호작용 조절(mRNA 내 디자인 및 위치에 의존하는)을 차단함으로써 작동한다. 본래의 올리고뉴클레오티드는 불안정하므로

BOX 1.7 배경 요인
RNA 간섭의 작동원리는?

RNA 간섭 기작은 복잡하지만, **Dicer**라는 dsRNA 특이적 엔도뉴클레아제(그림 1)에 의해 길이 약 21 bp의 짧은 3′ 돌출 시퀀스를 갖는 두 가닥으로의 dsRNA 분자 전환이 필요하다. 이 짧은 이중가닥은 **siRNA(small interfering RNA)**로 알려져 있다. dsRNA의 도입 외에도, RNAi는 sense와 antisense transgenes, U자형의 헤어핀 구조를 유도시키거나 합성 siRNA를 직접 도입함으로써 유도될 수 있다. 이것은 더욱 긴 dsRAN가 비특이적 침묵을 유도하는 포유류 세포에서 필요하다. 각 siRNA는 2개의 단일가닥으로 풀린다. 즉, 분해된 가이드 가닥과 **RISC(RNA-induced silencing complex)**로 알려져 있는 서열 특이적 RNA 엔도뉴크레아제에 결합되어 있는 가닥이다. 가이드 가닥이 상보적인 mRNA를 가지고 염기쌍을 만들 때, Argonaute로 알려진 RISC 단백질 요소가 mRNA를 절단하여 신속하고 효율적으로 분해한다. RNAi는 일부 종에서 나타나는 전체적인 현상이다. 그 이유는 siRNA가 세포 간에 복제 및 이동 과정에서 나타나며, 유기체 전체에 영향을 미치기 때문이다. RNAi에 의해 유도되는 유전자 침묵은 포유류와 초파리에서는 일시적이지만 선충류와 식물에서는 유전성을 갖는다.

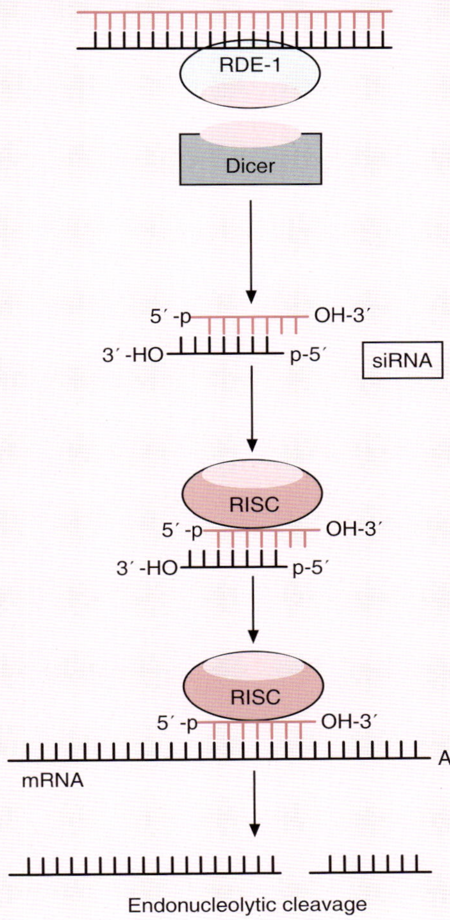

그림 1 RNA 간섭 기작. 이중가닥 RNA(dsRNA)는 Dicer로 알려진 핵산 분해 효소를 유도하는 단백질 RDE-1에 의해 인식된다. 이것은 dsRNA를 길이 21~23 bp에 2개의 염기가 돌출된 짧은 조각으로 절단한다. 이 절편은 siRNA(small interfering RNAs)로 있으며, RISC(RNA-induced silencing complex)에 결합된다. siRNA는 RISC의 안내자 역할을 하고, 완벽하게 염기쌍을 이루면 siRNA와 함께 형성된 이중가닥의 중간에서 표적 mRNA가 절단된다.

화학적으로 변형된 "**morpholino antisense oligonucleotides**"를 선호하는데, 이는 이들이 분해 내성을 가지고 있기 때문이다. 비록 제브라피쉬와 *Xenopus* 모두를 위한 중간 규모의 스크리닝 서비스가 언급되고는 있지만, 아직 게놈 차원의 morpholino oligo collection은 유용하지 않다. 이처럼 돌연변이 유발 및 간섭 방법을 사용하는 게놈 차원의 유전자 기능 분석은 종종 "피노믹스(phenomics)"라고 불리기도 한다.

1.5 프로테오믹스에 대한 수요

전사체학과 표현 형질학이 기능 유전체학의 주류로 급성장하고 있는 이유는 유전체학의 혁명에 빠른 발전을 보인 두 개의 기술적 플랫폼인 대용량 클론 제조와 염기서열 분석을 기반으로 하기 때문이다. 하지만 그것들이 생물학적 시스템의 작동에 대해 실제로 가르쳐 주고 있는 것은 무엇일까? 핵산은 의심의 여지가 없는 중요한 물질이나, 그것은 단지 정보 보관체일 뿐이다. 그러므로 돌연변이를 이용한 유전자들의 분석 또는 RNA 간섭이나 전사체 분석을 통한 mRNA 분석은 우리에게 단백질 기능에 대해 간접적으로 알려줄 뿐이다. 단백질은 세포에서 실질적인 기능 물질이다(Box 1.8). 그들은 서로 간 또는 다른 물질과의 다양한 상호작용을 통해 세포에서 수행되는 대부분의 생화학적 활성을 담당한다. 이런 점에서 단백질은 생물학적 시스템을 이해하는 데 가장 적절한 물질로, 단백질에 대한 직접적인 연구는 이를 이해할 수 있게 한다. 프로테오믹스의 중요성은 아래와 같이 요약할 수 있다.

- 단백질의 기능은 구조와 상호작용에 의존하며, 이들 모두 서열 정보만으로 정확하게 예측할 수 없다. 단백질의 구조와 상호작용을 직접 관찰하는 것만이 최종적인 기능적 정보를 얻을 수 있다.
- 돌연변이와 RNA 간섭은 대규모 기능 분석을 위해 거쳐게 되는 도구이다. 단백질의 구조와 기능이 이미 자세하게 알려져 있더라도, 더 정확한 기능을 조사하기 위해 정밀한 돌연변이가 도입될 수 있다. 그러나 유전자 기능의 대규모 분석을 위한 전형적인 전략은 각 유전자를 완전히 불활성화(단백질 결핍을 초래함) 또는 과발현(과잉 또는 비정상적 활동을 초래함)하는 것이다. 각각의 경우에, 결과적인 표현형질은 도움이 되지 않을 수도 있다. 예를 들어, 많은 단백질의 손실은 치명적이며, 또 단백질이 필수적임을 알려주지만, 그 단백질이 실제로 무엇을 하는지 알려주지는 않는다. 무작위 돌연변이 제조는 유익한 돌연변이를 놀랄 만큼 생산할 수 있지만, 이를 체계적으로 획득할 수 있는 방법은 없다. 일부 단백질은 다른 시간 및/또는 장소에서 다양한 기능을 가지거나, 다른 기능을 가진 다양한 도메인을 가지고 있으므로, 일괄적인 돌연변이 제조라는 접근법으로는 구분할 수 없다.
- 주어진 전사체의 양적 증가가 그 전사체가 인지하는 단백질의 발현양 증가를 의미하지는 않는다. 전사체 분석은 세포 내에서 다른 전사체들 간의 상대적 양을 알려주며, 이것으로부터 우리는 해당 단백질의 양적 풍부함을 추론한다. 하지만 이들 둘은 전사 후 조절에 의해 관련이 없을 수 있다. 세포내 모든 mRNA가 단백질로 발현되는 것은 아니므로, 전사체는 단백질체에서 발견되지 않는 유전자 산물을 포함할 수 있다. 유사하게 단백질 합성률과 단백질 회전률(turnover)은 전사체와는 다르다. 그리고 전사된 RNA의 양은 그에 해당하는 단백질의 양과 반드시 일치하지는 않는다. 이런 이유들은 전사체가 양적으로나 질적으로 단백질체를 정확히 반

BOX 1.8 배경 요인
단백질의 중요성

1838년, 스웨덴 화학자 Jöns Jacob Berzelius는 살아있는 유기체에 풍부하고, **아미노산**의 사슬로 구성된 특정 종류의 거대 분자를 표현하기 위해 단백질이라는 용어를 사용하였다. 이 용어는 "첫 번째 질서"를 의미하는 그리스어인 "*proteios*"에서 유래되었고 인체에서 단백질의 중요성을 표현하기 위해 선택 되었으며, 우리의 지식이 늘어갈수록 이 정의가 더욱 적절해 보인다. 우리는 단백질이 생명체에서 거의 모든 생물 시스템의 필수 구성 요소임을 발견하고 있다. 가장 단순한 세포에서도 수천 가지의 서로 다른 단백질이 존재하며, 이들은 모든 가능한 생물학적 기능의 기본을 이룬다.

살아있는 세포에서 일어나는 생화학 반응의 대부분은, 매우 특이적으로 기질과 결합하며 수백만 또는 수십억 배로 반응 속도를 증가시키는 **효소**라 불리는 단백질에 의해 촉매 된다. 현재까지 수천 개의 효소가 밝혀졌다. 이들 중 일부는 인산화 또는 탈 인산화와 같은 매우 간단한 반응을 촉매 하는 반면, 다른 것들은 DNA 복제 및 전사와 같은 복합적이며 복잡한 과정을 조절한다. 단백질은 또한 다른 분자를 운반하거나 저장할 수 있다. 예를 들어, 이온 채널(세포막에 불 투과성인 이온을 투과시키는), 페리틴(ferritin, 철을 생물학적으로 이용 가능한 형태로 저장하는), 헤모글로빈(hemoglobin, 산소를 운반하는), 그리고 핵공이나 plasmodesmata와 같은 구조체의 구성 단백질이 있다.

다른 단백질들은 구조적 또는 기계적 역할을 한다. 모든 진핵세포는 세가지 유형의 단백질 섬유로 구성된 세포골격(cytoskeleton)을 가지고 있다. 튜블린(tubulin)으로 구성된 마이크로튜블(microtubules), 액틴(actin)으로 만들어진 마이크로필라멘트(microfilaments), 케라틴(keratin)과 같은 특화된 단백질로 구성된 매개-필라멘트(intermediate filaments)가 그것이다. 구형구조와 수용성인 효소나 저장 단백질과는 달리, 세포골격 단백질은 섬유구조이며 번들(bundle)이나 네트워크(network)를 구성한다. 이러한 단백질은 세포에 기계적 지지체로의 역할을 할 뿐만 아니라 세포 내 수송, 세포의 형태 및 세포의 운동성을 조절한다. 예를 들어, 마이크로튜블 네트워크는 유사 분열 과정에서 염색체를 분리하고, 세포 내에서 소낭(vesicle)이나 세포 소 기관의 이동을 돕는다. 마이크로튜블은 섬모와 편모의 핵심 구조이기도 하다. 액틴 필라멘트는 미오신(myosin) 계열 단백질과 함께 수축운동의 단위이다. 액틴-미오신 상호작용은 근육세포의 엄청난 수축력을 제공한다. 다른 세포에서 액틴 필라멘트는, 세포 분열 과정에서 수축 링을 형성하는 것과 같은 세포 운동과 세포 형태의 변화를 촉진시키는 일반적인 역할을 한다. 다세포 생물에서 더 많은 구조 단백질이 세포 외 기질(extracellular matrix)에 포함되어 있다. 즉, 세포 외 기질은 탄수화물의 복합 겔과 이들 구조 단백질들로 구성되어 있다. 콜라겐(collagen), 엘라스틴(elastin) 및 라미닌(laminin)과 같은 이들 단백질은 조직의 기계적 특성에 기여하며, 케드해린(cadherins)과 인테그린(integrin)과 같은 세포 접착 단백질은 세포끼리의 결합과 기질결합에 기여한다.

또 다른 단백질의 중요한 역할은 정보전달(communication)과 조절이다. 대부분의 세포들은 환경변화에 대처하기 위해 다양한 물질에 대한 수용체로 가득 차 있다. 이들 수용체들은 세포막 양쪽에 노출된 도메인(domain)을 가지고 세포막 사이에 끼여 있거나, 그것들에 연결되어 있는 특별한 단백질이다. 어떤 경우에는 이들 수용체에 결합하는 리간드(ligand)가 단백질 이기도 하다.: 성장 호르몬 및 인슐린과 같은 많은 호르몬(hormone)이 수용체에 결합하는 리간드 단백질이며, 대부분이 발달 조절제, 성장 인자 또는 사이토카인(cytokines) 이다. 이런 방식으로, 한 세포에 의해 분비된 단백질은 다른 세포의 바깥쪽 수용체에 결합하여 세포의 행동에 영향을 준다. 세포 내에서 신호 전달에 더 많은 단백질이 관여한다. 이 신호 전달 과정은 세포 표면에 도달한 신호가 내부의 특정 효과를 매개함으로써 진행된다. 흔히, 이 신호전달의 궁극적인 효과는 단백질인 전사 인자(transcription factors)라 불리는 조절 분자(regulatory molecules)의 활성에 영향을 줌으로써 반응 세포에서 유전자 발현 양상을 변화시킨다. 다른 단백질은 mRNA 프로세싱, 번역, 세포 내 단백질 할당 및 분비에 필요하다. 정보전달에 관여하는 단백질의 보다 더 특별한 예는 눈의 망막로드(retinal rod) 세포에서 빛의 인식에 필요한 감광성 단백질인 로돕신(rhodopsin)과 축색돌기 간의 신경 자극 전달에 필요한 전압 게이티드 이온 채널(voltage-gated ion channels)이다.

단백질의 최종 범주는 "종 상호작용", 즉 공격, 방어 및 협력에 관여하는 것들도 포함한다. 모든 병원성 미생물은 숙주의 단백질과 상호작용하여 감염과 번식을 가능하게 하는 단백질을 생산한다. 예를 들어, 바이러스는 숙주 세포 표면에 결합하고 진입을 용이하게 하는 단백질을 가지고 있으며, 일부는 세포 분열과 단백질 합성을 제어하는 장치와 상호작용하는 부가적인 단백질을 가지며, 자신의 요구에 따라 숙주세포의 이러한 과정을 가로 채기도 한다. 콜레라, 파상풍 및 디프테리아(diphtheria) 독소와 같은 박테리아 독소들도 단백질이다. 그리고 항체 및 보체와 같이 침입자로부터 스스로를 보호하기 위해 사용하는 분자도 단백질이다.

영하지 않음을 의미한다.

- 상당히 많은 단백질의 다양성이 전사 단계 후에 생성된다. 진핵생물 체계에서 많은 유전자가 선택적 스플라이싱(alternative splicing)을 통해 다중 전사체를 만든

다. 이들 다중 전사체는 종종 다른 기능의 단백질을 생산한다. 따라서 유전자 차원에서 일어나는 변이는 많은 단백질의 기능을 제한할 수 있다. 스플라이싱에 의한 변형체들은 다른 전사체들에 의해 표현되어지기도 한다. 따라서 RNA 간섭이나 전사체 분석으로 이들을 구별할 수 있어야 한다. 결국 일부 전사체들은 다중 단백질로 발현되며, 각 단백질들의 기능은 단백질 차원에서가 아닌 다른 차원에서의 연구로는 불가능하다.

- 단백질의 활성은 종종 발현 후 변형 과정에 의존하기도 한다. 이는 상응하는 전사체 수준에서 전혀 예상할 수 없다. 많은 단백질은 세포 내에서 절단이나 인산화와 같은 과정에 의해 활성화된다. 이와 같은 발현 후 변형의 다양성이 충분할 경우, 프로테오믹스 만이 특정 단백질의 기능을 밝히는 데 필요한 정보를 제공한다.
- 단백질의 기능은 그 단백질의 세포 내 위치에 따라 결정되기도 한다. 비록 mRNA 위치의 몇 가지 예들이 있기는 하지만, 특히 발달 초기 단계에서, 유전자 산물의 수송은 단백질 차원에서 대부분 일어난다. 단백질의 활성은 그들의 세포내 위치에 의해 결정되기도 한다. 그리고 많은 단백질은 조절의 한 형태로써 구획들 사이를 이동한다(예를 들어, 세포질과 핵). 단백질의 세포내 위치를 고려하지 않고서는 세포내 단백질의 분포위치에 따른 기능적 차이를 설명하지 못한다. 어떤 경우에는 단백질의 분포가 절대적인 존재량보다 중요하기도 하다.
- 어떤 생물학적 시료는 핵산을 함유하지 않는다. 유전체 또는 전사체에 대한 것보다 단백질체에 대한 연구가 실질적인 하나의 이유는 많은 중요한 시료들이 핵산을 포함하지 않기 때문이다. 혈청이나 뇌, 척수, 소변과 같은 대부분의 체내 유동체들이 이 범주에 들어간다. 이러한 경우 이들 유동체에 존재하는 단백질은 질병의 진전을 결정하는 중요한 요소이다(예를 들어, 소변에 함유된 단백질들은 방광암의 진전을 추적하게 한다). 비록 핵산은 고정된 생물학적 표본에 존재하지만, 가끔 고정 이후 분해되거나 교차결합(cross-linked)되어 있으며, 이와 같은 시료는 단백질 분석만이 유일한 방법이다. 최근 선사시대 유골과 같은 고대 생물학적 시료에서 핵산보다 단백질이 훨씬 더 잘 보존되어 있음이 알려져 있다.
- 인체에 있어서는 단백질이 가장 치료적으로 적절한 물질이다. 비록 최근 핵산을 표적으로 하는 약(특히, 항바이러스)의 성공적인 발전도 있으나, 가장 치료적으로 적절한 표적은 단백질이며, 이는 예상 가능한 미래에까지 그러할 것이다. 단백질은 유용한 대표적 생물표지이자 치료제이기도 하다(제10장 참조).

1.6 프로테오믹스의 범위

단백질은 무엇에 초점을 둘 것이냐에 따라 분야별로 다른 방법을 이용하여 연구할 수 있는 다양성을 가진 분자이다. 예를 들어, 물리화학적 성질, 발현 on/off, 양적 정도, 염기 서열, 구조, 변형, 위치, 다른 분자들과의 상호작용, 이동, 안전성, 그리고 생화학적/세포학적/생물학적 수준의 기능 등이 그것이다. 따라서 프로테오믹스는 중첩되기는 하지만 주요한 몇 가지로 분류되는데, 이들은 서로 다른 상황을 수용하고 생물학적 시스템에 대한 포괄적인 이해는 단백질체 데이터를 통합하는 데 도움이 된다. 이 책의 나머지 부분에서는 이러한 개별적 프로테오믹스의 요소들과 관련된 기술들을 살펴볼 것이다.

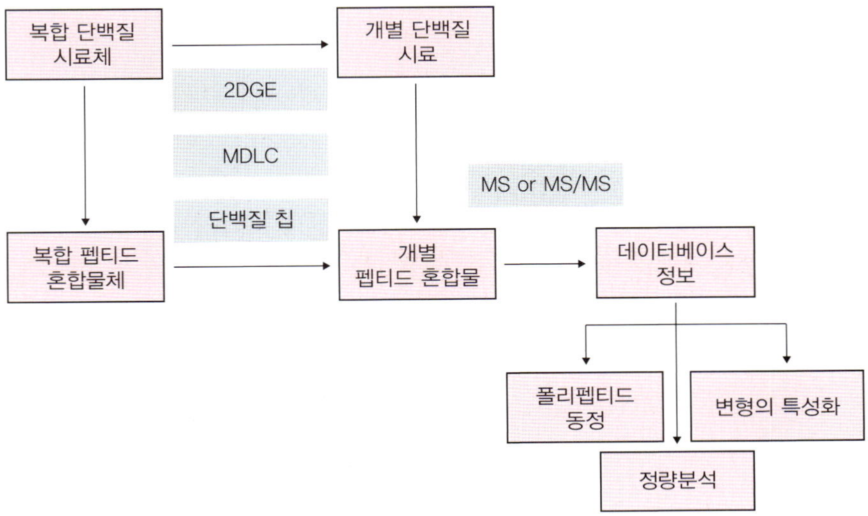

그림 1.7 **발현 프로테오믹스는 단백질 확인과 정성 분석에 관여한다.** 이 그림은 사용된 발현 프로테오믹스 및 주요 기술 플랫폼의 목표를 보여준다. 더 자세한 정보는 2~4장과 8~9장을 보자. 2DGE; 2차원 겔 전기영동, MS; 질량 분석, MS / MS; 직렬 질량 분광법, MDLC; 다차원 액체 크로마토그래피.

단백질 동정과 정량은 단백질체 분석의 가장 기본적 요소이다

전형적인 단백질체 분석은 단백질 복합체의 분리(제2장)와 개별 요소들의 동정(제3장), 그리고 체계적인 정량 분석 등이며, 종종 관련 샘플들의 비교 분석을 포함한다(제4장). 이 접근 방법으로 수집된 데이터의 주요 형태는 단백질 동정, 특정 샘플에서의 특정 단백질의 존재와 부재(on/off expression), 종종 **단백질 발현 프로파일(protein expression profiling)** 또는 **발현 프로테오믹스(expression proteomics)**로 설명되어지는 단백질의 풍부성 등이다(그림 1.7). 2차원적 전기영동법을 기반으로 한 단백질 분리 방법은 1970년대에 발전하였으며, 당시 다른 세포들에서의 단백질 그리고 건강한 조직과 질병을 가진 조직과 같은 다양한 조건에서의 단백질 간의 차이를 분류한 데이터베이스를 만들 수 있다고 예상되었다. 마이크로어레이 분석(클러스터링 알고리즘 및 다변량 통계와 같은)과 관련된 많은 통계 분석 방법은 원래 2DGE 단백질 분석의 맥락에서 개발되었으나, 기술적 한계는 시초에서부터 단백질 분리의 재현성과 분리된 단백질의 동정을 방해했다. 발현 프로테오믹스에서의 획기적인 발전은 1990년대 초반에 단백질 동정에 사용된 **질량 분석(mass spectrometry)** 기술과 질량 분석 데이터를 사용한 데이터베이스 검색을 위해 설계된 알고리즘의 개발이다. 현재까지 수천 개의 단백질이 분리, 동정, 정량화, 분류되었으며, 서로 다른 표본에서 차별적으로 발현되는 단백질을 밝히고 번역 후 변형을 특성화 할 수 있게 되었다. 발현 프로테오믹스의 핵심 기술은 단백질 분리를 위한 이차 전기영동과 다차원 액상 크로마토그래피(MDLC)이며, 단백질 동정을 위한 질량분석기와 정보학 그리고 단백질 정량을 위한 질량 분석 정보학 등이다. 단백질 발현 후 변형의 분석을 위해 앞서 언급한 기술들의 적용은 제8장에서 논의한다. 기능적 프로테오믹스와 상당 부분 겹치는 발현 프로테오믹스의 새로운 경향은 초고효율 분석을 위한 단백질 마이크로어레이를 사용하는 것이다(제9장).

단백질 기능에 대한 중요한 데이터는 서열과 구조 분석으로부터 얻을 수 있다

오늘날 우리가 이해하는 프로테오믹스는 DNA 염기 서열 분석기술의 발전 없이는 불가능하지만, 첫 번째 RNA 염기 서열 분석이었던 1966년에 완결된 효모 tRNA의 77개 염기 서열 분석보다는 10년 이전에, 그리고 1969년의 대장균 *lac* 오퍼레이터 DNA 염기 서열 분석보다는 13년 앞 선 1956년에 인슐린 51개 아미노산 서열 분석이 완결되었다는 점은 상기할 만한 일이다. 1980년대 DNA 염기 서열 분석이 일반화되기 전까지, 일차적으로 단백질 염기 서열 분석이 수행되는 것이 일반적이었으며, 이 분석 결과를 바탕으로 cDNA 또는 genomic DNA 라이브러리로부터 유전자 선별을 위한 탐침(probe)이 디자인되었다. Edman 분해법을 이용한 단백질 서열 분석(제3장 참조)은 단백질의 활성도와 특정 표현형의 유전자적 기반 사이의 중요한 연관성을 제공하였으나, 1980년대 중반 이후 유전자 선별을 위해 단백질 서열을 사용하기 보다는 유전자로부터 단백질의 서열을 예측하는 것이 일상화되었다.

정보가 저장된 단백질과 핵산 서열의 수가 증가하고, 기능적으로 관련된 단백질들이 종종 유사한 서열을 가지고 있다는 인식은 오늘날 프로테오믹스에서 사용되는 핵심인 생물정보학 방법의 근간을 이루는 서열 비교를 위한 통계 처리 기술의 발전을 촉진했다(제5장). 핵산 염기 서열들은 세 가지 **주요 서열 데이터베이스(primary sequence databases**; GenBank, ENA, DDBJ)에 저장되고, INSDC 하에 매일 수정되고 있다. 이들 데이터베이스 틀은 DNA 염기 서열로부터 번역된 단백질 서열 정보도 가지고 있으며, 이러한 단백질 서열은 UniProt이란 명칭으로 공동 제작된 별도의 데이터베이스에 보관되어 있다. UniProt은 2002년 이전에 분리되었지만, Swiss-Prot, TrEMBL 및 PIR과 같은 중복된 단백질 데이터베이스로부터 만들어졌다. 단백질체학의 주요 혁신 중 하나는 질량 분석 데이터를 이용한 염기 서열 데이터베이스 검색을 가능하게 한 알고리즘이다(제3장). 이것은 대규모 실험에서 단백질들의 동정이 가능함을 의미하며, 관련 단백질들의 연결 그리고 이미 분석된 유전자 자료 내에서 상응하는 유전자의 동정이 가능함을 의미한다. 단백질 아미노산 서열은 또한 특이적 발현 후 변형(PTM)을 예상하는 것을 가능하게 한다(제8장). 더 나아가, 유사한 염기 서열은 유사한 상호작용과 생화학적 기능을 추정하게 하는 유사한 구조를 예측하게 한다. 또한 단백질의 삼차원적 구조에 대한 연구는 단백질의 기능과 상호작용을 결정하는 중요한 부가적 데이터를 제공하기도 한다.

구조 단백질체학은 x-선 회절, 핵자기공명분석과 같은 기술에 의해 뒷받침되며, 구조 데이터의 저장, 표현, 비교 및 예측과 관련된 생물정보학의 새로운 분야를 창출했다(제6장). 단백질 데이터 은행(Protein Data Bank)은 주요한 단백질 구조 데이터베이스(http://www.rscb.org)로, 단백질 구조 정보에 대한 공개적 접근이 가능한 주요 저장보관소로써, worldwide protein data bank(wwPDB)를 구성하는 4개의 참여 데이터베이스들에 의해 운용된다. 구성 시에 데이터베이스는 약 80,000개 이상의 단백질 구조를 포함하고 있다. 구조 프로테오믹스의 기술적 발전은 구조 결정을 위한 자료 처리량의 증가와 전체 프로테옴을 대변하는 단백질 구조의 체계적 분석을 위한 과제의 시작에 중점을 두고 있다.

상호결합 프로테오믹스와 활성기반 프로테오믹스는 단백질을 기능적 네트워크에 연결시키는 데 도움을 준다

상호작용 프로테오믹스(interactomics)은 유전학적 그리고 생리학적 상호작용을 고려할 뿐만 아니라 단백질, 핵산 그리고 작은 분자들 간의 상호작용을 고려한다. 단백질 상호작용의 분석은 개별 단백질의 기능뿐만 아니라 단백질이 어떻게 단백질 복합체, 경로 및 네트워크에 연결되어 있는지에 대한 정보를 제공할 수 있다. 상호작용 단백질체학은 다양한 정보를 제공하기 위해서 다양한 기술적 플랫폼에 의존하고 있으며, **활성-기반 프로테오믹스(activity-based proteomics**; 단백질 기능의 직접, 대규모 분석)와 단백질의 위치를 예상하고 결정할 수 있는 기술과 매우 밀접한 연관성을 가지고 있다(그림 1.8). 개념적으로, 상호작용 프로테오믹스의 가장 분명한 점은 개별적인 단백질들 간의 이중 상호작용과 단백질 복합체의 체계적 분석에 의해 결정되어지는 고차원적 상호작용에 기초한 **단백질체 결합 지도(proteome linkage maps)**의 제조이다. 이 분야의 주요 기술은 이원 상호작용, **단백질 복합체(protein complex)**의 분석을 위한 친화성 분리정제법/질량 분광법, **organellar proteomics** 및 **세포막 프로테오믹스**와 같은 **세부적인 프로테옴(sub-proteomics)** 등의 제한된 하위 집합 분석에 대한 two-hybrid / protein complementation 분석 등이 있다(제7장). 단백질과 핵산 사이의 상호작용은 유전자 조절을 포함하는 다양한 주요 과정의 기본이 되며, 작은 분자와 단백질 간의 상호작용은 효소-기질, 수용체-리간드 및 약물-표적 같은 중요한 생물학적 과정을 설명하기에 중요하다. 이러한 유형의 상호작용은 종종 생화학 분석법과 X-선 회절과 같은 구조 분석법을 이용하여 연구된다. 작은 분자와의 단백질 상호작용의 특성 규명은 신약 개발에 있어서 중요한 역할을 한다.

1.7 프로테오믹스의 현 문제점들

초기 단계의 대규모 DNA 염기 서열 분석 프로젝트를 성공적으로 이끈 하나의 요소는 일관적인 데이터 형식과 일반적인 기술력 플랫폼을 채택하여 데이터가 세계적으로 확실하게 공유될 수 있도록 했던 것이다. 하지만 프로테오믹스는 두 가지 핵심 분야에서 다르다. 첫째는 프로테오믹스에서 생성된 데이터 형식의 다양성(연구된 단

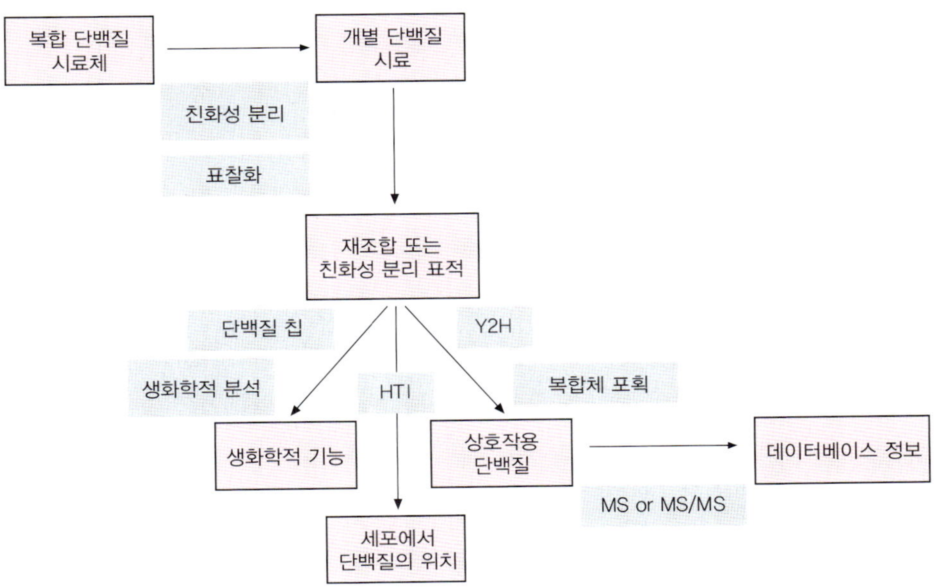

그림 1.8 **기능 프로테오믹스는 단백질 상호작용과 생화학, 세포 및 시스템 기능에 대한 연구와 관련이 있다.** 이 그림은 기능 프로테오믹스와 사용 된 주요 기술 플랫폼의 목표를 보여준다. 자세한 내용은 7장과 9장을 참조하시오. HTI, 고효율 이미징(high-throughput imaging); Y2H, yeast two-hybrid system; MS, 질량 분석, MS / MS, 직렬 질량 분석.

백질의 다른 속성을 반영하는)이며, 둘째는 다른 데이터 체제를 가진 각 데이터들의 형성을 위한 몇 개의 경쟁적 또는 보완적 기술력들이다. DNA 염기 서열 분석은 약 2005년까지 Sanger 방법에 전적으로 기반하였고, 원형 데이터 세트는 모세관 전기영동으로부터 얻어진 전체 염기 서열의 조각들로 국제적으로 인정받을 수 있는 정보 방식을 사용하여 정리된 염기 서열로 전환되어진 것들이다. 반면, 프로테오믹스 데이터 세트는 2DGE와 MDLC로부터 생성될 수 있으며, 단백질들은 mass spectrometer 분석을 기초로 한 정보학적 접근법을 이용하여 동정되었다. 각 플랫폼에 의해 생성된 데이터들은 구별되어진다. 시료 준비로부터 데이터베이스 처리 및 관리 같은 모든 분석 단계에서의 장애물은 극복되어 왔지만 다양한 데이터 세트들을 통합하는 것은 쉽지 않다(그림 1.9). 프로테오믹스 데이터 세트의 복잡성은 재현 가능한 해석과

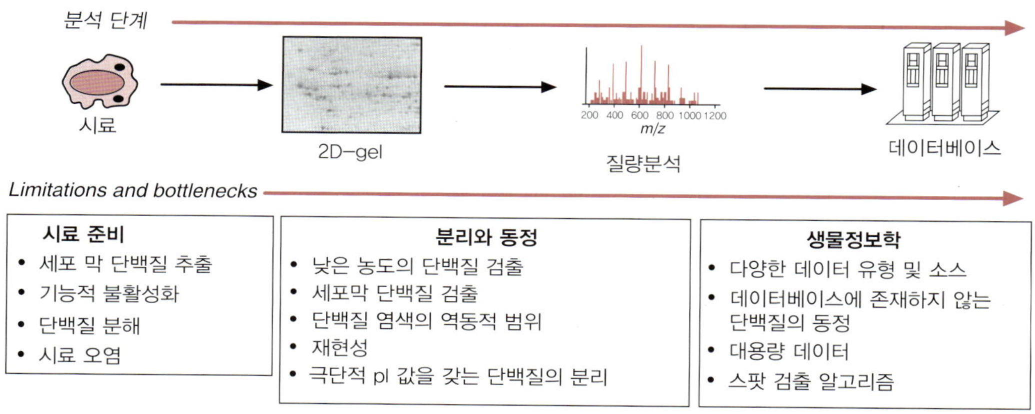

그림 1.9 현재 기술에 있어 프로테오믹스가 직면한 과제들.

BOX 1.9 배경 요인
단백질체 실험에 대한 최소 기준 정보

기능 유전체학의 출현은 점점 더 광범위해지고 복잡해지는 정보들뿐만 아니라, 그들에 기초한 대규모 생물학 연구의 폭발적 연구발표를 예견했다. 이러한 학문적 주류로의 전환을 이끈 기능 유전체학의 시작은, 대량 유전자의 발현을 연구하는 마이크로어레이의 사용이었다. 그리고 이것은 2001년, 데이터(실험 결과들)와 메타데이터(데이터 관리상 필요한 속성에 대한 데이터)의 표준화를 시도하는 "**마이크로어레이 실험에 대한 최소 기준 정보(Minimum Information About a Microarray Experiment, MIAME)**" 개발의 첫걸음을 제시하였다. 이러한 표준화는 과학저널 편집자나 데이터베이스 관리자가 마이크로어레이 결과가 발표 이전에 아주 엄격한 질적 기준을 적용하여 재현력과 모호한 실험적 결과에 대한 확신을 부여함으로써 지지를 받게 되었다. 또한 MIAME 시책의 일부는 일반적 데이터의 교환 형식(현재 단순한 MAGE-TAB로 대처된 초창기 MAGE-ML, XML 기초 마이크로어레이, 그리고 유전자 발현 데이터 표기 언어)의 개발과 지식 모델(MGED-Ontology)의 개발이었다.

MIAME와 MAGE의 성공은 다른 분야의 광범위 생물학에 비슷한 발전을 이끌었다. 프로테오믹스 실험 (MIAPE) 표준화에 관한 최소한의 정보를 개발하는 과제는 HUPO(Human. Proteome Organization)의 전문가 집단인 **Proteomics Standards Initiative (PSI)**에 의해 다루어지고 있다. 앞에서와 같이 이는 데이터/메타데이터 표준화, 데이터 교환을 위한 표기 언어, 그리고 일관된 주석을 위한 존재학(ontology)의 개발과 연관이 있다. MIAME과 달리, MIAPE 시책은 단백질 분리에 대한 기술들에 있어 몇 가지 다른 점을 고려해야 하며, 그 단백질 분리 모듈로는 겔 전기영동, 겔 이미지 정보학, 크로마토그래피 분리, 질량분석기, 질량 분석 정보학, 모세관 전기영동, 정량적 질량 분석, 단백질 변형, 그리고 단백질 상호작용과 같은 추가적인 방법들이 있다(**분자 상호작용 실험에 대한 최소 기준 정보, MIMIx**, 그리고 단백질 친화 반응력(물)에 대한 최소 정보, MIAPAR). 이러한 표준화 작업의 최신 성과물은 HUPO PSI 웹사이트(www.psidev.info/groups)에 정규적으로 갱신되고 있다. 2007년이후 최소한의 표준 시책들은 "**MIBBI(Minimal Information about a Biomedical or Biological Investigation)**"에 의해 관리되고 있다. MIBBI는 또한 발표 이전 초기단계의 MI 계획을 보여주는데, 제9장에서 논의할 방법들이 더욱 보편화 되어질 수록 관련성이 있을 MIAPepAE(펩타이드 어레이 실험을 위한 최소 기준 정보)가 그 예이다.

애매모호하지 않은 정확한 해석 등이 요구되는 엄격한 표준화가 필요하다는 것을 의미한다. 이것은 **HUPO Proteomics Standards Initiative**에 의해 Box 1.9에서 서술된 **프로테오믹스 실험에 대한 최소 기준 정보(MIAPE)**로 제정되었다.

프로테오믹스의 또 다른 핵심 과제는 핵산 중합효소 연쇄 반응과 같은 증폭 방법이 없다는 것이다. 즉, 소량의 단백질을 검출하기 어렵고 단백질 데이터의 질이 기술의 정밀도에 의존한다는 것이다. 정밀도는 일반적인 생물학적 시료에서 단백질 존재량의 역동적 범위를 중요하게 고려하여야 하며, 일반적으로 생물학적 시료의 특정 단백질의 존재량은 조직의 경우 10^5개이고, 혈청의 경우에는 최대 10^9개이다. 주요 프로테오믹스 기술 중 일부는 높은 양성 및 음성 결과의 오류(예: 이원 단백질 상호작용 검출을 위한 yeast two-hybrid system)로 인한 문제를 안고 있다. 프로테오믹스 분석 방법, 도구 및 데이터 처리 전략은 품질 관리를 향상시키기 위해 지속적으로 개선되고 있지만, 복잡한 생물 시스템에 대한 포괄적 분석을 위해서는 실험에서 재현성 있는 데이터 세트를 생성할 수 있도록 하기 위한 훨씬 더 높은 정밀도와 분해능이 필요하다.

읽을거리

Altelaar AF, Munoz J & Heck AJ (2013) Next-generation proteomics: towards an integrative view of proteome dynamics. *Nat. Rev. Genet.* 14, 35-48.

Anderson NG & Anderson NL (1998) Proteome and proteomics: new technologies, new concepts, new words. *Electrophoresis* 19, 1853-1861.

Blackstock W & Weir M (1999) Proteomics: quantitative and physical mapping of cellular proteins. *Trends Biotechnol.* 17, 121-127.

Blow N (2009) Systems biology: untangling the protein web. *Nature* 460, 415-418.

Chuang HY, Hofree M & Ideker T (2010) A decade of systems biology. *Annu. Rev. Cell Dev. Biol.* 26, 721-744.

Coelho PSR, Kumar A & Snyder M (2000) Genome-wide mutant collections: toolboxes for functional genomics. *Curr. Opin. Microbiol.* 3, 309-315.

Dufva M (2009) Introduction to microarray technology. *Methods Mol. Biol.* 529, 1-22.

Gygi SP, Rochon Y, Franza BR & Aebersold R (1999) Correlation between protein and mRNA abundance in yeast. *Mol. Cell Biol.* 19, 1720-1730.

Hardy S, Legagneux V, Audic Y & Paillard L (2010) Reverse genetics in eukaryotes. *Biol. Cell* 102, 561-580.

Johnson CH & Gonzalez FJ (2012) Challenges and opportunities of metabolomics. *J. Cell Physiol.* 227, 2975-2981.

Kamath RS, Fraser AG, Dong Y et al. (2003) Systematic functional analysis of the *Caenorhabditis elegans* genome using RNAi. *Nature* 421, 231-237.

Lee KH (2001) Proteomics: a technology-driven and technology limited discovery science. *Trends Biotechnol.* 19, 217-222.

Marioni JC, Mason CE, Mane SM et al. (2008) RNA-seq: an assessment of technical reproducibility and comparison with gene expression arrays. *Genome Res.* 18, 1509-1517.

Martin JA & Wang Z (2011) Next-generation transcriptome assembly. *Nat. Rev. Genet.* 12, 671-682.

Martzen MR, McCraith SM, Spinelli SL et al. (1999) A biochemical genomics approach for identifying genes by the activity of their products. *Science* 286, 1153-1155.

Merriman B, Ion Torrent R&D Team & Rothberg JM (2012) Progress in ion torrent semiconductor chip based sequencing. *Electrophoresis* 33, 3397-3417.

Metzker ML (2010) Sequencing technologies—he next generation. *Nat. Rev. Genet.* 11, 31-46.

Morozova O, Hirst M & Marra MA (2009) Applications of new sequencing technologies for transcriptome analysis. *Annu. Rev. Genomics Hum. Genet.* 10, 135-151.

Nakamura Y, Cochrane G, Karsch-Mizrachi I & International Nucleotide Sequence Database Collaboration (2013) The International Nucleotide Sequence Database Collaboration. *Nucleic Acids Res.* 41(Database issue), D21-D24.

Ozsolak F & Milos PM (2011) RNA sequencing: advances, challenges and opportunities. *Nat. Rev. Genet.* 12, 87-88.

Pandey A & Mann M (2000) Proteomics to study genes and genomes. *Nature* 405, 837-846.

Patterson SD & Aebersold RH (2003) Proteomics: the fi rst decade and beyond. *Nat. Genet.* 33 (Suppl), 311-323.

Shendure J & Lieberman Aiden E (2012) Th e expanding scope of DNA sequencing. *Nat. Biotechnol.* 30, 1084-1094.

Simon R (2008) Microarray-based expression profi ling and informatics. *Curr. Opin. Biotechnol.* 19, 26-29.

Thompson JF & Oliver JS (2012) Mapping and sequencing DNA using nanopores and nanodetectors. *Electrophoresis* 33, 3429-3436.

Tyers M & Mann M (2003) From genomics to proteomics. *Nature* 422, 193-197.

Velculescu VE, Zhang L, Vogelstein B & Kinzler KW (1995) Serial analysis of gene expression. *Science* 270, 484-487.

Wang Z, Gerstein M & Snyder M (2009) RNA-Seq: a revolutionary tool for transcriptomics. *Nat. Rev. Genet.* 10, 57-63.

CHAPTER 2

단백질 분리 방법

2.1 개요

단백질 분석은 소규모이든 혹은 대규모이든 단백질 혼합물의 분리에서부터 개별 구성 단백질로의 분리 방법에 이르기까지 요구되고 있다. 단백질 분리방법은 완전히 선택적인 방법에서부터 비선택적 방법에 이르기까지 차등적으로 분류할 수 있다. 선택적 분리방법은 결합 특이성과 같은 성질을 이용하여 혼합물에서 개별 단백질을 분리하는 것을 목적으로 한다. 이러한 친화성을 기반으로 한 방법들은 제7장에서 더 자세히 서술한다. 이번 장에서는 비선택적 분리방법들을 중점적으로 다루며, 이 방법은 다음 단계의 분석에 용이한 모든 개별 단백질이나 최소한의 소분획물을 획득하기 위하여 단백질 혼합물을 편파적이지 않은 방법으로 분획하는 것을 목적으로 한다. 이러한 방법들은 단백질체학의 핵심적인 방법으로써 일반적으로 개별 단백질의 질량 및 전하와 같은 고유한 특성을 이용한다.

단백질체학에서 단백질 분리기술은 한계에 맞닥뜨린다. 이 기술들의 궁극적인 목표는 세포 또는 다른 샘플로부터 모든 개별의 단백질을 분리하는 것이다. 제1장에서 기술한 바와 같이, 번역 후 변형(post-translational modification)을 고려할 때 진핵세포 내에는 수천 또는 수만의 서로 다른 단백질이 존재할 수 있다. 이러한 단백질들은 화학적으로 다양하기 때문에 모든 단백질을 동등하게 분리하는 방법을 고안하는 것은 쉽지 않다. 수년간의 개발에도 불구하고, 가장 정교한 단백질체의 분리 기술조차 특정 부류의 단백질 분리에 충분하지 못하지만 적어도 부분적으로 선택적이다.

단백질 분리가 선택적, 부분 선택적 혹은 비선택적이든 간에, 기본적인 원리는 항상 특정 환경에서 단백질이 서로 다르게 행동하는 데 기여하는 요인인 물리화학적 성질의 차이를 이용한다는 사실을 기억하는 것이 중요하다. 이러한 물리화학적인 차이는 단백질을 구성하는 아미노산들의 개수, 종류, 순서 및 번역 후 변형의 종류에 따라 결정된다.

2.2 단백질체학에서 단백질 분리의 일반적인 원리

다양한 기법이 적어도 비선택적 방법의 접근을 통해 복잡한 단백질 혼합물을 분리하는 데에 사용되지만, 이러한 모든 분리기술들이 단백질체학에 적합한 것은 아니다. 주요 필요조건 중 하나가 고분해능(high resolution)이다. 단백질 분리 기법은 단순한 단백질 혹은 펩타이드 혼합물인 분획물을 생성하여야 하며(Box 2.1), 이에 충분한 분해능을 제공하지 못하는 1차원적(one-dimensional) 기법을 제외(즉, 단 한 가지의 물리적 또는 화학적 특징만을 이용하여 분리하는 기법)한다. 그러므로 이번 장에서 기술되는 모든 분리 기법은 다차원적(multidimensional)이며, 즉 두 가지 혹은 그 이상의 서로 다른 분획 원리가 순차적으로 적용된다. 많은 분리 기법이 서로 다른 원리를 바탕으로 분리에 사용되는지의 정도를 **직교성(orthogonality)**이라고 한다. 단백질체학에서 또 다른 주요 필요조건은 높은 처리량(high throughput)이다. 단백질 분리 기법은 한 번의 실험을 통해서 모든 단백질을 분리하여야 하며, 이상적으로 자동화가 용이해야 한다. 자동화를 위한 가장 적절한 방법은 배열 및 수집이 가능한 분획물을 서로 다른 이동 속도에 의존하여 분리하는 것이며, 이 과정을 일반적으로 **분리적 수송(separative transport)**이라 말한다. 마지막 필요조건은 분획 방법이 높은 처리량의 단백질 동정 방법의 주요 기법인 질량 분석법(mass spectrometry, 제3장)을 이용한 후속 분석(downstream analysis)에 적합하여야 한다. 단백질체학에 지배적으로 사용되어 온 두 가지 그룹의 기법은 **2차원 겔 전기영동(two-dimensional gel electrophoresis, 2DGE)**과 **다차원 액체 크로마토그래피(multidimensional liquid chromatography, MDLC)**이며, 후자는 경우에 따라 1차원 겔 전기영동(one-dimensional gel electrophoresis), 모세관 전기영동(capillary electrophoresis) 및 크로마토 포커싱(chromatofocusing) 등과 같은 분리 기법과 결합하여 사용된다.

BOX 2.1 배경 요인
단백질체학에서 펩타이드의 필요성

단백질체학 실험에서 일반적인 작업 흐름은 단백질 그리고/또는 펩타이드의 분리에 뒤이어 질량 분석법을 이용하여 실질적으로 특정 단백질 또는 원시료의 모든 단백질 동정을 수반한다. 단백질체학에서 질량 분석법의 사용은 제3장에서 더 자세하게 논의하겠지만, 이번 장에서 논의된 단백질 분리 기법은 실제 단백질 자체보다 **단백질 가수분해 효소**에 의한 분해로 인해 단백질로부터 파생된 **펩타이드(peptides)**에 적용된다. 이유는 간단하다: 질량 분석법은 질량 탐지에 대하여 상한선을 가지는데, 이는 전체 단백질의 대부분이 탐지될 수 없다는 것을 의미한다. 표준방법의 상한선 최대치는 약 50 kDa으로, 이는 500개의 아미노산보다 작은 단백질을 말하며, 이보다 큰 단백질은 분석으로부터 배제된다. 탐지의 한계를 극복하기 위해 사용되는 최근의 특별한 방법들은 제3장에서 논의한다.

대부분의 경우, 단편화를 통해 분석되는 분자의 크기를 감소시키는 반면에 부모분자의 식별 기능은 유지하는 것이 필요하다. 그러므로 단백질은 트립신 또는 다른 효소를 이용하여 분해해 각 단백질에서 절단된 단편을 서열 데이터에서 예측할 수 있는 크기(잘 알려진 절단 위치에 기반하여)로 만들고 적절한 데이터베이스 검색 알고리즘을 이용하여 단편의 부모 단백질(역주; 원래의 단백질)에 할당할 수 있게 한다(제3장). 2DGE에서, 단백질은 분리 후 분해하여 각 단백질 스팟을 펩타이드 집합으로 전환시켜 그 스팟의 단백질을 나타내게 한다. 다차원 크로마토그래피 방법에서는 분획물이 자동적으로 질량분석기에 주입될 수 있기 때문에, 원료의 단백질을 펩타이드로 분해시키는 것은 훨씬 더 흔한 일이며, 이러한 접근방식은 **상향식 단백질체학(bottom-up proteomics)**으로 알려져 있다. 이 접근방식의 주된 문제는 단백질의 혼합물, 즉 이미 매우 복잡한 시료가 펩타이드로 분해가 되면 더욱 복잡해진다는 것인데, 이는 각 단백질이 그들의 크기에 따라 20~50개의 펩타이드를 만들기 때문이다. 분획물마다 더 많은 수의 펩타이드로 인해 질량분석기가 압도되는 것을 방지하기 위해 더 높은 분해능의 다차원 크로마토그래피 기술이 사용될 수 있다. 그러나 부모 단백질의 존재를 결정하기 위해서는 일부 펩타이드만 제대로 동정되면 된다. 그러므로 복잡성에 의한 문제를 해결하는 다른 방법은 단백질의 대표성을 유지할 수 있는 한 친화성 농축 기법을 이용하여 시료의 펩타이드 수를 감소시키는 것이다(39쪽). 2DGE의 작업 흐름과 유사한 또 다른 대안은 전체 단백질을 분석한 후, 분해보다 충돌을 이용하여 단편을 생성하는 것인데, 이는 **하향식 단백질체학(top-down proteomics)**으로 알려진 접근방법이다. 단백질 동정을 위한 이러한 다른 방법의 상대적인 이점은 제3장에서 더 자세하게 논의한다.

2.3 2차원적 겔 전기영동의 원리

전기영동은 질량과 전하를 이용하여 단백질을 분리한다

수용액에서 전하를 가지는 모든 분자는 전기장에서 이동하며, 이러한 현상을 **전기영동(electrophoresis)**이라 한다. 분자의 이동속도는 전기장의 힘과 분자의 **전하밀도(charge density)**에 의해 결정되며, 이는 질량에 따른 전하의 비율을 말한다. 용해된 단백질은 알짜전하(net charge)를 가지기 때문에 이론상으로 수용액 내의 단백질 혼합물은 전기영동에 의하여 분획될 수 있다. 이는 서로 다른 전하밀도를 가지는 단백질이 적절한 전극을 향해서 다른 속도로 이동하기 때문이다. 그러나 실제 모든 단백질은 초기에 수용액에서 균일하게 퍼져 있기 때문에 효과적인 분리가 불가능하다.

이 문제를 해결하는 방법은 단백질 혼합물을 전기영동 완충액 내 한 곳에 적재하여 서로 다른 전하밀도를 가지는 단백질을 개별적인 위치로 이동시키는 것이다. 그러나 표준 전기영동이 자유 수용액에서 수행되어지지 않는 많은 실질적인 이유가 있다. 하나는 수용액에 가해지는 어떠한 사소한 교란이 전기영동 지역을 붕괴시킬 수 있다는 것이다. 비록 외부로부터의 충격과 진동을 피하기 위해 극단적인 예방이 가해지더라도 전기영동은 열을 발생시키며, 완충액 내의 대류(convection currents)는 전기영동 지역을 효과적으로 빠르게 분산시킬 것이다. 다른 이유는 전기영동에 의해 발생된 좁은 단백질 지역은 전기장의 전하가 제거되면 확산에 의해 빠르게 균질화되어 확장된다(그림 2.1). 이러한 확산 효과는 매우 좁은 관을 이용한 전기영동[**모세관 전기영동(capillary electrophoresis)**, Box 2.2]과 함께/또는 겔과 종이 같이 유동하지 않은 안정화된 상을 이용해 최소화될 수 있으며, 후자의 경우 전기영동이 완료된 후에 분리된 단백질이 고정되게 한다. 폴리아크릴아미드 겔(polyacrylamide gels)이 선

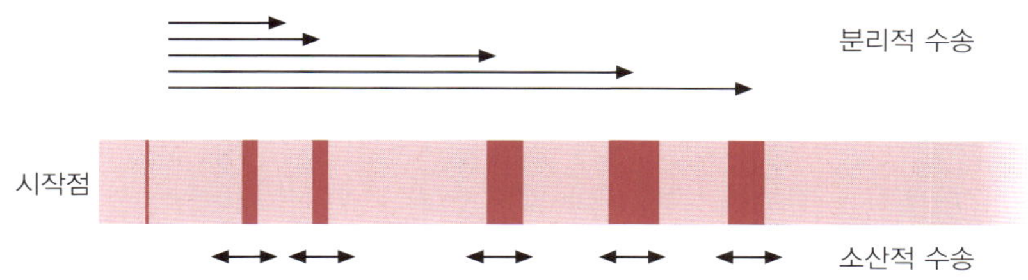

그림 2.1 구역 전기영동 동안의 분리 이동과 분산 이동.

BOX 2.2 다른 응용
단백질체학에서 모세관 전기영동

모세관 전기영동(capillary electrophoresis, CE)은 겔 전기영동과 유사한 원리이지만 통상적으로 지름 약 50마이크로미터, 길이 1미터에 이르는 유리관에서 수행된다. 관은 겔로 채워져 있을 수도 아닐 수도 있지만, 겔의 존재는 단백질 또는 펩타이드의 체질을 촉진하고 크기에 기초한 분리를 향상시키는데, 이러한 변형 형식은 **모세관 겔 전기영동(capillary gel electrophoresis, CGE)**이라 알려져 있다. 얇은 관은 열 분산에 효과적이며, 강한 전기장의 사용을 가능하게 한다. 이는 분리가 빠르고 실험적인 종료시점이 아닌 실시간으로 관찰할 수 있다는 것을 의미한다. 그러므로 단백질체학에서 모세관 전기영동의 주요 이점은 전기영동의 분리원리(즉, 전하를 가지며 극성인 분자를 효율적으로 분리시키는 경향)를 직교 크로마토그래피 방법과 결합하여 매우 잘 분리된 분획물을 빠르게 생성하여 자동으로 질량분석기에 주입할 수 있다는 것이다. 모세관의 좁은 지름은 작은 시료 부피를 요구한다. 그러므로 단백질체학에서 모세관 전기영동은 정제된 단백질이나 이차원 겔로부터 잘라낸 스팟을 트립신 분해물과 같은 비교적 단순한 혼합물에서의 펩타이드 분리에 응용할 수 있다. 모세관 전기영동의 축소화를 통해 미소유체공학적 기술에 기반한 칩(chip)-기반 분리 장치의 발전에 응용될 수 있으며, 이 기술은 제9장에서 간략하게 검토한다.

호되는데, 이 방법은 체질(sieving)을 통하여 단백질 분리를 용이하게 하며, 겔의 구멍 크기를 중합 혼합물 내의 아크릴아미드 농도에 의해 쉽고 간편하게 조절할 수 있어서 특정 범위의 분자 크기를 선택적으로 분리시킬 수 있다. 이러한 이유로 인해 **폴리아크릴아미드 겔 전기영동법(polyacrylamide gel electrophoresis, PAGE)**은 분자생물학에서 가장 널리 사용되는 단백질 분리 기법이다.

위에서 말한 바와 같이, 모든 고분해능의 단백질 분획 방법들은 다차원 분리 과정을 사용하는데, 이는 각 차원에서 서로 다른 단백질의 성질을 이용한다는 것을 의미한다. 비록 PAGE는 질량과 전하를 이용하여 단백질을 분리시키지만, 서로 다른 두 성질을 같은 차원으로 적용하는 것은 분리 구획이 광범위하게 겹치기 때문에 여전히 낮은 분리 분해능을 초래한다. 1970년대 초에 이르러 이러한 두 성질을 직교차원으로 응용시켜 분리시키는 것이 단백질 혼합물을 분리하는 데 있어서 가장 효과적인 방법이란 것을 인지하였다. 그에 따라 전하와 질량을 단독적으로 이용하여 서로 다른 차원에서 분리시키는 전기영동의 변형 방식을 고안할 필요성이 대두되었다. 이러한 변형된 기술은 결과적으로 2DGE로 적용되었다.

등전점 전기영동은 질량에 관계없이 전하를 이용해 단백질을 분리한다

2DGE에서 1차원 분리는 주로 **등전점 전기영동(isoelectric focusing, IEF)**이며, 이 방법은 질량에 관계없이 단백질을 알짜 전하에 따라 분리시킨다. 기반이 되는 원리는 pH 기울기를 이용한 전기영동을 실행시킴으로써 각 단백질을 알짜 전하가 0이 되는 지점인 **등전점(isoelectric point, pI)**으로 이동시키는 것이다(그림 2.2). 표준 방식의 전기영동에서는 완충액이 균일한 pH를 가지기 때문에 pH 기울기는 존재하지 않는다. 그러므로 각 단백질의 전하 밀도는 전기영동 과정에서 변함없이 유지되어 전극을 향해서 이동한다. IEF의 경우, 각 단백질의 전하 밀도는 그들의 등전점에 해당하는 pH 지점을 향해 이동함에 따라 감소한다. 등전점에 도달했을 때, 단백질의 전하 밀도는 0이 되고 전기장 내 전기적 인력에 의해 더 이상 움직이지 않는다. 확산은 특정 지점에서 일어나는 이러한 경향에 반하여 여전히 작용되지만, 등전점으로부터 확산되는 단백질은 전하를 띠게 되고 다시 본래의 위치로 되돌아온다. 산성 혹은

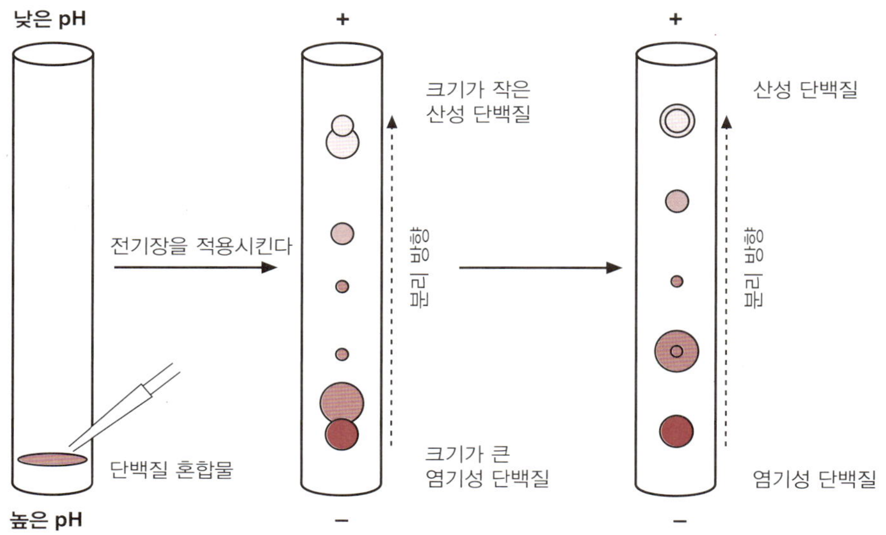

그림 2.2 **등전점 전기영동의 원리**. 단백질의 혼합물은 pH 기울기를 가지는 겔의 염기성 끝에 적재된다. 전기장이 적용되고 단백질은 그들의 전하에 따라 분리되며, 각 단백질은 알짜 전하가 0이 되는 주변 pH 값 위치에 모이게 된다. 즉, 그들의 등전점에 위치하게 된다. 큰 단백질은 겔을 통해 더 느리게 움직이지만, 충분한 시간을 통해 동일한 전하의 작은 단백질을 따라 잡는다. 각 원은 단백질을 나타내고, 음영은 단백질의 pI 값을 나타내며, 원의 지름은 분자량을 나타낸다.

염기성 아미노산들의 종류 및 개수에 의해 결정된 서로 다른 pI 값을 가지는 단백질들은 pH 기울기를 형성하는 겔 상에서 서로 다른 위치에 존재하게 된다. 비록 단백질들의 크기에 따라 분리시키는 체질 효과가 초기에 발생할지라도, 장시간 안정적으로 겔을 작동시키는 것은 모든 단백질을 등전점에 도달하게 하며, 단백질의 크기에 영향을 받지 않고서 분리시킨다.

IEF의 겔에서 pH 기울기는 크게 두 가지 방법으로 형성될 수 있다. 최초의 방식에서는 **합성 담체 양성 전해질(synthetic carrier ampholytes)**를 이용했는데, 이 물질은 주어진 pH 기울기 범위와 상응하는 pI 값을 가지는 크기가 작은 양쪽성 물질의 집합체였다(그림 2.3a). 초기의 겔에는 모든 양쪽성 물질이 고르게 분포하기 때문에 pH 기울기는 없다; 완충액의 pH는 양쪽성 물질의 평균값이다. 그러나 전기장을 형성시키게 되면, 양쪽성 물질 자체도 전기영동의 영향을 받는다. 가장 산성의 양쪽성 물질은 양극을 향해 이동하고, 가장 염기성의 물질은 음극을 향해 움직이며, 모든 다른 양쪽성 물질은 그들의 pI 값에 따라 중간층을 형성시킨다. 이러한 적재 과정이 완료되면, 이러한 체제는 연속적인 pH 기울기에 의해 평형상태에 도달한다. 그 후 겔 상에서 양쪽성 물질들보다 훨씬 느리게 이동하는 단백질은 그들의 등전점을 향해 이동한다. 단백질은 전기장이 형성되기 전 또는 **전-초점 맞추기(pre-focusing)** 과정 후에 적재될 수 있다.

2DGE를 이용한 실험에서 낮은 반복성을 가지는 양쪽성 물질을 사용하는 것은 몇 가지 문제를 야기한다. 가장 심각한 문제 중 하나는 **음극성 이동(cathodic drift)**이며, 이는 양쪽성 물질 그 자체가 **전기삼투 유동(electro-osmotic flow)**으로 알려진 현상에 의해 음극으로 이동하는 것이다(다량의 용매가 음극으로 이동하는 현상). 이 현상은 염기성의 양쪽성 물질을 겔로부터 점차적으로 유실시킴에 따라 pH 기울기를 불안정화시킨다. 현실적인 측면에서, 주의 깊게 이동거리와 시간을 조절할지라도 pH 기울기가 7~8을 훨씬 웃도는 범주는 다량의 염기성 양쪽성 물질이 유실되어 pH 기울기를 유지하는 것이 어렵다.

그림 2.3 **등전점 전기영동을 위한 pH 기울기를 형성하는 방법.** (a) 양쪽성 물질과 함께 완충액 분자는 자유롭게 확산되고 초기에 고르게 분포하여 pH 기울기가 형성되지 않는다. 전기장이 적용되면, 양쪽성 물질은 pH 기울기를 형성하고 전하-중성이 된다. 이로써 pI 값에 따라 단백질 분리를 가져온다. (b) 고정된 pH 기울기의 경우, 완충액 분자는 폴리아크릴아미드 겔 기질에 부착된다. 전기장이 적용되어도 완충액 분자는 이동하지 않지만 단백질은 분리된다. 점선 화살표는 분리 방향을 나타낸다. 원의 음영은 단백질의 pI 값을 나타낸다.

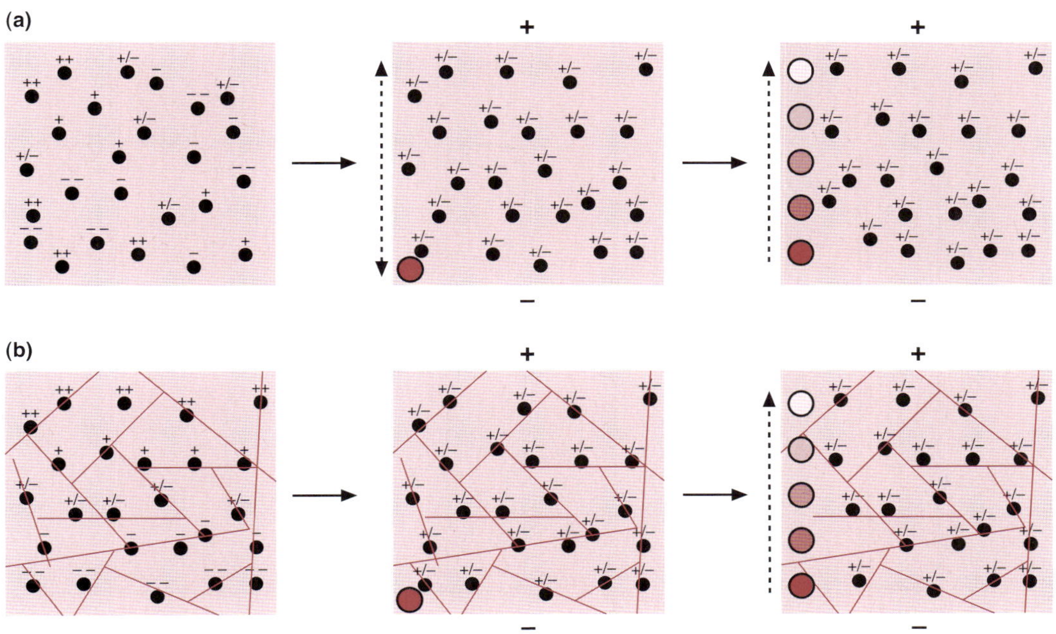

음극성의 이동 문제를 해결하고 있는 한 가지 방법은 **NEpHGE(non-equilibrium pH gradient electrophoresis)**라 알려진 방법이다. 이 방법에서는 모든 표본의 단백질이 양전하를 가진 상태에서 겔의 이동을 진행시키기 위해 겔의 산성 말단에 적재된다(염기성 말단보다 산성 말단에 적재시키는 것이 일반적인 경우이다). 전기영동이 종료되면 염기성의 양쪽성 물질과 단백질은 여전히 겔의 범주에서 벗어나려는 경향을 보이지만, NEpHGE의 핵심 원리는 겔이 평형 상태의 pH 기울기를 형성할 만큼에 충분한 시간을 허락하지 않는 것이다. 다시 말해서, 단백질은 빠르게 형성된 pH 기울기에 의해 불안정한 상태에서 분리된다. 주된 문제점은 반복하기 위한 분리 조건을 형성하는 것이 까다롭다는 점이다.

이러한 두 가지 문제점—음극성의 이동과 낮은 반복성—은 **고정화 pH 기울기(immobilized pH gradient, IPG)** 겔의 발달로 해결되었다. 이는 겔의 폴리아크릴아미드에 pH 기울기를 결정하는 완충 그룹을 부착시키는 방법이다. 이 방식은 현재 반복성이 핵심적으로 요구되는 단백질체학에서 정형화된 접근 방식이다. IPG 겔은 **고정화 물질(immobilines)**이라는 비양쪽성 분자들의 군집으로써, 이 분자는 한쪽 끝에는 약산성 혹은 약염기성의 완충 그룹이 존재하며 다른 한쪽에는 고정화 반응을 위한 아크릴 이중 결합이 존재한다. 이러한 겔은 일반적인 방식의 전기영동에서 전기장이 흐르기 이전에 pH 기울기가 형성되기 때문에 오랜 시간 전기영동 과정이 진행되어도 pH 기울기는 여전히 안정적으로 존재한다. 단백질 시료가 적재될 시, 각 단백질은 일반적인 등전점 전기영동과 같이 그들의 등전점으로 이동한다. 담체 양성 전해질(carrier ampholytes) IPG 겔의 완충액에 첨가될 수도 있으며, 이는 단백질의 용해도를 증가시키고, 특히 염기성의 pH 구간에서 고정화 물질과 단백질의 비선택적인 반응으로 인한 침전 및 오류를 예방하는 것으로 여겨진다.

SDS-PAGE는 전하와 상관없이 질량에 따라 단백질을 분리한다

2DGE에서 2차원(second-dimension) 분리는 일반적으로 표준 **SDS-PAGE(sodium dodecylsulfate polyacrylamide gel electrophoresis)**로 수행되며, 이 방법은 각 단

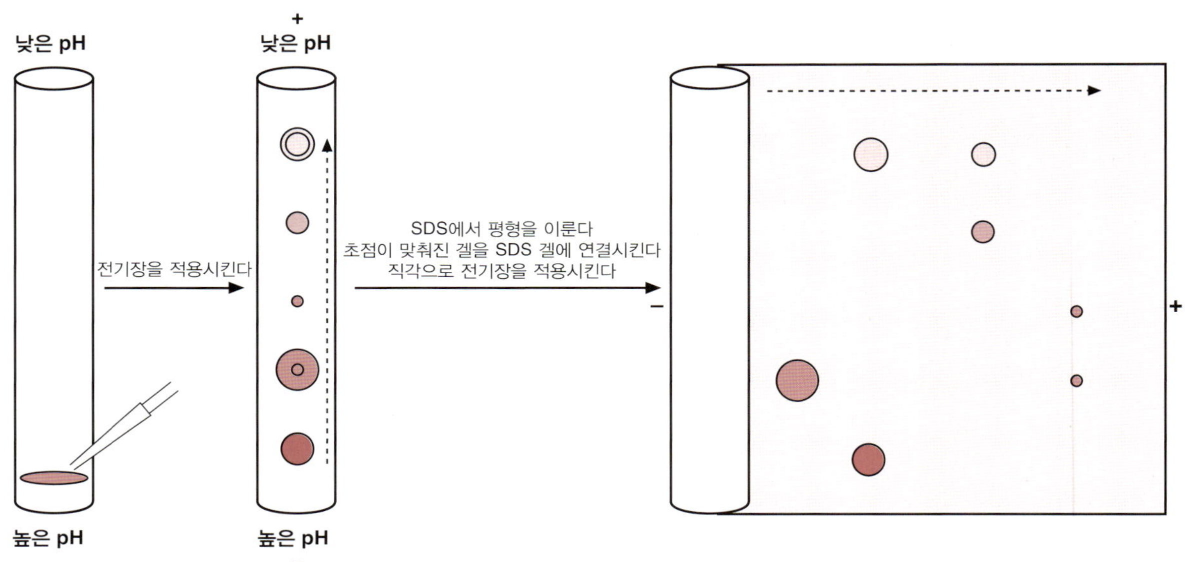

그림 2.4 **등전점 전기영동을 위한 튜브 겔과 SDS-PAGE를 위한 슬랩(slab) 겔을 이용한 이차원 전기영동법.** 단백질들은 전하에 따라서는 1차원으로 분리되고, 질량에 따라서는 2차원으로 분리된다. 원은 단백질을 나타내고, 명암은 단백질의 pI 값을 나타내며, 원의 지름은 분자량을 나타낸다. 점선은 분리 방향을 나타낸다.

백질을 전하와 상관없이 질량에 따라 분리한다(그림 2.4). 이 기술의 원리는 단백질을 음이온의 계면활성제인 **소듐 도데실설파이트(Sodium dodecylsulfate, SDS)**에 노출시키는 것이며, 이는 단백질을 변성시키고(denature) 단백질의 폴리펩타이드 골격에 화학양론적(stoichiometric, 1 g 폴리펩타이드당 SDS 1.4 g)으로 결합하여 결과적으로 균일한 음전하를 가지는 단백질을 만든다. 각 폴리펩타이드의 수십, 수백 개의 SDS 분자 결합은 단백질이 가지는 고유의 전하를 상실시키고 화학양론적 결합으로 인해 큰 분자량의 단백질은 작은 것보다 더 많은 SDS와 결합한다. 이는 단백질을 오로지 분자량에 기인하여 분리시킬 수 있는 두 가지 중요한 결과를 초래한다. 첫 번째는 모든 단백질-SDS 복합체에게 같은 전하 밀도를 부여하며, 두 번째는 복합체를 형성하는 단백질의 상대적인 질량 차이를 유지시킨다는 것이다.

겔은 체의 구멍을 통해 단백질을 이동시킴으로써 크기에 따른 분리를 용이하게 만든다. 체거름 효과(sieving effect)는 겔을 구성하는 구멍의 크기에 의존하며, 이는 다시 말해 겔의 농도에 의하여 결정된다(겔의 부피에 따른 전체 단량체의 농도는 **%T**로 나타낸다). 폴리아크릴아미드 겔의 경우, 단량체는 겔화제(gelling agent)인 아크릴아미드(acrylamide)와 가교제(cross-linking agent)인 비스-아크릴아미드(bis-acrylamide)로 구성된다. 또한 구멍의 크기는 아크릴아미드에 따른 비스-아크릴아미드의 질량적 비율에도 영향을 받는다(**%C**로 나타낸다). 일반적으로 %T가 증가할수록 겔의 단위부피당 더 많은 아크릴아미드가 존재하기 때문에 구멍의 크기는 작아진다. 표준 방식의 겔(%T ≤ 15%)에서, 대략 **%C**가 5%일 때 최소의 구멍 크기가 만들어진다. 5% 미만의 값에서는, 중합반응이 적어짐에 따라 구멍의 크기가 커진다. 5%를 초과하게 되면, 아크릴아미드 분자 간의 지나친 중합으로 인해 밀집다발이 겔에 산재되므로 마찬가지로 구멍의 크기가 커진다. 따라서 비스-아크릴아미드의 양을 5%로 유지시킨 상태에서, 단량체의 농도를 조절함으로써 구멍의 크기를 효과적으로 조절할 수 있다. 최적화된 %C 값—즉, 최소의 구멍 크기를 형성시키는 데 필요한 수치—은 %T > 15%일 때 5%보다 증가한다. 겔에서 %T 값은 1%에서 30% 이상으로 다양하게 제작이 가능하다. 3% 보다 낮은 농도로 제작된 겔은 매우 큰 단백질을 분리하는 데 필요하지만($M_r \geq 10^6$; M_r은 상대적인 분자량), 부서지기 쉬워 흔히 아가로즈를 첨가하여 안정화시킨다. (단백질 분리 과정에서 아가로즈는 체거름 효과를 위한 미세구멍을 형성할 순 없지만 겔을 지지하는 기질로 사용한다). 30% 이상의 높은 농도로 제작된 겔의 경우 아주 작은 단백질을 분리하는 데 사용할 수 있다($M_r = 10^3$). 표본에 존재하는 단백질의 질량은 이미 질량을 알고 있는 마커를 통해 추정할 수 있다.

2.4 단백질체학에서 2DGE의 응용

2DGE의 4가지 장점은 견고성, 반복성, 시각화 및 후속 미량분석에 용이한 호환성이다

2차원 겔 전기영동은 가장 오래된 단백질체 분리방법들 중 하나이다. 이는 특유의 강점과 약점이 많은 실험실을 통해 잘 밝혀짐으로써 철저하게 검토되었다는 것을 의미한다. 매 실험의 가변성 및 심지어 실험실 간의 다양한 매개 변수의 영향은 자세하게 조사되어 있으며, 표준 운영 절차는 분리 과정보다 더 큰 오류를 범하게 하는 요인인 시료 준비 및 이미지 분석을 제외한 대부분의 운영상의 가변성을 배제시킬 수 있다. 다음 장에 논의할 크로마토그래피에 기초한 분리는 종종 반복성을 요구하지 않지만, 초기의 2DGE를 통한 실험에서 낮은 반복성은 연구자에게 매 실험마다 4개 이상의 겔을 동시에 사용하여 가변성을 제거하는 것을 권장하여 왔으며, 이는 많은 학술지에 결과를 게재하기 위한 필수 요건으로써 확립되어 왔다. 역설적이지만, 2DGE를 통한 실험은 반복이 어렵다는 평판 때문에 우수한 재현이 가능했다.

2DGE의 시각적 측면과 항체를 이용한 단백질 검출과 같은 미량분석 기술은 다른 기법을 통한 단백질 동정 실패를 해결할 수 있는 장점으로 작용한다. 이는 특히 번역 후 변형 과정을 거치는 단백질을 분석하는 데 유리하다. 이와 같은 단백질 변형은 종종 단백질의 pI 값을 변화시켜 2차원 겔 상에 공통된 모체 분자부터 떨어진 선형의 스팟(spot)으로 된 흔적을 만든다. 제8장에서 언급하듯이, 이러한 변형에 특이적인 항체의 사용은 변형된 변이형을 식별하는 데 도움을 줄 수 있으며, 특히 전반적인 양의 차이보다는 시료 간의 변형 정도의 차이를 식별하는 데 용이하다. 온전하지 못한 특정 단백질의 식별은 2DGE의 시각적 측면이 편파적이지 않은 크로마토그래피를 이용해 분리하여 획득된 시료보다 더욱 유용하게 작용한다.

2DGE의 4가지 한계점은 분해능, 감도, 탐지능력 및 자동화된 단백질 분석을 위한 호환성이다

다차원 전기영동을 이용한 단백질 분리기술은 1950년대부터 사용되었지만, 현재 단백질체학에서 사용되는 2DGE의 기원은 더욱 최근이다. 등전점 전기영동과 SDS-PAGE와 관련된 순차적인 초안은 1970년대 중반에 이르러 개발되었으나, 두 번째 분리를 위해 얇은 IEF 겔의 끝에 단백질 표본을 적재시켜 분리시킨 후 평판 겔로 분리된 단백질을 전이시키는 현재의 표준 방식은 Patrick O'Farrell에 의하여 1975년 기념비적인 논문에 발표되었다(참고문헌 참조). 이 연구에서 우선 *Escherichia coli*로부터 획득한 단백질을 튜브 겔, 즉 얇은 파이프 형태의 겔을 이용해 등전점 전기영동을 실행하였다. 등전점 전기영동이 끝난 후, 튜브 겔을 튜브로부터 제거하고 겔 내의 단백질을 SDS 수용액에 담가 SDS에 노출시켰다. 그 후 SDS-PAGE를 위한 평판 겔에 튜브 겔을 부착시키고—즉, 2개의 겔 사이에 평판 겔을 주조—등전점에 위치한 단백질들을 pH 기울기와 직교 방향으로 전기영동을 실행시켜 분자량에 따라 단백질을 분리시켰다. 비차별적 염색 후 대략 1,000개의 독립적인 단백질이 일련의 점으로 겔 상에 나타났으며, 이는 대장균 단백질체의 약 20%에 해당하였다(그림 2.5).

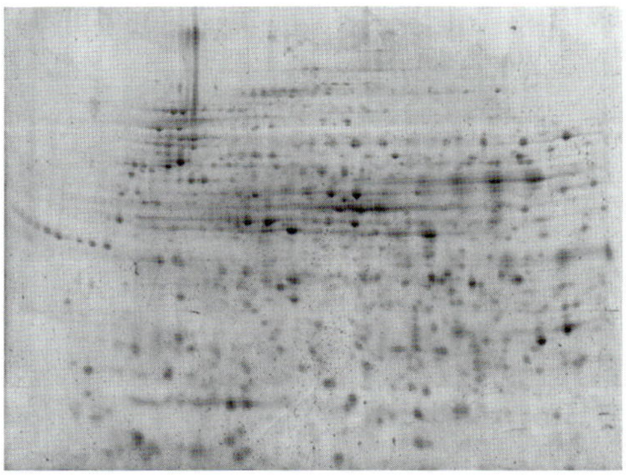

그림 2.5 2DGE를 이용한 250 ug의 *E. coli* 단백질 분리, pH 범주는 4–7 그리고 질량 범주는 10–120 kDa. 겔은 루테늄 II 트리스[ruthenium II tris, 바소페난트롤린 이술폰산염(bathophenanthroline disulfonate)]로 염색되었고, 청색 SHFlaser가 장착된 Fuji FLA 3000 레이저 스캐너로 스캔되었다(Michael Lieber, raytest GmbH; see http://www.raytest.com 에서 제공.)

비록 다루기 힘든 관 모양의 겔(이 겔은 잘 부서졌으며 비직선 변형을 하는 경향이 있다)은 다루기 쉽고 재현이 가능하며, 분리가 용이한 **IPG 스트립 겔(strip gels)**로 거의 대체되었지만 2DGE의 기본적인 절차는 이 실험이 공표된 후에도 거의 변화하지 않았다. 그러나 단백질체학에서 2DGE의 이용은 한계에 이르렀으며, 분해능, 감도, 탐지능력 및 후속 질량분석법과의 호환성에 대한 운영상의 관점에서도 많은 문제점들이 발견되었다. 이러한 한계점들은 이를 극복하는 전략과 함께 아래에 자세하게 서술한다.

2DGE의 분해능은 거대한 겔, 줌 겔, pH 기울기의 변형 및 샘플의 선행분획을 통해 향상될 수 있다

IPG 스트립을 이용한 일차원적 등전점 전기영동과 SDS-PAGE를 통한 이차원적 전기영동에 기초한 현대의 표준 2DGE 시스템은 대략 2,500개의 단백질 점을 분리할 수 있다. 하지만 복잡한 진핵 세포의 단백질체는 아마도 이보다 10배 이상의 단백질로 구성되어 있을 것이다. 선택적 스플라이싱(alternative splicing) 및 번역 후 변형이 이례적으로 나타나는 진핵세포에서는, 심지어 단순한 효모조차도, 각 단백질 점이 표준방식의 이차원 겔 상에서 중첩되어 나타날 것이며, 이는 동일한 점에서 다수의 서로 다른 단백질이 존재하기 때문에 특정 형태의 후속 분석을 더욱 복잡하게 만든다. 비록 몇 가지 혁신적인 방법이 복잡한 단백질체의 분석을 위하여 도입되어 왔지만, 2DGE는 낮은 복합도의 체계에 적합하다는 것이 인정되고 있다.

2DGE의 분해능은 각 차원에서의 분리 길이에 의존하기에 매우 큰 겔을 이용하면 분해능을 증가시킬 수 있다. 예를 들어, 1차원 분리에서 분리 길이가 30 cm 보다 큰 IEF의 튜브 겔과 IPG의 스트립 겔은 마찬가지로 분리 길이가 30 cm 이상의 매우 큰 SDS 평판 겔과 조합하여 최고치의 분리를 위해 사용되고 있다. 비록 이러한 겔은 다루기가 힘들지만, 10,000개에 달하는 단백질 점을 분리할 수 있다. 2DGE의 분해능을 증가시키는 다른 방법은 pH 범위가 협소한 다수의 IEF 겔을 사용하는 것이다. 이 방법은 **줌 겔(zoom gels)**로 잘 알려져 있다. 2차원 SDS-PAGE와 이미지 분석 이후, 분리된 줌 겔의 이미지들은 컴퓨터를 이용해 전체 단백질체의 구성 요소로 합쳐질 수 있다(그림 2.6). 하나의 예시로써, 6개의 줌 겔의 사용은 약 70%에 해당하는 3,000개 이상의 *E. Coli* 단백질을 분리한다. 긴 분리 거리와 협소한 pH 범위의 조합은 이러한 겔의 분해능을 극대화시키는 데 사용될 수 있다. 대안으로, 특정 pH 범위 내의 분해능을 증가시키기 위해 **비선형 pH 기울기(nonlinear pH gradients)**가 사용될 수 있다. 이 방법은 적절한 고정화 물질 시약 간의 간격을 증가시킴으로써 간단하게 생성되고 종종 pH 4~7 사이의 pH 구배를 안정화시키기 위해 사용되는데, 이 pH 범주는 단백질체에 대다수의 단백질이 차지하는 영역이다(그림 2.7).

마지막으로, 분해능은 전기영동 이전에 단백질 혼합물을 단순화시켜 분석하는 다양

그림 2.6 양쪽 이미지는 쥐의 간 단백질을 나타내며 2차원 겔 전기영동으로 분리하고 실버염색으로 각 단백질 스팟을 나타내었다. 왼쪽의 이미지는 넓은 pH 범주의 겔(pH 3~12)이며, 오른쪽 이미지는 좁은 pH 범주의 겔로서 pH 5~6 범주의 확대된 단백질이다. 넓은 범주를 가진 겔의 경우, 많은 단백질이 중앙에 밀집되어 있는데, 이는 대부분의 단백질이 4~7 범주의 pI 값을 가진다는 사실을 반영한다는 것에 유의하라. (Swiss Institute of Bioinformatics, Geneva, Switzerland에서 제공.)

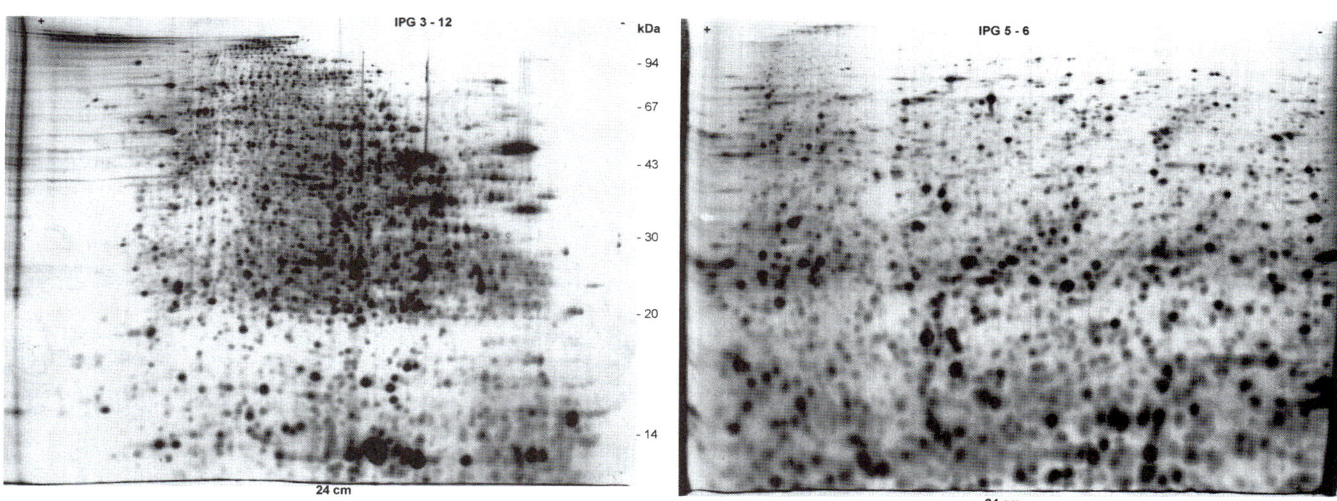

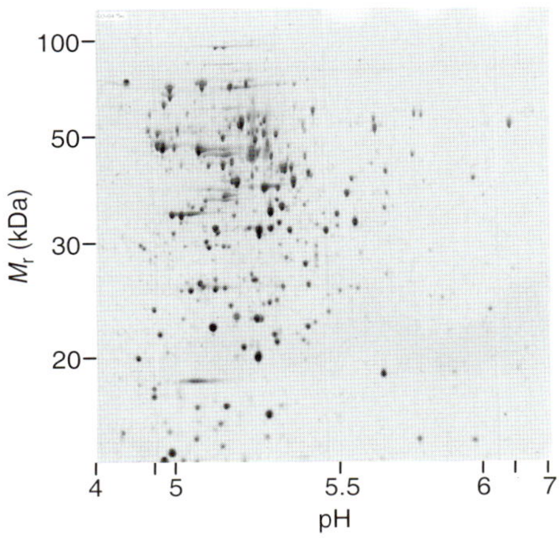

그림 2.7 **pH 4와 pH 7 사이의 pH 기울기를 펼침으로써 고분해능 분리를 얻을 수 있으며, 이 영역은 대부분의 단백질을 차지한다.** (Swiss Institute of Bioinformtics, Geneva, Switzerland에서 제공.)

한 형식의 선행분획(pre-fractionation)에 의해 증가될 수 있다. 예를 들어, 특정 소단백질(sub-proteome)에 초점을 맞춘다거나(이를 테면, 특정한 세포 소기관을 분리시킴으로써), 또는 용매 추출, 자당 농도 원심분리 및 친화도를 이용한 특정 단백질의 농축 또는 제거를 통해 단순화시킬 수 있다. 선행분획은 줌 겔의 성공적인 사용을 위해 필수적인데, 그 이유는 pI 값이 pH 기울기 내에 존재하지 않는 단백질의 경우 전극 주위에 응축되고 침전되는 현상을 보이며, 이는 삼투압에 영향을 미쳐 실험상의 pH 범주에 존재하는 단백질의 분리를 왜곡시키는 결과를 초래하기 때문이다.

2DGE의 감도는 다량의 단백질에 의해 가려질 수 있는 소량 단백질 스팟의 시각화에 결정된다

세포내 존재하는 단백질은 그 양적인 규모의 차이가 4배에서 6배 이상에 이르며, 대부분의 전체 단백질은 소수로 존재하는 다량의 또는 과다한 단백질들로 구성된다. 예를 들어, 효모(Saccharomyces cerevisiae)로부터 5,000개의 검증된 유전자 산물 중 약 4,000개 가량 탐지하는 것은 가능하지만, 전체 단백질의 50%가 단지 130개의 유전자로부터 유래되며, 75%에 해당하는 단백질은 400개의 유전자로부터 매우 높은 수준의 발현으로 만들어진다.

안타깝게도, 극소량의 단백질(그러므로 탐지하기가 가장 어려운)은 종종 가장 흥미롭고 새로운 기능을 담당하는 단백질이며, 그 예로써 전사인자, 신호전달 인자 및 다른 조절 단백질들이 있다. 인간의 체액의 경우, 존재하는 단백질 간 최소 농도 수치와 최대 농도 수치의 차이는 더욱 큰데(10의 9승), 한 가지 극단적인 예로 인간의 혈청이 존재하는 혈청 전체 단백질 중 95%가 12개의 단백질로 구성된다.

2DGE의 감도에 영향을 미치는 문제는 2가지 범주로 나뉜다. 첫 번째 문제는 극소량의 단백질을 시각적으로 탐지하는 것이 어렵다는 점이다. 질량 분석법을 이용한 단백질의 동정 방법은 약간의 피코몰(picomole)로 존재하는 단백질만으로도 충분히 탐지가 가능하지만, 이 방법은 분석을 위해 해당단백질에 상응하는 순수하게 분리된 겔 상의 단백질 점을 필요로 한다. 그러나 단백질체학에서 2DGE는 겔로부터 시각적으로 획득한 데이터를 질량 분석계의 시료로 사용하는 독특하고 유일한 방법이지만, 단백질 점의 식별은 염색의 감도에 의해 결정되며 그 감도는 최소 낮은 수치의 나노 그램으로 제한된다(제4장). 전형적인 실험에서는 각 단백질 시료 간의 발현이 서로 상이하여 흥미로운 점을 요구하는 것이 일반적이며, 이는 전체 겔을 격자 모양으로 나누고 각 나뉜 부분이 편파적이지 않은 MS 분석에 사용된다면, 극소량의 단백질 중 어느 정도는 탐지가 가능할 수 있다. 하지만 단순한 원핵세포의 전체 단백질을 포괄하여 염색하는 방법조차 존재하지 않는다.

두 번째 문제는 다량으로 존재하는 단백질에 의해 야기된다. 위에서 기술한 바와 같이, 세포 내 존재하는 가장 많은 양을 가진 단백질은 전체 단백질체의 대부분을 차지하며, 겔 상에서 미량의 단백질 점을 가리는 큰 점을 만드는 경향이 있다. 원리적으로 희박한 단백질의 탐지는 더 많은 전체 단백질을 겔에 적재시켜 해결될 수 있지만, 사실 이러한 많은 양의 적재는 많은 단백질에 해당하는 큰 점을 형성시키며 이는 겔 상의 구역을 더욱 모호하게 만든다. 일부 감도 문제는 전기영동의 요소와 비

BOX 2.3 다른 응용
2DGE의 대체적인 접근방식

IEF-MS

이 방식은 SDS-PAGE 분리단계를 MALDI-TOF(matrix-assisted laser desorption/ionization time-of-flight) 질량 분석법으로 대체한 것이다. 질량 분석법은 단백질 동정에 주로 사용되는 기술로써 제3장에서 자세하게 기술한다. 그러나 이러한 변형된 응용에서, 이 기술은 IEF 겔의 각 위치에서 발견되는 서로 다른 단백질들의 질량을 나열하기 위해 단순하게 사용되며, 따라서 가상의 2차원 분리이다. MALDI 분석에 적합한 기질 화합물로써 IEF 겔을 혼합시키고(제3장), 건조된 겔을 좁은 간격으로 스케닝(scanning)해서 단백질을 이온화시켜 질량을 결정하는 과정을 수반한다. 비록 빠르고 자동화가 용이하지만, 50 kDa보다 큰 단백질은 이온화하기 어렵기 때문에 탐지되지 않는 경향이 있다. 또한, 단백질 동정을 위한 통상적인 후속 MS 분석과 통합하는 방법이 쉽지 않은 것으로 보인다.

SDS-PAGE-MS/MS

고전적인 단백질체학 전략에서 이 변형은 등전점 전기영동 과정을 생략시키며, 일반적인 2DGE에서 막 단백질을 충분히 대표하지 못하는 것에 대한 한 가지 해결책이다(일반적으로 IEF 완충액과의 특성의 불일치로 야기된다). 이 두 번째 응용방식에서, SDS-PAGE-MS/MS는 특정 시료 내에 단백질 목록을 만들기 위해 사용되지만, 이러한 실험으로부터 정량적 데이터를 도출할 수 없다. 더욱 편리한 LC-MS와 CE-MS 형식이 숏건 프로테오믹스(제3장 참조)를 위하여 개발되어 사용된다는 것은 SDS-PAGE-MS/MS가 현재 숏건 프로테오믹스에 거의 사용되지 않는다는 것을 의미한다. 이 기술은 단백질 상호작용 연구에서 친화성으로 정제된 복합체와 같은 매우 단순한 단백질 혼합물을 분석하기 위해 더 자주 사용된다(제7장). 단백질 혼합물이 단순하면 각각의 SDS-PAGE 밴드는 단 하나의 단백질을 포함하여 직교 분리법으로 분리한 더 복잡한 혼합물의 분리 정도와 대체적으로 동등하다. 가장 직접적인 예로써 **in-gel LC-MS(GeLC-MS)**가 있으며, 이 기법은 1차원 SDS-PAGE로 시료를 분리하고 겔 레인(lane)을 조각내어 LC-MS 또는 LC-MS/MS 분석 이전에 각 조각을 따로 환원, 알킬화, 트립신으로 분해하여 겔의 각 부분에 존재하는 펩타이드를 결정한다.

Native PAGE

Native PAGE 방법은 일반적인 PAGE와 같은 원리를 수반하지만, 추출 과정 단백질이 변성되지 않아 원래의 구조가 보존된다. 그러므로 native PAGE는 온전한 다량체 단백질(예로, 이황화 결합으로 합쳐진 4개의 서로 독립 사슬을 가지는 항체)이나 단백질 복합체를 분리하는 데 유용하다. 이 주제는 제7장에서 다시 알아본다. Native PAGE는 단백질 질량에 따른 분리가 목적인 반면, **QPNC-PAGE(quantitative preparative native continuous polyacrylamide gel electrophoresis)**로 알려진 특수 변형 방식은 본래의 단백질을 등전점을 이용해 분리할 수 있으며, 특히 온전한 금속결합 단백질 분리에 유용하다.

슷한 관점에서 2차원 겔의 분해능을 증가시켜 단백질의 분리를 증가시킴으로써 해결될 수 있다(위 문단 참조). 좁은 범주의 IPG 겔과 단백질의 선행분획 또는 친화성 제거(affinity depletion)를 통해 다량의 단백질 제거방법들을 조합하여 사용하는 것은 가림 현상과 특히 더 많은 소량의 단백질을 적재시킬 수 있기 때문에 문제를 해결하는 데 도움을 주지만, 이 방식에서는 특이적인 다량의 단백질을 위한 맞춤형 시료 준비 방법의 개발이 요구된다. 더욱 진보된 방법이 일반적인 시료 준비 방법의 관점에서 만들어졌으며, 이는 대체 전기영동의 방식을 이용한 시각적인 단백질 점 탐지에 대한 의존도를 감소시킴으로써 개발되었다(Box 2.3).

2DGE에서 소수성 단백질의 탐지는 등전점 전기영동에 사용되는 완충액의 구성요소에 지대한 영향을 미치는 고질적인 문제점이다

단백질은 화학적, 물리적인 요소 측면에서 매우 다양하기 때문에 아크릴아미드 겔 상에서 공평한 방식으로 전체 단백질이 탐지되는 방법을 고안하는 것은 불가능하다. 가장 결정적으로 영향을 미치는 요인은 IEF의 사용되는 시료를 수용화시키는 단계이며, 일반적으로 적용되는 방법은 1975년에 처음으로 개발된 이래로 크게 변하지 않았다. 표준 용해 완충액은 수소 결합을 붕괴시키기 위한 카오트로픽 시약[chaotropic agent; 요소(urea) 또는 싸이오요소(thiourea)와 요소의 조합], NP-40과 같은 비-이온성 계면활성제(SDS는 매우 높은 전하를 가지기 때문에 절대 사용 불가!) 일반적으로 디티오트레이톨(dithiothreitol) 및 2-메르캅토에탄올(β-mercaptoethanol)과 같은 환원제[비록 전하를 가지는 분자이지만 IEF 과정 중 겔로부터 소실되며 트리부틸포스핀(tributylphosphine)과 같이 비-전하성 환원제가 대체되어 사용될 수 있다], 그리고 경우에 따라 원하는 pH 기울기를 조절하기 위하여 양쪽성 물질이 첨가된다. 이러한 조건은 막 단백질을 수용화 시키는 데 적합하지 않으며, 이는 막 단백질이 표준 방식의 겔에서 탐지되지 않는 이유이다. 겔 상에서 막 단백질의 탐지는 CHAPS[3-{(3-Cholamidopropyl)dimethylammonio}-1- propanesulfonate]와 같은 강력한 세제를 사용하거나, 예시로써 막 분획만을 선택적으로 시료로 준비하여 초기 시료의 막 단백질을 농축시킴으로써 증가될 수 있지만, 일반적으로 적용 가능한 해결 방법은 아니다. 낮은 감도의 막 단백질을 만족할 만한 정도로 나타나게 하는 유일한 방법은 1차원 PAGE와 액체 크로마토그래피를 결부시킨 방법(GeLC-MS, Box 2.3 참조) 또는 액체 크로마토그래피만을 이용한 분리 방법처럼 IEF 과정이 제거된 형태의 분리 방법이다(아래 내용 참조).

표준 방식의 2DGE을 이용한 전통적인 분리가 매우 까다로운 또 다른 종류의 단백질은 강-염기성 히스톤 단백질, 그 외 염색사와 결합하는 단백질 및 리보좀 단백질이 있다. 이러한 단백질을 분리하기 위해서 특별한 분리 방법이 고안되어 왔다. 예를 들어, 히스톤 단백질을 분리하기 위해 흔히 사용되는 2DGE의 접근 방식은 첫 번째 분리 과정에서 산성-요소(acid-urea)의 겔을 사용하여 단백질을 분리하고(분자량에 따라 단백질을 분리), 2차원 분리 과정을 산성-요소-트리톤(acid-urea-Triton)의 겔로 단백질을 분리시키는 방법이다. 트리톤은 계면활성제로써 히스톤 단백질의 소수성의 정도에 따라 결합한다. 그러므로 더 강한 소수성의 히스톤 단백질은 이동성이 감소한다. 핵 내의 단백질이 가지는 특이적인 문제점은 일반적인 전기영동 조건에서 응집하려는 성향을 가지는 것이며, 이는 이러한 반응을 제거하기 위해 변형된 완충액을 필요로 한다. 흥미롭게도 핵 단백질의 분리에 있어서 2DGE는 액체 크로마토그래피보다 만족스러운 결과를 보이는데, 이는 아마도 표준 방식의 IEF 조건하에 핵단백질이 더욱 수용화 및 용해될 수 있는 것으로 보인다.

후속 질량 분석법은 단백질 스팟의 분석 및 분리를 요구한다

2DGE 실험을 통하여 획득한 데이터는 그 상태 그대로 가시화되는데, 후속 분석을 위해서는 염색된 2차원 겔로부터 이미지가 수집되어야 하며 더 나은 공정 과정 및 질량 분석법을 위해 특정 점을 분리하여야 한다. 이러한 과정은 자동화하기 어려우며, 이미지 분석 및 겔로부터 점의 분리가 수작업으로 흔하게 행해지던 1990년대에는 2DGE를 기초한 단백질체학에서 가장 중대한 단점 중 하나로 취급되었다. 그러나 현재에는 고품질의 디지털화된 이미지들을 생산하고 서로 다른 겔 상의 점 사이에 양적 차이를 분석할 수 있는 다양한 소프트웨어가 존재한다(제4장). 이러한 소프트웨어는 **스팟 절단 로봇(spot excision robots)**와 통합될 수 있으며, 이 로봇은 플라스틱 또는 강철의 채집 팁(picking tip)을 이용하여 겔의 조각들을 미세정량판(microtiter)에 옮겨 자동화된 분해, 세척 및 농축 과정을 거쳐 질량분석기로 이동시킨다. 몇몇 상업적으로 이용 가능한 시스템들은 2차원 겔의 공정 및 분석을 완전히 자

동화할 수 있으며, 한 시간마다 200~300개의 단백질 스팟(spot)을 다룰 수 있다. 실버 염색법으로 가시화된 겔이 FSI Flexys의 스팟 절단 로봇에 의해 공정 과정을 거친 전후 사진은 그림 2.8에서 볼 수 있다.

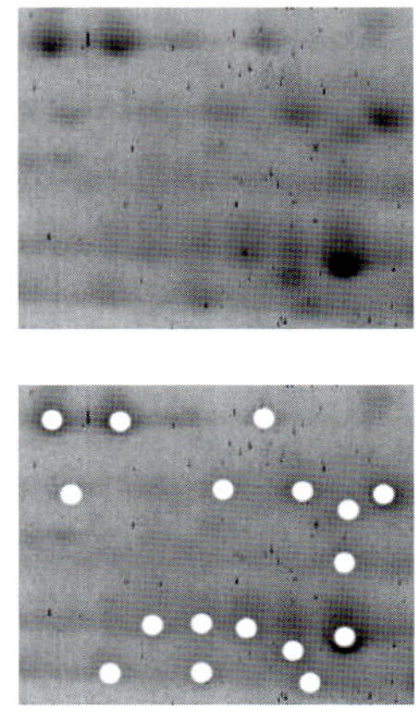

그림 2.8 실버 염색된 이차원 겔의 일부분을 2 mm 플라스틱 채집 팁(picking tip)을 이용한 스팟 절단 로봇으로 처리하기 전과 후 사진.

2.5 다차원 액체 크로마토그래피의 원리

크로마토그래피에 의한 단백질과 펩타이드의 분리는 고정상과 이동상에 대한 친화도에 따라 결정된다

복합체의 구성요소를 고정된 **고정상(stationary phase)**과 움직임이 자유로운 **이동상(mobile phase)**으로 나누는 모든 분리 기술을 **크로마토그래피(chromatography)**라 일컫는다. 종이 크로마토그래피, 얇은 막 크로마토그래피, 액체 크로마토그래피, 기체 크로마토그래피 등 많은 크로마토그래피 형식이 존재하지만 각 기술의 원리는 동일하다. 복합체 내 분자들은 용매에 의해 용해되어 크로마토그래피 과정을 거친다. 이러한 이동상이 고정상을 통과함에 따라, 복합체의 구성요소들은 용매와 고정상을 구성하는 분자와 반응할 수 있다. 복합체 내 각 구성 요소들은 각 상(phase)에 대한 친화성이 다르기 때문에 서로 다른 속도로 이동한다. 고정상에 대해 가장 낮은 친화성을 가지는 분자들은 용매에 머무르는 성질로 인해 빠르게 이동하는 반면, 친화성이 높은 분자는 고정상에 머무르는 성질로 인해 매우 느리게 이동하며 남겨지게 된다. 이러한 반응은 복합체를 일련의 분할된 분획으로 나누며, 이 분획들은 개별적으로 용출되고 수집될 수 있다.

단백질체학에서, **액체 크로마토그래피(liquid chromatography, LC)**는 질량 분석법과 호환성이 우수하여 다른 크로마토그래피보다 더욱 빈번하게 이용된다(제3장). 겔 전기영동과는 달리, 액체 크로마토그래피는 단백질뿐만 아니라 펩타이드의 분리에도 적합하기 때문에 시료의 선행분획을 위한 2DGE의 상류(upstream)에의 적용, 추출된 점을 복합체로부터 분리시키기 위한 2DGE의 후속(downstream)에의 응용 및 2DGE를 대신하여 단백질 및 펩타이드의 분리기술로서 이용이 가능하다(그림 2.9). 질량분석기는 질량을 탐지하는 데 있어 상한값을 가지므로, 비록 많은 수의 펩타이드 절편이 생성되지만, 각 단백질은 분리되기 이전에 펩타이드로 분해되고 각 분리된 펩타이드 분획들은 질량분석기에 직접적으로 주입된다. 그러므로 2DGE처럼, 서로 다른 원리에 기초한 다차원 크로마토그래피 분리는 펩타이드 복합체를 분리하기 위해 사용된다. LC의 대체 방법은 분자량, 전하, 소수성 및 특정 리간드(ligand)와의 친화성과 같은 서로 다른 분리 원리를 이용할 수 있다.

단백질체학에 사용되는 액체 크로마토그래피 방법에서, 고정상은 다공성 기질이며, 일반적으로 일종의 컬럼(column)에 채워진 비드(bead, 구슬) 형태로 존재한다. 용해된 단백질 또는 펩타이드를 포함하는 용매인 이동상은 중력 또는 고압에 의해 컬럼을 통하여 이동한다. 분리의 감도는 컬럼의 내부 지름에 영향을 받으며, 이는 측정물질(analyte)이 작은 부피의 컬럼일수록 높은 농도로 유입될 수 있기 때문이다. 그러므로 단백질체학에서 MDLC를 이용한 분리는 종종 나노스케일(nanoscale)의 모세관을 이용한 nanoflow-LC를 사용한다(컬럼 내부 지름 < 0.1 mm, 흐름속도 < 1 μℓ/min). 비록 이 방법은 질량 흐름률(mass flow rate)을 제한시키지만, 컬럼을 통과하여 이동하는 단백질과 펩타이드의 속도는 그들의 기질에 대한 친화성에 의해 결정되며,

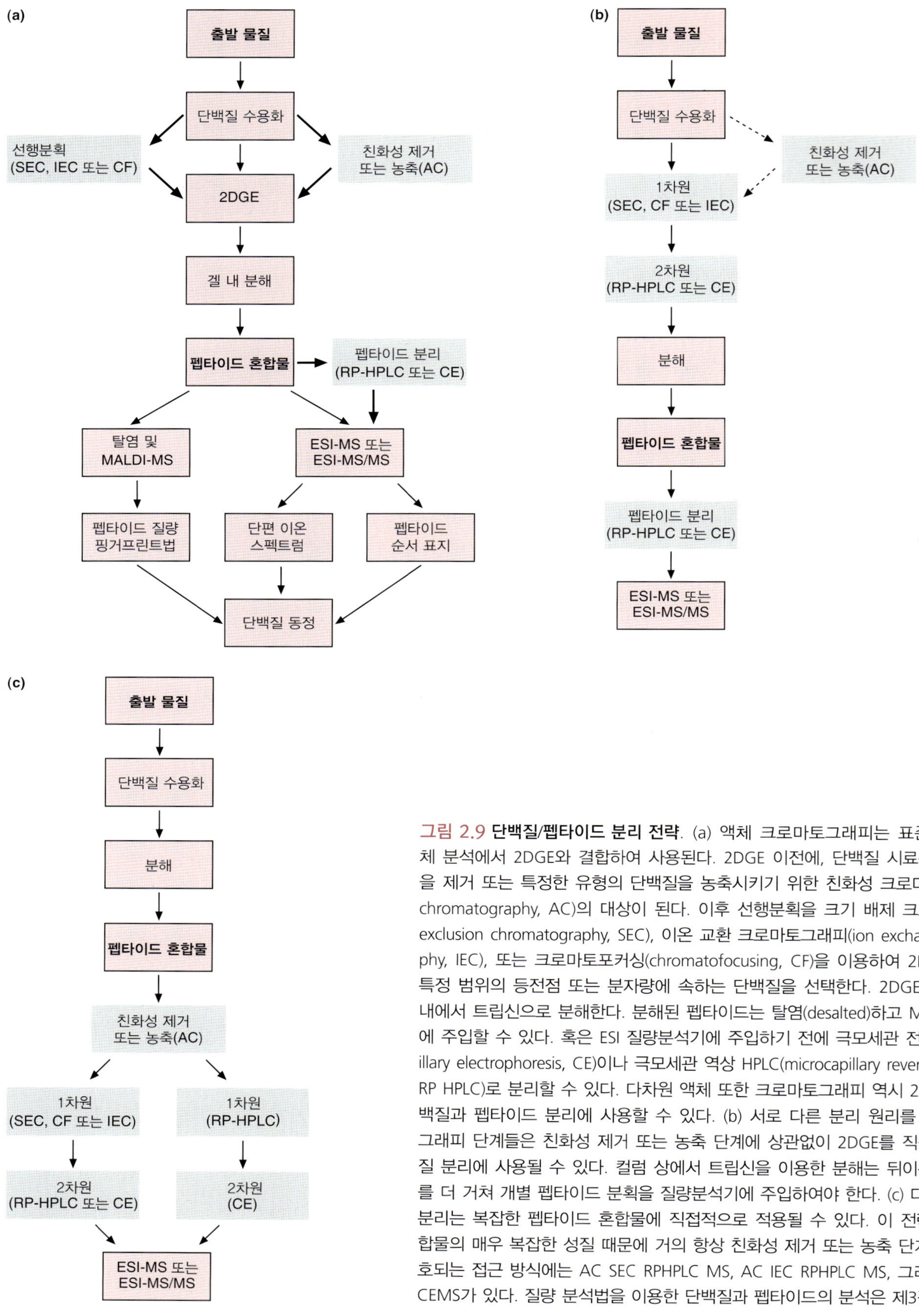

그림 2.9 **단백질/펩타이드 분리 전략**. (a) 액체 크로마토그래피는 표준 방식의 단백질체 분석에서 2DGE와 결합하여 사용된다. 2DGE 이전에, 단백질 시료는 다량의 단백질을 제거 또는 특정한 유형의 단백질을 농축시키기 위한 친화성 크로마토그래피(affinity chromatography, AC)의 대상이 된다. 이후 선행분획을 크기 배제 크로마토그래피(size exclusion chromatography, SEC), 이온 교환 크로마토그래피(ion exchage chromatography, IEC), 또는 크로마토포커싱(chromatofocusing, CF)을 이용하여 2DGE 분리를 위한 특정 범위의 등전점 또는 분자량에 속하는 단백질을 선택한다. 2DGE 후에, 스팟은 겔 내에서 트립신으로 분해한다. 분해된 펩타이드는 탈염(desalted)하고 MALDI 질량분석기에 주입할 수 있다. 혹은 ESI 질량분석기에 주입하기 전에 극모세관 전기영동(microcapillary electrophoresis, CE)이나 극모세관 역상 HPLC(microcapillary reversed phase HPLC, RP HPLC)로 분리할 수 있다. 다차원 액체 또한 크로마토그래피 역시 2DGE를 대신에 단백질과 펩타이드 분리에 사용할 수 있다. (b) 서로 다른 분리 원리를 가지는 크로마토그래피 단계들은 친화성 제거 또는 농축 단계에 상관없이 2DGE를 직접 대체하여 단백질 분리에 사용될 수 있다. 컬럼 상에서 트립신을 이용한 분해는 뒤이은 RP HPLC 단계를 더 거쳐 개별 펩타이드 분획을 질량분석기에 주입하여야 한다. (c) 다차원 액체상태의 분리는 복잡한 펩타이드 혼합물에 직접적으로 적용될 수 있다. 이 전략은 펩타이드 혼합물의 매우 복잡한 성질 때문에 거의 항상 친화성 제거 또는 농축 단계를 수반한다. 선호되는 접근 방식에는 AC SEC RPHPLC MS, AC IEC RPHPLC MS, 그리고, AC RPHPLC CEMS가 있다. 질량 분석법을 이용한 단백질과 펩타이드의 분석은 제3장에서 논한다.

서로 다른 물리·화학적 성질을 가지는 기질은 그들의 선별 원리에 따라 단백질과 펩타이드를 분리하기 위하여 사용될 수 있다. 이러한 원리와 어떻게 적용되는가에 대해서는 바로 다음 절에서 논의한다.

친화성 크로마토그래피는 단백질 혹은 펩타이드의 특이적 결합 성질을 이용한다

친화성 크로마토그래피(affinity chromatography)는 단백질과 펩타이드를 그들의 특정 리간드-결합 친화성을 이용해 분리시킨다. 친화성 컬럼의 기질은 리간드를 포함하며, 그들은 특정 단백질 및 그룹에 매우 특이적으로 결합한다. 예를 들어, 항체와 결합된 구슬이 단일 단백질 또는 펩타이드를 단백질 혼합물로부터 분리하는 데 사용될 수 있는 반면, 글루타티온(glutathione)으로 둘러싸인 구슬은 글루타티온-S-전달효소(glutathione-*S*-transferase, GST) 친화성 꼬리표를 포함하는 융합 단백질을 분리하는 데 사용될 수 있다. 유사한 방법으로, 고정된 금속 친화성 크로마토그래피(immobilized metal affinity chromatography, IMAC)는 친화성 크로마토그래피의 한 가지 형태로서 고정상에는 양전하의 금속 이온을 포함한다. 이 금속 이온은 인산화된 단백질 또는 펩타이드, His6처럼 올리고-히스티딘(oligo-histidine) 친화성 꼬리표 그리고 또 다른 음전하의 단백질을 선택적으로 분리하는 데 사용될 수 있다.

전형적으로 친화성 크로마토그래피 방법은 **2단계 용리(two-step elution)** 절차를 포함하는데, 컬럼으로부터 획득한 첫 번째 분획은 친화성 기질과 결합하지 못한 모든 단백질 및 펩타이드로 이루어져 있으며, 두 번째 분획은 기질에 머물렀던 모든 단백질 및 펩타이드로 구성되어 있다. 이러한 절차는 두 가지 용액을 이용하여 순차적인 세척 과정을 통해 성립되는데, 첫 번째 단계의 용액은 결합하지 못한 모든 단백질들을 씻어내며, 두 번째 단계의 용액은 결합한 단백질을 친화성 기질로부터 분리시킨다. 경우에 따라, 첫 단계의 분획물을 필요로 한다[예를 들어, 시료로부터 과다한 단백질을 제거하여 남아있는 단백질들의 분석을 단순화시키는 것이 목적일 경우이며, 이 과정은 **친화성 제거(affinity depletion)**라 알려져 있다]. 다른 경우로는, 두 번째 단계의 분획물을 필요로 하며, 이 용액에는 기질과 특이적으로 결합하는 단백질이 포함되어 있다(**친화성 정제, affinity purification**). 공통된 목적은 아마도 특정 단백질 또는 단백질 그룹의 분리, 특별한 친화성 꼬리표와 결합된 융합 단백질의 분리 및 동일한 특징을 가지는 단백질 및 펩타이드의 분리일 것이다. 인산화 단백질 또는 다른 번역 후 변형들의 연구를 위한 친화성 크로마토그래피의 응용은 제8장에서 서술한다. 친화성 크로마토그래피의 또 다른 주요한 응용은 상호작용하는 복합체를 형성하는 단백질의 분리이며, 이 주제는 제7장에서 좀 더 자세히 다룬다. 일상적인 단백질체학에서의 분리과정 중, 친화성 크로마토그래피의 가장 흔한 응용은 히스티딘과/또는 시스테인(cysteine) 잔기를 선택적으로 분리함으로써 이러한 잔기를 포함한 대부분의 단백질은 여전히 남김과 동시에 극단적으로 복잡한 펩타이드 혼합물을 제거하여 단순화시키는 것이다(아래의 절과의 단원과 제4장 참조).

크기 배제 크로마토그래피는 분자들의 크기를 기반으로 하여 분자를 거른다

크기 배제 크로마토그래피[size exclusion chromatography, 또한 **겔 여과 크로마토**

그래피(**gel filtration chromatography**)로 알려진]는 각 단백질의 크기에 따라 분리하는 데 사용되는 기법이다. 이 방식에서 컬럼은 아가로즈(agarose)와 같은 다공성 물질로 만들어진 불활성 비드로 채워진다. 작은 단백질은 비드의 포어(pore, 구멍)를 통과할 수 있기 때문에, 구멍에 맞지 않아 비드의 사이를 통해 움직여서 통과하는 길을 빠르게 찾는 큰 단백질보다, 컬럼을 통과하는 길을 찾는 데 더 많은 시간을 필요로 한다. 이런 방식의 분리 원리는 **분자 제거(molecular exclusion)**라 알려져 있으며, 용질과 고정상 간의 어떠한 화학적 작용을 요구하지 않는다. 크기 배제 크로마토그래피에 사용되는 비드의 상업적인 제품, 예를 들어 Sepharose은 단백질 또는 펩타이드 혼합물의 최적화된 분리에 적합한 서로 다른 크기의 포어를 가진다.

이온 교환 크로마토그래피는 알짜 전하의 차이점을 이용한다

친화성 크로마토그래피와는 달리, 단백질체학에서 이용하는 다른 형식의 크로마토그래피는 비-특이적이다. 즉, 일반적인 물리화학적 특성에 따라 단백질을 분리하고 시료를 수집하기 위해 사용된다. **이온교환 크로마토그래피(ion exchange(IEX) chromatography)**는 단백질과 펩타이드를 그들의 전하에 따라 분리시킨다. 이 방식의 원리는 전하를 띠는 화학적 그룹을 포함하는 고정상과 용질 분자의 가역적인 흡수 반응이다. 양이온 또는 음이온의 합성수지(resins)가 사용될 수 있으며(표 2.1), 이들은 용매 내에 반대 전하를 가지는 분자와 반응하여 끌어들인다. IEX 크로마토그래피의 변형으로는 **양이온 교환(cation exchange, CAX)**, **음이온 교환(anion exchange, AEX)**, **강한 양이온 교환(strong cation exchange, SCX)**, **강한 음이온 교환(strong anion exchange)** 등이 있으며, 후자의 형태는 더욱 높은 전하의 합성수지를 사용한다. 2단계 용리 절차 대신, 점차 증가하는 이온 강도 또는 pH의 완충액으로 컬럼을 세척하는 다단계 또는 **기울기 용출법(gradient elution)**을 이용한다(그림 2.10). 이 용출 방법에 의한 결과는 **크로마토그램(chromatogram)**으로 나타나며, 이 그래프에서 X축은 잔류시간을, Y축은 시료의 각 성분에 상응하는 **흡수 정점(absorption peak)**을 말한다(그림 2.11). 크로마토그램에 의한 성분 분리의 분해능은 **용량 최대치(peak capacity)**로써 표현되는데, 즉 전체 용리 스펙트럼 상에서 기준치로부터 발생한 피크(peaks)의 수를 말한다. 크로마토그램의 피크의 수는 해당 시료의 복잡성을 드러내며, 상대적인 피크의 영역에 의해 정량적인 데이터가 획득될 수 있다.

표 2.1 이온 교환체로 사용되는 작용기

음이온 교환체	작용기
다이에틸아미노에틸(diethylaminoethyl, DEAE)	$-O-CH_2-CH_2-N+H(CH_2CH_3)_2$
4차 아미노에틸(quaternary aminoethyl, QAE)	$-O-CH_2-CH_2-N+H(C_2H_5)_2-CH_2CHOH-CH_3$
4차 암모늄(quaternary ammonium, Q)	$-O-CH_2-CHOH-CH_2-O-CH_2-CHOH-CH_2-N+(CH_3)_3$
양이온 교환체	**작용기**
카복시메틸(carboxymethyl, CM)	$-O-CH_2-COO-$
술포프로필(sulfopropyl, SP)	$-O-CH_2-CHOH-CH_2-O-CH_2-CH_2-CH_2SO_3-$
메틸술포산염(methylsulfonate, S)	$-O-CH_2-CHOH-CH_2-O-CH_2-CHOH-CH_2SO_3-$

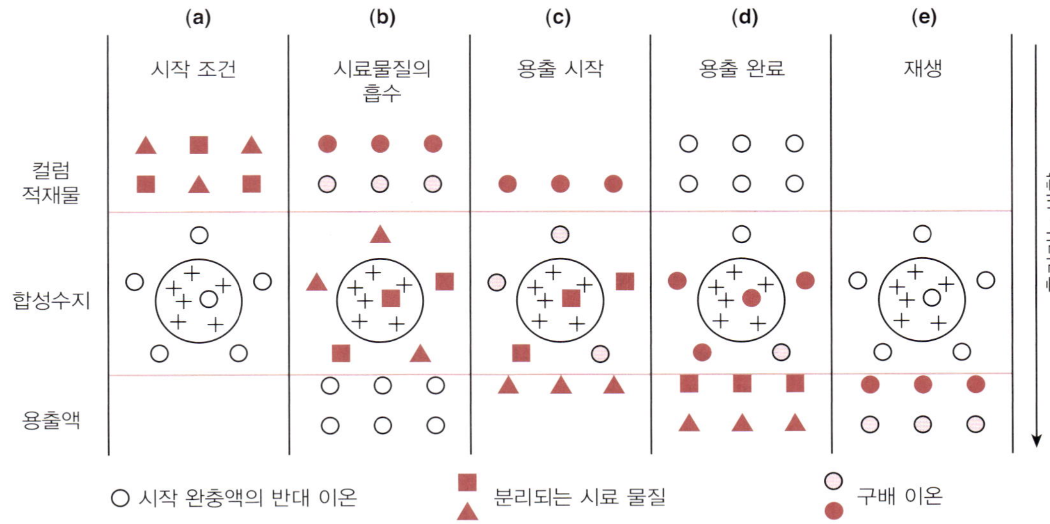

그림 2.10 **이온 교환 크로마토크래피의 원리**. (a) 처음에는 이온 교환 합성수지가 평형 완충액에 존재하는 단순한 반대 이온(합성수지에 반대 전하를 가진 이온)에 결합된다. (b) 시료가 컬럼에 첨가되면, 시료 내 합성수지와 반대 전하를 가지는 분자는 평형 완충액 이온을 대체하여 컬럼에 흡수된다. (c) 첫 번째 용출 완충액은 가장 약하게 결합한 시료성분의 구성요소를 치환한다. (d) 용출 완충액의 이온강도가 증가함에 따라 또는 pH의 변화에 따라, 더욱 강하게 결합한 용질 이온이 치환된다. (e) 모든 용질 이온이 치환된 후에, 컬럼은 평형 완충액으로 재생된다.

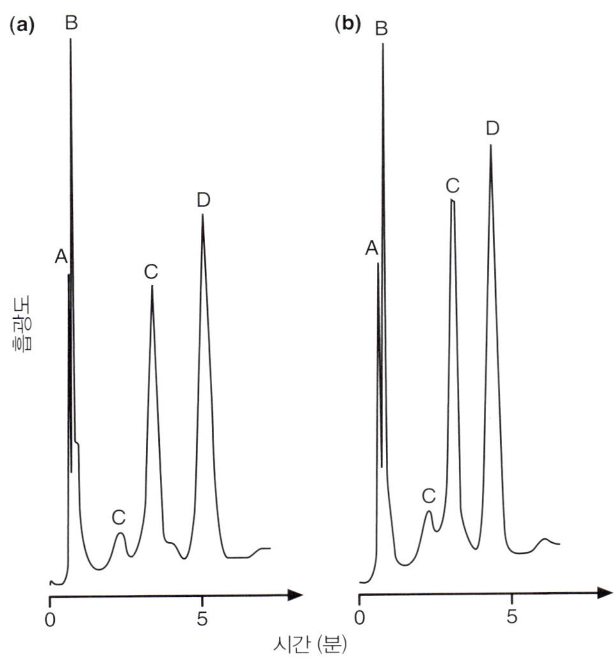

그림 2.11 **이온교환 크로마토그래피를 이용한 단백질 혼합물 분리 결과를 나타내는 크로마토그램**. 문자로 표시된 피크는 서로 다른 단백질을 나타낸다. (A = 알부민(ovalbumin), B = 콘알부민(conalbumin), C = 시토크롬(cytochrome), D = 리소자임(lysozyme)). 첫 번째 분리 (a)는 pH 5.85에서 수행되었지만, 반면 두 번째 분리 (b)는 pH 6.5에서 수행되었다. pH와 온도 같은 조건들이 결과에 현저한 영향을 미친다. (Rebecca Carrier and Julie Bordonaro, Rensselaer Polytechnic Institute에서 제공.)

유사한 기술로써, **크로마토 포커싱(chromatofocusing, CF)**은 특정 pH를 가지는 이온 교환 수지 컬럼에 다른 pH를 가지는 완충액을 첨가하는 방식이다. 이는 컬럼을 따라 pH 기울기를 발생시키며, 각 단백질은 고유한 등전점에서 용리될 수 있다. 이러한 과정 동안 발생하는 포커싱 효과들은 선명한 피크를 생산하고 각 분획을 농축시킬 수 있게 한다.

대부분의 실용적인 MDLC 시스템은 내부적으로 호환이 가능한 완충액에 의한 직교적 분리를 수행함으로써 최적화된 피크 용량을 실현시킨다

크로마토그래피 과정의 분리능은 1970년대 Eli Grushka에 의해 아래의 방정식을 따르는 **용량 최대치(peak capacity)**라는 용어로 정의되었다.

$$p = 1 + \frac{\sqrt{N}}{4} \ln \frac{t_n}{t_A}$$

여기서, p는 용량 최대치, N은 피크[플레이트(plates)]의 개수이며, t_n과 t_A는 각각 피크가 존재하는 시간과 존재하지 않은 시간을 의미한다. 원리적으로, MDLC는 연속적인 분리과정을 통해 용량 최대치가 배로 증가되어야 하지만, 이는 오로지 하나의 차원 분리가 다른 차원의 분리에 영향을 미치지 않을 때 가능한 일이며, 이러한 상황은 **완전 직교성(complete orthogonality)**이라 일컬어진다. 실질적으로, 서로 다른 합성수지에 따라 단백질/펩타이드가 정체하는 특징은 항상 연관성이 있으며, MDLC 방법의 이론적인 분리능을 저해시킨다. 이러한 현상을 반영하기 위해, Gilar와 그의 동료들은 **실제 최대치 용량(practical peak capacity)**이라 알려진 식을 도출시켰으며, 이는 서로 연관된 분획물을 아래의 계산식에 도입한다.

$$N_p = P_1 P_2 \frac{\sum_{\text{bins}}}{P_{\max}}$$

여기서, N_p는 실제 최대치 용량을 의미하며, P_1과 P_2는 각 차원의 분리를 통해 획득한 용량 최대치를, $\sum_{\text{bins}}$는 동일하지 않은 분리 방법에 의해 추정된 직교성을 식별하게 해주는 데이터를 포함한 "빈즈(bins)"의 개수를, 그리고 $P_{\max}$는 모든 bins로부터 획득한 데이터를 총괄하여 계산된 이론적 용량 최대치를 의미한다.

위와 같은 연구는 단백질체학에서 최고의 분리능을 제공하는 세 가지 형태의 이차원 크로마토그래피를 고안해냈다: 다시 말해, 각 분리에서 서로 다른 pH 완충액을 사용한 직교의 RP-HPLC, 역상 크로마토그래피 이후 이온 교환(특히, strong cation exchange-reversed-phase liquid chromatography, SCX-RPLC), 그리고 역상 크로마토그래피 이후 소수성 상호작용(hydrophobic interaction liquid chromatography- reversed-phase liquid chromatography, HILIC-RPLC)이다. 그러나 이러한 연구는 최대치의 분리를 성취하기 위해 필요로 하는 시간을 고려하지 않았으며, 높은 직교의 분해능을 취할 수 있지만 완료하는 데 수일이 소요되는 이러한 방법은 이보다 약한 낮은 분해능을 취해서 한 시간 내에 완료되는 방법보다 비효율적일 것이다. 한 가지 대책으로 용량 최대치와 분리 속도에 따라 구획을 정리하는 **포페 플롯(Poppe plot)**으로 알려진 방식을 취할 수 있다.

두 가지 직교의 크로마토그래피 단계 및 모세관 전기영동과 같은 다른 형식의 방법과 결합된 크로마토그래피(Box 2.2) 등을 포함한 다양한 조합의 크로마토그래피 분리 방법이 보고되어 있다. 다른 형식의 기술과 융합되기 위한 주요한 필요조건은 맨 처음 분리 과정에서 시료의 적재 용량이 매우 높아야 하고, 두 가지 기술이 변경할 수 있어야 하며(다시 말해, 첫 번째 분리로부터 획득한 분획물이 이후 두 번째 차원의 분리 기술에도 적용되도록 결부되는 것이 가능해야 한다는 것이다), 그리고 완충액들은 호환적 사용이 가능해야 한다. 예를 들어, SCX-RPLC 기술과 같은 이온 교환과 역상 크로마토그래피의 순차적인 이용은 대중적인데, 그 이유는 양이온 교환 크로마토그래피 단계에서 획득한 용리 완충액은 역상 크로마토그래피에 적재용 완충액(loading buffer)으로서 적합하기 때문이다; 그러지 않으면 각각의 분획물은 이차원 분리 이전에 개별적으로 완충액이 변경(re-buffered)되어야 한다. RP-HPLC는 부분적으로 이차원 분리에 선호되는 방식인데, 이는 이 과정에서 획득한 용리 완충액이 MALDI-MS와 ESI-MS(matrix-assisted laser desorption/ionization mass spectrometry and electrospray ionization mass spectrometry, 제3장)를 위한 용매로서 적합하기 때문이다.

MudPIT은 다차원 액체 크로마토그래피(MDLC)가 노동집약적 기술에서 사실상의 자동화된 기술로 이르기까지 어떻게 진화해 왔는지를 보여준다

초기 MDLC는 이온교환 및 겔 여과 컬럼으로부터 분획물을 획득하여 HPLC 컬럼에 수동으로 주입시키는 불연속적인 과정을 거쳤다(그림 2.14). 비록 이 방식은 노동 집약적이지만, **불연속적 시스템(discontinuous systems)**은 시간적 제약에 영향을 받지 않는다. 첫 번째 컬럼으로부터 획득한 분획물은 장기간 오프라인(off-line)으로 보관될 수 있으며, 직접적으로 질량분석기와 결합된 HPLC 컬럼에 차례차례 주입이 가능하다. 또 다른 이점은 이차원 분리를 통한 분석에서 극소량의 단백질이 충분한 양으로 획득되기 위해 대용량의 시료가 적재될 수 있다.

하지만 수동적으로 시료를 주입하는 과정은 첫 번째 컬럼에 자동화된 분획 수집 시스템과 컬럼 전환 밸브와 같은 장치에 의해 해결될 수 있다. 따라서 첫 번째 컬럼으로부터 분획물이 용리 범주에 따라 수집되며, 전환 밸브는 순차적으로 이러한 분획물을 RP-HPLC가 그 즉시 전달받을 수 있게 만든다. 대안으로, 일부 연구자는 적절한 일련의 전환 밸브를 통해 평행적으로 정렬된 다수의 HPLC 컬럼에 연결시킨 단 하나의 이온교환 컬럼 장치를 개발했다(그림 2.15). 이 모식도에서, 첫 번째 컬럼으로부터 분리된 분획물들은 순차적으로 여러 개의 HPLC 컬럼에 의해 규제되며, 이러한 순환 시스템은 첫 번째 컬럼이 재생될 때까지(regenerated) 반복된다.

자동화의 증가와 노동의 감소를 통한 높은 처리량에 대한 강조는 **이상성 컬럼(biphasic column)**을 이용한 **다차원 단백질 식별 기술(multiple protein identification technology, MudPIT)**의 발달을 이끌어 냈는데, 이는 컬럼 내에서 위쪽을 강한 양이온 합성수지로 배치시키고, 아래쪽에는 역상 합성수지를 배치시키는 형식이다. 용매는 호환이 가능하기 때문에(위의 절 내용 참조), 이 방식은 첫 번째 합성수지로부터 분획물의 다중 단계(stepped) 용리와 두 번째 합성수지로부터 이차원 분획물의 기울기 용출을 가능하게 한다. 이 기술은 **대형 단백질 복합체의 직접 분석(direct analysis of large protein complexes, DALPC)**로 개척되었으며, 후에 MudPIT의 형태로 변형되었다(Washburn et al. 참조). 그림 2.16에서 보이는 바와 같이, SCX 합성수지에 적재된 펩타이드 혼합물은 염의 다중 단계의 기울기에 의해 용출되며, 결과적으로 첫 번째 차원의 분획물은 역상 합성수지로 방출되는 결과를 초래한다. 그 후, 두 번째 차원의 분획물은 아세토나이트릴(acetonitrile)

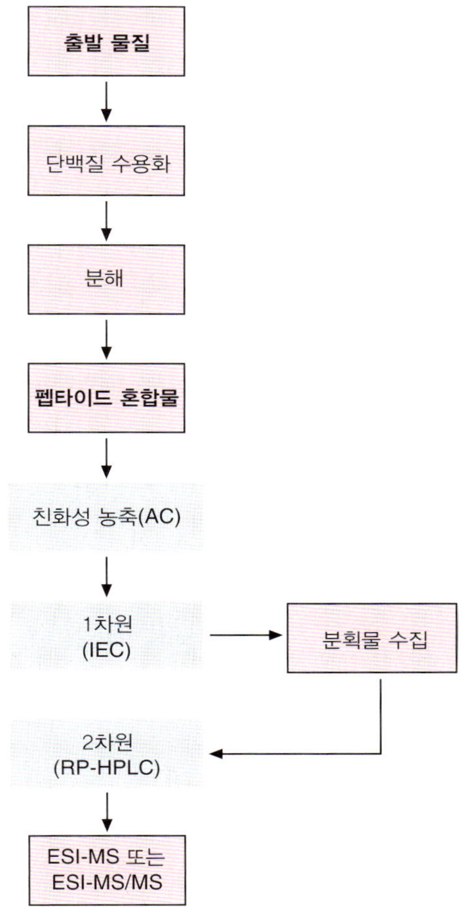

그림 2.14 펩타이드 분리를 위한 불연속 다차원 크로마토그래피. 이 실험에서, Gygi의 실험을 예로 따르면(참고 도서 참조), 2개의 서로 다른 효모로부터 획득한 단백질은 시스테인 잔기에 특이적으로 반응하는 질량-암호화 바이오틴 친화성 표지가 부착되었다(이 라벨링 전략은 나타내지 않는다; 이 방식은 시료 간에 상대적인 단백질 정량에 사용되며, 자세한 내용은 제4장, 85쪽에서 찾을 수 있다). 각 시료의 단백질들은 트립신으로 분해되고 함께 혼합하여 하나의 펩타이드 풀을 만든다. 이후 친화성 크로마토그래피를 이용하여 친화성 표지를 갖는 펩타이드를 선택하여 약 10배 가량 혼합물의 복잡성을 감소시킨다. 그러나 대부분의 단백질들은 적어도 하나의 시스테인 잔기를 포함하기 때문에, 잔류하는 펩타이드 군집은 여전히 대략 효모 단백질체의 90%에 해당한다. 회수된 펩타이드는 강한 양이온 교환 합성수지를 이용한 이온 교환 크로마토그래피로 분리되었다. 30개의 개별 시료들은 오프라인(off line)으로 수집되었고, 그 중에 4개가 RP-HPLC를 이용한 이차원 분리에 사용되었다.

그림 2.15 **컬럼-전환을 이용한 연속 다차원 크로마토그래피**. 이 예시에서는 평행으로 가동되는 2개의 HPLC 컬럼이 일련의 6개로 구성된 크기 배제 컬럼으로부터 교차 형식의 용출액을 수렴한다. 시료 주입과 크기 배제 크로마토그래피를 이용한 분리 후 용출액은 4단계의 밸브(굵은 선)를 거쳐 HPLC 컬럼 1로 향한다. 펩타이드는 HPLC 컬럼 1에 가두어지는 반면, HPLC 칼럼 2에서 용출되어 탐지기와 분획 수집기로 향한다(점선). 컬럼 2의 세척과 평형 과정이 거치고 난 후, 밸브(valves)는 반전되어 컬럼 2에 크기 배제 분리로부터 용출된 그 다음 분획물이 적재될 수 있게 만드는 반면, 컬럼 1은 용출된다. 이러한 순환은 크기 배제 분리로 용출되는 분획물이 소진될 때까지 계속된다. (Opiteck GJ, Ramirez SM, Jorgenson JW & Moseley MA 3rd (1998) *Anal. Biochem*. 258, 349에서 인용. Elsevier의 허가를 득함.)

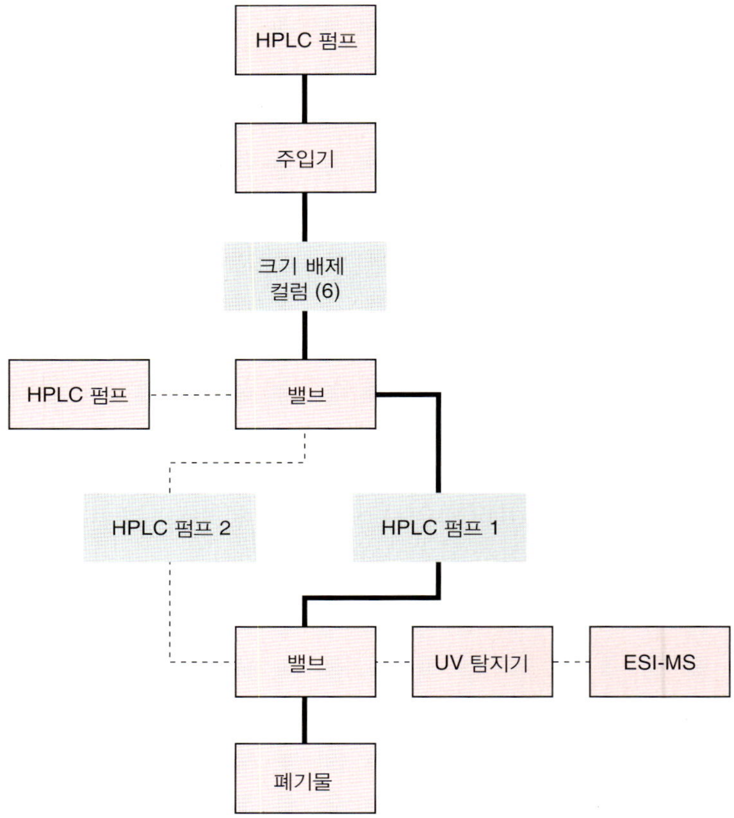

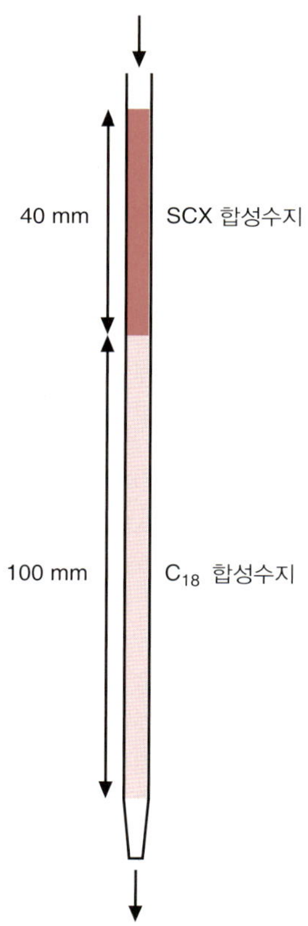

의 기울기를 이용해 역상 합성수지로부터 방출되어 질량분석기로 주입된다. 연속적인 컬럼의 재생을 포함한 위의 과정은 SCX 크로마토그래피 단계에 영향을 주지 않으며, 재생 후 염의 농도를 증가시킴으로써 SCX 합성수지로부터 다른 분획물을 방출시킬 수 있다. 2001년에 이 방법이 개발되었을 때, 일반적으로 단백질체학 실험에서 잘 드러나지 않은 단백질을 포함하여 1,484개에 해당하는 효모 단백질체를 분리 및 동정함으로써 그 당시 최고-분해능 분석이 이루어졌다(Box 2.4). 본래의 MudPIT 방법의 직교성은 첫 번째 차원분리의 단계에서 혼상(mixed bed)식 AEX/CAX 크로마토그래피 단계의 이용, 반연속적인 염 기울기 및 염과 pH가 결합된 기울기 용출과 같은 다양한 응용을 통해 향상되었다. 최근에 후자의 방식은 쥐의 간 시료로부터 14,104개의 특이적인 단백질을 분리하고 동정하는 데 일조하였다.

그림 2.16 **이상성 컬럼을 이용한 연속 다차원 크로마토그래피**. 이 예시에서는 Yates와 그의 동료에 의해 개발된 MudPIT 방법(참고 문헌의 Washburn et al. 참조)을 단순화하여 140 mm x 0.1 mm의 융합된 실리카 모세관 말단부는 5 μm의 C_{18}(역상 수지)로 채웠으며, 상단부는 5 μm의 강한 양이온 교환(SCX) 입자로 채워졌다. 시료 적재 후(맨 위의 화살표), 분획물은 SCX 수지로부터 계단식 염 기울기 따라 용출된다. 각 염의 농도 단계의 용출 후, 이온 교환 분획물은 역상 합성수지를 향해 흐르고 아세토나이트릴(acetonitrile) 기울기를 이용하여 용출된다(아래 화살표). 역상 크로마토그래피의 용출과 재생은 SCX 합성수지에 영향을 주지 않는다. 이 순환은 SCX 합성수지에 존재하는 시료가 모두 소진될 때까지 반복된다.

BOX 2.4 사례 연구
MudPIT를 이용한 효모 단백질체 분석

MudPIT을 이용한 첫 번째 실험은 2001년에 Michael Washburn, Dirk Wolter, 그리고 John Yates에 의해 기술되었다. 그 당시, 가장 강력한 다차원 액체 크로마토그래피는 약 200개의 효모 단백질을 분리·동정할 수 있는 반면, 2DGE에 의해 분리된 단백질의 경우 최대 279개에 달했다(일반적인 잘 나타나지 않는 희귀 단백질이나 소수성 단백질을 포함). MudPIT는 처음으로 완벽하게 자동화된 고처리량의 방법으로써, 모든 작동 과정이 연속적이고 직렬식으로 수행되며 시료 적재 후 사람의 간섭을 요구되지 않는다. 대수기 중간부(mid-log-phase)의 효모 세포로부터 획득된 단백질은 분해하여 이상성 SCX/RP 컬럼으로 펩타이드를 분리시켜 직접 질량분석기에 주입하여 MS/MS 분석을 수행하고 뒤이어 SEQUEST 알고리즘을 이용하여 분석하였다(제3장 참조). 이 분석은 5,540개 펩타이드의 질량 스펙트럼을 획득하였으며 1,484개에 해당하는 단백질의 동정을 가져왔다. 가장 놀라운 점은 131개의 3개 이상의 막관통 도메인을 가지는 단백질이 포함되어 있었으며, 미량의 전사 인자, 키나아제(kinase), 극도의 pI 값을 가지는 단백질, 180 kDa 이상의 분자량을 가지는 단백질과 같은 잘 나타나지 않는 단백질을 포함하고 있었다(그림 1). 그 당시, 이와 같은 편중되지 않은 단백질체 표본추출 방법은 진정 획기적인 발전이었다.

그림 1. 최초 MudPIT 방법의 다양한 단백질 분류에 대한 감도. 실험에서 동정된 각 분류에 속하는 단백질의 개수와 서열 데이터베이스에서 도출된 효모 단백질체의 총 개수를 비교하였다. CAI = codon adaptation index(코돈 각색 수치), MW = molecular weight(분자량), IMP = integral membrane proteins with three or more transmembrane domains(3개 이상의 막관통 단백질 도메인을 가지는 내재막 단백질), PMP = peripheral membrane proteins(표면 막단백질)

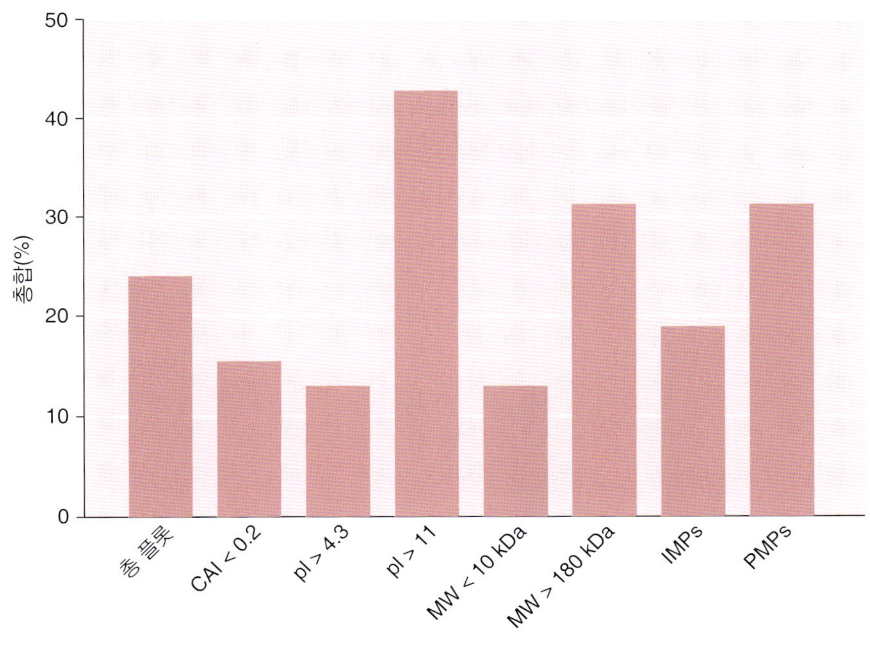

비록 다차원 크로마토그래피가 2DGE를 완전히 대체할 기술 방식인지 아닌지에 대해선 논쟁의 여지가 있으나, 단독적으로나 전기영동과 조합하는 형식에 있어서 이 기술이 단백질과 펩타이드를 분리하는 데 유용한 기술임에는 틀림없다. 조합으로 인한 감도, 탐지능력, 분해능의 이점, 그리고 가장 중요한 것으로써, 자동화된 LC-MS와 LC-MS/MS 절차에 대한 잠재력은 2DGE에 의한 시각적인 데이터의 소실로 인한 단점을 상쇄시킬만 하다. 2DGE와/또는 LC에 의해 분리된 단백질을 동정하기 위한 질량 분석법의 이용은 제3장에서 논의한다.

RP-RPLC와 HILIC-RP 방식은 특정 펩타이드 혼합물의 분리에 있어 큰 장점을 제공한다

RP-HPLC 시스템은 선호되고 있는 분리방식으로써, 그 이유는 첫 번째 차원분리에서 분획물 간 최소한의 중첩을 보장하면서 높은 용량 최대치를 보이며, 직교성은 두 컬럼 모두에서 동일한 합성수지(resin)를 사용하는 동안 버퍼 조건을 조정하여 맞출 수 있다(예를 들어, C_{18} 합성수지를 이용한 고분해능 분리는 한 컬럼에는 pH 10의 완충액을, 다른 컬럼에는 pH 2.6의 완충액을 사용함으로써 성취할 수 있다). RP-RPLC 시스템의 전반적인 직교성은 SCX-RPLC 방식보다 다소 낮지만, 분리 과정에 있어 다루기 쉬울 뿐만 아니라 더 효율적이다.

HILIC-RPLC는 특히 극성 화합물이 풍부한 복잡한 시료를 분리하는 데 적합하다. 소수성 상호작용과 역상 크로마토그래피의 조합은 완충액의 요구조건 측면에서 매우 조화롭고, 쌍성 이온(zwitterion)식 HILIC-RPLC 절차에서 나타나는 것처럼 높은 실제 최대치 용량을 제공하는데, 이 절차는 낮은 pH에서는 SCX-RPLC와 유사하지만 pH 7~8의 조건에서 전하를 가지는 펩타이드의 더욱 효과적인 분리를 나타낸다. 또한 HILIC-RPLC 방식은 카바모일 실리카(carbamoyl silica) 겔을 이용하여 인산화 단백질을 분리 및 정제하도록 개발되었다(제8장 참조).

친화성 크로마토그래피는 펩타이드 혼합물을 단순화시키기 위하여 MDLC와 결합되어 있다

Box 2.1에 기술된 것처럼, 펩타이드 생성을 위한 단백질 분해는 질량 분석법을 위해 필요하지만, 이미 복잡한 단백질 혼합물의 복잡성을 20배에서 50배가량 더욱 증가시킨다. 우리는 특정 단백질마다 다수의 펩타이드가 신뢰할만한 단백질을 동정하는 데 있어서 탐지를 위해 필요한지에 대해 제3장에서 논의할 것이지만, 이번 장에서는 주어진 시료 내 모체 단백질의 존재를 확신하기 위해 일반적으로 단지 3~5개의 펩타이드만으로도 충분하다는 것을 알아야 한다. 이것은 복잡한 혼합물 내에서, 확신할 수 있는 단백질 동정을 위해서는 오로지 펩타이드 분획물만을 필요로 한다는 것을 의미한다. 탐지 능력을 유지하면서 펩타이드 혼합물을 단순화시키는 한 가지 방법은 상대적으로 드문 아미노산을 포함하는 펩타이드를 분리하는 것이다. 예를 들어, 트립신에 의해 생긴 펩타이드 중 단지 10%가 시스테인(cysteine) 잔기를 갖고, 17%가 히스티딘(histidine) 잔기를 갖고 있다. 대부분의 단백질들은 최소한 하나 이상의 이러한 아미노산을 포함하기 때문에, 이 아미노산을 포함한 펩타이드들의 선정은 해당 단백질체의 탐지능력에 대한 편견 없이 약 10배의 복잡성을 감소시킬 수 있다. 친화성 크로마토그래피, 특히 IMAC는 히스티딘을 포함한 펩타이드를 분리하는 데 사용될 수 있으며, 또한 시스테인 잔기에 레이블(labels)을 붙이기 위한 전문화된 표지(specialized tagging) 방법이 개발되었는데, 이는 동시에 친화성 농축 또는 정량적 측정을 가능하게 하였다. 우리는 이러한 방법을 제4장에서 좀 더 자세하게 논의한다.

읽을거리

Di Palma S, Hennrich ML, Heck AJ & Mohammed S (2012) Recent advances in peptide separation by multidimensional liquid chromatography for proteome analysis. *J. Proteomics* 75, 3791-3813.

Gao M, Qi D, Zhang P et al. (2010) Development of multidimensional liquid chromatography and application in proteomic analysis. *Expert Rev. Proteomics* 7, 665-678.

Gygi SP, Rist B, Gerber SA et al. (1999) Quantitative analysis of complex protein mixtures using isotope-coded affinity tags. *Nat. Biotechnol.* 17, 994-999.

Hames BD & Rickwood D (1990) Gel Electrophoresis of Proteins: A Practical Approach. IRC Press.

Krenkova J & Foret F (2012) On-line CE/ESI/MS interfacing: recent developments and applications in proteomics. *Proteomics* 12, 2978-2990.

O'Farrell PH (1975) High-resolution two-dimensional electrophoresis of proteins. *J. Biol. Chem.* 250, 4007-4021.

Opiteck GJ, Ramirez SM, Jorgenson JW & Moseley MA (1998) Comprehensive two-dimensional high-performance liquid chromatography for the isolation of overexpressed proteins and proteome mapping. *Anal. Biochem.* 258, 349-361.

Rabilloud T (2002) Two-dimensional gel electrophoresis in proteomics: old, old fashioned, but still it climbs up the mountains. *Proteomics* 2, 3-10.

Rabilloud T (2009) Membrane proteins and proteomics: love is possible, but so diffi cult. *Electrophoresis* 30 (Suppl. 1), S174-S180.

Rabilloud T (2010) Variations on a theme: changes to electrophoretic separations that can make a difference. *J. Proteomics* 73, 1562-1572.

Rabilloud T, Chevallet M, Luche S & Lelong C (2010) Twodimensional gel electrophoresis in proteomics: past, present and future. *J. Proteomics* 73, 2064-2077.

Rabilloud T, Vaezzadeh AR, Potier N et al. (2009) Power and limitations of electrophoretic separations in proteomics strategies. *Mass Spectrom.* Rev. 28, 816-843.

Ramautar R, Heemskerk AA, Hensbergen PJ et al. (2012) CE-MS for proteomics: advances in interface development and application. *J. Proteomics* 75, 3814-3828.

Wang H & Hanash S (2003) Multi-dimensional liquid phasebased separations in proteomics. *J. Chromatogr.* B 787, 11-18.

Washburn M, Wolters D & Yates J (2001) Large-scale analysis of the yeast proteome by multidimensional protein identification technology. *Nat. Biotechnol.* 19, 242-247.

Wu Q, Yuan H, Zhang L & Zhang Y (2012) Recent advances on multidimensional liquid chromatography-ass spectrometry for proteomics: from qualitative to quantitative analysis—review. *Anal. Chim. Acta* 731, 1-10.

Zhang X, Fang A, Riley CP et al. (2010) Multi-dimensional liquid chromatography in proteomics— review. *Anal. Chim. Acta* 664, 101-113.

Zhao SS, Zhong X, Tie C & Chen DD (2012) Capillary electrophoresis-ass spectrometry for analysis of complex samples. *Proteomics* 12, 2991-3012.

CHAPTER 3

단백질 동정 방법

3

3.1 개요

제2장에서 설명한 기술은 복잡한 단백질 혼합물을 그 구성 성분으로 분리하는 것을 가능하게 하지만 이러한 구성 요소를 동정하지는 못한다. 실제 이러한 방법에 의해 생성된 각 분획물은 대부분의 경우 미지의 물질이다. 이차원 겔 상의 점, 그리고 액체 크로마토그래피 컬럼으로부터 발생한 각 분획물은 외관상 유사하다. 2DGE의 경우 각 점의 분포 차이는 분자량과 pI와 같은 불명확한 단서만을 제공한다. 그러므로 단백질체 분석은 분획물의 특성과 실제 어떠한 단백질이 존재하는지 규명하는 방법을 포함하여야 한다.

단백질체학 초기에는 2DGE가 유일한 분리방법으로 신중한 분석 및 동정을 위하여 적은 수의 단백질을 선별하는 전형적인 방법이었으며, 특히 해당 시료의 단백질이 다른 시료보다 더 많이 존재할 때 그러했다. 초창기 단백질 분석은 에드먼 분해법을 이용한 펩타이드 서열 결정과 같은 낮은 처리량 분석으로 이루어졌으며, 이후 보다 높은 처리량 분석 방법인 질량분석법을 이용하여 이루어졌다. 최근의 접근 방법은 **숏건 프로테오믹스(shotgun proteomics, discovery proteomics**로도 알려져 있다)로 이 방법의 이상적인 방식은 시료의 모든 단백질을 펩타이드로 분해하고 특정한 편중 없이 분리 및 체계적인 동정을 위하여 질량분석법을 이용하는 것이다. 복잡한 펩타이드 혼합물을 다차원 액체크로마토그래피(MDLC), 혹은 모세관 전기영동과 같은 다른 방법을 조합한 분획과 분획물의 동정을 위한 질량분석기로의 자동 주입에 따라 숏건 프로테오믹스가 가능하게 되었다. 비록 몇몇 기법이 작은 규모의 단백질 동정을 위하여 개발되어 왔지만, 하루 만에 수천 개의 시료를 처리하여 특성 분석을 가능하게 하는 질량분석법의 발전이 없었다면 현대의 단백질체학은 불가능했다는 것에 의심의 여지가 없다.

3.2 항체(antibodies)를 이용한 단백질 동정

단백질 분석의 초기에는 이차원 겔 상의 점이 두 가지 방법에 의해서만 동정될 수 있었다. 한 가지 방법은 하나의 실험 겔과 다른 하나의 정제된 단백질 표준 겔을 동일하게 가동하여, 표준 겔의 단백질과 동일한 방식으로 이동한 단백질을 실험 겔에서 동정하는 방법이었다. 또 다른 방법은 단백질을 이차원 겔로부터 적절한 막 또는 지지물에 옮기고 일반적으로 항체와 같은 탐침(probes)을 이용하여 단백질을 동정하는 것이었다[이 접근법은 웨스턴 블로팅(western blotting) 또는 이뮤노블로팅(immunoblotting)으로 알려져 있다]. 일부 잘 알려진 단백질보다 더 많은 단백질을 한 번에 규명하는 실용적인 방법이 없을 때에는 이차원 겔 상의 단백질 스팟 패턴은 그 자체로 중요한 의미를 가지므로 진단 검증용으로 사용되었다. 오늘날 주로 마이크로어레이(microarrays)과 연관된 통계적 분석 방법은 이차원 겔로부터 만들어진 단백질 스팟 지도들을 비교하기 위해 1980년대에 개발되었으며, Anderson과 그의 동료에 의해 고안된 TYCHO와 같은 맞춤 분석 형식이 1981년 초에 사용되었다.

단백질 검출을 위한 항체의 이용은 1980년대부터 보다 편리한 항체 선별과 정제 방법이 개발되고 항체의 재조합 단백질로써 생산이 가능해짐에 따라 더욱 진보하였다. 항체를 기반으로 한 탐지 방법은 친화성 농축/제거(제2장), 정량 분석법(quantitative assay, 제4장), 단백질 복합체의 정제(제7장), 번역 후 변형의 식별(제8장), 그리고 항체 마이크로어레이의 구성(제9장)을 포함한 단백질체 분석 기술에 사용된다. 그러나 항체는 각 단백질들을 분리하고 동정하기 위한 강력한 도구이며, 동시에 수백 개의 단백질을 동정하기 위한 복합 항체 분석법(multiplex antibody arrays)으로 응용이 가능하지만, 현재 복잡한 개체의 단백질체에 있는 모든 단백질을 동정하고 정량할 수 있는 항체 기반 방식은 존재하지 않는다. 많은 항체는 단백질의 특정 구조적 다양성을 인식하기 때문에 동일한 완충액에서 동일한 방식으로 접힘 구조를 가지는 모든 단백질을 검출 방법을 고안하기에는 어려움이 있다. 또한 항체는 낮은 친화성이지만 비특이적으로 다른 단백질과 교차반응을 할 수 있다. 이러한 이유에서, 높은 처리량의 단백질 동정은 항체와 같은 특이적인 탐지에 전적으로 의존할 수 밖에 없으며, 대신에 구조, 유래 혹은 물리 및 화학적 특성에 관계없이 모든 단백질에 응용될 수 있는 시약을 통해 **단백질 서열(protein sequence)** 결정이 이루어져야 한다.

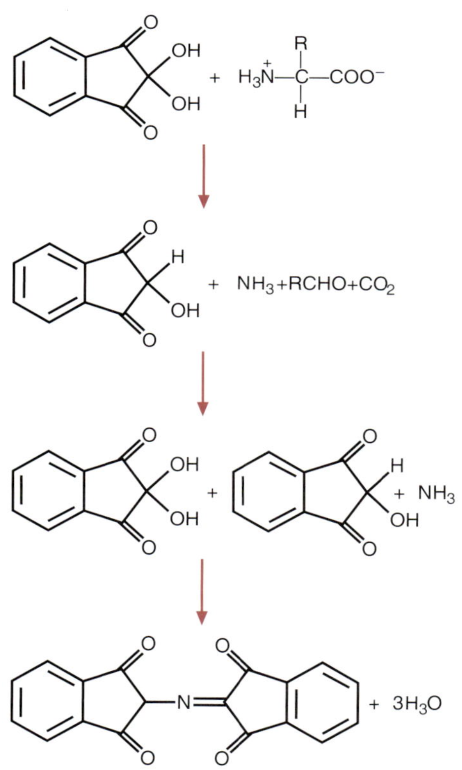

그림 3.1 아미노산의 첫 번째 아민 그룹과 반응하는 닌하이드린(nynhydrin)의 화학적 구조.

3.3 화학적 분해를 통한 단백질 서열 결정

완전 가수분해는 생성된 아미노산의 조성으로부터 추론하여 단백질 서열 결정을 가능하게 한다

단백질은 높은 농도의 염산(hydrochloric acid)에 24~72시간 동안 가열하여 구성 아미노산으로 완전히 분해될 수 있다. 이후 아미노산은 닌하이드린(ninhydrin, 그림 3.1)이나 플루오레사민(fluoresamine, 그림 3.2)과 작용 물질로 표지하고, HPLC를 통해 분리(제2장)하여 컬럼으로부터 용출될 때 표준 아미노산의 패널(panel)과 비교하여 검출할 수 있다. 플루오레사민 표지의 민감도는 1 ng 아미노산까지 검출할 수 있으며, 이는 매우 적은 양의 정제된 단백질 분석을 가능하게 한다. 산성과 극성 아미노산(즉, 아스파르트산, 트레오닌, 세린, 그리고 글루탐산)이 먼저 용출되며, 염기성의 아미노산(즉, 라이신, 히스티딘, 그리고 아르기닌)은 마지막으로 용출된다. 각 경우에서, 흡광도 정점의 높이는 시료에 포함된 아미노산의 상대적인 양에 비례한다.

이러한 방법이 단백질의 **아미노산 조성(amino acid composition)**을 밝혀내지만, 단백질의 모든 펩타이드 결합이 끊어져 연속적인 잔기의 순서를 직접 동정할 수 없기 때문에 서열을 나타내진 않는다. 그러나 AACompIdent

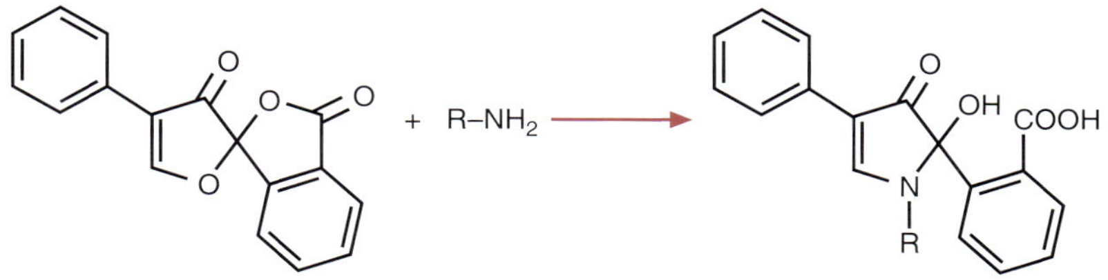

그림 3.2 아미노산의 아민 그룹과 반응하는 플루오레사민의 화학적 구조.

와 같은 알고리즘은 단백질 서열 데이터베이스를 조사하여 유사한 아미노산 조성을 가지는 단백질 서열을 예측할 수 있게 한다. 이러한 상관 검색 방법(correlative search methods)은 상당한 서열 데이터가 존재하고 온전한 단백질이 있을 때에만 유용하므로 미생물 단백질체 연구에 가장 널리 사용된다. 아래에서 보겠지만, 질량 분석법을 이용한 단백질 동정은 또 다른 상관 검색을 이용한 접근 방법이지만, 이 방법을 통해 신생의(*de novo*) 단백질 서열 결정이 가능하다(알려진 서열의 참조 없이). 완전 가수분해 실험은 *de novo* 서열 결정이 불가능하지만, 대략적인 분자량과 pI 값, 또는 N-말단과 C-말단 아미노산의 유도체 합성을 통한 첫 번째와 마지막 잔기 동정을 통하여 단백질 동정을 위한 추가 근거를 확보할 수 있다. 예를 들어, N-말단 아미노산은 단실 염화물(dansyl chloride) 또는 9-플루오레닐메틸 클로로포름산염을 이용하여 표지해서 상응하는 분획물의 위치 변화를 예측할 수 있다. 말단 잔기의 동정도 가능하나 신뢰할 수 있는 명백한 단백질 동정이 어려울 수 있다. 최소한의 일부 연속적인 서열을 직접 동정할 수 있다면 보다 신뢰할 수 있는 예측이 가능하며, *de novo* 단백질 염기 서열 결정을 위한 전제 조건이다.

에드먼 분해법은 *de nono* 단백질 서열 결정을 위한 최초의 보편적인 방법이었다

단백질의 화학적 서열을 직접적으로 결정하는 모든 방법은 단백질의 한쪽 끝으로부터 말단의 펩타이드 결합을 절단해서 선택적이며 점진적으로 아미노산을 제거해야만 한다. 각 아미노산은 위에서 논의한 바와 같이 HPLC을 이용하여 동정될 수 있다. 광범위한 특이성을 가지는 엑소펩티다아제(exopeptidase)를 이용하여 N- 또는 C-말단으로부터 단백질 서열을 결정하는 다양한 방법이 있지만, 가장 신뢰할 수 있으며 널리 사용되는 방법은 **에드먼 분해법(Edman degradation)**이다. Pehr Edman에 의하여 1960년대 개발되었으며, 단백질이나 펩타이드의 N-말단 아미노산을 **페닐 이소시아네이트(phenyl isothiocyanate**, 그림 3.3)로 표지한다. 약한 산성의 가수분해는 표지 변형된 잔기의 다음 인접한 펩타이드 결합을 절단하며, 단백질의 나머지 부분은 온전히 유지된다. 절단된 말단 아미노산(페닐티오하이단토인 유도체, phenylthiohydantoin derivative)은 크로마토그래피를 통해 동정하고 이와 같은 절차를 반복하여 그 다음 잔기를 동정하면 긴 아미노산 서열이 완성된다(그림 3.4).

에드먼 분해법은 자동화를 통해 작은 펩타이드(10개의 잔기)는 대략 24시간 안에, 큰 펩타이드(30~40개의 잔기)는 3일 안에 서열을 결정할 수 있다. 한 번에 50개 이상의 잔기로 구성된 단백질의 서열을 결정할 수 없는데, 그 이유는 각 분해 싸이클은 100% 보다 낮은 효율을 가지기 때문이다. 이것은 많은 수의 분해 싸이클 후에 분석 물질 내에 온전한 시료가 아닌 혼합된 분자(말단 아미노산)가 존재하므로 여러 횟수

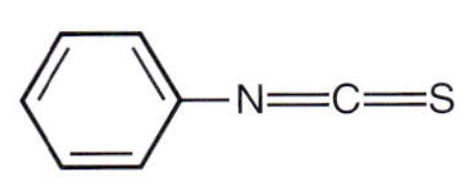

그림 3.3 페닐이소티오시아네이트의 화학적 구조.

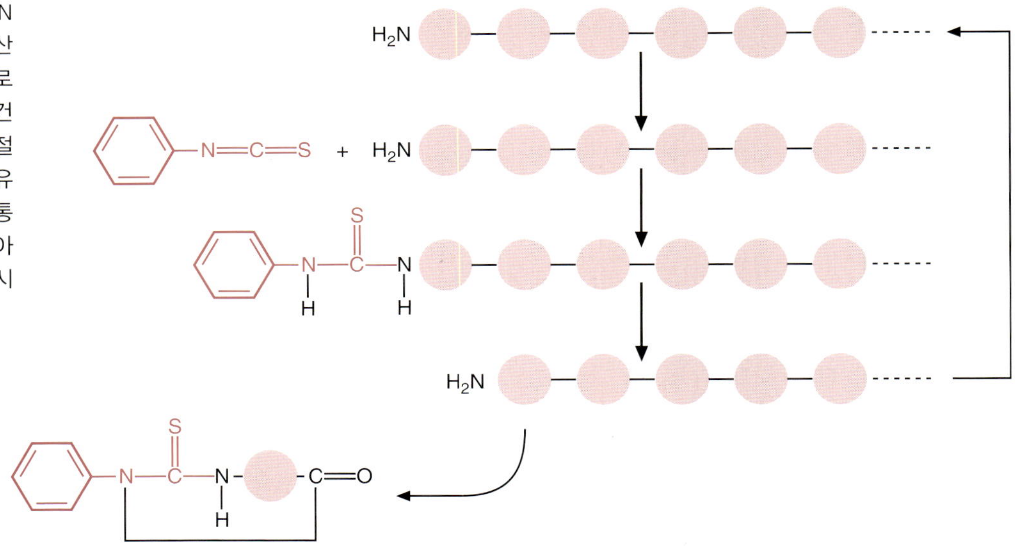

그림 3.4 **에드만 분해법.** 펩타이드의 N 말단 아미노산은 페닐이소티오시안산염(phenyl isothiocyanate, 빨간색으로 표시) 유도체가 된다. 이후, 산성 조건에서 가장 근접한 펩타이드 결합이 절단되고 말단의 아미노산은 원형의 유도체로써 방출되는데, 이는 HPLC를 통해 식별된다. 이 펩타이드는 1개의 아미노산만큼 짧으며 분해 단계가 다시 시작된다.

의 에드먼 분해법은 여러 개의 아미노산 피크(peaks)를 생성하게 된다. 이러한 문제점은 큰 단백질을 화학 시약 또는 특이적인 엔도프로테아제(endoprotease)를 이용하여 여러 개의 펩타이드로 절단하여 해결할 수 있다. 예를 들어, **트립신(trypsin)**은 엔도프로테아제의 하나로써 바로 다음 잔기가 프롤린(proline)이 아닌 이상 염기성 아미노산인 라이신 또는 아르기닌의 C-말단을 특이적으로 절단한다. 라이신과 아르기닌은 흔한 아미노산이기 때문에, 약 500개의 잔기로 구성된 단백질은 약 20~50개의 해당 아미노산을 가지며, 그에 상응하는 수의 펩타이드로 분해되어 25개 이하의 잔기를 가질 것이다. 각 펩타이드 조각의 서열을 결정하여 전체 단백질 서열을 완성시킬 수 있다. 그러나 추가적인 정보 없이, 펩타이드 조각을 순서대로 조립할 수 없다. 이러한 정보들은 두 가지 방법으로 획득할 수 있다:

- 서로 중첩하는 조각은 트립신과 다른 절단 특이도를 가지는 시약을 이용하여 단백질을 분해시킨 후 서열을 결정한다(그림 3.5). 빈번하게 절단하는 시약을 선택하는 것이 중요한데, 이는 매우 길고, 특이적인 인식 위치를 가지는 시약은 충분한 정보를 제공할 수 있는 펩타이드를 생성하지 못하기 때문이다(표 3.1).
- 펩타이드의 알려진 아미노산 서열은 **불완전 PCR 프라이머(degenerate PCR primer)**를 제작하는 데 사용하여, 상응하는 유전체 또는 cDNA 서열을 분리하는 데 이용될 수 있다. 분리한 염기 서열을 번역하여 전체 단백질 서열을 예측할 수

그림 3.5 **단백질의 서열은 서론 다른 특이성을 가지는 단백질 분해효소에 의해 생성된 펩타이드 간 중첩 부위를 에드먼 서열 분석을 통해 획득할 수 있다.**

트립신으로 분해

Leu-Asp-Glu-Trp-Gly-Val-Ile-Lys

Ala-Val-Ile-Leu-Ser-Glu-Ile-Lys

His-Thr-Val-Glu-Val-Arg

Glu-C (알칼리성)으로 분해

Trp-Gly-Val-Ile-Lys-Ala-Val-Ile-Leu-Ser-Glu

Ile-Lys-His-Thr-Val-Glu

추론된 서열

Leu-Asp-Glu-Trp-Gly-Val-Ile-Lys | Ala-Val-Ile-Leu-Ser-Glu-Ile-Lys | His-Thr-Val-Glu-Val-Arg

Trp-Gly-Val-Ile-Lys-Ala-Val-Ile-Leu-Ser-Glu | Ile-Lys-His-Thr-Val-Glu

표 3.1 화학적 그리고 효소적 시약을 통해 펩타이드를 생성하는 단백질의 절단

시약	절단 위치
화학적인 시약	
70% 포름산(formic acid)	Asp-↓-Pro
70% 포름산의 브롬화시안(Cyanogen bromide)	Met-↓
2-니트로-5-티오시아노벤조산염(2-nitro-5-thiocyanobenzoate, pH 9)	↓-Cys
하이드록실라민(hydroxylamine, pH 9)	Asn-↓-Gly
50% 아세트산(acetic acid)의 요오드벤조산(iodobenzoic acid)	Trp-↓
엔도프로테아제(endoprotease)	
트립신(trypsin)	Arg/Lys-↓
Lys-C	Lys-↓
Arg-C	Arg-↓
Glu-C(탄산수소염, bicarbonate)	Glu-↓
Glu-C(인산염, phosphate)	Asp/Glu-↓
Asp-N	↓-Asp
키모트립신(chymotrypsin)	Phe/Tyr/Trp/Leu/Met-↓(또한 Ile/Val-↓)

Asp-N을 제외한 모든 엔도프로테아제의 절단 특성은 절단 부위 이후가 프롤린이 아닌 이상 잔기에 의존한다.

있다. 1980년대 초 DNA의 서열보다 훨씬 더 많은 수의 단백질 서열이 직접적으로 밝혀졌을 당시에 단백질 서열은 일반적으로 불완전 프라이머 합성에 이용되었다. 현재는 DNA 서열의 수가 단백질 서열의 수보다 훨씬 더 많으므로 이러한 접근방식은 일반적으로 불필요하다.

에드만 분해법은 단백질체학에서 단백질 동정에 이용된 최초의 방법이었으나, 큰 규모의 분석에는 적용하기 어렵다

1980년대 중반, 2DGE을 이용하여 분리된 단백질을 폴리비닐리덴 디플루오리드(polyvinylidene difluoride, PVDF) 막으로 이동시킨 후 트립신으로 *in situ* 분해하고 에드먼 분해법을 이용하여 서열을 결정하는 기법이 개발되었다(그림 3.6). 그러

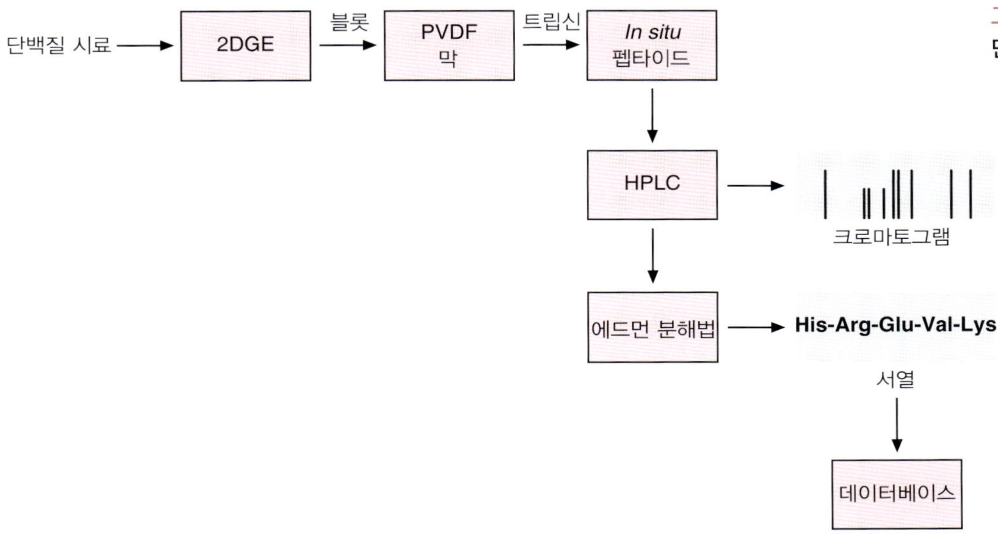

그림 3.6 에드먼 분해법을 이용한 초기 단백질 동정 과정.

나 향상된 막, 효율적인 분해와 공정 방법에도 불구하고, 에드먼 화학 반응 한 사이클을 끝내는 데 걸리는 시간 때문에, 이 기법은 여전히 노동 집약적이었다. 게다가, 수많은 단백질은 N-말단 아미노산의 α-아미노기가 종종 변형[예를 들어, 아세틸화(acetylation)]되어 페닐아페닐 이소시안산염과 반응하지 않아 에드먼 화학 반응이 제한적이었다. 이와 같은 본질적인 한계 때문에 새로운 접근 방식 없이는 DNA와 같은 규모의 단백질 서열 결정이 불가능하다는 것이 인식되었다. 1980년대 말기 질량분석법의 개발은 필요한 기술적 돌파구를 제공하였다. 질량분석법의 영향에도 불구하고, 에드먼 분해법은 여전히 단백질의 N-말단 서열을 결정하는 가장 편리한 방법으로 남아있다. 또한 이 기술은 굉장히 민감하여 일반적으로 0.5~1 피코몰(pmol) 정도로 온전한 단백질의 확고한 서열을 확보할 수 있으며, 일부 그룹은 수백 펨토몰(femtomole) 범위의 민감도를 달성하고 있다.

3.4 질량분석법(mass spectrometry, MS)—기본 원리와 계측

질량분석법은 질량/전하 비율에 따른 분자 분리를 바탕으로 한다.

질량 분석계(mass spectrometer)는 진공 상태에서 이온의 **질량/전하 비율(mass/charge ratio**, *m/z*)을 측정할 수 있는 장치이다. 이러한 데이터로부터 높은 수준의 정확도로 분자량은 측정할 수 있으며, 그에 따라 주어진 시료나 분석물의 분자적 구성 성분을 결정할 수 있다. 단백질체학에서, 분석물은 일반적으로 단백질 시료를 트립신 혹은 비슷한 시약으로 분해시킨 펩타이드의 집합체이다. 세 가지 유형의 분석이 시행될 수 있다:

- 온전한 펩타이드 이온 분석. 이 분석은 온전한 펩타이드 조각의 질량 계산을 가능하게 하며, 질량은 데이터베이스 조사와 조합하여 시료 내 단백질 동정에 사용될 수 있다
- 단편화된 펩타이드 이온 분석. 이 분석은 조각의 질량을 산정할 수 있으며, 데이터베이스 조사, 새로운 서열의 발견, 또는 서로 연동된 접근방식을 통해 단백질 동정에 사용될 수 있다.
- 단편화된 전체 단백질 분석. 이 분석은 온전한 단백질의 분석으로 시작되기 때문에 **하향식 단백질체학(Top-down proteomics)**으로 알려져 있다. 이 접근 방법은 분자량이 50 kDa(대략 500개의 아미노산)보다 큰 단백질 분석은 더욱 어려우며, 비효율적인 이온화와 단백질 낮은 안정성으로 인하여 표준 질량분석법을 이용한 신뢰성 있는 질량분석기의 최대 한계치이다. 분자량이 50 kDa 이하인 단백질은 단편화된 펩타이드 이온의 분석보다 큰 절편을 만들지만, 이와 유사한 방법으로 이온화와 단편화될 수 있다. 따라서 펩타이드 또는 그 단편 분석은 **상향식 단백질체학(bottom-up proteomics)**이라 알려져 있는데, 이는 전체 단백질이 아닌 단백질의 일부분으로 분석을 시작하기 때문이며, 좀 더 새로운 기법은 보다 큰 펩타이드의 분석(**중앙 하향식 단백질체학**, **middle-down proteomics**) 방식이 현재 더욱 각광받고 있다.

질량분석기는 세 가지의 구성 요소를 가진다: 이온 공급원, 질량분석기(analyzer),

그리고 이온 탐지기. 이온화 공급원의 기능은 분석물을 진공상태에서 기체상의 이온으로 전환시키는 것이다. 이후 이온은 전기장에서 분석기를 향해 가속화되는데, 이 과정은 탐지기를 향해 이동하는 과정에서 이온의 *m/z* 비율에 따라 분리시킨다. 탐지기의 기능은 각 이온의 충돌을 기록하는 것이다.

질량 분석법의 단백질체학에 적용을 위해서는 무작위적 단편화를 방지하기 위한 연성 이온화 방법의 개발이 필요하다

질량 분석법을 이용한 단백질과 같은 거대분자의 분석은 신뢰할 수 있는 기체상의 이온 생성 방법의 부재로 초기에 어려움이 있었다. 일반적으로 거대분자는 휘발 및 이온화 과정을 이용하여 분해되고 무작위적 단편 집합을 생산하였다. 비록 단일 단백질 또는 펩타이드로부터 유래된 단편들은 유익한 정보를 제공할 수 있으나, 일반적인 단백질에서 분해된 50개 정도의 펩타이드 혼합 단편의 질량 스펙트럼은 너무 복잡하고 분석하기 어렵다. 이러한 상황은 1990년대 소위 **연성-이온화 방법(soft-ionization methods)**이라 불리는 기술의 개발에 의해 변화되어 단편화 없이 펩타이드와 큰 분자의 이온화가 가능하게 되었다.

단백질체학에서 가장 처음 연성 이온화를 적용한 방법은 **MALDI**와 **ESI**이며, 그림 3.7에서 비교하였다. MALDI는 **기질보조 레이저 탈착/이온화(matrix-assisted laser desorption/ionization)**를 의미하며, 분석물을 과량의 방향족인 "기질 화합물(matrix compound)"과 혼합하여 레이저 에너지를 흡수할 수 있다. 예를 들어, α-시아노-4-하이드록시신남산(α-cyano-4-hydroxycinnamin acid) 기질 화합물은 질소 UV 레이저(nitrogen UV laser, 337 nm)로부터 에너지를 흡수할 수 있다. 이러한 기질과 분석물을 유기 용매에 녹이고 금속성 탐침(probe) 위에 놓는다. 용매가 증발하고 남은 기질 결정에 둘러싸인 분석물은 질량분석기의 진공 챔버(vacuum chamber)에서 고전압에 노출된다. 동시에 결정은 짧은 레이저 파장에 표적물이 된다. 레이저 에너지는 결정에 흡수되어 열로 방출되고 빠른 승화를 통하여 분석물의 기체상 이온을 형성한다. 기체상 이온은 분석기를 통하여 탐지기를 향하여 가속화된다. MALDI는 전반적으로 이차원 겔 상의 단일 스팟으로부터 유래된 펩타이드와 같은 단순한 펩타이드 혼합물을 분석하기 위해 사용되며, 특히 온전한 펩타이드를 분석하는 데 유용하다.

ESI는 **전자분무 이온화(electrospray ionization)**를 말하며, 이 방법은 분석물을 고전압이 걸린 미세관을 통하여 강제 주입한다. 전하를 띠는 방울의 미세한 분무 형태

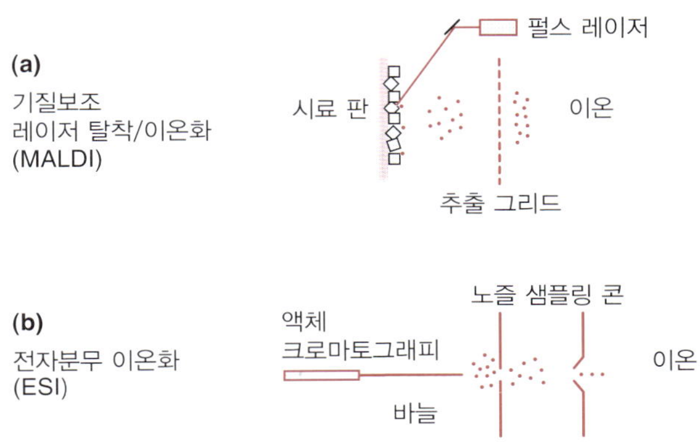

그림 3.7 **단백체학에서 연성 이온화 방법.** (a) MALDI는 레이저 파동을 이용하여 시료 판의 분석물 결정에 가열하는 과정을 수반한다. (b) ESI는 좁은 스프레이 바늘을 통해 시료를 주입시켜서 미세 이온 스프레이 생성을 수반한다.

로 미세관으로부터 분출되고 작은 구멍을 통하여 질량분석기의 진공 챔버로 주입된다. 질량분석기에 방울 형태로 주입되면 비활성 기체 기류에 의해 건조되어 생성된 기체상 이온이 분석기를 통과하여 탐지기를 향해 가속화된다. ESI는 용액으로부터 기체 상태의 이온을 생성하기 때문에, 특히 모세관 전기영동이나 액체 크로마토그래피와 같은 액체상 방법에 의한 단백질 분리 전처리와 손쉽게 통합된다. 그러므로 MALDI-MS는 주로 단순한 펩타이드 혼합물을 분석하기 위해 사용되는 반면, ESI-MS는 숏건 프로테오믹스와 같은 복잡한 펩타이드 혼합물을 분석하는 데 더 적합하다.

제어된 단편화는 펩타이드 결합 절단 및 단편 이온 생성에 사용된다

단백질과 펩타이드의 무작위적인 단편화는 유용한 정보를 주지 못하지만, 선택적인 단편화를 통한 펩타이드 결합 절단으로 생성된 단편은 그 질량을 예상할 수 있으며 단백질 동정에 사용될 수 있다. 단편화는 종종 충돌 유도 분해(collision-induced dissociation, CID)로 알려진 과정이 이용되는데, 이 방법에서 온전한 펩타이드 또는 단백질 이온의 단편화는 반복적인 충돌과 중성 기체 원소에 의한 가열에 의해서 유도된다. 이 반응은 보통 C-N 결합을 절단하여 소위 ***b*-series**와 ***y*-series 이온**을 생성하는데, 전자는 N-말단 단편에 전하가 존재하고, 후자는 C-말단 단편에 전하가 존재한다(그림 3.8). CID는 종종 일부 *b*-이온의 –CO 그룹의 소실을 야기하고, *a*-이온과 *b*-이온 쌍은 28 원자 질량 차이를 나타내어서 *b*-이온 동정에 도움을 주며 CID 스펙트럼의 해석을 용이하게 한다(아래 참조). 중성 원자 충돌을 이용하는 **가열 모세관 해리(heated capillary dissociation, HCD)**와 광자 충돌을 이용하는 **적외선 다광자 해리(infrared multiphoton dissocation, IRMPD)**와 같은 다른 방법에서도 유사한 효과가 발생한다. 생성된 이온은 상관 조사를 통한 데이터베이스에서 일치하는 서열 검색에 사용될 수 있으며, 서로 다른 아미노산의 질량과 비교하여 점차적으로 증가하는 질량을 기반으로 *de novo* 펩타이드 서열을 결정하기 위한 배열에 사용될 수 있다. 복합적인 절단에 의하여 연속적인 아미노산으로 구성된 내부 단편이나 단일 아미노산의 이모니움(immonium) 이온, 게다가 물, 암모니아, 특정 번역 후 변형의 중성 손실(neutral loss, 전하는 남기지 않고 제거)이 일어날 수 있다. *d*, *v*, 그리고 *w* series를 포함한 특정 이온 형태는 고에너지 CID에 특이적이며, β-탄소 치환기의 형성에 기반한 이소루이신(isoleucine)과 루이신(leucine)을 구분할 수 있다.

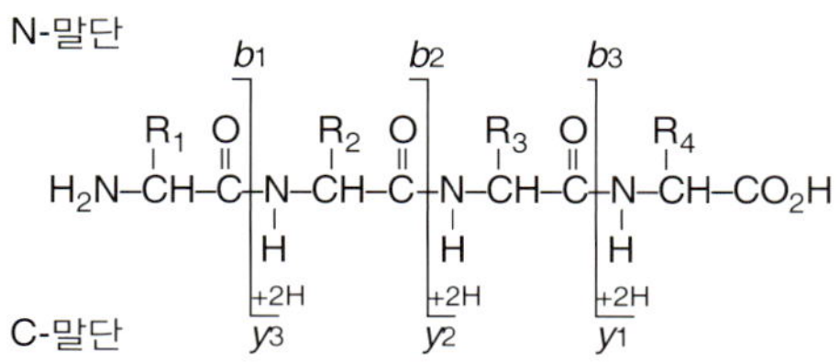

그림 3.8 일반적인 양성 N- 그리고 C-말단 단편 이온 명명법.

CID에 의한 중성 손실(일정하지 않은 절단 위치의 분포를 반영하는 긴 펩타이드와 온전한 단백질로부터의 제한된 정보도 마찬가지로)은 두 가지 새로운 단편화 기술의 개발을 이끌어냈으며, 이 기술은 더 많은 정보를 제공한다. 전자 포획 분해(electron-capture dissociation, ECD)는 다중 양자화된 펩타이드 또는 단백질 양이온을 이용한 열 전자 포획을 수반하며, N-Cα 결합의 절단이 일어나고 ***c*-series**와 ***z*-series** 단편 이온을 생성한다. 이들은 위에서 논의한 *b*-series와 *y*-series 이온들과 유사하며, 동일한 방식으로 서열 정보를 생성하는 데 이용될 수 있다. 그러나 ECD는 더욱 빈번하고 균등하게 분포된 단편화를 이루며, CID의 중성 손실을 야기하지 않기 때문에 유리하다. ECD는 중-하향식(middle-down)과 하향식(top-down) 단백질체학에 폭넓게 사용되는데, 이는 큰 펩타이드나 전체 단백질로부터 더 많은 정보를 제공하기 때문이다. ECD의 한 가지 단점은 고성능의 FI-ICR 분석기(아래 참조)와 사용될 때 최적의 작업을 수행하지만, 일반적으로 사용하기 쉬운 질량분석기일수록 적합하지 않다. 이러한 문제는 전자 이동 분해(electron transfer dissociation, ETD)의 개발로 해결되었는데, 이 기술에서 전자(electrons)는 라디칼(radical) 음이온으로부터 다중-양자화된 펩타이드나 단백질로 전자를 전달하여 *c*-series와 *z*-series 단편 이온을 생성한다. 이 방법은 번역 후 변형의 분석에 적합하다(제8장). FT-ICR 분석기와 함께 사용될 수 있는 또 다른 단편화 방법은 **지속된 비공명 조사 충돌 유도 분리(sustained off-resonance irradiation collision-induced dissociation, SORI-CID)**가 있는데, 이는 사이클로트론 내에서 이온들을 가속화하여 압력을 증가시킴으로써 충돌을 유도하는 방법이다.

단백질체학에서는 5가지 유형의 질량분석기가 일반적으로 사용된다

5가지 주요 유형의 질량분석기가 단백질체학에 사용되며, 정확성, 감도, 그리고 분해능의 측면에서 각각 고유의 강점과 약점을 가진다. 이들은 매우 다양한 방법으로 혼성 장치를 만들기 위해 결합될 수 있다. 개념상 가장 단순한 장치는 사중극자(quadrupole, Q)와 전파 시간(time-of-flight, TOF) 분석기이다. 더 섬세한 장치로는 이온트랩(ion trap, IT)과 FT-ICR(Fourier transform ion cyclotron resonance) 분석기이며, 최근에 FT-ICR과 유사한 오비트랩(Orbitrap)이 개발되었다. Box 3.1에 기술된 것처럼, 이온 이동도 분광분석법(ion-mobility spectrometry, IMS) 또한 이온화된 분자들을 분리하는 데 사용될 수 있다.

사중극자(quadrupole, Q)는 일련의 4개의 평행한 금속 막대를 말하며, 반대편에 위치한 금속 막대는 전기적으로 연결되어 있어 금속 막대 사이의 공간을 따라 전압이 걸릴 수 있다. 사중극자는 **RF-only 모드[RF-only mode**, RF는 무선 주파수(radio frequency)를 의미한다]로 작동시킬 수 있어 *m/z* 비율에 상관없이 모든 이온을 통과시키며, **스캐닝 모드(scanning mode)**로 작동시켜서 전위차를 적용하고, 기기를 일종의 **질량 필터(mass filter)**로 기능하게 하여 특정 *m/z* 비율을 가지는 이온은 선택하고 다른 이온은 제거하도록 한다. 질량 필터를 적용하면 선택된 특정 *m/z* 비율을 가지는 이온은 탐지기에 다다를 수 있으나 다른 이온은 직선 비행경로를 벗어나 있으므로 분석에서 제외된다. 시간에 따른 전압의 변화를 통하여 서로 다른 *m/z* 비율을 가지는 이온은 순차적으로 탐지기로 보내 분석물의 **질량 스펙트럼(mass spectrum)**을 획득할 수 있다.

BOX 3.1 대안적인 방법
이온 이동도 분광분석-질량 분석법

이온-이동도 분광분석법(ion-mobility spectrometry, IMS)은 중성기체 운반체를 통해 이동하는 기체 상태 이온들의 이동성(이동시간)을 기반으로 하여 분리시키는 방법이다. 질량 분석법과 결합(IMS-MS)할 때 이 기술은 높은 분해능의 분리를 제공하여 기존의 LC-MS보다 더 나은 신호-잡음 비율(signal-to-noise ratio)을 가지며, 전하를 가진 상태의 이온 식별이 우수하다. 단백질체학에서 이 기술은 인간의 혈청 단백질체를 특징짓기 위해 발명되었으며, IMS-MS에 강-양이온 교환 크로마토그래피와 역상 액체 크로마토그래피를 결합하여 사용하였다. IMS를 통한 분리 능력의 증가는 37,842개의 고유한 펩타이드 배치로부터 9,087개에 해당하는 단백질을 사전에 동정(높은 신뢰도의 2,928개)함으로써 가장 폭 넓은 단백질체 지도들 중 한 가지를 작성하는 데 기여했다.

단백질체학에서 가장 간단한 사중극자의 배열은 **삼중 사중극자(triple quadrupole)**로써 3개의 사중극자가 연속적으로 배치되며 일반적으로 ESI의 소스(source)와 연결된다. 삼중 사중극자 장치는 온전한 펩타이드, 또는 그들의 단편 이온 분석을 위하여 설정될 수 있다(그림 3.9). 전자(온전한 펩타이드 분석)의 경우, **표준 MS 모드(standard MS mode)**로 기기를 가동하여 단 하나의 사중극자가 스캔(Q로 표현)에 이용되며, 나머지 사중극자는 RF 모드(q로 표현)로 남는다. 표준 MS 모드에서, 첫 번째 사중극자는 온전한 펩타이드 이온 흐름을 감지하여 서로 다른 *m/z* 비율을 가지는 이온을 순차적으로 두 번째, 세 번째 RF-only 모드의 사중극자로 통과시켜 탐지기(detector)로 보낸다. 그러므로 이러한 배치를 **Qqq**라 지칭한다. 후자(펩타이드 단편 이온 분석)의 경우, 삼중 사중극자는 **이중질량 분석 모드(tandem MS 또는 MS/MS mode)**로 가동된다. 첫 번째 사중극자는 온전한 펩타이드 이온 흐름을 감지하여 서로 다른 질량/전하 비율을 가지는 이온을 순차적으로 두 번째 사중극자에 보내며, 이 RF 모드로 무선주파수 모드로 가동되어 **충돌 세포(collision cell)**로 작동한다[다시 말해서, 위에서 언급한 것처럼 충돌 유도 분리(collision-induced dissociation, CID)에 의해 기체 흐름이 펩타이드 이온을 단편화시킨다]. 이렇게 발생한 단편 이온은 세 번째 사중극자에서 감지되어 **CID 스펙트럼(CID spectrum)**을 생성하며, 특정 펩타이드로부터 유래된 단편의 질량 스펙트럼이 생성된다. 하나의 펩타이드 이온 분석이 완료되면 첫 번째 사중극자는 다른 온전한 펩타이드를 충돌세포로 이동시키며 단편화 및 분석 과정이 반복된다. 이와 같은 배치를 **QqQ**라고 지칭한다. 온전한 이온과 그들의 단편을 분리하기 위해 2개의 분석기를 직렬로 사용하는 것을 생성-이온 스캐닝(product-ion scanning) 또는 **딸-이온 스캐닝(daughter-ion scanning)**이라 일컫는다. QqQ 장치는 중성-손실 스캐닝(neutral-loss scanning)과 전구 물질-이온 스캐닝(precursor-ion scanning)을 포함한 또 다른 다양한 작동 모드 또한 가능하다. 이러

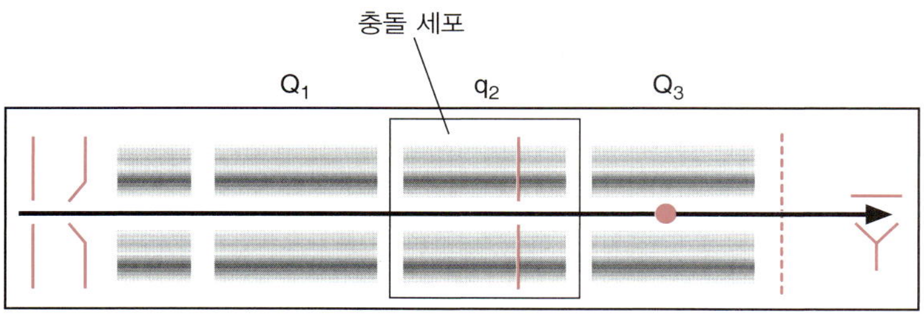

그림 3.9 **삼중 4극 질량분석기의 구성도이며, 이온은 4개의 전극 사이의 전기장을 변화시켜 선별된다.** 이 도표에서, 질량분석기는 생성-이온 스캔 모드(product-ion scan mode)로 가동하며, 이온은 첫 번째 사중극자(Q_1)에서 선택되고, q_2는 단편화를 유도하기 위해 충돌세포로 사용되며, 그 결과로 생성된 이온은 Q_3에서 조사된다. 이 표는 여러 가지의 MS 그리고 MS/MS 모드를 위한 각각의 사중극자의 설정 상태를 나타낸다.

단일질량 분석법(Mass Spectrometry, MS)			
스캐닝	RF	RF	표준 MS 모드
고정된 m/z	RF	RF	단일-이온 모니터링
이중질량 분석법(Tandem Mass spectrometry, MS/MS)			
고정된 m/z	충돌	스캐닝	생성-이온 스캔
스캐닝	충돌	고정된 *m/z*	부모분자-이온 스캔
스캐닝	충돌	스캐닝	중성-손실 스캔
고정된 m/z	충돌	고정된 *m/z*	선택 반응 모니터링

한 기술은 종종 동일한 단백질의 인산화와 비인산화를 구별하는 데 이용되며 제8장에서 논의한다. 2개의 사중극자의 *m/z* 비율 값이 고정되면, 선택 반응 검사(selected reaction monitoring, SRM)가 가능하여, 높은 감도를 가지며 정량적 데이터를 제공할 수 있다(제4장).

사중극자 장치와는 달리, **전파 시간(time-of-flight, TOF)** 분석기는 이온을 분리하기 위한 전기장을 필요로 하지 않는다. 대신에 이 장치는 동일 전하를 띠는 이온 혼합물에서 무거운 이온은 가벼운 이온보다 전기장이 없는 비행관(field-free flight tube)을 따라 이동하는 데 더 많은 시간을 소비한다는 사실을 이용한다(그림 3.10). TOF 분석기는 최근까지 거의 항상 MALDI 이온 소스(sources)와 함께 온전한 펩타이드 이온 분석에 사용되어 왔다(**MALDI-TOF**). 그 이유는 MALDI 과정이 단일-전하(singly-charged)의 펩타이드 이온을 생산하는 경향이 있으며, 이러한 조건에서 모든 이온들의 전파 시간은 분자질량의 제곱근에 반비례하기 때문이다. 더 최근에는, MALDI 소스(sources)는 이중 TOF-TOF 분석기 또는 충돌 세포에 의해 나누어진 혼성 사중극자-TOF 분석기(**QqTOF**)와 결합되어 QqQ와 단일 TOF 장치보다 훨씬 높은 감도를 가지는 MALDI로부터 생성된 전구물질 이온의 CID 스펙트럼 분석을 가능하게 한다. TOF 분석기는 보통 QqQ 분석기의 10배에 해당하는 분해능을 가지며, 10~100배 더 정확하다(100~1000 ppm와 비교하여 10~20 ppm).

단편 분석은 일반적으로 충돌세포를 필요로 하지만, **이온화 붕괴(post-source decay, PSD)**라고 알려진 현상을 이용하여 표준방식의 MALDI-TOF 장치를 이용할 수 있으며, 이 현상은 일반 질량 스펙트럼을 획득하기 위해 사용되는 레이저의 강도보다 약 2배 수준으로 증가시켜 이온화 과정에 펩타이드와 기질 화합물 사이에서 다수의 충돌을 유도한다. 이는 대부분 펩타이드의 단편화 과정을 지연시키며 단편화된 이온이 이온 출구와 **리플렉트론(reflectron)**을 이용하여 온전한 펩타이드로부터 분리될 수 있다.

사중극자 이온 트랩(quadrupole ion trap, QIT)은 더욱 섬세한 분석기로써, RF 모드인 사중극자를 **이온 트랩(ion trap, IT)**에 연결하여 구성되고, 고리 전극과 양쪽 끝 전극에 의해 둘러싸인 챔버(chamber) 형태이다(그림 3.11). 고리 전극에 걸리는 전압은 어떤 이온이 트랩(trap)되는지 결정한다. 역치 *m/z* 비율 이상의 이온은 트랩에

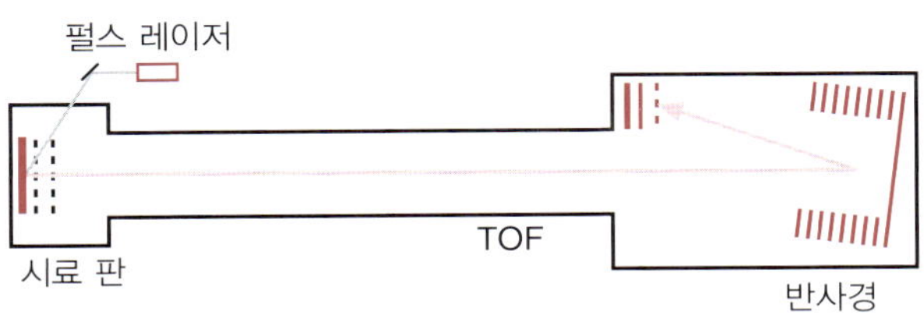

그림 3.10 MALDI-TOF 질량분석기(반사경 모드)의 구성도이며, 이온은 비전기장의 비행 튜브를 통해 탐지기에 도달하는 데 소모되는 시간에 따라 분리된다.

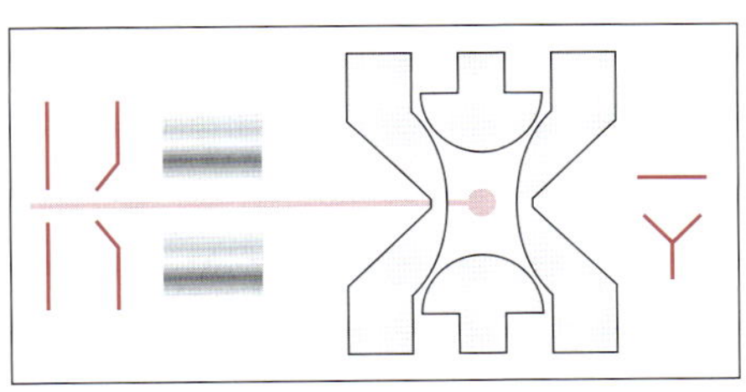

그림 3.11 이온 트랩 질량 분석법의 구성도이며, 여기서 이온은 원형전극으로 구성된 챔버(chamber) 내에 제한된다.

잔류하는 반면에 다른 이온들은 양쪽 끝 전극의 말단에 있는 작은 구멍을 통하여 배출된다[이것은 **질량 불안정성 모드(mass instability mode)**라 알려져 있다]. 온전한 펩타이드의 질량 스펙트럼은 고리 전극에 점차적으로 전압을 증가시킴으로써 획득될 수 있는데, 이는 서서히 증가한 *m/z* 비율의 이온이 시간에 따라 배출되기 때문이다. 또한 이온은 **공명 자극 방법(resonance excitation method)**에 의해 배출될 수 있는데, 이 방법에서는 트랩핑(trapping) 전압의 진폭을 다양하게 함으로써 진동하는 자극 전압이 양쪽 끝 전극에 걸린다. 다른 방법으로, 트랩이 된(trapped) 이온은 헬륨(helium) 가스를 주입하여 단편화할 수 있고, 그로 인해 생성된 단편은 CID 스펙트럼을 만들기 위해 고리 전극의 전압을 증가시킴으로써 배출될 수 있다. 첫 번째 분석으로부터 유래된 하나의 단편 이온은 트랩에 잔류할 수 있고, 더욱 충돌을 겪는 경향을 보이므로 다중 분석이 수행될 수 있다. 특히 당단백질(glycoproteins)의 분석에서, 3단계 다중 단편 분석이 일반적으로 사용되며, 12단계의 다중 단계 분석이 보고된 바 있다. 이러한 형태의 반복적인 질량분석법은 **MS^n**이라 정의되며, 여기서 *n*은 단편화 단계의 횟수를 의미한다. 표준 방식의 QIT 장치는 3차원 공간에서 이온을 분리시키지만, Thermo Fischer Scientific에서 개발된 **LTQ(linear trap quadrupole)** 처럼 선형공간 버전도 있는데, 이는 더욱 강한 저장 능력과 빠른 스캐닝(scanning)을 제공하며, 혼성 형식의 **QqLIT**는 사중극자의 스캐닝과 선형의 이온 트랩을 결부시킨 것으로 두 가지 형식의 기능을 이용함으로써 더욱 다양한 범위를 제공한다. 또한 LTQ는 낮은 질량의 단편을 **PQD(pulsed *q* dissociation)**를 통해 단편화시킬 수 있으며, 이는 이온의 전구물질을 높은 q 값(이온 트랩에서 RF 모드의 전압에 비례한다)에 짧게 노출시켜 활성화시킨다. 그로 인해 **고에너지 충돌 유도 분리(higher-energy collision dissociation, HCD**, 장치 내의 위치로 인해 **high energy C-trap dissociation**이라고도 알려져 있다)를 야기시키는데, 이 기술은 특히 iTRAQ 실험에 적합하다(제4장 참조). 이러한 이온 트랩의 능력에도 불구하고, 한 가지 주된 한계점은 전구물질 이온의 *m/z* 값과 트랩에 잔류하는 단편 이온 중 가장 낮은 *m/z* 값 사이의 비율인데, 이 비율은 결코 0.3을 넘지 못한다[통상적으로 **3분의 1 규칙(one-third rule)**라 알려져 있다]. 이것은 600 *m/z*의 분모 이온으로부터 200 *m/z* 이하의 단편 이온을 탐지하는 것이 불가능하다는 것으로, 신생의(*de novo*) 펩타이드 서열 분석에 대한 잠재성에 한계점을 가진다는 것을 의미한다.

가장 섬세한 장치는 **FT-ICR** 분석기인데, 이 장치는 가장 복잡하고 작동이 어렵지만, 단연코 가장 높은 분해능, 질량의 정확성, 다양한 탐지 범위, 그리고 감도를 나타내며, 특히 하향식 단백질체학(top-down proteomics)에 적합하다. 작동 원리는 전기장 내에 이온이 특정 주파수로 궤도를 돌게 하는 것을 이용하는 것인데, 이 주파수는 그들의 질량(m), 전하(z), 그리고 전기장의 세기(B)와 연관되어 있다. 이러한 주파수를 사이클로트론 주파수(f_c)라 일컫는다. 이들의 관계는 아래의 식으로 표현될 수 있다.

$$m/z = B/2\pi f_c$$

그러므로, 동일한 *m/z* 비율을 가지는 모든 이온들은 균일한 전기장 내에서 동일한 사이클로트론 주파수로 궤도를 도는데, 이러한 이온들의 집단을 **이온 패킷(ion packet)**이라 부른다.

특정 *m/z* 값에 의해 궤도를 도는 이온들은 RF 장에서 흥분 상태가 되며, 이는 싸이클로트론의 반경 확장을 유발한다. 전기장의 주파수가 이온의 사이클로트론 주파수와 일치하게 되면, 이온은 에너지를 흡수하고 사이클로트론 주파수는 유지하면서 궤도속도가 증가하게 된다(궤도 반경도 증가한다). 두 전극 사이에서 선택된 이온이 회전함에 따라, 우선 회전하는 이온과 같은 주파수를 가지는 하나의 전극에 이온의 전자가 이끌리게 되며, 그 후 다른 전극에 의해서도 이끌리게 된다(즉, 사이클로트론 주파수에 의한 공명현상). 이러한 전자의 이동은 탐지기 상에서 영상전류로써 탐지된다. 그 후 이 영상전류는 푸리에 변환(Fourier transformation)에 의해 일련의 구성 주파수와 각 이온의 진폭으로 전환된다. 마지막으로, 사이클로트론 주파수 수치는 *m/z* 값으로 전환되어 질량 스펙트럼을 생성한다.

오비트랩 질량분석기(Orbitrap mass analyzer)는 그 원리가 주파수의 진동을 이용하여 질량을 감지하는 측면에서 FT-ICR 장치와 유사하지만, 이 분석기의 경우 이온은 두 전극 사이의 전기장에 접선으로 주입되며, 중앙의 전극을 중심으로 회전을 유지하는데, 이는 그들의 전극에 대한 정전기적 인력이 원심력에 의하여 균형이 유지되기 때문이다. 각 이온은 중심전극의 축을 따라 앞뒤로 이동하는데, 이는 *m/z* 비율의 제곱근에 반비례하는 주파수를 가지는 이온에서 균형적인 진동을 유발한다. 이 분석기는 Thermo Fischer Scientific에 의해 상업적으로 혼성 **LTQ-Orbitrap** 장치로 생산되며, FT-ICR의 모든 장점을 가지는 동시에 더 높은 다양한 탐지 범위와 빠른 스캔 속도를 자랑한다.

3.5 질량 스펙트럼을 이용한 단백질 동정

펩타이드 질량 지문감식은 온전한 펩타이드의 실험적 그리고 이론적 질양과 상호 연계되어 있다

질량 스펙트럼을 이용하여 단백질 동정을 위한 첫 번째의 전형적인 방법은 **펩타이드 질량 지문감식(peptide mass fingerprinting, PMF)**으로 온전한 펩타이드 질량 데이터를 이용하여 단백질을 동정한다(그림 3.12). 이 방법은 펩타이드로 분해시키기

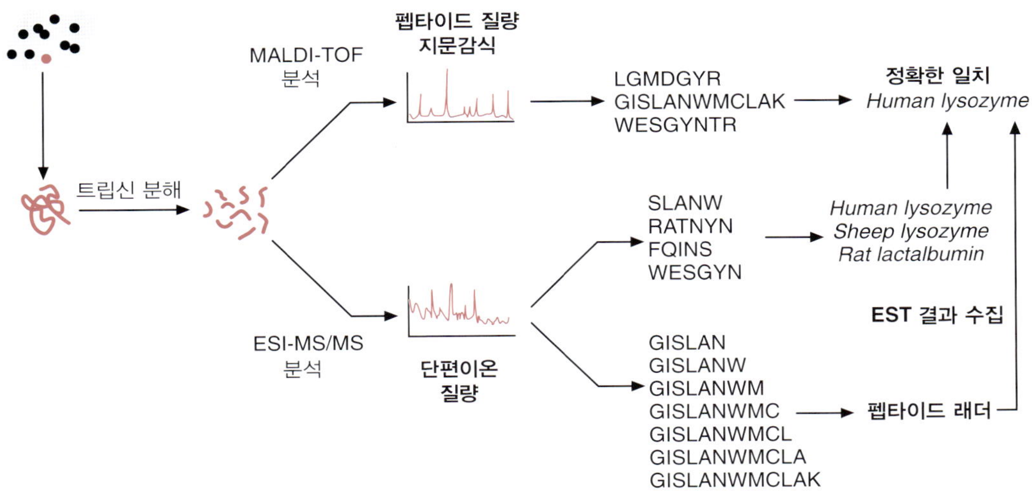

그림 3.12 질량 분석법을 통한 단백질 동정. 일반적인 전략으로 분해된 펩타이드는 온전한 펩타이드 질량을 결정하기 위해서 MALDI TOF 질량 분석법을 이용하여 분석된다. 이 질량은 정확한 동정을 위하여 상관 데이터베이스 조사에 이용될 수 있다. 이러한 접근방식이 실패하면, ESI MS/MS 분석을 이용하여 펩타이드 단편 이온을 생성할 수 있다. 생성된 단편 이온은 다소 낮은 견고성의 데이터 자료(예를 들어, EST 데이터베이스)를 조사하여 신생의(*de novo*) 펩타이드 서열을 만들 수 있다.

전에 단백질을 분리하는 2DGE와 MALDI-TOF 질량 분석법에 적용할 수 있다. 이 기술의 원리는 단백질을 구성하는 펩타이드의 질량으로 단백질을 특이적으로 동정할 수 있다는 것을 이용하는데, 이러한 특유의 성질은 펩타이드 질량 지문이라고 알려져 있다. 펩타이드의 질량에 기반하여 데이터베이스를 조사하는 알고리즘은 1990년대 초에 여러 단체에 의해 동시에 개발되어 수많은 소프트웨어 패키지가 접목되었는데, 그 중 가장 흔히 사용되는 것에는 **Mascot**, MS-fit, 그리고 ProFound가 있으며, 이들은 인터넷을 통해서 접속하고 조회할 수 있다(표 3.2). PMF는 아래의 단계를 수반한다:

- 원하는 시료는 단일 단백질 또는 단순한 혼합물로 구성되어야 하며, 그 예로 2차원 겔 상의 개별적 스팟 또는 단일 LC 분획물이 있다. 시료는 흔히 트립신 같은 특이적 절단 시약에 의해 분해된다(표 3.1).
- 일례로 MADLI-TOF 질량 분석법을 이용하여 펩타이드의 질량을 결정한다.
- 실험자는 소프트웨어와 상관 조사에 사용될 하나 또는 그 이상의 단백질 서열 데이터베이스를 선택한다.
- 알고리즘은 트립신(또는 실험적으로 다른 시약이 사용되든지 간에)과 같은 동일 절단 특이성을 사용하여 서열 데이터베이스에 있는 각 단백질을 가상으로 분해시키고, 각 단백질의 이론적 펩타이드 질량을 계산한다.
- 알고리즘은 이론적인 펩타이드 질량과 실험상으로 도출된 질량 간의 연관성을 조사한다.
- 단백질들은 데이터베이스에 최적의 연관성에 따라 순위가 매겨지며, 일반적으로 매치된(matched) 최소한의 펩타이드 수에 기반하여 현저한 역치에 따라 고려한다.

온전한 펩타이드의 질량은 극단적으로 차별되어 PMF 기법은 확고한 단백질 동정의 수단이 된다. 그러나 PMF는 상관조사에 의존하기 때문에, 매칭되는 단백질을 찾을 수 있는 가능성은 실험 데이터의 질과 실험시료를 획득한 유기체(organisms)에 대한 서열 정보의 유무에 의존한다. 신뢰할 수 있는 단백질 동정에 고려되어야 할 사항은 데이터의 질과 질량 스펙트럼 상의 상대적인 피크(peaks)의 강도, 장치의 질량 정확도, 단백질의 적용 범위, 그리고 번역 후 전사 또는 절단 오류(mis-cleavages)와 같은 방해 요소를 포함한다(Box 3.2). 이러한 요소들은 매치의 진위성에 대한 가능성에 영향을 미치며, 이러한 가능성은 종종 **MOWSE score**로 표현된다(최소의 알고리즘 중 하나로부터 PMF를 위해 개발되었다—**분자량 검색**, 현재는 **Mascot**의 일부이다. 표 3.2 참조). PMF는 많은 양의 유전체, cDNA, 그리고 단백질 서열 데이터에 이용이 가능하며, 특히 유전체 서열 분석이 완료된 종(species)에 가장 적합하다.

풍부한 서열 데이터를 가지는 종에서도 PMF 분석에는 잠재적인 위험이 있다. 많은 단백질 서열은 번역 후에 변형되는데, 그 예가 트리밍(trimming), 절단(cleavage), 또는 인테인(inteins)의 제거이다(제8장). 심지어 cDNA 서열과 단백질 서열 사이의 완벽한 상관성을 가진다할지라도 실험으로 도출된 질량과 데이터베이스로부터 예상된 질량 사이의 연관성 부재에 대한 많은 다른 요인들이 여전히 남아 있다(Box 3.2). PMF에 의한 단백질 동정은 전적으로 측정한 질량과 예상 질량 사이의 정확한 연관

표 3.2 질량 분석법 데이터의 분석을 위한 주된 도구들

프로그램	URL
펩타이드 질량 지문감식(peptide mass fingerprinting)	
Mascot	http://www.matrixscience.com/search_form_select.html
MS Fit	http://prospector.ucsf.edu/prospector/cgi bin/msform.cgi?form=msfitstandard
ProFound	http://prowl.rockefeller.edu/prowl cgi/profound.exe
MassSearch	http://www.cbrg.ethz.ch/services/MassSaerch_new
MS/MS 데이터베이스 조사	
Sequest	http://fields.scripps.edu/sequest/
Mascot	http://www.matrixscience.com/search_form_select.html
Proteinprospector	http://prospector.ucsf.edu
ProbID	http://tools.proteomecenter.org/wiki/index.php?title=software:probID
X! Tandem	http://www.thegpm.org
SpectrumMill	http://www.chem.agilent.com/
Phoenyx	http://www.genebio.com/products/phenyx/
VEMS	http://yass.sdu.dk/
ProteinPilot	http://www.absciex.com
MyriMatch	http://fenchurch.mc.vanderbilt.edu/software.php
PepSplice	http://www.ti.inf.ethz.ch/pw/software/pepsplice/
RAId_DbS	http://www.ncbi.nlm.nih.gov/CBBresearch/qmbp/raid_dbs/
Mass Matrix	http://www.massmatrix.net/mm cgi/home.py
서열 표지/혼성 방법	
InsPecT	http://proteomcs.ucsd.edu/Software/Inspect.html
Popitam	http://code.google.com/p/popitam/
TagRecon	http://fenchurch.mc.vanderbilt.edu/software.php
ByOnic	http://proteinmetrics.com/software products/byonic software/
Spectral Networks	http://proteomics.ucsd.edu/Software/SpectralNetworks.html
MODi	http://www.massmatrix.net/mm cgi/home.py
MS tag	http://prospector.ucsf.edu/prospector/cgi bin/msform.cgi?form=mstagstandard
신생의(de novo) 서열 분석	
Lutefisk	http://www.hairyfatguy.com/Lutefisk
PepNovo	http://Proteomics.ucsd.edu/Software/PepNovo.html
PEAKS	http://www.bioinformaticssolutions.com
Sequit	http://www.sequit.org/
스펙트럼 매칭(spectral matching)	
SpectraST	http://www.peptideatlas.org/spectrast/
X! P3	http://ppp.thegpm.org/tandem/thegpm_ppp.html
BiblioSpec	http://skyline.gs.washington.edu/labkey/project/home/software/BiblioSpec/begin.view
후-조사 데이터 분석(post-search data analysis)	
PeptideProphet and ProteinProphet	http://www.proteomecenter.org/software.php
Scaffold	http://www.proteomesoftware.com/
IDPicker	http://fenchurch.mc.vanderbilt.edu/software.php
MassSieve	http://www.ncbi.nlm.nih.gov/staff/slottad/massSieve/
MS GF	http://proteomics.ucsd.edu/Software/MSGeneratingFunction.html
MaxQuant	http://maxquant.org
PeptideClassifier	http://www.mop.unizh.ch/software.html

BOX 3.2 배경 요인
상관 데이터베이스 검색에서 부정확한 단백질 동정에 기여하는 원인

실험적으로 도출된 펩타이드 질량이나 단편이 이론적으로 상응하는 질량과 일치하지 않는 것에는 몇 가지 잠재적인 이유가 있다:

- 서열 데이터베이스에 오류가 있을 수 있으며, 이는 알고리즘이 하나 또는 그 이상의 펩타이드에 부정확한 예상 질량을 부여하는 결과를 초래한다.

- 질량분석기가 정확하지 않을 수 있다. 교정(calibration)은 매우 중요하여 작은 차이의 질량 관용이 매치 결과의 질에서 제법 큰 차이를 야기시키기 때문이다. 많은 연구자들이 내부 교정 표준(internal calibration standards)을 모든 시료에 사용하는데, 예를 들어 다른 트립신에 의해 트립신 자체가 분해될 때 생성되는 펩타이드와 같은 자가분해 생성물이 있다. 서로 다른 기기 또한 현저한 정확도의 차이를 나타낸다.

- 단백질은 2개 혹은 그 이상의 다형적인 변이형으로써 존재할 수 있으며, 이는 서열 데이터베이스에 기록된 형태가 시료에서 발견된 형태와 서로 동일하지 않을 수 있다. 예를 들어, 단일 염기 다형성(single nucleotide polymorphisms, SNPs)은 다양한 형태의 유전적 변화를 나타내는데, 이 다형성은 인간 단백질체에서 무려 50,000개나 되는 단일 아미노산의 변이에 기여한다.

- 질량 간의 차이는 *in vivo*에서 발생하는 번역 후 변형에 의해 야기될 수 있다. 예상된 질량과 도출된 질량을 연관시키는 데 이용되는 많은 알고리즘들은 인산화와 같은 이미 알려진 변형에 의해 초래된 질량 변화를 감안하여 만들어질 수 있다. 이 주제에 관한 것은 제8장에서 더 자세하게 논의한다.

- 질량 간의 차이는 단백질의 추출, 분리 또는 공정 과정에서 발생하는 비특이적 변형에 의해 야기될 수 있다. 예를 들어, 많은 화학적 변형은 2DGE 실험에서 겔을 염색시키는 결과에 의해 발생한다(Box 4.1를 살펴봐라). 때로는 인위적인 변형을 수행하는 것이 좋은 발상이 될 수 있다. 그 예로, 변형된(denatured) 상태의 단백질에서 시스테인(cysteine) 잔기는 보편적으로 요오도아세트아미드(iodoacetamide)로 변형하여 질량 스펙트럼의 분석을 복잡하게 만드는 산발적인 변형을 방지할 수 있다. 질량 분석법에서 단백질의 정량을 위한 친화성 질량 표지(affinity mass tags)의 사용 또한 섬세한 변형의 한 가지 형식으로써, 제4장에서 논의한다.

- 단백질의 비특이적 절단이 있을 수 있다. 트립신과 같이 매우 특이적인 절단 시약인 경우에도 때때로 비특이적 위치를 절단하고 진정한 위치를 무시한다. 예를 들어, 다중으로 인접 또는 밀집된 라이신(lysine)과 아르기닌(arginine) 잔기의 존재는 트립신의 절단 반응의 완료를 방해할 수 있다.

- 분석물에 있는 다양한 단백질의 존재는 질량 스펙트럼을 너무 복잡하게 만들어 분석할 수 없게 만든다. 때때로 이는 외부 오염 때문일 수 있다. 예를 들어, 실험실 연구자가 단백질 시료를 체모나 피부 세포에서 나오는 극히 적은 양의 케라틴(keratin)이나 일반적인 단백질 실험실에서 사용되는 시약으로 오염시키는 것은 쉬운 일이다. 단백질체학 실험에서 일반적인 오염 단백질은 **common repository of adventitious proteins**, 축약어로 **cRAP**라는 데이터베이스에 나열되어 있다.

성에 의존하기 때문에, 질량의 예상하지 않은 작은 차이가 매칭 단백질의 탐지를 방해할 수 있다. 이러한 요인은 PMF가 왜 전체 단백질보다 펩타이드를 사용하여 수행되는가에 대한 이유이며, 이는 펩타이드가 데이터베이스의 연관성을 위한 더 큰 영역을 제공하기 때문이다. 또한 PMF 조사에 기여하는 신뢰도는 직교의 데이터세트(datasets)라 불리는 것을 이용함으로써 증가될 수 있다. 예를 들어, 다른 단백질 분해효소를 사용하여(완전히 독립적으로 또는 조합하여) 동일한 단백질의 분해로부터 획득한 데이터, 동일한 단백질의 본래 상태와 화학적 변형 또는 치환된 형태의 분해로부터 획득한 데이터, 또 다른 방법을 이용하여 획득한 부분적인 서열 데이터를 이용하는 것이다.

숏건 프로테오믹스는 미해석 스펙트럼에 기반한 데이터베이스 검색과 결합할 수 있다

PMF의 한계는 온전한 펩타이드의 단편화와 생성된 단편 이온들의 질량으로부터 파생된 다량의 데이터를 이용한 숏건 프로테오믹스 접근 방식으로 해결될 수 있다. **미해석 이중 질량 분석 스펙트럼(uninterpterted MS/MS spectrum)**(알려지지 않은 서열 데이터를 포함하여)은 어떠한 데이터베이스에 입력되든지 간에 펩타이드로부터 유래된 이론적인 단편 스펙트럼과 비교될 수 있다. 이러한 검색은 예상된 효소 분해 패턴과 이온 질량 허용 오차에 상응하는 펩타이드에 한정되어 있으며, 예상된 번역 후 또는 화학적 변형, 예견된 형태의 이온 단편(예를 들어, 단편화 방법에 따라 *b*-series와 *y*-series 또는 *c*-series와 *z*-series)을 포함한 추가적인 제약이 부과될 수 있다. 이 검색에 따른 수치는 실험에서와 이론상에서 스펙트럼 사이의 유사성 정도에 따라 산정되며, 다른 프로그램에 따라 서로 상이한 원리가 사용된다. **개연성 기반 매치(probability-based matching)**에서는 가상의 CID 스펙트럼이 데이터 상에 해당 펩타이드와 관련 있는 모든 단백질 서열로부터 파생되며, 이들은 잠재적인 매치 목록을 생성하기 위해 펩타이드로부터 관찰된 데이터와 비교된다. **상호 상관관계(cross-correlation)**에서 최적의 잠재적 매치를 결정하는 것은 실험상에서 관찰된 데이터와 예상된 피크(peaks) 간에 중첩되는 정도이다. Sequest와 Mascot과 같은 몇몇 알고리즘들(표 3.2)은 상호 상관관계를 위해 해석되지 않은(uninterpreted) 데이터를 사용한다. 다른 알고리즘들은 경험에 기인하여 도출된 법칙 또는 통계적인 단편 빈도를 이용한다. 다른 프로그램들은 서로 상이한 결과를 보여주지만, 중첩되는 결과물을 얻으며, 이는 종종 매치의 가능성을 증가시키기 위해 몇몇 이용 가능한 프로그램을 통해 MS 데이터를 가동시킬만한 큰 가치를 부여한다. 또한 해당 기기 장치의 정확도에 데이터베이스 검색의 감도를 알맞게 맞추는 것이 중요하다; 예를 들어, 가장 정확한 FT-ICR과 Orbitrap 장치는 좁은 질량 자료(windows)를 요구하는 검색에서 사용될 수 있는 반면, 더 관용적인 요구는 다른 장치를 필요로 한다.

단편 이온 스펙트럼과 함께 사용될 수 있는 또 다른 형식의 해석되지 않은(uninterpterted) 데이터 조사에는 **분광 라이브러리 검색(spectral library search)**이 있다. 이 조사는 부과된 MS/MS 스펙트럼의 집합들로부터 편집되며, 이들의 직접적인 비교(SpectraST와 BiblioSpec과 같은 도구를 사용함으로써)가 매치 또는 중첩되는 정도를 식별한다. 이러한 접근방식은 서열 라이브러리(library) 조사보다 빠르고 더 정확하지만, 많은 수의 모델 개체(organisms)를 위해 단백질체를 포괄하는 데이터 세트를 개발하려는 노력에도 불구하고, 비교를 위해 이용 가능한 데이터의 양이 여전히 제한적이다.

MS/MS 스펙트럼은 *de novo* 단백질 서열을 도출하는 데 사용될 수 있다

미해석 이중 질량 분석 스펙트럼과 함께 연관성 데이터베이스 조사의 대안으로서, 단백질 서열은 스펙트럼으로부터 직접적으로 추론될 수 있다. 이 방식의 가장 확고한 형식(**complete interpretation**, **완전 해석**)에서는, 신생의(*de novo*) 전체 펩타이드 서열이 추론되며, 그 길이가 짧게 추론된 서열은 종종 MS-BLAST와 같은 알맞은 조사 알고리즘을 사용함으로써 표준 서열 데이터베이스 조사를 위해 사용하는 데에 충분하다. 중요한 점은, 해석되지 않은(uninterpreted) 스펙트럼은 대부분의 데이터베이스에서 오로지 전체 단백질 서열을 조사하는 데 사용될 수 있지만, 부분적으로 해석되지 않은 스펙트럼은 유전자 발현 서열 표지(expressed sequence tags, ESTs)와 같은 낮은 질의 자료를 조사하는 데 사용될 수 있다. 이것은 짧은(100~300 bp) cDNA의 특징으로서(제1장을 보라), 일반적으로 너무 짧기 때문에 완전히 트립신에

BOX 3.3 사례 연구
CID 스펙트럼의 분석

CID 스펙트럼을 분석하는 것은 조각 그림 퍼즐을 맞추는 것과 유사하다. 질량분석기는 종종 고정된 *m/z* 범위에서(일반적으로 순수한 펩타이드를 나타내는 400~2,000) 부모 이온의 질량과 강도를 측정하고, 특정 강도 역치 이상의 *m/z* 값을 가지는 이온을 선별해서 CID 분석을 통해 딸이온을 생성하고 그 *m/z* 값이 기록된다. 이 순환은 크로마토그래피 시간 범위 내에서 수천 회 반복될 수 있다. 부모 이온과 딸이온의 *m/z* 값은 퍼즐 조각을 구성한다. 참조할 수 있는 조립된 퍼즐의 유무에 상관없이 조각들이 모든 필요한 정보를 포함하고 있기 때문에 퍼즐을 조립할 수 있다.
만약 이미 조립된 퍼즐(단백질의 서열)이 있다면, 상관 데이터베이스 검색(correlative database searching)을 사용하여 실험적 펩타이드와 이론적 펩타이드를 매칭하여 단백질을 동정할 수 있다(63쪽 참조). 그렇지 않다면 CID 스펙트럼은 아래에 단계에 따라 수동으로 분석할 수 있다.

1. **부모 펩타이드의 전하 상태를 결정한다.** 부모 펩타이드의 질량은 단백질 서열을 동정하기 위해 알고 있어야 하지만, 질량분석기는 *m/z*를 측정하므로 관찰된 이온의 전하를 필수적으로 결정하여야 한다. 만약 고-분해능의 오비트랩(Orbitrap) 질량분석기가 사용된다면, 전구물질의 이온 스캔에 피크(peaks)는 보통 충분한 간격을 가진다. 예를 들어, 그림 1의 440~700 *m/z* 범위에 전구물질 이온 스캔은 463.24와 679.36에 2개의 주요 이온을 나타낸다. 이들 지역을 보다 자세하게 나타내는 삽입도는 Δm 값이 약 0.33와 0.5 달톤(daltons, Da)인 두 이온의 동위원소 피크를 나타낸다. 간단한 공식인 $z = 1/\Delta m$을 사용하면 이들 두 이온이 각각 +3과 +2의 전하상태를 지정할 수 있다[z = 전하(charge), 1 = 중성자의 공칭질량(nominal mass of neutron)]. 일반적으로, +2 상태의 이온은 신생의(*de novo*) 서열 분석에 가장 유용한데, 이는 더욱 높은 전하를 가지는 부모 이온일수록 다양한 전하 상태의 이온으로 행동하는 딸이온을 생성하며, CID 스펙트럼의 분석을 더욱 어렵게 만들기 때문이다. 만약 고-분해능의 전구물질 이온 스캔을 이용할 수 없다면, +2와 +3의 전하 상태는 서열 자체를 분석하여 추정할 수 있다.

2. **부모 펩타이드의 질량을 결정한다.** 전하 상태가 결정되거나 추정된 경우, 부모 펩타이드의 단일 동위원소(monoisotopic) 질량은 아래의 식을 통해 도출될 수 있다.

   [M + H] + 1 = [관찰된 질량(obverved mass) × 전하상태(charged state)] – [전하상태(charged state) –1]

   그림 1의 +2 이온을 예로 들면, 부모 펩타이드의 질량은 1357.72 Da으로 계산될 수 있다.

3. **C-말단 아미노산을 결정한다.** 일반적으로 단백질 분해에 사용되는 다수의 프로테아제(proteases)는 특정 잔기 다음을 절단하기 때문에, 절단 특이성은 C-말단 아미노산을 결정하기 위해 사용될 수 있다. 그림 2는 위에서 기술한 +2 전하의 펩타이드로부터 획득한 CID 스펙트럼이다. 트립신은 K와 R 잔기의 C-말단 측면을 절단한다. 따라서 부모 펩타이드의 질량으로부터 K(147 Da) 또는 R(175 Da)의 질량을 감하여 C-말단 아미노산을 동정한다. 이 예에서, 1183.46 Da 단편 이온의 존재는 R이 C-말단 아미노산이라는 것을 나타낸다: (1357.72 – 175) + 1 양성자(proton) = 1183.72 Da

4. ***b*-series와 *y*-series 이온을 찾는다.** CID는 종종 *b*-series 이온으로부터 –CO 그룹(28 Da)의 소실을 야기하며, 그로 인해 *a*-series의 이온을 발생시킨다. 이 스펙트럼 상의 낮은 *m/z* 수준에서, 이러한 이중 피크(peaks)는 *b*-series 이온을 식별하기 위해 사용될 수 있다. *b*-series 이온의 질량을 부모 이온으로부터 감하는 것은 그에 상응하는 *y*-seires 이온을 식별할 수 있게 만든다. 그림 2의 스펙트럼은 28 Da만큼 분리된 235.07과 207.1에 해당하는 2개의 피크를 보여주는데, 이는 235.07의 피크가 *b*-series 이온으로 지정될 수 있다는 것을 나타낸다. 이 피크는 단일 아미노산의 질량에 상응하지 않기 때문에(Box 3.4), 이는 아마도 b_2-ion[다이펩타이드(dipeptide), 예를 들어, AY, HP, MC, FS, 또는 M_{ox}S]에 해당할 수 있다. MC는 시스테인의 알킬화가 시료 준비 과정에서 수반된다면 제외될 수 있고, FS와 M_{ox}S는 120 Da의 임모늄(immonium)의 존재에 따라 구별될 수 있는데, 이는 임모늄이 F에만 특별하게 작용하기 때문이다. 특히, 염기성 잔기 다음을 절단하는 프로티아제(protease)에 의해 생성된 펩타이드를 나타내는 CID 스펙트럼은 일반적으로 강한 *y*-series 이온 피크가 지배적으로 나타난다. 그러므로, *a*/*b*-series 이온 피크가 관찰되지 않는다면, 이 스펙트럼 상의 높은 질량에 높은 감도의 피크는 *y*-series 이온을 나타낸다고 생각할 수 있다.

5. ***b*-series와 *y*-series 이온을 동정한다.** 계속해서 가능한 부모 이온의 질량으로부터 높은 강도, 질량의 피크들을 빼고 이온쌍으로, 예를 들어 *a,a′* 그리고 *b,b′*와 같이 표지한다. 이는 2개의 서로 다른 이온 series에 동일한 *m/z* 피크를 할당하는 것을 피할 수 있다. 그림 2는 예시로써, *a,a′* = 1123, 235, 그리고 *b,b′* = 895, 463 Da에 해당한다. 만약 피크가 명확하지 않다면, 이러한 순차적인 이온쌍을 생략시키는 것이 유용하다(예를 들어, 1010과 348의 경우에 1010의 *m/z*에는 명확한 피크가 존재하지만, 348의 *m/z*는 그렇지 않다.)

6. **서열을 재구성한다.** 많은 이온쌍이 확립되면 순차적인 이온 간의 차이는 아미노산의 질량에 해당할 것이다. 그림 2에서, [*a, b, c, d, e, f, g, h*, C-term]은 [LDELVLHR]에 해당한다.

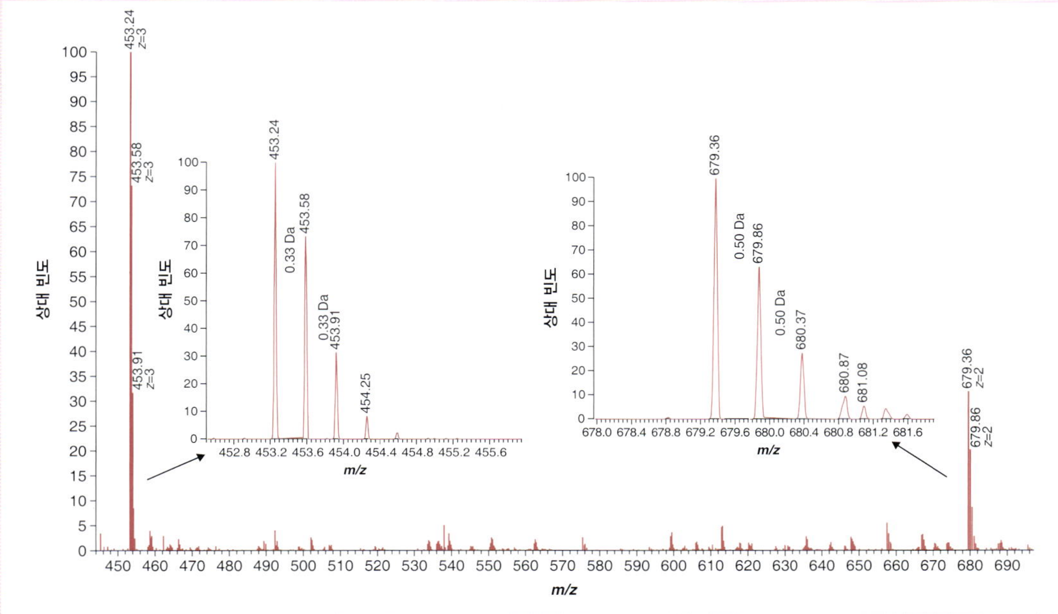

그림 1 동위원소에 따라 분리된 펩타이드 이온의 질량 스펙트럼(AYLDELVELHR). 이 그림에서 삽입도는 두 가지 다른 전하 상태의 동일한 이온에 해당하는 피크를 더욱 자세하게 보여준다. 동위원소 피크 사이의 간격은 전하 상태를 결정하는 데 도움이 된다. 이 예시에서, 왼쪽과 오른쪽의 삽입도에 0.33과 0.5 Da 간격은 펩타이드의 +3과 +2 전하 상태를 나타낸다. (Venkatesha Basrur, University of Michigan, USA의 허가를 득함.)

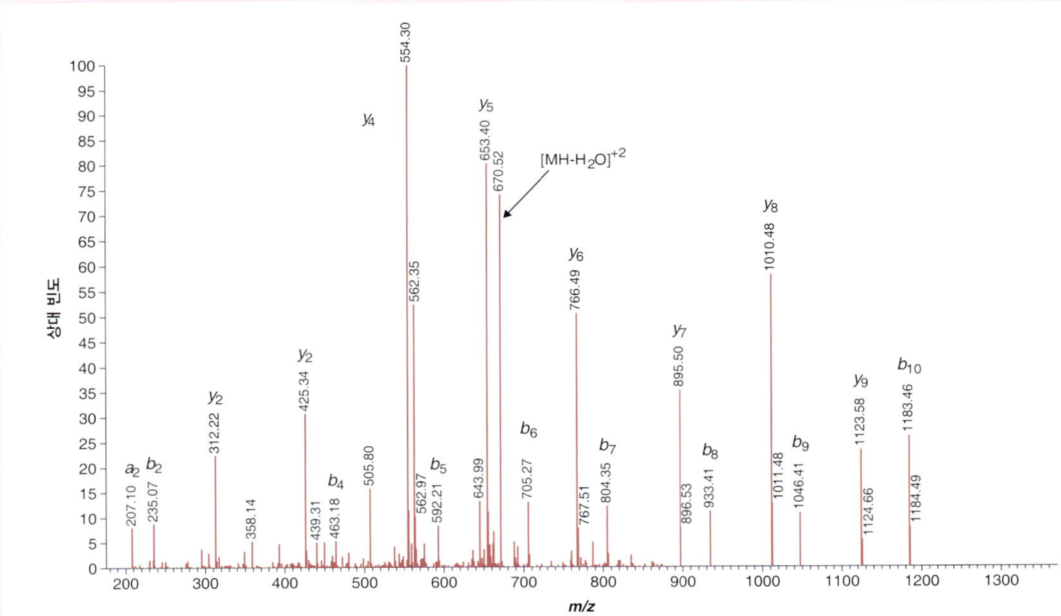

a	---	207.11	320.19	435.22	564.26	677.35	776.41	905.46	1018.54	1155.60	---	
b	---	235.10	348.19	463.21	592.26	705.34	804.41	933.45	1046.54	1183.59	---	
	1	2	3	4	5	6	7	8	9	10	11	
$-NH_2$	A	Y	L	D	E	L	V	E	L	H	R	– COOH
	11	10	9	8	7	6	5	4	3	2	1	
y	---	1286.67	1123.61	1010.52	895.49	766.45	653.37	554.30	425.26	312.17	175.11	

그림 2 +2 전하를 가지는 펩타이드 이온의 MS/MS 스펙트럼(AYLDELVELHR). 아래 표는 펩타이드로부터 예상된 이론적 *a*/*b*-series와 *y*-series 이온 질량을 보여준다. *b*-series와 *y*-series 이온 강도(상대적인 양)는 상당한 차이가 있다. (Venkatesha Basrur, University of Michigan, USA의 허가를 득함.)

의해 생성된 펩타이드를 포함하진 않지만 MS/MS에 의해 발생한 펩타이드 단편과 일치할지도 모른다.

MS/MS 데이터의 분석은 단편 과정이 다양한 이온들의 집합을 생성하기 때문에 복잡하다. 이 과정의 복잡성을 실증하기 위해 수행된 예를 Box 3.3에서 설명한다. 가장 유익한 단편은 단편 과정이 펩타이드 결합에서 발생하여 생성된 것들이다(예를 들어, CID 스펙트럼 상에서 *b*-series와 *y*-series 이온에 상응하는 단편 또는 ECD 스펙트럼 상에서 *c*-series와 *z*-series에 상응하는 단편). 각 시리즈에서 연이은 이온들 사이의 질량 차이는 개별의 아미노산의 질량과 일치해야 하며(Box 3.4), 이것은 짧은 서열 또는 **펩타이드 표지(peptide tag)**를 도출하기 위해 사용될 수 있다. 또한 표지는 MALDI-TOF 질량 분석법에 뒤이어 우발적으로 발생한 고르지 못한 말단 또는 한정된 엑소펩티다아제(exopeptidase)의 분해에 의해 발생될 수 있다. 펩타이드 표지를 사용하여 데이터베이스 검색를 하는 알고리즘은 **MS-표지**(표 3.2)와 TagIdent를 포함하며, Mascot과 같은 특정 알고리즘은 서열과 질량에 기반한 조사를 결부시켜 조사에 의한 결과물을 개선시킨다. 심지어 3개의 연속된 아미노산 잔기만큼 짧은 표지조차 유익한 정보를 제공하는데, 이는 비교를 위해 참여하는 펩타이드의 수를 상당히 감소시키므로 조사 시간을 감축시킬 수 있다. 긴 서열은 탐색 문자열(펩타이드의 공백)과 더욱 조직화된 양식에서 격차(gaps)가 **분광 사전(spectral dictionaries)**을 생성할 수 있게 하는데, 이는 위에서 기술한 스펙트럼 라이브러리(libraries)와 유사하지만, 신생의(*de novo*) 서열 분석과 스펙트럼 데이터베이스 조사 간의 격차에 가교를 놓기 위해 설정된 것이다.

단편 이온 스펙트럼의 완전한 해석은 내재된 단편의 특별한 세트를 식별하기 위한 특정 형식의 라벨링(labeling)이 없이는 어려울 수 있다(예를 들어, *b*- 또는 *y*-series의 단편). 유용한 접근방식은 시료를 2개의 앨리쿼트(aliquots)로 나누고, 한 앨리쿼트에는 온전한 펩타이드의 N- 또는 C-말단에 특별한 **질량 레이블(mass label)**을 붙이고 난 후 변형되지 않은 형태와 변형된 형태를 식별하기 위해 질량 스펙트럼을 비교하는 것이다. 예를 들어, 펩타이드의 C-말단에 메틸 에스테르화(methyl esterification)는 14의 질량 단위가 더해진다. 그러므로 처리된 것과 처리되지 않은 시료로부터의 질량 스펙트럼의 비교는 *y*-series 이온이 특이한 질량 변위로 인해 식별되게 한다(그림 3.13a). 그러나 이러한 반응은 또한 산성의 곁사슬을 에스테르화시켜, 결과적으로 아스파트산(Asp)와 글루타민산(Glu)의 잔기를 가진 펩타이드의 분석이 더욱 복잡하게 된다. 대체적인 전략은 산소의 무거운 동위 원소(^{18}O)로 구성된 물이 반을 차지하는 완충액에서 트립신에 의한 분해를 시행하는 것이다. 트립신은 산소 원자를 물로부터 각 펩타이드의 C-말단에 새로 발생한 카복실기(carboxyl group)에 포함시킨다. 그러므로 만약 위의 완충액이 사용된다면, 각 *y*-series 단편은 질량 단위의 차이가 2인 두 가지 유도체의 혼합물로써 존재할 것이며, 이들은 질량 스펙트럼 상에서 이중(doublet)으로 나타날 것이다(그림 3.13b). 이 접근법의 단점은 각 *y*-series 이온에 대한 신호의 감도가 50% 감소된다는 것이다. 또한 트립신에 의한 펩타이드 단편의 유도체화는 MALDI PSD 실험에서 단편화의 효율을 증가시키며, 그로 인해 더 큰 서열 적용범위를 초래한다.

대안적인 신생의(*de novo*) 서열분석 접근방식들은 에드먼 분해법과 질량 분석법이 서열정보를 획득하기 위해 어떻게 함께 사용될 수 있는지에 대한 좋은 예를 제공한

BOX 3.4 배경 요인
질량 분석법에 의한 래더 시퀀싱(ladder sequencing)

질량 분석법을 통한 신생의(*de novo*) 펩타이드 서열은 잔기 1개씩 길이가 다른 N-말단 또는 C-말단 펩타이드(또는 펩타이드 단편)의 내재된 세트(nested sets)의 조립을 통해서 결정한다. 일련의 연속적인 개체 간의 질량 차이는 아미노산 잔기의 질량 기준표(표 1)와 비교해서 서열을 정한다. 두 쌍의 잔기—글루타민(glutamine)과 라이신(lysine), 루이신(leucine)과 이소루이신(isoleucine)—는 매우 비슷하거나 동일한 질량을 가지는 것에 유의하자. 글루타민과 라이신의 경우, 조금의 질량 차이가 있으며(각각 128.13과 128.17), 이러한 단편 이온을 스펙트럼에서 탐지하기 매우 어렵지만, 에드먼 화학 반응을 이용하면 라이신의 곁사슬이 변형되기 때문에 매우 쉽게 결정할 수 있다. MS/MS 스펙트럼의 다른 고충은 이온 시리즈(series)가 불완전하면 2개의 인접한 글리신(glycine) 잔기(질량 = 57)가 단일의 아스파라긴(asparagine)으로 잘못 판단될 수 있으나, 전통적인 래더 시퀀싱(ladder sequencing)을 통해 생성된 완전한 래더(ladder)로 이러한 모호함이 제거된다. 루이신과 이소루이신은 동일한 질량을 가지며, 이는 그에 상응하는 cDNA 서열의 조사 또는 고-에너지 CID를 통해 구별될 수 있다(58쪽 참조)

표 1 아미노산의 질량

아미노산	화학식	1-letter code	3-letter code	단일 동위원소 질량
알라닌(Alanine)	C_3H_5ON	A	Ala	71.03711
아르기닌(Arginine)	$C_6H_{12}ON_4$	R	Arg	156.10111
아스파라긴(Asparagine)	$C_4H_6O_2N_2$	N	Asn	114.04293
아스파르트산(Aspartic acid)	$C_4H_5O_3N$	D	Asp	115.02694
시스테인(Cysteine)	C_3H_5ONS	C	Cys	103.00919
글루탐산(Glutamic acid)	$C_5H_7O_3N$	E	Glu	129.04259
글루타민(Glutamine)	$C_5H_8O_2N_2$	Q	Gln	128.05858
글리신(Glycine)	C_2H_3ON	G	Gly	57.02146
히스티딘(Histidine)	$C_6H_7ON_3$	H	His	137.05891
이소루신(Isoleucine)	$C_6H_{11}ON$	I	Ile	113.08406
루이신(Leucine)	$C_6H_{11}ON$	L	Leu	113.08406
리신(Lysine)	$C_6H_{12}ON_2$	K	Lys	128.09496
메티오닌(Methionine)	C_5H_9ONS	M	Met	131.04049
페닐알라닌(Phenylalanine)	C_9H_9ON	F	Phe	147.06841
프롤린(Proline)	C_5H_7ON	P	Pro	97.05276
세린(Serine)	$C_3H_5O_2N$	S	Ser	87.03203
트레오닌(Threonine)	$C_4H_7O_2N$	T	Thr	101.04768
트립토판Tryptophan)	$C_{11}H_{11}ON_2$	W	Trp	186.07931
타이로신(Tyrosine)	$C_9H_9O_2N$	Y	Tyr	163.06333
발린(Valine)	C_5H_9ON	V	Val	99.06841

다. 에드먼 화학 반응은 온전한 N-말단 펩타이드의 내제된 세트(nested set)를 끌어내기 위해 사용되며, 그러고 난 후 특정한 아미노산에 상응하는 질량 차이를 식별하기 위해 MALDI-TOF 질량 분석법을 통해 분석함으로써 서열을 도출시킨다. MS/MS 접근방식과는 달리, 에드먼 방식에 기초한 방법들은 글루타민(glutamine)과 라이신(lysine)을 쉽게 구별시킨다(Box 3.4). 에드먼 화학 반응은 N-말단 펩타이드의 형성에 한계를 가지는 반면, N-말단과 C-말단 펩타이드의 래더(ladders)는 제한된 엑소펩티다아제(exopepdase)의 사용으로 인해 생산될 수 있으며, 이는 서열 분석을 위해 분석물이 다시 MALDI-TOF 질량 분석법의 대상으로 사용될 수 있다.

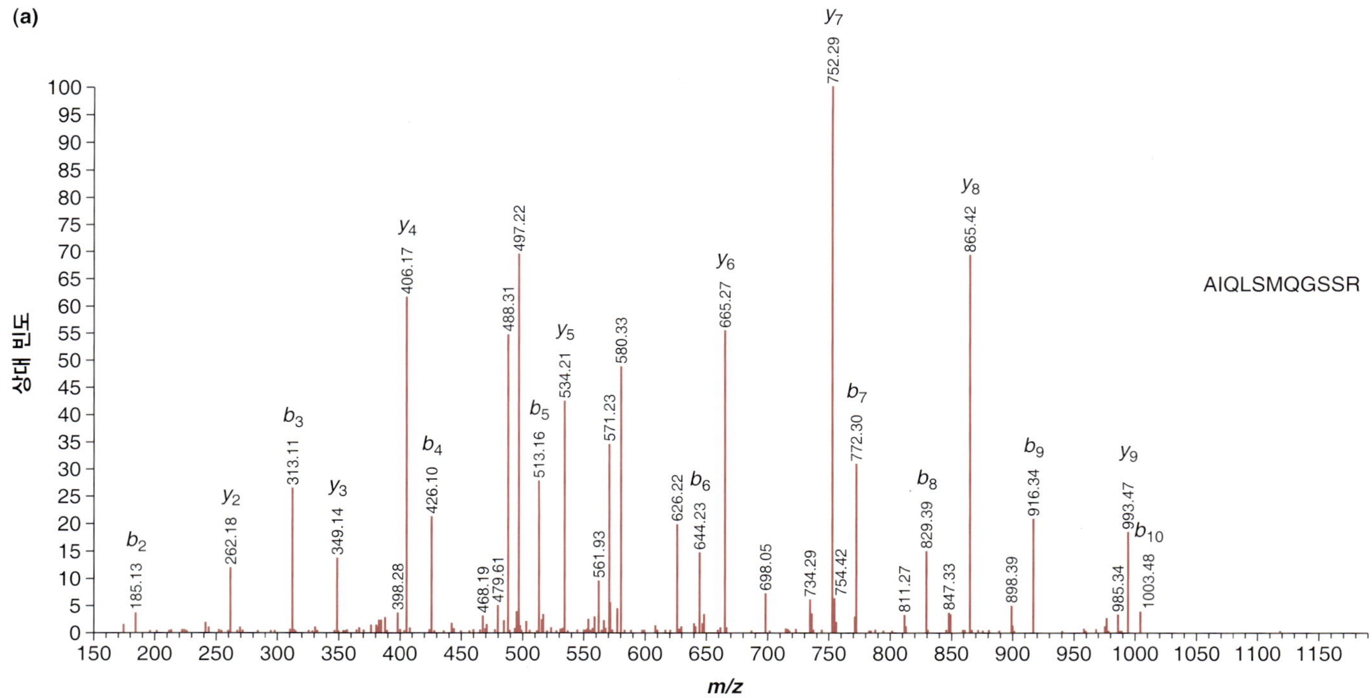

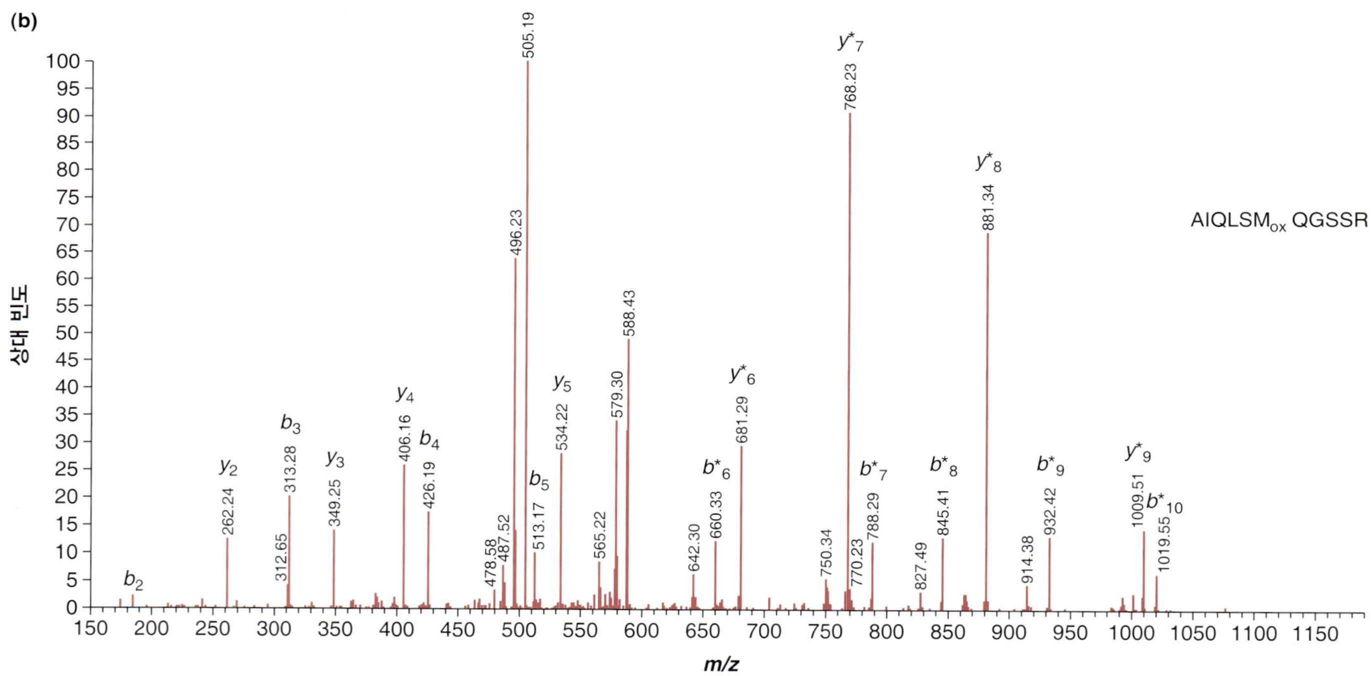

그림 3.13 **펩타이드 CID 스펙트럼.** 질량의 변화를 보여주는 (a) 변형되지 않은 펩타이드와 (b) 변형된 펩타이드의 CID 스펙트럼 예시. 이 이온들의 전구물질 질량은 1177.60과 1193.63(Δm = 16 Da)으로 산소가 첨가(산화, oxidation)된 것을 제시한다. 데이터베이스 조사를 통하여 메티오닌(methionine)을 포함한 펩타이드를 동정하였다. (b)의 CID 스펙트럼에서 명확하게 나타나는 것처럼, 메티오닌을 포함하는 모든 *b*-series와 *y*-series 이온(*으로 표시)의 질량은 (a)에 상응하는 이온들과 비교하였을 때 16 Da만큼 변형되었다. (Venkatesha Basrur, University of Michigan, USA의 허가를 득함.)

읽을거리

Aebersold R & Mann M (2003) Mass spectrometry-based proteomics. *Nature* 422, 198-207.

Ahrens CH, Brunner E, Qeli E et al. (2010) Generating and navigating proteome maps using mass spectrometry. *Nat. Rev. Mol. Cell Biol.* 11, 789-801.

Bensimon A, Heck AJ & Aebersold R (2012) Mass spectrometrybased proteomics and network biology. *Annu. Rev. Biochem.* 81, 379-405.

Domon B & Aebersold R (2006) Mass spectrometry and protein analysis. *Science* 312, 212-217.

Griff en TJ, Goodlet DR & Aebersold R (2001) Advances in proteome analysis by mass spectrometry. *Curr. Opin. Biotechnol.* 12, 607-612.

Gstaiger M & Aebersold R (2009) Applying mass spectrometrybased proteomics to genetics, genomics and network biology. *Nat. Rev. Genet.* 10, 617-627.

Han X, Aslanian A & Yates JR 3rd (2008) Mass spectrometry for proteomics. *Curr. Opin. Chem. Biol.* 12, 483-490.

Holclapek M, Jirasko R & Lisa M (2012) Recent developments in liquid chromatography-ass spectrometry and related techniques. *J. Chromatogr. A* 1259, 3-15.

Maiolica A, Jünger MA, Ezkurdia I & Aebersold R (2012) Targeted proteome investigation via selected reaction monitoring mass spectrometry. *J. Proteomics* 75, 3495-3513.

Mann M, Hendrickson RC & Pandey A (2001) Analysis of proteins and proteomes by mass spectrometry. *Annu. Rev. Biochem.* 70, 437-473.

Mann M & Pandey A (2001) Use of mass spectrometry-derived data to annotate nucleotide and protein sequence databases. *Trends Biochem.* Sci. 26, 54-61.

Mueller LN, Brusniak MY, Mani DR & Aebersold R (2008) An assessment of software solutions for the analysis of mass spectrometry based quantitative proteomics data. *J. Proteome Res.* 7, 51-61.

Nesvizhskii AI (2007) Protein identifi cation by tandem mass spectrometry and sequence database searching. *Methods Mol. Biol.* 367, 87-119.

Nesvizhskii AI (2010) A survey of computational methods and error rate estimation procedures for peptide and protein identifi cation in shotgun proteomics. *J. Proteomics* 73, 2092-2123.

Uetrecht C, Rose RJ, van Duijn E et al. (2010) Ion mobility mass spectrometry of proteins and protein assemblies. *Chem. Soc. Rev.* 39, 1633-1655.

CHAPTER 4

단백질 정량

4

4.1 개요

단백질체학 실험의 목적은 주어진 시료에 존재하는 단백질들을 간단히 목록화하는 것으로, 이러한 형태의 분석은 주로 기술적 분석으로 표현되기도 한다. 유사한 시료를 비교해보면 어떤 시료에서는 확인되지만 다른 시료에는 나타나지 않는 단백질이 확인되기도 하는데, 이는 상이한 세포 형태, 발생 시기 및 세포의 상태(예를 들어, 특정 세포 주기의 단계나 환경적 변화에 대한 반응)를 설명하는 것으로 특정한 상황에서 독특하게 발현되는 단백질이 나타나기도 한다. 또한 단백질체의 변화는 유용하며 질병과도 연관되어 있다. 예를 들어, 일반적인 피부와 편평세포 암종을 비교하면 질병에만 독특하게 나타나는 일련의 단백질 스팟을 확인할 수 있다. 일단 확인되면 이러한 단백질들은 질병 마커로서 유용하게 이용되고, 잠재적인 새로운 치료 표적이 되기도 한다(제10장). 그러나 이러한 on/off 변화를 보이는 단백질의 수는 매우 적다. 더구나 시료 간에 차이가 거의 없기 때문에 정확한 단백질 양의 측정은 단백질체학의 가장 필수적인 부분이다.

표지된 항체를 이용하여 액상 혹은 고형 상태에서 각 단백질의 양을 측정하는 여러 방법들이 잘 확립되어 있다(Box 4.1). 항체는 단백질체 내 모든 단백질과 결합할 수 있음에도 불구하고 각각의 항원-항체 상호작용에 대한 신호 강도는 표적 단백질의 많고 적음뿐만 아니라 항원-항체 결합의 강도(항체의 친화력)에도 의존하기 때문에 이러한 분석 방법을 단백질체학 분석에 적용하는 것은 어렵다. 이러한 기술적 어려움에도 불구하고 몇몇 단백질 마이크로어레이(protein microarray) 분석을 통해 무수히 많은 항체를 이용한 몇몇 분석적 수준의 단백질 마이크로어레이가 제작되었고, 이에 관한 것은 제9장에서 다루게 된다. 일반적으로 가장 잘 확립된 마이크로어레이는 특징이 뚜렷한 소수의 항체로 이루어져 있다. 기계장치가 복잡하면 할수록 민감성과 특이성에서 더 많은 문제점을 노출하기 때문에 정량적 결과는 결과적으로 신뢰성이 떨어지게 된다.

단백질체학에서 대단위의 단백질 정량은 주로 일반적인 표지나 염색 또는 특정한 종류의 단백질에 대한 선택적 표지나 염색에 의존한다. 용액 내 총단백질의 양을 측정하는 데는 여러 가지 방법이 있다(Box 4.2). 그러나 전형적인 단백질체학 실험에서 여러 다양한 시료와 동시에 수천 개의 많은 단백질들을 비교 분석할 필요성이 있다. 선택한 전략은 어떻게 시료를 준비하고 분획하였는지와 어떻게 2개의 큰 범주로 나

BOX 4.1 연관 기술
단백질 정량

각 단백질의 양은 특정 항체를 표지 probe로 사용하는 면역분석을 통해 측정된다. **Western blot**이나 **Immuno blot** 같은 방법은 겔을 통해 분리된 단백질의 양을 비교하기에 매우 편리한 방법이다. 이러한 방법에서, 각기 다른 시료를 각기 다른 레인에서 겔 전기영동을 통해 분리된 단백질을 고분자 재료로 만들어진 흡착지(일반적으로 nitrocellulose, 나일론 또는 polyvinylidene difluoride)에 흡착시킨다. 일반적으로 Ponceau S, sliver nitrate, India ink, colloidal gold 혹은 Amido black 등과 같은 염색약을 사용하면 모든 단백질 밴드를 볼 수 있으나 특정한 단백질들은 흡착지 상에서 특정 항체가 포함된 용액에서만 검출된다. 항체는 이의 고유한 방사성, 형광성 또는 **효소적 표지(직접 검출)**에 결합하게 되고, 이차 항체는 일차 항체를 인식하여 신호를 증폭시킨다(**간접 검출** 또는 **sandwich assay**라고도 함). 이와 같은 방법을 통해 매우 적은 양의 단백질도 검출하게 된다.

용액 내에 있는 각 단백질의 정확한 양은 polymeric sheet나 plastic dish 상에 부착된 표적 단백질에 특이하게 반응하는 항체를 추적하는 고형 면역분석법을 사용하여 측정할 수 있다. 표적 단백질이 포함된 한 방울의 용액(예, 혈장 혹은 세포 용해물)을 흡착지에 떨어뜨려서 항원-항체 복합체가 형성되게 한다. 표적 단백질은 위 용액을 씻어낸 후 상이한 항원 결정기를 인식하는 2차 항체를 사용하여 확인한다. Western blot과 마찬가지로 이러한 검출 항체는 표지될 수 있으며, 추후 2차 항체와의 반응에서 확인될 수 있다. 가장 많이 사용되는 이러한 기술은 **enzyme-linked immunosorbent assay(ELISA)**로서 여기서 검출 항체는 무색의 기질을 색을 띤 복합체로 전환시키거나 비형광성 기질을 형광성 복합체로 전환시키는 효소를 갖고 있다.

BOX 4.2 연관 기술
용액 내 총단백질 농도 측정

용액 내 총단백질 농도를 결정하는 데는 모든 단백질에 적용되는 일반적인 특성을 활용하는 여러 방법이 있다. 널리 알려진 방법은 UV(ultraviolet) 흡광도를 측정하는 것이다. 이것은 비파괴적인 방법으로서, 이 단백질들은 추가 분석에 사용할 수 있다. 그러므로 이 방법은 정량뿐만 아니라 HPLC columns으로부터 추출되는 단백질과 펩타이드 분획을 검출하는 데 사용되기도 한다. 자외선은 방향족 아미노산 잔기(tyrosine과 tryptophan)뿐만 아니라 펩타이드 결합에 의해 흡수된다. 이것은 폴리아크릴아마이드가 자외선을 같은 파장의 범위로 흡수하기 때문에 이차원 겔 상에서는 사용될 수 없다.

이외의 다른 단백질 분석방법에는 비색이나 형광 검출 그리고 공유나 비공유적인 염료 결합 또는 화학 반응에 기초를 둔 방법들이 있다. **Bradford 분석법**은 단백질이 존재하는 경우 갈색에서 파란색으로 변하는 Coomassie Brilliant Blue 염료와의 결합 정도를 측정하는 것이다. 또 다른 단백질 결합 매개물에는 형광성이며, 민감성이 더 뛰어난 OPA(*o*-phthaldialdehyde), fluorescamine, 그리고 NanoOrange 등이 있다. **Lowry 분석법**과 이와 관련된 **BCA(bicin choninic acid) 분석법**은 단백질 존재 하에 구리 이온의 환원에 기반으로 두고 있어, 결과적으로 무색 기질의 킬레이트화를 일으키며, 유색 복합체는 분광광도계를 이용하여 검출할 수 있다.

눌 수 있는지에 크게 의존한다. 그 중 하나는 2차원 겔 영상 분석에 기초하고 다른 하나는 질량분석기에 의한 시료에 포함된 이온의 존재량의 비교에 기초한다.

4.2 이차원 전기영동법에 의한 정량적 단백질체학

2차원 겔에서의 단백질 정량 분석은 아날로그 영상에서 디지털 데이터의 생성을 포함한다

이차원 겔 상에 나타나는 여러 상이한 단백질은 해당 스팟의 모양, 크기 그리고 세기를 반영하고 있다. 스팟이 잘 구분되는 경우, 단백질 정량을 위해 아날로그 겔 이미지를 디지털 자료로 전환하게 되며, 각 스팟은 x, y 위치, 모양 및 정량화 수치(**통합된 스팟의 세기**)에 따라 목록화된 카탈로그가 된다. 그러면 이것은 적어도, 다른 겔 상에 있는 동등한 스팟을 객관적으로 비교할 수 있게 되고, 이로써 하나의 시료 속에 들어 있는 특정 단백질이 다른 시료와 비교하며 많은지 적은지를 결정할 수 있게 된다. 이차원 전기영동에서 단백질을 분리하는 정확한 조건을 잡기는 매우 어렵기 때문에 동일한 시료를 함유하고 있는 이차원 겔에서 조차 해당되는 스팟을 동정하기는 매우 어렵다. 그러므로 스팟에 따라 농도가 다르고 어떤 스팟은 어떤 겔에서 확인되지만 다른 겔에서는 확인되지 않는 상이한 시료를 밝혀 줄 수 있는 매우 엄격한 분석방법이 필요하다.

단백질 정량의 첫 번째 단계는 **영상 획득**이며, 사용되는 방법은 단백질이 표지된 방법이나 염색된 방법에 따라 달라진다. 방사능으로 표지된 단백질은 X-ray film 혹은 phosphorimaging에 의해 검출될 수 있다. X-ray film은 CCD 카메라 혹은 덴시토미터에 의해 읽혀지며, phosphorimager는 스캐닝 장치가 부착되어 있다. **Charge-coupled device(CCD)**는 간단히 말해 고형 상태의 전기 장치로서, 일련의 광민감 부위와 빛의 광자가 부딪치면서 전자를 방출하는 물질로 이루어진 photosites로 나눠진다. CCD 카메라 이미지는 microprocessor에 의해 각각의 photosite에 있는 광자들을 해독함으로써 만들어진다. **덴시토메터(densitometer)**는 이와 유사한 원리로 작동하는 스캐닝 장치로서, 필름 표면을 투과해 들어온 빛은 photodiode에 의해 감지되며, 이미지 상의 밝은 부위와 어두운 부분의 세기가 기록된다. Coomassie로 염색되거나 Silver-stained 겔은 CCD 카메라 또는 덴시토메터로 읽혀지지만, 형광 물질 또는 형광 표지된 단백질을 함유한 겔은 CCD 카메라나 형광 imager를 이용해야만 읽을 수 있다.

디지털 자료의 질은 일반적으로 스캐닝된 이미지의 해상도, 즉 공간적 해상도(단위 길이 혹은 면적당 픽셀로 표시)와 **덴시토메터 해상도**(즉, 해석할 수 있는 범위의 gray value)에 따라 다르게 나타난다. 그러나 덴시토메터 해상도는 표지되거나 염색하는 방법에 따라 달라지기도 한다. **실버 염색법(silver staining)**은 분리된 단백질들에 대하여 주로 쓰이는 비방사능적 검출 방법으로서 Coomassie Brilliant Blue 염색법보다 10~100배 이상 더 민감하다. 그러나 실버 염색법은 당단백질들을 효율적으로 검출할 수 없기 때문에, 좀 더 민감하게 검출하기 위해서 시스테인 잔기의 화학적 변형을 통해 이루어지는데, 이로 인해 질량 분석에 의한 downstream 분석이 방해되기도 한다[이러한 사실로 인해 염색에 포름알데하이드(formaldehyde)를 사용하게 됐으며, 이러한 치환에 의해 실버 염색법과 질량 분석법 사이의 양립 가능성을 높여주게 되었다]. 상대적인 단백질 정량 관점에서 실버 염색법의 주된 단점은 좁은 선형 범위이다(크기를 기준으로). 즉, 이것은 하나의 단백질이 다른 단백질에 비해 2배(혹은 하나의 시료 속에 있는 단백질이 다른 시료 속에 있는 것보다 2배 많은지)인지 어떤지를 정확하게 알아낼 수는 있지만, 만약 어떤 단백질이 10배 혹은 그 이상의 커다란 차이가 있다면 단백질의 농도를 정확히 비교하는 것은 불가능하다는 것을 의미한다. SYPRO Ruby, Deep Purple 및 Flamingo와 같은 형광 염료들은 실버 염색법만큼 민감하지만 단점이 없기 때문에 가장 선호되고 있다. 즉, 이러한 염료들은 당단백질을 효율적으로 검출하며, 어떠한 공유적 단백질 변형을 일으키지도 않고, 확장된 선형 범위를 가지고 있기 때문에(3배 정도), 단백질 농도를 가장 효율적으로 비교하는 데 사용될 수 있다. 기타 이차원 겔에서 단백질을 검출하는 방법은 Box 4.3에 정리하였다.

BOX 4.3 배경적인 요인
겔 상에서의 단백질 확인

전기영동을 실시하기 전에 단백질을 표지하거나 전기영동 후 염색을 함으로써 겔에서 단백질을 검출할 수 있다. 두 경우 모두 질량분석기에 의한 downstream 분석이 방해 받지 않을 정도의 민감한 과정을 거쳐야 하는 것이 중요하다(제3장).

유기 형광물질의 전 표지

수많은 여러 상이한 유기분자는 전기영동적으로 분리하기 이전에 공유적으로 단백질에 결합할 수 있기 때문에, 이차원 겔에 표지된 단백질을 직접 검출할 수 있으며 정량화할 수도 있다. 1970년대 이후 fluorescamine과 fluorescein isothiocyanate 같이 특성이 잘 밝혀진 형광물질을 사용하는 방법이 잘 활용되어 왔으나 단백질체학의 맥락에서 이러한 방법은 표지된 단백질의 용해성과 이동성에 변화를 주거나 변형이 가능한 수많은 관능기에 따라 표지의 민감성이 변하는 여러 문제점이 있다. 그러나 형광물질의 사용은, 예를 들어 propyl-Cy3나 methyl-Cy5와 같은 2개 혹은 그 이상의 상이한 형광물질을 사용하여 상이한 단백질 시료를 표지하게 되면 시료 속에 들어 있는 단백질 농도를 하나의 겔에서 비교할 수 있게 된다(겔 전기영동에서의 차이점은 81쪽 참조).

Coomassie Brilliant Blue

Coomassie Brilliant Blue는 유기 염료로서 폴리아크릴아마이드 겔 내의 단백질을 염색하는 데 주로 사용되고 있다. 염색을 하는 데는 여러 변형된 방법들이 있지만 일반적으로 에탄올 혹은 메탄올과 고농도의 산 혼합물에 들어있는 염료를 사용하여 염색을 한다. 이 염색약은 콜로이드성 현탁액으로 깨끗한 배경에서 단백질을 진하게 염색한다. Coomassie Brilliant Blue와 유사 유기 염료 등이 단백질 분석에 있어 일반적으로 폭넓게 사용되고 있지만, 10~30 ng의 검출 한계치를 갖고 있는 단백질체학 분석에 있어서는 민감도가 떨어진다. 염색법의 정밀한 조성에 따라 염료는 질량분석 자료의 해석을 복잡하게 만들 수 있는 글루탐산 측쇄를 변형시킬 수도 있다.

실버 염색법(Silver staining)

실버 염색법은 폴리아크릴아마이드 겔에서 단백질을 염색하는 가장 많이 이용되는 방법 중 하나이며, 여러 많은 프로토콜이 사용되고 있다. 실버 염색법의 가장 좋은 점은 Coomassie 염색보다 10배 이상 더 민감하다는 것이며, 시스테인 잔기를 변형시켜 포름알데히드 완충액에서 노출된 아미노 그룹을 알킬화하지만 이러한 문제점들은 다른 완충액에서도 나타난다. 또한 실버 염색법은 선형 동적 범위가 불량하여 정량 분석에 문제가 있고, 당단백질과 같은 특정 유형의 단백질은 거의 염색이 되지 않는다는 단점이 있다.

Reverse stains

Coomassie와 실버 염색법은 모두 단백질 고정 단계를 거치기 때문에 추후 분석을 하기 위해 겔로부터 단백질을 복원하지 못하게 된다. 단백질보다는 겔을 염색하여 네거티브 영상을 얻는 reverse stain법은 이러한 겔에서 단백질의 복원을 강화하기 위해 개발되었다. 수많은 조합이 사용되어 왔지만 가장 많이 사용되는 공식은 염화구리 또는 염화아연과 같은 금속염에 기반을 두고 있다.

형광 염색법(Fluorescent stains)

다수의 형광물질은 단백질에 비공유적으로 결합하기 때문에 특별히 downstream 질량 분석적 분석에 호환이 된다. 일반적으로 이러한 염색법은 수용액에서는 형광성이 거의 나타나지 않지만, SDS-단백질 복합체와 관련된 경우에 강한 형광성을 나타내어, 염색된 겔의 배경은 깨끗해지게 된다. 가장 다목적인 이러한 분자에는 SYPRO Ruby(Invitrogen), Lucy(Sigma-Aldrich), Deep Purple(GE Healthcare), Krypton(Pierce) 및 Flamingo(Bio-Rad) 등이 있다. 이 시약들은 매우 민감하게 작용하며 광범위한 선형 동적 범위를 갖고 있다. SYPRO Ruby는 가장 보편적으로 쓰이는 시약 중 하나이며, 실버 염색법에 필적하는 민감성을 갖고 있지만 선형 동적 범위가 훨씬 뛰어나서(3배 이상), 예를 들어 당단백질과 같이 실버 염색법으로는 잘 보이지 않는 단백질이 염색된다. 염색 방법 역시 오랜 탈색 시간이 요구되는 Coomassie 염색법이나 실버 염색법(silver staining)과는 달리 간단하고 빠르다. 상업적인 형광 염료는 비싸지만 실험실 내에서 이와 유사한 성질을 갖는 화합물을 합성할 수 있다.

스팟 검출, 정량 및 비교는 객관적으로 이루어진다

단백질 겔 상에 있는 스팟은 모양, 크기, 또는 밀도에 있어 일정하지 않다. 몇몇 스팟은 명확하게 나타나지만 어떤 것들은 어느 정도 중복되어 나타난다. 몇몇 스팟의 가장자리는 명확하게 구분되지만 어떤 것들은 흐릿하다. 작은 스팟은 커다란 스팟에 걸쳐 있기도 하며, 몇몇 스팟은 같은 선상에 동시에 나타나기도 한다. 상이한 스팟 내에 있는 덴시토메터 수치(즉, 회색 값의 분포)는 항상 일정하지 않다. 이러한 변이는 아마도 겔 배경에 있어서 비특이적 변화에 기인하는 것 같다.

사람의 눈은 일반적으로 이차원 겔 상에 있는 스팟과 백그라운드에 있는 인공 스팟 간의 차이 정도는 구분하지만 사람의 판단은 매우 주관적이기 때문에 엄밀하게 스팟을 규정해야 한다. 기계는 고정된 일련의 법칙과 매개 변수에 따라 각 스팟을 정의할 수 있으므로 스팟의 패턴을 보다 객관적으로 해석한다. 그러나 같은 방법으로 기계가 스팟을 보게 되면 사람도 같은 방식으로 분석하게 된다. 일반적으로 자동화된 스팟 검출의 첫 번째 단계는 디지털 이미지의 보정으로서 백그라운드를 깨끗하게 하고 이미지의 대비를 향상시켜 스팟 경계부의 이미지를 뚜렷하게 하는 것이다. 다듬질은 백그라운드의 불필요한 부분을 제거하는 것으로 이렇게 하면 백그라운드는 나머지 이미지와 완전히 구분이 된다. 이러한 다듬질된 이미지에서 대비는 중간 범위에 있는 배열 값을 강화하여 픽셀을 보다 어둡거나 밝게 만들어 줌으로써 높아지게 된다. 많은 경우에 **가장자리 검출 필터(edge detection filter)**는 픽셀의 강도를 날카롭게 변화시키는 이미지 부분을 확인하기 위한 목적으로 사용된다.

일단 처리된 이미지를 사용할 수 있게 되면, 다수의 상이한 알고리즘을 적용하여 각 스팟을 감지하고 정량화한다. 이러한 것은 스팟 형태에 있어서 모든 가능한 변이를 추론하여 단백질 농도를 나타내는 필수적인 절대치를 반영하는 통합된 스팟의 강도를 계산한다. 알고리즘은 일반적으로 **Gaussian fitting**(스팟의 gray value가 x, y축을 따라 정상적으로 분포하는 경우) 혹은 **Laplacian of Gaussian(LOG) 스팟 검출** 방법 중 하나를 사용한다. 그 밖에 다른 알고리즘은 watershed 변환 방법(watershed transformation method)에 기초를 두는 것으로, 흑백 이미지를 지형면으로 전환하여 어두운 부분을 꼭대기 지점으로 표현하고, 밝은 부분을 골 부분으로 표현하게 된다. 이것은 이미지를 집수지역으로 전환하여 각각의 스팟을 나타내주며, watershed 선이 경계부를 나타내게 된다(그림 4.1a와 색상판). 실제로 이와 같은 방법을 통해 겔 이미지를 분석하는 것은 화소 강도에 있어서의 백그라운드 변이로 인해 과분할된다(그림 4.1a와 색상판). 이러한 결과를 피하기 위해서 flooding은 미리 설정된 일련의 표적에서 시작함으로써 과분할을 피할 수 있다(그림 4.1b와 색상판). 또 다른 유용한 방법은 **선 분석(line analysis)** 방법으로 각각의 수직 주사선에 자동 초점을 맞춰 최고의 농도를 밝혀내는 것이다. 인접한 주사선의 최고 농도를 일련의 체인으로 모아 이것을 스팟의 중심부로 삼는다.

일단 이차원 겔이 스팟의 세기를 나타내는 일련의 디지털 자료로 전환되면, 다른 겔

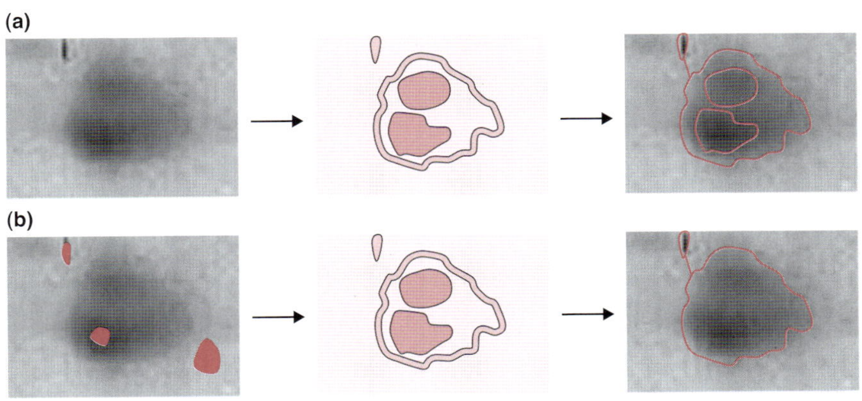

그림 4.1 **이차원 겔 이미지의 watershed 방법.** (a) 흑백 이미지는 표면을 정밀하게 표현할 수 있다. 여러 자료로부터 합병하는 경우 이미지는 유역과 경계선으로 나누어지지만 실제로 과분할 상태에 이르게 된다. (b) 그러므로 표지(적색 부분)를 사용하여 경계를 정하면 과분할을 상당히 줄일 수 있게 된다. 색상판 참조. (Serge Beucher, CMM\École Nationale Superieure des Mines de Paris에서 이미지 인용.)

과의 비교는 매우 간단해서 2개 이상의 샘플에서 미리 정해진 임계값에 따라 자료의 수치를 비교하여 특정 단백질의 농도의 차이만을 결정하면 된다. 이러한 유형의 분석에서 전제 조건은 상이한 겔에 있는 스팟이 동등한가를 확인하는 것으로 전기영동 조건이 매우 똑같을 수 없기 때문에 문제가 될 수 있다. 여기에는 여러 요인이 기인할 수 있다.

- 시료 준비의 차이.
- 겔 조성의 차이. 이것은 동시간에 동일한 혼합물로부터 여러 장의 겔을 준비하거나 상업적으로 미리 만들어진 겔을 이용함으로써 최소화시킬 수 있다.
- 전기영동 조건의 차이. 제2장에 언급된 바와 같이, 이것은 특히 비평형 겔에서 carrier ampholyt에 따라 isoeletric focusing(IEF) 겔에서 심각한 문제를 갖고 있었으나, 이것도 고정된 pH 구배 겔을 사용함으로써 어느 정도 해소되고 있다. 이 문제는 동시에 여러 겔을 전기영동함으로써 어느 정도 해소되지만 항상 가능한 것은 아니다.
- 각 겔의 사소한 차이로 인해 단백질 이동도에 있어서 구역에 따라 차이가 나타난다. 이 또한 carrier ampholyte를 사용하는 IEF 겔에서는 커다란 문제가 되며, 다른 곳에서도 일어난다.

스팟과 스팟 사이의 상호 관계를 완벽하게 보여주는 겔 또는 이미지가 없을 때, 이것의 이미지에서는 이에 상응하는 **겔 맞춤(gel matching)**이라는 과정을 필요로 하게 된다. 이 과정에는 **이정표**를 사용하게 되는데, 다시 말하면 비교 대상이 되는 모든 겔에 존재하는 스팟을 대조군으로 사용하는 것이다. 그러면 겔 맞춤 알고리즘을 사용하여 부분적이거나 전체적인 수준에서 이미지를 늘리거나 기울이거나 회전시키는 것과 같은 변형 과정을 거쳐 여러 겔 이미지로 등록하여 이들을 비교할 수 있게 된다. 이는 여러 상응하는 겔을 겹쳐 쌓아 올린 다음, 쌓아 올린 모든 겔의 첫 번째 이정표가 되는 스팟의 중심부를 핀으로 찔러서 표시하는 일련의 과정이 진행되며, 또 다른 핀을 사용하여 그 밖의 기타, 다른 이정표에 삽입한다. 다수의 핀에 의해 여러 겔들을 고정할 때, 완벽하게 등록되지 않는 상응하는 스팟을 연결하기 위해 유연성 있는 와이어를 삽입하기도 한다(그림 4.2). 몇몇 겔에서는 어떤 특정한 스팟이 없을 수도 있지만, 어떤 공간에는 다수의 일치되는 이정표가 있을 수 있기 때문에 알고리즘을 통해 어떤 스팟을 0점 값에 배치하여 합리적으로 이용할 수 있게 한다. 스팟 수준에서 일치되는 겔을 찾는 것의 대안으로서 다른 알고리즘을 사용하여 본질적으로 픽셀 수준에서 동일한 작업을 수행하는 것이다. 이정표의 확대 사용으로 **propagation**이라 알려진 겔 맞춤 방법이다. 이 접근법의 알고리즘은 알려진 이정표에서 시작하고 이후 근처에 있는 스팟을 맵핑하여 x, y 변위값으로 치환하는 것이다. 그 밖의 다른 겔은 이정표에 대해 동일한 변위값으로 스팟을 조

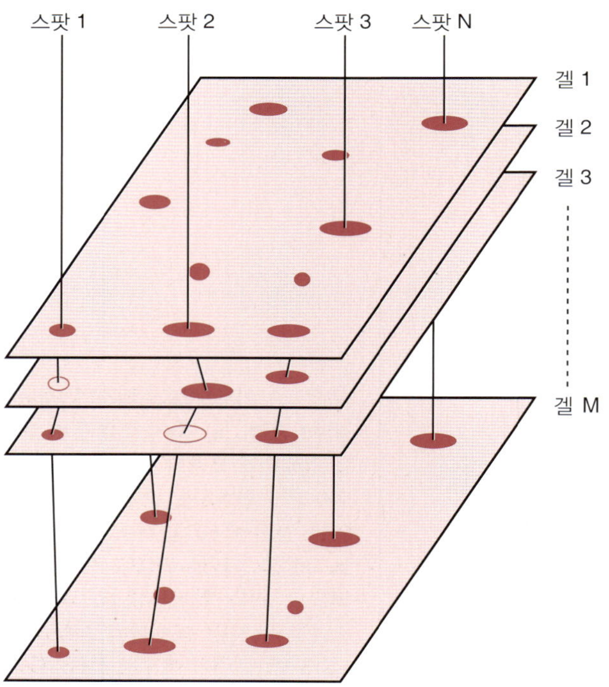

그림 4.2 여러 장의 겔에서 상응하는 스팟을 확인하는 스팟 맞춤 원리. 빈 원은 스팟이 없는 것을 표시하고 있다.

사하여 일치되는지 여부를 확인한다. 이러한 일치된 것들은 반복적인 연구를 위한 새로운 이정표로 사용될 수 있다.

스팟 검출, 정량 및 겔 맞추기의 최종 결론은 스팟 값의 표로(x, y 좌표, 모양 변수 및 통합된 스팟 강도) $N \times M$ 행렬로 표시되는데, 여기서 N은 확인된 모든 상이한 스팟을 나타내며, M은 모든 겔을 나타낸다(그림 4.3). M은 실험 조건에 따라 그룹으로 나눠진다. 예를 들어, M_1,...., M_{15}는 5개의 대조군 겔, 실험 조건 1로부터 5개, 그리고 실험 조건 2(아마도 상이한 단계의 질병 시기이거나 투약 후 상이한 시간)로부터 5개이다. 정량적 수치는 어떠한 차이에 있어서도 겔 상에서 (예를 들어, 상이한 노출 시간) 전체 신호 강도가 일반화되어야 하고, 다양한 통계적 방법을 통해 실험 조건에 따라 변하는 단백질 스팟의 농도를 확인할 수 있어야 한다. 최근 단백질체학 겔 이미지 기술의 발전에 따라 일치된 겔을 가색상에 배열하여 2개 혹은 그 이상의 겔에 있는 상이한 농도의 단백질 스팟을 가시적으로 확인할 수 있다. 이 방법은 분리된 시료의 다른 겔 전기영동 결과에서 나타나는 차이를 분석하기 위한 인위적인 방법이다.

4.3 다중성 겔 단백질체학

이차원 겔 전기영동에서 다중 단백질체학은 형광염료를 사용하거나 같은 겔에서 동시에 단백질의 다른 부위를 검출하기 위해 상이한 여기와 방출 스펙트럼을 가진 프로브를 사용한다. 이것은 상이한 단백질을 비교하기 위해서 사용하는 겔의 수를 줄이고, 최소한 이론적으로 상응하는 단백질을 확인하기 위한 겔 맞춤의 필요성을 제거하는 데 도움이 된다. 위에서 언급된 염색 방법은 본질적으로 하나의 색으로 표시되는 한계가 있기 때문에 겔 맞춤이 필요하다.

	대조군			실험군		
겔 \ 스팟	겔 1	겔 2	■ ■ ■	■ ■ ■	겔 $M-1$	겔 M
스팟 1	$I_{1,1}$	$I_{1,2}$			$I_{1, M-1}$	$I_{1, M}$
스팟 2	$I_{2,1}$	$I_{2,2}$			$I_{2, M-1}$	$I_{2, M}$
■ ■ ■ ■						
스팟 N	$I_{N,1}$	$I_{N,2}$			$I_{N, M-1}$	$I_{N, M}$

그림 4.3 **통합된 스팟 강도에 대한 자료 분석 행렬 (I)**. N은 스팟의 수(가로), M은 겔의 수(세로)

Difference in-gel electrophoresis은 상이한 형광물질로 표지된 비교 단백질 시료의 동시 분리방법이다

제1장에서 상이한 형광물질로 각각의 시료를 표지하고, 동시에 이 시료들을 동일한 DNA 마이크로어레이에서 혼합하여 상이한 시료 속에 있는 mRNA의 수준을 비교적으로 분석하는 것에 대해 논의한 바 있다. 마이크로어레이를 두 번 실행함으로써 각 형광물질의 방출 파장에서 각 시료의 상이한 mRNA의 농도와 시료 사이의 동일한 mRNA의 상대적인 농도를 결정할 수 있게 해 준다. 신호는 가색상이 될 수 있고 복합적인 이미지로 병합되어 상이하게 발현된 유전자를 즉시 확인하게 된다.

Difference in-gel electrophoresis(DIGE)는 이차원 전기영동법(제2장 참조)에 기반을 둔 유사한 방법이다. 연관성이 있는 시료에서 추출한 단백질 추출물(예를 들어, 건강한 조직 혹은 병든 조직, 자극을 받은 세포 혹은 자극을 받지 않은 세포)의 라이신 측쇄에 동일한 질량과 전하를 띠지만 상이한 방출 주파수를 갖고 있는 2개의 시아닌 계통의 형광물질인 프로필-Cy3과 메틸-Cy5의 succinimidyl 에스테르로 표지한다. 단백질 시료를 분리하기 전에 혼합하고 IEF 겔에 가하여 일차원적으로 분리를 한 다음 SDS 폴리아크릴아미드 겔에 옮겨 직각으로 분리한다. 전기영동 후 겔은 CCD 카메라나 2개의 상이한 필터가 들어 있는 형광 측정기를 통해 스캐닝하여 두 세트의 자료를 얻는다. 각각의 필터로부터 온 이미지는 임의의 색상으로 결합되어 즉시 시료에 따라 농도에 차이가 있는 단백질 스팟을 보여준다(그림 4.4와 색상판). 예를 들어, Cy2와 같은 라벨을 쓰면 더 많은 샘플에서도 동시에 전개를 할 수 있다. 시료를 동시에 전개시키기 때문에 겔 제작, 전개 조건 및 국부적인 겔 구조 등의 잠재적인 차이를 제거할 수 있게 된다.

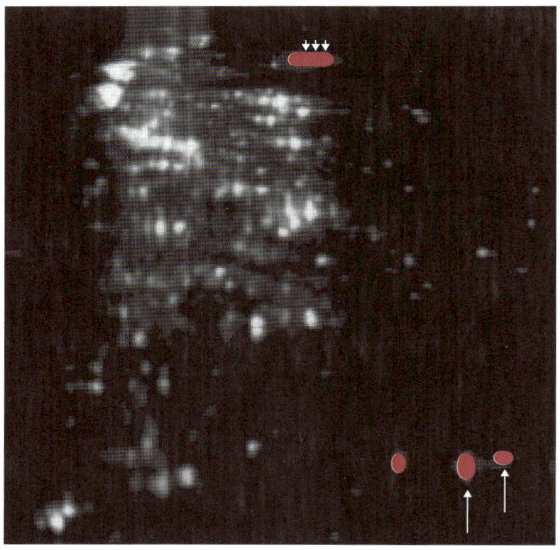

그림 4.4 **이차원 DIGE.** Cy3-(초록색)과 Cy5-(적색)로 표지된 고추무름병 병원체(*Erwinia carotovora*) 단백질의 이미지. 이 이미지에는 3개의 콘알부민 동형단백질(화살촉)과 2개의 미오글로빈 동형단백질(화살표)이 보인다. 동일한 세기를 갖고 있는 스팟은 이미지에서 흰색으로 보인다. Spike 단백질은 Cy5 채널에서 8배 많기 때문에 중첩된 이미지에서 적색 스팟으로 보인다. 겔은 왼쪽이 산성 방향으로 위치되어 있다.

DIGE는 자료 분석을 단순화하는 많은 장점을 갖고 있지만, 몇 가지 단점도 있다. 형광 표지는 SYPRO 염료와 실버 염색법에 비해 민감도가 떨어진다. 이러한 사실은 우선적으로 각 시료에 있는 단백질의 일부분만이 표지된다는 사실을 의미하며, 전기영동 중에 단백질이 침전되는 것과 같은 용해성에 변화를 주기도 한다. 부분적인 표지에 따른 또 다른 결과는 대단위의 형광 혼합물이 SDS-PAGE를 하는 동안 단백질의 이동 속도를 낮추기 때문에 겔은 Coomassie Brilliant Blue에 이차 염색을 해야만 진짜 단백질 스팟을 확인할 수 있고 질량분석법에 의한 downstream 분석을 위해 스팟을 잘라낼 수 있게 된다. 이와 같이 표지되거나 표지되지 않은 단백질 집단의 등록 오류는 isoelectric focusing을 하는 동안 최소화할 수 있다. 왜냐하면 염료는 단 하나의 양전하를 전달해서 라이신 잔기를 양전하로 치환하여 표지되어 있거나 표지되어 있지 않은 단백질들이 동일한 등전점을 갖게 하기 때문이다. 말레이미드 반응기를 갖고 있는 대체할 수 있는 시아닌 시약은 티오에테르 결합에 의해 시스테인 잔기의 티올기에 공유적으로 결합하도록 디자인되어 있다.

정확한 단백질 정량은 단백질마다 표지 효율성, 표지에 결합된 용해성 및 **담금질**을 보여주는 정도(동일한 분자에 밀접하게 위치하고 있는 2개의 형광 물질 사이에 에너지를 전달하는 현상으로 빛의 방출이 억제된다)가 다르기 때문에 어렵다. 그러므로 밝은 스팟과 어두운 스팟은 단백질 농도가 많고 적음을 나타내며, 대략 같은 수준에 있는 단백질을 표시해 줄 뿐 아니라 상이한 표지 효율성 및 담금질 효과를 보여주기도 한다.

단백질의 특정 구조 혹은 기능기도 다중 염료에 의한 평행 분석을 사용하여 확인한다

겔의 민감도는 SYPRO Ruby와 같은 형광 시약을 사용해서 여러 상이한 겔에 있는 단백질 스팟을 염색하여 비교하며, 보다 선택적인 시약을 사용하여 특이한 종류의 단백질을 확인하는 다중 염색물질에 의해 증강될 수 있다. 이러한 단백질은 겔 맞춤에서 이정표로 사용하여 특이한 구조나 기능적 속성을 공유하는 단백질의 부수적인 부분을 확인할 수 있다. 수많은 염색 방법이 발전되어 다양한 구조적 또는 기능적 연관성을 갖는 단백질을 확인하게 되었다: 예를 들면, 당단백질과 인단백질(이러한 단백질은 제8장에서 보다 자세하게 다룸), oligo-histidine tagged 단백질, 칼슘 결합 단백질 및 특정 화학물질에 결합하거나 특정 약물의 대사와 관련된 단백질 등이다(제9장 참고). 예를 들어, BODIPY 색소를 함유하고 있는 페니실린 유사체는 비교적 비극성이며, 중성 발색기를 갖고 있어서 항생제의 구조 또는 화학적 반응을 방해하지 않는다. 소위 BOCILLIN 시약이라고 불리는 이 시약은 이차원 겔에서 일반적인 이중 염색으로 SYPRO Ruby를 사용하여 페니실린 결합단백질을 효율적으로 확인할 수 있다. 이와 유사하게 BODIPY 염료를 사용하여 cystein protease inhibitor인 *trans*-epoxysuccinyl-L-leucylamido(4-guanidino)butane의 유도체를 만듦으로써 cysteine protease이 확인되었으며, 여러 유형의 세포 처리에 따라서 발현 수준이 변화되는 것이 조사되었다.

4.4 정량적 질량 분석

표지 없는 정량은 spectral counting를 통하거나 좁은 *m/z* 범위에서 시료에 따른 신호 강도를 비교함으로써 이루어진다

일반적으로 질량 분석계에 의한 시료의 처리, 분리 및 전달 과정은 자동화되어 있기 때문에 정량적인 자료는 이들의 질량 스펙트럼으로부터 여러 단백질의 농도를 결정함으로써 LC-MS 혹은 LC-MS/MS 실험을 통해 얻을 수 있다. **정량적 질량 분석법(Quantitative mass spectrometry)**은 주로 대체적인 차별이 되는 **질량 태그**로 표지한 시료를 비교하는 데 가끔 사용되어 왔으나, 표지되지 않은 시료 사이에서도 정확한 정량 비교를 할 수 있다. 표 4.1에 가능한 방법들이 요약되어 있고 표 4.2에는 상대적인 장단점이 비교되어 있다. 그러나 대부분 정량적인 단백질체학 실험은 절대적인 정량적 자료라기보다는 상대적인 것으로, 예를 들어 체액에 있는 단백질 수준을 측정하는 매우 유사한 방법을 사용하는 것과는 뚜렷이 구분되는 연구로서 인식하는 것이 중요하다(제10장 참조).

표지법을 사용하지 않는 첫 번째 접근법은 **스펙트럼 측정법(spectral counting)**으로 개념적으로는 제1장에서 언급된 바 있는 census sequencing 접근법과 유사하다. 이 접근법의 기본은 특정 펩타이드에 상응하는 다수의 기록된 스펙트럼은 원

표 4.1 정량적 질량 분석 방법의 원리.

방법	원리	내용
표지배제법		
스펙트럼 카운팅(정량화)	특정 질량 스펙트럼의 빈도 카운팅	희귀 펩타이드에 대해 신뢰성 부족
전구체 이온 피크의 강도 (SRM)	스펙트럼 내 피크들의 직접 비교	기기 정확도에 민감함. FT-ICR와 Orbitrap mass analyzer에 비해 매우 정확.
선택적 표지법 (시험관 내 단백질 및 펩타이드)		
ICAT	활성 iodoacetamide (또는 acrylamide) 그룹을 포함하는 방사능/정상 질량 태그를 시스테인 잔기에 표지 친화성 분획을 위한 비오틴 태그 포함	시스테인-펩타이드의 분리는 단순하나 비오틴의 존재시 분리에 애로(분리유도체의 발전에 의해 개선) 시스테인 함유 단백질 분석에만 제한적
비선택적 표지법 (시험관 내 단백질 및 펩타이드)		
ICPL	방사능/정상 화학물질로 아민기의 유도체화	라벨링(표지)이 불충분
MCAT	한 펩타이드 군에만 *O*-methylisourea를 이용한 아민기의 유도체화	가격이 적당하나 안정한 동위원소가 사용되지 않으며 정확성이 부족함
Proteolysis	펩타이드의 카르복실기에 ^{18}O 동위원소가 존재시에 단백질 분해	이론적으로 C-말단 한 곳을 제외한 모든 펩타이드를 표지하나 종종 불완전함. 고정화된 트립신을 이용한 분해 이후의 표지는 더욱 효과적임
TMT, iTRAQ	여러 동위원소 질량 태그를 이용한 아민기의 유도체화	초기 질량 스펙트럼에서 피크의 중첩에 의해 야기되는 정량 문제의 제거 가능
Nonselective labeling of proteins in vivo		
SILAC	대사활성 동안 동위원소 표지된 아미노산의 대사물질 내 포함	준비 단계의 오류 조정 필요하여 미생물과 배양 세포에 적용 가능

표 4.2 정량적 질량 분석 방법의 비교.

방법	적용	정확도	정량 범위	선형 동적 범위
대사 단백질 표지	복잡한 생화학적 순서도 2~3개 상태에서의 비교 세포배양 시스템에만 적용	+++	++	1–2 logs
화학적 단백질 표지 (MS)	복잡한 생화학적 순서도 2~3개 상태에서의 비교	+++	++	1–2 logs
화학적 펩타이드 표지 (MS)	복잡한 생화학적 순서도 2~3개 상태에서의 비교	++	++	2 logs
화학적 펩타이드 표지 (MS/MS)	복잡한 생화학적 순서도 2~8개 상태에서의 비교	++	++	2 logs
효소적 표지 (MS)	복잡한 생화학적 순서도 2개 상태에서의 비교	++	++	1–2 logs
스파이크 펩타이드	복잡한 생화학적 순서도 수 개의 단백질에 대한 표적 분석	++	+	2 logs
표지 배제 (이온 강도)	단순한 생화학적 순서도 전체 단백질체의 분석 다중 상태에서의 비교	+	+++	2–3 logs
표지 배제 (스펙트럼 카운팅)	단순한 생화학적 순서도 전체 단백질체의 분석 다중 상태에서의 비교	+	+++	2–3 logs

[a]다중 반응 모니터링 시에 동적 범위는 4~5 logs까지 확대될 수 있다.

Bantscheff M, Schirle M, Sweetman G et al에서 인용. (2007) *Anal. Bioanal. Chem.* 389, 1017-1031. Springer Science and Business Media의 허가를 득함..

시료에 있는 펩타이드의 농도와 일치한다는 것에 있다. 이것은 정확한 정량이 펩타이드의 이온화와 분획 특성에 의해 영향을 받기도 하며, 희귀한 펩타이드의 경우에 정확성이 떨어짐에도 불구하고 상이하게 발현되는 단백질을 감지하는 데 매우 민감한 방법이다. 또 다른 표지를 사용하지 않는 방법은 전구성 이온의 신호 강도를 측정하는 것으로 이는 일반적인 크로마토그래피법을 통해 관심이 되는 하나 혹은 그 이상의 분석물을 나타내는 분리된 *m/z* 값에 의해 일반적인 MS 실험에서 얻어진다. 이는 **extracted ion chromatogram(XIC)** 방법으로 알려져 있다. 좀 더 신뢰도 있는 정량은 분석하기 위해 미리 선택해 놓은 이온에 의해 이루어질 수 있다. 이것은 질량분석기에서 **선택된 이온(selected ion monitoring, SIM)**에 의해 이루어지며, 이 경우 분석에 필요한 *m/z* 값으로 선택되어 단지 한정된 *m/z* 범위로 데이터 세트에 나타난다. 보다 선호되는 방법은 전체 질량 스펙트럼을 기록할 필요가 없는 **전이 쌍**(transition pairs, 전구 이온과 생성 이온)을 사용하는 triple quadrupole instrument에 있는 **selected reaction monitoring(SRM)**이다. 다중적인 SRM 실험(**multiple reaction monitoring, MRM**)을 하고 표준 농도로 방사능 표지된 펩타이드를 사용함으로써, MRM은 상대적 정량보다는 절대적 정량을 하는 검정선을 만드는 데 사용될 수 있다.

표지에 기본을 둔 정량법은 상이한 시료에 있는 펩타이드가 질량 변화에 의해 확인되는 통합적 표지 과정이 포함된다

정량적 단백질체학은 가끔 **안정된 동위원소** 혹은 **질량 표지(mass tag)**를 상이한 시료에 붙임으로써 특정 펩타이드(혹은 펩타이드 단편)의 질량이 특이하게 증가되는 것을 확인하는 것에 기초를 두고 있다. 일반적인 접근법은 대체할 수 있는 단백질 혹은 펩타이드 시료를 이에 상응하는 시약으로 표지하는 것으로 이 중에 하나는 중동위원소로 다른 것은 경동위원소를 갖고 있거나, 또는 하나는 무거운 질량 표지를 함유하고 있고 다른 것은 가벼운 질량 표지를 갖고 있는 것이다(표지를 가지지 않음). 시료는 혼합되고, 분획되어 질량분석기에 의해 분석된다. 2개의 동위원소 또는 질량 표지의 비율은 질량 스펙트럼의 최고값에서 결정되며, 농도 측정이 어려운 단백질을 확인하는 데도 사용된다. 여러 변형적인 접근법이 사용되는데, 이는 추후에 설명될 것이며, 그림 4.5에 요약하였다.

ICAT 시약을 단백질이나 펩타이드의 선택적인 표지에 사용한다

정량적 질량 스펙트럼에서 가장 우선적인 발전 중의 하나는 **isotope-coded affinity tags(ICATs)**로 알려져 있는 일종의 시약이다. 이것은 비오틴이 부착된 요오드 아세트아마이드(후에 아크릴아마이드)의 비오틴 파생물로서 변성된 단백질의 시스테인 측쇄와 반응을 한다. 원래 반응기와 비오틴은 두 가지 버전의 연결법, 즉 하나는 정상이거나 가벼운 형이고 다른 하나는 무겁거나 산소 원자가 중수소에 의해 치환된 중수소를 함유한 형태에 의해 결합된다. 무겁거나 가벼운 형태를 사용하여 상이한 단백질 시료를 표지한 후, 단백질은 각각 트립신으로 분해된다. 비오틴이 결합된 시스테인 함유 펩타이드는 친화력에 따라 펩타이드 혼합물로부터 streptravidin을 이용하여 분리할 수 있으며, 이러한 과정을 통해서 펩타이드 혼합물을 상당히 단순화시키면 질량분석기에서 처리하는 여러 펩타이드의 수를 줄일 수 있게 된다(그림 4.6).

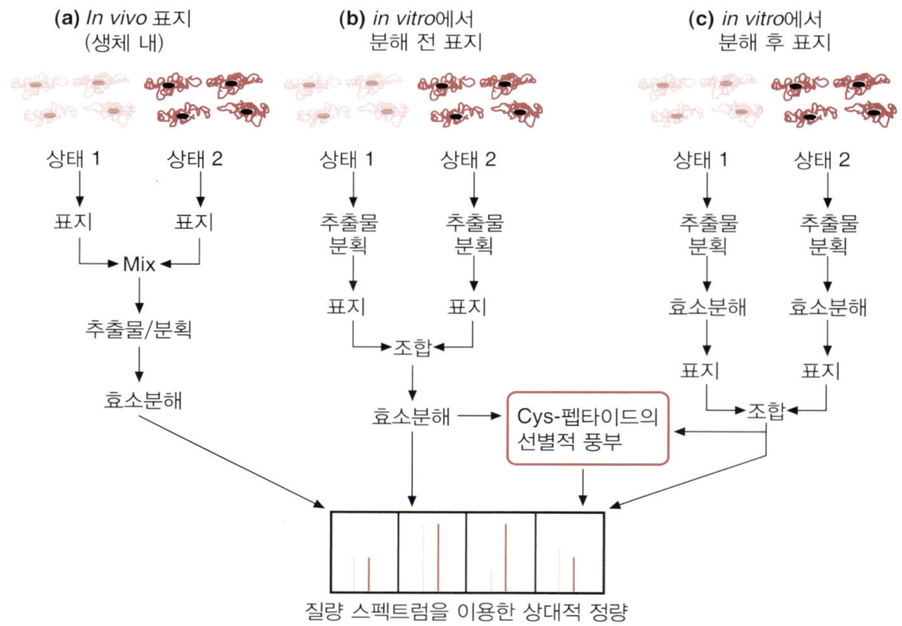

그림 4.5 **질량분석기에 기초를 둔 정량적 단백질체학의 개요**. 어떤 시기에 표지를 했느냐에 따라 대부분의 과정은 (a) *in vivo* 표지, (b) *in vitro*에서 분해 전 표지 또는 (c) *in vitro*에서 분해 후 표지로 구분된다. (Sechi S & Oda Y (2003) *Curr. Opin. Chem. Biol. 7, 70*에서 인용. Elsevier의 허가를 득함.)

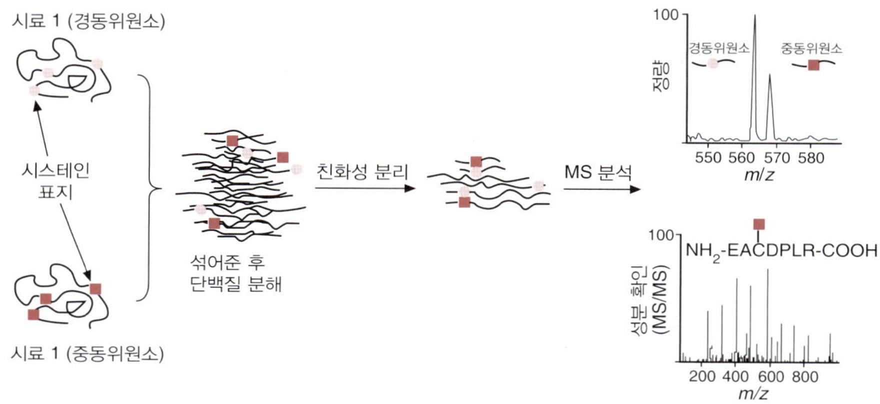

그림 4.6 **단백질 정량에 대한 ICAT 방법**. 2개의 상이한 세포 상태에 있는 2개의 단백질 혼합물을 각기 가벼운(분홍색) 동위원소 혹은 무거운(적색) 동위원소 ICAT 시약으로 처리한다. 이후 표지된 단백질 혼합물을 합쳐 단백질 가수분해시킨다: 표지된 펩타이드를 선택적으로 분리하여 질량분석기로 분석한다. 상대적인 농도는 표지된 펩타이드 쌍의 신호 강도의 비율에 따라 결정한다. CID 스펙트럼은 기록되어 커다란 단백질 서열 데이터베이스로부터 단백질을 확인하게 된다. 따라서 한 번의 조작으로 펩타이드의 상대적인 농도와 서열을 결정하게 된다. (Tao WA & Aebersold R (2003) *Curr. Opin. Biotechnol. 14, 110*에서 인용. Elsevier의 허가를 득함)

본질적으로 중수소를 함유하고 있는 ICAT 시약은 크로마토그래피를 하는 동안 부분적인 피크 분리가 간단하나 비오틴기에 의해 데이터베이스 분석은 방해를 받게 된다. 새로운 분리 가능한 ICAT 시약이 개발되었는데, 이 경우 비오틴은 질량 분석을 하기 전에 산 처리를 미리함으로써 제거할 수 있게 되었으며, 중수소보다는 ^{13}C가 결합을 이용한다. 고체상에서도 분리되는 ICAT 시약은 좀 더 발전되어 빛에 민감한 연결부를 갖게 됨에 따라 혼합물 속에 있는 시스테인이 포함된 펩타이드를 자그마한 플라스틱 비드에 포획할 수 있게 되었고, 빛에 노출하여 방출할 수 있게 되었다. 그러나 시스테인 잔기에 결합하는 ICAT 시약의 주요 단점은 약 10%의 단백질은 시스테인을 함유하고 있지 않기 때문에 이러한 분석이 이루어지지 않는 것이다.

단백질과 펩타이드는 비선택적으로 표지될 수 있다

단백질과 펩타이드를 비선택적으로 표지하는 여러 다양한 방법들이 소개되어 왔다. 예를 들어, **Isotope-coded protein labeling(ICPL)**은 원리에 있어서 ICAT 표지법과 유사하나, 이 경우 라이신 잔기를 표지화하는 것으로 단백질의 아미노 그룹에 결합하는 N-hydroxysuccinimide (NHS) ester 유도체의 성질을 이용하는 것이다. ICPL 시약들은 수많은 상이한 중수소 원자로 된 변종들이 있기 때문에 다중의 정량 분석을 할 수 있다. 이와 유사한 접근법에는 펩타이드의 노출된 N-말단을 대체할 수 있는 *N*-acetoxysuccinimide와 1-nicotinoyloxysuccinimide와 같은 가볍거나 무거운 화학물질로 특이하게 표지하는 방법도 포함된다. 또한 단백질의 N-말단을 모아 **N-terminome**과 같은 전체적인 분석 방법도 있다(Box 4.4).

비선택적 표지는 트립신과 같은 단백질 가수분해 효소의 촉매 특성을 이용해서 할 수도 있다. 제3장에서 설명한 바와 같이, 트립신이 단백질을 잘게 분해하여 펩타이드를 만들 때 물에서 나온 산소 원자를 사용하여 각 펩타이드 C-말단에 새로운 카르복실기를 생성하게 된다. 이러한 반응을 통해 단편 이온 스펙트럼 내에서 *y*-series 이온을 확인하는 것이 가능하지만(70쪽 참조), 하나의 완충액에는 정상적인 물이 사용되고 다른 완충액에는 중산소(^{18}O)로 대치된 물을 사용하여 다른 단백질 시료로부터

BOX 4.4 다른 응용
기질의 말단부 아민 동위원소 표지법 (TAILS)

TAILS는 N-말단 펩타이드의 정량적 분석에 유용한 아주 효율적인 단백질체학적 접근법이다. 여러 방법이 있으며, 모든 방법은 노출된 아민기(N-말단 아민과 라이신 잔기)를 동일하게 표지하고, N-말단이 표지되지 않은 N-말단 펩타이드를 음성대조군으로 비교하는 것이다. 상이하게 표지를 함으로써 시료를 정량적으로 비교하게 되고 분해하기 전의 N-말단과 그 이후 생성되는 새로운 N-말단을 비교함으로써 단백질 가수분해의 표적을 분석하는 데 매우 유용하다. 이 방법은 화학적 변형이나 비오틴화(이 경우 신뢰할만한 정량적 결과를 제공하지 못함)에 의존하거나 분리와 분석 전에 여러 화학적 처리 과정을 필요로 하는 **복합적인 fractional diagonal chromatography(COFRADIC)**법에 비해 월등히 뛰어나다. 2개의 메틸화-TAILS법은 단지 쌍으로만 비교할 수 있지만, 이 방법은 SILAC 혹은 iTRAQ 표지법과 결합하여(89쪽 참조) 동시적으로 사용될 수 있는 여러 표지의 수를 늘릴 수 있다(그림 1).

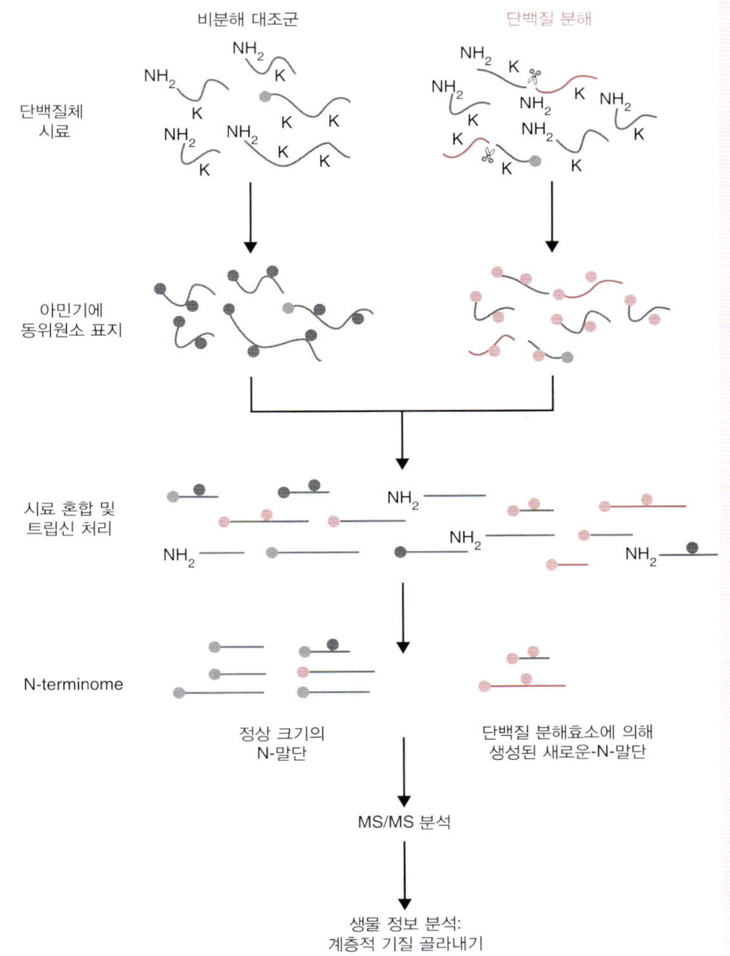

그림 1 이중 메틸화–TAILS. 2개의 단백질 시료 속에 있는 노출된 아민기를 하나는 *in vitro*에서 $^{2}CH_2$-formaldehyde로, 다른 하나는 $^{13}CH_2$-formaldehyde로 표지하여 동시에 결합을 방해한다. 이후 이 시료를 한꺼번에 모아서 트립신으로 분해하고, 이 결과로 형성되는 펩타이드의 노출된 (저지되지 않은) 말단 아민기를 포획하는 hyperbranched polymer로 혼합하여 펩타이드 혼합물이 저지된 N-말단 펩타이드가 풍부하게 만든다.

추출되는 펩타이드를 상이하게 표지하는 데 사용될 수 있다(그림 4.7). 그러면 펩타이드의 농도는 4개의 질량 단위에 의해 분리되는 이량체로 나타나므로 비교할 수 있게 된다(단백질의 C-말단 펩타이드는 표지되지 않아 식별되지 않음에도 불구하고). 표지는 상기의 방법에 따라 분해될 때 일어나기도 하는 반면에 반응을 분리시킬 가능성도 있으며, 이미 분해된 펩타이드를 트립신과 $H_2{}^{18}O$와 함께 처리함으로써 소화 후에 펩타이드를 표지할 수도 있다. 분해 후 표지의 장점에는 동위원소 기질이 거의 필요치 않다는 것과 불완전한 산소 교환을 줄이는 반응을 최적화할 수 있다는 것이 포함된다(즉, 2개가 아니라 단 하나의 ^{18}O가 결합되는 경우, 보다 복잡한 스펙트럼이 생기기도 한다).

동위원소의 사용은 한 펩타이드의 일차적인 아민기가 O-methylisourea로 유도되지만 다른 것은 표지되지 않고 남아 있는 **mass-coded abundance tag(MCAT)** system을 이용함으로써 피할 수 있다. 이 방법은 비용이 많이 들지도 않으면서 동위원소에 기본을 둔 방법처럼 매우 정교하다.

Isobaric tagging을 통해 reporter 이온을 감지함으로써 단백질 정량을 할 수 있다

위에서 언급된 선택적 및 비선택적 표지 방법은 모두 단백질과 펩타이드에서 특이한 양만큼 양적인 차이를 가져온다. 이로 인해 1차 질량 스펙트럼에서는 2개의 최고점이 나타나고, 질량 분석의 분해능에 따라 최고점이 다소 간에 겹칠 수 있기 때문에

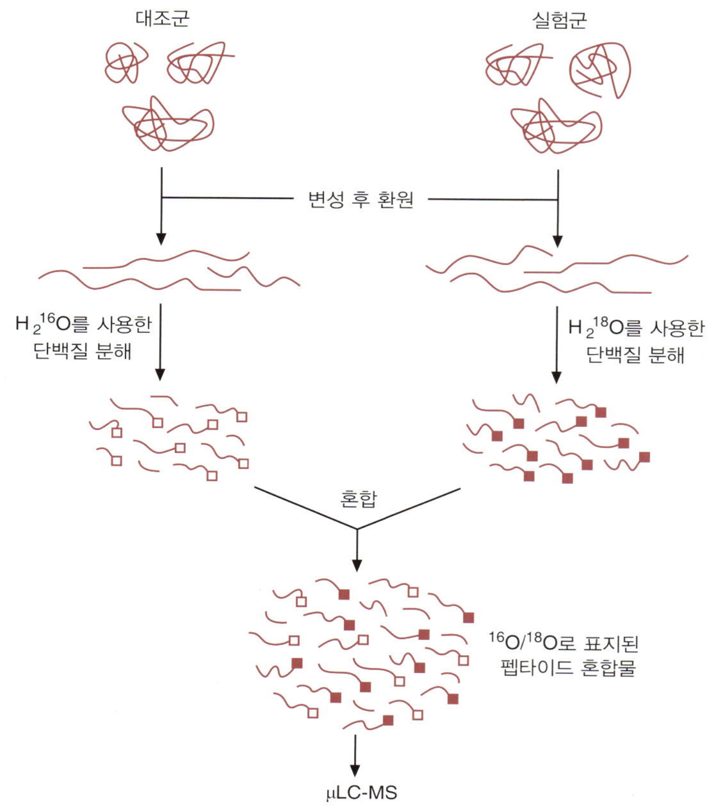

그림 4.7 단백질체에 대한 효소학적으로 안정한 동위원소 코딩. 효소적으로 표지하기 위하여 2개의 명확히 구분되는 단백질체로부터 얻은 단백질을 정상적인 물($H_2{}^{16}O$; 빈 사각형) 혹은 동위원소로 표지된 물($H_2{}^{18}O$; 붉은 사각형)이 포함된 완충액에서 단백질 가수분해효소를 통해 분해한다. 이 방법을 통해서 효율적으로 분해하는 동안 생성되는 모든 C 말단이 표지된다. 시료는 펩타이드 수준에서 혼합된 후 microcapillary LC/MS에 의해 분석된다. (Goshe MB & Smith RD (2003) *Curr. Opin. Biotechnol. 14, 101* 에서.)

정확한 정량 분석을 하기 어렵게 된다. **Isobaric tagging**은 질량이 동일한 화학기를 단백질이나 펩타이드에 표지하는 것으로 두 시료에서 나온 단백질은 분획과 질량분석기에서 같은 반응을 나타내어 1차 질량 스펙트럼에서 하나의 최고점을 만들게 된다. 그러나 시약들은 MS/MS 분석 과정에서 상이한 질량을 갖고 있는 **reporter ion**을 방출하도록 설계되어 있으므로 이에 상응하는 펩타이드의 농도를 결정할 수 있게 된다. 이러한 결과는 세 부분, 즉 reporter region, mass balancing region 및 linker region이 반응기에 결합되어 mass tag를 사용함으로써 얻어진다. Reporter region의 질량에 mass balancing region이 부가됨으로써 모든 형태의 시약은 동일해지지만, 각각의 질량은 다르기 때문에 reporter ion이 방출되면 특이부로 해석될 수 있다(그림 4.8).

Isobaric tag 형식에는 두 종류가 있는데, 그 중 하나는 **tandem mass tag(TMT)**로 알려져 있으며, 분획되기 쉬운 linker를 통해 mass normalization region으로부터 분리되는 mass reporter region을 포함하고 있다. 다른 형태의 표지가 mass reporter와 normalization region에서 상이한 동위원소로 대체됨으로써 일어나게 되며, 현재 2세대와 6세대 버전이 사용되고 있다. 또 다른 형식은 **iTRAQ(isobaric tags for absolute and relative quantification)**으로 알려져 있는데, 상기와 유사한 원리로 작동하며 4세대와 8세대 버전이 사용되고 있다. 4세대 버전에서 4개의 reporting group은 114, 115, 116 및 117 Da의 질량을 갖고 있으며, balancing group은 31, 30, 29 및 28 Da의 질량을 갖고 있고, 모든 4개의 tag는 145 Da 질량을 나타낸다.

시료 준비 전에 표지하는 물질대사 표지는 단순한 생명체나 배양 세포에만 적용된다

물질대사적 표지를 통해 동위원소를 단백질에 결합시키게 되면, 시료는 물질대사적으로 활성을 띠고 있으므로, 세포는 중동위원소가 포함된 배지에서 계속 성장하고 정상적인 배지에서 자라고 있는 대조군과 비교도 할 수 있게 된다. 예를 들어, Washburn과 그의 동료는 효모세포를 ^{14}N-최소 배지 혹은 ^{15}N-강화 배지에서 배양한 후 세

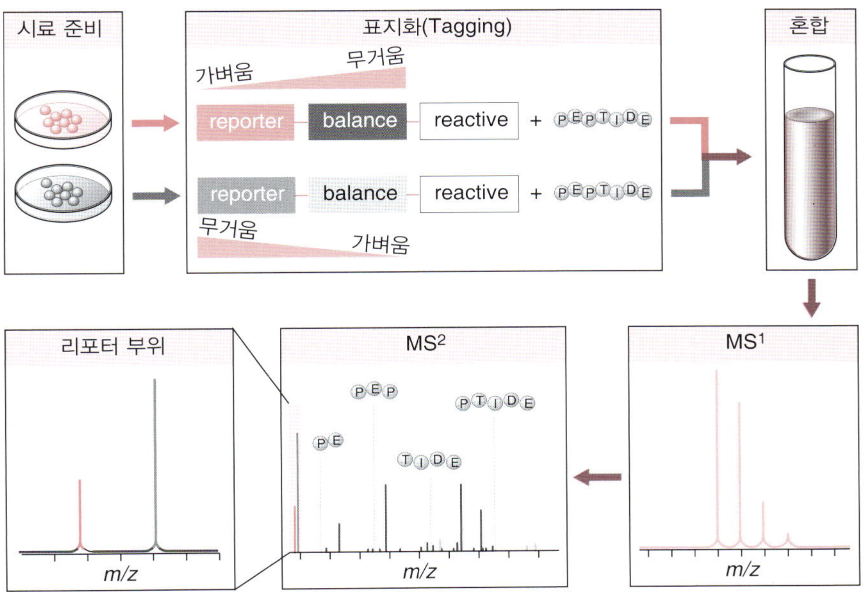

그림 4.8 **정량적 질량 분석계에서 isobaric tagging 사용 워크플로워.** 단백질 시료를 분해하여 펩타이드로 만든 다음 reporter, balance 및 reactive region이 있는 isobaric tag로 표지한다. reporter와 balance 부위의 합쳐진 질량은 같아서 MS에서 동일한 질량 전위를 갖게 하여 하나의 전구성 이온을 생성한다. 두 번째 MS에서 분획화되면 reporter 부위는 분해되어 각 시료에 대한 정량적 및 특이 이온 신호를 생성하게 된다.

포를 모아 단백질을 추출, 분해, 분획을 한 후 MS/MS로 분석을 실시하였다. 이들은 질량이 다른 이배체에서 800개 이상의 상이하게 발현되는 단백질을 확인하였다. 이러한 접근법의 장점은 표지가 실험 초기에 이루어짐으로써 시료 준비와 정제 과정에서 일어날 수 있는 여러 변수를 줄일 수 있다는 것이다(그림 4.9). 이러한 접근법 중 가장 널리 사용되고 있는 방법은 **세포 배양에서 아미노산을 사용한 동위원소 표지법(stable-isotope labeling with amino acids in cell culture, SILAC)**으로써, 동위원소로 표지된 아미노산(예를 들어, [^{15}N] 라인신)을 한 종류의 세포 배지에 첨가하는 것으로, 이를 통해 정상적인 lysin으로 키운 대조군과 비교할 수 있게 된다. 이보다 더욱 대단한 전략은 5개의 상이한 동위원소 형태의 아르기닌으로 배양한 배양체를 비교할 수 있게 된 것이다. SILAC의 단점과 대사적인 표지 방법은 매우 제한된 환경에서만 유지될 수 있는 간단한 생물체의 분석에만 가능하다는 것이다. 따라서 이러한 방법은 조직 이식, 생검, 체액, 또는 배양하기 어려운 세포에는 사용할 수 없다.

SILAC에 기초를 둔 여러 정량적 질량 분석적 방법의 상대적인 장점에 대해서는 Box 4.5에 서술된 것과 같이 효모균 분석을 통하여 기술되었다.

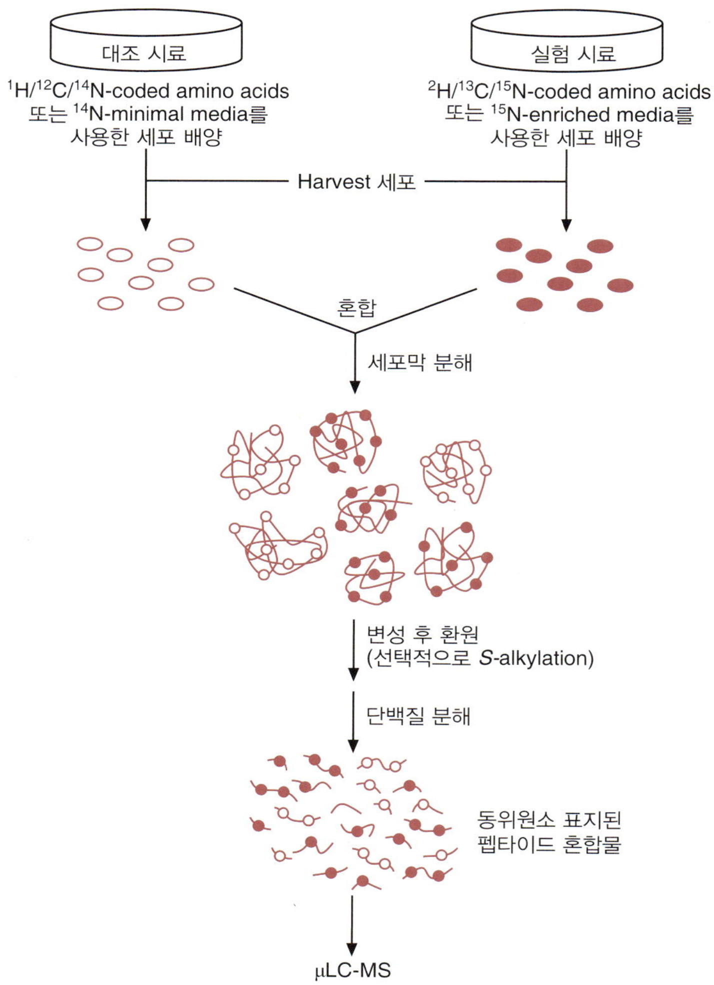

그림 4.9 대사적으로 안정한 동위원소 표지. 2개의 각기 다른 배양체의 세포를 정상적인 아미노산(^{1}H/^{12}C/^{14}N) 또는 ^{14}N-최소 배지(흰색 타원형) 또는 안정한 동위원소 아미노산(^{2}H/^{13}C^{15}N) 또는 ^{15}N-풍부 배지(적색 타원형)에서 배양한다. 이러한 질량 표지는 번역이 되는 동안 단백질 속으로 들어가게 되고 결과적으로 완벽한 단백질체를 만들게 된다. 각 시료에 동일한 수의 세포를 혼합한 후 microcapillary LC-MS로 분석한다.

BOX 4.5 사례 연구
반수체와 이배체 효모세포의 단백질체 비교정량 분석

2006년 Matthias Mann과 동료 연구자들은 SILAC 방법을 성장단계(log-phase)에 해당하는 효모 세포의 프로테옴에 있는 단백질의 절반 이상을 검출하는 데 사용할 수 있다는 것을 보여 주었다(이전의 실험을 토대로 약 4,500개의 단백질이 해당 세포에서 발현되고 있을 보여 주었다). 2008년에, 그들은 반수체와 이배체 효모 세포에서 단백질을 차별적으로 표지하기 위해 SILAC를 사용한 다른 획기적인 연구를 발표한 다음, 다양한 세포 상태에서 단백질 존재량을 비교하기 위한 포괄적인 정량 분석을 수행했다.

그림 1과 같이 세 가지 전략을 사용하여 펩타이드에 의한 단백질 적용 범위가 32% 이상이 되었기 때문에 4,399개의 단백질을 모호하지 않게 식별할 수 있었다. IEF로 분리된 용액에서 단백질의 효소분해와 관련된 두 번째 전략은 3,987 단백질을 확인하는 가장 간단하고 성공적인 방법이었다. 이 실험에서 생성된 프로테옴 데이터 세트와 상동성 재조합에 의한 단백질 태깅에 기초한 이전의 대규모 연구 (제7장) 사이에서 89%의 중복 결과를 확인하였다. 존재양이 많지 않은 단백질은 거의 나타나지 않았으며(실제로, 식별 단백질의 몇 가지는 세포 당 50개 분자 미만에 존재하는 것으로 여겨진다), 막 단백질의 발현은 효모 게놈 분석결과 보다 실험 데이터 세트 내에서 더 높은 것으로 확인되었다.

정량적 데이터는 단백질당 30개 이상의 펩타이드를 나타내는 1,788,451개의 SILAC 펩타이드 쌍 분석에 기반을 두고 있으며, 이 분석으로 반수체와 이배체 세포 (그림 2 및 색상 판) 사이에 현저한 차이가 있는 196개의 단백질을 밝혀냈다. 여기에서 영향을 받은 단백질은 효모 교배를 담당하는 페로몬 신호 전달 경로의 주요 구성원뿐만 아니라 세포벽과 트랜스포존 관련 단백질을 포함하고 있다.

신뢰도가 낮지만 마이크로어레이 결과를 필터링하였을 때 적어도 페로몬 반응 경로에 관련된 유전자에서 높은 상관관계가 있음에도 불구하고, proteomic 데이터와 이전 transcriptomic 연구 결과에서는 거의 일치하지 않았다.

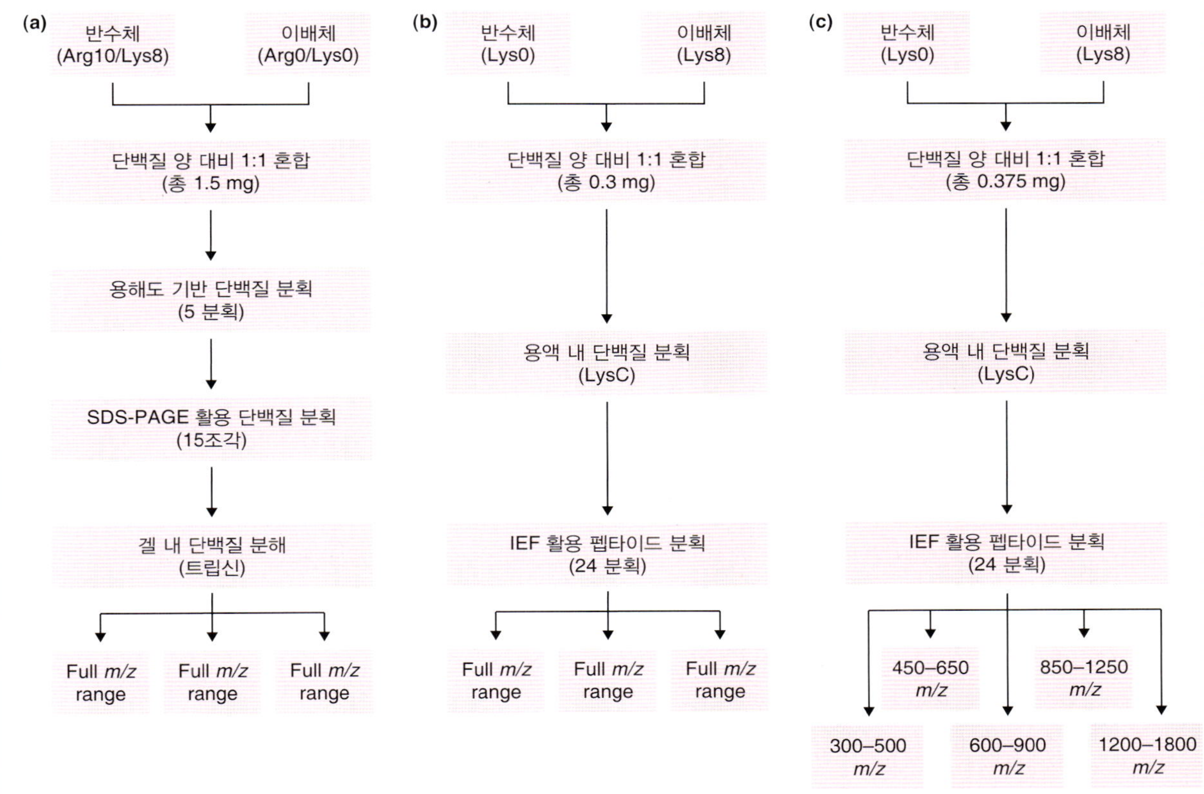

그림 1 반수체와 이배체 효모 세포의 프로테옴을 비교하기 위한 표지 아미노산의 차별화된 결합에 기초한 세 가지 전략. (de Godoy LMF, Olsen JV, Cox J et al. (2008) *Nature 455, 1251–254.* Macmillan Publishers Ltd의 허락을 득함.)

(계속)

BOX 4.5 **사례 연구**

반수체와 이배체 효모세포의 단백질체 비교정량 분석

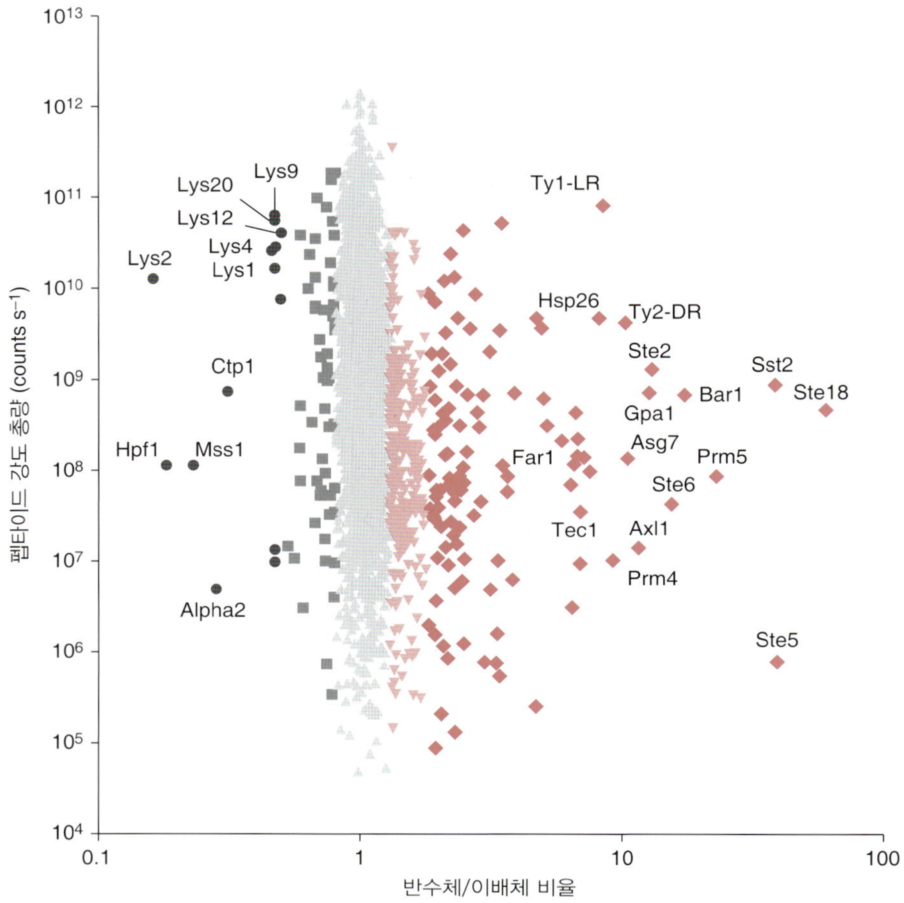

그림 2 반수체와 이배체 효모 프로테옴의 정량적 차이(전체 배수 변화). 왼쪽에 있는 단백질(진한 회색)은 반수체 세포에서 더 강하게 발현된다. 오른쪽 단백질(진한 적색)은 이배체 세포에서 보다 강하게 발현된다. (de Godoy LMF, Olsen JV, Cox J et al. (2008) *Nature 455, 1251–254.* Macmillan Publishers Ltd의 허락을 득함.)

읽을거리

Bantscheff M, Lemeer S, Savitski MM & Kuster B (2012) Quantitative mass spectrometry in proteomics: critical review update from 2007 to the present. *Anal. Bioanal. Chem*. 404, 939–965.

Bantscheff M, Schirle M, Sweetman G et al. (2007) Quantitative mass spectrometry in proteomics: a critical review. *Anal. Bioanal. Chem*. 389, 1017–1031.

de Godoy LMF, Olsen JV, Cox J et al. (2008) Comprehensive mass-spectrometry-based proteome quantifi cation of haploid versus diploid yeast. *Nature* 455, 1251.

Domon B & Aebersold R (2010) Options and considerations when selecting a quantitative proteomics strategy. Options and considerations when selecting a quantitative proteomics strategy. *Nat. Biotechnol*. 28, 710–721.

Goshe MB & Smith RD (2003) Stable isotope-coded proteomic mass spectrometry. *Curr. Opin. Biotechnol*. 14, 101–109.

Gygi SP, Rist B, Gerber SA et al. (1999) Quantitative analysis of complex protein mixtures using isotope coded affinity tags. *Nat. Biotechnol*. 17, 994–999.

Holman SW, Sims PF & Eyers CE (2012) The use of selected reaction monitoring in quantitative proteomics. *Bioanalysis* 4, 1763–1786.

Leitner A & Lindner W (2006) Chemistry meets proteomics: the use of chemical tagging reactions for MS-based proteomics. *Proteomics* 6, 5418–5434.

Mallick P & Kuster B (2010) Proteomics: a pragmatic perspective. *Nat. Biotechnol.* 28, 695–709.

Marcotte EM (2007) How do shotgun proteomics algorithms identify proteins? *Nat. Biotechnol.* 25, 755–757.

Pan S, Aebersold R, Chen R et al. (2009) Mass spectrometry based targeted protein quantifi cation: methods and applications. *J. Proteome Res.* 8, 787–797.

Patton W (2000) A thousand points of light; the application of fluorescence detection technologies to two-dimensional gel electrophoresis and proteomics. *Electrophoresis* 21, 1123–1144.

Patton W (2000) Making blind robots see: the synergy between fluorescent dyes and imaging devices in automated proteomics. *BioTechniques* 28, 944–957.

Patton WF & Beecham JM (2001) Rainbow's end: the quest for multiplexed fl uorescence quantitative analysis in proteomics. *Curr. Opin. Chem. Biol.* 6, 63–69.

Steen H & Mann M (2004) Th e ABC's (and XYZ's) of peptide sequencing. *Nat. Rev. Mol. Cell Biol.* 5, 699–711.

Washburn M, Wolters D & Yates J (2001) Large-scale analysis of the yeast proteome by multidimensional protein identification technology. *Nat. Biotechnol.* 19, 242–247.

Yates JR, Ruse CI & Nakorchevsky A (2009) Proteomics by mass spectrometry: approaches, advances, and applications. *Annu. Rev. Biomed. Eng.* 11, 49–79.

CHAPTER 5

단백질 서열 분석

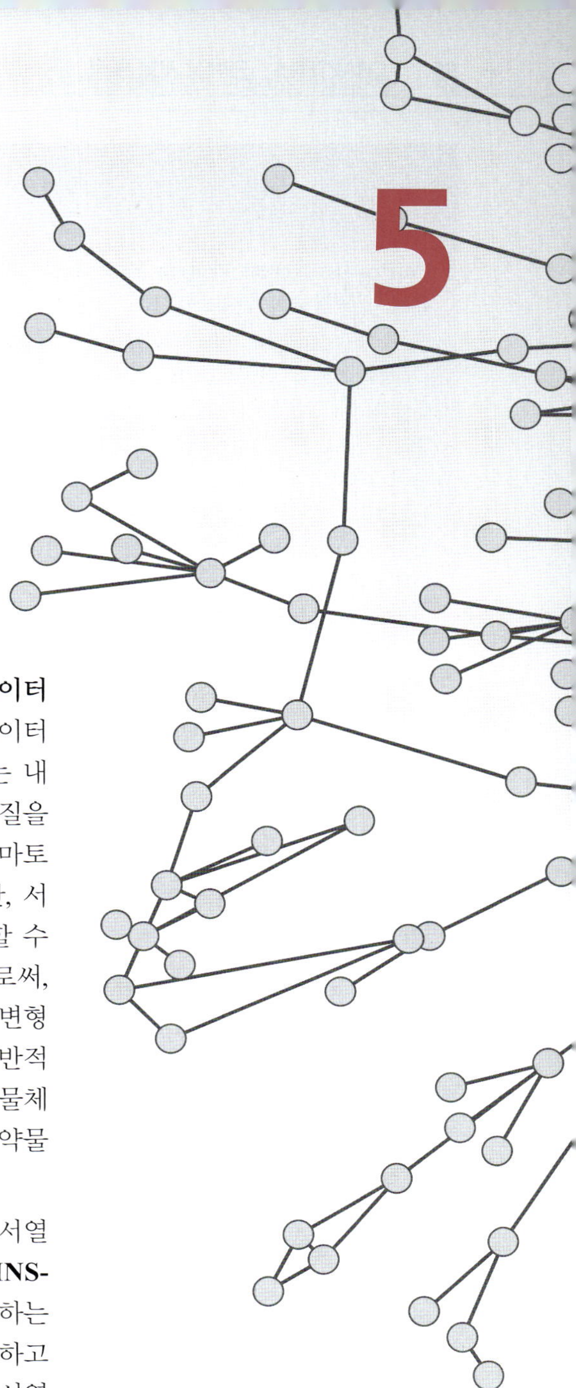

5

5.1 개요

단백질체학에서 가장 널리 사용되는 생물 정보학 기법 중 하나는 **상관적 데이터베이스**의 검색이다. 질량 분석법(mass spectrometry)에 의해 얻어진 실험 데이터와 일치하는 펩타이드를 포함하고 있는 단백질 서열 데이터베이스를 검색하는 내용은 이미 제3장에서 설명한 바 있다. 성공한다면, 이 프로세스의 결과는 단백질을 동정하는 것인데, 이는 과거 2D gel에서 spot의 위치를 알아내거나 또는 크로마토그램의 피크(peak)를 이용하여 단백질을 정확하게 동정하는 것과 같다. 하지만, 서열 분석은 실험을 통해 확실하게 동정하는 것보다 훨씬 더 많은 정보를 제공할 수 있다. 서열 데이터베이스에 저장된 모든 다른 서열과 단백질 서열을 비교함으로써, 연구자들은 단백질 도메인 구조, 물리 화학적 성질, 다른 분자와의 상호작용, 변형의 존재, 생화학적 활성/단백질의 분자생물학적 기능, 세포 또는 유기체의 전반적인 역할; 같은 생물체에서의 다형성의 존재와 변이체의 존재 그리고 다른 생물체의 단백질과의 연관성; 단백질 패밀리(family)의 진화 그리고/또는 잠재적인 약물과의 상호작용 정보까지도 발견할 수 있다.

많은 수천 가지 단백질 서열들은 데이터베이스에 입력되며, *de novo* 방식의 서열 결정 또는 염기서열의 번역이 뒤따른다. **국제 염기서열 데이터베이스 협의체(INSDC; International Nucleotide Sequence Database Collaboration)**를 구성하는 3개의 주요 염기서열 데이터베이스는 적절한 곳에 염기서열의 번역물을 포함하고 있다. 하지만 수작업을 통해 큐레이션(curation)되어진 노력이 들어간 단백질 서열 데이터베이스와는 분리되어져 있다. 이 중 가장 광범위한 데이터베이스는 **Swiss-Prot**, **TrEMBL**와 Protein Information Resource protein database(PIR-PDB)의 겹치는 자원들을 병합하여 2003년에 만들어진 **UniProt**이다. 데이터베이스들의 병합에 앞서 이러한 데이터베이스들은 지금도 공존하고 있지만 단백질 서열의 적용 범위와 기능 해석을 위한 주석달기(annotation)의 우선순위/전략은 달랐다. UniProt은 Box 5.1에 요약되어 있는 바와 같이, 실제로 4가지로 구분되어 있지만 연결되어 있는 다른 자원들을 제공한다. 다른 유용한 단백질 서열 데이터베이스들은 Box 5.2에 요약 정리되어 있다.

데이터베이스에 들어있는 서열들의 숫자는 지금도 계속해서 기하급수적으로 증가하고 있는데, 이는 차세대 초고속 자동염기서열분석기술(ultra-high-throughput

BOX 5.3 사례 연구
단백질유전체학(Proteogenomics)

단백체의 데이터를 개선하기 위해 유전체 서열의 주석 결과를 이용하는 방식의 분야가 생겨났는데, 이를 **proteogenomics(단백질유전체학)**이라고 한다. 비록 이러한 접근방식은 매우 광범위하지만 가장 기초적인 구현방법은 MS(Mass spectrometry) 데이터를 이용하는 것이다. 보통 단백질데이터베이스에 매치되는 펩타이드를 검색하는 대신 유전체 데이터베이스에 six-frame translations 방식을 기본으로 한 유전자 서열을 검색한다. 펩타이드 서열과 게놈 서열 간의 일치는 게놈 서열이 유전자를 나타내고 또한 functional annotation을 향상시킬 수 있다는 부가적인 확신을 제공한다. 단백질 서열과 유전체 서열 사이의 불일치는 프로그램된 프레임시프트, 단백질가수분해부위(예; signal peptide), 인트론과 엑손의 경계(alternative splice sites 포함), post-translational modification을 촉진하는 서열(제8장 참조) 등을 확인할 수 있도록 한다. 인간 유전체의 분석은 유용한 단백질 유전체학 사례 연구를 제공한다. Tanner와 동료(책 뒷편 참조)들은 MS 데이터를 무명의 유전체 서열(즉, 주석이 추가되지 않은)데이터를 검색할 수 있는 알고리즘을 만들었다. 그들은 1,850만 개의 공개되어진 사람의 단백질 샘플의 대표적인 MS 및 MS 스펙트럼 데이터를 활용하여 사람의 유전체 데이터를 스크리닝하는 방식으로 적어도 39,000개의 엑손과 11,000개의 인트론을 확인하였다. 이 숫자에는 신규 유전자 또는 엑손 확장이 일어난 16개의 유전자들 그리고 224개의 hypothetical 단백질(유전체 데이터 내에서 예측되어진 단백질 중 실험적으로 입증되어지지 않은 유전자)들을 포함한다. 또한 40개의 alternative splicing 및 308개의 SNP를 발굴하였는데, 이중 일부는 새로운 것들이었다.

화되어 왔음을 의미하며, 같은 **패밀리**에 속한다고 이야기한다. 두 단백질은 상동이거나 또는 아니다. 상동성은 절대적인 용어이며, 엄격한 사용에 있어 정량화할 수 없다. 같은 방법으로 65%를 내포하지 못한다는 것은, 두 서열이 65% 상동성이 되지 못한다는 것이다. 두 서열 사이의 관계를 정량화할 때 **동일성(identity)**이라는 용어를 사용하거나 또는 **유사도(similarity)**라는 용어를 대신 사용한다(101쪽 참조). 같은 단백질 패밀리 내의 서로 다른 서열의 경우에는 점 돌연변이의 축적에 의해 분지된 것으로 제안되는 서열 전체 길이에 걸쳐서 유사성을 보여 준다(예시로 사람의 α-globin과 myoglobin 서열의 정렬 결과를 그림 5.1에서 볼 수 있음).

(a)

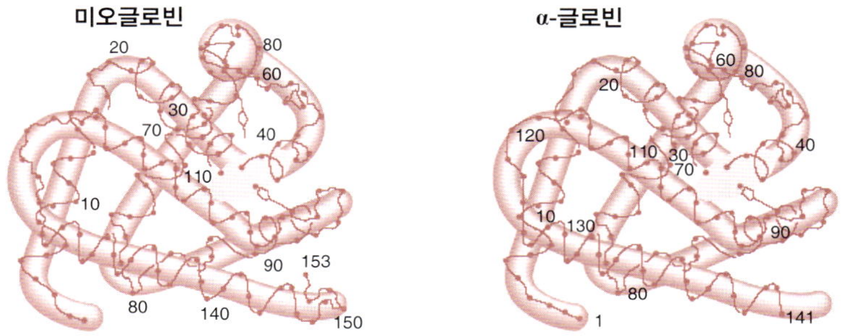

(b)

```
1     VLSPADKTNVKAAWGKVGAHAGEYGAEALERMFLSFPTTKTYFPHF----    46
      .||..:...|...||||.|.....:|.|.|.|:|...|.|...|..|
1     GLSDGEWQLVLNVWGKVEADIPGHGQEVLIRLFKGHPETLEKFDKFKHLK    50

47    --DLSHGSAQVKGHGKKVADALTNAVAHVDDMPNALSALSDLHAHKLRVD    94
        |....|..:|.||..|..||...:..........:..|:..||.|.::
51    SEDEMKASEDLKKHGATVLTALGGILKKKGHHEAEIKPLAQSHATKHKI-    99

95    PVNF-KLLSHCLLVTLAAHLPAEFTPAVHASLDKFLASVSTVLTSKYR      141
      ||.:.:.:|.|::..|.:..|.:|.......:::|.|.......:.|.|:
100   PVKYLEFISECIIQVLQSKHPGDFGADAQGAMNKALELFRKDMASNYKELGFQG 153
```

그림 5.1 **인간의 미오글로빈과 α-글로빈의 비교.** (a) 인간의 미오글로빈(좌측)과 α-글로빈(우측)의 3차 구조는 α-글로빈의 서열(위쪽)과 미오글로빈(아래쪽)의 서열의 차이점이 분명함에도 불구하고(상동성 26%, 유사성 39%) 상당히 보존되어져 있다. 서열의 정렬은 EBI EMBOSS-Align program(http://www.ebi.ac.uk/ emboss/align/)를 활용하였다. (Primrose SB & Twyman RM (2002) Principles of Genome Analysis and Genomics, 3rd ed. John Wiley & Sons, Ltd의 허가를 득함.)

이러한 경우, 관련성의 정도는 기능 보존 수준과 일치한다. 두 가지 생물에서 유래한 두 가지 단백질이 매우 비슷하게 보존되어 있다면, 두 단백질은 기능적으로 매우 유사할 것이며 변이들이 축적되어서 **종 형성** 과정에 원인이 되었을 것이다. 이러한 단백질들을 **유사단백질(orthologs)**이라고 하며, 예로는 사람과 마우스의 β-글로빈 단백질이 있다(그림 5.2). 같은 생물에서 2개의 비슷한 단백질은 **패럴로그(paralogs)**라고 불리는데, 이러한 현상은 유전체에서 유전자의 복제와 분기에 의해 발생한다. 중복(duplication)이 일어난 시기에 의존적으로 그 기능이 다소 보존될 수도 있다. 마우스의 미오글로빈과 β-글로빈과 마찬가지로 사람의 미오글로빈과 β-글로빈은 패럴로그이다(그림 5.2). 하지만 패럴로그 연관성이 종 내로 한정되는 것은 아니다. 때문에 사람의 미오글로빈과 쥐의 β-글로빈은 패럴로그이다.

다른 경우에, 단백질의 전체 길이와 연관성이 떨어지지만 개별 도메인에 해당하는 일부 도메인은 연관성을 보여준다. 이것은 단백질의 모듈의 특성을 반영하고 다른 도메인들에 의해 다른 기능들이 수행될 수 있다는 사실을 반영한다. 이러한 단백질들은 점 돌연변이의 축적에 의해 단순하게 분지되어진 것이 아니고, 유전자와 유전자 조각의 재조합 그리고 엑손의 셔플링 등과 같은 좀 더 복잡한 이벤트에 의해 선도되어진 것이다. 혈액 응고 캐스케이드에 관여하는 인간 단백질이 이러한 프로세스의 유용한 예를 제공한다(그림 5.3). 조직 플라스미노겐 활성화 인자(tissue plasminogen activator, TPA) 유전자는 파이브로넥틴 타입 II 도메인(fibronectin type II domain, fn-II); 표피성장인자 도메인(epidermal growth factor domain, EGF), 2개의 클링글 도메인(kringle domains) 그리고 세린 프로타아제 도메인, 즉 4종류의 도메인을 포함하고 있다. 이러한 도메인들은 다른 지혈 관련 단백질들과

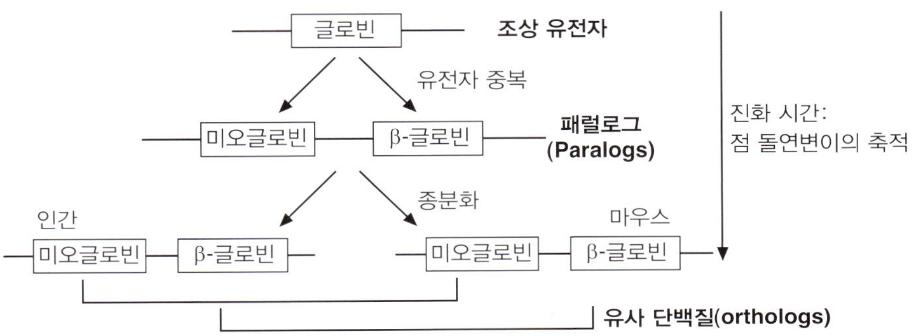

그림 5.2 점 돌연변이의 축적에 의해 진화는 홀로 자신의 전체 기본 서열을 따라 서로 관련된 단백질의 큰 패밀리에 연결된다. 한 종 내에서 유전자 중복으로 인해 생성된 단백질은 패럴로그라 불리며, 다른 종에서 동등한 단백질은 유사단백질이라 불린다.

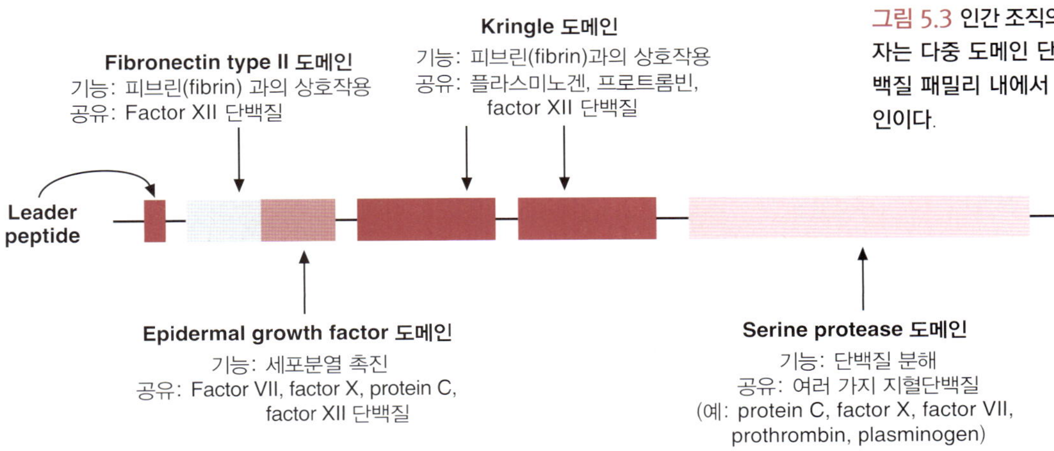

그림 5.3 인간 조직의 플라스미노겐 활성자는 다중 도메인 단백질로 이는 지혈단백질 패밀리 내에서 널리 공유되는 도메인이다.

공유하고 있지만 각각의 경우마다 다르다. 예를 들어, TPA의 fnII 도메인은 EGF 도메인에 인접하고 있는 반면, factor XII 인자에서 fnII 도메인은 2개의 EGF 도메인 사이에 있다. 반면에 유로키나제(urokinase)는 fnII 도메인이 결여되어 있어 파이브로넥틴에 의해 활성화되지 않지만 EGF 도메인과 클링글 도메인을 가지고 있다.

단백질의 기능은 서열로부터 예측되어질 수 있다

단백질 서열에 기초한 기능적 예측은 서열 유사성의 정도에 따라 매우 다양한 유용성이 있다. 이종 상동성 서열은 특히 밀접한 연관 종에 있어서 매우 좋은 예측인자다. 만일 어떠한 단백질 서열이 밝혀지지 않은 포유류와 연관이 있다고 밝혀진다면, 예를 들어, 북극곰의 서열이 사람의 β-globin 서열과 거의 동일하다면 그 단백질의 생화학적, 세포학적 기능은 생물학적 수준에서 매우 합리적으로 그 기능을 예측하여 설명할 수 있다. 유사 서열들은 그 기능에 대한 신뢰도가 약간 떨어지기는 하지만 어떠한 단백질의 생화학적 기능을 어느 정도 예측할 수 있다. 예를 들어, 새롭게 발굴된 단백질이 글로빈과 유사성이 약간 있으나 이미 알려진 글로빈 서열들과의 연관성이 떨어진다면, 분자 수준에서 산소운반체로서 기능을 할 수도 있지만 세포 내에서의 상세한 기능은 실험적으로 입증되어야 할 필요가 있다. 이러한 맥락에서 단백질의 기능의 규명에 의한 표준화된 명명법은 매우 중요한데, 이러한 일들은 **Gene Ontology Consortium**에 의해 개발되어 발전되고 있다(Box 5.4).

Box 5.4 배경 요인
단백질의 기능

대량의 단백질의 기능 주석달기는 비슷한 단백질 서열, 구조 그리고 기능에 대한 정보들이 저장되어진 데이터베이스를 얼마나 사용할 수 있는가에 달려있다. 인터넷에 의해 가능하게 된 데이터베이스 자원의 세계화는 전 세계의 과학자들이 정보를 교환하고 정보의 의미를 이해할 수 있도록 단백질 기능의 체계화된 명명법이 필요하다는 사실을 일켜준다. 하지만 표준화는 그리 쉽지 않은데, 왜냐하면 과학자들은 각기 다른 시스템과 다른 생물체를 대상으로 하고, 단백질의 기능을 분자적/생화학적 기능, 세포 내에서의 역할, 개체 내에서의 생물학적 역할과 같이 3가지 다른 레벨에서 기술하고 있기 때문이다. 분자적 그리고 세포내 기능은 표준화하기 가장 쉬운데, 그 이유는 매우 정확하게 기술될 수 있기 때문이다(예를 들어, 주어진 대사경로에서 효소에 의해 촉매된 반응). 하지만 생물학적 기능에 따른 분류를 통한 표준화 접근 방법은 예상이 어렵다.

그렇기 때문에 여러 가지 기능 분류 체계가 고안되어진 바 있다. 그 중 가장 오래되고 가장 잘 확립되어진 것 중 하나는 Enzyme Commission hierarchical system(효소계층구조 위원회)이다. 단, 효소의 분류를 위해 만들어졌기 때문에 효소에만 적용이 된다. 또 다른 하나로는 KEGG(The Kyoto Encyclopedia of Genes and Genomes)가 있는데, 이 데이터베이스는 유용한 기능에 의한 분류, 대사경로 및 리간드 데이터베이스 등을 포함하고 있다(http://www.genome.ad.jp/kegg/). 하지만 우리가 현재 가장 보편적으로 표준화된 플랫폼과 가장 가까운 것으로 생각하는 데이터베이스는 Gene Ontology(GO, http://www.geneontology.org/)이다. 이 데이터베이스는 계층적인 분류 구조에 국한되지 않고 분자 및 생물학적 기능 등을 개별적으로 할당하는 것을 허용하는 유연한 시스템이다. GO는 효모(*Saccharomyces cerevisiae*), 초파리(*Drosophila melanogaster*) 그리고 마우스(*Mus musculus*) 등 3개의 모델생물을 연구하는 컨소시엄의 과학자들이 종과 관계없이 단백질의 기능을 예측하고 동정하기 위하여 개발하였다. 이 플랫폼은 미생물 및 식물을 비롯한 많은 다른 생물체를 포함하도록 확장되었으며, 연구원이 기능 데이터를 공유하는 방법을 향상시켰을 뿐만 아니라 분류 시스템 자체를 개선하는 데에도 도움이 되었다. 존재론은 3개의 도메인(분자 기능, 세포의 구성 요소 및 생물학적 프로세스)을 포함하고, 존재론 내의 각 용어는 이름, 고유번호, 정의를 가지고 있다. 또한 필요에 따라 정의를 구체화하고 필요시 새로운 용어를 도입할 수 있다. GO 주석달기는 주석달기가 어떤 가치가 있었는지 보여주는 증거 코드와 함께 GO 용어를 특정 단백질에 지정하는 것을 포함한다. 증거 코드의 예로는 돌연변이 표현형, 유전자 과발현, 단백질 상호작용 데이터, 서열 또는 구조적 유사성 등이 있다. 존재론을 탐험하거나 새로운 시퀀스 데이터의 자동 GO 주석을 수행하는 데 사용할 수 있는 GO 플랫폼과 관련된 많은 생물 정보학 도구가 있다(예를 들어, AmiGO BLAST, Blast2G0, GoFigure, Gotcha, GOPET).

셔플화되어진 단백질의 기능은 각각의 개별 도메인으로부터 할당할 수 있다. 예를 들어, TPA의 경우 각각의 도메인의 기능으로부터 조합되어진 생화학적 기능을 추론할 수 있다: fnII 도메인이 존재한다는 의미는 그 단백질이 피브린과 상호작용을 할 수 있음을 추측하게 하고, 세린프로테아제(Serine protease) 도메인이 존재하다는 의미는 어떤 다른 단백질을 절단할 수 있다는 것이며, EGF 도메인이 있다는 의미는 TPA가 세포분열에 영향을 미칠 수 있다는 것을 보여준다. 이러한 개별적인 기능들은 혈액응고 작용의 조절에 대한 전반적인 생물학적 기능들을 위해 필요하다. 하지만 항상 비슷한 서열이 유사한 기능을 한다고 반드시 보장되는 것은 아니다; 매우 비슷한 단백질이 세포나 체내에서 아주 다른 역할을 하는 경우도 있기 때문이다(122쪽).

5.3 단백질 서열 비교의 원리

단백질 서열은 동일성(identity) 및 유사성(similarity)의 측면에서 비교될 수 있다

단백질 서열 비교의 기초는 두 서열을 정렬하고 공유된 잔기의 수와 위치를 결정하는 능력이다. 결과는 정렬의 질을 나타내는 **alignment score**와 동시에 진화적 관계의 친밀성을 나타낸다. 뉴클레오티드 서열의 경우, 정렬에 있어 **서열 동일성(sequence identity**; 정렬 후 동일 잔기의 백분율)에 기초하여 비교가 이루어진다. 단백질 서열의 경우, 동일성(identity)은 고도로 보존된 서열의 비교에 적합할 수 있지만, 보다 유용한 측정 방법은 **서열의 유사성(similarity)**이다. 유사성은 류신(leucine)과 이소류신(isoleucine)처럼 화학적 또는 물리적으로 비슷한 아미노산 간 **보존적인 치환**을 고려한 것이다. 단백질 서열에 변화가 생길 때, 비슷한 성질을 가진 아미노산 간의 치환을 포함하는 경향이 있다. 왜냐하면 그러한 변화는 단백질의 구조와 기능에 영향을 미칠 가능성이 적기 때문이다. 따라서 서열의 동일성은 두 가지 단백질 간의 차이가 나는 서열의 숫자까지 보여주지만, 서열 유사성은 동등한 아미노산이 대체되어지는 약간의 변화와 단백질의 구조와 기능에 영향을 줄 수 있는 매우 중요한 변화를 포함하고 있다. 보존된 물리적 및 화학적 특성에 기초하여 아미노산들을 클러스터링하는 아미노산 **Taylor's Venn diagram**은 그림 5.4에 나타나 있다. 이는 유사성을 정의하려는 여러 가지 접근 방법 중 하나이다.

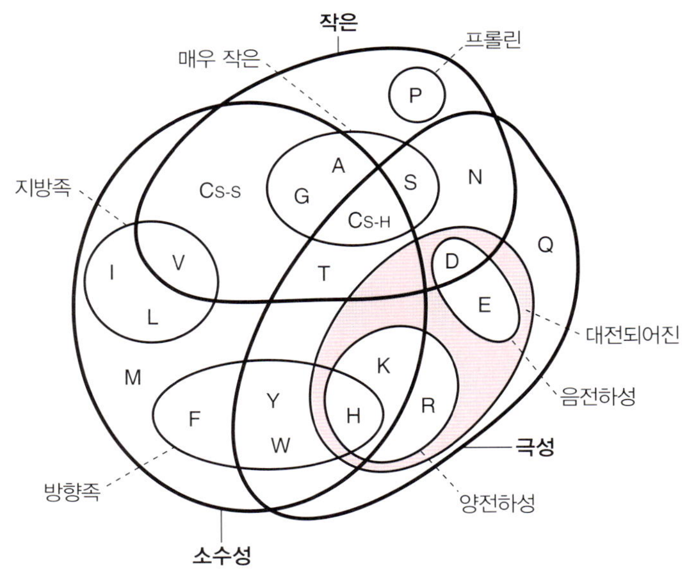

그림 5.4 **아미노산 특성을 보여주는** Taylor's Venn diagram. C_{S-S}, 이황화결합 시스테인; C_{S-H}, 자유 시스테인.

상동성 서열은 쌍정렬의 유사도 검색에서 발견된다

그림 5.5a에서 볼 수 있듯이, 2개의 짧은 서열 간의 유사도는 수동 정렬을 통해 보여질 수 있다. 상단 서열 대부분의 아미노산은 하단 서열에 등가성을 가지고 있으며, 진화론적 용어로 서열 간의 어떠한 변화는 해당 유전자에 점 돌연변이가 축적

표 5.1 유사성 검색을 위한 BLAST와 FASTA 알고리즘의 변형 프로그램들.

프로그램	질의	데이터베이스
BLASTN	염기서열	염기서열
BLASTX	염기서열을 6-frame 해독한 아미노산 서열	단백질(아미노산) 서열
BLASTP	단백질(아미노산) 서열	단백질(아미노산) 서열
TBLASTN	단백질(아미노산) 서열	염기 서열을 6-frame 해독한 아미노산 서열
TBLASTX	염기서열을 6-frame 해독한 아미노산 서열	염기 서열을 6-frame 해독한 아미노산 서열
MS-BLAST	MS 데이터로부터 얻은 펩타이드 서열	단백질(아미노산) 서열
MegaBLAST	갭이 없는 염기서열	사용자 지정
PSI-BLAST PHI-BLAST CS-BLAST/CSI-BLAST DELTA-BLAST	단백질(아미노산) 서열	단백질 서열(약간 덜 연관되어진 서열들을 대상으로 약간 더 민감한 검색을 함. 109쪽 참조)
FASTA	염기서열/단백질 서열	염기 서열/단백질 서열
FASTX/FASTY[a]	염기서열을 6-frame 해독한 아미노산 서열	단백질(아미노산) 서열
TFASTX/TFASTY[a]	단백질(아미노산) 서열	염기 서열을 6-frame 해독한 아미노산 서열
FASTS/FASTF[b]	MS 데이터로부터 얻은 펩타이드 서열(또는 연관성 있는 염기 서열)	염기 서열/단백질 서열

[a]FASTY 및 TFASTY는 코돈 내에서 치환 또는 프레임시프트를 허용하는 반면, FASTX 및 FASTX는 코돈 사이에서 frameshifts만 허용한다.

[b]FASTS 프로그램은 질량분석법으로부터 얻어진 경우처럼 알려지지 않은 순서를 가진 펩타이드 서열을 찾아주는 반면에 FASTF 프로그램은 분리되지 않는 혼합 펩타이드들을 에드만 서열분석 방법에 의해 생성되어진 혼재된 펩타이드 서열을 찾아준다.

그램 모두 높은 점수의 정렬을 위한 고려사항으로 같은 문자 또는 거의 같은 문자를 이용한 짧은 연장을 포함하고는 한다. BLAST의 경우, 첫 번째 단계는 주어진 고정된 단어 길이(일반적으로 3개 아미노산에 해당하는 *W*)의 단어를 찾고 사용자가 지정한 임계값 T 이상을 얻는 것이다. FASTA에서 이 단어 길이는 2개의 아미노산이며, 일치가 완벽해야 하기 때문에 *T* 값이 없다. 두 프로그램은 좀 더 긴 정렬을 생성하기 위하여 매칭되는 분절을 늘리려고 시도하는데, 이를 BLAST 용어로는 **고득점 분절 쌍(high-scoring segment pairs)**이라고 부른다. FASTA는 BLAST에 비하여 느리지만 좀 더 민감한데, 그 이유는 정렬 프로세스의 마지막 스테이지의 고득점 지역에 전체적인 다이나믹 프로그램(full dynamic programming)을 적용한 정렬을 포함하고 있기 때문이다.

치환 점수 매트릭스는 다른 대체 치환의 중요성을 점수화한다

다른 아미노산 치환의 의미는 **치환 행렬 점수(substitution score matrix)**의 사용에 의해 정렬 점수에 포함될 수 있다. 이것은 단순히 모든 가능한 교환과 가중치를 적용하여 정렬 점수를 계산할 때 사용되어지는 가능성(혹은 가중치)을 반영하기 위해 첨부되어지는 표이다. 치환 점수가 없는 경우, 동일한 아미노산인 경우에 1점이 부여되고 다른 아미노산 잔기가 오면 0점이 부여되는 **동일성 매트릭스(identity matrix)**가 이용되고는 한다. 하지만 이는 자연에서 일어나는 현상을 반영하지는 않는다. 유전암호 매트릭스는 코돈들을 변환시키는 데 필요한 돌연변이의 숫자를 기반으로 제안되었지만, 가장 좋은 매트릭스는 실험적 데이터를 기반으로 한 것이다. 최초의 실험 데이터 기반 치환 매트릭스는 1970년대 Margaret Dayhoff와 그의 동료들에 의해 개발되어졌는데, **Dayhoff 매트릭스** 또는 **돌연변이 데이터 매트릭스(mutation data matrice)**라고 불린다. 왜냐하면 그들은 매우 비슷한 단백질 서열을 정렬시키고 각 치환이 일어났을 때 빈도를 세는 방법을 연구하여 매트릭스를 만들었기 때문이다. 이러한 매트릭스들은 실제적인 돌연변이(진화론적인 의미에서 받아들여진 돌연변이)들을 집계하는 것을 기반으로 하고 있어서 PAM(percentage of accepted point mutations), 즉 받아들여진 점 돌연변이율 매트릭스라고 부른다. 이 결과는 **PAM 유니트**에 측정된 시간 단위를 진화의 유니트로 정의한 것을 기초로 하는 각 아미노산에 대한 상대적인 **돌연변이율 점수(mutability scores)**의 세트이다. 1개의 PAM은 100개의 아미노산을 가지는 서열에서 1개의 아미노산 잔기가 바뀌는 진화적인 시간을 표현한다. 가장 많이 활용되는 PAM 매트릭스는 PAM_{250} 매트릭스(그림 5.7)로 100개 아미노산 서열이 250번(즉, 잔기당 평균 2.5회 돌연변이) 바뀔 것으로 기대되는 긴 시간 동안의 진화 척도이다. PAM_{250} 매트릭스는 매우 일반적인 치환에 대해서는 높은 점수(예; 발린/이소류신 치환 점수는 4점)를 책정하고, 드문 치환에 대해서는 낮은 점수(프롤린/트립토판 치환 점수는 –6점)를 책정한다. 그림 5.5b에서처럼 유사성이 없는 2개의 서열을 정렬하는데, 이 매트릭스를 사용하면 의미 있는 정렬 결과를 도출할 수 있다. 기본 잔기인 리신과 아르기닌이 정렬되고 소수성 잔기인 류신과 발린이 정렬되며 아스파라긴산과 글루탐산 잔기가 정렬된다. 행렬의 대각선을 따라 보여지는 동일한 아미노산의 정렬에 대한 점수가 모두 동일하지는 않다. 이것은 모든 아미노산이 단백질에서 동등하게 공통적인 것은 아니라는 사실을 반영한다. 일부 잔기들은 단백질 구조에 더 큰 영향을 미치므로 진화 과정에서 더욱 보존되어 있다. 예를 들어, 2개의 정렬되어진 트롭토판 잔기의 스코어는 17점인데, 이는 트립토판이 아미노산 중 가장 희귀한

	C	S	T	P	A	G	N	D	E	Q	H	R	K	M	I	L	V	F	Y	W
C	12																			
S	0	2																		
T	–2	1	3																	
P	–1	1	0	6																
A	–2	1	1	1	2															
G	–3	1	0	–1	1	5														
N	–4	1	0	–1	0	0	2													
D	–5	0	0	–1	0	1	2	4												
E	5	0	0	–1	0	0	1	3	4											
Q	–5	–1	–1	0	0	–1	1	2	2	4										
H	–3	–1	–1	0	–1	–2	2	1	4	3	6									
R	–4	0	–1	0	–2	–3	0	–1	–1	1	2	6								
K	–5	0	0	–1	–1	–2	1	0	0	1	0	3	5							
M	–5	–2	–1	–2	–1	–3	–2	–3	–2	–1	–2	0	0	6						
I	–3	–1	0	–2	–1	–3	–2	–2	–2	–2	–2	–2	–2	2	5					
L	–6	–3	–2	–3	–2	–4	–3	–4	–3	–2	–2	–3	–3	4	2	6				
V	–2	–2	0	–1	0	–1	–2	–2	–2	–2	–2	–2	–2	2	4	2	4			
F	–4	–3	–3	–5	–4	–5	–4	–6	–5	–5	–2	–4	–5	0	1	2	–1	9		
Y	0	–3	–3	–5	–3	–5	–2	–4	–4	–4	0	–4	–4	–2	–1	–1	–2	7	10	
W	–8	–2	–5	–6	–6	–7	4	7	7	5	3	2	–3	–4	–5	–2	–6	0	0	17

그림 5.7 PAM_{250} 매트릭스.

은 보존되어 있는데, 이는 그들이 이황화 결합을 이루고 있기 때문이다. 이들은 폴리펩타이드 골격의 2개의 부분을 붙잡아 주는 역할을 하여 정확한 상대적 위치를 유지한다. 그리고 보존되어진 프롤린 잔기도 있는데, 프롤린의 경우 측쇄를 가지는 흔하지 않은 아미노산으로 시스-펩타이드 결합을 이루어 폴리펩타이드 골격이 굽어지도록 영향을 미친다. 단백질 2차 구조를 이루는 요소들의 경우에도 매우 보존된 잔기들을 가지는데, 본서에서는 제6장에서 다루게 될 것이다.

여러 가지 소프트웨어들이 다중 정렬이 가능하도록 개발되었는데, 가장 많이 이용하였던 방법은 이른바 **progressive alignment**로 서열 모음에서 가장 연관성이 높은 서열들을 찾아줄 수 있는 쌍 정렬을 기반으로 하고 있으며, 서열들의 유사도에 따른 순서를 기반으로 하여 **가이드 트리(guide tree)**를 구축할 수 있다. 이러한 방법은 여러 가지 방식으로 개조되고 변형되어 Clustal, ProbCons 그리고 T-Coffee 등 다양한 프로그램 등에서 사용되고 있다. 이러한 방법은 빠른 속도가 장점이지만 주요한 단점으로는 전체 정렬을 개선할 수 있는 연관성이 떨어지는 서열에 대한 정보를 잃어버린다는 점이다. 많은 경우, 다중 정렬을 수동으로 조정하는데, 일례로 이황화결합을 포함하여 잘 보존되어진 시스테인 잔기에 대한 정보를 기재해 놓는 경우가 있다. T-Coffee 프로그램은 느리지만 Clustal보다 정확한데, 이는 Clustal 프로그램의 결과와 LALIGN (FASTA 프로그램군의 일부) 프로그램의 국부정렬 결과를 병합하기 때문이다. 이는 2개 서열의 여러 곳에서 국부정렬 결과를 찾는다.

점진적 정렬의 대안은 반복적(iterative) 방법이 포함되는데, 이 방법은 점진적 정렬을 사용하기는 하지만 초기 서열들에 새로운 서열을 추가하면서 반복적으로 재정렬하고 (예, PRRN/PRRP, CHAOS/DIALIGN, MAFFT, and MUSCLE) **은닉 마르코프 모델**(HMM)을 사용한다. 이는 갭(gap), 일치(match), 불일치(mismatches)의 가능한 모든 조합에 적용할 수 있으며 잠재적인 생물학적 관련성에 따라 순위를 정하거나 간혹 구조적 정보에 기초하여 잠재적 정렬의 모음을 생성할 수 있다. 이러한 방법은 정보에 입각한 정렬 결과를 제공한다(제6장 참조).

좀 더 복잡하고 리소스를 많이 차지함에도 불구하고 대규모의 서열 분석 프로젝트에 있어서 은닉 마르코프 모델은 가장 효율적이며, 정확한 다중 서열 정렬의 도구로 간주되어진다. 그것들은 HHsearch, HMMER 및 SAM과 같은 소프트웨어 제품군으로 구현되었으며, MUMMALS 프로그램의 구조 정보와 병합된다. 구조 정보는 PROMALS 3D 및 3D-Coffee의 경우에서와 같이 표준정렬 도구로 계층화할 수 있다.

5.4 먼 거리 관계를 찾을 수 있는 전략

BLAST와 FASTA 프로그램의 알고리즘의 민감도는 query 서열의 길이에 달려 있다. 하지만 2개의 관계가 먼 관련 단백질 사이의 정렬 점수가 너무 낮아서 길이에 상관없이 의미 있는 점수를 산출할 수 없는 경우가 있다. 이러한 단백질들 간의 좀 더 먼 진화적 관계는 중요하다. 왜냐하면 그들이 비록 서열들을 인지할 수 없을 정도로 분지되었다 하더라도 비슷한 구조(비슷한 기능을 가질 것으로 예측되는)를 기반으로 하여 단백질들을 동정함으로써 서열과 기능 간의 간극을 연결해 주는 데 도움을 줄 수 있기 때문이다. 이러한 문제는 **구조적 단백질체학** 이니셔티브의 반대적 관점에서 접근하는 것으로 제6장에서 볼 수 있다. 서열들의 매치의 민감도를 개선하여 좀 더 먼 관계의 단백질들을 얻기 위한 많은 전략들이 발전되어 왔다.

PSI-BLAST는 서열의 프로파일을 활용하여 반복적인 검색을 수행한다

PSI-BLAST(position-specific iterated BLAST)는 표준 BLAST 알고리즘의 확장 버전으로 3배 이상 많은 연관 단백질들을 찾아준다. PSI-BLAST의 원리는 표준 BLAST 검색을 1차적으로 수행하여 이른바 **position-specific score matrix(PSSM)**로 알려진 서열의 특징을 모으고 각 대체 잔기의 위치에 가중치를 기입하여 2차 검색에 사용될 수 있도록 한다. 이러한 프로세스는 사용자가 지정해 놓은 반복횟수만큼 반복되어질 수 있거나 더 이상의 히트가 나오지 않을 때까지 무한 반복되어질 수도 있다. PSI-BLAST의 이론적 근거는 그림 5.9에서 보여주고 있다. 본질적으로 주어진 query 서열 A는 서열(B, C, D)들과 의미 있는 유사도를 보여줄 수 있다. 하지만 조금 더 멀리 떨어진 (E, F, G) 서열들은 그러한 가능성이 낮다. B, C, D를 검색의 query로 사용한다면 검색 결과의 임계값은 E, F를 포함할 수 있도록 확장될 것이다. 그러므로 A-D 각각의 서열들에 대한 가중치를 포함하고 있는 PSSM은 E, F를 식별하고 다음 반복에서 A에서 F에 이르는 모든 서열들의 프로파일을 포함하여 G를 인식할 수 있게 된다.

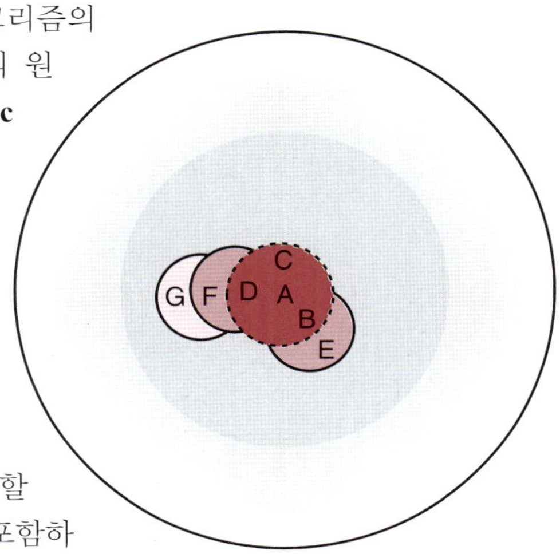

그림 5.9 PSI-BLAST의 이론적 근거. 가장 큰 원은 서열 공간 전체를 나타낸다. 작은 회색 원은 query 서열 A와 상동성이 있는 모든 서열을 나타내는 것으로 다이어그램의 중앙에 위치한다. 점선으로 그려진 붉은색 내부 원은 A 서열을 query로 하여 표준 BLAST 검색으로 찾아지는 모든 서열을 표시한다. 서열 E, F 그리고 G는 A와 연관성이 조금 더 멀어서 초기의 검색에서는 찾아지지 않을 것이다. 하지만 만일 서열 D를 query로 사용하였다면 서열 F가 찾아질 수 있었을 것이며, 만일 서열 B를 query로 사용하였다면 서열 E도 찾아질 것이다. 서열 A부터 D까지의 서열 프로파일을 조합하면 다음 검색에서 서열 E와 F가 검색되어질 것이다. 이후의 반복에 의해서는 서열 G가 찾아질 것이다. 이는 서열 F의 특징이 프로파일에 포함되어 있기 때문이다.

PSI-BLAST의 민감도가 표준 BLAST 알고리즘보다 크지만 **허위 매치(spurious matches)**를 인식할 수도 있는 것이 문제이다. 이러한 현상은 초기 프로세스의 허위-양성 매치(false-positive matches)를 반영하며 이후 반복 작업을 점진적으로 오염시킨다. 예를 들어, 만일 원본 query 서열이 다중 도메인을 가지는 단백질로 (A) 도메인과 관련 없는 두 번째의 도메인(Z)을 가진다면 PSSM의 결과는 2개의 도메인 모두를 포함하게 될 것이다. 이러한 결과를 반복한 결과로서 단백질 A와는 관련이 없는 Z 도메인을 포함한 단백질도 포함하게 된다. 실제로 이 방법은 **도메인 융합 방법(domain fusion method)**으로 알려져 있는데, 한 종의 다중 도메인 단백질이 다른 종의 단일 도메인 단백질로 표현될 수 있다는 이유로 세균의 유전체의 기능 분석(functional annotation)에 의도적으로 사용되기도 한다(149쪽). 이러한 문제는 **PHI-BLAST(pattern-hit initiated BLAST)**로 잘 알려진 BLAST의 변형을 통해 해결할 수 있다. 이 알고리즘은 사용자가 지정한 시그니처를 포함하는 단백질을 검색하며, 이 경우 (위의 예제를 예로 든다면) Z 도메인을 포함한 단백질만 일치 목록에서 배제시킬 수 있다.

패턴 인식 방법은 보존된 시퀀스 시그니처를 포함한다

표준 BLAST 알고리즘은 정렬 점수를 계산할 때 단일 아미노산 수준에서 일치되어질 확률을 고려한다. PSI-BLAST는 PSSM을 구축함으로써 검색의 민감도를 개선하였다. PSSM은 검색을 수행할 때 문맥의 전후사정을 제공함으로써 좀 더 먼 관계의 서열들을 찾아낼 수 있는 확률을 높였다. 문맥 기반 검색의 원리는 다양한 변형 BLAST에 도입되어 PSI-BLAST의 경우처럼 PSSM 구축을 첫 번째 원칙으로 구축하는 대신, 짧은 단백질 프로파일들의 라이브러리의 정보와 데이터베이스 검색을 결합한 일종의 미리 구축된 PSSMs이다. 이것은 6개의 인접한 아미노산들을 고려하여 **context-specific BLAST(CS-BLAST)**의 기반으로 정렬점수를 계산한다. 그리고 **domain enhanced lookup time accelerated BLAST(DELTA-BLAST)**는 보존된 단백질 도메인 데이터베이스를 이용한다.

문맥 기반 방법은 민감도를 높이기 위하여 서열 특성을 인식하는 데 의존적이며, 이는 본질적으로 단백질의 구조적으로나 기능적으로 보존된 요소를 인식하는 다중 정렬 전략의 확장이다. 이 정보는 **단백질 특성 데이터베이스**로 알려진 자원에 증류되고 저장되어 있다(표 5.2). 다중 서열 정렬에서 파생되어진 정보를 표현하는 다양한 방법이 존재하며, 다른 데이터베이스는 다른 방법을 사용한다.

- **컨센서스 서열(Consensus sequences).** 컨센서스 서열은 단일 서열로 다중 서열 정렬의 특정 위치에서 발견되는 가장 공통적인 아미노산 잔기이다. 일반적으로, 낮은 역치값은 컨센서스의 엄격함을 개선하기 위하여 설정된다. 만일 임의의 주어진 위치에서 60% 또는 그 이상의 서열이 공유되지 않는다면 컨센서스는 없는 것이며 잔기는 X로 표현된다. 이러한 접근법의 주요 단점은 보존적 치환(예: 류신, 이소류신, 발린)을 고려하지 않는다는 것이다. 게다가, 어떠한 서열 패밀리에서 이렇게 엇갈린 컨센서스는 정렬에서 우세하다. 그림 5.8에서 볼 수 있듯이,

표 5.2 단백질 시그니쳐(특성) 데이터베이스들

데이터베이스	내용	URL
ASC	생물학적 역할이 알려진 짧은 아미노산 서열	http://bioinformatica.isa.cnr.it/ASC/
CDD	시그니쳐 데이터베이스로부터 유래한 은닉 마르코프 모델과 다중 서열 정렬	http://www.ncbi.nlm.nih.gov/cdd
BLOCKS, PRINTS	단백질 패밀리의 다중 정렬에서 보존되어진 영역. BLOCK 프로그램에서는 **blocks**이라고 부르며, PRINTS 프로그램에서는 **motif/fingerprints**라고 부름.	http://www.blocks.fhcrc.org http://bioinf.man.ac.uk/dbbrowser/PRINTS
ELMS	짧은 직선 모티프는 조절 인터페이스를 대표함	http://elm.eu.org
InterPro	다른 데이터베이스로부터 집적된 시그니쳐	http://www.ebi.ac.uklinterpro/
PROSITE/ProRule, Proteus, SBASE	단백질 패밀리와 연합된 **서열 패턴** 그리고 더 긴 **서열 프로파일**은 전체 단백질의 도메인을 대표함 ProTeus는 단백질 termini로부터의 시그니쳐를 포함함.	http://ca.expasy.org/prosite http://www.proteus.cs.huji.ac.i1/
Pfam, SMART, ProDom	단백질 **도메인**의 모음은 Pfam과 SMART 프로그램의 은닉 마르코프 모델보다 더 좋음.	http://www.sanger.ac.uk/Software/Pfam http://smart.embl-heidelberg.de/ http://prodom.prabi.fr/prodom/current/html/home.php
Superfamily, Gene3D	은닉 마르코프 모델은 SCOP(SUPERFAMily)과 CATH (Gene3D)에서 유래한 구조적 분류에 기반을 두고 있음.	http://supfam.org/SUPERFAMllY/
SitEx	엑손들의 위치를 통해 단백질 기능을 보여줌	http://www-bionet.sscc.ru/sitex/
PROT-FAM	단백질 서열의 상동성 데이터베이스	http://www.mips.biochem.mpg.de/desc/protfam/
ProClass and iProclass	PROSITE 패턴들과 PIR 슈퍼패밀리에 기반한 단백질의 분류체계	http://pir.georgetown.edu/iproclass/ http://pir.georgetown.edu/gfserver/proclass.html
ProtoMap	SWISS-PROT과 TrEMBl의 모든 서열들의 계층적인 분류를 자동화	http://protomap.comell.edu/
SYSTERS	단백질 패밀리 데이터베이스	http://systers.molgen.mpg.de/

단백질 시그니처(특성) 데이터베이스는 보존되어진 단백질서열을 포함하는 자원이다. 표는 일반적인 데이터베이스의 리스트이며, 특정한 단백질 패밀리 혹은 기능을 나타내는 데이터베이스는 제외되었다(예, 촉매 결합부위, 금속 결합부위 및 변형부위)..

마지막 몇 개의 잔기에 대한 컨센서스 서열은 W-V-X-T-A-A-H-C와 같은 예를 들 수 있다. 초기의 트립토판과 마지막 4개의 잔기는 불변이고, 발린과 트레오닌은 컨센서스 서열의 두 번째, 네 번째 위치의 잔기인데, 그 이유는 대체 잔기들(이소류신과 세린)이 적은 숫자이기 때문이다. 커다란 놀라움은 세 번째 위치에 있는 X이다. 이러한 현상은 거의 절반의 잔기가 류신이고 나머지 절반은 발린이기 때문이다. 그들은 컨센서스가 나타나지 않는다. 이러한 단점에 기인하여 컨센서스 서열은 단백질 데이터베이스에 거의 사용되지 않는다.

- **서열 패턴(Sequence pattern).** 서열 패턴은 각 위치에서 변이가 허용된다는 것을 제외하면 컨센서스와 비슷하며 변이 서열은 괄호 안에 표기한다. 예를 들어, 서열 패턴이 위에서 제시한 컨센서스와 동일하다면 W-[VI]-[LV]-[ST]-A-A-H-C가 될 것이다. 서열 패턴은 PROSITE 데이터베이스에서 발견된다. 위에서 보여준 단백질 패밀리의 실질적인 패턴은 W-[LIVM]-[ST]-A-[STAG]-H-C으로 표기되며, 다른 서열에서 추가적으로 발견된 변이는 그림 5.8에서처럼 열거하지 않는다. 변이는 허용되어 있지만, 확률은 보여지지 않는다. 따라서 발린과 이소류신은 두 번째 위치에 동등하게 표기하지만 메티오닌이 상대적으로 드물다는 사실은 확실하지 않다. PROSITE의 서열 패턴은 일반적으로 컨센서스 서열보다는 짧으며, 따라서 가장 많이 보존된 영역만이 남아 있는 경우 단백질 패밀리에서 멀리 떨어져 있는 상동체를 찾는 데 유용하게 활용된다. 하지만 그들은 매우 짧아서 번역 후 변형과 관련된 보편적인 패턴을 고려하더라도 잘못된 할당을 초래할 수 있다.
- **Blocks.** 이들은 개별 서열은 아니지만 단백질 패밀리에서 매우 고도로 보존된 영역으로부터 유래한 다중 정렬된 간극 없는 분절(ungapped segments)이다. 그들은 두 가지 데이터베이스에서 발견된다: PRINTS(이 데이터베이스에서는 **모티프(motif)**라고 부른다)와 **BLOCKS**(이 데이터베이스에서는 원조명인 block을 사용함). 모티프라는 말은 단백질 패밀리에서 보존된 영역을 나타내는 말로 지금은 일반적이지 않으며 PRINTS 데이터베이스에서 제한적으로 사용된다. 모티프는 보통 실험적으로 증명되었거나 SLiMs/MiniMotifs로 간주된 적절한 기능을 가지는 짧은 보존된 서열을 말한다(아래 참조). 모티프는 일반적인(예, helix-turn-helix 구조) 혹은 특이적(효소의 특이 catalytic triad)인 3차원적 구조의 문맥으로 정의되어진다. 자세한 논의에 대한 내용은 제6장에서 다룬다. PRINTS 데이터베이스에서 단일 단백질 패밀리에서 유래한 개별 모티프들을 묶어서 **fingerprints**라고 부른다(그림 5.10). Fingerprints가 PROSITE 패턴들 보다 더 크고 검색 프로세스에 아미노산 치환 매트릭스를 사용하고 있기 때문에 PRINTS는 PROSITE 보다 더 먼 관계를 검색할 수 있다. 개선되어진 BLAST의 변형에 의해 생성되어진 PSSM은 가중치 정보를 같이 보여주는 방식으로 motif/block

그림 5.10 PRINTS 데이터베이스를 통해서 본 4개의 보존된 도메인을 가진 예제 서열(SH3 도메인). 이들은 여러 가지 SH3 도메인의 다중 서열 정렬 결과에서 가장 보존된 지역을 보여주고 있다. 5가지 예제만을 보여주고 있지만 같은 데이터베이스에서 많은 다른 비슷한 예제를 찾을 수 있다.

모티프 1	모티프 2	모티프 3	모티프 4
GYVSALYDYDA	DELSFDKDDIISVLGR	EYDWWEARSL	KDGFIPKNYIEMK
YTAVALYDYQA	GDLSFHAGDRIEVVSR	EGDWWLANSL	YKGLFPENFTRHL
RWARALYDFEA	EEISFRKGDTIAVLKL	DGDWWYARSL	YKGLFPENFTRRL
PSAKALYDFDA	DELSFDPDDVITDIEM	EGYWWLAHSL	YKGLFPENFTRRL
EKVVAIYDYTK	DELGFRSGEVVEVLDS	EGNWWLAHSV	VTGYFPSMYLQKS

(모티프/블록)을 보여주며, **서열 프로파일(gapped weight matrices)**들을 그룹화할 수 있는데, 이는 더 방대한 보전서열 단편을 기술할 수 있고 PROSITE 데이터베이스에 저장될 수 있다. PSSM 모델 그 자신은 CDD(Conserved Domains Database)에 저장된다.

- **짧은 선형 모티프(SLiMs/MiniMotifs).** 이들은 조절단백질 모듈로 컴팩트한 상호작용 인터페이스(3-11개의 연속된 아미노산 길이)에 의해 특징되어진다. 이는 자연적으로 구조화 되지 않은 영역이 많은 단백질이다. 새로운 모티프를 만드는데 필요한 약간의 변이 때문에 그들은 상대적으로 낮은 친화력으로 그들의 표적에 결합하는데, 그들은 수렴진화에 의해 생겨나며 단백질의 새로운 상호작용 인터페이스, 특히 신호전달, 단백질 트래피킹 및 번역 후 변형 등을 보여준다. 이들은 진핵생물 선형모티프 데이터베이스인 ELM에 저장된다.
- **Domains. 단백질 도메인**은 구조적 또는 기능적으로 독립된 단위로서 관련성이 없는 서열들 간의 문맥에서 발견되어질 수도 있다. 단백질 도메인의 색인화를 위하여 수많은 데이터베이스가 구축되었는데 그 중 하나가 ProDom이다. 이는 기본 서열 데이터베이스의 검색을 통해 자동적으로 구축되어진 잘 알려진 도메인을 가진 단백질 서열 리스트이다. 단백질 도메인의 요소를 포함하고 있는 다른 데이터베이스도 있다(예를 들어, PROSITE의 경우 서열 프로파일을 저장하고 있다). Pfam과 SMART는 다중 도메인 정렬과 **은닉 마르코프 모델**을 포함하고 있는데, 이는 단백질 도메인을 보여주는 통계적으로 가장 정교한 도구이다.

위에서 언급한 각각의 단백질 특성 데이터베이스는 장점과 단점이 있어서 서로 다른 데이터베이스의 결과를 비교 해석할 수 있다(그림 5.11). 이러한 문제를 해결하기 위해 1999년 통합형 상호참조 도구인 **InterPro**가 구축되었는데, query 서열을 각기 다른 단백질 데이터베이스를 통해 스크리닝하고 정확한 형식으로 제공할 수 있게 되었다. 현재 InterPro는 PROSITE, Pfam, PRINTS, ProDom, SMART, TIGRFAMs, PIR SuperFamily, 그리고 SUPERFAMILY의 데이터를 통합하고 있으

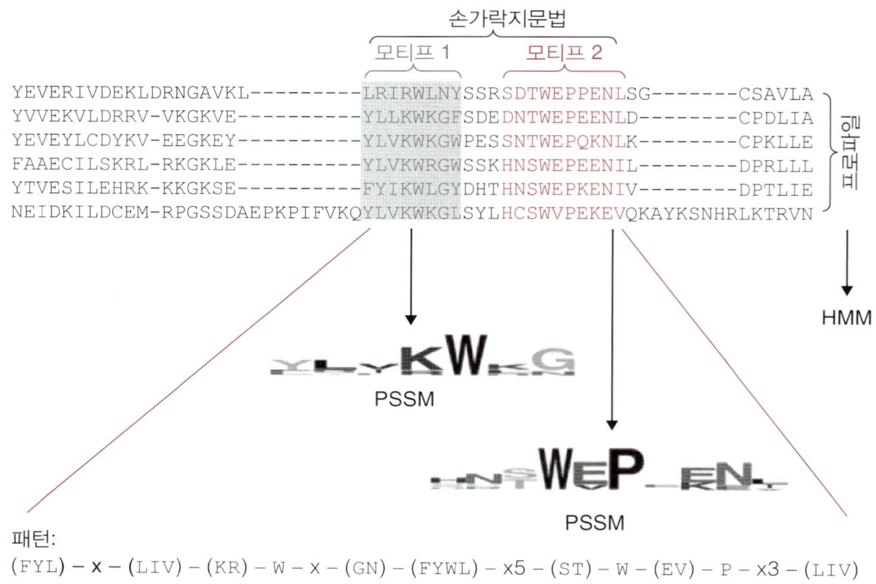

그림 5.11 **특성이 다른 단백질들의 비교.** 모티프는 단일 보존 영역이다.모티프의 그룹은 fingerprint를 형성한다. PSSMs는 각 위치의 아미노산 잔기의 빈도에 기반한 모티프의 가중치에 의해 생성된다(이 예에서 빈도는 높이로 표시된다). 패턴은 서열의 핵심 기능과 구조적 특징을 보여주는데, 각 위치에서 대체 아미노산을 나타낸다. 도식화되어진 단백질은 크로모 도메인 패밀리의 구성원으로, 그리고 불변의 타이로신(W)은 중요한 촉매 잔기로 이 위치에서 대체 잔기는 없다. gap을 포함한 비교 프로파일링을 위해 은닉 마르코프 모델을 사용하여 프로파일이 완전하게 보존된 영역을 보여주고 있다.(Pavlopoulou A & Michalopoulos I (2011) *Int. J. Mol. Med.* 28, 295에서 인용. Spandidos Publications의 허가를 득함.)

며, CATH와 PANTHER HMMs의 통합을 진행 중이다. InterPro는 UniProt의 거의 80%를 커버하고 있으며, GO term 및 MSD, CATH와 SCOP의 구조 데이터를 매치시켜 주는데, 이는 단백질 구조를 분류하고 보관하는 데 중요하다. 우리는 제6장에서 이 중요성에 대해 다루게 될 것이다.

5.5 허위 양성 주석달기의 위험성

표준 유사성 검색, 재귀 방법 그리고 패턴 또는 프로파일 검색은 특정 query에 대하여 더 많거나 더 적은 관련 있는 서열을 확인할 수 있게 해 준다. 하지만 이러한 방법은 절대적으로 안전하지 않으며, 잘못된 매치 또는 주석달기를 포함하고 있다. 위험 중 하나는 **데이터베이스의 오염**이다. 데이터베이스는 오류를 포함하고 있기 때문에 데이터베이스 정보에 기반한 새로운 서열의 주석달기는 때로는 잘못된 정보를 보완하고 전파하는 역할을 할 수 있다. 일부 다른 데이터베이스들보다 양질의 데이터를 포함하고 있는데, 기본적으로 수동 큐레이션의 정도(예를 들어, UniProtKB/Swiss-Prot과 UniProtKB/TrEMBL의 차이, Box 5.1 참조)를 반영하며 증거의 질이 기능을 할당하는 데 요구되어진다(Box 5.4 참조). 데이터베이스의 진보적인 통합과 용어의 표준화를 통해 오염의 양을 감소시키는 것이 필요하다.

예를 들어, BLAST 검색이 충분히 엄격하지 못한 *E* 값을 컷오프로 수행하는 경우처럼 검색 알고리즘을 제대로 이해하지 못한 경우 사용자가 오류를 도입할 수도 있다. 낮은 품질의 정렬이 다음 검색 라운드의 PSSM에 통합되기 때문에 반복 검색은 특히 중요하다. 원래의 query 서열과 관련이 없는 많은 허위 양성 결과들의 축적으로 인해 잘못된 종자가 커질 수 있다.

앞서 언급한 바와 같이, 유사성 탐색에 대한 또 다른 결점은 서열 보존이 항상 기능적인 보존을 예측하는 것이 아니라는 것이다. 비록 많은 생물정보학 도구들은 서열/구조/기능이 밀접한 관련을 기반으로 작동하지만, 서열들은 기능적으로 확실하게 분지되어진다. 라이소자임 효소와 조절단백질인 α-락트알부민의 경우처럼 매우 강한 서열의 보존성을 가지고 있지만 다른 기능을 가진 많은 종류의 단백질들을 예로 들 수 있다. 척추동물 눈에서 수정체로 모아진 다양한 종류의 대사효소들처럼 전혀 다른 서열을 가진 단백질이지만 실제로는 완전히 동일한 기능을 수행하는 단백질도 있다. 또한 **low-complexity(복잡도가 낮은)** 서열들의 영향을 고려해야 하는데, 이는 막단백질 도메인(transmembrane domains)과 같이 많은 단백질에 존재하며 매우 다양한 기능을 가진다. 이러한 서열들은 거짓 양성 결과를 방지하기 위하여 유사성 검색을 하기 전에 미리 차폐(masking)하고는 한다. 제6장과 제7장에서 논의한 바와 같이, 기능 주석달기에 대한 추가적인 증거는 단백질의 기능 및 상호작용을 연구하여 모을 수 있다.

읽을거리

Agrawal A, Brendel VP & Huang X (2008) Pairwise statistical significance and empirical determination of effective gap opening penalties for protein local sequence alignment. *Int. J. Comput. Biol. Drug Des.* 1, 347-367.

Altschul SF, Wootton JC, Gertz EM et al. (2005) Protein database searches using compositionally adjusted substitution matrices. *FEBS J.* 272, 5101-5109.

Ansong C, Purvine SO, Adkins JN et al. (2008) Proteogenomics: needs and roles to be filled by proteomics in genome annotation. *Brief. Funct. Genomic. Proteomic.* 7, 50-62.

Kumar S & Filipski A (2007) Multiple sequence alignment: in pursuit of homologous DNA positions. *Genome Res.* 17, 127-135.

Lan N, Montellione GT & Gerstein M (2003) Ontologies for proteomics: towards a systematic definition of structure and function that scales to the genome level. *Curr. Opin. Chem. Biol.* 7, 44-54.

Lesk A (1998) Introduction to Bioinformatics. Oxford University Press.

Löytynoja A (2012) Alignment methods: strategies, challenges, benchmarking, and comparative overview. *Methods Mol. Biol.* 855, 203-235.

Mulder NJ, Kersey P, Pruess M & Apweiler R (2008) *In silico* characterization of proteins: UniProt, InterPro and Integr 8. *Mol. Biotechnol.* 38, 165-177.

Nash PD (2012) Why modules matter. *FEBS Lett.* 586, 2572-2574.

Orengo CA & Thornton JM (2005) Protein families and their evolution - a structural perspective. *Annu. Rev. Biochem.* 74, 867-900.

Pavlopoulou A & Michalopoulos I (2011) State-of-the-art bioinformatics protein structure prediction tools. *Int. J. Mol. Med.* 28, 295-310.

Stastna M & Van Eyk JE (2012) Analysis of protein isoforms: can we do it better? *Proteomics* 12, 2937-2948.

Stein L (2001) Genome annotation: from sequence to biology. *Nat. Rev. Genet.* 2, 493-503.

Tanner S, Shen Z, Ng J et al. (2007) Improving gene annotation using peptide mass spectrometry. *Genome Res.* 17, 231-239.

The UniProt Consortium (2013) Update on activities at the Universal Protein Resource (UniProt) in 2013. *Nucleic Acids Res.* 41(D1), D43-D47.

Valdar WSJ & Jones DT (2003) Amino acid residue conservation. In Advanced Text—Bioinformatics (CA Orengo, DT Jones, JM Thorntoneds), pp 49-64. BIOS Scientific Publishers.

Weatheritt RJ & Gibson TJ (2012) Linear motifs: lost in (pre) translation. *Trends Biochem. Sci.* 37, 333-341.

CHAPTER 6

단백질 구조의 분석

6

6.1 개요

우리는 제5장에서 단백질의 서열과 구조 그리고 기능 간의 밀접한 상관관계를 살펴보았다. 이것은 단백질의 일차적인 아미노산 서열 정보가 공간상에서 폴리펩타이드가 어떻게 접힐지(folding)를 결정하고, 또 접힌 단백질의 삼차원 구조는 주변의 다른 분자과 어떻게 상호작용할지를 결정한다는 것이다. 이러한 상호작용은 단백질이 기능하는 데 있어 기본을 이룬다. 예를 들어, 삼차 구조의 단백질 표면은 움푹 들어가거나 갈라진 틈을 가지고 있는 경우가 많은데, 이 부분을 통해 특정 리간드나 기질 또는 다른 단백질과의 결합을 이끈다(결합체 형성은 제7장을 참조). 또한 단백질의 삼차원 구조는 표면의 전기적 분포나 핵심 아미노산의 위치를 결정함으로써, 단백질의 물리화학적 성질과 잠재적인 상호작용 파트너, 그리고 (효소의 경우) 특정 반응의 촉매 작용을 결정한다. 단백질은 보통 최종적인 삼차 구조를 한 번에 형성하지 않으며, 부분적인 이차 구조나 준-독립적인 도메인 형태의 중간 단계를 거쳐서 형성한다. 단백질 구조의 원칙에 대한 간략한 개요는 Box 6.1에 설명되어 있다.

단백질의 구조도 서열과 마찬가지로 단백질의 기능을 추정할 수 있는 예측적 정보를 가지고 있는데, 이것은 비슷한 구조를 가진 2개의 단백질이 일반적으로 공통의 리간드나 기질을 공유하며, 결과적으로 세포 내에서 비슷한 기능을 수행하기 때문이다. 비교적 관점에서 볼 때 오히려 구조의 비교가 서열의 비교보다 더 유용할 수도 있는데, 이것은 진화상에서 구조가 서열보다 좀 더 잘 보존되기 때문이다. 제5장에서 설명한 서열 비교 방법을 통해 유사성이 없는 것으로 나타났다 하더라도 2개의 단백질이 비슷한 구조를 가진 경우, 유사한 서열을 공유하는 단백질보다는 진화상 조금 더 멀리 연결되어 있지만, 상동이라고 할 수 있다. 따라서 구조를 밝히는 것은 비슷한 서열이 어떤 데이터베이스에서도 발견되지 않는다하더라도 해당 단백질의 기능을 이해하는 데 도움을 줄 수 있다.

과거에 단백질 구조 분석은 해당단백질의 기능이 이미 잘 알려진 경우에만 이루어졌지만, 현재는 구조/기능 간의 상관관계를 통한 예측적 정보가 중요해짐에 따라 서열과 기능 간의 부족한 지식 간격을 메워줄 수 있는 방법으로서 구조분석이 단백질 연구의 시작 과정이 되고 있다. 이러한 시도에 있어 주요한 문제점은 단백질의 구조를 풀기 위해 전통적으로 사용되어 온 방법은 시간과 비용, 노동력이 많은 드는 작업으로서, 자동화에 적합하지 않다는 것이다. 지난 십여 년 동안 단백질체학(proteomics)

BOX 6.1 배경적인 요인(계속)
단백질 구조에 관한 전체적 조감

으로 연관 있는 서열 구성 단위로 정의된다(좀 더 자세한 내용은 제 5장 참조). 구조 생물학에서 모티프는 서로 연결되어 있고 공통된 기능을 수행하는 이차 구조들의 그룹으로 정의된다. 간단한 예로 DNA 결합 단백질에서 자주 발견되는 helix-turn-helix 연결구조, 이합체화(dimerization) 접점에서 발견되는 helix-loop-helix 구조, 케라틴 같은 섬유상 단백질에서 많이 발견되는 coiled coil 등이 있다. 더 많은 이차 구조를 포함하는 좀 더 복잡한 예로서 globin fold (8개 α-helix), Greek key (4개 β strand의 역방향 β-sheet), 그리고 αβ-barrel (7개 β-α-β 모티프가 원통 형태로 말린 구조) 등이 있다.

삼차 구조(fold)

폴리펩타이드의 **삼차 구조(tertiary structure)** 또는 **접힘 구조(fold)**는 구조의 전체적 모양이며, 촘촘한 도메인(domain)을 형성하기 위해 이차 구조들과 모티프(motifs)들이 뭉쳐지는 방법을 반영한다. 도메인은 폴리펩타이드 체인의 일부분으로서 독립적으로 안정된 삼차 구조를 이룰 수 있는 부분을 말하며, 도메인은 또한 단백질 기능의 단위로서 정의되기도 한다. 하나의 단백질은 하나의 도메인 또는 다중의 도메인을 포함할 수 있으며, 단백질의 전체적인 생물학적 기능의 큰 틀 속에서 각각의 도메인은 서로 조금씩 다른 역할을 수행할 수도 있다. 위에서 언급했듯이, 시스테인 잔기들 간의 이황화 결합도 삼차 구조를 유지하는 데 자주 중요한 역할을 한다.

사차 구조

많은 경우 단배질은 하나의 폴리펩타이드로 이루어지나 때로는 여러 개의 폴리펩타이드들에 의해 구성되기도 한다. 이런 경우 폴리펩타이드들이 합쳐진 방식이 **사차 구조(quaternary structure)**의 형태를 결정한다. 다중 도메인으로 구성된 단백질과 여러 개의 폴리펩타이드가 합친 단백질 사이의 기능적 차이점은 없고 많은 경우에서 두 가지 모두의 형태로 존재한다. 예를 들어, 대부분 전사 인자들은 DNA 결합 도메인과 전사 활성 도메인을 가진 하나의 펩타이드 체인으로 구성되지만 독립된 서브 유닛들로 구성된 것들도 있다. 실제로 상호작용하는 서브 유닛들을 이용한 전사 인자의 조립은 두 가지 단백질 간의 상호작용을 밝혀내는 투-하이브리드(two-hybrid) 시스템의 기본 원리이다(159쪽 참조). 단백질 서브유닛들은 비공유 결합적으로 또는 폴리펩타이드 간의 이황화 결합에 의해서 서로 연결된다.

단백질 폴딩

모든 물리적 화학적 반응처럼, 단백질 폴딩(folding)도 단백질을 둘러싼 용매에 대하여 최소한의 열역학적 자유도를 가진 상태를 얻기 위한 방향으로 유도된다. 이 이상적인 상태를 단백질의 **자연 입체 형태(native conformation)**라 하고, 이것은 보통 단백질이 기능을 가지는 상태를 말한다. 모든 자연적 선천적 형태에 반하여 수많은 **변성 입체 형태(denatured conformations)**이 존재한다. 따라서 단백질 폴딩은 이 모든 가능성을 따져보는 과정일 수 없는데, 왜냐하면 이것은 무한의 시간이 필요하기 때문이다(**Levinthal paradox**). 다른 말로 하면 단백질 폴딩은 특정 정의된 경로를 따라야 하는데, 아마도 부분적인 이차 구조들이 틀을 형성하거나 특정한 중심점을 중심으로 압축됨으로써 형성되는 것 같다. 단백질 폴딩을 결정하는 주요한 인자들 중의 하나로, 적어도 둥근 형태의 단백질의 경우에서, **소수성 붕괴(hydrophobic collapse)**가 있다: 소수성 잔기들로의 중심 핵이 형성되는 것은 용매와의 접촉을 배제하려는 성질에 의해 이루어진다. 몇몇 단백질의 실험에서 **몰튼 글로블(molten globlue)** 같은 중간적인 폴딩 상태가 밝혀졌는데, 이는 삼차 구조가 없는 이차 구조들이 많은 형태로서 뼈대와 붕괴(framework and collapse) 모델을 뒷받침한다. 몇몇 작은 단백질은 한 단계의 전체적인 폴딩을 보여주는데, 이는 핵형성(nucleation) 모델을 뒷받침한다. 많은 단백질에서 그들의 자연 상태의 구조를 스스로 형성하지 못하고 **분자 샤페론(molecular chaperone)**의 폴딩 촉매 작용의 도움에 의해 형성하는 것은 주목할 만하다.

본질적으로 무정형 단백질

본질적으로 무정형의 단백질(intrinsically unstructured proteins) 또는 **자연적으로 무정형의 단백질(naturally unstructured proteins)** 또는 **본질적으로 무질서의 단백질(intrinsically disordered proteins)**은 생리적인 조건하에서 어떠한 안정된 삼차 구조도 가지지 않는데, 이것은 단백질이 제 기능을 하기 위해서는 안정된 구조를 가져야 한다는 패러다임을 위반한다. 이러한 단백질은 다른 단백질 또는 교체 가능한 리간드들과의 복합체를 형성할 때에만 안정된 구조를 형성한다(**결합에 의한 폴딩 모델; coupled folding and binding**). 다른 단백질은 단단히 구조화된 도메인과 함께 무정형의 도메인을 가지고 있다. 본질적으로 무정형인 단백질의 많은 경우에, 둥근 형태의 단백질에서 폴딩하며 소수성 핵을 형성하는 큰 부피의 소수성 아미노산들이 없거나, 몇몇 동일한 아미노산 잔기들의 반복 같은 낮은 복잡성의 서열들을 가지고 있다. 그들은 둥근 형태의 단백질보다 낮은 밀도를 가지며, 핵자기공명 분광법(NMR spectroscopy)과 엑스선 회절법(X-ray scattering) 같은 밀도 민감형 측정 방법들에 의해 확인될 수 있다. 그들의 이차 구조가 없는 성질은 또한 원자외선 원편광 이색성 분광법(far-UV circular dichroism spectroscopy)을 통하여 측정할 수 있다.

에 있어서 가장 큰 성과 중 하나는 구조를 분석하는 데에 고속 대용량 자동화 방법이 개발된 것인데, 이는 마치 유전자 서열 분석이 고속 자동화되면서 유전체학(genomics)에 큰 발전을 가져온 것과 같다. 이런 기술은 현재 구조 유전체학(structural genomics)이라 알려진 분야의 기본 기술이 되고 있다.

구조 유전체학(structural genomics)과 **구조 단백질체학(structural proteomics)**은 초기에 동의어로 쓰였지만, 전자는 모든 단백질 폴딩 패밀리의 대표적 멤버의 구조를 결정한다는 임무를 반영하는 것으로 간주되고(본 장), 후자는 단백질 복합체 또는 거대 분자 융합체의 구조 분석에 대한 의미까지도 포함하고 있다(제7장 참조).

6.2 구조 유전체학과 구조 공간

구조 공간의 점유는 현재 균등하지 않다

구조 유전체학의 가치를 이해하기 위해서는 **서열 공간(sequence space)**과 **구조 공간(structure space)**의 개념을 이해할 필요가 있다. 이것은 물리학과 기하학 법칙이 허용하는 범위 안에서 존재 가능한 모든 단백질 서열의 총합과 이들 서열이 만들 수 있는 모든 구조의 총합이라고 이론적 수준에서 설명할 수 있다. 현존하는 서열의 경우 수백만 년의 진화를 통해 선택되어져 온 것이기 때문에 실제로 자연계에는 모든 서열이나 구조가 존재하지는 않는다. 따라서 실제적 서열이나 구조 공간은 현존하는 모든 서열이나 구조의 합이라고 정의할 수 있다.

서열 공간과 구조 공간의 중요한 차이점은 구조 공간이 훨씬 작다는 것인데, 다른 말로 하면 서열보다 훨씬 적은 수의 구조가 존재한다는 것이다. 이것은 많은 서열이 동일한 구조를 형성할 수도 있기 때문이다. 유사한 화학적 성질을 가진 아미노산은 보통 서로 대체 가능하고, 심지어 거대 단백질에 있어서는 유사하지 않은 아미노산 간의 교환이 일어나더라도 그 전체적 구조 변화가 미미하기도 하다. 많은 단백질의 경우 기능적으로 매우 중요한 아미노산 잔기(예를 들어, 효소의 활성 부위에 존재하는 것들)와 구조적으로 매우 중요한 아미노산 잔기(예를 들어, disulfide bond 형성에 필요한 cysteine)를 가지고 있으나, 다른 잔기의 경우 그 중요성이 부가적인 경우가 많아서 전체 구조에 있어서 커다란 변화를 가져오기 위해서는 잔기의 누적된 변화가 필요하다.

앞에서 언급한 내용의 실질적인 결과로서, 이질적인 서열을 가진 단백질이 전체적으로 동일한 구조[또는 **폴드(fold)**]를 가질 수 있으며, 또한 단백질의 구조를 밝히는 것이 단백질의 기능에 대한 정보나 서열상으로 유사점이 없는 단백질 간의 진화적 관계를 설명해 주기도 한다. 예를 들어, 무정형의 분비성 단백질인 AdipoQ와 케모카인(chemokines)의 종양괴사인자(TNF) 패밀리는 서열 유사성이 9% 밖에 되지 않아 BLAST 서열 분석을 통해서는 그 관계성을 거의 찾아낼 수 없지만 구조적으로는 연관성을 가지고 있다. 구조적 연관성의 증거를 가지게 되면 이들 단백질의 다중 서열 정렬 분석이 가능해지며, 진화상 보존된 잔기과 이차 구조를 밝힐 수 있게 된다(그림 6.1의 채색된 부분).

위에 제시한 예를 구조 공간 전체에 적용해 본다면, 서열과 구조 간의 다대일 연관관계는 각각의 구조가 많은 수의 서열을 대표할 수 있다는 것을 의미하기 때문

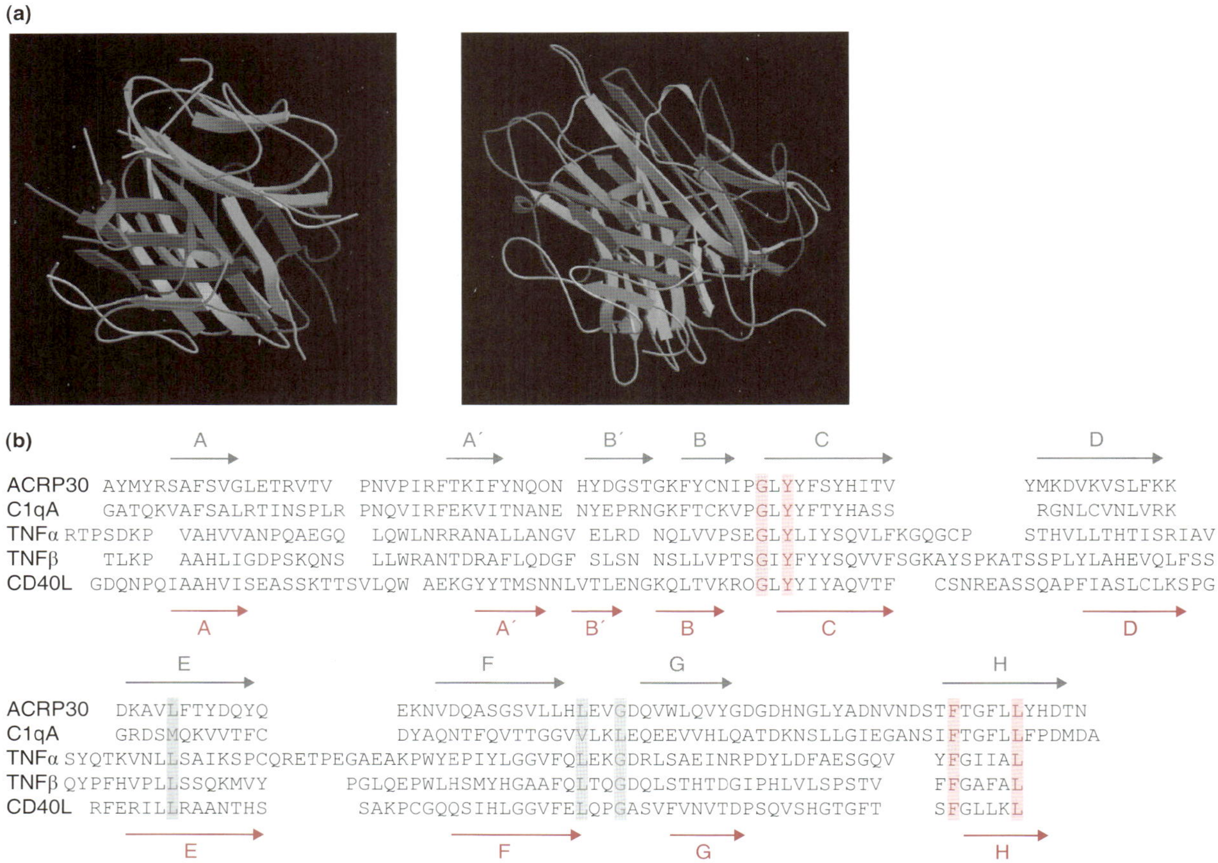

그림 6.1 구조적 분석을 통한 연관된 단백질 밝힘. (a) AdipoQ(좌측)과 TNFα(우측)의 리본 도해 비교. 구조적 유사성은 TNF 패밀리 안에서 동등하다. (b) TNF 패밀리(CD40L, TNFα, TNFβ)의 맴버들과 C1q 패밀리(C1qA와 AdipoQ, AdipoQ는 ACRP30으로 표시됨)의 맴버들 사이의 구조 기반 서열 정렬. 매우 잘 보존된 잔기(최소한 4개의 단백질에 존재)는 그림자 표시하였으며, 화살은 단백질에서 β-strand 지역을 나타낸다. AdipoQ와 TNF 단백질(예를 들어, AdipoQ와 TNFα 사이에는 9% 동일성 존재) 사이에는 서열 보존이 적어서 BLAST 검색으로는 연관성을 밝혀낼 수 없다. (Shapiro L & Harris T (2000) *Curr. Opin. Biotechnol.* 11, 31에서 인용. Elsevier의 허가를 득함. Protein Data Bank의 제공.)

에, 어떤 일정량의 구조를 밝히는 것으로 모든 서열에게 기능적 표지를 부여하는 것이 가능할 것으로 보인다. 존재하는 단백질 폴딩의 총추정치는 4,000에서 10,000으로 다양하고 현재는 그중 일부분의 구조만이 밝혀져 있다. 단백질 구조의 주 저장소는 **Protein Data Bank**(PDB)이고, 이것에 대한 자세한 내용은 Box 6.2에서 설명하고 있다. 이 글을 쓸 당시 PDB는 약 80,000개 이상의 구조를 보유하고 있었지만, 그중 많은 경우는 중복된 구조로서 밀접하게 연관된 단백질이거나 단일 염기의 돌연변이(point mutation)에 의해 생성된 동일 단백질의 유사체이었다. 단지 대략 1,000여 개만의 고유한 폴딩 구조가 존재하는데, 이들은 구조 분석에 적합한 조건하에서 가장 쉽게 준비될 수 있는 단백질을 나타낸다. 따라서 단백질 구조 공간에서 현재 밝혀진 부분은 매우 불균일하고 편향되어 있다고 할 수 있다. 단백질 유전체학(그림 6.2)의 목적은 모든 단백질 폴딩 패밀리의 대표적인 맴버들을 찾아내고, 비어 있는 부분이 많이 존재하더라도 고르게 구조 공간을 커버할 수 있도록 구조를 밝히는 것이다. 이러한 대표적 단백질은 이 장의 뒷부분에서 다룰 생물정보학에 기반한 방법을 이용하여 유사한 단백질을 구조적으로 분류하는 기반이 될 수 있고, 단백질 구조 공간

BOX 6.2 배경적인 요인
중요한 단백질 구조 데이터베이스들 및 자료들

단백질 정보 은행(Protein Data Bank).

가장 중요한 단백질 구조 데이터베이스는 단백질 정보 은행으로 현재 구조적 생물정보학 단백질 데이터베이스를 위한 연구 협력단(Research Collaboratory for Structural Bioinformatics Protein Database; RCSB PDB), 유럽 단백질 자료 은행(the Protein Data Bank in Europe), 2003년에 생긴 일본 단백질 자료 은행(the Protein Data Bank Japan; PDBj), 2006년에 참여한 생물 자기 공명 자료 은행(the Biological Magnetic Resonance Data Bank; BMRB)들에 의해 유지되고 있다. 이들 기관들을 모두 합쳐 **세계 단백질 구조 데이터베이스 은행(Worldwide Protein Data Bank; wwPDB)**이라고 부른다. PDB는 모든 단백질 삼차 구조를 위한 세계 데이터베이스이고(이들은 유전자 구조들도 또한 저장하고 있다), 엑스선 회절법, 핵자기공명 분광법 등과 같은 방법들과 컴퓨터 모델링에 의한 예측법에 의해 경험적으로 생성된 구조를 포함한다. PDB 자료는 단백질 구조의 삼차원 좌표(three dimensional coordinate)와 구조 결정에 사용된 방법들에 대한 정보, 일차 아미노산 서열 정보, 관련된 논문 정보, 보조 인자들(cofactors)의 화학 구조, 보철 그룹들(prosthetic groups)에 대한 정보를 포함하고 있다.

단백질 구조 분류에 대한 데이터베이스(Databases for protein structure classification)

본문에서 언급했듯이, 새로운 단백질을 정확히 정의하기 위해서는 서로 다른 구조에 대한 엄밀한 정의를 통한 구조의 비교가 필요하다. 이 같은 정의를 위해서 단백질 구조에 대한 세 가지 주요한 데이터베이스가 존재한다: **SCOP(structural classification of proteins)**와 **CATH(class, architecture, topology, homologous superfamily)**는 계층적인 분류법을 사용하는데, 이것은 전체적인 폴딩 구조를 설명하기 위해서 제5장에서 다룬 단백질 서명 데이터베이스(the protein signature databases)와 이차 구조를 분류하기 위한 지침을 제공하는 단백질 이차 구조 사전(the Dictionary of Secondary Structures in Proteins)과 통합되어 있다. 또한 **FSSP**(Families of structurally similar proteins) 데이터베이스가 존재하는데, 이것은 비슷한 구조의 단백질을 정렬하고 이것에 기반하여 폴딩 그룹을 나누는 DALI 알고리즘을 사용한다. ProtClusDB는 아미노산 서열에 기반하여 구조를 분류하는 NCBI 데이터베이스이고, 또한 특징 데이터베이스 CDD에 사용되는 유일한 자료이다(제5장).

다른 단백질 구조 데이터베이스

컴퓨터 모델링에 의한 단백질 구조에 대한 보다 자세한 정보(예를 들어, ModBase)를 제공하기 위해서, 또는 단백질 구조 데이터를 보다 효과적으로 시각화하거나 배포하기 위한 방법(협력적인 wiki 방법을 적용한 PDBwiki와 Proteopedia를 포함)을 연구하기 위해서 추가적인 단백질 구조 데이터베이스가 개발되어져 왔다. 단백질이 지질 이중막(lipid bilayer) 같은 세포의 구성물과 어떻게 상호작용하는지(예를 들어, 세포막 안의 단백질 위치에 관한 데이터베이스) 보여줌으로써 또는 특정 단백질 그룹에 초점을 맞춤으로써[예를 들어, 세포막 단백질에 관한 데이터베이스(the Protein Data Bank of Transmembrane Proteins, PDBTM)], PDB의 정보들을 더 확장시켜 주는 데이터베이스들이 존재한다.

의 비어 있는 공간을 채울 수 있을 것이다. 이런 시도는 모든 새로운 유전자 사이의 기능적 진화적 관계가 정립될 때까지 계속될 것이다.

단백질체학에서 구조를 비교하고 유사 관계를 밝히는 것이 단백질 구조에 관한 아마도 가장 유용한 적용법이라 하더라도, 직접 구조를 밝히는 것에도 많은 장점이 있다. 첫째로, 구조 분석은 아미노산 서열의 연구를 통해 밝혀낼 수 없는 명백한 기능적 중요성을 가진 단백질의 특징을 밝혀낼 수도 있다. 예를 들어, 전체적 모습(이것은 리간드가 결합하는 포켓이나 효소 활성 부위로 작용하는 갈라진 틈을 밝혀낼 수도 있다), 특정 아미노산의 측쇄의 병렬 배열(이것은 잠재적 효소 촉매 부위를 밝혀낼 수도 있다), 표면상의 전기장적 구성(이것은 다른 분자들과의 가능한 상호작용을 제시할 수 있다), 단백질의 단결정 적층 방식(이것은 상호작용할 수 있는 표면구조나 생물학적으로 가능한 다중체의 형태를 밝혀줄 수 있다). 더욱이 실험적으로 밝혀진 단백질 구조에서 예상하지 못했던 리간드, 보조인자, 기질의 발견은 기능을 추정할 수 있는 기반이 될 수 있다. 현재 구조 유전체학 사업단에서 이루어지는 실제 예는 이 장의 후반부에서 다룰 것이다. 마지막으로 구조 유전체학의 직접적 적용 사

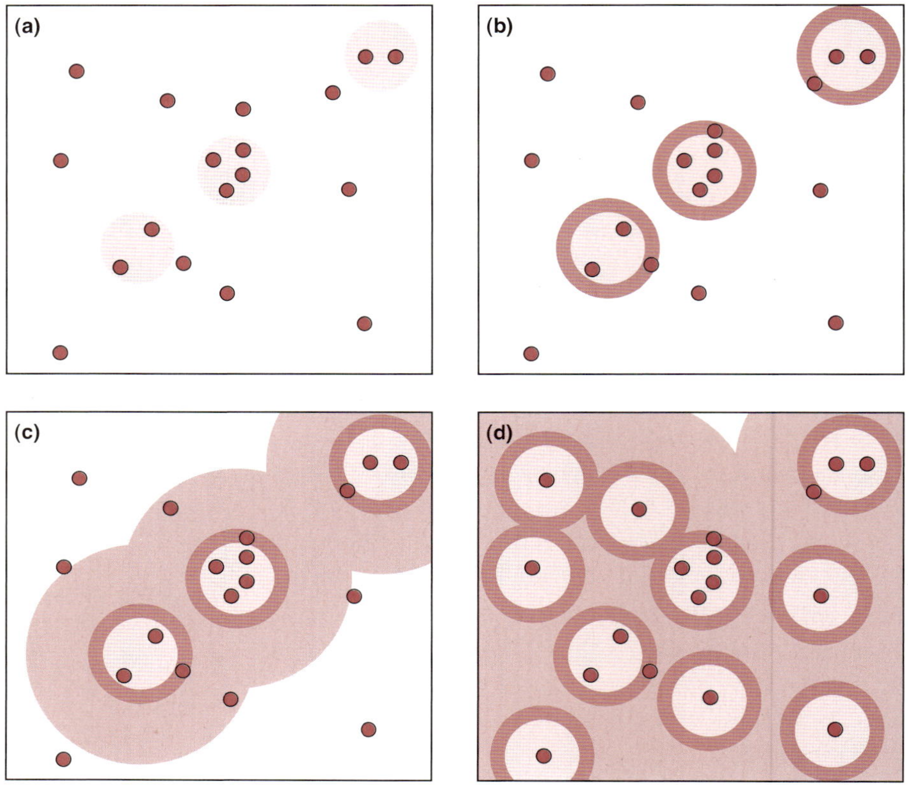

그림 6.2 **구조 유전체학의 목적**. 점들은 각각의 단백질을 나타낸다. (a) 현재의 서열 공간에서, 서열의 수준에서는 다른 단백질과의 연관 관계가 밝혀지지 않았기 때문에 많은 단백질이 독립된 상태로 있다. 동그라미는 서열 연관성에 의해 연결된 단백질을 나타낸다. (b) 패턴과 프로파일 비교 알고리즘은 서열 분석의 범위를 늘려주고 새로운 유사성 관계를 밝혀준다. (c) 알려진 단백질 구조는 이런 상관성을 더 넓힐 수 있는데, 왜냐하면 서열에서보다 구조가 훨씬 더 보존되어 있기 때문이다. (d) 구조 유전체학은 모든 단백질이 다른 단백질과 연관될 수 있도록 충분한 구조를 푸는 것을 목표로 한다.

례로서의 합리적 약물 디자인에 관한 이야기는 제10장에서 다룰 것이다.

구조와 기능이 항상 연관된 것은 아니다

단백질 구조가 기능을 예측하는 데 도움이 된다 하더라도 구조와 기능 간의 관계가 간단하고 일대일로 대응되는 것은 아니라는 점을 강조하고 싶다. 비슷한 구조를 가지고 있으나 진화 과정을 통해 수많은 다른 기능을 가지게 된 많은 예가 존재하는데, 예를 들어 α/β hydrolase 폴드는 세포 접합 물질에서 발견될 뿐만 아니라 적어도 서로 다른 6가지 효소의 기능과 관련이 있다(표 6.1). (위의 AdipoQ/TNF 예에서 보듯이, 아주 낮은 서열의 동일성을 가지고도 구조는 비슷할 수 있지만) 일반적으로 30%의 동일한 서열을 가지고 있으면 두 단백질은 동일한 폴드를 가지고 있다고 분명하게 말할 수 있고, 60%의 동일한 서열을 가지고 있으면 두 단백질은 동일한 기능을 가지고 있는 것으로 예측할 수 있다.

상당히 다른 서열이 같은 구조를 형성할 수 있다는 사실은 진화적으로 떨어진 연관관계를 밝혀내는 데 유용하지만, 반면에 독립적으로 진화했지만 기능적으로 유사한 구조 사이에서 잘못된 관계를 형성할 가능성도 존재한다. 이러한 구조는 그들이 같은 조상으로 연결되어 있지 않기 때문에 동종(homologous) 대신 **유사종(analogous)**이라고 표현한다. 또한 단백질은 어떤 명백한 동일성이 없이 기능적으로 유사할 수도 있다. 적어도 7개의 독립적인 구조를 가지고 있는 glycosyl hydrolase 효소가 좋은 예이다(표 6.2).

표 6.1 α/β HYDROLASE FOLD 구조와 관련된 알려진 기능들

콜레스테롤 에스테르분해효소
다이엔락톤 가수분해효소
할로알칸 비할로겐화효소
뉴로텍틴(세포 접합 분자)
비-햄 클로로페록시데이즈
세린 카복시펩타이드분해효소
트리아실글리세롤 지질분해효소

표 6.2 GLYCOSYL HYDROLASE 기능을 가졌다고 알려진 구조들

α/α-toroid
Cellulase-like ß/α-barrel
Concanavalin A-like two-layer
ß-sandwich
Double-psi ß-barrel
Orthogonal ß-bundle
Six-bladed ß-propeller
TIM barrel

TIM, triose phosphate isomerase

6.3 단백질 구조를 푸는 기술

알려져 있는 구조 데이터 없이 순수 서열만 가지고 단백질의 삼차 구조를 예측하는 것은 아직 불가능하다(이 장의 마지막 부분 참조). 따라서 다른 방법으로 특성이 밝혀지지 않은 단백질의 구조를 결정하는 유일한 방법은 실험적으로 밝히는 것이다. 이러한 목적으로 사용되어지는 가장 중요한 두 가지 방법이 **엑스선 회절법(X-ray diffraction)**과 **핵자기 공명 분광법(nuclear magnetic resonance(NMR) spectro scopy)**이다. PDB에 존재하는 구조의 98% 이상이 이 두 가지 중의 한 가지 방법에 의해 밝혀진 것이며, 나머지 2%의 대부분도 이 두 가지 방법에 의해 풀려진 구조에 바탕을 둔 이론적 모델이다. 이 외의 방법으로는 모두 합쳐도 100개 이하의 구조가 풀렸는데, 그 다른 방법은 전자 현미경(electron microscopy), 전자 회절(electron diffraction), 전자 상자기 공명 분광법(electron paramagnetic resonance (EPR) spectroscopy), 중성자 회절법(neutron diffraction) 등을 포함한다.

엑스선 회절법과 핵자기 공명분광법은 매우 악명이 높은 방법인데, 왜냐하면 그것은 특정 단백질의 구조 분석을 위한 매우 정밀한 실험 조건을 찾는 일에 매우 많은 희생과 노력을 필요로 하기 때문이다. 엑스선 회절에 필요한 단백질 단결정을 얻는 일은 예술에 비견될 정도로 어려운 일로서 많은 경우에 있어서 적당한 단결정을 얻지 못해 단백질 구조 분석에 실패하기도 한다. NMR 분광법 경우는 초순도의 단백질 용액을 필요로 하고, 단백질은 높은 농도에서 안정적이고 수용성이여야 하며, 뭉치거나 변성되어서는 안 된다. 단백질 샘플은 스펙트럼 해상도를 높이고 데이터가 겹치는 것을 줄이기 위해 보통 하나(^{15}N 또는 ^{13}C), 둘(^{15}N 더하기 ^{13}C), 또는 세 가지(^{15}N, ^{13}C, 그리고 ^{2}H)의 동위원소 표지를 붙인다. 각기 방법은 많은 양의 데이터 수집 및 처리가 필요하며, 실제 실험 데이터와 일치하는 원자 좌표 모델 또는 모델의 조합이 필요하다. 한 눈에 보기에도 두 방법은 단백질체학에서 이루어지는 연구 자동화에 적합하지 않은 것처럼 보인다.

그러나 다른 분석 방법처럼 두 가지 방법도 기술적 진보와 더불어 많은 실험 조건을 동시에 테스트할 수 있는 고도의 병렬 분석 방식의 발전에 따라 도움을 받고 있다. 생물정보학의 발달은 구조 데이터를 보다 빠르게 분석하고 모델을 만들 수 있게 도와줌으로써 구조 유전체학 분야에 커다란 도움을 주고 있다. 우리는 엑스선 회절법과 NMR 분광법의 원칙을 아래에서 다룰 것이며, 구조 생물학을 단백질체학의 시대로 이끈 최근의 발전을 요약 정리할 것이다. 그리고 우리는 단백질 구조 분석에 쓰이는 그 외의 추가적인 방법에 대해 살펴볼 것이다.

엑스선 회절은 잘 정렬된 단백질 단결정을 필요로 한다

엑스선 회절법은 엑스선이 단백질 단결정을 뚫고 지나갈 때 예측 가능한 방식으로 회절된다는 사실을 이용한다. 엑스선은 전자를 만났을 때 회절되기 때문에 엑스선이 산란되는 방식은 각 원자 안에 존재하는 전자의 수나 공간상에 존재하는 원자의 구성에 따라 결정된다. 다른 파장들처럼 회절된 엑스선도 서로 간에 강화되거나 또는 상쇄가 되는 방식으로 간섭 현상을 일으킨다. 따라서 단백질 분자들이 단결정(crystal) 안에서 규칙적으로 정렬되었을 때, 단백질 분자들 속에서 상대적으로 동일한 위치에 놓인 원자에 의해 같은 방향으로 회절된 엑스선은 상호작용을 통해 **반사(re-**

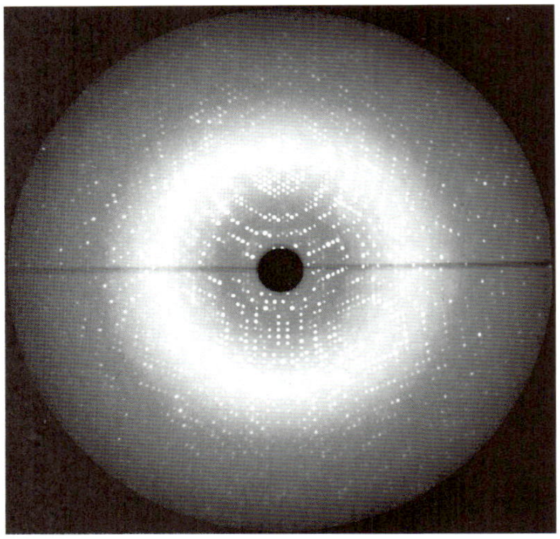

그림 6.3 **인산화 단백질 단결정에 의해 생성된 반사 패턴**. (Daniela Stock, MRC Laboratory of Molecular Biology, Cambridge의 허가를 득함.)

flections)라고 알려진 점 모양을 검출기에 만들어 내게 된다(그림 6.3). 이런 **회절 패턴(diffraction patterns)**은 분자의 전자구름 삼차원 이미지를 형성하는 데 사용되며, 이런 것을 **전자밀도지도(electron density map)**라고 한다. 단백질의 구조 모델은 이 지도 속에서 만들어진다.

정확한 구조 해석을 위해서는 엑스선을 강하게 회절시키는 잘 정렬된 구조를 가진 단결정을 필요로 한다. 이 과정은 가장 큰 장애물로 작용했는데, 그것은 앞에서 언급한 것처럼 단백질 단결정을 만드는 과정이 악명을 떨칠 정도로 매우 힘들기 때문이다. 소수성 단백질이나 소수성 도메인을 가진 단백질은 단결정을 만들기가 가장 힘든데, 이것이 PDB에 완전한 형태의 막단백질 구조가 별로 없는 이유이다. 일부 단백질이 가지고 있는 무정형의 부분은 전자밀도지도의 밀도를 떨어뜨린다. 엑스선 회절법의 자동화를 증가시킨 중요한 발전 중에 한 가지는 **자동화된 단결정 제작 워크스테이션(automated crystallization workstation)**의 사용인데, 이것은 가장 적합한 단결정 생성 조건을 찾기 위하여 서로 다른 단백질 농도, 염의 농도, 용매 조건, 온도, pH 같은 수천 가지 다른 변수를 동시에 테스트할 수 있게 하였다. 또한 작은 용량의 실험을 가능하게 함으로써, 단백질 용액이 5~25 mg/ml의 농도 범위와 95% 이상의 순도를 가지는 조건하에서, 양이 충분하지 않은 단백질을 가지고서도 단결정 생성 조건을 연구할 수 있게 하였다. 작은 용량은 또한 평형상태에 도달하는 시간을 줄여 주었고 성공 확률을 높여 주었다.

낮은 퀄리티의 단결정을 형성할 가능성이 있는 단백질을 찾아내고 제거하는 방법이 향상됨에 따라 성공적인 단결정을 얻을 확률이 증가하였다. 아미노산 서열 정보를 분석하여 문제성이 있는 후보를 밝혀내는 몇 가지 생물정보학 방법이 있으며, 또한 동일 단백질의 유사 단백질(orthologs)을 테스트하거나 무정형의 부분을 제거한 단백질 변형체를 테스트할 수 있는 실질적인 방법이 있다. **수소-중수소 교환 질량 분광기(hydrogen-deuterium exchange mass spectroscopy; DXMS)**에 기반한 고해상도의 방법은 그와 같은 무정형의 부분을 찾아내는 데 사용될 수 있고, 이것을 바탕으로 재조합 단백질 단결정의 제작 단계 이전에 이 부분을 유전자 단계에서 제거하거나 또는 단결정 제작 과정에서 단백질 분해효소를 이용하여 직접 제거(***in situ* proteolysis**)할 수도 있다. 안정한 형태의 단백질로 이루어진 유용한 단결정을 얻을 확률을 높여주는 다른 구제 방법(**salvage pathway**)에는 **표면 엔트로피 감소법(surface entropy reduction)**이 있는데, 이것은 용액에 접해 있으며 높은 구조상 엔트로피를 가지는 아미노산 잔기를 작은 크기의 잔기로 치환함으로써 단결정 생성을 도와주는 방법과, 표면의 lysine 잔기에 메틸기를 붙여서(methylation) 환원 안정화시킴으로써 단결정 생성을 촉진하고 엑스선 회절 데이터의 해상도를 높이는 방법 등을 포함한다.

엑스선 회절법에서 마주치는 또 다른 난관은 회절 패턴으로부터 전자밀도지도를 유도해 내는 것이다. 이 과정은 세 종류의 정보를 필요로 한다: 투사 X-선의 파장(이것은 이미 알려져 있다), 산란된 엑스선의 진폭(이것은 반사로 생긴 음영의 강도로 결정된다), 그리고 회절된 엑스선의 **위상(phase)**이다. 위상은 회절의 패턴으로부터 결정될 수 없는데, 이런 것을 위상문제(phase problem)라고 한다. 가끔

PDB 사이트에 존재하는 이미 알려진 연관된 구조로부터 위상을 차용하여 이용하기도 하는데, 이런 방법을 **분자 치환법(molecular replacement)**이라고 한다. (자동화가 안 된) 표준 구조 결정 방법에서는, 회절 위상을 얻어내기 위한 추가적 실험으로 중금속이 포함된 **동형 단결정(isomorphous crystals)**을 제작하는데, 이것은 전체적인 모양은 같지만 중금속을 포함하고 있어 다른 형태의 회절 패턴을 만들어내게 된다. 예를 들어, 단결정을 중금속 원자가 포함된 용액에 집어 넣으면 중금속은 단결정 속으로 스며들어 기존에 용매가 차지하고 있던 공간을 이용해 단백질의 특정한 부분에 결합하게 된다. 중금속은 기존에 단백질에 존재하던 원자보다 좀 더 강하게 회절하게 되는데, 그 이유는 중금속이 좀 더 많은 전자를 포함하기 때문이다. 몇 가지 다른 동형 단결정의 반사 패턴들을 비교함으로써[이 과정을 **다중 동형 대치법(multiple isomorphous replacement, MIR)**이라 한다] 중금속의 위치를 알아낼 수 있고, 이 정보를 통해 중금속이 치환 안 된 단결정의 회절 위상 값을 얻을 수 있다. 각 반사된 점의 완전한 정보(파장, 진폭, 그리고 위상)를 **구조 인자(structure factor)**라고 부른다.

엑스선 회절의 자동화를 증가시키기 위하여, 구조 인자를 결정하기 위한 이런 비교적 힘든 방법을 **변칙 산란(anomalous scattering)**이라는 현상을 이용한 새로운 방법으로 교체해 오고 있다. 이러한 현상은 단백질 단결정 내부에 존재하는 중금속 원자가 그들의 고유한 흡수 경계에 인접한 파장 영역에서 엑스선과 부딪혔을 때 추가적인 엑스선의 형태로 일련의 에너지를 방출함으로써 일어난다. 변칙 산란의 강도는 투사하는 엑스선의 파장에 따라 달라질 수 있는데, 따라서 한 가지 종류의 금속을 포함한 단결정을 여러 가지 파장에 노출시키면 서로 다른 회절 패턴을 얻을 수 있고 여기에서 위상을 계산할 수 있다. 이것이 **SIRAS(단일 동형 전환 변칙법, single isomorphous replacement with anomalous scattering)**, **SAD(단일 파장 변칙 분산법, single-wavelength anomalous dispersion)**, **MAD(다중 파장 변칙 분산법, multi-wavelength anomalous dispersion)** 같은 방법의 기본 원리이다. 변칙 산란법은 **입자가속기 방사선 원천(synchrotron radiation sources**, 이 장치는 정밀하게 조절할 수 있는 높은 밀도의 엑스선 빔을 생산한다)의 사용을 필요로 하고 또 카파-기하학 측각기(kappa-geometry goniometers)와 영역 측정기(area detectors) 같은 민감한 측정 장치를 필요로 한다. 지난 10년간 구조 유전체학의 빠른 발전은 3세대 원자 가속기의 빠른 증가에 기인한 바가 크며, 현재 이 중 120개 이상이 온라인 접근 가능하고 이 각각은 매년 100~300여 개의 구조를 밝혀내고 있다. 또 다른 현대적 방법으로는 각각의 단백질을 박테리아나 효모에서 발현시키고 여기에 중금속을 대체할 수 있는 **셀레노-메티오닌(seleno-methionine)**이라는 아미노산 유도체를 첨가하는 것이다. 이것은 구조적 단백질체학에 있어 일상적인 방법이 되었는데, 그 이유는 이것이 굉장히 빠른 MAD/SAD 데이터 수집 및 처리법에 접목시킬 수 있고 단결정을 중금속 용액에 담그는 수고를 할 필요가 없기 때문이다.

마지막 과정은 구조 모델을 전자밀도지도 안에서 제작해 가는 것이다. 여기에는 소위 아미노산 서열이라는 또 하나의 결정적 정보 조각을 요구하는데, 이것은 수소, 산소, 질소 원자가 엑스선 회절에 의해서 명확하게 구분이 잘 되지 않으므로, 결과적으로 아미노산의 측쇄(side chain)를 구분하기가 쉽지 않기 때문이다. 이 과정에 의해 만들어진 구조 모델은 수소를 제외한 모든 원자에 일련의 *xyz* 원자 좌표를 부여한 것이다(일반적인 엑스선 회절로는 수소 원자의 위치를 파악할 수 없기 때문에, 단결정 구조 안에서 수소 원자의 위치는 단백질 구조가 다 밝혀진 후에 컴퓨터 모델링을 통하여 추정 위치에 인위적으로 집어 넣어주는 것이다). 전자밀도지도 제작에 더 많은 데이터가 첨가될수록 원자 위치에 대한 정확성이 더 높아지며 모델의 해상도가 더 높아진다. 그렇다 하더라도 단백질에는 원자의 위치를 정확히 지정할 수 없는 지역이 존재한다. 각각의 원자에는 소위 **온도 인자(temperature factor)** 라는 것이 부여되는데, 이것은 확실성의 정도를 나타내는 지수이다. 온도 인자가 높을수록 확실성은 낮아진다. 높은 온도 인자는 무질서의 정도를 나타내거나(즉, 단결정을 이루는 서로 다른 단백질 분자들 속에서 상대적으로 동일한 위치에 자리한 특정 원자의 위치는 약간씩 틀리다) 또는 역동성 정도를 나타낸다(즉, 특정 원자는 그의 안정된 위치 주변으로 진동하려는 경향을 가진다).

구조 유전체학에서 엑스선 회절법의 사용을 아직 혁명적으로 바꾸지는 못했지만, 최근의 주요한 발전으로 5마이크로미터 정도의 좁은 직경을 가진 **X-선 미니빔(X-ray mini-beams)**이 있는데, 이것은 전통적인 원자가속기에 적용하기에는 너무 작은 단백질 단결정로부터 유용한 데이터를 얻을 수 있게 해준다. 더 나아가 미니-빔은 커다란 단결정에서 가장 잘 정렬된 부분을 정확하게 조준할 수 있게 함으로써 균일하지 않은 부분에서 회절되는 것을 감소시켜 주고, 방사능으로 인한 큰 손상을 방지함으로써 단백질 단결정로부터 얻는 데이터 신호 대 잡음의 비율을 증가시켜 준다.

NMR 분광법은 특정 원자핵의 자성적인 성질을 연구한다

핵자기 공명(Nuclear magnetic resonance; NMR)은 몇몇 원자의 핵이 자성적 성질을 띠고 있기 때문에 생기는 현상이다. NMR 분광법에서 이런 성질은 분자 속 원자의 상대적인 위치에 대한 데이터를 얻는 데 사용되고, 이러한 데이터는 일련의 구조 모델로 만들어진다. 아원자적 입자는 그들의 축을 중심으로해서 회전하는 것으로 생각되어지며, 이런 회전은 많은 원자에서 서로 간에 균형을 맞추어 원자핵 전체적으로는 회전을 띠지 않게 한다. 수소(^{1}H)와 몇몇 자연적으로 생겨나는 탄소와 질소의 동위원소(^{13}C, ^{15}N)에서는 회전이 균형을 맞추지 않으며, 결과적으로 원자핵이 **자기 모멘트(magnetic moment)**라는 것을 가지게 된다. 양자역학에서는 이러한 원자핵이 회전-$^{1}/_{2}$ 입자이기 때문에 두 가지 가능한 방향 중 한쪽만을 가질 수 있다고 하고 또 자기장이 없을 때에는 회전 편향성이 무작위로 바뀐다고 한다. 그러나 자기장 하에서는 에너지 준위가 나뉘게 되는데, 그 이유는 한쪽 방향에서는 핵의 자기 모멘트와 자기장이 같은 방향으로 정렬되지만 다른 쪽에서는 아니기 때문이다(그림 6.4). 이와 같은 에너지 분리가 일어나는 곳에서, 핵은 특정 주파수의 전자기파에 접하게 될 때 낮은 에너지의 자기적 회전 상태에서 덜 선호적인 높은 에너지 상태로 도약하도록 유도될 수 있다. 전자기파의 주파수가 해당 핵 회전의 주파수와 일치하기 때문에 이런 흡수를 공명이라 부른다. 핵이 다시 본래의 위치로 돌아갈 때 측정이 가능한 전자기파를 방출하게 된다. 양성자(^{1}H)는 강한 신호를 내며, 이것이 **NMR 분광법**을 이용한 단백질 구조분석의 기본 원리이다.

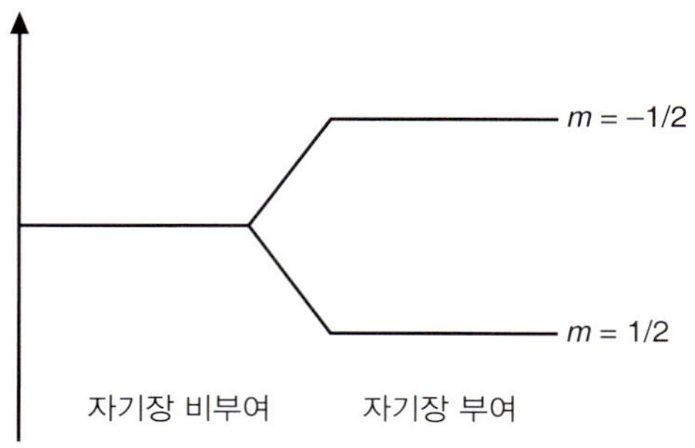

그림 6.4 **정수가 아닌 회전을 가지는 핵에서의 에너지 준위**. 자기장이 존재하지 않을때 핵은 동일한 에너지를 가지는 두 가지 중 한 가지 방향으로 존재 할 수 있다. 자기장이 부여되면 에너지 준위는 나누어지게 되는데, 한쪽 방향에서는 핵의 자기 모멘트가 자기장과 같은 방향으로 정렬되지만 다른쪽 방향에에서는 아니기 때문이다. *m*은 자력의 양자수이다.

구조이 NMR 분광법에 의해 분석될 수 있는 이유는 각 핵의 자기 공명 주파수가 주변에 연결된 원자의 스스로의 자기장을 생성할 수 있는 전자에 의해 영향을 받기 때문이다. 외부적 자기장의 강도는 이런 **차폐(Shielding) 억제**를 극복하고 각 핵의 화학적 주변 환경에 달려 있는 **화학적 변이(chemical shift)**의 교란을 극복할 수 있을 정도로 증가되어야 한다. 이런 방식으로, 예로 들어 메틸 그룹이나 방향성 그룹에 속한 수소 원자의 차이를 구별할 수 있다. 똑같은 원칙이 단백질의 수소 원자 사이에도 적용되나, 일차원 NMR 실험으로는 이런 복잡한 분자를 분석하기에 불충분한데, 이는 분석된 스펙트럼의 많은 수가 겹치기 때문이다.

이런 문제를 해결하기 위한 한 가지 방법은, 상호작용하는 핵 간에 생성되는 추가적인 고차원 NMR 스펙트럼을 얻기 위해서, 서로 다른 시간 간격에 의해 생성된 순차적 전자기파 펄스를 사용하는 것이다. 다른 종류의 순차적 펄스를 사용하면 몇 가지 종류의 상호작용이 측정될 수 있다.

- **COSY(correlation spectroscopy: 상관관계 분광법)**는 둘 또는 셋의 화학결합을 통해, 탄소 또는 질소 원자에 연결된 두 양성자 사이의 상호작용을 측정한다. 이것은 연결된 원자에 연관된 양성자의 네트워크를 추적할 수 있게 해준다.
- **TOCSY(total correlation spectroscopy: 전상관 분광 분석법)**는 인접한 탄소나 질소에 바로 연결된 양성자들뿐만 아니라 일련의 네트워크를 통해 상호작용하는 양성자의 그룹을 측정한다. TOCSY는 특정 아미노산에 연관된 모든 양성자들을 밝힐 수 있으나, 펩타이드 결합을 이루는 카르보닐기(carbonyl) 부분에는 양성자가 없기 때문에 인접한 아미노산 잔기로 확장되지는 않는다.
- **NOESY(NOE spectroscopy: NOE 분광법)**는 **핵 오버하우저 효과(nuclear overhauser effect, NOE)**의 장점을 이용하는데, 이는 직접 결합으로 연결은 되지 않았지만 공간상 가까이 위치한 핵 사이에 발생하는 자기적 상호작용을 말한다. 이것은 분리된 아미노산에 속하는 양성자 사이의 상호작용을 밝힐 수 있기 때문에 단백질 구조를 밝히는 데 매우 유용하다.

COSY/TOCSY와 NOESY의 결합은 매우 유용한데, COSY/TOCSY는 양성자를 각각의 아미노산 잔기와 그들의 측쇄를 나타내는 서로 다른 회전 시스템에 부여하는 데 반해, NOESY는 회전 시스템 사이의 공간적 상관관계를 결정하는 데 도움을 주어 잔기의 순서와 폴리펩타이드 뼈대의 폴딩을 알 수 있게 해준다. 위 방법은 ^{1}H 한 가지 신호만이 측정되기 때문에 **상동핵(homonuclear)** 기술이라고 알려져 있다. 크기가 큰 단백질에 대해서는 다중 차원의 스텍트럼조차도 구별이 힘들기 때문에 상동핵 방법은 작은 단백질이나 펩타이드에 적합하다. 더 높은 해상도는 **이핵(heteronuclear)** 방법을 사용하여 얻어질 수 있는데, 이것은 단백질에 ^{13}C나 ^{15}N을 붙이는 것이 필요하다. 이핵 NMR을 통해 얻어진 추가 정보는 매우 중요한데, 왜냐하면 자성화가 펩타이드 결합을 통해 전달되어 서로 다른 회전 시스템(잔기)이 연결되게 해주기 때문이다. 이러함에도 NMR 분광학은 보통 30~40 kDa 정도 크기의 단백질 분석에 적합하다(아래에 예외를 다루지만).

화학적 변이와 연결의 모든 영향을 고려했을 때 NMR 분석의 결과는 일련의 **거리 제한(distance restraints)**인데, 이것은 (결합되거나 또는 안 된) 특정 원자 간의 추정되는 거리를 말한다. 충분한 거리 제한이 계산되었을 때 데이터에 적합한 단백질 구조의 수는 유한개일 수 있다. 따라서 NMR 분광학은 정확한 하나의 구조가 아니라 데이터에 맞는 패밀리라 불리는 일련의 모델 집합체를 얻게 한다. NMR 구조 모델의 질은 제한 조건의 수에 따라 증가하는데, 전형적으로 상동핵 NMR을 통해서는 잔기당 15개까지의 구속 조건을 얻을 수 있고 이형 NMR로는 잔기당 25개의 구속조건을 얻을 수 있다. 이를 통해 얻어진 모델은 엑스선 회절방법으로 생성한 0.2 nm 해상도 모델에 비견될 수 있다. 연결 제한(coupling restraints)으로부터 유도된 **각도 제한(angle restraints**: 화학적 결합의 비틀림 각도의 제한)과 잔여 쌍극자 커플링(residual dipolar coupling, 뒷부분 참조)으로부터의 **방향 제한(orientation restraints)**을 첨가하면 NMR 모델의 해상도는 증가하게 된다.

엑스선 회절법처럼 NMR에 기반을 둔 단백질 분석 기술도 상당한 발전을 해오고 있어 구조가 풀리는 속도도 빨라졌으며 결과로 얻어지는 모델의 정확도도 많이 향상되었다. 현재 PDB 사이트의 구조 중 대략 15% 정도가 NMR 데이터에 기반을 하고 있다. 단백질체학에 있어 NMR 분광법의 두 가지 주요 한계점은 거대 단백질 분자에 대한 저조한 성과와 쉽게 수용화할 수 있는 단백질에 대한 한계성이다. 거대 단백질 분자에 대한 문제는 두 가지이다: 첫째 겹쳐진 신호가 얻어지는 경향(이핵 방법과 다중차원 기술로 일정 부분 해결하려고 하고 있다)과 더불어 자성화가 빨리 풀리는 경향인데, 이것은 결과 신호를 넓고 약하게 만든다. 이 문제를 해결하기 위해 중수소화된 단백질과 이완되는 속도를 감소시키는 새로운 기술(**transverse relaxation optimized spectroscopy, TROSY**)을 발전시켜 왔으며 이 기술로 900 kDa까지의 단백질은 분석할 수 있게 되었다. 단백질 수용성에 대한 문제는 단점이면서 동시에 장점인데, 왜냐하면 용액 NMR이 단백질의 동적인 행동 양식과 리간드와의 상호작용을 연구할 수 있게 하기 때문이다. 나아가 NMR 분광법의 비침습적인 성질이 최근에 살아있는 세포 안의 단백질 구조도 분석할 수 있게 하고 있다(**in-cell NMR**). 용해되지 않거나 단결정을 만드는 데 적합하지 않은 단백질(예를 들어, 섬유상 단백질, 세포막 단백질)의 구조분석이 최근에 **고체상 NMR(solid-state NMR)**을 통해서 가능하게 되었는데, 이것은 고체 상태에서 이방성 상호작용에 의해 향상된 거리 제한 정보의 모음에 기반하고 있다. 많은 경우 이것은 NMR 스펙트럼을 넓히거나 해상도를 감소시키며, 일부에서는 특히 핵간 쌍극자 커플링 같은 획득 가능한 구조적 정보를 향상시킨다. 고체상 NMR은 이미 단결정화된 단백질과 섬유상 단백질 그리고 세포막 단백질의 구조를 푸는 데 사용되고 있다.

구조 분석을 뒷받침하는 데이터을 제공하는 부가적인 방법

엑스선 회절법과 NMR 분광법이 구조 결정에 있어서 표준 방법이라 하더라도 여러 가지 다른 방법이 구조를 푸는 데 필요한 추가적인 정보를 제공하거나 다루기 힘든 단백질의 구조를 들여다보는 데 사용되고 있다.

Far-UV 원편광 이색성 분광광도계(Far-UV circular dichroism spectrophotometry, CDS)는 단백질의 이차 구조를 밝히는 데 사용된다. **원편광 이색성 분광 분석(circular dichroism, CD)**은 용액 속의 분자가 원편광 빛에 노출되었을 때 일어나는 광학적 현상이다. 단백질 같은 비대칭의 분자는 오른쪽 또는 왼쪽으로 원편광된 빛에 의해 서로 다른 흡수 스페트럼을 보여주는데, 이것이 그들의 이차 구조를 밝힐 수 있게 해준다. 160과 240 nm 사이의 빛을 사용하는 CDS는 α-helix와 β-sheet가 많은 단백질에서 독특하고 특징적인 스펙트럼을 보여준다(그림 6.5). CD 분광광도계는 단백질 삼차 구조를 풀지 못한다 하더라도 구조생물학에서 XRC와 NMR 분광법을 보완하는 데 있어 매우 유용한 기술이다. **입자가속기 방사선 CD(Synchrotron radiation CD, SRCD)**는 수많은 단백질의 빠른 구조 분류를 가능하게 한다.

단백질 구조를 분석하기 위한 대안적 방법으로 중성자 회절, 전자 회절, 전자현미경 등이 있다. **중성자 회절(Neutron diffraction)**은 엑스선 회절보다 훨씬 적은 빈도로 쓰이는데, 그 이유는 중성자 소스로의 접근이 쉽지 않고 중성자 빔의 속도 크기가 엑스선에 비해 10배 정도 적기 때문이다. 중성자는 전자보다는 단백질 단결정 속 원자의 핵에 의해 산란된다. 중성자 산란의 장점은 X-선으로 검출하기 힘든 수소 원자에 의해 산란된다는 점이다. 따라서 중성자 회절은 수소결합이나 촉매 기능 부위 같은 중요한 부위의 수소원자 위치를 결정하는 데 쓰인다. **전자 회절(electron diffraction)**은 정렬된 삼차원 단결정을 만들지 못하고, 이차원적으로 단결정화되거나 자연적으로 뭉쳐져서 정렬된 단백질의 연구에 쓰인다. 일례로, 튜블린(tublin)은 1998년에 전자 회절에 의해 구조가 풀렸는데, 그 이유는 이 단백질이 아연 이온이 존재하는 조건하에서 대형 평면 시트를 형성하기 때문이다. 전자현미경은 단일 분자가 단결정 배열에서와 같은 방법으로 분석할 수 있기 때문에, 거대한 단백질 결합체를 단결정을 만들지 않고도 분석할 수 있게 해준다는 점에서 매우 유용하다. 비록 전자현미경 이미지에서 삼차원적인 정보를 얻긴 힘들다 하더라도 각도를 기울여 가며 얻은 수많은 이미지의 조합을 통해 재구성할 수 있다. 최근에 개발된 흥미로운 **전자 단층 촬영법(electron tomography)**은 세포 속의 단백질이나 단백질 결합체의 구조를 연구하는 데 사용될 수 있다.

6.4 단백질 구조 예측

구조적 예측은 서열과 구조 간의 간격을 연결해 줄 수 있다

구조 유전체학의 기술적 진보가, PDB 사이트에 밝혀진 구조이 저장되는 속도를 증가시키긴 했지만, 이것은 아직 가속화되는 서열 발견 속도나 자동화된 서열 분석 비용이 낮아지는 속도에 비하면 상대적으로 느리고 비용이 많이 드는 과정이다. 이에 구조 유전체학은 최소한의 구조를 가지고 구조 공간을 최대한 커버할 수 있도록 보

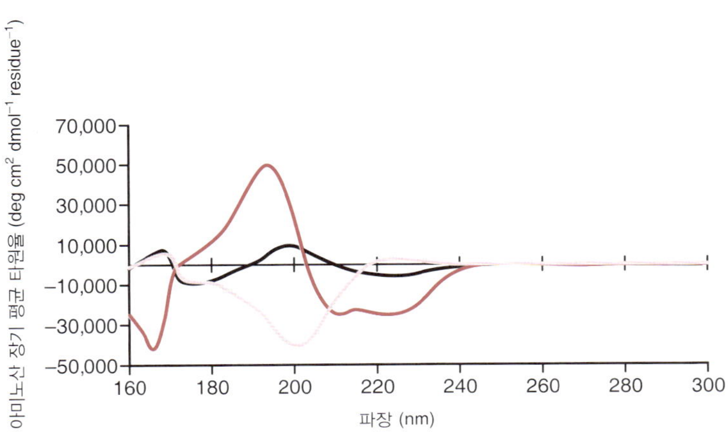

그림 6.5 다양한 단백질의 원편광 이색성 분광 분석. α-나선형(myoglobin, 빨란색), β-시트 (concanavalin A, 검정색), polyproline II helical(type VI collagen, 분홍색) 이차 구조를 나타내는 스펙트럼은 낮은 파장의 영역에서 상당한 차이를 보여준다. (BA & Janes RW (2001) *Curr. Opin. Chem. Biol.* 5, 567에서 인용. Elsevier의 허가를 득함.)

장하기 위하여 목표를 주의 깊게 선택하였다. 일단 단백질의 구조 모델이 존재하면 생물정보학에 기반을 둔 많은 방법이 유사한 서열을 가진 단백질의 구조를 예측하는 데 사용될 수 있다. 또한 기존의 알려진 구조 데이터가 없는 새로운(*de novo*) 서열을 가지고도 단백질 구조의 일부 측면이 예측될 수 있다. 이 두 가지 접근법은 도전의 양단에서 작업하며 궁극적으로 구조 공간을 완전하게 커버하기 위하여 만나게 될 것이다. 실험적 방법처럼 정확하지는 않더라도 구조 예측은 비교적 자동화된 방법으로 수행될 수 있다.

단백질 이차 구조는 서열 정보로부터 예측될 수 있다

이차 구조 예측은 완전한 형태의 구조를 향한 유용한 첫 번째 단계를 의미한다. 일반적으로 이것은 **세 가지-상태 예측(three-state prediction)**이라고 알려져 있는데, 이는 단백질 서열내의 각각의 잔기가 비교적 작은 역할을 하는 5가지의 다른 이차 구조와 더불어 일반적으로 α-helix (H), 확장된 β-strand (E), 또는 무정형의 coil (C), 이 세 가지 이차 구조의 부분로 지정되기 때문이다(추가적인 정보를 위해서는 Box 6.1을 참조).

초우-파스만법(Chou-Fasman method)은 이차 구조 예측을 위한 최초의 경험적 방법 중 하나로, 엑스선 회절법에 의해 이미 밝혀진 단백질 구조의 분석을 통해 정립된 구조 속에 나타나는 각각의 아미노산 잔기의 통계학적 경향에 기반을 둔다. Glutamate 같은 아미노산은 **나선형 경향(helical propensity**: 이들은 단백질의 다른 곳보다 α-helix 상에 더 선호적으로 나타나는 경향이 있다)이 있는 데에 반해, valine 같은 것은 **가닥형 경향(strand propensity**: 이들은 β-strand나 β-sheet에 좀 더 풍부하게 존재한다)이 있다. Leucine 같은 아미노산은 나선이나 가닥에 같은 빈도로 나타난다. Glycine과 proline은 그들의 특이한 측쇄 그룹으로 인해 폴리펩타이드 뼈대의 유연성에 영향을 미치며, 이차 구조에서는 전혀 발견되지 않는다. 더 나아가 나선이나 가닥의 말단에서 그들이 발견되며 이차 구조의 분리자로 작용한다(표 6.3). **GOR(Garnier-Osguthorpe-Robson) method**는 같은 시기에 개발되고 비슷한 원칙(밝혀진 구조와의 비교)에 기반을 두었을 뿐만 아니라, 예측을 향상시키기 위해서 주변의 잔기에 영향에 기반을 둔 베이시안 통계학(Bayesian statistics)과 페어 상호작용(pairwise interactions)을 조건부 확률로서 접목시켰다. 이런 방법을 이용한 예측은 당시 50% 정도만 정확했다.

모든 종류의 이차 구조에 존재하는 모든 아미노산에 대한 개별적 예들이 존재하기 때문에 단일 단백질에 기반을 둔 이차 구조의 예측은 불확실하다. 서열의 다중 정렬법은 나선(helices)이나 가닥(strands)의 형성을 선호하는 잔기가 보존된 블록들을 밝힘으로써 이런 불확실성의 많은 부분을 제거할 수 있고, 또 이것은 예측 확률의 정확도를 75% 이상으로 증가시키기 위하여 서열 정보로 훈련된 신경망을 사용하는 PSI-PRED, PORTER, PHD 같은 방법의 기본 토대가 된다. **서포트 벡터 기계**과 같은 기계 학습 기술 또한 포함되고 있으며(예; SSpro), 또 다른 프로그램은 아미노산 잔기와 주변 용매와의 접근성 정도를 나타내는 상대적 용매 접근성 개념을 탑재하고 있다(예; SABLE, Jpred).

이차 구조 예측 프로그램의 정확성은 일반적으로 Q_3 지수로 나타내는데, 이것은 나

표 6.3 아미노산의 나선형 및 가닥형 경향

아미노산	나선형 (α) 경향	가닥형 (β) 경향
Glu	1.59	0.52
Ala	1.41	0.72
Leu	1.34	1.22
Met	1.30	1.14
Gln	1.27	0.98
Lys	1.23	0.69
Arg	1.21	0.84
His	1.05	0.80
Val	0.90	1.87
Ile	1.09	1.67
Tyr	0.74	1.45
Cys	0.66	1.40
Trp	1.02	1.35
Phe	1.16	1.33
Thr	0.76	1.17
Gly	0.43	0.58
Asn	0.76	0.48
Pro	0.34	0.31
Ser	0.57	0.96
Asp	0.99	0.39

1.0의 값은 특정 이차 구조에 대한 아미노산의 성향이 평균 아미노산의 성향과 동일함을 나타내며, 1보다 큰 값은 평균보다 높은 성향을 나타내고, 1보다 작은 값은 평균보다 낮은 성향을 나타낸다.
이 값은 해당 이차 구조에서 특정 아미노산 장기가 발견되는 빈도를 이차 구조의 모든 장기가 발견되는 빈도로 나눔으로써 계산된다.

선형, 가닥형, 고리형 예측 지수의 상관 계수의 산술적 평균이다.

$$Q_3 = (C_h + C_s + C_c)/3$$

여기서 C_h는 나선 예측의 상관 계수이고, C_s는 가닥 예측의 상관 계수이며, C_c는 코일 예측의 상관 계수이다.

나선 상관 계수 C_h는 아래와 같이 계산되고, 같은 원칙이 C_s나 C_c에도 적용된다.

$$C_h = \frac{ab - cd}{\sqrt{(a+c)(a+d)(b+c)(b+d)}}$$

여기서 a는 helix로 정확하게 지정된 잔기의 수이고, b는 비나선형으로 정확하게 지정된 잔기의 수이며, c는 나선형으로 부정확하게 지정된 잔기의 수이고, d는 비나선형으로 부정확하게 지정된 잔기의 수이다.

단백질 내 α-나선형의 빈도를 예측하는 또 다른 비교적 쉬운 방법은 **와선 모양(helical wheel)**을 만드는 것인데, 이것은 이상적인 α-helix의 나사선에 해당하는 원

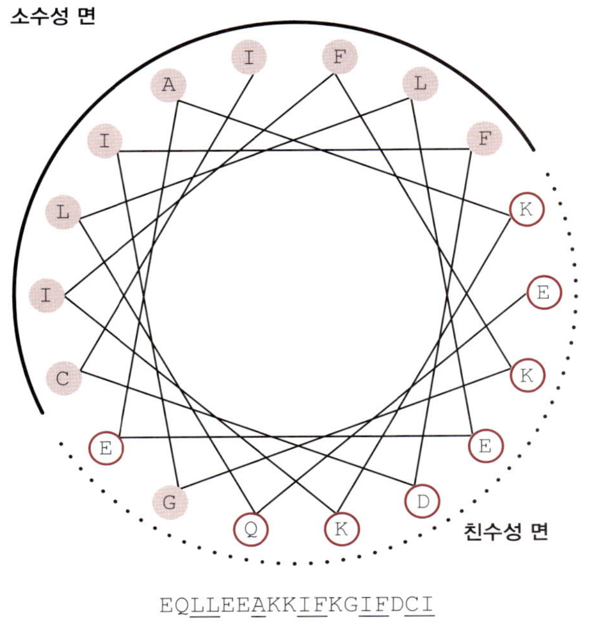

그림 6.6 나선형 휠 형태에 표시된 짧은 아미노산 서열. 소수성 아미노산들은 서열 밑에 밑줄을 그었고 나선형 휠에서 그림자로 표시한다. 글리신은 측쇄가 없기 때문에 소수성이나 친수성 두 가지 모두로 여겨진다.

형 모양에 아미노산의 위치를 표시한 도해이다(그림 6.6). 둥근 형태의 단백질에서 α-helix는 소수성 잔기가 나선 한쪽에 모이는 경향을 가지고 있고, 극성을 띤 잔기는 반대쪽에 모이는 경향을 가지고 있다. 그러나 세포막 관통 단백질은 대부분 소수성 잔기로 α-helix를 구성하는 경향이 있다. **막통과 나선(transmembrane helices)**은, SOUSI, PRED-TMR 같은 도구를 이용하여, 높은 소수성의 분절을 찾기 위해 대략 20여 개의 아미노산으로 된 상자를 움직이는 방법으로 단백질 서열을 스캐닝함으로써 밝혀낼 수 있다. 막통과 나선을 예측하는 다른 방법에는 은닉 마르코프 모델(예; TMMOD)과 dense alignment surface method(DAS-TMfilter)가 있다. 모든 막통과 구조가 나선은 아니며, **막통과 통구조(transmembrane barrels)**를 밝혀내기 위하여, hidden Markov 모델의 결합(예; PRED-TMMB), 신경 그물망(예; TMBETA-NET), 막단백질 클러스터(예; TSEG) 등을 사용하는 다른 프로그램이 개발되어져 왔다.

삼차 구조는 템플릿 구조가 존재할 때 비교 모델링을 통해 예측될 수 있다

밀접하게 연관된 단백질의 구조가 존재 가능하고 템플릿으로 사용될 수 있을 때, 단백질의 삼차 구조는 서열로부터 상당한 정확도로 예측되어질 수 있다. 이런 접근법은 **비교 모델링(comparative modeling)** 또는 **상동성 모델링(homology modeling)**이라고 알려져 있으며, 두 개의 서열이 80여 개 이상의 잔기에 대하여 30% 이상의 동일성을 가질 때 일반적으로 잘 작동한다.

비교 모델링의 첫 번째 단계는 적당한 템플릿을 찾는 것으로, 유사한 단백질 서열을 찾아내고 풀려진 구조에서 이들 서열을 찾음으로써 이루어진다. 구조 예측 방법으로서 비교 모델링의 주된 한계점은 템플릿 구조가 없는 것으로, 결과적으로 대표적인 구조로 방점을 찍음으로써 구조 공간을 커버하려는 구조 유전체학의 지배적인 목적은 항상 가능한 것이 아니다. 적당한 템플릿이 발견될 수 있을 때, 과정의 두 번째 단계는 구조적 템플릿에 조회(query) 단백질 서열을 정렬시키는 것이다. 정확한 정렬은 과정의 세 번째 단계에서 만들어지는 마지막 구조적 모델의 품질에 있어서 매우 중요하다. 매우 가깝게 연관된 단백질에서 더 나은 모델이 만들어진다. 만일 템플릿과 조회 단백질이 70% 이상 동일할 때는 자동 정렬 방법이 적당하나, 덜 보존된 단백질 경우에는 더 많은 사람의 수작업이 필요하다. 앞에서 다룬 것처럼 단백질의 기능에 필요하다고 알려진 잔기(활성 부위의 중요 잔기 같은 것들), 또는 구조를 유지하는(특히, cysteine, glycine, proline 잔기들, Box 6.1 참조) 잔기는 단백질 구조 안에서 보존된 위치를 차지하는 경향이 있으며 서열 안에서 정렬되어야만 한다. 만일 다수의 템플릿 구조가 존재 가능하면, 모델 템플릿 안에서 구조을 겹쳐 놓고 평균적인 원자의 위치를 사용하는 것이 적절하다.

상동성 모델링을 위한 다양한 소프트웨어 세트가 존재하며, 모델링 과정의 서로 다른 부분을 담당한다. CHP 모델과 Domain Fishing은 템플릿 선택 과정에 집중하는데, CHPmodels은 서열 데이터베이스를 검색하여 템플릿을 선택하기 위한 PSSM을 만듦으로써, 또 Domain Fishing은 조회 단백질에 대한 최적의 템플릿을 선택하기 위해 사용되는 작은 도메인으로 나눔으로써 작동한다. ESyPred3D와 Geno3D는, 단백질의 핵심부와 표면 루프를 형성하는 잔기를 템플릿 속에서 파악하기 위하여, 일련의 서열 다중 정렬 프로그램을 사용하여 서열 정렬에 집중한다. 일반적으로 구조적 핵심부에는 이차 구조가 많기 때문에, 구조적 핵심부의 잔기 위치는 매우 잘 보존되어 있다. 루프은 좀 더 변화가 많고 서열 정렬때 틈에 해당하는 경우가 많은데, 달리 말해 템플릿과 조회 단백질이 가진 잔기의 수가 다른 곳에 해당한다. 따라서 루프 부분에서의 서열 정렬은 좀 더 어렵다. 쉬운 방법은 소위 **예비 부분 알고리즘(spare parts algorithm)**이라는 것을 사용하는 것으로, 이것은 다른 단백질의 루프 구조 데이터베이스를 검색하는 것이다. 조회 단백질이 데이터베이스의 단백질과 꼭 유사할 필요는 없으나, 최대 잔기 4개의 길이를 가진 특정 루프는 그들의 구조를 예측할 수 있게 하는 서열과 유사할 수 있다. 이러한 구조은 모델에 맞추어질 수 있다. 첫 번째 원칙에서 예비 부분 알고리즘의 사용은 특정 루프의 폴딩 습성을 계산하려고 시도하는 다른 방법과 결합할 수도 있다.

일단 폴리펩타이드 뼈대가 가는 길이 확인되면, 아미노산 측쇄의 위치를 예측하기 위해서 추가적으로 다른 알고리즘이 사용된다. 템플릿과 조회 서열 속의 특정 잔기가 보존된 곳이 템플릿 속에서 측쇄의 위치가 결정되는 기본이 될 수 있다. 보존되지 않은 잔기에 관해서는 에너지적으로 가장 유리한 방식으로 단백질의 내부를 채우려고 시도하는 알고리즘이 채택된다. 초기의 모델은 에너지를 최소화하는 소프트웨어의 사용을 통해서 개선되는데, 이것은 구조의 전체적인 잠재성 에너지를 감소시키는 방향으로 원자의 위치를 조금씩 조정한다. 통합적인 소프트웨어 패키지 **스위스 모델(SWISS-MODEL)**은 모델을 만들고 조정하며 각각의 단계를 평가하는 수단을 제공한다.

순수 이론적 계산(*ab initio*) 예측 방법은 첫 번째 원칙에서 구조를 제작하려고 시도한다

비교 모델링 방법의 단점은 적당한 템플릿이 있어야 가능하다는 점이다. 반대로 순수 이론적 계산 방법은 첫 번째 원칙에서, 즉 어떠한 구조적 정보도 없는 상태에서, 단백질의 삼차 구조를 예측하는 것을 목표로 한다. 전형적인 과정은 폴리펩타이드 사슬과 주변 용매의 수학적 표현법을 밝히고, 단백질의 물리화학적 성질을 정확히 표현하는 에너지 함수를 밝히며, 최소의 자유에너지를 가진 사슬의 형태를 찾는 알고리즘을 사용하는 것이다.

순수이론 계산법의 단점은 비록 짧은 폴리펩타이드 사슬이라 하더라도 잠재적으로 무한의 서로 다른 단백질로 폴딩될 수 있다는 점이다. 모델을 사실적으로 만들기 위해 만일 충분한 용매 분자를 모델에 첨가한다면, 이미 알려진 단백질의 행동 방식에 대한 정보를 반영하지 않는 한, 너무 복잡해져서 연구할 수가 없다. 이런 이유로 200개 이상의 잔기를 가진 폴리펩타이드의 구조를 순수이론 방법만으로 예측하려는 시도는 비현실적이다. 짧은 폴리펩타이드의 경우에는 최근의 결과가 매우 고무적이다. 길이가 150개 이하인 모든 폴리펩타이드의 대략 3분의 1 정도는 이와 같은 방식으로 분석이 되었고, 결과 모델 중 하나는 PDB에 있는 실제 구조와 상당히 유사하였다. 그러나 각 모델의 해상도는 떨어지고 순수이론법의 실제적 적용은 아직 제한적이다.

순수이론 예측을 위한 가장 유명한 알고리즘은 Rosetta로서, 이것은 구조적으로 가변적인 부분을 모델링하기 위하여, 이미 알려진 구조와 가변적인 부분들 간의 지엽적이지 않은 상호작용의 근사치, 그리고 자유 에너지의 최소값을 찾는 몬테 카를로(Monte Carlo) 방법을 사용한다. 이것을 수행하기 위한 거대한 컴퓨터 자원의 필요성은 **distributed computing rosetta project@home**을 발전시킴으로써 경감되었는데, 이것은 **folding@home**으로 잘 알려진 프로그램과 유사한 방식으로 작동한다. 즉, 수천 명에 이르는 지원자들의 컴퓨터에서 사용되지 않고 있는 자원을 이용하는 것으로, 인터넷을 통해서 분석하기 위한 데이터를 주고받음으로써 작동한다.

구조 인식(threading)은 비유사 접힘구조들 간의 유사성에 기반하여 이루어진다

이론상 특정한 폴리펩타이드 사슬은 거의 무한대에 가까운 다른 구조들이 가능하지만, 논리적으로 이런 것들의 대부분은 에너지적으로 바람직하지 않아 자연계에 존재하지 않는다. Box 6.1에서 다루었듯이, 단백질 사슬이 폴딩하는 과정(중심핵을 중심으로 압축되거나 이차 구조가 많은 중간 단계를 거치는 것 둘 중에 한 가지)은 가능한 구조의 총 숫자를 제한하게 된다. 결과적으로 구조 공간에 존재하는 단백질 접힘구조들의 총 숫자가 서열들의 총 숫자에 의해 수천 개 정도로 제한된다는 것을 알게 되었다.

이런 관찰들과 논리적 추정은, 에너지적으로 안정한 접힘 구조가 실제로 수천 개 정도일 때, 에너지 효율적인 방법으로 폴리펩타이드 사슬이 폴딩하는 모든 구조적 공간을 조사하는 것은 아마도 비효율적일 것이라고 말해준다. 많은 가상의 단백질은 아마 PDB에 유사한 구조를 가지고 있을 것이지만, 서열 유사성 또는 실재하는 구조 데이터 없이는 이런 관계를 밝히는 것이 힘들 것이다. **구조 인식(Fold recognition or threading)** 방법은, 서열 수준에서는 유사성을 보이지 않는 구조의 모델링에 사용될 수 있는 접힘구조를 찾음으로써 이런 문제를 다룬다.

접힘 구조 인식의 원칙은 주어진 조회 서열에 해당하는 접힘 구조를 찾는 것인데, 이것은 개요서를 구축하거나 또는 **접힘 구조 라이브러리(fold library)**라고 알려진 단백질 구조 데이터베이스를 검색하고, 접힘 구조에 점수를 매김으로써 서열에 맞는 적정 후보를 찾아낸 후, 가장 높은 점수의 단백질과 조회 단백질을 정렬하는 다중 서열 정렬 방식을 통해 이루어진다. 일단 이와 같은 템플릿이 찾아지면 프로세스의 나머지 과정은 비교 모델링법과 같다. 접힘 구조 인식 방법은 일반적으로 유사 서열 검색과 구조적 정보 두 가지에 기반을 두고 있다. 예를 들어, 3D-PSSM 방법(삼차원 위치기반 득점 행렬 방식)은 PSI-BLAST 알고리즘을 사용하는데, 이 알고리즘은 조회 단백질과 약하게 연관되어 있는 서열들을 발견하고 여기에 이차 구조 예측 정보와 소수성 아미노산들이 단백질의 구조적 핵심부에 위치하려는 경향에 대한 정보를 첨가하는 역할을 한다. 이것은 pGenTHREADER과 PHYRE 같은 프로그램의 기본이 되는 반면에, M-TASSER는 템플릿을 만들기 위한 접힘구조 인식에 구조 기반 방법을 사용하고 이것을 이용해서 모델의 형성과 개선을 한다. 상동성 모델링에서는 구조 인식 방법이 약하게 연결된 서열들을 일반적으로 밝혀낼 수 있으나 구조 예측의 정확성은 서열 정렬의 오차에 의해 제한을 받는 한계점이 있다.

6.5 단백질 구조의 비교

일단 단백질의 삼차 구조가 엑스선 회절법이나 NMR 분광법에 의해 밝혀지거나, 위에서 언급한 다른 방법들에 의해 모델링되면, 이것은 PDB에 저장되고 다른 연구자들에 의해 사용될 수 있다. 이번 장의 시작 부분에서 언급한 것처럼 단백질체학에 있어서 구조 데이터의 중요한 이점은 단백질 구조를 비교하고 보존된 구조들의 특징에 기반하여 기능을 예측할 수 있다는 점이다. 이런 목적을 위해서는 두 가지 요구조건이 있다: 하나는 단백질 구조를 비교할 수 있는 객관적인 방법이고 또 다른 하나는 모든 단백질에 적용 가능한 구조 분류 시스템으로, 결과적으로 전 세계에서 단백질을 연구하는 과학자들이 같은 기술적 언어를 사용할 수 있게 하는 것이다.

몇 가지 프로그램이 존재하는데, 많은 경우 인터넷을 통해 무료로 제공되며, 또한 PDB 파일을 삼차원 모델로 만들어 준다(예; Rasmol, MolScript, Chime). 더 나아가 많은 수의 알고리즘들이 단백질 구조를 비교하기 위해 만들어졌다. 이런 일들은, 최근의 일부 프로그램이 두 가지 방법 모두를 채택하긴 하지만, 일반적으로 둘 중 한 가지 방법에 기반을 두고 수행된다. 첫 번째 방법은 **분자 간 비교(intermolecular comparison)**로, 여기에서는 두 단백질의 구조를 겹쳐 놓고 겹쳐진 원자들 간의 거리를 최소화하는 방식으로 알고리즘이 작동한다(그림 6.7a). 구조들 간의 유사성을 측정하는 데 사용되는 함수는 **평균평방근편차(root mean square deviation, RMSD)**인데, 이는 상응하는 원자들 간의 제곱 거리의 평균을 제곱근한 것이다. RMSD는 비슷한 구조일수록 작아지며 동일한 구조가 겹쳐졌을 때 제로가 된다. 이런 알고리즘의 예로는 Comp-3D와 ProSup이 있다. 두 번째 방법은 **분자 내 비교(intramolecular comparison)**로 여기서는 두 단백질의 구조를 나란히 놓고 비교하는데, 알고리즘은 각각 구조 내부의 상응하는 원자들 간의 내부 거리를 측정해서, 이런 내부 거리들이 가장 가까운 정렬법을 찾아내는 것이다(그림 6.7b). 이런 알고리즘의 예로는 DALI가 있다. 두 가지 알고리즘을 모두 채택한 방법에는 COMPAPER와 VAST가 있다.

실제 밝혀진 구조들이 존재할 때 구조 모델의 정확성을 계량하기 위하여 위와 유사한 방법들이 사용된다. 일반적으로 비교 모델링의 경우에 정렬이 잘되면 매우 정확한 모델이 가능해진다. 0.1 nm 이하의 RMSD는 매우 정확한 예측을 나타내는데, 그 이유는 이 수치가 동일한 단백질 구조를 개별 실험을 통해 얻은 결과들 간의 차이값 정도와 비슷하기 때문이다. 탬플릿 구조와 목적 서열 간의 서열 동일성이 70%을 넘으면 완전히 자동화된 방법들을 사용했다하더라도 모델이 0.2~0.3 이하의 RMSD 정확성을 가진다고 생각해도 무방하다. 동일성이 40% 이하로 떨어지면, 수동으로 개입하여 올바른 정렬을 하는 것이 매우 중요하다.

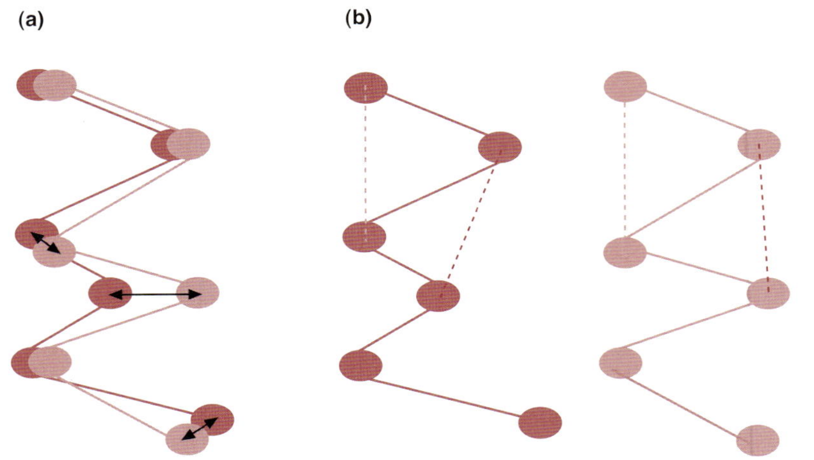

그림 6.7 **단백질 구조들의 비교**. 원들은 각각 아미노산 잔기들의 Cα 원자를 나타내고 선들은 공간 속에서 폴리펩타이드 뼈대가 가나가는 길을 나타낸다. (a) 분자 간 비교는 단백질 구조를 겹쳐 놓고, 겹쳐진 구조들 속의 상응하는 원자들 간의 거리를 계산함으로써 이루어진다(양방향 화살표로 나타냄). 이러한 거리들은 다음의 공식이 나타내는 평균평방근편차(RMSD)를 구하기 위해서 사용된다.

$$\text{RMSD} = \sqrt{\frac{1}{N}\sum_i d_i^2}$$

여기서 d_i는 겹쳐진 Cα 원자들의 세 번째 쌍들 사이의 거리를 나타내고, N은 정렬된 원자들의 총 숫자를 나타낸다. 많은 잔기들을 통해 계산된 작은 RMSD 값은 상당히 보존된 삼차 구조의 증거이다. (b) 분자 내 비교는 각각 구조들 내부의 상응하는 원자들 간의 비교 거리들에 기반하여 나란히 놓고 하는 분석를 통해 이루어진다(색깔이 입혀진 점선으로 표시됨).

포괄적인 거리 테스트(global distance test, GDT)는 단백질 구조들의 유사성을 측정하는 좀 더 정확한 방법으로 엑스선 회절이나 NMR 분광법으로 각각 풀려진 구조를 비교할 때 사용된다. 이것은 단백질 구조의 핵심부가 정확할 때 부정확한 표면 루프의 모델링을 통해 만들어진 외곽의 효과에 덜 민감하다. 따라서 대중이 사용할 수 있다는 점에 중점을 두고 계속해서 사용되는 LiveBench와 EVA뿐만 아니라, 전문가적 예측 시스템에 초점을 맞춘 연간 표준 프로젝트 CASP(단백질 구조 예측의 엄밀한 측정 기술: Critical Assessment of Techniques for Protein Structure Prediction)과 CAFASP(완전 자동화된 예측의 엄밀한 측정: Critical Assessment of Fully Automated Structure Prediction)의 선호되는 계량법이다.

6.6 단백질의 구조적 분류

단백질 구조에 바탕을 둔 기능적 주석 달기는 서로 다른 구조를 분류하기 위하여 철저하고 표준화된 시스템을 필요로 한다. 몇 가지 다른 계층적 분류 기준이 정립되어 왔는데, 이것은 단백질을 그들이 소유한(주로 α-helix, 주로 β-strand, 그리고 둘이 섞인) 다양한 이차 구조의 비율에 기반을 두고 일반적 등급으로 일단 분류한 다음, 이런 구조들이 어떻게 정리되었느냐에 기반을 둬서 좀 더 특정한 그룹으로 성공적으로 분류한다. 이런 기준은 SCOP, CATH, FSSP 같은 데이터베이스에도 추가되었다 (Box 6.2).

이러한 데이터베이스는 사용하는 분류법에 따라 구분된다. 예를 들어, FSSP 시스템은 DALI 프로그램을 사용하여 완전히 자동화된 구조 비교법을 접목하였다. CATH는 SSAP 프로그램을 사용하여 비교를 수행하는 반자동 방법이나, 비교의 결과물은 수동으로 조정된다. SCOP는 수동 분류 방법으로 기하학적 기준뿐만 아니라 진화적 연관관계에 기반을 두고 있다. 서로 다른 방법을 사용하였을 때 동일한 단백질이 다른 그룹으로 분류되는 것은 놀랍지 않다. 계층의 상위 레벨에서는 넓고 일반적인 동의가 있지만, 좀 더 자세한 분류를 추구할 때는 문제점을 맞닥뜨리는데, 그 이유는 서로 다른 분류법에서 접힘 구조를 확인할 때 사용되는 분류 방법이 한계선들(thresholds)에 의존하기 때문이다. 일례로, CATH 분류법의 구조 분류 계층법을 그림 6.8에서 보인다(색상판 참조).

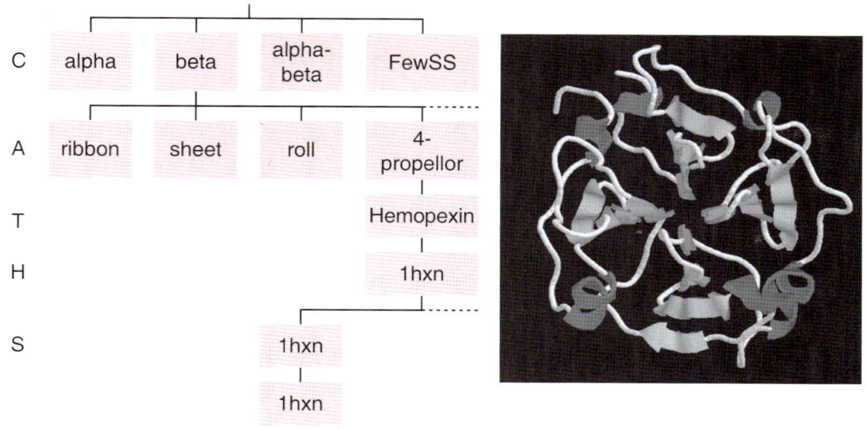

그림 6.8 CATH 데이터베이스를 이용한 단백질의 구조적 분류. 보이는 단백질은 β-sheet들이 많고 α-helix들이 적은 응혈효소이다. 또한 색상판을 참조하라. (Christine Orengo의 제공.)

단백질의 구조 분류에서 혼란을 일으키는 추가적인 문제점으로서, 다양한 삼차 구조와 기능을 가진 많은 단백질에서 발견되는 TIM 원통(triose phosphate isomerase barrel) 같은 소위 **슈퍼폴드(superfold)**가 있다. 상동(homologous) 구조들(이것은 진화상 공통 조상에 기인한 것)과 유사한(analogous) 구조들(이것은 개별적으로 진화했지만 비슷해진 것) 사이의 구별이 필요하다. 비슷한 이유로, 동일한 단백질 패밀리의 다양한 맴버들 사이에 존재하는 접힘 구조의 변이는 결과적으로 동질성의 관계를 밝히는 데 실패하는 결과를 가져올 수 있다. 가장 극단적인 형태로, 이것은 접힘 구조 그룹들 사이의 구조의 연속적 변이를 설명하는 **러시안 인형 효과(Russian doll effect)**로 볼 수 있다(그림 6.9와 색상판들).

6.7 국제 구조 유전체 사업단

구조 유전체학 사업단이 전 세계적으로 설립되었으며, 그중 일부는 공통된 목표를 향하는 흩어져 있는 실험실들을 포함하고, 일부는 특정 지역에 국한되어 있다. 미국의 경우, National Institutes of General Medical Sciences(NIGMS)가 9개의 구조 유전체학 파일럿 센터를 지원하고, 그 밖에 몇 개의 추가적인 산학협력체가 미국, 유럽, 일본에 설립되었다(Further Reading를 참조). 구조 유전체학의 일반적인 목표가 모든 단백질 패밀리의 대표적인 구조를 밝히는 것이지만, 목표 단백질의 초기 세트를 결정하기 위하여 다양한 시도들이 사용되어지고 있다. 연구는 고등생물보다는 작은 유전자(따라서 작은 단백질체)를 가지고 있지만, 근본적으로 유사한 단백질 구조들의 기본 세트를 가진 미생물에 집중되고 있다. 몇몇의 그룹은 그들의 초기 연구를 위해 메타노칼도코커스 야나시(*Methanocaldococcus jannaschii*) 같은 고온성 박테리아를 선택하였는데, 이는 이들 박테리아에서 나온 단백질이 엑스선 회절학이나 NMR 분광학에서 사용되기 적합한 형태로 대장균(*Escherichia Coli*)에서 발현된다는 것을 전제를 하고 있다. 진핵생물 모델에서 선호하는 전략은, 예를 들어 결핵 구조 유전체학 사업단(Tuberculous Structural Genomics Consortium)이 결핵균(*Mycobacterium tuberculosis*)에 집중하는 것처럼 인간 질병에 연관된 단백질에 집중하는 것이고, Box 6.3에 나와 있는 사례와 같이 검토된다. 전체적으로 각각의 구조 유전체학 프로그램으로부터의 정보의 양을 최대화하기 위하여 구조를 선택하는 방향으로

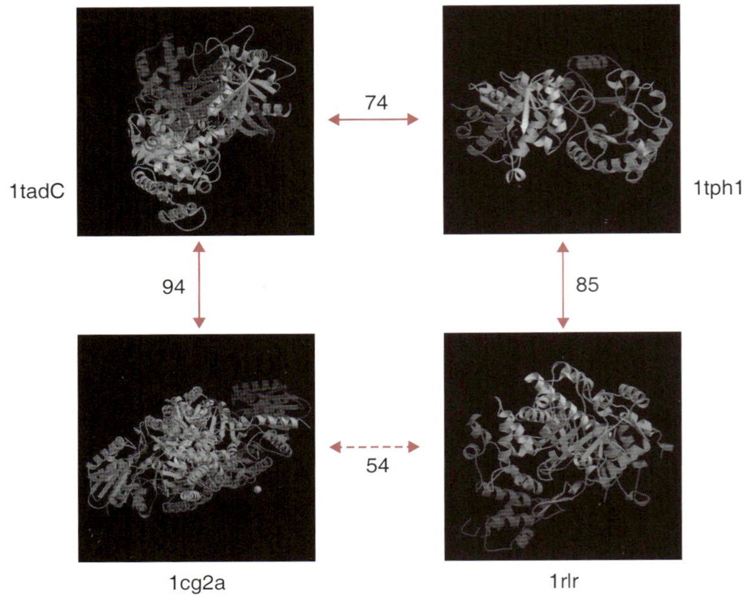

그림 6.9 **러시안 인형 효과.** 접힘 구조 공간에서 점진적인 구조적 변이를 보여주는 네 가지 단백질을 표시하였다. 각각의 단백질은 가장 가까운 것과 적어도 74개의 구조적으로 상응하는 잔기들을 공유하지만 두 가지 극단적인 단백질은 직접적으로 비교했을 때 단지 54개의 구조적으로 상응하는 잔기들을 공유한다. Key: 1cg2a, carboxypeptidase G2; 1tadC, transducin-K; 1tph1, triose phosphate isomerase; 1rlr, ribonucleotide reductase protein R1. 또한 색상판 참조. (Domingues FS, Koppensteiner WA & Sippl MJ (2000) *FEBS Lett. 476*, 98에서 인용. Elsevier의 허가를 득함. Protein Data Bank의 제공.)

진행되어 왔다(그림 6.10).

구조 결정과 모델링이라는 기술적 진보 측면에서 앞서 언급한 성과들의 대부분, 즉 높은 고속 대량 분석을 가능하게 하는 새로운 클로닝 시스템[예를 들어, 접합(ligation) 비의존성 클로닝과 PIPE(polymerase incomplete primer extension)], 예각(small-angle) 엑스선 회절, 원자가속기의 증가된 접근성, 난분해성 단백질의 개선된

BOX 6.3 사례 연구
TB 구조 유전체학 사업단

TB 구조 유전체학협회는 2000년에 발족되어 현재 15개국 94개 연구단체에 소속된 150명 정도의 연구책임자를 포함하고 있다. 이 사업단은 결핵의 진단 및 치료를 향상시키는 데 초점을 두고, 결핵균(*Mycobacterium tuberculosis*)의 단백질 구조를 푸는 것을 전체적 목표로 하고 있다.

협회의 핵심은 유전자 클로닝, 단백질 발현, 단백질 분리, 그리고 엑스선 데이터 수집 등을 각각 수행하는 시설들로 구성된 파이프라인이다. Texas A&M 대학에 위치한 클로닝 시설은 3,600가지 벡터(vector)들로 구성된 단백질체(proteome)를 커버하는 라이브러리와, 치료적 가치에 기반을 둔 단백질의 발현을 위해 제공된 여러 계층의 유전자들을 준비해 왔다. 가장 유망한 약물의 목표들로서 초기의 세트(Top 100)가 선택되었고, 두 번째 세트(Target 600)는 다음의 두 가지 기준에 의해 선택되었다: 박테리아 생존을 위한 필요성과 구조적 공간을 커버할 수 있는 능력. 따라서 이 선별 전략은 의학적으로 연관성이 있는 구조들과 구조 유전체학 사업의 일반적 목적을 충족시키는 것들을 보여준다.

성공 확률을 높이고 파이프라인 각 단계별 후보들의 손실을 줄이기 위하여, 협회는 다른 종류의 꼬리표를 포함한 일련의 단백질 발현 벡터를 개발하였고, 단백질 결정화 단계에서 후보들의 손실을 줄이기 위한 일련의 구제 과정을 포함하였다(예를 들어, 표면 엔트로피 감소, 124쪽). 로렌스 버클리 국립연구소(Lawrence Berkley National Laboratory)에 위치한 구조 데이터 수집 시설은 작은-각도 엑스선 산란(small-angle X-ray scattering: SAXS) 장비를 포함한 3세대 원자가속기를 제공하는데, 이것은 용매 상에 존재하는 단백질 응집체의 유무를 밝혀냄으로써 단백질 결정화 과정에서 품질 지표로 쓰일 수 있다.

2012년, 협회는 대략 250가지 단백질의 구조들(PDB에 존재하는 *M. tuberculosis* 단백질의 3분의 1 이상에 해당)을 밝혀냈다. 많은 경우 해당단백질의 기질 또는 보조인자들과의 복합체 형태로 구조가 풀려 신약을 디자인하는 데 필요한 추가적인 데이터를 제공하게 되었다. 단백질 구조뿐만 아니라 협회는 단백질 발현과 상호작용에 관한 광대한 데이터를 제공하였다. PDB의 구조 데이터는, gecGrid가 소유한 유전자 발현 상관관계 데이터베이스, Prolinks가 소유한 기능적 상호작용 예측 알고리즘, 그리고 단백질의 구조, 기능 그리고 유전자와의 상호작용을 연결시키는 ProKnow 데이터베이스에 의해 보완되었다.

그림 6.10 **주요한 구조 유전체학 사업단에 의해 풀려진 316개 구조들의 생물종 분포**. 색칠해진 부분은 거대 분류를 나타내고(짙은 분홍색 = 박테리아, 옅은 회색 = 고세균류, 옅은 분홍색 = 진핵 생물, 짙은 회색 = 바이러스) 중심의 원은 NCBI 분류 데이터베이스의 하향성 계층을 나타낸다. 원 바깥쪽의 레이블은 가장 많은 수의 밝혀진 구조를 가진 종을 나타낸다. (Todd AE, Marsden RL, Thornton JM & Orengo CA (2005) *J. Mol. Biol.* 384, 1235에서 인용. Elsevier의 허가를 득함..)

회수 전략, 고체상 NMR, 모델 제작과 비교를 위한 좀 더 나은 소프트웨어 등이 이러한 프로그램을 통해 이루어졌다.

이러한 거대한 협력의 장점이 점점 명확해졌다. 2005년 국제 구조 유전체학 사업단의 분석은, 매년 겨우 20% 정도만을 PDB에 저장했음에도 불구하고, 새로이 구조적으로 분류된 모든 단백질 패밀리의 절반 이상과 나머지 연구자들에 비해 5배 이상의 새로운 고유한 접힘 구조를 발견하는 데 기여했다는 것이다(그림 6.11)

원칙적으로, 구조 유전체학적 접근법의 가치는 구조적 분석을 위해 선택된 초기의 많은 가설적인 단백질의 기능이 밝혀짐에 따라 증명되었다. 예를 들어, 메타노박테리움속 *thermoautotrophicum* 프로젝트에서 분석된 최초의 10개 단백질 중 7개는, 이

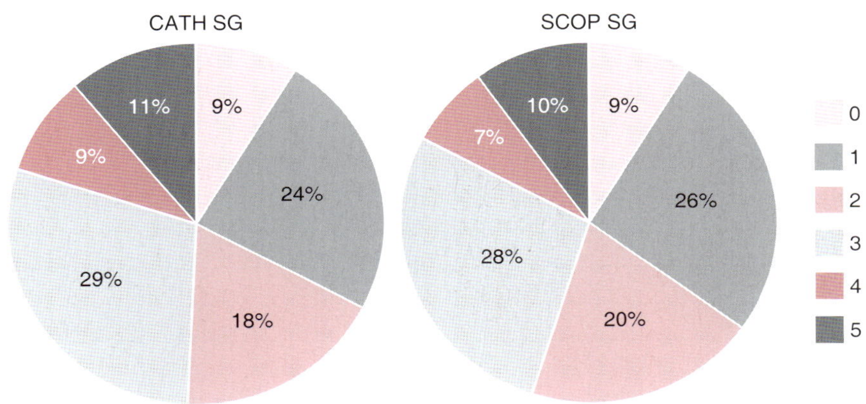

그림 6.11 **구조 유전체학 프로젝트에 의해 밝혀진 접힘 구조들의 고유성**. 평가는 CATH와 SCOP 분류법에 기반을 두었으며, 다음의 기준을 사용하였다: 0 = PDB 단백질과 동일하거나 거의 동일함.; 1 = PDB 단백질과 30% 이상 동일함; 2 = HMM 방법에 의해 약한 유사성이 발견됨; 3 = 구조적 비교를 통해서만 약한 유사성이 발견됨; 4 = 알려진 폴드에 대한 새로운 슈퍼패밀리; 5 = 새로운 폴드. (Todd AE, Marsden RL, Thornton JM & Orengo CA (2005) *J. Mol. Biol.* 384, 1235에서 인용. Elsevier의 허가를 득함.)

미 알려진 단백질 접힘 구조와의 구조적 유사성과 단결정에서 결합하는 리간드 같은 구조적 기준에 의해 기능이 밝혀졌다(표 6.4). 리간드나 보조 인자의 존재는 자주 도움이 되었고, 구조 유전체 사업단에서 최초로 구조가 밝혀진 *M. Jannaschii* 가상 단백질 MJ0577에 기능성을 부여하는 데 있어서 중요한 역할을 했다. 위의 예에서 ATP를 포함하는 단결정은 나중에 생화학 실험을 통해서 확인된 ATP 가수분해의 역할을 제시하였다. 따라서 단백질의 구조가 데이터베이스에 있는 어떤 것과도 일치하지 않을 때 조차도, 구조 분석은 다른 실험들에 의해 나중에 증명될 기능적 정보를 제공해 줄 수 있다. 또 다른 흥미로운 예는 *Thermotoga maritime*의 가상 단백질 TM0423인데, 이것은 Tris 버퍼와 함께 분리되고 단결정화되었다. 이 경우 버퍼의 위치는 단백질이 글리세롤과 결합할 수 있다는 것을 제안하였으며, 뒤에 glycerol hydrogenase로 밝혀졌다.

구조 유전체학의 중요한 목표는 이미 알려진 접힘 구조와의 연관성을 통해 가상 단백질에 기능을 부여하는 것이지만, 또 다른 목적은 새로운 접힘 구조를 찾아내고 단백질 공간의 완전한 목록을 채우는 것이다. 현재 구조 유전체학 사업으로부터 밝혀진 대략 35%의 구조는 새로운 접힘 구조를 가지고 있는데, 이는 단백질 공간이 유한하고 아마도 최대 수천 개의 고유한 구조들로 구성되어 이루어졌을 것이라는 가설을 증명한다. 새로운 접힘 구조가 발견될 때마다 단백질 공간은 조금씩 채워지고 있다.

표 6.4 구조 유전체학 사업단에 의해 결정된 초기 구조 중 일부

식별 표지자	단백질이 소속된 미생물	사용된 기술	단백질 구조 패밀리	기능
HI1434	*H. infl uenzae*	X-선 회절법	Novel	안 알려짐
Maf	*B. subtilis*	X-선 회절법	MJ0226-like	Nucleoside triphosphate 결합
MJ0226	*M. jannaschii*	X-선 회절법	Novel	Nucleoside triphosphate 가수분해
MJ0541	*M. jannaschii*	X-선 회절법	안 알려짐	Nicotinamide mononucleotide 아데닌전달효소
MJ0577	*M. jannaschii*	X-선 회절법	Adenine nucleotidebinding domain-like	ATP 가수분해 효소
MJ0882	*M. jannaschii*	X-선 회절법	Rossmann fold	안 알려짐
MTH1048	*M. thermoautotrophicum*	핵자기 공명 분광법	Novel	RNA 중합효소 II 구성요소
MTH1175	*M. thermoautotrophicum*	핵자기 공명 분광법	Ribonuclease H-like	안 알려짐
MTH1184	*M. thermoautotrophicum*	핵자기 공명 분광법	Novel	안 알려짐
MTH0129	*M. thermoautotrophicum*	X-선 회절법	TIM-barrel	Orotidine 5′-monophosphate 탈카르복실 효소
MTH0150	*M. thermoautotrophicum*	X-선 회절법	Nucleotide-binding	NAD^+ 결합
MTH0152	*M. thermoautotrophicum*	X-선 회절법	Novel	Ni^{2+}와 FMN 결합
MTH1615	*M. thermoautotrophicum*	핵자기 공명 분광법	Armadillo repeat	DNA 결합, 전사인자
MTH1699	*M. thermoautotrophicum*	핵자기 공명 분광법	Ferredoxin-like	전사 연장인자
MTH0040	*M. thermoautotrophicum*	핵자기 공명 분광법	Three-helix bundle	Zn^{2+} 결합, RNA 중합효소 II의 부분 구조I
MTH0538	*M. thermoautotrophicum*	핵자기 공명 분광법	Rossmann fold	Mg^{2+} 결합, 추가적인 ATPase
Ybl036C	*S. cerevisiae*	X-선 회절법	TIM barrel	PLP 결합
Ycih	*E. coli*	NMR	eIF1-like	translation 시작 인자
YjgF	*E. coli*	X-선 회절법	*Bacillus* chorismate mutase-like	안 알려짐
Yrdc	*E. coli*	X-선 회절법	Novel	RNA 결합

약어: TIM, triose phosphate isomerase; eIF, eukaryotic initiation factor; FMN, flavin mononucleotide; NAD^+, nicotinamide adenine dinucleotide; PLP, pyridoxal phosphate.

더 나아가 새로운 접힘 구조의 많은 경우는 그들이 특정 리간드에 결합하거나 다른 특성을 가져서 기능이 부여될 수 있으며, 이것은 좀 더 넓게 적용할 수 있는 새로운 구조-기능 간 연관성을 보여준다. 서열 분석과 이러한 새로운 접힘 구조에 기반을 둔 구조 비교는 기존에 밝혀지지 않은 진화상의 상관관계를 밝혀줄 수도 있다. 미래의 어느 시점에 우리는 새로운 유전자나 가상의 단백질이 더 이상 존재하지 않는 상태에 도달할 수 있을 것이다.

읽을거리

Aloy P, Oliva B, Querol E et al. (2002) Structural similarity to link sequence space: new potential superfamilies and implications for structural genomics. *Protein Sci.* 11, 1101-1116.

Banci L, Bertini I, Luchinat C & Mori M (2010) NMR in structural proteomics and beyond. *Prog. Nucl. Magn. Reson. Spectrosc.* 56, 247–266.

Bork P & Koonin EV (1998) Predicting functions from protein sequences—where are the bottlenecks? *Nat. Genet.* 18, 313–318.

Brenner SE (2001) A tour of structural genomics. *Nat. Rev. Genet.* 2, 801-809.

Burley SK, Almo SC, Bonanno JB et al. (1999) Structural genomics: beyond the Human Genome Project. *Nat. Genet.* 23, 151-157.

Campbell ID (2002) Timeline: the march of structural biology. *Nat. Rev. Mol. Cell Biol.* 3, 377-381.

Chim N, Habel JE, Johnston JM et al. (2011) The TB Structural Genomics Consortium: a decade of progress. *Tuberculosis* 91, 155-172.

Cim N, McMath LM, Beeby M & Goulding CW (2009) Advances in *Mycobacterium tuberculosis* structural genomics: investigating potential chinks in the armor of a deadly pathogen. *Infect.*

Disord. Drug Targets 9, 475-492.

Heinemann U (2000) Structural genomics in Europe: slow start, strong finish? *Nat. Struct. Biol.* 7, 940-942.

Joachimiak A (2009) High-throughput crystallography for structural genomics. *Curr. Opin. Struct. Biol.* 19, 573-584.

Kim Y, Babnigg G, Jedrzejczak R et al. (2011) High-throughput protein purifi cation and quality assessment for crystallization. *Methods* 55, 12-28.

Lan N, Montelione GT & Gerstein M (2003) Ontologies for proteomics: towards a systematic defi nition of structure and function that scales to the genomic level. *Curr. Opin. Chem. Biol.* 7, 44-54.

Lesley SA, Kuhn P, Godzick A et al. (2002) Structural genomics of the *Thermotoga maritima* proteome implemented in a highthroughput structure determination pipeline. *Proc. Natl Acad. Sci. USA* 99, 11664-11669.

Levitt M (2009) Nature of the protein universe. *Proc. Natl Acad. Sci. USA* 106, 11079-11084.

Mao B, Guan R & Montelione GT (2011) Improved technologies now routinely provide protein NMR structures useful for molecular replacement. *Structure* 19, 757-766.

Marsden ML, Lewis TA & Orengo CA (2007) Towards a comprehensive structural coverage of completed genomes: a structural genomics viewpoint. *BMC Bioinformatics* 8, 86.

Mittl PRE & Grutter MG (2001) Structural genomics: opportunities and challenges. *Curr. Opin. Chem. Biol.* 5, 402-408.

Montelione GT, Arrowsmith C, Girvin ME et al. (2009) Unique opportunities for NMR methods in structural genomics. *J. Struct. Funct. Genomics* 10, 101-106.

Murillo AC, Li HY, Alber T et al. (2007) High throughput crystallography of TB drug targets. *Infect. Disord. Drug Targets* 7, 127-139.

Murzin AG (1998) How divergent evolution goes into proteins. *Curr. Opin. Struct. Biol.* 8, 380-387.

Orengo CA & Th ornton JM (2005) Protein families and their evolution—.a structural perspective. *Annu. Rev. Biochem.* 74, 867-900.

Pavlopoulou A & Michalopoulos I (2011) State-of-the-art bioinformatics protein structure prediction tools. *Int. J. Mol. Med.* 28, 295-310.

Sali A, Glaeser R, Earnes, T & Baumeister W (2003) From words to literature in structural proteomics. *Nature* 422, 216-225.

Slabinski L, Jaroszewski L, Rodrigues AP et al. (2007) The challenge of protein structure determination—lessons from structural genomics. *Protein Sci.* 16, 2472-2482.

Stevens RC, Yokohoma S & Wilson IA (2001) Global efforts in structural genomics. *Science* 294, 89-92.

Structural Genomics Consortium, China Structural Genomics Consortium, Northeast Structural Genomics Consortium et al. (2008) Protein production and purification. *Nat. Methods* 5, 135-146.

Terwilliger TC (2000) Structural genomics in North America. *Nat. Struct. Biol.* 7, 935-939.

Terwilliger TC, Park MS, Waldo GS et al. (2003) The TB structural genomics consortium: a resource for *Mycobacterium tuberculosis* biology. *Tuberculosis* 83, 223-249.

Yokoyama S, Hirota H, Kigawa T et al. (2000) Structural genomics projects in Japan. *Prog. Biophys. Mol. Biol.* 73, 363-376.

Zhang C & Kim SH (2003) Overview of structural genomics: from structure to function. *Curr. Opin. Chem. Biol.* 7, 28-32.

CHAPTER 7

상호작용 단백질체학

7

7.1 개요

앞선 제5장과 제6장에서는 단백질의 구조와 기능 간의 관련성을 탐구하였다. 그리고 단백질의 3차 구조가 단백질 분자의 전반적인 형태, 표면 전하의 분포, 주요한 기능성 아미노산 잔기의 배열을 결정한다는 것을 설명하였다. 그러한 아미노산 잔기는 효소의 활성 부위, 수용체의 리간드(ligand) 결합 부위, 또는 항체의 항원 인지 부위 등을 구성할 수 있다. 따라서 단백질의 구조는 그 단백질이 상호작용하는 다른 분자를 결정함으로써 기능에 영향을 미치고 그러한 상호작용의 결과들에 영향을 미치게 된다. 작은 분자들, 핵산, 혹은 다른 단백질 등과 상호작용하는 단백질, 그리고 이러한 상호작용이 모든 생물학적 과정의 중심에 있다. 거의 모든 단백질이 무리를 지으며, 홀로 일하기보다는 더 큰 복합체의 일원으로서 기능하고 있다. 그런 복합체들 속에서 단백질 간의 상호작용은 고정적이거나 혹은 일시적일 수도 있고, 예를 들면, 신호전달 경로에서 종종 가역적인 단백질 번역 후 변형(飜譯 後 變形, post-translational modifications)의 결과로 천천히 일어날 수도 있다(제8장). 위에서 설명한 것처럼, 단백질의 상호작용과 기능은 밀접한 관계가 있다는 것은 분명하다. 그리고 단백질의 상호작용을 조사하는 것은 특징이 밝혀지지 않은 단백질의 기능을 해석하고 그 단백질을 기능적 집단으로 분류하는 데 도움을 줄 수 있다.

상호작용 단백질체학(interaction proteomics) 또는 **상호작용체학(interactomics)**은 다단계에서 단백질의 상호작용을 조사하는 것이다(그림 7.1). 단백질의 상호작용을 가장 높은 해상도로 조사하는 방법은 제6장에서 살펴보았던 X-선 회절(X-ray diffraction)과 핵 자기 공명 분광법(nuclear magnetic resonance spectroscopy)이다. 이 방법은 상호작용을 하는 화학 집단들 간의 정밀한 구조적 관계를 보여주는 상세한 자료를 생성하면서, 원자 수준에서 상호작용의 특징을 설명하는 데 도움을 준다. 이 방법은 상호작용하는 단백질 사이의 **경계면(interfaces)**의 정확한 배열 형태를 드러내 보이고 또한 단백질과 작은 분자의 리간드, 기질(substrates) 및 보조 인자(co-factors) 사이의 상호작용를 밝히는 데도 유용하다. 제6장에서 설명하고 있는 바와 같이, 단백질에 결합하는 리간드 또는 보조 인자가 존재하면 그 구조는 밝혀졌지만 기능이 알려지지 않은 단백질의 기능을 밝히는 데도 도움이 될 수 있다(140쪽).

핵심 상호작용 단백질체학 기반 기술들(interaction proteomics platforms)은 분자 수준에서 단백질 상호작용에 대한 고처리량 분석(high-throughput analysis)을 가능

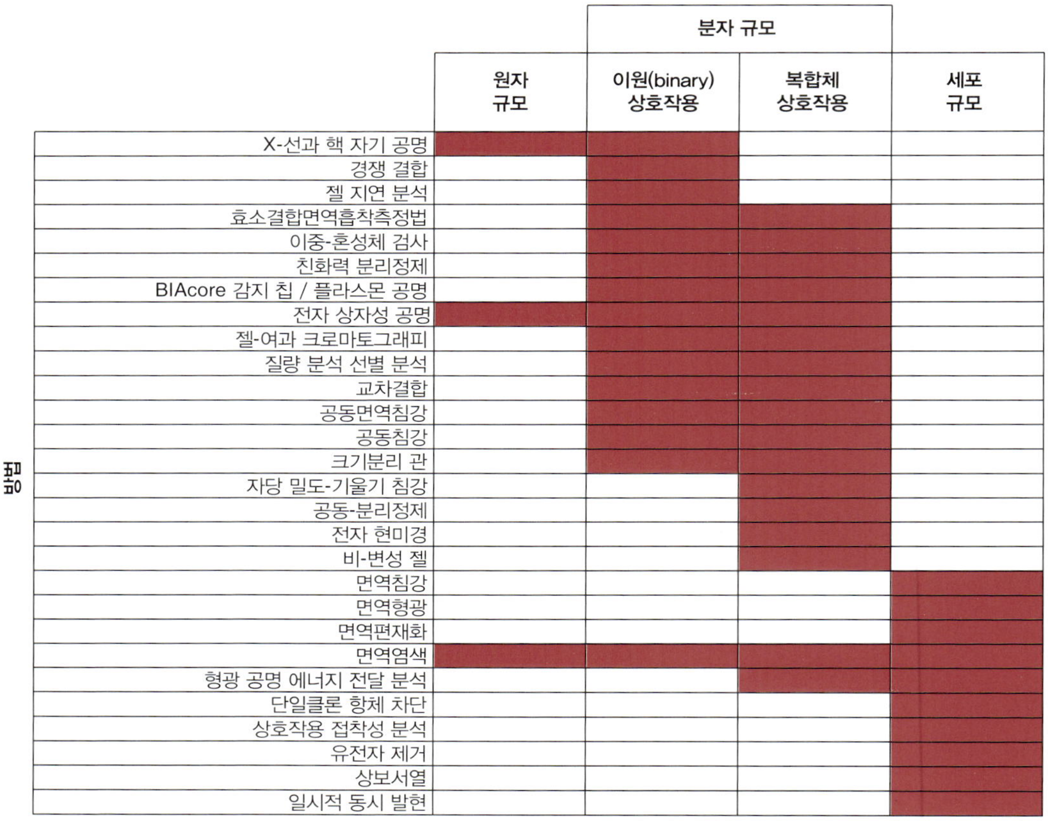

그림 7.1 **원자, 분자, 세포 수준의 해상도를 가진 단백질 상호작용을 검출하는 방법들.** 분자 수준의 상호작용의 직접적인 분석은 이원 상호작용(binary interactions, 단지 두 단백질에 대해서만) 또는 복합체 상호작용(complex interactions, 두 가지 이상의 단백질)에 초점을 맞출 수 있다. (Xenarios I & Eisenberg D (2001) *Curr. Opin. Biotechnol.* 12, 334에서 인용. Elsevier로부터 허가를 득함.)

하게 한다. 비록 변형된 방법들이 단백질과 핵산 또는 작은 분자들 사이의 상호작용을 탐지하기 위해 개발되었지만, 이 기술은 일반적으로 **단백질-단백질 상호작용(protein-protein interactions)**을 연구하기 위해 사용된다. 어떤 방법은 **이원 상호작용(binary interactions**, 즉, 단백질 쌍들 사이의 상호작용)을 탐지하고 몇몇 방법은 **복합체 상호작용(complex interactions**, 즉 복합체를 형성하는 다중 단백질 사이의 상호작용)을 검출해낸다. 이러한 방법은 상호작용의 정확한 화학적 특성을 밝히는 것이 아니라 단순히 상호작용이 일어나는 것만을 알려준다.

여러 기술들이 소규모의 분자 상호작용을 검출하기 위해 사용될 수 있다. 그러나 주요 고처리량 기술들(high-throughput technologies)은 **이중-혼성체 체계(two-hybrid systems)**과 이원 상호작용의 검출을 위한 이중-혼성체의 파생방법들 그리고 단백질 복합체들의 특성 분석을 위한 **체계적 친화력 정제-질량 분석(systematic affinity purification-mass spectrometry)** 기법들이다. 단백질 마이크로어레이(protein microarrays) 방법 역시 단백질 상호작용의 특성 분석을 위한 유용한 도구로 떠오르고 있지만, 이 소형 장치에 대한 논의는 제9장에서 다루기로 한다.

환원주의적 관점에서, 상호작용하는 단백질은 동일한 활동에 종사할 (공범, **guilt by association)** 가능성이 있기 때문에 분자 간 상호작용에 대한 분석은 단백질의 기능적 특성 분석에 유용하다. 그 원리는 만약 특성이 규명되지 않은 단백질 X가 이미 mRNA의 스플라이싱(splicing)에 필요한 것으로 알려진 두 단백질 Y 및 Z와 상호작용한다면, 이 단백질 X 또한 어떤 종류의 스플라이싱 구성요소일 개연성이 있다는 것이다. 분석법의 맥락에서 보면 상호작용이 반드시 생체 내에서의 확정적인 기능적 연관 관계를 대변하지는 않는다. 실제로, 상호작용 분석은 허위 양성(false positives)을 생성하는 경향이 있는 것으로 잘 알려져 있어서 실험 결과를 검증하는 추가 실험이 필요하다. 더욱이, 어떤 단백질은 여러 상대들과 무작위로 상호작용해서 분석에서 검출된 진정한 상호작용 조차 기능적으로 관련되지 않을 수도 있다. 하지만 분자 상호작용 분석은 대규모로 적용할 수 있으며 전체 단백질체의 **상호작용 지도(interaction maps)**, 즉 마디들(nodes)로 단백질 또는 단백질 복합체를 보여주고 연결고리(link)들로 그들 사이의 상호작용를 보여주는 모식도를 만들기 위해 사용될 수 있으므로(7.11절 참조), 전체적인 측면에서 유용하다. 나중에 알겠지만, 이러한 모식도는 기능을 하는 세포에 대한 전체적인 시야를 제공할 뿐만 아니라 어떤 단백질이나 복합체들이 그 체계 속에서 필수적인 중심이고 어떤 것이 중요치 않은 잉여물인지를 보여준다. 이것은 중요한 상호작용 경계면(**상호작용 활성지점, interaction hotspots**)에 결합하는 화합물의 선택에 도움이 될 수 있으며, 그 부분은 종종 가장 효과적인 약물 표적이 된다(제10장).

마지막으로, 단백질이 위치하는 곳을 결정함으로써 상호작용 연구를 세포 수준에서 수행할 수 있다. 단백질의 위치 결정(localization)은 중요하지만 종종 간과되는 상호작용 자료의 구성 요소로서, 같은 시간에 동일한 장소에서 두 가지 단백질이 위치하는 것을 보여줌으로써 분자 상호작용 연구를 뒷받침할 수 있다. 그리고 분자 수준의 분석들에 의해 제시된 의심스러운 기능적 상호작용에 대해 증거를 제공할 수 있다(만약 시험관 내에서는 명백하게 상호작용하는 두 단백질이 생체 내에서는 실제로 절대 만나지 않는다면). 또한, 예를 들면 핵공 단백질, 편모의 구성 요소, 액틴 세포 골격(actin cytoskeleton)의 일부와 같이 단백질의 위치 파악으로부터 그 단백질의 기능을 직접적으로 예측하는 것도 가능하다(Box 7.1).

이 장은 상호작용 분석의 원리를 소개하고 이러한 원리들이 어떻게 고처리량 기술로 개발되었는가를 보여주는 것으로 시작한다. 단백질체 수준의 상호작용 분석의 업적들에 대해 논의하고 상호작용 자료를 처리하기 위한 생물정보학 전략을 검토하는 것으로 끝마친다.

7.2 단백질-단백질 상호작용을 연구하기 위한 방법들

단백질-단백질 상호작용은 사실상 거의 모든 생물학적 과정의 핵심이며, 여러 분석 방법이 단백질-단백질 상호작용을 연구하기 위해 개발되었다. 대부분의 이러한 방법은 작은 집단의 단백질 내에서의 상호작용을 연구하는 데 적합하며 단백질체 규모에는 이용되기 어렵다. 그러나 그 원리는 나중에 설명하는 고처리량 기술들과 유사하다. 소규모 방법은 종종 대규모 연구에서 생성된 자료를 확증하기 위해 사용되며, 따라서 허위 양성을 제거하는 데 도움을 줄 수 있다.

유전학적 방법은 동일한 세포 또는 유기체에서 두 가지 돌연변이의 조합된 효과를 이용하여 상호작용을 제시한다

고전 유전학은 동일한 세포 또는 유기체에서 다른 돌연변이를 조합하고, 그 결과로 초래된 표현형을 관찰함으로써 단백질 상호작용을 조사하는 데 이용될 수 있다. 이 접근법은 유전학적으로 다루기 쉬운 미생물 종과 초파리(노랑초파리, *Drosophil-*

BOX 7.1 다른 응용
단백질 위치결정과 세포소기관 단백질체학(organelle proteomics)

단백질체학에서 단백질 위치 파악은 상호작용 선발검사(screens)로부터 나온 결과를 지지하거나 의문을 제기하는 데에 중요한 증거를 제공할 수 있다. 예를 들면, 같은 구획에서 단백질이 같은 위치에 공존한다면 이것은 상호작용의 가능성을 뒷받침하는 것이다. 반면에, 비록 단백질이 같은 용액 내에 있을 때 상호작용이 일어날지라도, 두 단백질이 같은 구획에 존재하지 않는다는 것을 입증하면 상호작용의 가능성을 반박하는 것이다. 본 장에서 설명된 기술들의 일부는 생체 내(*in vivo*)에서의 단백질 상호작용의 분석에 적합하며, 형광의 위치분석을 통해 단백질의 위치분석을 할 수 있지만, 예를 들면 단백질의 과발현에 의해 야기되는 인위적인 결과를 배제하는 것이 중요하다. 단백질의 과발현은 단백질이 정상적인 구획을 벗어나거나 다른 구획을 오염시키는 결과를 가져온다.

단백질 위치조사 자료는 예상되는 상호작용을 확인하거나 반박하는 데 도움이 될 뿐만 아니라, 기능적인 해석을 제공하는 데에도 유용하며[예를 들면, 엽록체의 틸라코이드(thylakoid) 막에 위치한 단백질은 아마도 광합성에 관여할 것이다], 표적을 규정하는 데에도 유용하다[예를 들면, 분비 단백질과 세포 표면 단백질은 종종 유용한 약물 표적이며, 병원균의 경우에도 백신(vaccine) 개발에 유용할 수 있다]. 이러한 이유로, 많은 연구자들은 분석 전에 적절한 분획을 분리하여 세포 내 격실 또는 소기관의 연구(**세포 소기관 단백질체학, organelle proteomics**)를 수행하였다. 당연히, 이것은 단백질체 자료의 해상도를 증가시킬 수 있다. 예를 들면, 대식세포(macrophage) 전체 용해물이나 정제된 식포(phagosome)로부터 동일한 양의 단백질이 2DGE-MS로 분석되었을 때, 식포 단백질체가 세포 전체 용해물의 부분 집합이어야 한다 하더라도 수백 개의 점들이 각각의 겔(gel)에서 확인되었다. 대신, 식포 단백질의 단지 약 20가지가 전체 세포 용해물에서 검출되었다. 그것은 액틴(actin)에 풍부한 것들이었다. 그 소기관 단백질의 90% 이상은 전체 용해질 분석에서 검출되지 않았다.

몇몇 대량 검출법이 단백질의 위치를 결정하기 위해 수행되었다. 그 중 하나가 항체를 사용하여 검출할 수 있는 꼬리표가 붙은(tagged) 단백질로 효모 단백질을 체계적으로 치환하는 것이다. 이 방법에 의해 효모 단백질체의 대략 절반이 세포질 단백질, 약 25%가 핵 단백질, 10~15%가 미토콘드리아(mitochondria) 단백질이며, 10~15%가 분비 경로에서 발견되는 것으로 나타났다. 전체 단백질의 약 20%는 다양한 세포 내 소기관들의 막 또는 세포막에 편재되어 있었다. 이와 비슷한 연구들이 실시간 분석과 효모, 포유동물 및 식물 세포들에서 20가지 이상의 구획별 범주들로 단백질을 지정하는 것을 가능하게 하는 형광 표지 단백질 꼬리표를 가지고서 이루어지고 있다. 단백질 위치는 특정한 종에 대해 개선된 많은 연산규칙(algorithms)을 사용하는 서열 자료로부터 직접적으로 예측할 수 있다. 그 중 몇몇은 표 1에 나타나 있다.

표 1

예측기 이름	웹사이트 URL	생물체	적용되는 세포 내 위치의 수
Hum-mPLoc	http://chou.med.harvard.edu/bioinf/hum-multi	사람	14 (다수의 위치를 가진 단백질에 대한 위치 포함)
Plant-PLoc	http://chou.med.harvard.edu/bioinf/plant	식물	11
Euk-mPLoc	http://chou.med.harvard.edu/bioinf/euk-multi	진핵생물	22 (다수의 위치를 가진 단백질에 대한 위치 포함)
Gneg-PLoc	http://chou.med.harvard.edu/bioinf/Gneg	Gram 음성	8
Gpos-PLoc	http://chou.med.harvard.edu/bioinf/Gpos	Gram 양성	5
Virus-PLoc	http://chou.med.harvard.edu/bioinf/virus	바이러스	7

Chou KC & Shen HB (2008) *Nat. Protoc.* 3, 153.에서 인용. Macmillan Publishers Ltd.로부터 허가를 득함.

amelanogaster), 선충(예쁜꼬마선충, *Caenorhabditiselegans*), 생쥐(*Musmusculis*), 그리고 작은 개화식물(애기장대, *Arabidopsisthaliana*)과 같은 모델 후생동물 종들(model metazoans species)에서 널리 사용된다.

직접적인 예는 **억제 돌연변이(suppressor mutants)**, 즉 1차 돌연변이의 표현형을 수정하는 2차 돌연변이를 검색하는 것이다. 그림 7.2에 보인 바와 같이, 원리는 Y 단백질과의 상호작용을 막는 단백질 X 유전자의 돌연변이는 돌연변이 표현형을 만드는 기능의 상실을 야기한다는 것이다. 그러나 단백질 Y 유전자의 두 번째 돌연변이는 상호작용을 복원시키는 보상적 변화를 도입할 수 있다. 이후 선발검사(screen)에서 식별된 억제 돌연변이의 지도가 만들어지고 상응하는 유전자와 단백질이 식별된다.

유전학적 선발 검사의 장점은, 전반적인 표현형에 대하여 인식 가능한 효과가 있는 상호작용에 대해 단백질체를 꼼꼼하게 살펴 추려내면서, 기능적으로 중요한 상호작용을 식별하는 데 도움을 준다는 것이다. 그러나 유전학적 선발검사는 단지 상호작용에 대한 간접적인 증거만을 제공하므로 더 직접적인 분자적 증거가 필요하다는 것을 기억하는 것이 중요하다. 잠재적인 문제 중 하나는, 동일한 유전자에서의 2차 돌연변이가 같은 단백질 내에서 보상적인 구조 변화를 도입하여 1차 돌연변이 표현형을 억제할 수 있기 때문에, 억제 돌연변이가 1차 돌연변이와 같은 유전자에 위치할 수 있다는 것이다. 비록 억제 돌연변이가 다른 유전자에 위치하더라도 그 두 유전자 산물이 실제로 상호작용하지 않을 수도 있다. 예를 들어, 아미노산 생합성에 필요한 효소의 활성을 폐지시키는 돌연변이는 외부 환경으로부터 아미노산의 흡수를 증가시키는 수송 단백질의 기능 획득(gain-of-function) 돌연변이에 의해 억제될 수 있다.

또 다른 유전학적 접근방법은 **강화 돌연변이(enhancer mutations)**, 즉 기본 돌연변이에 의해 생성된 표현형을 더욱 악화시키는 돌연변이를 선별하는 것이다. 이 전략의 일례는 **합성치사 돌연변이 선발검사(synthetic lethal screen)**이다. 이 방법에서 단백질 X와 Y에 대한 유전자들 개개의 돌연변이는 상호작용을 방해하지는 않으므로 생존 가능하다. 그러나 두 유전자에서 동시에 존재하는 돌연변이는 상호작용을 방해하고 치명적인 표현형을 초래한다(그림 7.3). 출아 효모(*Saccharomycescerevisiae*) **합성 유전자 배열(synthetic genetic array, SGA)**은 하나의 유전자에 돌연변이가 있는 효모 균주를 많은 유전체를 대표하는 5,000가지의 생존 가능한 결실 돌연변이의 배열을 이용하여 상호 교배한 후 합성 치사 상호작용을 체계적으로 확인하는 원리로, 고처리량 분석의 한 예다.

유사한 표현형을 생성하는 다른 유전자에 있는 돌연변이는 종종 해당하는 단백질이 같은 복합체의 일부이거나 같은 생화학적 또는 신호전달 경로의 일부분임을 나타낸다. 경로 연구들의 경우, 단백질 기능의 순서는 종종, 한 유전자의 돌연변이가 다른 장소에 있는 돌연변이의 표현형을 가리는 유전 현상인, **우세**(혹은 **우성상위, epistasis**)를 결정하기 위한 실험으로 구축될 수 있다. 이러한 유형의 실험에서는 기능-상실(loss-of-function) 돌연변이와 기능-획득(gain-of-function) 돌연변이(반대 표현형을 가진)가 동일한 세포 또는 유기체에서 조합이 된다. 만약 유전자 X에 있는 기능손실 돌연변이가 유전자 Y에 있는 기능-획득 돌연변이의 표현형을 묵살시킨다면(유전자 Y의 기능-획득 돌연변이의 표현형보다 우세하다면), 이것은 경로 상 단백질 X가 단백질 Y의 하류에서 역할을 하고 두 대응하는 단백질이 상호작용할 수 있음을 시사한다(그림 7.4). 위에서 서술한 SGA와 유사한 **우세 소배열 프로파일**

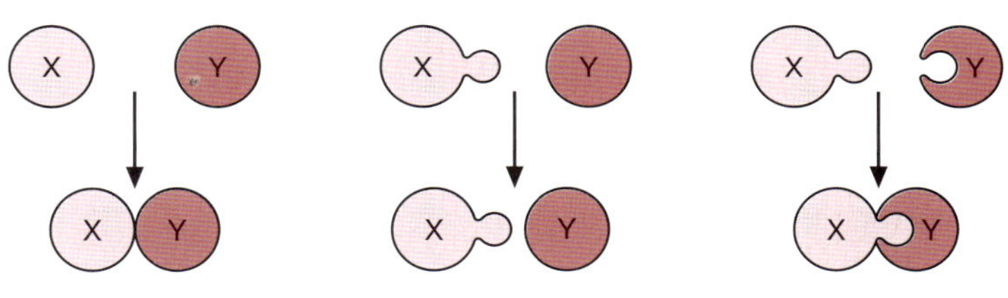

그림 7.2 **억제 돌연변이(suppressor mutations)**. 두 단백질 X와 Y가 정상적으로 상호작용한다. 단백질 X에서의 돌연변이는 기능-상실(loss-of-function) 표현형을 일으키며 상호작용을 막는다. 그렇지만 이것은 단백질 Y에서 상호작용을 복원하는 상보적 돌연변이에 의해 억제될 수 있다.

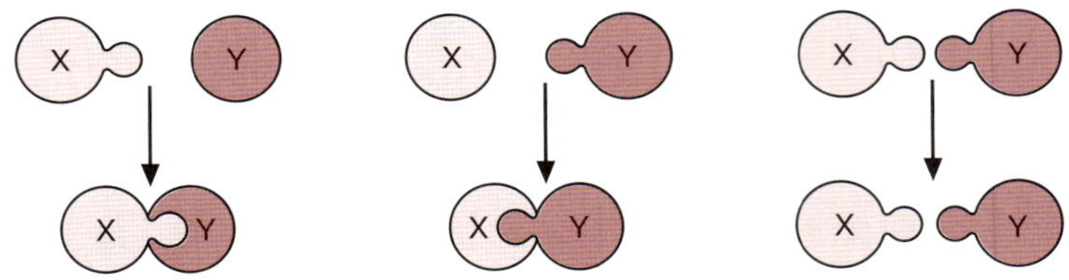

그림 7.3 **합성 치사 효과(synthetic lethal effect).** X 또는 Y 중 하나에 그들 사이의 상호작용에 심하게 영향을 주지 않는 돌연변이가 있는 경우 동일한 두 단백질은 여전히 상호작용을 할 수 있다. 그러나 그 돌연변이를 조합하는 경우에는, 단백질 상호작용이 폐지되어 치명적인 기능손실(lethal loss-of-function) 표현형이 생성된다.

(epistatic miniarray profiles, E-MAPs)은 우세적인 상호작용을 분석하기 위한 단백질의 틀을 체계적으로 검사해서 생성될 수 있다.

억제 돌연변이와 마찬가지로, 합성 치사/강화 돌연변이(synthetic lethal/enhancer mutants) 및 우세 상호작용(epistatic interactions)은 단지 두 유전자 산물들이 상호작용한다는 것만 제시한다. 이와 같은 유전학적 효과에 대한 여러 가지 그럴 듯한 설명들이 있지만, 후보 단백질 상호작용은 생화학적 수준에서 확인되어야 한다.

비교 유전체학과 상동성 전이(혹은 상동관계 전이, homology transfer)로 단백질 상호작용을 제시할 수 있다

다양한 유기체에 대한 완전한 유전체 서열을 사용 가능하게 됨으로써 **비교 유전체학(comparative genomics)**이 단백질의 기능적 해석을 위해 사용될 수 있게 되었다. 유전체 자료로부터 직접 단백질 상호작용을 제시하기 위해 세 가지 방법이 개발되었다. 세균과 미생물성 진핵생물에서는 더 많은 유전체 서열이 상호 비교를 위해 사용될 수 있으며 유전자와 유전체 모두 고등 진핵생물의 유전자와 유전체보다 구조와 조직에서 더 간단한 경향이 있기 때문에 이 방법은 세균과 미생물성 진핵생물에서 가장 잘 동작한다.

첫 번째는 도메인 융합 방법(domain fusion method)이라고 불리며(그림 7.5), 단백질 도메인은 구조적 및 기능적으로 독립적인 단위이고, 따라서 별개이지만 상호작용하는 소단위로 작동하거나 혹은 동일한 폴리펩타이드(polypeptide) 사슬의 일부로서 동작할 수 있다는 원리에 기초를 두고 있다(제6장 참조). 따라서 한 종에서 여러

그림 7.4 **우세(우성상위, epistasis)를 이용한 신호전달 경로에서의 유전자 순서 확립.** 유전자 X 또는 유전자 Y 중의 기능-상실(loss-of-function) 돌연변이는 식물이 성장하는 것을 방해한다. 유전자 Y에서 기능-획득(gain-of-function) 돌연변이는 성장이 급격하게 일어나게 한다. 만약 이중-돌연변이(double mutant)의 표현형이 성장저해라면, X는 Y의 하류에서 역할을 하지만, 만약 표현형이 성장이라면, 그 반대로 Y가 X의 하류에서 역할을 한다.

도메인을 지닌 단백질은 두 개 이상의 서로 상호작용하는 소단위로 나타낼 수 있으며, 기능적으로 독립적인 단백질의 분절로 나누거나 합치는 DNA 수준에서의 결실(deletions), 역위(inversions), 또는 전좌(translocations)의 영향을 반영한다. 출아 효모 *S. cerevisiae*에서는 (두 개의 도메인을 가진) 단일 폴리펩타이드이지만 세균인 대장균(*Escherichiacoli*)에서는 두 개의 분리된 폴리펩타이드로 구성된 위상이성질화효소 II(topoisomerase II)가 좋은 예이다. 도메인 융합 방법의 원리는 한 종에서 단일 도메인 단백질인 단백질 X의 서열이 다른 유전체에 대한 검색 질의어(query)로 사용된다는 점이다. 이것은 단백질 X와 관련된 어떤 단일 도메인 단백질이나 단백질 X-Y와 같은 어떤 여러 도메인의 단백질을 다른 종들에서 식별해낸다. 단백질 X-Y의 서열은 다시 원래 유전체에서 단백질 Y에 대한 개별 유전자를 찾기 위해 사용될 수 있다. 만약 이 단일 단백질 Y 유전자가 존재하지만 특징이 규정되지 않았다면, 도메인 융합 방법은 단백질 X가 단백질 Y와 상호작용을 하고 잠정적인 생물학적 기능을 제공한다는 것을 암시한다. 이 두 추론은 추가 실험들에서 검증될 수 있다. 단백질 X-Y 서열은 또한 단백질 Y-Z와 같은 추가적인 도메인 융합체와 짝지을 수도 있고, 세 단백질(X, Y 및 Z) 모두를 잠재적인 상호작용 복합체로 연결할 수도 있다. 이 원리는 세포 안의 완전한 복합체, 경로, 그리고 연결망을 재구성하기 위해 확장될 수 있다.

두 번째 비교 유전체학적 방법(comparative genomics method)은 세균 유전자는 주

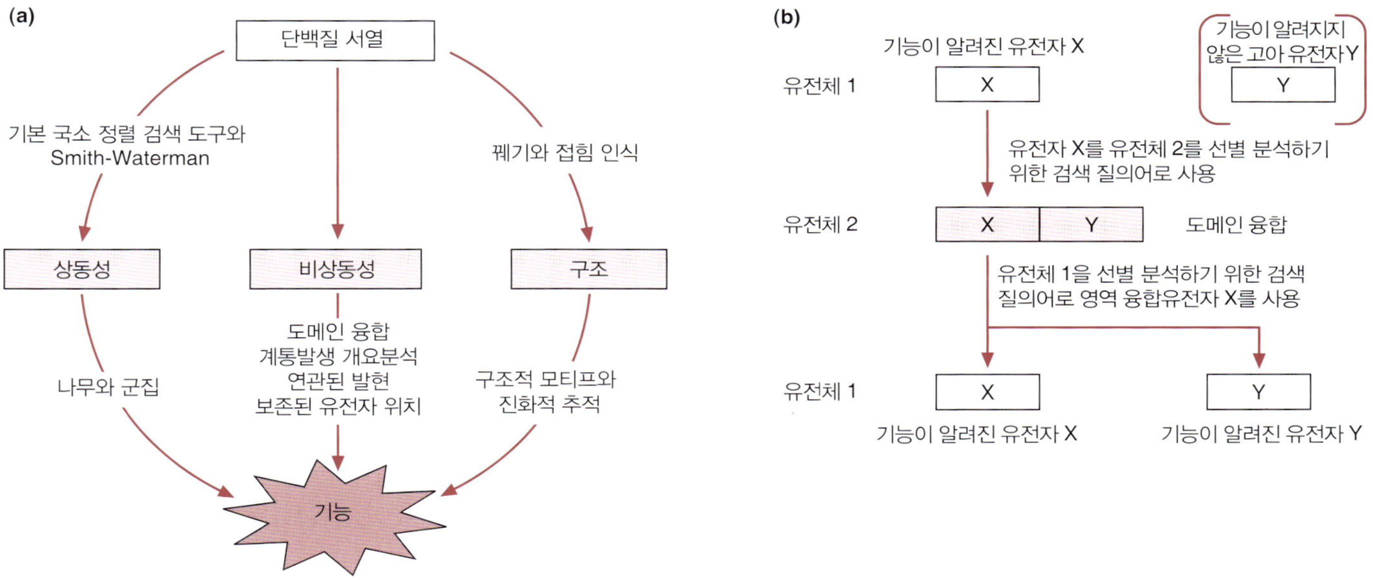

그림 7.5 단백질 상호작용을 예측하여 기능적 해석을 하기 위한 비상동성 검색 방법(Non-homology methods). (a) 상동성(상동관계, homology) 검색(제5장) 및 구조 분석(제6장)에 기초한 생물 정보학적인 방법뿐만 아니라 여러 추가적인 비상동성 검색 방법은 유전자의 기능을 확립하고 상호작용을 예측하기 위해 사용될 수 있다. (b) 이러한 접근법들 중 하나가 도메인 융합(domain fusion) 방법이다. 유전체 1로부터 기능이 알려진 유전자 X의 서열이 유전체 2에 있는 이종상동체들(orthologs)을 식별하기 위한 검색 질의어(query)로 사용된다. 그 검색이 유전자 X에 대한 단일 도메인 이종상동체들(orthologs)을 밝혀낼 수도 있지만, 또한 X-Y 같은 도메인 융합 유전자를 밝혀낼 수도 있다. 같은 단백질의 부분으로서, 도메인 X와 Y는 기능적으로 관련되어 있을 가능성이 있다. 그런 다음 도메인 Y의 서열은 유전체 1에서 단일 도메인 이종상동체를 식별하기 위해서 사용될 수 있다. 따라서 이전까지 기능이 알려지지 않은 고아 유전자(orphan, *다른 계통에서 상동성이 밝혀지지 않은 유전자)인 유전자 Y가 유전자 X와의 연결로 인해 해석이 가능하게 된다. 두 단백질은 또한 상호작용할 가능성이 있다. (Marcotte EM (2000) *Curr. Opin. Struct. Bioi.* 10, 359에서 (a) 부분 인용. Elsevier로부터 허가를 득함)

로 오페론(operons, *단백질의 발현을 제어하는 유전자의 한 기능적 단위)으로 구성되고, 이러한 유전자는 비록 그들의 서열들이 다양하더라도 기능적으로 관련되어 있다는 지식에 기초한다. 따라서 만약 두 유전자가 일련의 세균 유전체에서 이웃해 있다면, 그것은 이들이 기능적으로 관련되어 있으며 이들 산물이 상호작용할 수 있음을 시사한다. 기능적으로 관련이 없는 유전자 역시 오페론으로 구성될 수 있기 때문에 모든 세균의 유전체로 이러한 유전자 위치의 보존 원칙을 확장하는 것에는 주의가 필요하다. 비록 곰팡이와 식물의 사례들이 있지만, 구조적으로 관련이 없는 유전자들의 기능적인 군집이 드문 진핵생물에는 그 반대가 적용된다.

마지막 방법은 **계통 발생학적 프로파일(phylogenetic profiling)**에 기초를 두고 동일한 기능에 관여하는 유전자의 진화적 보전에 활용한다. 예를 들면, 20가지 호기성 세균에서 기능이 확인되지 않은 3~4종의 유전자가 보존되어 있고 20가지 혐기성 세균에서는 그 유전자가 없다면, 그 산물이 호기성 대사에 필요한 것임을 가리킬 수 있다. 단백질은 일반적으로 복합체로서 기능하기 때문에, 한 구성요소의 손실은 전체 복합체가 작동하지 않게 만들 수 있다. 그리고 대응하는 유전자에서의 돌연변이들이 더 해로운 영향을 주지는 않기 때문에 진화의 시간이 지남에 따라 다른 성분들의 손실을 야기하는 경향도 있다. 효모 가상 단백질 YPL207W에 기능을 확인하기 위해 계통발생학적 프로파일 방법을 사용한 예가 그림 7.6에 설명되어 있다.

보다 일반적인 의미에서, 단백질 상호작용은 **상동성 전이(homology transfer)**로 추론할 수 있다. 이것은 하나의 유기체에서 확인된 상호작용이 다른 유기체에서 상동 단백질 사이의 상호작용을 예측하기 위해 이용될 수 있다는 것을 의미한다(7.11절 참조).

친화력 기반의 생화학적 방법은 단백질이 상호작용할 수 있다는 직접적인 증거를 제공한다

유전학적 방법과 유전체학적 방법은 유전학적 증거로부터 단백질 상호작용을 제안하지만 그러한 상호작용이 실제로 발생한다는 것을 확인하기 위해서는 다른 방법이 필요하다. 대조적으로, 생화학적 방법은 상호작용이 일어날 수 있음을 결정적으로 증명하지만 생체 내에서 상호작용이 일어난다는 것을 확인하기 위해서는 다른 방법이 필요하다. 이것은 생화학적 방법이 상호작용하는 구성 요소를 그들의 세포 내 자연 상태가 아닌 상황을 만들어 세포 내에서 막에 의해 분리되어 있는 단백질과도 결합하게 만들 수 있기 때문이다.

생화학적 방법은 친화력 원리에 기초한다. 즉, 서로 상호작용하는 두 단백질은 서로에 대한 고유 친화력을 가지며, 따라서 선택적으로 서로 결합하기 때문에 생체 내에서 서로 상호작용하는 두 단백질이 비슷한 환경인 생체 밖에서도 역시 상호작용을 할 것이라는 원리다. 이는 **친화력 포획(affinity capture)** 및 **친화력 끌어당김(affinity pull-down)**으로 알려진 두 가지 주요 접근법에 활용될 수 있다. 두 가지 접근법 모두 **포획물(prey)**로 알려진 상호작용 배우자를 정제하기 위한 **미끼(bait)**로 상호작용하는 구성요소 중 하나를 사용한다. 친화력 포획 방법에서, 미끼 단백질은 크로마토그래피 관(chromatography column) 안의 수지(resin)와 같은 고체 지지체에 고정된다(친화력 크로마토그래피). 친화력 끌어당김 방법에서는 미끼가 액상의 복합체 용

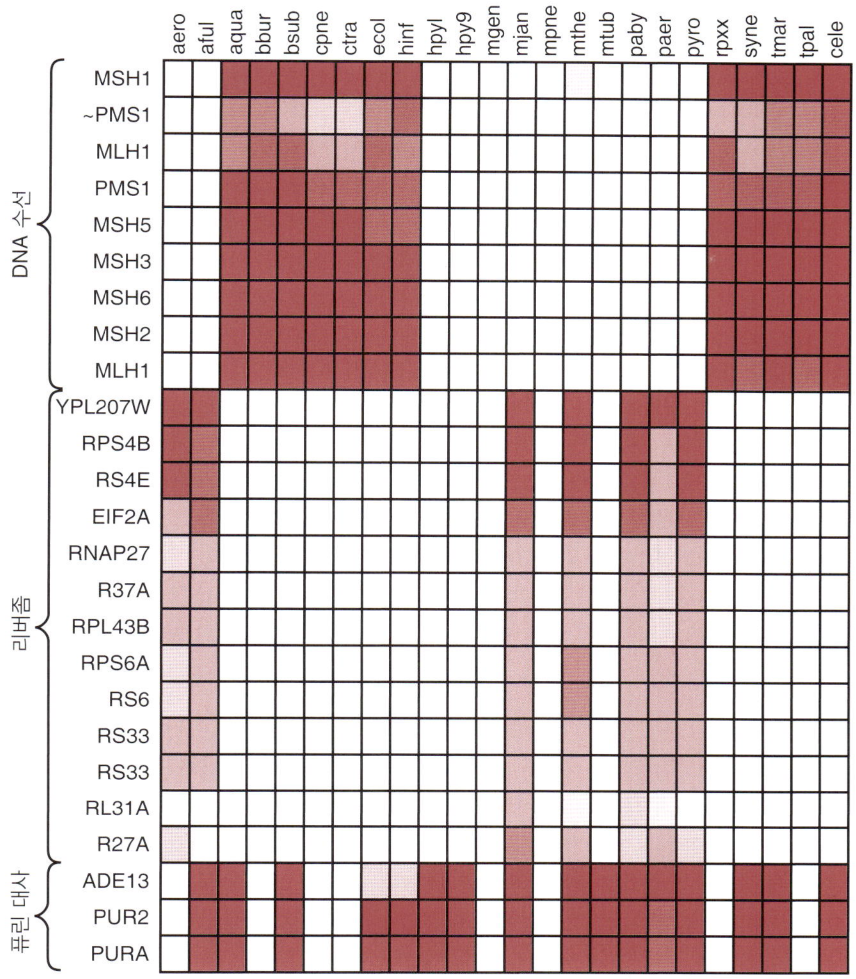

그림 7.6 유사한 공동 유전 양식을 공유하는 효모 단백질의 세 집단[리보조옴 (ribosomal) 단백질과 DNA 수리 및 퓨린(purine) 대사에 관여하는 단백질]에 대한 계통발생학적 프로파일(phylogenetic profiles). 각 행(row)은 각각 24개의 유전체들(열, column)에서 상동체의 유(흰색 상자) 또는 무(채색 상자)인지 여부에 따라 색이 칠해진 요소를 가진 단백질 계통 발생학적 프로파일(phylogenetic profile)의 도식적 표현이다. 상동성(상동관계, homology)이 존재하는 경우, 요소들은 밝은 빨간색(낮은 수준의 동일성)에서 어두운 빨간색(높은 수준의 동일성)으로 경사지게 음영 처리되어 있다. 이 경우에는, 기대(E) 값이 1×10^{-5} 미만이라서 BLAST 적중이 없을 때 상동체들은 없는 것으로 간주된다. 상동체가 존재하는 경우, 프로파일은 그 유전체에서 가장 잘 어울리는 서열 유사성의 정도를 설명하는 점수(−1/log *E*)를 받는다. 규정되지 않은 단백질(YPL207W)는 리보좀 단백질과 군집을 이루고 단백질 합성 기능을 부여받을 수 있다. (Marcotte EM (2000) *Curr. Opin. Struct. Biol.* 10, 359에서 인용. Elsevier로부터 허가를 득함.)

액에 첨가되고, 예를 들면 미끼와 결합한 리간드에 연결된 자석 비드를 사용하거나 침전을 촉진하는 교차결합 시약(cross-linking reagents)을 사용하여, 미끼가 포획물을 포획하여 회수된다.

전형적인 친화력 포획 기반 기술이 그림 7.7에 나타나 있다. 여기서 미끼(단백질 X)는 수지 재료에 고정화된 항체를 통해 크로마토그래피 수지에 부착된다. 다른 대체 가능한 접근 방법은 글루타씨온(glutathione)으로 기능화된 크로마토그래피 수지에 강하게 결합하는 단백질 글루타씨온-S-전달효소(glutathione-S-transferase, GST)와 융합된 단백질 X를 발현하는 것이다. 전처리 평형화 후, 세포 용해물은 관을 통과하고, 단백질 X와 직접 상호작용하는 단백질은 포획된다. 중요한 것은, 만약 환경이 원래의 단백질 복합체를 유지하기에 적절하다면, 이 방법을 통해서 복합체를 온전한 그대로 포획할 수 있다. 친화력 접촉은 유지하게 하고 비특이적 결합체를 씻어내는 용액으로 세척한 후, 친화력 결합을 방해하는 방법인 염 농도를 증가시킴으로써 또는 완충 용액에 SDS를 첨가하여 상호작용하는 단백질(포획물)을 선택적으로 그리고 순수한 형태로 용출할 수 있다. 용출액에 있는 단백질은 그림 7.7에 나타난 것처럼 전기영동에 의해 분리되고, 개별적으로 펩타이드(peptides)로 분해된 후, 질량 분석법(mass spectrometry)에 의해 분석되거나, 또는 구성요소를 식별하는 목적으로 전체 복합체가 펩타이드로 분해되고, 역상-고속 액체 크로마토그래피(reversed-phase HPLC)로 분리한 후, 질량 분광법(mass spectroscopy)으로 분석될 수 있다(제3장). 염 또는 SDS 농도를 단계적으로 증가시키는 방법이 단백질 X에 높거나 낮은 친화도로 결합하는 단백질을 구별하기 위해 사용될 수 있다. 그리고 항체 또는 글루타씨온-S-전달효소 같은 대조군(controls)이 실험과 무관한 성분과 결합하는 단백질을 제거하기 위해 필요하다. 이 기본적인 "포획 및 분석" 전략은 이 장 후반부에 논의될 고처리량 상호작용 기술들에서 널리 활용되며 대규모 상호작용 분석의 토대가 되는 원리 중 하나이다.

두 가지 친화력 끌어당김(affinity pull-down) 접근법이 그림 7.8에 나타나 있다. 최초로 개발된 방법은 **공동 면역침강법(co-immunoprecipitation)**이었다(그림 7.8a). 이것은 특정 시약을 사용하여 항체를 교차결합(cross-link)하는 것으로 세포 용해질에 단백질 X에 특이적인 항체를 첨가하여 항체-항원 복합체의 침전을 유도하고, 원심분리에 의해 회수되도록 하는 원리에 기초한다. 일단 정제되면, 회수된 복합체는 분리되고 항체에 의해 생성된 신호를 제거하기 위한 단계를 거친 후 위에서 언급한 것처럼 질량 분석법에 의해 분석된다. 최근에, 특정 꼬리표(tag)에 특이적인 포획 시약을 입힌 미세한 비드를 사용하는 끌어당김 기술이 개발되었다. 이것은 표준 실험법이 사용될 수 있고 허위 상호작용을 피할 수 있다는 장점이 있으며, 결과적으로 대용량 적용을 위해 적용될 수 있다(7.9절 참조). **GST 끌어당김(GST pull-down)**은 그림 7.8b에 예로서 나타나 있다. 미끼(단백질 X)는 GST와 융합하여 발현되고, 글루타씨온으로 기능화된 비드에 부착된다. 이 비드는 세포 용해물과 섞이고, 단백질 X와 상호작용하는 단백질(또는 단백질 복합체)을 직접 포획한다. 비드는 원심분리에 의해 회수될 수 있다. 또한 비드는 세포 용해물로부터 분리가 용이하도록 상자성(paramagnetic) 특성을 가지게 하여 접근하는 변형 방법도 있다. 유사한 기술들이 히스티딘 중합체 꼬리표(oligohistidine tags)를 지닌 단백질을 포획하거나(고정화된 금속 이온 친화력 크로마토그래피, immobilized metal ion affinity chromatography, IMAC) 또는 FLAG 및 C-Myc과 같은 항원 결정기 꼬리표들(epitope tags)에 특이적인 항체를 포획하기 위해 사용될 수 있다. 항체는 복합체를 포획하는 직접적인 방법

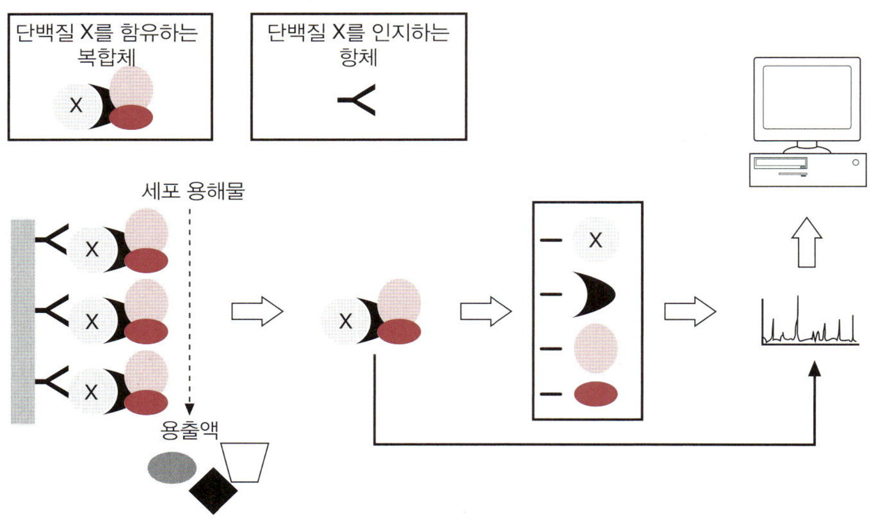

그림 7.7 친화력 크로마토그래피(Affinity chromatography)는 상호작용하는 단백질을 포획하기 위해서 사용할 수 있다. 단백질 X는 세파로오즈 비드(Sepharose beads)에 고정화 되면(예를 들면, 특이적 항체를 사용하여), 그 후 단백질 X와 상호작용하는 단백질(및 기타 분자들)을 컬럼(column)을 통과하는 세포 용해물로부터 포획할 수 있다. 결합하지 않은 단백질을 세척한 후, 결합 단백질을 용출하고, SDS-PAGE에 의해 분리해서(취사 선택사항), 질량 분석법(mass spectrometry)으로 분석할 수 있다.

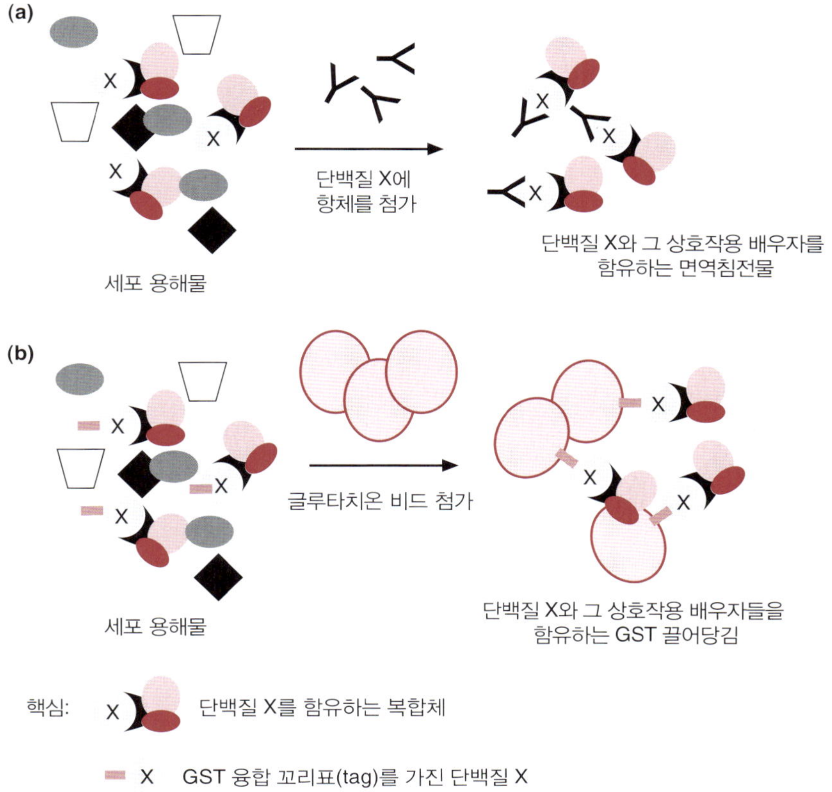

그림 7.8 **두 가지 친화력 끌어당김(affinity pull-down) 전략.** (a) 특이적 항체를 이용하는 것이 가능하다면 면역침강(immunoprecipitation) 법은 단백질 X와 상호작용하는 단백질을 분리하기 위해 사용될 수 있다. (b) 대안으로, 단백질 X는 글루타치온-S-전달효소(GST) 융합 단백질로서 발현시키고 글루타치온(glutathione) 비드를 사용하여 포획할 수 있다.

으로 사용될 수 있다. 그러나 다르게는 항체가 미끼와 함께 사전 탑재될 수 있고, 그 미끼가 상호작용하는 복합체를 포함해서 단백질을 포획하기 위해 사용될 수 있다. 항체를 직접 및 간접 사용하는 것 사이에 하나의 주요한 차이는 직접 포획은 세포의 생리적 조건에, 특히 미끼의 양에 동조적이라는 것이다. 항체를 미끼와 함께 사전 탑재하는 것은 보통 정상적인 생리학적 농도 이상으로 미끼의 양을 증가시키고 일반적으로 정상 조건 하에서는 형성하지 않는 복합체들의 포획을 초래할 수 있다.

만약 전체 단백질 복합체를 포획할 수 있다면, 그 구성요소들 사이의 직접적인 상호작용은 상호작용하는 단백질이 서로 공유결합되는 교차결합을 이용해서 특성을 분석할 수 있다. 한 가지 유용한 전략이 그림 7.9에 표시되어 있다. 이것은 방사성 식별표지(label)를 함유하는 광 활성화 교차결합(photoactivated cross-linking) 시약을 사용한다. 만약 이 시약이 시험관 내의 정제된 단백질 X에 공유결합되면, 그 후 결합물은 세포 용해액에 첨가되고 광 노출에 의해 교차결합이 유발될 수 있다. 그러나 식별 표지가 교차결합 시약의 광 활성화 부분에 있기 때문에, 그것은 상호작용하는 배우자로 전송되고, 정제 및 특성 분석이 가능하게 된다. 교차결합 후 이차원 전기영동을 수행하는 방법이 단백질 복합체들의 구조를 연구하기 위해 널리 사용된다 (그림 7.9b). 교차결합은 또한 핵산과 단백질의 상호작용을 연구하는 유용한 방법임에 유의하라(Box 7.2). 다른 전략들에는 포름알데하이드(formaldehyde)로 교차결합하고 용액 상태로 혹은 겔 내 분해(in-gel digest) 후 분해된 복합체를 질량 분석법에 의해 직접 분석하는 방법이 있다.

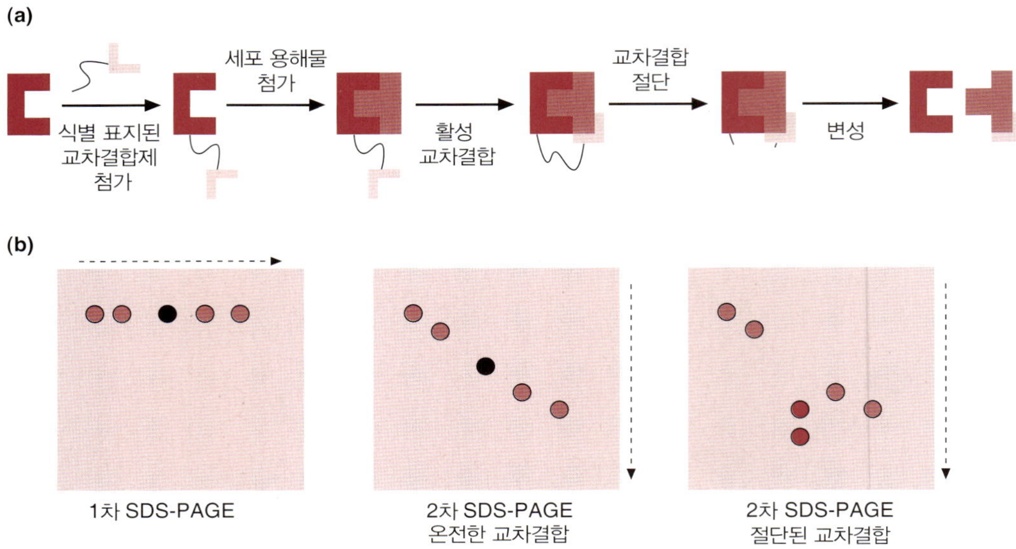

그림 7.9 상호작용을 하는 단백질은 교차결합(cross-linking)에 의해 식별할 수 있다. (a) 식별 표지된 교차결합제(cross-linker)를 시험관 내에서 단백질 X에 첨가하고, 상호작용이 일어날 수 있도록 세포 용해물을 첨가한다. 만약 교차결합이 이 단계에서 활성화되면, 상호작용하는 단백질은 미끼(bait)에 공유결합으로 부착된다. 정제한 후, 교차결합은 잘라지고 상호작용하는 단백질은 분리된다. 식별 표지는 상호작용하는 배우자에 남아 있다. (b) 2D-PAGE에 의한 복합체 구조의 자리매김(mapping). 상호작용하는 단백질은 교차결합되고 이차원 SDS-PAGE에 의해 분리된다. 만약 교차결합이 그대로 남아 있으면, 두 차원에서 (*gel 상의 두 직각 방향) 작은 단백질일수록 더 멀리 이동하기 때문에, 단백질은 대각선 무늬를 형성한다. 그러나 교차결합이 두 겔(gel) 전기영동 사이에 절단되는 경우에는, 이전에 교차결합된 단백질은 대각선에서 떨어져서 이동하기 때문에 동정할 수 있다.

친화력 포획 방법에 대한 마지막 주석은 그것이 하나의 미끼 단백질에 한정되지 않는다는 점이다. (용액 상의) 균질한 분석 형식을 [미끼가 나이트로셀룰로오스(nitrocellulose) 막이나, 또는 미세역가 적정 접시(microtiter dishes)의 웰(well)과 같은 고체 표면에 고정되어 있는] 고체상 분석법으로 전환함으로써, 많은 단백질의 상호작용을 동시에 연구할 수 있다. 웨스턴 블롯팅(western blotting)이나 ELISA (Box 4.1)와 같은 단백질 분석 및 정량화를 위한 전통적인 기술은 단일 탐침자(probe)의 사용을 위해 최적화되었다. 즉, 수천 개의 단백질 표적이 표면에 고정화될 수 있지만, 그 개념은 단일 탐침자와 표적—보통은 항체 탐침자와 그와 상보적인 항원—사이의 상호작용을 검출하는 것이다. 이런 고체상 친화력 기반의 방법은 나중에 논의될 페이지 상호작용 디스플레이(phage interaction display)(159쪽)나 기능성 단백질 칩(protein chips)(214쪽)과 같은 몇몇 고 처리량 기술의 선구자로 간주할 수 있다.

공명 에너지 전달을 이용하여 시험관 내 및 생체 내에서 단백질 사이의 상호작용을 확인할 수 있다

두 가지의 서로 다른 형광물질이 가까이에 있고, 그 중 하나(공여체, donor)가 다른 것(수용체, acceptor)의 여기 분광(excitation spectrum)과 중첩하는 발광 분광(emis-

BOX 7.2 연관 기술
단백질-핵산 상호작용의 검출

단백질-핵산 상호작용은 DNA 복제, DNA 수선, 재조합, 전사, mRNA 프로세싱(processing) 및 번역을 포함하는 가장 기본적인 생화학적 과정들의 일부에 밑바탕이 된다. 그것은 또한 핵산 압축[예를 들면, 염색질(chromatin)에서 히스톤(histones)]과 핵산을 세포 주변으로 이송하기 위해[예, 염색체 분리, 핵으로부터 RNA 반출(export) 및 RNA 위치(localization) 등] 중요하다. 모든 핵산들은 어떤 단계에서 단백질과 결합하며 종종 영구적 또는 반영구적 핵-단백질 복합체로 존재한다. 어떤 단백질은 DNA 및/또는 RNA와 비특이적으로 상호작용하는 한편 다른 단백질은 단지 특정 서열에만 결합한다. 후자는 종종 조절 기능을 가지고 있기 때문에 아주 흥미롭다(Lee 등 참조. 추가 읽기 자료). 단백질의 기능은 또한 조절유전자(promoter) 분석에 의해 결정될 수도 있다.

단백질-핵산 상호작용의 연구를 위한 생화학적 기술은 두 가지 중요한 범주로 나누어질 수 있다:

친화력 의존적 분리 정제 및 선별 분석 방법. 핵산-결합 단백질은 DNA 또는 RNA에 대한 그들의 친화력을 활용하여 분리 정제할 수 있다. RNA-결합 단백질의 분리를 위한 성공적인 초기 방법은 나이트로셀룰로오스(nitrocellulose)를 통해 세포 용해물을 단순히 걸러내는 것이었다. 다른 단백질이 거름망을 통과해 씻겨나가는 동안 RNA 및 그와 결합했을 단백질은 나이트로셀룰로오스에 결합할 것이다. 서열-특이적 결합 단백질을 분리하기 위해서는 약간 더 정교한 방법들이 필요하다. 먼저, 비특이적 결합 단백질을 차단하기 위해 세포 용해물은 과량의 전체 유전체 DNA 또는 tRNA(적절한 경우)와 혼합되어야 한다. 서열-특이적 결합 단백질은 이어서 특정 핵산염 중합체(oligonucleotide)가 친화력 기질(matrix)로서 사용되는 친화력 크로마토그래피에 의해 분리될 수 있다. 핵산에 대한 단백질의 친화력은 또한 막 또는 발현 라이브러리(libraries)에 있는 DNA- 및 RNA- 결합 단백질을 식별하는 데 활용될 수도 있다. 비특이적 DNA로 차단한 후, 식별 표지된 DNA 또는 RNA 탐침자(probe)는 막에 적용되고 단지 그 특이적 서열에 대한 친화력을 가진 단백질에만 결합할 것이다. DNA-결합 단백질에 대한 사우스웨스턴(southwestern) 선별 분석 및 RNA-결합 단백질에 대한 노스웨스턴(northwestern) 선별 분석으로 알려진 이 방법의 한 가지 단점은, 구성 요소들이 분리된 별개의 클론들(clones)로서 존재할 수 있기 때문에, 여러 가지 소단위로 구성된 핵산-결합 단백질은 검출되지 않을 것이란 점이다.

효모 단일-혼성체 분석법(one-hybrid system)으로 알려진 효모 이중-혼성체 분석법(two-hybrid system)의 변형 방법은 전사 인자들의 동정에 유용하다. 본질적으로, 이것은 유전자 서열상부(upstream)에 일렬로 나란히 반복되는 후보 전사 인자-결합 서열이 위치하고, 최소 조절유전자(minimal promoter)와 리포터유전자로 이루어진 구성체로 효모를 형질전환시키는 것이 필요하다. 다음으로 모든 단백질이 전사활성화(transactivation) 도메인과 합성된 형태로 발현하는 cDNA 발현 라이브러리가 준비된다. 만약 전사활성화 도메인과 융합된 단백질이 선택된 조절유전자 서열과 상호작용하는 DNA-결합 도메인을 포함하기만 하면 전사활성화 도메인과 융합된 단백질은 표적 유전자를 활성화시킬 것이다. 이 방법은 단지 자율적으로 DNA에 결합하는 단백질만 식별할 수 있다.

단일과 이중의 특징을 가진 중간 혼성체 분석법(one-and-a-half hybrid system)은 유사하지만, 제2의 보조 단백질과 함께 이질이량체(heterodimer)로서 DNA에 결합하는 단백질을 검출할 수 있다.

단일-이중 혼성체 분석법(one-two hybrid system)은 자발적인 결합단백질과 이질이량체로서만 결합하는 단백질을 양쪽 모두 검색할 수 있다.

미끼와 갈고리(bait-and-hook) 또는 삼중-혼성체(three-hybrid)로 알려진 이중-혼성체 분석법의 또 다른 변형 방법은 RNA-결합 단백질 또는 작은 리간드(ligands)와 상호작용하는 단백질의 식별에 유용하다. 이 체계에서, 구성요소 중 하나(갈고리)는 전사 인자의 DNA-결합 부위 및 합성 RNA 분자의 한쪽 끝에 부착하는 서열-특이적 RNA-결합 단백질로 구성된다. RNA 분자의 다른 쪽 끝은 후보 상호작용 단백질이 결합하려는 염기서열이 포함되어 있다. 포획물 라이브러리는 각 단백질이 전사활성화 도메인에 융합상태로 발현되도록 일반적으로 구성된다. 오직 포획물이 갈고리에 부착된 RNA 서열과 상호작용하는 세포 안에서만 전사 인자가 조립되고 리포터유전자가 활성화될 것이다.

단백질-핵산 상호작용의 정밀한 특성 분석을 위한 방법. 이러한 방법들은 다양하며, 일반적으로 특정 단백질이 결합하는 서열을 식별하기 위해 설계된다. 겔 지연(gel retardation) 분석법은 단백질-DNA 상호작용을 입증하기 위해 사용되지만, 추정상의 결합 부위를 가진 DNA 단편을 사용하는 경우, DNA 또는 RNA의 단백질 결합 부위들의 대략적인 위치를 또한 식별할 수도 있다. 이는 핵산/단백질 복합체가 노출된 DNA 또는 RNA보다 더 느리게 전기영동 겔을 통과해 이동한다는 사실에 기초를 두고 있다. 단백질에 덮힌 핵산은 핵산 가수분해효소의 분해로부터 보호되기 때문에, DNA 분해효소 족문분석법(DNase footprinting)은 단백질에 의해 뒤덮이는 정확한 핵산염(nucleotides)을 식별할 수 있다. 단백질이 결합할 때 염기들이 메틸화(methylation)로부터 보호되거나 또는 만약 염기들이 이미 수정되었다면 수정된 염기들은 정상적인 상호작용을 방해하기 때문에, 메틸화 간섭(methylation interference)과 메틸화 보호(methylation protection)는 결합 단백질과 접촉하는 특정 염기를 식별하는 기술들이다. 복합체들에서 RNA-단백질 상호작용은 종종 화학적 교차결합(cross-linking) 또는 핵산 가수분해효소를 처리해서 연구한다. 한 가지 매우 유용한 기술은 RNA-단백질 복합체의 RNA 분자들에 짧은 DNA 핵산염 중합체들(oligonucleotides)을 혼성화(hybridization)하고, 그다음에 DNA/RNA 혼성체들(hybrids)에 특이적인 RNaseH로 분해하는 방법이다. 이 기술은 RNA 구성요소의 구성성분들에 대한 체계적인 기능 시험을 할 수 있게 한다.

sion spectrum)을 가질 때, **형광 공명 에너지 전달(fluorescence resonance energy transfer, FRET)**이라고 알려진 현상이 발생할 수 있다. 공여 형광물질이 단독으로 여기될 때, 특유의 발광 파장을 가진 빛이 만들어진다. 그러나 공여 형광물질이 수용 형광물질에 근접해서 여기될 때, 에너지는 수용 형광물질로 전달되고, 결과로서 공여체로부터 나오는 발광 강도는 감소(quenched)되는 반면에 수용체의 발광 강도는 증가(enhanced)하게 된다. 만약 두 단백질이 각각 FRET을 수행하는 형광물질, 예를 들어 Cy3 및 CY5에 결합되어 있다면 이 원리는 시험관 내에서 두 단백질 사이의 상호작용을 조사하기 위해 사용될 수 있다. 만약 검출기가 수용 형광물질의 증가한 발광을 읽도록 보정되면, 그 후 두 단백질이 상호작용하는 경우에만 신호가 얻어질 것이다. 이 방법의 장점은 안정적인 상호작용뿐만 아니라 일시적인 상호작용도 검출할 수 있다는 것이다.

보다 최근에는, **녹색 형광 단백질(green fluorescent protein)**의 공여체 및 수용체의 유도체들이 냉발광 단백질(bioluminescent protein) 융합체를 생성하기 위해 사용되었다. 이것은 살아있는 세포에서 발현될 수 있고 동일한 원리를 사용하여 생체 내에서 단백질 상호작용을 검출하기 위해 사용될 수 있다(**생물 냉발광 공명 에너지 전달, bioluminescence resonance energy transfer, BRET**). 예를 들면, 살아있는 세포에서의 단백질-단백질 상호작용이 청록색 형광 단백질에 융합된 미끼 단백질과 노란색 형광 단백질에 융합된 후보 포획 단백질을 사용해서 연구되었다. **루시퍼라아제(luciferase)** 또한 에너지 공여체로서 사용될 수 있다. 그리고 이것은 (형광 단백질처럼) 빛에 의한 외인성 여기(excitation)에 반응하는 대신 기질(substrate)을 소모하여 빛을 생성하는 효소이기 때문에, 광퇴색(photo-bleaching)과 같은 인위적인 결과 없이 단백질 상호작용을 측정할 수 있다. 이러한 기술의 한 가지 단점은 공여체 및 수용체 무리가 10 nm 미만으로 떨어져 있을 때만 FRET/BRET가 효율적으로 발생한다는 것이다. 따라서 근접성이 획득된다는 것을 보장하기 위해 사례별로 개별적 융합 구조들이 설계되어야 한다.

FRET/BRET 기반의 방법은 형광 단백질을 이용하는 **단백질 상호보완 분석법(protein complementation assays)**과 혼동하지 말아야 한다. 그 분석법은 다른 원리를 활용하며 165쪽에서 논의한다.

표면 플라스몬 공명은 상호작용하는 단백질의 질량을 나타낼 수 있다

단백질 칩(protein chips)을 제작하는 몇몇 제조사는 단백질 상호작용을 검출하기 위해서 표면 플라스몬 공명(surface plasmon resonance, SPR)을 활용하는 방법 체계를 개발하였다. 이것은 단색 편광(monochromatic polarized light)이 금속 박막에서 반사될 때 발생하는 광학 효과를 이용한다. 필름 안의 편재된 전자 내에서 발생하는 공명(resonance)의 양은 막 표면에 흡착된 물질에 의해 결정된다. **표면 플라즈몬 공명 분광법(surface plasmon resonance spectroscopy)**이라 불리는 기술은 이 공명 효과를 측정할 수 있다. 그리고 고정된 분자의 질량과 금속 표면에서의 공명 에너지의 변화 사이에는 직접적인 관계가 있으므로, 이 기술은 상호작용하는 단백질의 질량을 결정하고 실시간으로 상호작용을 조사하기 위해 사용될 수 있다. SPR 검출 방법을 사용하는 단백질 칩은 질량 분석계에 직접 연결될 수 있으며, 그 결과 상호작용하는 단백질이 일단 기판 위에 포획되면 식별까지 가능하다. 이 원리는 제9장에서 보다 자세히 논의될 것이다. 단백질 상호작용을 감시하기 위해 사용할 수 있는 다른 무식별 표지(label-free) 방법에는, 용액 중 분자의 유체역학적 반경(hydrodynamic radius)의 변화를 보고하여 단백질 복합체를 식별하는 **정적 광산란(static light scattering)** 및 **동적 광산란(dynamic light scattering**, 혹은 **광자 상관 분광법(photon correlation spectroscopy)**과 단백질이 용액 속에서 결합(associate)하거나 해리(dissociate)할 때 발생하는 온도의 변화를 측정하는 **등온 적정 열량측정법(isothermal titration calorimetry)**이 있다. 이러한 기술 중 어느 것도 아직 고처리량 분석 적용에는 적합하지 않다.

7.3 이원 상호작용의 전체적인 분석을 위한 라이브러리-기반 방법

위에서 논의한 각각의 기술은 다음의 세 가지 중 하나 이상의 내재적인 한계를 가지고 있다.

1. 그 방법이 개개의 단백질과 그들의 상호작용 배우자의 분석에는 적합하지만, 전체적 수준에서 상호작용을 확인하기 위해 그 규모를 확대하기는 어렵다.
2. 그 방법이 시험관 내에서의 단백질의 분석에 적합하지만, 상호작용이 생체 내에서 적용되는지는 불분명하다.
3. 상호작용하는 단백질과 그에 상응하는 유전자 사이에 직접적인 연결이 없기 때문에, 상호작용하는 배우자를 식별하기는 어렵다.

친화력 기반의 방법은 지금까지, 내인성 단백질에 꼬리표를 달기 위해 상동재조합(homologous recombination) 또는 트랜스포존(transposon, *하나의 replicon에서 다른 replicon으로 전이될 수 있는 유전자군)의 삽입 방법을 사용하면서, 생체 내 단백질 복합체의 체계적인 분석을 위해 개선되어 왔다. 그러나 간단한 세포의 맥락에서조차 모든 잠재적인 상호작용을 검사하기 위해서는 많은 다른 꼬리표 표시법이 필요하다.

한 예로, 비록 우리가 번역 후 변형(post-translational modifications)에 의해 발생되는 추가적인 다양성을 무시하더라도 출아 효모 *S. cerevisiae*는 대략 6,000가지의 상이한 단백질을 생산한다. 그것은 36,000,000가지의 잠재적 이원 상호작용에 대한 가능 범위를 제공한다. 대부분의 단백질은 적은 수의 특이적 상호작용 배우자를 갖고, 또한 단백질체는 공간적 및 시간적으로 중복되는 구성요소들로 나뉘며, 그리고 비록 그들이 상호작용을 할 수 있을지라도 많은 단백질이 동시에 같은 공간에 존재하지는 않는다는 의미에서, 진정한 상호작용의 수는 이보다 훨씬 낮을 것이다. 그러나 대부분 상호작용의 수는 서로 다른 단백질에 대한 친화도에 의해 제한된다. 이 특정 유기체 내의 상호작용의 총수는 아마 단백질체의 크기보다 단지 수십 배의 크기일 것이다. 그러나 단지 기능적으로 의미 있는 수만 개를 설정하기 위해서는 36,000,000가지의 모든 가능한 상호작용을 확인할 필요가 있다.

그와 같은 대규모로 그리고 생체 내 조건들에서 이원 단백질 상호작용을 검사하는 것은 많은 수의 발현 클론(clones)을 서로 체계적으로 시험할 수 있는 라이브러리-기반 방법을 사용하여야만 수행할 수 있다. 이 접근법의 기원은 표준의 cDNA 발현 라이브러리에 있다. 그것은 비록 식별 표지된(labeled) 핵산 탐침자(probe)로 전형적으로 선별 분석(screen)하지만, 또한 추정되는 상호작용 배우자를 발현하는 클론을 분리하기 위하여 식별 표지된 미끼 단백질로 선별 분석하기도 한다. 예를 들면, 식별 표지된 카모듈린(calmodulin)은 카모듈린-결합 단백질을 선별 분석하기 위해 사용되어 왔고 상피세포 성장 인자 수용체(epidermal growth factor receptor)의 인산화된 내부 부위에 상응하는 탐침자는 Src homology 2 (SH2) 도메인을 포함하는 신호 단백질을 식별하기 위해 사용되어 왔다. DNA와 RNA 탐침자는 전사 인자들과 RNA-결합 단백질을 식별하기 위해 단백질 발현 라이브러리에 사용되어 왔다(Box 7.2). 비록 발현 라이브러리의 사용이 포획물을 찾는 처리량을 증가시키는 좋은 방법이지만, 이 방법을 사용하는 미끼 단백질의 선별 분석은 여전히 어렵다. 위에서 논의된 효모를 예로 들면, 모든 잠재적 이원 상호작용을 검사하기 위해 6,000번의 개별적인 라이브러리 선별 분석을 수행할 필요가 있다. 시험관 내 분석 형식은 또한 모든 단백질의 접힘(folding)을 위해 반드시 필요한 환경을 제공하지는 않기 때문에, 상호작용의 상당수는 검출되지 않을 것이다.

페이지 디스플레이 라이브러리(phage display library)는 박테리오페이지(bacteriophage) 입자의 표면에 잠재적 포획 단백질을 발현시키는, 즉 **페이지 상호작용 디스플레이(phage interaction display)**로 알려진 기술을 사용하여 처리량의 향상을 만들 수 있다(그림 7.10). 그런 다음 미세역가적정(microtiter) 접시들의 웰을 관심 있는 특정 미끼 단백질로 코팅한다. 페이지 디스플레이 라이브러리는 각 웰에 옮겨 담는다. 상호작용하는 단백질을 표면에 지닌 페이지는 웰 안의 표면에 붙은 채로 남아있는 반면 상호작용하지 않는 단백질을 지닌 페이지는 씻겨 나갈 것이다. 고차 병렬적인 대규모 선별 분석을 수행할 수 있으며, 기술이 자동화 처리되기 용이하기 때문에 페이지 디스플레이는 단백질체-규모 상호작용 분석에 적합하다. 이론적으로, 미세역가적정 접시에서 6,000가지 미끼 단백질이 단일 페이지 디스플레이 라이브러리로 선별 검색될 수 있고 각 웰로부터 페이지가 개별적으로 용출될 수 있으며, DNA 서열 분석에 대비하여 대장균(*E.coli*)에서 증폭될 수 있다. 그러나 표준 라이브러리 선별 분석에서, 시험관 내 분석 형식은 모든 단백질이 그들 본래의 구조를 가지도록 허용하지는 않는다. 더욱이, 큰 단백질일수록 복제를 방해하기 때문에, 오직 짧은 펩타이드만 페이지 표면상에 디스플레이될 수 있다. 상호작용 배우자 사이의 보다 광범위한 접촉을 필요로 하는 일부 상호작용은 이런 이유 때문에 검출되지 않을 가능성이 있다. 그렇다고 하더라도, 페이지 디스플레이 라이브러리는 소형 격자 형식 안에 전체 단백질체를 제시하며 시험관 내에서 단백질 상호작용의 체계적인 평가를 가능하게 하는, 현재 세대의 단백질 마이크로어레이(microarrays)의 선구자로 생각될 수 있다(제9장).

7.4 이중-혼성체/단백질 상호보완 분석법

효모 이중-혼성체 분석법(효모단백질잡종법, two-hybrid system)은 두 가지의 비활성 융합 단백질로부터 전사 인자를 조합하여 작동한다

효모 이중-혼성체 분석법은 효모 세포 내에서의 단백질 상호작용에 대해 검사함으로써 시험관 내 분석 형식의 문제점을 처리한다. 이 방식의 원리는 두 가지의 융합 단

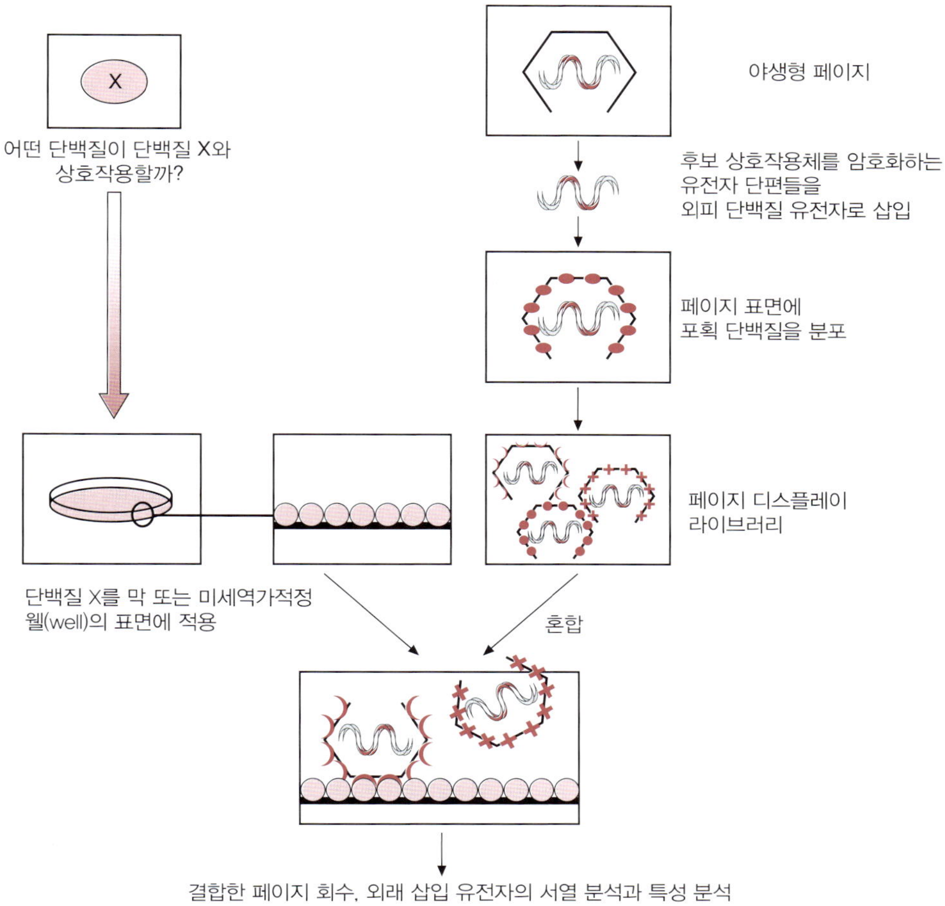

그림 7.10 고처리량(high-throughput) 상호작용 선별 분석에 적용된 페이지 디스플레이(phage display) 원리. 상호작용 상대를 찾고 있는 단백질 X는 미세역가적정(microtiter)의 웰(well)이나 막의 표면에 고정화될 수 있다. 단백질체의 모든 다른 단백질은, 페이지 디스플레이 라이브러리를 만들기 위해 페이지 외피 단백질 유전자 내에 클로닝함으로써, 박테리오페이지(bacterio-phage)의 표면에서 발현된다. 그 후 웰(well) 또는 막은 페이지 라이브러리로 침수시킨다. 상호작용하지 않는 단백질을 표면에 드러내는 페이지들이 씻겨 나가는 동안 상호작용하는 단백질을 지닌 페이지는 유지된다. 결합된 페이지는 고농도 염 완충액으로 용출되고 상호작용하는 단백질의 DNA 서열을 담고 있는 페이지 입자를 많이 생산하기 위해 대장균(*E.coli*)에 감염시킨다.

백질로부터 활성 전사 인자가 조합되고 표지 유전자(marker gene)의 활성화에 의해서 이 조합을 검출하는 것이다. 일반적인 개요가 그림 7.11에 나타나 있다. 미끼 단백질은 단독으로 표지 유전자를 활성화할 수 없는 전사 인자 GAL4의 DNA-결합 도메인과 융합되어 발현된다. 이 미끼 융합체는 하나의 반수체(haploid) 효모 균주에서 발현된다. 또 하나의 반수체 효모 균주는 단백질체의 모든 단백질이 역시 단독으로는 표지 유전자를 활성화할 수 없는 GAL4의 전사활성화 도메인과 융합체로 발현되는 cDNA 발현 라이브러리를 만들기 위해 사용된다. 그런 다음, 그 두 효모 균주는 혼성(hybrid) 미끼 단백질과 한 가지 후보 혼성 포획 단백질을 양쪽 모두 발현하는 이배체(diploid) 균주를 얻기 위해 교합(mate)된다. 미끼와 포획물이 상호작용하지 않는 세포에서, 전사 인자는 조합되지 않은 채 남게 되고, 표지 유전자는 침묵 상태로 남게 된다. 그러나 미끼와 포획물 사이에 상호작용이 있는 세포에서는, 전사 인자가 조합되고 표지 유전자는 활성화된다. 그리고 시각적으로 다른 균락(군체, colonies)을 생산하거나(예를 들면, *lacZ*와 같은 가시적 표지유전자) 혹은 선택배지 내에 생존하는 균락을 만들게 된다[예를 들면, 독립영양성(autotrophy)을 부여하는 선별 표지 유전자]. 따라서 상호작용하는 단백질 유전자를 포함하고 있는 세포는 확인가능하고 또 그에 상응하는 cDNA의 특성을 분석할 수 있다.

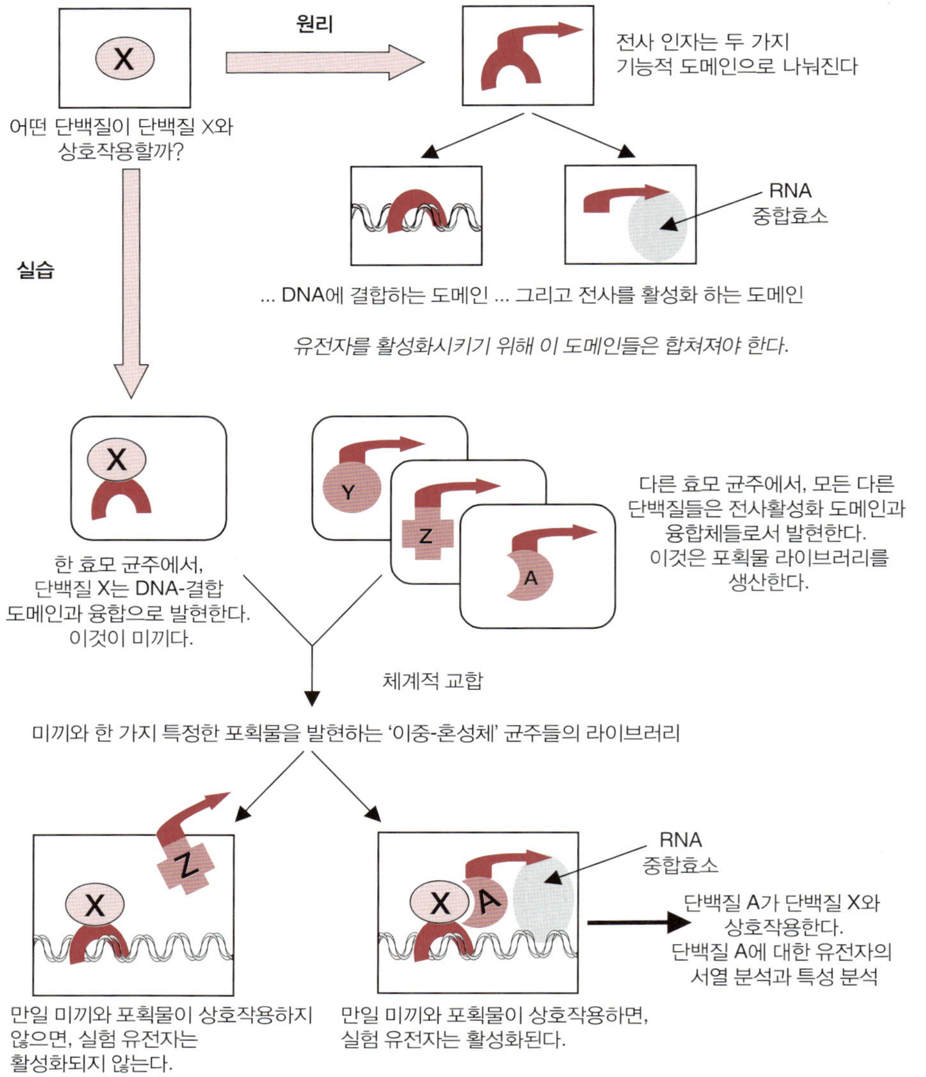

그림 7.11 **효모 이중-혼성체 분석법(two-hybrid system)의 원리.** 전사 인자들은 일반적으로, 하나는 DNA 결합을 위해, 다른 하나는 전사 활성화를 위해 두 가지 기능적으로 독립적인 도메인들로 구성된다. 이것들이 공유적으로 연결될 필요는 없지만, 이량체 단백질(dimeric protein)을 형성하도록 조합될 수가 있다. 이 원리는 단백질 상호작용을 식별하는 데 활용된다. 미끼(bait) 단백질은 DNA-결합 도메인과 융합으로 한 효모 균주에서 발현되고 후보 포획물은 전사활성화(trans-activation) 도메인과 융합체들로 다른 균주에서 발현된다. 두 균주가 교합(mate)될 때, 만일 미끼와 포획물이 상호작용하면 기능성 전사 인자들이 조합된다. 이것은 혼성 전사 인자에 의해 활성화되는 표지 유전자(reporter gene)를 포함시켜서 검출할 수 있다.

몇몇 대규모 상호작용 선별 분석이 다른 효모 이중-혼성체 선별 분석 전략을 사용하여 수행되어 왔다

효모 이중-혼성체 분석법은 전체 단백질 상호작용 분석을 용이하게 하는 첫 번째 기술이었다. 미세역가적정 접시에 반수체 효모 균주들의 판을 배열하고 체계적인 방식으로 쌍으로 교합을 실시함으로써, 수만 가지의 상호작용을 한 번의 실험에서 선별 분석할 수 있다. 세균과 효모, 말라리아 기생원충 *Plasmodium falciparum*, 초파리 *D. melanogaster*, 그리고 선충 *C. elegans*에서의 완전한 상호작용체 연구, 인간의 새로운 질병과 관련된 신호전달 경로를 식별하는 연구, 그리고 개별 경로, 수용체 및 질병에 더 초점을 맞춘 수많은 연구를 포함하여 여러 가지 포괄적인 대규모 연구들이 게재되어 왔다(표 7.1, Box 7.3).

초기 연구의 중요한 측면은 이중-혼성체 선별 분석을 위한 최상의 전략을 수립하는 것이었다. **행렬 선별 분석법(matrix screening method)**은 규정된 미끼와 포획물 균주의 판이 배열형식으로 교합되는 체계적인 접근법이다(ORF × ORF, ORF = open reading frame, *mRNA로 전사되어 단백질로 번역될 가능성이 있는 염기서열의 집합). 각각의 미끼와 포획물 구성체는 PCR에 의해 개별적으로 만들어지고, 별개로 분리되어 유지되는 효모 세포 내로 도입된다. 서로 다른 형질전환 세포주는 미세역가 적정 접시에 배열되고 모든 가능한 짝짓기 조합으로 교배된다(그림 7.12a). 모든 단백질이 각각의 개별 구조(*융합 혼성체를 발현하도록 하는 클론의 구조)를 필요로 하기 때문에, 전체 상호작용체 분석은 완전히 서열 분석된 유전체와 완전한 유전자 목록을 가진 그러한 종에서만 가능하다. 행렬 접근법의 장점은 그것이 종합적이고 또한 포괄적인 상호작용체 적용 범위를 제공할 수 있다는 것이다. 그러나 준비 단계가 힘들고, 필요한 작업 양은 조사하는 단백질체의 크기에 비례하여 증가한다.

행렬 접근법의 처리량을 증가시키기 위하여, **모음 행렬 선별 분석법(pooled matrix screening method)**이 여러 층의 복잡성으로 선별 분석을 분할하기 위해 개발되었다(그림 7.12b). 표준 행렬 선별 분석 방법과 같이, 규정된 균주는 각각의 미끼 구조에 대해 만들어지지만 포획물은 개별 균주로서가 아니라 모둠에서 선별 분석된다. 세포는 포획물 구조의 혼합물로 형질전환되고 집단으로(en masse) 선별 분석된다(ORF × 모음 ORF). 이러한 방식으로, 더 많은 잠재적인 상호작용이 각각의 교합에서 선별 분석될 수 있다. 상호작용이 검출되는 경우, 혼합된 균주는 개별 상호작용을 식별하기 위하여 간소화될 수 있다(*검출된 모둠만 따로 분석하면 된다).

융합 구조체들의 **무작위 라이브러리(random libraries)**를 사용하면 단백질체의 모든 단백질에 대한 개별 미끼와 포획물 구조체를 만드는 노동집약적 작업을 회피할 수 있다. 이것은 (*무작위적인 클론들의 라이브러리를 만들므로) 모든 단백질에 대한 발현 클론의 제조 요구를 피하고, (*다양한 길이와 위치로 단백질의 일부를 발현

표 7.1 주요 대규모 상호작용 연구(효모 이중-혼성체 분석법)

생물체	예상되는 ORFs	방법	TAD 혼성체 (TAD hybrids)	DBD 혼성체 (DBD hybrids)	상호작용
박테리오페이지 T7(Bacteriophage T7)	55	행렬(Matrix)과 라이브러리(library) 선별 분석	ORFs	ORFs	37
우두 바이러스(Vaccinia virus)	266	행렬	ORFs	ORFs	37
C 형 간염 바이러스(Hepatitis C virus)	~10	행렬	ORFs	ORFs	0
		라이브러리	라이브러리	ORFs	15
위장 나선균 헬러코우백터 파일로우리(*Helicobacter pylori*)	1,590	라이브러리	라이브러리	ORFs	1,280
출아효모(*Saccharomyces cerevisiae*)	6,200	행렬	ORFs	모음 ORFs (Pooled ORFs)	621
		라이브러리	라이브러리	ORFs	2,374
예쁜꼬마선충(*Caenorhabditis elegans*)	19,099	라이브러리	라이브러리	ORFs	2,135
노랑초파리(*Drosophila melanogaster*)	18,000	라이브러리	라이브러	ORFs	4.780
인류(*Homo sapiens*)	29,000	라이브러리	라이브러리	8,100 ORFs	2,800
		행렬	4,456 ORFs	5,632 ORFs	911

모든 선별 분석들은 규모가 축소된 인류 선별 분석을 제외하고 전체 단백질체 범위에 걸쳐서 설계되었다.
TAD, transactivation domain(전사활성화 도메인); DBD, DNA-binding domain(DNA-결합 도메인).

BOX 7.3 사례 연구
효모 이중-혼성체 분석법을 이용한 효모에서의 대규모 상호작용 선별 분석

비록 효모 이중-혼성체 방법은 1989년에 Stanley Fields와 Ok-kyu Song에 의해 개발되었지만, 10년 후 Peter Uetz와 그 동료들에 의해 효모에서 첫 번째 전체적인 상호작용 선별 분석이 발표될 때까지는 그 방법의 진정한 잠재력과 확장성은 확립되지 않았다(추가 읽기 자료 참조). 초창기의 조사는 그 방법이, Russel Finley와 Roger Brent에 의한 초파리(*D.melanogaster*)에서의 세포주기 단백질 간의 상호작용에 대한 1994년의 연구와 같은, 단백질 상호작용의 체계적인 연구에 적합하다는 것을 확인했다(추가 읽기 자료 참조). 이 행렬(matrix)-형식의 연구는 알려진 사이클린들(cyclins)과 사이클린-의존성 인산화 효소들(cyclin-dependent kinases) 사이의 19가지 상호작용을 밝혔다.

행렬 접근법은 Uetz 등에 의해 포획물 구조체들의 효모 단백질체 전체 규모의 라이브러리(6,000개 이상의 open reading frames)를 192가지의 미끼들로 선별 분석하기 위해 사용되었고, 그중 87개는 재생 가능한 상호작용에 관여하는 것으로 나타났다(즉, 두 개의 독립적인 선별 분석들에서, 양성인 결과를 보였다). 각각의 미끼들은 평균적으로 세 가지 상호작용에 연루되었고, 결과적으로 총 281가지의 상호작용을 야기했다. 같은 저자들은 다음에 5,300가지의 미끼를 선별검색하기 위하여 모음 행렬(pooled matrix) 분석법을 사용하였고, 692가지의 상호작용하는 단백질 쌍을 보고하였다. 모음 행렬 전략은 또한 Ito와 그 동료에 의해서도 사용되었으며(추가 읽기 자료 참조), 이 경우 미끼들과 포획물의 모둠들(pools)을 가지고 수행하였다. 각 모둠(pool)은 96가지의 클론(clones)을 담고 있으며, 430가지의 조합 분석에서 400만 가지의 잠재적인 상호작용이 선별 분석되도록 한다(효모 단백질체 내의 모든 잠재적인 상호작용의 약 10%에 해당). 거의 850가지의 양성 균락(군체, colonies)이 동정되었고, 175가지의 상호작용하는 단백질 쌍을 밝혔으며, 그것들 중 단지 12개만 이전에 알려진 것이었다. 전체 단백질체를 포함하도록 이 형식을 확장하면 3,278가지의 단백질 사이에서 4,549가지의 상호작용을 밝혔고, 그것들 중 841가지는 세 개 혹은 그 이상의 독립적인 상호작용을 입증하였다.

초기 선별 분석들에서의 오류율은 다른 실험들에서 식별된 공통된 상호작용의 수에 의해 추정할 수 있다. Uetz와 동료들에 의해 수행된 행렬 선별 분석과 모음 행렬 선별 분석은 단지 12가지의 공통된 상호작용을 식별했다. Uetz와 Ito 집단들에 의해 수행된 모음 행렬 선별 분석은 각각 692가지와 841가지의 신뢰성 높은 상호작용 쌍을 밝혔다. 그리고 자료집합들의 비교로 공통된 141가지의 상호작용을 밝혔다. Fromont-Racine와 동료들에 의해 수행된 무작위 라이브러리 방법을 사용하고 스플라이싱(splicing) 단백질에 초점을 맞추는 초기의 상호작용 선별 분석은 미끼당 약 10가지의 신뢰성 높은 상호작용을 밝혔다. 이러한 단백질의 일부는 또한 Uetz의 전체 선별 분석에 포함되었고, 여기서 두 가지 미끼들에 대해 두 가지 공통된 상호작용과 다른 미끼들과의 6가지 공통된 상호작용이 있다는 것이 발견되었다.

하게 되므로) 여분의 중복되는 클론이 각각의 단백질을 대표한다는 것을 의미한다. 그것은 (*중복되는 다양한 클론에 의해 반복적으로 확인된다면) 상호작용의 내부 검증을 제공하고 (*클론이 일부분을 발현한다면 특정 도메인으로 한정할 수 있으므로) 상호작용이 특정 단백질 도메인으로 좁혀질 수 있도록 한다(그림 7.12b). 선별 분석은 양쪽 구성요소에 대한 무작위 라이브러리(라이브러리 × 라이브러리)뿐만 아니라 포획물의 무작위 라이브러리에 대한 전통적인 미끼를 사용하면서 (ORF × 라이브러리) 수행되었다.

전통적인 효모 이중-혼성체 선별 분석은 상당한 오류율이 있다

다른 선별검사 전략의 개발은, **허위 양성(false positives**, 진짜가 아닌 상호작용의 탐지) 및 **허위 음성(false negatives**, 진짜 상호작용의 미검출)으로 나타나는, 전통적인 효모 이중-혼성체 체계의 잠재적 단점의 일부를 강조하는 데 도움이 되었다.

독립된 연구자들이 유사한 대규모 연구를 각각 수행했을 때, 그들 사이에 보고된 상호작용에서의 중복 정도가 매우 낮았고(10~15%) 상당히 많은 수의 이미 잘 알려진 상호작용도 확인하지 못했다. 그런 허위 음성 비율에 대해 많은 설명이 있다. 그

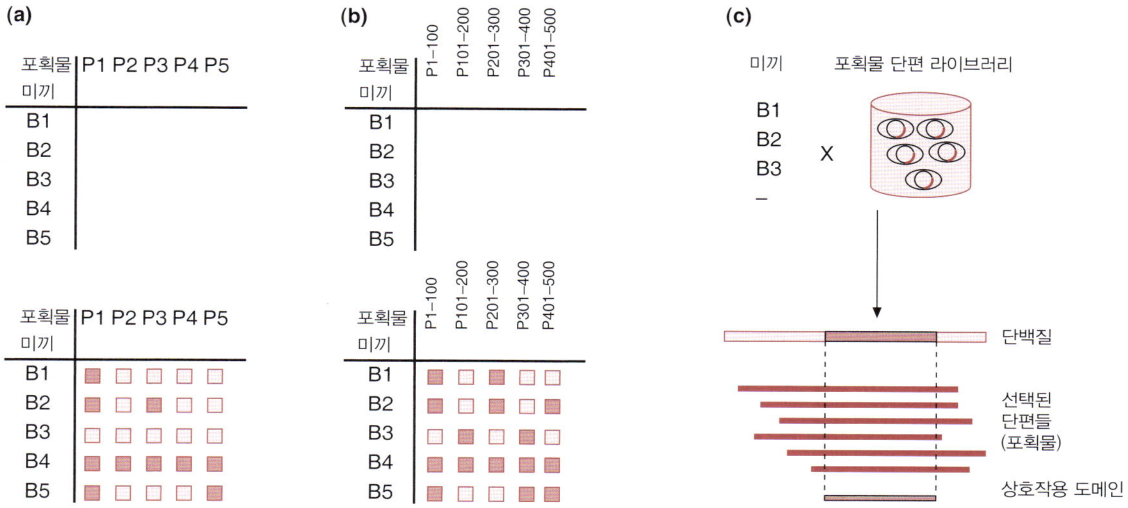

그림 7.12 대규모 단백질 상호작용 지도를 구축하기 위한 행렬(matrix)과 라이브러리 선별 분석 접근법. (a) 행렬 접근법은 체계적이며, 미끼(B1-BS)와 포획물(P1-P5)로서 단백질의 동일한 집합(1-5)을 사용한다. 그 결과들은 행렬로 그려질 수 있다. 자기 활성체(자체촉매제, autoactivators)(예를 들면, B4)과 "접착성(sticky)" 포획 단백질(예를 들면, 많은 미끼와 상호작용하는 P1)은 식별되고 폐기된다. 최종 결과는 이질이량체(heterodimers)(예를 들어, B2-P3) 또는 동질이량체(homodimers)(예를 들어, B5-P5)일 수 있는 상호작용의 목록으로서 요약된다. (b) 모음 행렬 (pooled matrix) 접근법은 고처리량 선별 분석을 할 수 있게 하기 위해 포획물을 수렴하는 상기의 변형방법이다. 예를 들어, 어떠한 상호작용도 B1과 P301-500 사이에서 발생하지 않기 때문에, 200가지의 개별적 선별 분석은 생략할 수 있다. 포획물 모음 P201-300은 특정 상호작용을 선별하기 위해 간소화될 수 있다. (c) 라이브러리 선별 분석 접근법은 무작위적이며 주어진 미끼와 상호작용하는 각각의 포획 단백질에 대한 상호작용 도메인을 식별한다. 접착성 포획 단백질은 종종 미끼 단백질과 상관없이 선택되는 단백질의 단편들로서 식별된다(Legrain P, Wojcik J & Gauthier JM (2001) *Trends Genet.* 17, 346에서 인용. Elsevier로부터 허가를 득함.)

러나 허위 음성 비율이 분석 자체 내의 실패(예를 들어, 특정 미끼 또는 포획물 클론이 라이브러리에 표시되지 않거나, 적절하게 발현되지 않거나 또는 단백질이 융합 혼성체의 맥락에서 올바르게 접히지 않을 경우) 또는 그 단백질의 본질적인 특성 또는 상호작용에 대한 요구(예를 들어, 상호작용 접속면(interfaces)이 빠져 있거나, 또는 상호작용이 특정한 형태의 번역 후 변형 또는 보조 인자의 존재를 필요로 하거나) 등을 반영할 수 있다. 또 다른 중요한 쟁점은 효모 이중-혼성체 분석법이 융합 혼성체의 핵 반입(nuclear import)에 의존한다는 것이다. 그 과정은 만약 후보가 막 단백질이거나 일반적으로 다른 세포내 소기관에서 발견되는 경우 중단될 수 있다. 이러한 쟁점은 라이브러리보다는 ORF를 사용할 때 더 우발적으로 나타난다. 왜냐하면 라이브러리의 경우에는 종종 부분적인 클론이 있기 때문이다. 이것은 예를 들면, 막 통과(transmembrane) 도메인이 없는 절단된 구형 단백질의 핵 반입을 허용할 수도 있다. 극단적인 예로, 각각이 ORF로 발현되었을 때, 10 × 10 행렬에서 C형 간염 바이러스의 10가지 성숙(mature) 폴리펩타이드 간의 상호작용 분석은 어떠한 상호작용도 전혀 밝혀내지 못했지만, 동일한 단백질이 무작위 라이브러리로부터 발현되었을 때 모든 알려진 상호작용에 더해서 세 가지 새로운 상호작용이 밝혀졌다(표 7.1).

허위 양성은 비특이적 상호작용을 반영할 수 있다[**접착성 미끼(sticky bait)** 혹은 **접착성 포획물(sticky prey)**로 묘사되는 구성요소 중 하나가 많은 배우자와 상호작

세포외 단백질 사이의 상호작용에 대한 선별 분석(screening for interactions between extracellular proteins, SCINEX-P)로 알려진 다른 변형접근법이, 접히지 않은 (unfold) 단백질이 축적될 때 막통과(transmembrane) 단백질 Ire1p의 이량체화(dimerization)를 유도하는 효모 펼친 단백질 반응(unfolded protein response, UPR)을 이용하고, 차례로 분자 샤페론(molecular chaperones)의 생산에 필요한 전사 인자 Hac1p를 유도함으로써, 내부원형질 소포체(endoplasmic reticulum)의 산화성 환경에서 단백질-단백질 상호작용을 분석하기 위해 사용되었다. SCINEX-P 방법은 일반적으로 내부원형질 소포체의 내강(lumen) 내로 돌출하는 N-말단 중합체화(oligomerization) 도메인이 결여된 돌연변이 형의 Ire1p과 융합체로서 미끼 단백질이 발현된다. 따라서 중합체화는 미끼와 포획물 사이의 상호작용에 의존하게 되고, 결과적으로 UPR 신호의 활성화를 야기한다. 리포터유전자(reporter gene)의 조절 인자(promoter)에 Hac1p 반응 요소(Hac1p response element)를 포함시키면 회로를 완성하고 상호작용하는 단백질 쌍을 식별할 수 있게 된다.

7.6 세균과 포유류 이중-혼성체 체계

세균에서의 이중-혼성체 방법의 개발 역시 효모에서 핵 반입에 의해 부과되는 제한을 극복하기에 편리한 방법이다. 더 복잡한 라이브러리를 사용할 수 있도록 하는 대장균(*E.coli*)의 더 높은 형질전환 효율과 더 빠른 성장 속도, 그리고 진핵 세포에서 독성이 있는 단백질을 발현하는 능력이 추가적인 장점에 포함된다. 세균에서 발현되는 포획물 클론은 또한 그들이 플라스미드(plasmids) 또는 박테리오페이지(bacteriophage)로서 분리될 수 있도록 하는 페이지미드(phagemid, *페이지 플라스미드 복합체) 구조로 제조될 수 있다. 세균에서 독점적으로 작용하고 세균과 효모 양쪽에서 기능하는 방법들이 개발되어, 양쪽 방법의 장점을 활용하도록 한다.

세균 이중-혼성체 선별 분석의 단점 중 하나는 번역 후 변형이 존재하지 않기 때문에 진핵 세포의 단백질 상호작용이 정확하게 보고되지 않을 수 있다는 것이다. 심지어 효모에서조차 포유류 단백질이 제대로 변형되지 않아서, 잠재적 허위 양성 및 허위 음성 자료의 또 다른 근원을 제공한다. 전형적으로 리포터유전자(reporter) 구조물을 인지하는 GAL4 DNA 결합 도메인과 단순 포진 바이러스(herpes simplex virus)의 VP16 전사활성체(transactivator) 단백질을 사용하여, 전통적인 효모 이중-혼성체 방법이 포유동물에서도 똑같이 모사되었다. 그러나 정량화할 수 있는 신호를 직접적으로 발생시키는 단백질 상호보완 분석을 사용하여 보다 세심한 자료를 획득할 수 있다. **분할 β-갈락토시다아제 분석(split β-galactosidase assay)**에서 재구성된 단백질 자체는 리포터(reporter)로서 역할을 한다; 즉, 미끼와 포획물이 포유류 체계에서 리포터로 널리 사용되는 대장균(*E.coli*) 효소 베타-갈락토시다아제(β-galactosidase)의 N-말단 및 C-말단 단편들과 융합체로 발현된다. 그 효소가 상호보완 분석에 널리 사용되고 있으며, 분리될 수 있고 합쳤을 때 효소 활성을 재구성할 수 있는 하부 도메인(subdomains)이 잘 규정되어 있기 때문에 이것은 간결한 접근 방법이다. 그러나 이들 하부 도메인이 자발적으로 접힐 수 있다는 사실은 약한 친화력이 배경 신호를 생성한다는 것을 의미한다. 보다 세련된 접근법은 근접하지 않는 한 정확히 접히지 않는 단백질 단편을 사용하는 것이다. 그리고 이것은 분할 유비퀴틴의 포유류 등가 분석에서 유비퀴틴이나, 루시퍼라아제(luciferase)와 녹색 형광 단백질(green fluorescent protein) 유도체와 같은 그러한 발광 리포터단백질, 그리고 또한 베타-락타마아제(b-lactamase) 및 이수소엽산 환원효소(dihydrofolate reductase)와 같은 효소를 가지고 포유류 분석과 유사한 분석에 사용되었다.

상호작용 및 외부 요인의 영향(특정 신호전달 경로들의 활성화와 같은) 후 뒤따르는 단백질 전위 사건들과 같은 그러한 상호작용의 양상을 실시간으로 관찰하는 데 사용될 수 있기 때문에, 분할 형광 단백질(split fluorescent proteins)의 재구성에 의존하는 분석(**이분자 형광 상호보완, bimolecular fluorescence complementation, BiFC**)은 특히 가치가 있다. 다른 분광 특성(spectral qualities)을 가진 형광 단백질을 사용하여 다른 상호작용을 동시에 관찰하는 것도 또한 가능하다. 위에서 논의한 것처럼, 이 기술은 온전한 형광 단백질의 공동-편재화(co-localization)와 신호를 억제(quench)하기 위한 그들 사이의 에너지 전이를 수반하는 FRET 및 BRET 방법과 혼동되어서는 안 된다. 그에 반해서, BiFC는 각 상호작용에 대하여 단일 형광 단백질을 포함하고 신호는 그 단백질의 분할 구성요소 사이의 상호작용에 의존한다. 비록 BiFC를 이용해 실시간 분석이 이루어질 수 있지만, 형광 단백질은 천천히 접히는 경향이 있고 그 상호작용은 비가역적이어서, 신속하고 동적인 상호작용의 분석을 배제시킨다. 반면에, **분할 루시퍼라아제(split luciferase)**를 이용한 BiFC는 효소가 빠르고 가역적으로 접히기 때문에 그와 같은 적용에 적합하다. 이 체계는 상호작용하는 구성요소의 결합과 해리가 거의 실시간으로 수반될 수 있는 신호전달 경로를 연구하기 위하여 사용되었다.

위에서 서술한 포유류 체계는 직접적으로 리포터단백질을 재구성한다. 그러나 리포터단백질을 간접적으로 생성하는 것이 신호를 증폭시키고 분석의 감도를 증가시켜서, 더 작은 규모의 실험에 적합하기 때문에, 특히 포유동물 세포의 경우에 효모에서의 분할 유비퀴틴 분석처럼 리포터단백질을 간접적으로 생성하는 것이 종종 유리하다. **분할 TEV 분석(split TEV assay)**은 담배 식각 바이러스(tobacco etch virus)의 단백질 분해효소를 재구성함으로써 이 목적을 달성하며, 단백질 분해효소는 분할 유비퀴틴 분석에서처럼 전사 인자이거나 또는 리포터 효소일 수도 있는 정보제공 분자를 잘라내기 위해 사용한다. 단백질분해효소 활성의 비가역적 특성, 일시적인 상호작용에 반응하는 능력, 그리고 내재적인 증폭 단계는 비록 동적 상호작용을 쫓아가지는 못하지만 이 분석이 매우 민감하다는 것을 의미한다. 따라서 분할 루시퍼레이즈 분석과 분할 TEV 분석은 다른 분석 구성요소들이 어떻게 단백질-단백질 상호작용의 서로 다른 측면에 초점을 맞추기 위해 채용될 수 있는지를 보여준다.

7.7 LUMIERE 및 MAPPIT 고처리량 이중-혼성체 기반 기술

포유동물 세포에서의 직접적인 이중-혼성체 접근법의 장점은 미생물 체계에 비해 낮은 확장성으로 인해 다소 제한적이다. 그러나 두 가지의 최근 진보는 그와 같은 실험들의 처리량을 어떻게 증가시킬 수 있는지를 입증하고 있다. **LUMIER 방법(냉발광-기반 포유류 상호작용체 자리매김, luminescence-based mammalian interactome mapping)**에서 이중-혼성체 단백질은 상호작용의 검출을 가능하게 하는 루시퍼라아제를 사용해서 그리고 또한 상호작용하는 단백질의 친화력 포획을 용이하게 하는 특이적 항원 결정기(epitope)를 사용해서 강화된다. 중요한 것은, 이 분석은 96-well 미세역가적정 접시를 사용하여 자동화할 수 있다. **MAPPIT(포유류 단백질-단백질 상호작용 트랩, mammalian protein-protein interaction trap) 접근 방법**에서, 이중-혼성체 체계는 JAK-STAT 신호전달 경로의 구성요소를 포함시켜서 그 결과 구성요소를 재구성하고 일반적인 리간드가 공급될 때만 오직 신호전달 용량이 복원되도록 함으로써 허위 양성을 억제하는 데 도움이 되도록 한다. 이 분석은 미끼 단백질을 발현하는 세포들의 역형질감염(reverse transfection)을 수반한다. 그 세포는 포획물 클론들의 판을 담고 있는 접시에 접종할 수 있다. 이것은 384-well 미세역가적정 접시를 사용하여 수행되었지만, 동일한 원리가 포획물 클론으로 배열된 유리 슬라이드(slides) 상에 접종되는 세포들로 확장될 수 있다. 이런 규모 축소는 이 분석을, 제9장에서 우리가 더욱 자세히 논의할 개념인, 세포 배열(cell array)로 효과적으로 변환시킨다.

7.8 다른 종류의 상호작용을 위해 개선된 혼성체 분석

원래의 효모 이중-혼성체 방법은 단백질의 쌍 사이의 상호작용을 검사하거나 선별 분석하기 위하여 개발되었다. 그러나 일단 그 방법이 확립된 후에는, 연구자들은 다른 종류의 상호작용을 검출할 수 있도록 방법을 개선 및 향상시키는 쪽으로 그들의 관심을 돌렸다. 가장 초기에 개조된 방법 중 하나는 단백질과 작은 펩타이드 간의 상호작용을 검출 가능하도록 만들었다. 그 방법은 상호작용 배우자의 보존된 서열의 최소 묶음을 확인하는 데 유용할 수 있다. 다른 종류의 파생 방법은 더 복잡한 복합체 구성요소를 확보하기 위하여, 미끼를 알려진 상호작용 배우자와 함께 발현함으로써, 더 높은 수준의 복합체에 대해 연구하는 것을 가능하게 했다. 포유류에서 일어나는 많은 번역 후 변형(PTM)을 수행하지 못하는 효모 세포의 제한된 능력이 포유류 이중-혼성체 방법의 개발을 뒷받침하는 추진력 중 하나였다(상기 참조). 그러나 이 도전적인 난제는 또한 포유류 인산화효소(kinases)를 발현하는 효모 세포에서 이중-혼성체 선별 분석을 수행함으로써 다루어졌다. 효모 체계는 포유류 단백질 상의 인산화 표적 부위들이 점유되는 것을 보장한다. 단일-혼성체 체계(one-hybrid system) 및 DNA-결합 단백질의 검출을 위한 그 파생 방법들, 그리고 RNA-결합 단백질과 단백질-리간드 상호작용의 검출을 위한 미끼와 갈고리(bait-and-hook)/삼중-혼성체(three-hybrid) 방법들이 Box 7.2에 서술되어 있다.

또 하나의 흥미로운 변형 방법은 단백질 상호작용의 손실을 선별 분석하기 위해 역선택 가능 표지(counter-selectable markers)를 사용하는 **역방향 이중-혼성체 방법(reverse two-hybrid system)**이다. 종래의 (정방향, forward) 체계에서는, 재결합된 전사 인자에 의해 유도되는 유전자는 (상호작용을 선별하면서) 생존에 필수적이거나 또는 (상호작용하는 미끼-포획물 쌍을 함유하고 있는 세포들이 시각적으로 선택되도록 하는) 리포터단백질을 암호화(encode) 한다. 역방향 시스템에서는, 재결합된 전사 인자에 의해 유도되는 유전자가 비활성 상태일 때만 세포가 생존할 수 있다. 이 방법은 특이적 상호작용을 방해하는 돌연변이를 식별하기 위해서(그림 7.14a), 그리고 질병 유발 단백질 사이의 상호작용을 억제하는 약물을 찾기 위해서(그림 7.14b)

사용될 수 있다. 이 접근 방법을 단백질의 상호작용이 리포터유전자 발현의 상실에 의해 검출되는 **역방향 전사 활성 인자 방법(reverse transactivator system)**과 혼동해서는 안 된다. 목표는 (양성 상호작용을 선별 분석하는) 고전적인 효모 이중-혼성체 방법과 동일하지만 여기서는 미끼와 포획물 사이의 성공적인 상호작용이 리포터유전자의 억제를 야기한다[일반적으로 포획물 구조체를 전사 억제 단백질(transcriptional repressor)에 융합함으로써 이루어진다]. 이 방법은 이러한 저해가 발생할 때 리포터유전자가 활성화되면서, 양성 클론을 종래의 방식으로 선별될 수 있도록 하는 장점이 있고, 단백질의 상호작용을 저해하는 약물을 선별 분석하기 위해 사용될 수 있다. 비록 잘 확립되지는 않았지만, RAS 모집 분석(RAS recruitment assay)의 역방향 변형 방법들(reverse variants)도 역시 개발되었다. **이중 미끼(dual baits)**를 사용하는 다양한 체계들도 또한 서술되었으며, 이들은 주어진 포획 단백질과 두 가지 별개의 미끼 중 하나 사이의 특이적 상호작용을 차단하는 돌연변이를 검색하기 위해 사용될 수 있다.

7.9 직렬 친화력 정제-질량 분석법에 의한 체계적인 복합체 분석

개개의 단백질-단백질 상호작용의 분석을 위한 친화력-기반 방법(152쪽 참조)은 단백질 복합체의 전체적 특성 분석을 위한 효과적인 전략으로 발전하고 있다. 주요 초기의 개발 문제는, 다시 말해 각 복합체 속의 단백질을 식별하는 것은, 매우 적은 양의 단백질 시료에 (낮은 femtomole 범위에서) 대한 특성 분석도 가능하게 하는 질량 분석법의 발전으로 인해 극복되었다. 이러한 발전은 세포 내의 모든 단백질 복합체[때로는 **총복합체(complexome)**로 서술됨]를 체계적으로 분석하기 위해 친화력 정제와 질량 분석법을 사용함으로써 그 절정에 달했다.

질량 분석법을 사용한 복합체 분석에 대한 최초의 보고는 알려진 구성요소의 항체-기반의 친화력 정제법을 수반하고 있고, 따라서 적합한 항체의 가용성에 의존했다. 전체-총복합체(whole-complexome) 분석을 위한 미끼를 준비하기 위해서는 더 융통성 있는 접근방법이 필요하다. 그리고 친화력 꼬리표는 임의의 단백질에 부착될 수 있고 적합한 친화력 기질(matrix) 위에서 그 단백질을 포획하기 위해 사용될 수 있기 때문에 총복합체 분석에 친화력 꼬리표가 이상적이다. 효모 총복합체에 대한

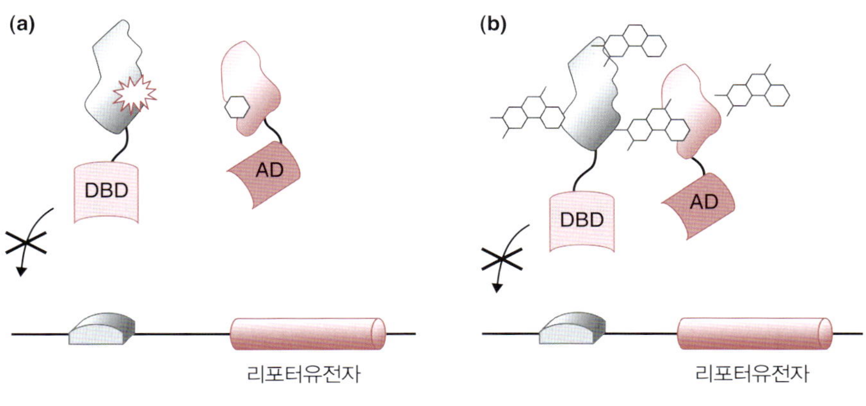

그림 7.14 **역방향 효모 이중-혼성체 분석법(reverse yeast two-hybrid system)에서, 미끼-포획물 상호작용에 의한 전사 인자의 재구성은 유독성 대사산물을 생성하고 세포의 죽음을 이끄는 역선택 가능 리포터(counterselectable reporter)를 유도한다.** (a) 역방향 효모 이중-혼성체 분석법은 단백질 표면상의 상호작용 도메인을 찾아내고 상호작용을 위해 어느 잔기가 필요한지를 보여주기 위해 사용될 수 있다. 생존 능력은 상호작용을 폐지시키는 돌연변이들에 의해서만 복원된다. (b) 역방향 효모 이중-혼성체 분석법은 의약품 선별 분석에 사용될 수 있다. 생존 능력은 미끼-포획물 상호작용을 방해하고 전사 인자의 재구성을 방지하는 화합물에 의해서만 복원된다.

2개의 대규모 연구들이 2002년에 수행되었는데, 한 가지 방법은 항-FLAG 항체로 단일 단계 면역포획(immunocapture)을 하기 위해 FLAG 항원결정기(epitope)를 함유하는 단백질의 일시적 발현을 사용한 것이고, 다른 방법은 2개의 서로 다른 친화력 꼬리표를 사용하는 **직렬친화력 분리법(tandem affinity purification, TAP)**으로 알려진 기술 방법을 사용하는 것이다(Box 7.4). 원형의 TAP 카세트(cassette)는 TEV 단백질분해효소에 대한 절단 부위로 구분된 2개의 요소를 가진, 카모듈린-결합 펩타이드와 포도상구균(staphylococcal)의 단백질 A를 포함하고 있다(그림 7.15). 이러한 구성물을 일시적으로 발현하는 대신, 연구자들은 거의 2,000가지 효모 유전자를 TAP 융합 카세트로 치환하기 위해서 유전자 표적화(gene targeting)를 사용했다. 각 미끼-TAP 융합 카세트를 발현하는 효모 세포를 용해하고, 그 세포 용해물을 미끼 융합체의 단백질 A 구성요소를 포획하는 면역글로불린항체(immunoglobulin) 친화력 컬럼에 통과시켰다. 비특이적 결합을 제거하는 세정 후, 결합한 복합체는 단백질분해효소(*여기서는 TEV 단백질분해효소)를 첨가함으로써 선택적으로 용출되었다. 칼슘 이온의 존재 하에서 친화력 기질로서 카모듈린을 사용하는 두 번째 라운드의 친화력 크로마토그래피에서는 매우 선택적인 결합이 수행되었다. 이 단계에서 얻어진 (*카모듈린 결합 펩타이드 친화력 기질에 결합한) 단백질은 칼슘-킬레이트화 시약(calcium-chelating agent)인 에틸렌글라이콜-테트라아세트산(ethylene glycol tetraacetic acid, EGTA)을 첨가하여 용출시키고, 질량 분석법(mass spectrometry)에 의해 검사하였다. TAP 방법의 이점은 두 단계 정제 때문에 증가한 민감도와 특이성이다. 그리고 일시적 발현 방법 대신 유전자 표적화를 사용한다는 것은 미끼 단백질이 생리학적 수준에서 [내인성 조절유전자들(endogenous promoters)의 제어 하에서]

BOX 7.4 사례 연구
친화력 분리정제법을 사용한 효모에서의 대규모 상호작용 선별 분석

효모 총복합체(complexome)에 대한 최초의 대규모 연구들은 두 가지 다른 방법을 사용하여 2002년에 수행되었다. 첫 번째 연구에서(추가 읽기 자료 참조, Ho 등), 항-FLAG 항체를 사용하여 친화력 포획을 할 수 있도록, 여러 기능적 부류를 대표하기 위해 선택된 725가지의 미끼 단백질이 FLAG 항원결정기(epitope)와 융합체들로 일시적으로 발현되었다. 1,500가지 이상의 포획된 복합체들이 MS/MS에 의해 분리되고 규정되었으며, 1,578가지의 단백질 사이에 3,617가지의 상호작용을 밝혔다. 다른 조사에서는(추가 읽기 자료 참조, Gavin 등), 카모듈린(calmodulin)-결합 펩타이드(peptide)와 포도상구균(staphylococcal)의 단백질 A로 구성된 직렬 친화력 정제 카세트(tandem affinity purification cassette)를 가지도록, 상동재조합에 의해 2,000가지 효모 유전자들이 치환되었다. 배양 후, 각 균주로부터 나온 세포 용해물은 꼬리표(tag)의 단백질 A 구성요소를 포획하는 면역글로불린 항체(immunoglobulin) 친화력 컬럼(column)을 통과하고, 결합한 단백질 복합체들은 비특이적 결합체를 제거하기 위해 세척한 후 단백질분해효소(*여기서는 TEV 단백질분해효소) 처리에 의해 방출된다. 칼슘 이온들의 존재 하에서 친화력 기질로서 카모듈린을 사용하는 두 번째 라운드의 친화력 크로마토그래피(chromatography)에서는 매우 선택적인 결합이 수행되었다. 이 단계에서 보유된 (*카모듈린 결합 펩타이드 친화력 기질에 결합한) 단백질은 킬레이트화 시약(chelating agent)인 에틸렌글라이콜-테트라아세트산(ethylene glycol tetraacetic acid, EGTA)을 첨가하여 용출시켰다. 그리고 질량 분석법(mass spectrometry)에 의해 검사하여, 1,440가지의 단백질이 포함된 4,111가지의 상호작용을 밝혔다. 식별된 복합체들의 단지 10%만이 이미 완전히 규정된 것이었다. 반면에 30%는 이전에 알려지지 않은 구성요소를 포함했고 60%는 완전히 새로웠다. 가장 큰 복합체는 83가지의 단백질이 포함되어 있었다. 그러나 문헌으로부터 알려진 상호작용의 약 60%는 식별되지 않았다(아마도 그 방법이 일시적인 복합체보다는 가장 안정한 복합체들의 회수를 더 선호할 가능성 때문일 것이다). 위에서 논의된 두 연구들 사이에서 중복의 정도가 낮은 것은, 아마도 미끼의 양의 차이를 반영하고 있을 수도 있다. 일시적 발현은 비생리적으로 높은 수준들의 미끼 단백질 발현을 초래하는 반면에 TAP 방법은 각각의 유전자가 원래의 조절유전자(promoter)의 통제 하에 발현되도록 한다.

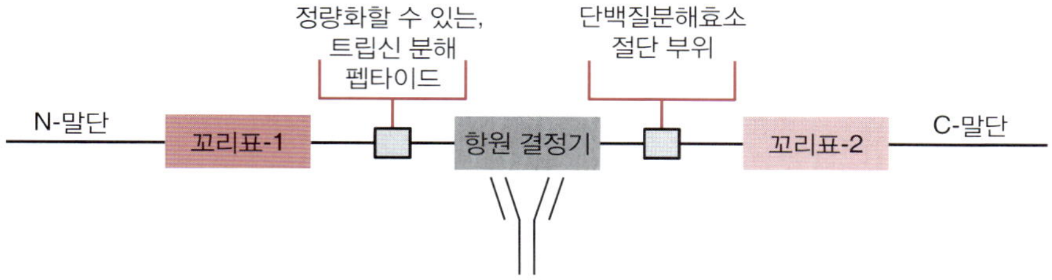

꼬리표 이름, 분자량	꼬리표-1	꼬리표-2	효소 절단 (절단 자리)	생물체/주석
AC-TAP, 20 kDa	Protein A	CBP	TEV (ENLYFQ*G)	원핵생물, 효모/지금까지 가장 널리 사용되는 꼬리표
GS-TAP, 19 kDa	Protein G	SBP	TEV	고등 진핵생물
LAP, 36 kDa	EGFP	S-peptide HIS_6	1. TEV 2. PreScission (LEVLFQ*GP)	녹색 형광 단백질(GFP)을 통한 단백질 편재화(localization) 가능
SH-TAP, 5 kDa	SBP	Hemagglutinin	–	고등 진핵생물/작은 꼬리표, 입체 간섭(steric interference, *원자의 공간적 배치에 대한 간섭)의 위험 낮음
SPA, 8 kDa	3 x FLAG	CBP	TEV	원핵생물, 효모/작은 꼬리표, 입체 간섭(steric interference, *원자의 공간적 배치에 대한 간섭)의 위험 낮음
Flag-HA, 3 kDa	FLAG	Hemagglutinin	–	고등 진핵생물/작은 꼬리표, 입체 간섭(steric interference, *원자의 공간적 배치에 대한 간섭)의 위험 낮음

그림 7.15 **총복합체(complexome) 분석을 위한 직렬 친화력 꼬리표(tandem affinity tags)—일반적인 구성물 구조 및 변형물.** CSP = calmodulin-binding peptide(카모듈린-결합 펩타이드); SSP = streptavidin-binding peptide(스트렙토에비딘-결합 펩타이드); EGFP = epidermal growth factor peptide(상피세포 성장 인자 펩타이드); FLAG = epitope containing the amino acids F, L, A, and G(아미노산 F, L, A, G를 포함하는 항원 결정기); TEV = tobacco etch virus protease site(담배 식각 바이러스 단백질분해효소 부위).

발현된다는 것을 의미한다. TAP 방법은 넓은 범위의 종들에서 총복합체 연구를 위해 사용되었다(표 7.2). 단일-꼬리표 방법이 일시적인 복합체의 분석에는 더 좋기 때문에 FLAG 또는 인플루엔자 바이러스 혈구응집소 (influenza virus hemagglutinin) 단백질을 사용하는 단일-꼬리표 방법은 일부 연구에서 계속 사용된다.

이중-혼성체 방법에 대해 위에서 논의한 것처럼, TAP-MS 접근법도 역시 상당한 오류율을 가져서, 알려진 상호작용의 약 60%는 검출하는 데 실패했지만 비교평가(benchmarking) 시험에서 더 적은 허위 양성을 생성한다. 부분적으로, 이는 친화도-기반 방법이 일시적인 복합체보다는 안정적인 복합체의 회수에 적합하다는 사실을 반영할 수 있다. 그에 반해서, 일시적인 상호작용조차도 리포터유전자(reporter gene)의 일부 활성을 일으키기 때문에 효모 이중-혼성체 방법은 일시적인 상호작용을 검출할 수도 있다. TAP-MS의 감도는 상동재조합이 가능한 효모와 세균에서 가장 높다. 반면에 고등생물에 대한 처리 과정의 개조된 방법은 일반적으로 필수 구성요소 조절유전자들(constitutive promoters) 또는 유도성 조절유전자(inducible promoters)의 제어 하에 있는 TAP 구성물을 가진 플래스미드 또는 인공 이식유전자(전이유전자, transgenes)의 사용이 필요하다.

최근 TAP 카세트를 발현하는 동질유전자형(isogenic) 클론을 생성하기 위해 인간의 세포주에서 위치-특이적 재조합이 사용되었다. 그리고 이것은 또한 초파리 *D. melanogaster*와 닭 세포에서도 일반적이다. TAP-MS의 인기가 증가함에 따라 다른 종들

표 7.2 주요 대규모 상호작용 연구(친화력 정제 질량 분석법)

생물체	범위	꼬리표 (Tag) 종류	발현 체계
진핵생물			
출아효모 (*Saccharomyces cerevisiae*)	인산화효소과 탈인산화효소	Flag 및 HA	플라스미드 벡터(유도성 GAL1 조절유전자)
		AC-TAP	상동재조합(내인성 조절유전자)
	전체 유전체 범위	AC-TAP	상동재조합(내인성 조절유전자)
	전체 유전체 범위	AC-TAP	상동재조합(내인성 조절유전자)
인류 (*Homo sapiens*)	자식(自食) 작용 체계	Flag-HA	레트로바이러스 및 렌티바이러스 벡터(LTR-유도 필수 구성요소 발현 혹은 일시적 형질감염들)
	유사분열	LAP	세균 인공 염색체(내인성 조절유전자)
	염색질 재형성	Flag	플립페아제/플립페아제 인지 표적을 통한 위치-특이적 재조합
	탈유비퀴틴화 효소	Flag-HA	레트로바이러스 벡터(LTR-유도 필수 구성요소 발현 혹은 유도성 거대세포 바이러스 조절유전자)
	질병 후보 유전자	Flag	플라스미드 벡터(일시적 형질감염)
노랑초파리 (*Drosophila melanogaster*)	Notch 신호전달 경로	AC-TAP	플라스미드 벡터(필수 구성요소 메탈로싸이어니언 또는 Hsp70Bb 조절유전자)
벼(*Oryza sativa*)	인산화효소	AC-TAP	유전자 이식 식물(필수 구성요소 옥수수 유비퀴틴 조절유전자)
애기장대 (*Arabidopsis thaliana*)	세포 주기	GS-TAP	플라스미드 벡터(필수 구성요소 꽃양배추모자이크바이러스 35S 조절유전자)
원핵생물			
폐렴 마이코플래즈머 (*Mycoplasma pneumonia*)	전체 유전체 범위	AC-TAP	트랜스포존(내인성 clpB 조절유전자)
대장균 (*Escherichia coli*)	규정되지 않은 유전자	SPA	상동재조합(내인성 조절유전자)

꼬리표(tag)들의 이름이 그림 7.15 맞은 편에 설명되어 있다. Gavin AC, Maeda K & KUhner S (2011) *Curr. Opin. Biotechnol.* 22, 42에서 인용. Elsevier로부터 허가를 득함.)

에 적용하기 위한 요구를 충족하기 위하여 실험 방법과 시약이 다양화되었다. 포유류 세포는 높은 수준의 카모듈린을 발현할 수 있기 때문에(*내인성 카모듈린과 카모듈린-결합 꼬리표 간의 원하지 않는 결합이 증가하게 된다), 카모듈린-결합 꼬리표가 항상 포유류 세포에서 적당하지는 않다. 따라서 스트렙토에비딘-결합 펩타이드(streptavidin-binding peptides), FLAG 항원결정기, 혈구응집소(hemagglutinin) 및 합성 펩타이드를 포함하는 많은 대안이 도입되었다(그림 7.15). 단백질 접힘을 방해하는 간섭을 피하기 위해, 몇몇 이들 꼬리표는 크기가 아주 작다(예를 들면, 원래 TAP 카세트에서 20 kDa의 꼬리표에 비해, FLAG-혈구응집소는 3 kDa이다).

7.10 단백질 상호작용 자료의 분석

단백질-단백질 상호작용 연구공동체는 분자 상호작용 실험을 보고하기 위해 필요한 최소한의 정보, 즉 MIMIx(the minimum information required for reporting a molecular interaction experiment)라 불리는 자료 제출을 위한 품질 기준을 사용한다(22쪽). 대규모의 상호작용 자료를 수집하기 위한 주요 방법들 모두가 오류의 대상이므로, 결과 자료의 유효성을 검사하기 위해 주의 깊은 품질 관리가 요구된다. 다른 방법을 사용하여 독립적으로 확인된 상호작용에 대한 문헌 보고서를 참조함으로써, 그리고 많은 이원 상호작용과 복합체에서 특징적으로 나타나는 잡다한 단백질(접착성 미끼와 포획물)을 걸러냄으로써, 추정되는 상호작용은 종종 독립적인 실험들의 재현성을 기반으로 해서 평가된다. 빈도 걸러내기(Frequency filtering)는 많은 상호작용 배우자를 실제로 가지는 단백질을 제외하지 않도록 주의하여 적용해야 한다. 그리고 이것은 **사회친화도 평가 방법(socioaffinity scoring methods)**을 사용하여, 이미 알려진 상호작용 네트워크의 위상기하학(topology)을 적용함으로써 처음으로 이루어졌다. 그러한 방법은, 이중-혼성 선별 분석법, 친화력 정제법, 그리고 정규화된 분광 풍부 인자(spectral abundance factors)와 같은 질량 분석 점수로부터 유도된 자료를 이용하는, 복합체 내에서의 직접 및 간접적인 상호작용(**행렬 상호작용, matrix interactions**)뿐만 아니라 단백질 사이의 직접적인 상호 간 상호작용(**바퀴살 상호작용, spoke interactions**)을 포함한다(그림 7.16).

사회친화도 평가 방법은, 반복적인 정제 과정을 최대한 활용하고, 소위 **개선된 사회 친화도 점수(improved socioaffinity scores, ISAs)**를 생성하기 위한 바퀴살 상호작용에 초점을 맞춤으로써 향상되었다. 개별 관찰된 상호작용을 따로따로 점수 매기기 위하여 정교한 통계적 접근법을 사용하는 **정제 강화 점수(purification enrichment scores)**, 그리고 다른 선별 분석들로부터 관찰된 것을 결합하는 것에 대신 초점을 맞추는 **Hart 점수(Hart scores)**를 포함한 대체 방법들이 제안되었다. **뒤섞기에 기반을 둔 상호작용 평가법(IDBOS scores, interaction detection based on shuffling scores)**은 특히 직접적인 물리적 상호작용을 찾고 만약 정제된 복합체가 무작위로 치환될 수 있다고 가정하면 비록 더 많은 컴퓨터 자원을 필요로 하지만 보다 정확한 예측을 생성한다. 마지막으로, **상호작용체의 유의성 평가법(significance analysis of interactome (SAINT) scores)**은 질량 분석 자료로부터 펩타이드를 계산에 포함하기 위해 보다 최근에 도입되었다. 그리고 단백질 사이의 특이적 상호작용에 관련된 사후 확률(posterior probabilities)의 체험적(heuristic) 연산을 위한 푸아송 분포(Poisson distributions)를 사용한다. 실험적 펩타이드 계산 자료에 대한 요구는 SAINT 점수들이, 다른 방법과는 달리, 전통적인 선별 분석에 적용될 수가 없다는 것을 의미한다. SAINT와 CompPASS를 포함하여, 상호작용 자리매김(mapping)을 위한 분광 자료(spectral data)를 처리하는 많은 소프트웨어 기반 기술이 개발되었다.

바퀴살 모형

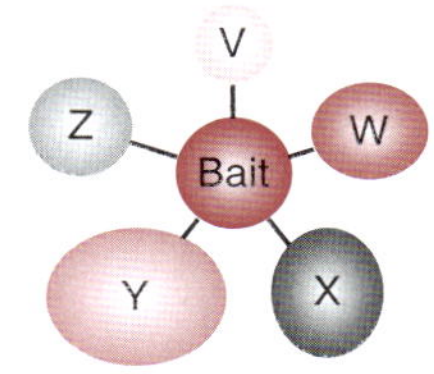

$$S_{i,j|i=\text{bait}} = \log\left(\frac{n_{i,j|i=\text{bait}}}{f_i^{\text{bait}} n_{\text{bait}} f_j^{\text{prey}} n_{i=\text{bait}}^{\text{prey}}}\right)$$

행렬 모형

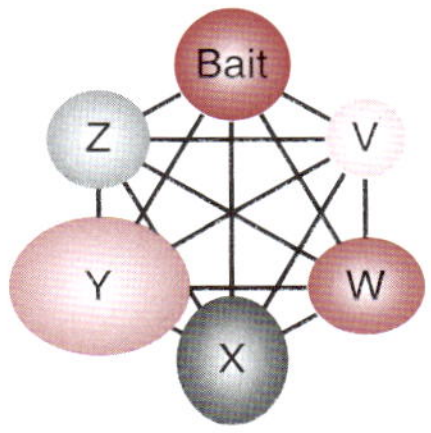

$$M_{i,j} = \log\left(\frac{n_{i,j}^{\text{prey}}}{f_i^{\text{prey}} f_j^{\text{prey}} \sum_{\text{all prey}} n_{\text{prey}}(n_{\text{prey}}-1)/2}\right)$$

그림 7.16 **사회친화도 평가법(socioaffinity scoring).** 바퀴살 모형(spoke model)은 꼬리표가 붙었을 때 단백질이 서로를 식별하는 경향을 정량화하고, 행렬 모형(matrix model)은 다른 단백질이 꼬리표가 붙었을 때 공동-분리정제(co-purify)되는 경향을 정량화한다. 이러한 모형들은 직렬 친화력 분리정제(tandem affinity purification)를 위해 개발되었다. 그러나 바퀴살 모형은 이중-혼성체/단백질 상호보완 분석에 의해 지시된 이원 상호작용에 적용될 수 있다. (Gavin AC, Maeda K & Kuhner S (2011) *Curr. Opin.Biotechnol.* 22, 42에서 인용. Elsevier로부터 허가를 득함.)

7.11 단백질 상호작용 지도

상호작용 자료는 일반적으로 마디들로 표시되는 상호작용 배우자와 서로 연결되는 선이나 모서리로 나타낸 상호작용을 가진 도식들 또는 네트워크로 제시된다. 대규모 상호작용 자료집합 내의 자료의 복잡성 때문에 상호작용 자료의 제시는 도전적인 난제이다. 각각의 상호작용은 그것이 어떻게 식별되었는지를 보여주는 주석이 달려야 하고, 이원 상호작용은 필요하다면 복합체 내의 상호작용으로부터 구별되어야 하며, 일시적인 상호작용은 영구적인 결합과 구분되어야 하고, 상호작용 화학량론(stoichiometry)의 일부 표현이 있는 것도 필요하며, 또한 다른 방법으로 식별된 상호작용에 신뢰를 부여할 체계가 있어야 한다. 이 모든 것이 기존 서열, 구조, 대사 경로 및 존재 분석론(ontology, *생물학적 지식은 본질적으로 복잡하고 따라서 쉽게 각각의 서열, 구조, 기능 등과 같은 기존 분자적 자료의 자료집합에 통합될 수 없다. 또한, 분야별로 용어나 개념 등도 통일되지 않아서 자료의 통합과 공유가 어렵다. Ontology는 개념들의 의미와 서로의 관계를 모두 서술함으로써 지식을 표현하는 방법이다. 생물학 또는 생물정보학에서는 주로 연관 관계 혹은 연관 네트워크로 구성되어 있다.) 데이터베이스와 함께 통합되어야 하며, 관심 있는 연구자가 전체 세포 또는 세포 내 구획을 아우르는 단순화된 관점과 특정 상호작용 네트워크의 상세한 관점 사이를 전환할 수 있는 그러한 방식으로 제시되어야 한다. DNA, RNA 및 작은 분자들과 같은 그러한 다른 세포 구성요소도 또한 내포되어야 한다. 마지막으로, 단백질 상호작용 지도의 목적은 시각화를 단순화하기 위한 것일 뿐만 아니라 컴퓨터 분석을 가능하게 하는 것이기도 하다.

이러한 사안을 염두에 두고, 인터넷을 통해 접속할 수 있는 많은 상호작용 데이터베이스들이 확립되었다(표 7.3). 그들의 대부분은 표 7.1과 표 7.2에 기재된 대규모 상호작용 선별 분석들로부터 유래했고, 비록 초기 예는 효모 단백질체에 주로 초점을 맞추었지만[예를 들어, 생체분자 상호작용 네트워크 데이터베이스(Biomolecular Interaction Network Database), 상호작용 단백질 데이터베이스(Database of Interacting Proteins), 종합 효모 유전체 데이터베이스(Comprehensive Yeast Genome Database) 및 출아효모 유전체 데이터베이스(Saccharomyces Genome Database) 등], 그 이외의 것들은 다양한 다른 유기체에 초점을 맞추기 위해 개발되었다. 수만 가지의 상호작용이 기재되었고, 그들 중 많은 것이 추가 기능 검증을 기다리고 있다. 이 데이터베이스는 다른 출처들로부터 나온 추가 자료로 강화되어 왔다. 중요한 것은, 개별 단백질 상호작용에 관한 잠재적으로 매우 많은 양의 자료가 여러 해에 걸친 과학 문헌들 속에 "숨겨져" 있다. 이 정보를 추출하고 그것을 최근 고처리량 실험으로부터 얻은 것과 통합하는 것은 도전적인 난제가 될 것이다. 몇몇 생물정보학 도구들이 문헌 데이터베이스를 샅샅이 훑고 단백질 상호작용을 가리키는 핵심어를 식별해서, 그 결과로 그와 같은 참고 문헌과 상호작용 데이터베이스들이 우리 인간 관리자들에 의해 세밀히 조사될 수 있도록 개발되었다. 비록 그렇다 하더라도, 알려진 인간의 단백질-단백질 상호작용에 대해 그림 7.17에 그려진 것처럼, 데이터베이스들 사이의 적용 범위에는 상당한 차이가 있다.

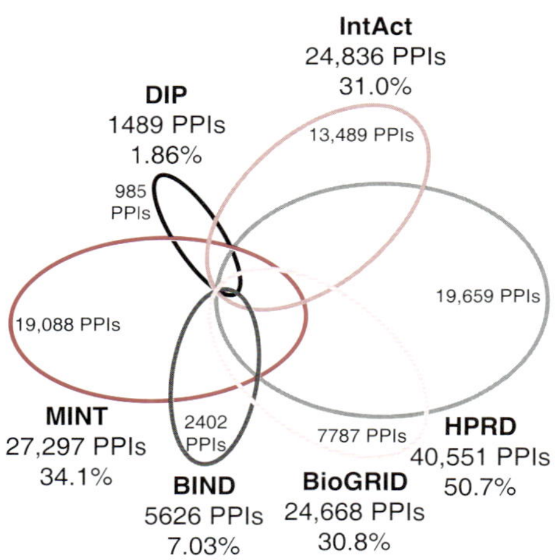

그림 7.17 2009년에 조사된 주요 상호작용 데이터베이스에서 인간 단백질-단백질 상호작용의 중복 적용 범위. (De Las Rivas J & Fontanillo C (2010) *PLoSComput. Bioi.* 6, e1000807에서 인용. Public Library of Science로부터 허가를 득함.)

상호작용 네트워크의 복잡성이 그림 7.18에 나타나 있다. 그림 7.18a는 1,548가지 효모 단백질(단백질체의 25%)을 나타내는 이원 상호작용 네트워크와 발표 당시(2000년)에 규명된 총 2,358가지 상호작용을 보여준다. 예상할 수 있는 것처럼, 유사한 일반적인 기능(예를 들어, 막 수송)을 가진 단백질은, 염색질(chromatin) 구조의 유지에 관련된 것과 같은 그런 기능적으로 관련이 없는 단백질과 상호작용하기 보다는, 오히려 서로 상호작용하는 경향이 있다. 그림 7.18b는 단백질이 그들의 기능에 따라 무리를 이루는 단순화된 형식을 보여준다. 이것은 필요한 경우 더 자세히 탐색할 수

표 7.3 단백질-단백질 상호작용(PROTEIN-PROTEIN INTERACTION, PPI) 데이터베이스

두문 약성어 (Acronym)	데이터베이스 전체 이름과 URL	PPI 출처	분자 상호작용 종류	종 (Spice)	단백질 수 (Dec. 2009)	상호작용 수 (Dec. 2009)
기본적인 데이터베이스들: PPI 실험 자료(특정 소규모 (SSC) 및 대규모 (LDC) 게재 연구들로부터 관리된)						
BIND	네트워크 데이터베이스, http://bond.unleashed informatics.com/	Ssc 및 Lsc 게재 연구들 (문헌 관리)	PPIs 및 다른 종류의 상호작용	모든 종	[31,972]	[58,266]
BioGRID	상호작용 자료묶음에 대한 생물학적 일반 저장소, http://www.thebiogrid.org/	Ssc 및 Lsc 게재 연구들 (문헌 관리)	PPIs 및 다른 종류의 상호작용	모든 종	[28,717]	[108,691]
DIP	상호작용 단백질의 데이터베이스, http://dip.doe-mbi.ucla.edu/dip/	Ssc 및 Lsc 게재 연구들 (문헌 관리)	오직 PPIs 만	모든 종	20,728	57,683
HPRD	인간 단백질 참조 데이터베이스, http://www.hprd.org/	Ssc 및 Lsc 게재 연구들 (문헌 관리)	오직 PPIs 만	인간	27,081	38,806
IntAct	온전한 분자 상호작용 데이터베이스, http://www.ebi.ac.uk/intact/	Ssc 및 Lsc 게재 연구들 (문헌 관리)	PPIs 및 다른 종류의 상호작용	모든 종	[60,504]	[202,826]
MINT	분자 상호작용 데이터베이스, http://mint.bio.uniroma2.itlmint/	Ssc 및 Lsc 게재 연구들 (문헌 관리)	오직 PPIs 만	모든 종	30,089	83,744
MIPS-MPact	MIPS 효모에 대한 단백질 상호작용 자료, http://mips.gsf.de/genre/proj/mpact/	CYGD로부터 유래	오직 PPIs 만	효모	1,500	4,300
MIPS-MPPI	MIPS 포유류 단백질-단백질 상호작용 데이터베이스, http://mips.gsf.de/proj/ppi	Ssc 게재 연구들 (문헌 관리)	오직 PPIs 만	포유류	982	937
자료 속성 정보 데이터베이스들(Meta-databases): PPI 실험 자료 (다른 공공 저장소들로부터 통합되고 통일된)						
APID	민첩한 단백질 상호작용 자료분석기, http://bioinfow.dep.usal.es/apid/	BIND, BioGRID, DIP, HPRD, IntAct, MINT	오직 PPIs 만	모든 종	56,460	322,579
MPIDB	미생물 단백질 상호작용 데이터베이스, http:// www.jcvi.org/mpidb/	BIND, DIP, IntAct, MINT, 다른 꾸러미 (실험 및 문헌 관리)	오직 PPIs 만	미생물	7,810	24,295
PINA	단백질 상호작용 네트워크 분석 기반기술, http://cbg.garvan.unsw.edu.au/pina/	BioGRID, DIP, HPRD, IntAct, MINT, MPact	오직 PPIs 만	모든 종	[?]	188,823
예측 데이터베이스들: PPI 실험 및 예측 자료["기능적 상호작용," 즉, 다른 종류의 자료들로부터 유래된 넓은 의미(sensu lato)의 상호작용]						
MiMI	미시건 분자 상호작용, http://mimi.ncibi.org/MimiWeb/	BIND, BioGRID, DIP, HPRD, IntAct 및 non-PPI 자료	PPIs 및 다른 종류의 상호작용	모든 종	[45,452]	[391,386]
PIPs	인간 PPI 예측 데이터베이스, http://www.compbio.dundee.ac.uk/www-pips/	BIND, DIP, HPRD, OPHID 및 non-PPI 자료	PPIs 및 다른 종류의 상호작용	사람	[?]	[37,606]
OPHID	온라인 예측 인간 상호작용 데이터베이스, http://ophid.utoronto.ca/	BIND, BioGRID, HPRD, IntAct, MINT, MPact 및 non-PPI 자료	PPIs 및 다른 종류의 상호작용	사람	[?]	[424,066]
STRING	알려진 혹은 예측된 단백질-단백질 상호작용, http://string.embl.de/	BIND, BioGRID, DIP, HPRD, IntAct, MINT 및 non-PPI 자료	PPIs 및 다른 종류의 상호작용	모든 종	[2,590,259]	[88,633,860]
UniHI	통합된 인간 상호작용체, http://www.mdc-berlin.de/unihil	BIND, BioGRID, DIP, HPRD, IntAct, MINT 및 non-PPI 자료	PPIs 및 다른 종류의 상호작용	사람	[22,307]	[200,473]

[ ] 안의 숫자는 PPIs와 다른 종류의 상호작용을 포함한다[예를 들면, 단백질-리간드(ligand) 상호작용 또는 예측 데이터베이스의 경우, non-PPI 자료]. De Las Rivas J & Fontanillo C (2010) *PLoS Comput. Biol.* 6, e1000807에서 인용. Public Library of Science로부터 허가를 득함.)

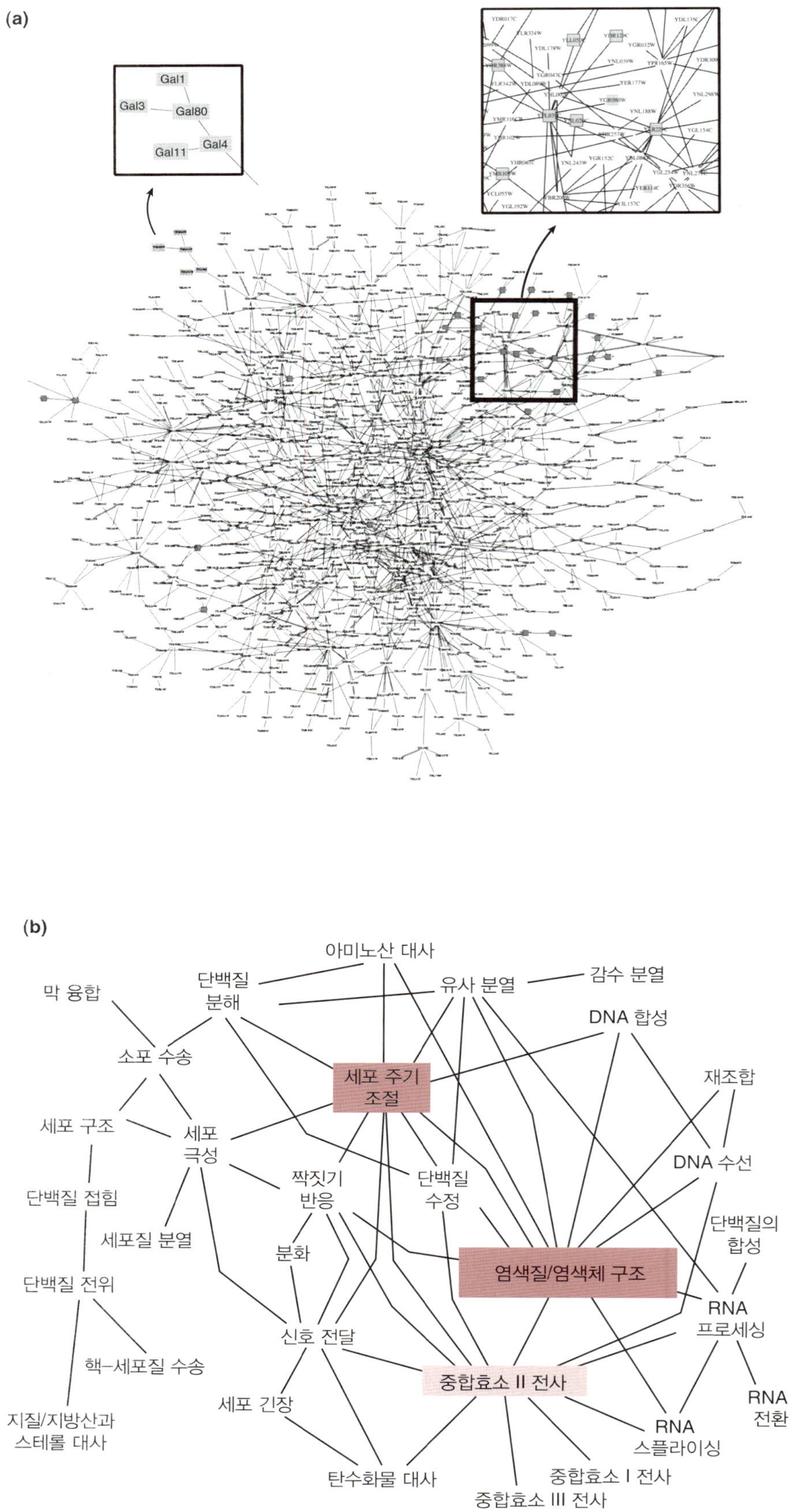

그림 7.18 **단백질 상호작용 네트워크(networks)의 시각화.** (a) 발표된 상호작용을 기반으로 한 1,200가지의 상호작용하는 단백질을 포함하는 이원 상호작용 지도. 삽화는 상자 속에 강조된 지역의 근접 확대를 보여준다. 세포 구조 단백질(단일 기능적 부류)이 어두운 회색 상자들로 강조되어 있다. 이 범주의 단백질은 한 지역에 주로 군집하는 것을 관찰할 수 있다. 비록 상호작용하는 단백질이 그들의 알려진 세포 위치와 일치하는 방식으로 묘사되어 있지는 않지만(즉, 상호작용 지도의 중심에는 핵에 존재한다고 알려진 단백질, 그리고 주변부에는 원형질막에 존재하는 것으로 알려진 단백질이 위치하게끔 묘사되어 있지 않음), 신호 전달 경로들(또는 적어도 단백질 접촉 경로)을 이 도식에서 유추할 수 있다. (b) 상세한 지도로부터 유도된 기능성 집단(functional group) 상호작용 지도. 각 선은 연결된 집단의 단백질 사이에 15가지 혹은 그 이상의 상호작용이 있음을 가리킨다. 하나 또는 약간의 상호작용이 거의 모든 집단들 사이에 발생하고, 다시 말해 이중-혼성체 선별 분석 또는 다른 분석들에서 허위 양성(false positive)에 근거하여, 가짜인 경향이 종종 있기 때문에, 15가지보다 적은 상호작용을 가진 연결은 나타내지 않았다. 오직 알려진 기능을 가진 단백질만 포함되었고 모든 효모 단백질의 약 3분의 1은 여러 부류들에 속한다는 것에 유의하라. (Tucker CL, Gera JF & Uetz P (2001) *Trends Cell Bioi.* 11, 102에서 인용. Elsevier로부터 허가를 득함.)

있는 전체 상호작용 지도의 좋은 개요를 제공한다. 비록 지도가 위상기하학적(topological)은 아니지만(즉, 그것은 세포의 건축 양식을 반영하지는 않지만), 공동 편재화된(co-localized) 단백질은 또한 다른 구획에 주로 위치한 단백질보다 더 자주 상호작용하는 경향이 있다. 그리고 단백질에서 단백질로 상호작용 경로를 추적하면 신호전달, 제어 및 대사 경로를 식별할 수 있도록 한다. 그림 7.19(또한 색상 판 참조)는 2002년에 발표된 효모 단백질 복합체 선별 분석에서 비롯된 복합체 상호작용 지도를 보여준다. 이것은 9개 이상의 복합체에서 발견되는 일부 단백질을 생략하여 단순화되었다. 삽화에 보이는 것처럼, 각각의 복합체를 개별 단백질에 대해 조사할 수 있으며, 그것은 또 다시 연구자들에게 다단계 세부 수준을 제공한다. 이원 지도(binary map)에서처럼, 유사한 기능을 가진 복합체는 구성요소와 상호작용을 공유하는 경향이 있다. 반면에 기능적으로 관련이 없는 복합체 사이에는 더 적은 상호작용이 있다. 다양한 목적을 위해 이용할 수 있는 넓은 범위의 플러그-인(plug-ins, *끼워 넣어 기능을 확장할 수 있는 소프트웨어)들로 인해 단백질 상호작용 자료를 시각화하기 위한 가장 인기 있는 소프트웨어 꾸러미 중 하나는 Cytoscape이다. 그 이외의 방법을 표 7.4에 나열하였다.

7.12 작은 분자와의 단백질 상호작용

우리는 작은 분자와의 단백질 상호작용에 대한 주제를 간단히 다루고서 이 장을 마치려 한다. 그러나 우리는 활성도-기반 단백질체학을 검토하는 제9장(214쪽)과 약물 개발에서 단백질체학의 몇 가지 적용을 살피는 제10장(236쪽)에서 보다 자세히 그 주제를 소개할 것이다. 작은 분자는 보조 인자, 효소 기질(substrates), 수용체에 대한 리간드, 또는 앨러스테릭(allosteric, *활성 부위 이외의 특정 부위에 결합함으로써 활성 부위의 기능을 조절하는 현상) 조절자로서 작용할 수 있다. 그리고 많은 단백질의 기능은 특정 분자를 수송하거나 저장하는 것이다. 단백질체 규모에서, 선별 분석 방법은, 예를 들어 식별표지된 기질(substrates)을 탐침자(probe)로 사용하거나 기판(chips) 상에 고정함으로써, 특정한 작은 분자와 상호작용하는 단백질을 분리하기 위해 사용할 수 있다. 작은 분자들과 단백질의 상호작용은 X-선 결정학을 사용하여 원자 수준의 해상도로 연구할 수 있다. 그리고 때때로 단백질은 우연히 그것의 리간드와 함께 정제되어, 생화학적 기능에 대한 가치 있는 정보를 제공하기도 한다.

작은 분자들과의 단백질 상호작용에 대한 대규모 선별 분석은 종종 약물로 개발될 수 있는 선도 화합물(lead compounds)을 식별하기 위해 수행된다. 이 과정은 알려진 리간드에 근거한 화합물을 선택하거나 화학물질 라이브러리를 사용하여 컴퓨터 상(*in silico*, *컴퓨터 또는 컴퓨터 모의실험 같은 가상 환경에서의)에서 잠재적 상호작용 화합물을 선별 분석함으로써 상당히 단순화될 수 있다. 표적 단백질의 구조를 고해상도로 이용할 수 있는 경우, 공간적인 제약(steric constraints, *원자의 공간적 배치에 대한 제약)과 결합 에너지에 대한 정보를 이용하여 작은 분자를 결합 부위에 맞추는 시도에 결합 연산규칙(docking algorithms, *물질과 물질의 결합 연산규칙)이 사용될 수 있다. 이 소프트웨어의 일부는 인터넷에서 무료로 사용할 수 있으며, 표 7.5에 나열되어 있다. 가장 널리 사용되는 결합 연산규칙 중 하나는 AutoDock이다. 그것은 결합 모의실험을 수행하기 전에 리간드 좌표들, 자유 회전축을 가진 결합, 그

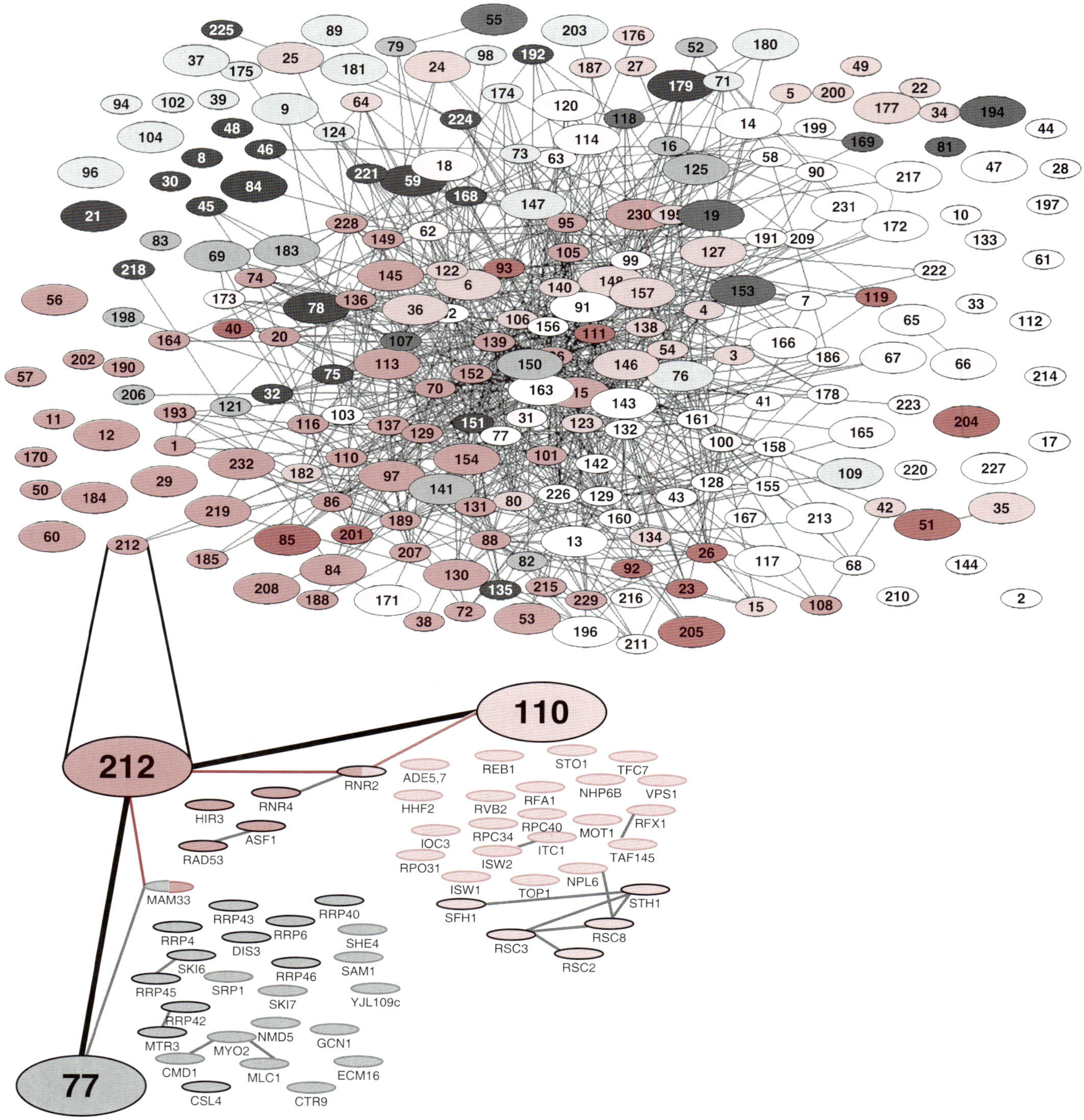

그림 7.19 **단백질 복합체 네트워크 및 연결된 복합체의 집단 분류.** 연결은 적어도 하나의 단백질을 공유하는 복합체 사이에 설정되었다. 명료하게 묘사하기 위해, 9가지 이상의 복합체에서 발견된 단백질은 생략되었다. 연결된 마디(nodes)의 거리를 최소화하고 연결되지 않은 마디들의 거리를 최대화함으로써 마디들의 분포에 지역적 최소치를 찾아내는 완화 연산규칙(algorithm)에 의해 도식들이 자동으로 생성되었다. 상단 부분에서 개별 복합체들의 세포적 역할은 다른 음영으로 표시되고 색상판의 각 칸(section)에 있는 색상 부호(color codes)로 식별된다. 하단 부분은 공유된 구성요소에 의해 다른 두 복합체(TAP-C77와 LAP-C110)에 연결된 다른 복합체(TAP-C212)의 예이다. 그것은 단백질과 복합체 수준의 구성 사이의 연결을 도시한다. 효모 단백질체 데이터베이스(Yeast Proteome Database)에 나열된 것처럼 붉은색 선은 물리적 상호작용을 나타낸다. 또한 색상판을 참조하라(*책의 후반부에 있음). (Gavin AC, Bbsche M, Krause et al. (2002) *Nature* 415, 141에서 인용. Macmillan Publishers Ltd.로부터 허가를 득함.)

표 7.4 상호작용 네트워크들(NETWORKS)의 시각화 도구

이름	가격	운영체제 (OS)	설명	URL
독립형 *(Stand-alone)*				
Arena 3D	무료	Win, Mac, Linux	생물학적 다층 네트워크들의 3D 시각화	http://www.arena3d.org/
BiNA	무료	Win, Mac, Linux	경로들의 탐사 및 상호적 시각화	http://www.bina.unipax.info/
BioLayout Express 3D	무료	Win, Mac, Linux	2D/3D 시각화를 이용한 네트워크들의 생성 및 군집 분석	http://www.biolayout.org/
BiologicalNetworks	무료	Win, Mac, Linux	분석 모음; 네트워크 및 열지도 시각화; 풍부한 자료	http://www.biologicalnetworks.org/
Cytoscape	무료	Win, Mac, Linux	네트워크 분석; 진전된 시각화를 위한 플러그인의 광범위한 목록	http://www.cytoscape.org/
GENeVis	무료	Win, Mac, Linux	네트워크 및 경로 시각화; 풍부한 자료	http://tinyurl.com/genevis/
Medusa	무료	Win, Mac, Linux	기본적인 네트워크 시각화 도구	http://coot.embl.de/medusa/
N-Browse	무료	Win, Mac, Linux	여러 종류의 상호작용 자료를 위한 네트워크 시각화 소프트웨어	http://www.gnetbrowse.org/
NAViGaTOR	무료	Win, Mac, Linux	대규모 단백질-상호작용 자료 묶음의 가시화; 풍부한 자료	http://tinyurl.com/navigator1/
Ondex	무료	Win, Mac, Linux	통합 작업대: 대규모 네트워크 시각화; 풍부한 자료	http://www.ondex.org/
Osprey	무료	Win, Mac, Linux	상호작용 네트워크들의 시각화를 위한 도구	http://tinyurl.com/osprey1/
Pajek	무료	Win	일반 네트워크 시각화 및 분석 도구	http://pajek.imfm.si/
ProViz	무료	Win, Mac, Linux	상호작용 네트워크들의 시각화 및 탐색을 위한 소프트웨어	http://www.cb.uu.se/research/proviz/
SpectralNET	무료	Win	네트워크 시각화; 차원수 감소 방법들에 대한 산포도	http://broadinstitute.org/software/spectralnet
Tulip	무료	Win, Mac, Linux	일반 시각화 도구; 극도로 큰 네트워크들; 3D 지원	http://tulip.labri.fr/TulipDrupal/
VANTED	무료	Win, Mac, Linux	풍부한 자료, 네트워크들 및 경로들의 결합된 시각화	http://tinyurl.com/vanted/
yEd	무료	Win, Mac, Linux	일반 네트워크 시각화 소프트웨어; 많은 배치 연산규칙을 제공	http://tinyurl.com/yEdGraph/
Cytoscape 플러그인 (Cytoscape plug-in)				
BiNoM	무료	Win, Mac, Linux	일반적인 통합 체계 생물학 네트워크 형식에 대한 광범위한 지원	https://binom.curie.fr/
Cerebral	무료	Win, Mac, Linux	생물학적으로 동기 부여된 배치 연산규칙; 풍부한 지도 자료; 군집	http://tinyurl.com/cerebral1/
MCODE	무료	Win, Mac, Linux	네트워크 군집 연산규칙; 수동 군집 개선에 대한 지원	http://tinyurl.com/MCODE123/
VistaClara	무료	Win, Mac, Linux	마디들과 '열 막대들'에 대한 풍부한 자료의 지도; 열지도 제공	http://apps.cytoscape.org/apps/vistaclaraplugin
웹-기반 *(Web-based)*				
Graphle	무료		분산 클라이언트/서버 네트워크 탐색 및 시각화 도구	http://tinyurl.com/graphle/
Lichen	무료		네트워크와 풍부한 행렬 자료의 웹-기반 시각화를 위한 라이브러리	http://tinyurl.com/Lichen1/
MAGGIE Data Viewer	무료		네트워크들의 시각화; 열 지도들 및 개요도들의 풍부한 데이터	http://maggie.systemsbiology.net/
STITCH	무료		광범위한 출처로부터 네트워크들의 건설과 시각화	http://stitch.embl.de/
VisANT	무료	Win, Mac, Linux	경로들 및 통합 ~체학 자료의 분석, 발굴 및 시각화	http://visant.bu.edu/

Gehlenborg N, O'Donoghue SI, Baliga NS, et al. (2010) *Nat. Methods* 7(Suppl), S56에서 인용. Macmillan Publishers Ltd.로부터 허가를 득함.)

리고 상호작용 에너지를 설정한다. 또 다른 널리 사용되는 프로그램은 DOCK이다. 이 프로그램에서 결합 부위에 있는 원자들의 배열은 자리 지점들(site points)이라 불리는 한 벌의 원형구(spheres) 묶음으로 전환된다. 그 다음 원형구 간의 거리는 그 결합 부위의 정확한 치수를 계산하기 위해 사용되며, 이들은 화학 화합물 데이터베이스와 비교된다. 결합 부위와 잠재적인 리간드 사이의 일치에 신뢰 점수가 부여되고, 리간드는 총점수에 따라 순위가 결정된다. 이 모형화 접근법은 결합 부위와 모든 잠재적 리간드가 딱딱하고 유연성이 없다고 간주하는 단점을 가지고 있다[*DOCK의 초기 연산규칙은 리간드와 결합 부위를 강체(rigid body)로 취급하여 기하학적으로 맞추는 자물쇠-열쇠 모형(lock-and-key model)의 중첩이었다]. 다른 연산규칙은 구조에 유연성을 포함할 수 있다[*최근의 연산규칙은 리간드와 결합 부위 모두 혹은 어느 한쪽을 유연하게 다루어 리간드와 결합 부위의 상호작용으로 이들이 지속적으로 재편되는 것을 반영하여 처리하는 유도성-맞춤 모형(induced-fit model) 연산규칙이다]. CombiDOCK이라 불리는 보다 최근의 개발품은 각각의 잠재적인 리간드를 작용기들(functional groups)로 장식된 비계(뼈대, scaffold)로 간주한다. 비계상의 구들만 초기에 결합 예측에 사용되고 그 다음 개별 작용기는 다양한 결합 비틀림(bond torsions)을 사용하여 검사한다. 마지막으로, 그 구조는 최종 점수가 제시되기 전에 충돌(bumped)한다(개별 작용기들에 대해 예측된 위치 중 어떤 것도 중복되지 않는지 확인하기 위해 점검된다).

화학물질 데이터베이스는 결합 위치(상보적인 분자의 상호작용에 대한 검색)뿐만 아니라 다른 리간드(동일한 분자의 상호작용에 대한 검색)를 가지고도 선별 분석될 수 있다. 몇 가지 이용 가능한 연산규칙은 2차 또는 3차 구조를 비교하여 유사 분자와의 기본 분석을 수행할 수 있다. 이 접근 방법은, 예를 들면 만약 리간드가 단백질과 상호작용하는 것을 보였지만 부정적인 부작용을 가지고 있거나, 지적 재산 사안을 회피하기 위해 구조적으로 뚜렷이 다른 리간드가 필요한 경우에 있어서 약물 개발에 중요하다. 각각의 경우에 유사한 화학적 특성을 가진 유사한 모양의 분자가 필요하다. 그러나 그 후보 약물은 유사하지만 다른 구조를 가져야 한다.

표 7.5 인터넷을 통해 이용 가능한 화학적 결합(DOCKING) 소프트웨어

URL	R/F	설명	효용
http://autodock.scripps.edu/	F	AutoDock, 본문에서 논의	유닉스(Unix) / 리눅스(Linux)용 내려받기
http://sgedg.weizmann.ac.il/ligin/	R	LIGIN, 작은 리간드에 한정된 강력한 리간드-단백질 상호작용 예측기	유닉스 또는 WHATIF 꾸러미의 일부로 내려받기
http://www.sbg.bio.ic.ac.uk/docking/ftdock.html	R	FTDock 및 관련 프로그램들인 RPScore 및 MultiDock. 단백질-단백질 상호작용을 처리할 수 있음. 푸리에 변환 라이브러리(Fourier transform library)에 의존함.	유닉스 / 리눅스용 내려받기
http://vakser.bioinformatics.ku.edu/resources/gramm/grammx/	R	GRAMM(Global Range Molecular Matching), 전체 범위 분자 정합. 결합간 각도의 표에 기초한 경험적 방법. GRAMM은 낮은 품질의 구조를 처리하는 데 장점이 있음.	유닉스 또는 윈도우즈용 내려받기
http://www.biosolveit.de/flexx/	F	FlexX, 단백질의 활성 부위에 결합한 리간드로 구성되는 정력적으로 호의적인 분자 복합체를 계산하고, 산출 순위를 정함.	서버상의 FlexX 작업 공간을 위한 온라인 지원.

R/F는 경직 또는 유연성을 의미하며, 프로그램이 리간드를 경직성 또는 유연성 분자로서 간주할지를 나타낸다.

읽을거리

Charbonnier S, Gallego O & Gavin AC (2008) The social network of a cell: recent advances in interactome mapping. *Biotechnol. Annu. Rev.* 14, 1-28.

Choi H (2012) Computational detection of protein complexes in AP-MS experiments. *Proteomics* 12, 1663-1668.

Choi H, Larsen B, Lin ZY et al. (2011) SAINT: probabilistic scoring of affinity purifi cation-mass spectrometry data. *Nat. Methods* 8, 70-73.

De Las Rivas J & Fontanillo C (2010) Protein-protein interactions essentials: key concepts to building and analyzing interactome networks. *PLoS Comp. Biol.* 6, e1000807.

Drewes G & Bouwmeester T (2003) Global approaches to protein-protein interactions. *Curr. Opin. Cell Biol.* 15, 1-7.

Finley RL Jr & Brent R (1994) Interaction mating reveals binary and ternary connections between Drosophila cell cycle regulators. *Proc. Natl Acad. Sci.* 91, 12980-12984.

Flajolet M, Rotondo G, Daviet L et al. (2000) A genomic approach of the hepatitis C virus generates a protein interaction map. *Gene* 241, 369-379.

Fukao Y (2012) Protein-protein interactions in plants. *Plant Cell Physiol.* 53, 617-625.

Gavin AC, Aloy P, Grandi P et al. (2006) Proteome survey reveals modularity of the yeast cell machinery. *Nature* 440, 631-636.

Gavin AC, Bosch M, Krause R et al. (2002) Functional organization of the yeast proteome by systematic analysis of protein complexes. *Nature* 415, 141-147.

Gavin AC, Maeda K & Kuhner S (2011) Recent advances in charting protein-protein interaction: mass spectrometry-based approaches. *Curr. Opin. Biotechnol.* 22, 42-49.

Gehlenborg N, O'Donoghue SI, Baliga NS et al. (2010) Visualization of omics data for systems biology. *Nat. Methods* 7 (Suppl), S56-S68.

Hauser R, Blasche S, Dokland T et al. (2012) Bacteriophage protein-rotein interactions. *Adv. Virus Res.* 83, 219-298.

Ho Y, Gruhler A, Heilbut A et al. (2002) Systematic identification of protein complexes in *Saccharomyces cerevisiae* by mass spectrometry. *Nature* 415, 180-183.

Ito T, Chiba T, Ozawa R et al. (2001) A comprehensive two-hybrid analysis to explore the yeast protein interactome. *Proc. Natl Acad. Sci. USA* 98, 4569-4574.

Ito T, Tashiro K, Muta S et al. (2000) Toward a protein-rotein interaction map of the budding yeast: a comprehensive system to examine two-hybrid interactions in all possible combinations between the yeast proteins. *Proc. Natl Acad. Sci. USA* 97, 1143-1147.

Koegl M & Uetz P (2007) Improving yeast two-hybrid screening systems. *Brief. Funct. Genomic. Proteomic.* 6, 302-312.

Koh GC, Porras P, Aranda B et al. (2012) Analyzing protein-, protein interaction networks. *J. Proteome Res.* 11, 2014-2031.

Krogan NJ, Cagney G, Yu H et al. (2006) Global landscape of protein complexes in the yeast *Saccharomyces cerevisiae*. *Nature* 440, 637-643.

Lee TI, Rinaldi NJ, Robert F et al. (2002) Transcriptional regulatory networks in *Saccharomyces cerevisiae*. *Science* 298, 799-704.

Lievens S, Eyckerman S, Lemmens I & Tavernier J (2010) Largescale protein interactome mapping: strategies and opportunities. *Expert Rev. Proteomics.* 7, 679-690.

Lievens S, Lemmens I & Tavernier J (2009) Mammalian twohybrids come of age. *Trends Biochem. Sci.* 34, 579-588.

McCraith S, Hotzam T, Moss B & Fields S (2000) Genome-wide analysis of vaccinia virus protein-rotein interactions. *Proc. Natl Acad. Sci. USA* 97, 4879-4884.

Orchard S (2012) Molecular interaction databases. *Proteomics* 12, 1656-1662.

Orchard S, Salwinski L, Kerrien S et al. (2007) The minimum information required for reporting a molecular interaction experiment (MIMIx). *Nat. Biotechnol.* 25, 894-898.

Phizicky E, Bastiaens PIH, Zhu H et al. (2003) Protein analysis on a proteomic scale. *Nature* 422, 208-215.

Phizicky EM & Fields S (1995) Protein-rotein interactions: methods for detection and analysis. *Microbiol. Rev.* 59, 94-123.

Ritchie DW (2008) Recent progress and future directions in protein-protein docking. *Curr. Protein Pept. Sci.* 9, 1-15.

Salwinski L, Licata L, Winter A et al. (2009) Recurated protein interaction datasets. *Nat. Methods* 6, 860-861.

Sardiu ME & Washburn MP (2011) Building protein-rotein interaction networks with proteomics and informatics tools. *J. Biol. Chem.* 286, 23645-23651.

Schwikowski B, Uetz P & Fields S (2000) A network of protein-2 protein interactions in yeast. *Nat. Biotechnol.* 18, 1257-1261.

Suter B, Kittanakom S & Stagljar I (2008) Two-hybrid technologies in proteomics research. *Curr. Opin. Biotechnol.* 19, 316-323.

Tong AH, Evangelista M, Parsons AB et al. (2001) Systematic genetic analysis with arrays of yeast deletion mutants. *Science* 294, 2364-2368.

Tong AHY, Lesage G, Bader GD et al. (2004) Global mapping of the yeast genetic interaction network. *Science* 303, 808-813.

실제로 질량분석기를 통해 변형된 단백질을 발견하여 단백질 변형이 일어나는 게놈 서열을 찾는 역과정이 주로 사용되는데, 이러한 방법을 단백질 유전체학(proteo genomics)이라고 한다(98쪽). 일부 단백질 변형이 특정 개인에게는 일어나지만 다른 사람에게는 발견되지 않는데, 그 대표적인 예로는 인간의 ABO 혈액군을 설명하는 단백질 글리코실화가 있다.

8.2 번역 후 변형에 대한 검출 방법

번역 후 변형이 예외가 아니라 규칙이고, 단백질의 구조와 기능에서 중요한 역할을 한다는 인식이 증가하면서 변형된 단백질과 펩타이드를 검출하고 특징짓는 많은 방

표 8.1 프로그램화된 효소 단백질 변형의 단백질 구조와 기능, 단백질 표적화 또는 처리, 유전 정보 흐름에서의 역할.

공유결합 변형	예시
치환 (마이너 곁사슬 변형)	
마이너 곁사슬 변형-영구적이며 단백질의 기능과 관련됨	콜라겐 프롤린 잔기의 수산화는 트리플 나선형 코일 코일 구조를 안정화한다. 특정 호르몬의 타이로신 잔기 황산화 티로글로불린의 요오드화 프로트롬빈의 글루타민 잔기의 γ-카르복실화
분자 간, 분자 내 결합 형성	많은 세포 외 단백질, 예를 들어 인슐린, 면역 글로불린의 이황화 결합
마이너 곁사슬 변형-가역이며 활동의 규제와 관련됨	타이로신, 세린 및 트레오닌 잔기의 인산화는 효소의 활성, 예컨대 수용체 타이로신 키나아제, 사이클린-의존 키나아제를 조절한다. 기능은 알 수 없지만, 많은 곁사슬이 메틸화된다. 히스톤의 라이실 잔기의 아세틸화는 고차 염색질 구조 형성하는 것을 조절하고 염색질 도메인을 확립하는 데 중요한 역할을 갖는다.
보강 (주요 곁사슬 또는 주 사슬 변형)	
곁사슬에 화학군 첨가-단백질 기능과 관련	효소 활성에 필요한 뉴클레오티드 첨가(대장균에서 글루타민 합성효소에 아데닐기 첨가) 일부 진핵 세포 세포질 단백질의 세린 또는 트레오닌 잔기에 N-아세틸 글루코사민 첨가 Hedgehog 신호 단백질에 콜레스트롤 첨가는 확산을 제어한다. 접합 단백질에 보철 그룹 첨가(시토크롬 C 또는 글로불린 단백질에 헴그룹 첨가)
곁사슬에 화학군 첨가-단백질 표적화, 수송과 관련	시스테인 잔기의 아실화는 세포막으로의 이동을 표적한다. GPI 막 앵커는 세포막으로의 이동을 표적한다. Asn-Xaa-Ser/Thr 서열에서 아스파라진 잔기의 *N*-글리코실화는 단백질이 분비 경로에 들어가게 되는 일반적인 변형이다. Ser-Thr의 *O*-글리코실화는 골지에서 발생한다. 단백질의 유비퀴닐화는 단백질 분해를 목표로 한다.
말단-잔기 변형	많은 세포 내 단백질의 N-말단 아미노산의 아세틸화는 단백질의 회전율과 관계가 있다. N-말단의 아실화는 단백질의 세포막으로 이동을 표적한다. (Ras의 미리스토일화)
절단 (잔기 제거)	
펩타이드 결합의 절단	개시 메티오닌의 번역 중 또는 번역 후 절단은 대부분 세포질 단백질에서 발생한다.
	신호 펩타이드의 번역 중 절단은 단백질이 소포체 막을 통해 이동하는 동안 발생한다.
	절단에 의한 미성숙 단백질(proproteins)의 성숙, 단백질 분해에 의해 자이모겐(비활성 효소 전구체)의 활성화, 인슐린 전구체의 내부 C-펩타이드 절단, Hedgehog 단백질의 N-말단, C-말단 단편화
	유전정보, 예컨데 intein에서 폴리오 바이러스 게놈으로부터 합성된 폴리펩타이드 절단, 포유류 타키키닌 유전자 절단.

백질은 아르기닌, 라이신 및 시스테인 잔기에 인산화되기도 한다(그림 8.3). 단백질 키나아제 및 탈인산화효소를 코딩하는 유전자는 진핵 생물 게놈의 2~4%를 차지하고 있다(효모 게놈은 약 120개의 키나아제 유전자와 약 40개의 탈인산화효소 유전자를 가지고 있고, 사람의 경우 약 500개의 키나아제와 100개의 탈인산화효소 유전자를 가지고 있다). 진핵세포 내의 단백질의 1/3은 한 번에 인산화되어 있고, 사람의 단백질체에는 100,000개 이상의 인산화가 가능한 사이트가 있을 수 있다고 알려져 있지만, 대부분은 현재 알려지지 않았다. 많은 인산화단백질은 하나 이상의 인산화가 가능한 사이트를 갖고 있으며, 다양한 **인산화 형태(phosphoforms)**로 존재한다.

인산화는 세포 활성 조절에 중요한 역할을 하기 때문에 포스포프로테옴의 전반적인

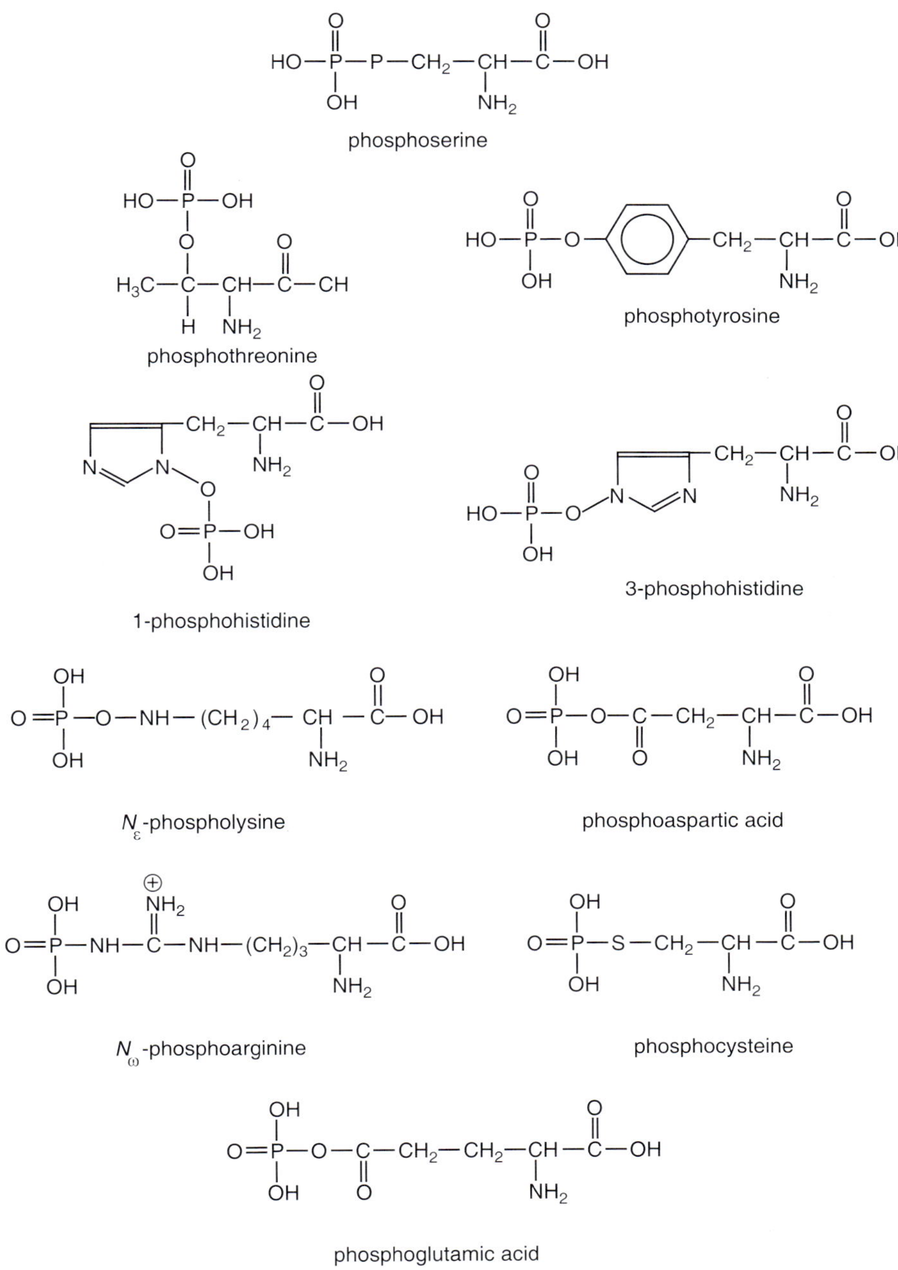

그림 8.3 **10개의 아미노산은 생물학적 환경에서 인산화되는 것으로 알려져 있다.** 진핵생물에서는 일반적으로 세린, 트레오닌, 타이로신이 인산화되는 반면에 원핵생물에서는 히스타민, 아스파라진, 글루타민산이 인산화된다.

이해 없이는 세포 기능에 대한 완전한 이해가 어렵다. 인산화단백질은 세포 내에 존재하는 모든 인산화단백질의 목록과 인산화가 가능한 사이트의 분포, 상이한 조건에서 일어나는 다양한 종류의 인산화 형태를 포함한다. 포스포프로테옴은 복잡할 뿐만 아니라 매우 동적인 현상이기 때문에 분석을 위한 충분한 양의 단백질 확보가 매우 중요하다. 이러한 분석은 인산화단백질 농축 방법의 발전과 질량 분석 기법의 발달로 가능하게 되었다. 그러나 이론적으로 황산화, 메틸화, 수산화와 같은 다양한 단백질 변형에도 비슷한 방법이 적용될 수 있다.

염색 시약을 이용한 분리된 인산화단백질 검출

이차원 겔이나 막에서 하나의 점을 분리해 내는 것과 같이 비교적 순수한 단백질 시료를 얻을 수 있으면 알칼리 조건 또는 효소 절단을 통해 가수분해하여 각각의 인산아미노산을 얻을 수 있고, 이를 통해 인산화단백질의 존재 여부와 인산화된 잔기를 확인할 수 있다. 예를 들어, 건강한 조직과 환부 조직 간의 비교를 통해 인산아미노산의 양을 비교할 수 있다. 인산아미노산의 분리에 사용되는 방법은 시료의 종류와 처리방법에 따라 다르다. 시험관 내 키나아제 반응에서 단백질을 바로 취해 [γ-^{32}P]-ATP를 사용하여 방사능 표지를 하고, 겔 전기영동 또는 분해 후 박층 크로마토그래피를 통해 분리를 하게 되는데, 이 방법을 통해 인산세린, 인산트레오닌 및 인산타이로신을 쉽게 얻을 수 있다. 생체 내에서 $^{32}PO_4$(오르토인산염)으로 표지된 단백질의 경우, 표지 화합물이 시료에 섞여 있을 수 있어 2차원 분리로 표지 화합물을 분리하는 것이 중요하다. 단백질 또는 분리된 인산아미노산이 형광 시약으로 유도체화될 수 있다면, HPLC와 UV 검출방법과 함께 사용해서 인산화 잔기를 식별하고 정량화할 수 있다. 인산아미노산을 질량 분석방법으로 검출할 수 있지만 인산화펩타이드 분석 기술의 향상으로 이 방법은 더 이상 사용되지 않는다.

포스포프로테옴의 일반적인 사진은 겔이나 막을 이용한 분리 상태에 인산화단백질로 선택적으로 표지하거나 염색하여 얻을 수 있다. 겔 또는 막 염색은 감도가 특별히 높지 않은 기술이며, 가장 풍부한 인산화단백질만을 검출할 수 있다. 그런 반면, 인산화된 단백질 그룹(각각의 그룹은 약간 다른 속도로 겔을 이동하여 연속적인 점을 형성한다)을 식별하는 데 도움을 주고 시료간 공통점과 차이점을 구분할 수 있게 한다. 이런 점으로 인해 정량 비교가 가능하다.

^{32}p를 사용하여 인산화단백질에 방사능 표지를 하는 방법은 모든 하류 분석방법에 적용할 수 있는 고전적인 기술이며, 체외에서는 [γ-^{32}P] -ATP 및 정제된 키나아제를 사용하고, 체내에서는 세포의 ATP 풀을 [γ-^{32}P] -ATP 또는 $^{32}PO_4$으로 표지한다. 그 다음 SDS-PAGE, 2DGE 또는 박층 크로마토그래피로 분리하여 방사선 또는 phosphorimaging을 사용해 검출한다. 개별 단백질은 겔이나 막에서 잘라내어 추가 분석을 할 수 있다. 그렇지 않으면 크로마토그래피 컬럼을 사용해 방사능 표지된 시료를 분리할 수 있다. 시험관 내에서 검출된 인산화가 생물학적으로 중요하다고 받아들이기 위해서는 신체 내에서도 같은 반응이 일어나는 것을 검증해야 한다. 이는 시험관 내에서 키나아제는 많은 단백질 상호작용을 할 수 있지만, 생리학적인 조건에서는 단백질이 다른 세포에서 발현될 수 있고 다른 세포 내 구획에 위치할 수도 있어서 접촉이 일어나지 않을 수도 있기 때문이다. 하지만 생체 내에서 일어나는 반응은 대사 속도와 인산화, 탈인산화 반응의 균형에 따라 좌우된다. 세포 내의 인산 그룹이

포화된 경우, 키나아제의 활성과 상관없이 인산화는 일어나지 않으며 인산화단백질이 검출되지 않을 수 있다.

이러한 문제를 방지하기 위해, 일차원이나 이차원 겔 및 막 또는 크로마토그래피에서 얻은 여러 가지 인산화단백질을 염색한다(인비트로젠 사에서 시판되는 Pro-Q 다이아몬드를 예로 들 수 있다). 이러한 방법으로 1 ng 정도로 적은 인단백질을 검출할 수 있으며 형광 염색과 병행하여 모든 단백질을 검출할 수 있다(제3장). 밑에서 설명할 농축 절차에 기초한 일반적인 검출방법의 예로는 형광 표지된 항-인산타이로신 항체와 인산 잔기의 화학적 변형을 사용한 웨스턴 블롯이 있다. 항-포스포세린 항체나 항-포스포트레오닌 항체가 펩타이드 농축제로 이용될 만큼 선택적이지는 않지만, 모든 막 단백질을 검출할 수 있다.

인산화단백질 분석을 위한 시료 준비는 일반적으로 항체 또는 강한 양이온 크로마토그래피 레진을 이용한다

인산화단백질 분석은 세포 용해물 또는 혈청 시료와 같은 인산화 또는 인산화되지 않은 단백질 혼합물로 분석을 시작한다. 전반적인 목적은 인산화단백질을 검출하고, 식별하여 인산화된 부분을 확인하고, 가능하다면 상이한 조건 하에서 인산화의 정량적인 분석을 하는 것이다. 이 목적을 달성하기 위한 다양한 방법이 그림 8.4에 정리되어 있다. 그러나 대부분의 인산화단백질이 적은 양으로 존재하기 때문에 분석 전 시료의 농축이 필수적이다. 나중에 이야기하는 것처럼, 농축 단계는 인산화단백질을 정량 분석 방법으로 분석하기 위해 필요하다. 친화성 정제 방법을 통해 인산기의 화학적 변형이 있든 없든 상관없이 농축할 수 있다.

화학적 변형이 없는 친화성 정제 방법의 장점은 시작 물질이 소량이 필요하다는 것이다. 하나의 특정한 인산화단백질을 얻어야 하는 경우, 그 단백질에 특이적으로 결합하는 항체를 사용하는 것이 가능하다. 그러나 대규모 분석을 위해서는 보다 일반적인 접근 방법이 필요하다. 많은 회사들은 **항-포스포타이로신 항체(anti-phosphotyrosine antibodies)**를 일반적인 시약으로 사용하여 포스포타이로신을 포함하는 단백질과 펩타이드를 분리한다. 세린, 트레오닌처럼 인산화된 잔기에 결합하는 항체 또한 생산되어 왔지만, 펩타이드의 분리에 덜 특이적이고 덜 민감해 널리 쓰이지는 않는다. 이는 항체 농축이 인산화된 타이로신을 포함하는 단백질의 분석에만 국한된다는 것을 의미한다(Box 8.1).

샘플로부터 인산화단백질을 분리하는 데 사용되는 다른 친화성 농축 방법은 고정된 금속 **친화성 크로마토그래피[immobilized metal-affinity chromatography (IMAC)]**이다. 이 방법은 강한 음전하를 띄는 인산염과 강한 양전하를 띄는 Fe^{3+}및 Ga^{3+}와 최근에는 Al^{3+}같은 금속 이온 간의 상호작용을 이용한다. 이 방법은 질량분석기와 결합하기가 비교적 용이하다는 장점이 있다. 따라서 여러 연구 그룹은 IMAC에 의해 분리된 인산화펩타이드의 오프라인 분석을 수행해 왔으며, 다른 연구 그룹은 실험 과정에 추가적으로 분류 단계를 포함하거나 포함하지 않고 IMAC과 ESL 질량분석방법을 결합한다. IMAC 칼럼과 결합된 MALDI-TOF 질량분석기로 인산화펩타이드를 분석하는 것이 가능하다.

이 방법의 한 가지 단점은 IMAC 컬럼에 아스파르트산 및 글루탐산과 같은 다른 음

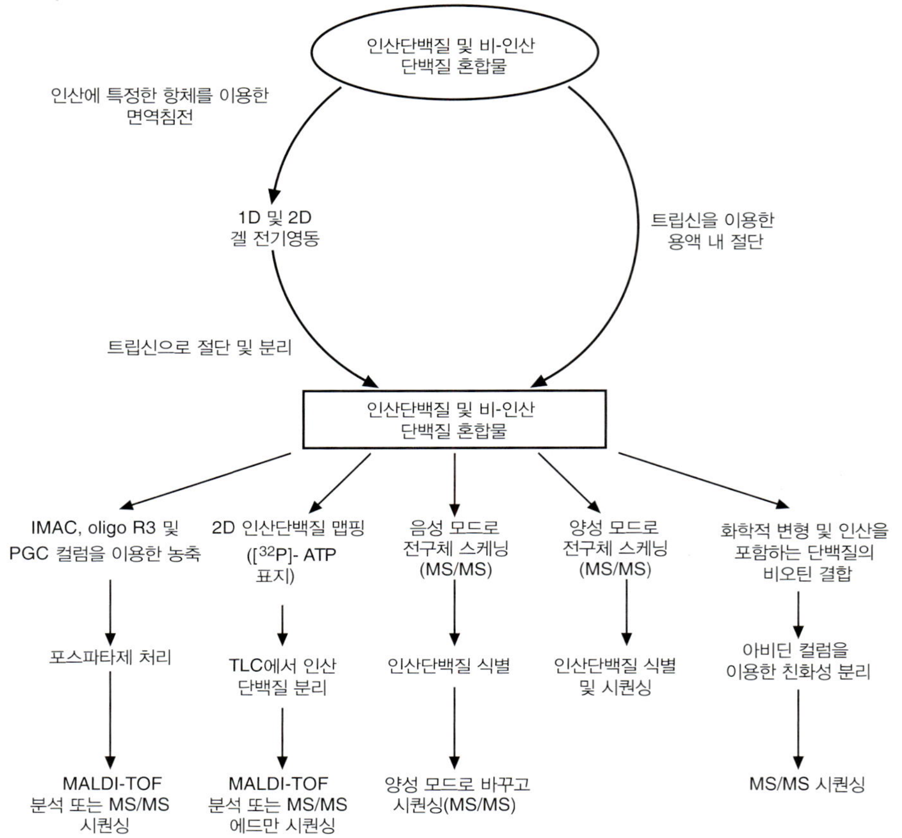

그림 8.4 **농축 기술 및 인산화단백질 분석**. (Mann M, Ong SE, Gronborg M et al. (2002) *Trends Biotechnol.* 20, 261에서 인용. Elsevier로부터 허가를 득함.)

BOX 8.1 사례 연구
안티-포스포타이로신 항체를 이용한 신호 전달 경로 연구

단백질 인산화는 진핵생물과 원핵생물의 신호 전달경로 조절에서 중요한 역할을 한다. 2000년에 발표된 Pandey 교수 등의 두 연구(읽기 참조)를 통해 타이로신 인산화에 의해 조절되는 표피성장인자(EGF) 경로의 분석에 인산타이로신 특이적 항체를 사용한 것을 보여주었다. EGF receptor(EGFR)는 EGF에 의해 올리고머 형태를 이루게 되는데, 이것은 키나아제 활성을 잠복 상태로 유도하지만 다른 서브유닛의 타이로신 키나아제 활성에 의해 올리고머 수용체의 각 서브유닛이 인산화된다(autotransphosphorylation). 그 다음, 포스포타이로신에 특이적으로 결합할 수 있는 SRC homology 2 domain(SH2) 또는 phosphotyrosine interaction domain(PID)을 포함하는 세포질 단백질을 모으게 된다. 이 세포질 단백질은 인산화 될 수 있다.

EGF 신호 경로를 단일 단계로 분석하기 위해서 2개의 안티-포스포타이로신 항체를 함께 사용하여 EGF로 활성화 되거나 그렇지 않은 HeLa cells의 포스포타이로신을 포함하는 단백질을 면역 침강시킨다. 얻어진 단백질들을 나란히 비교하여 EGF에 반응하는 인산화 타이로신을 포함하는 9개의 단백질을 확인했다. 이 중 7개의 단백질은 EGF 경로에 관여하는 요소로 알려져 있었지만, 8번째 VAV2라고 하는 ubiquitous 단백질은 EGFR의 기질로 알려져 있지 않았다. STAM2라고 하는 9번째 단백질은 신규 단백질로 인터루킨-2에 의해 유도된 신호전달 단백질과 관련된 것으로 밝혀졌다.

2002년 Steen 등은 이산타이로신 임모늄계 이온 주사(또는 PSI 주사, 본문 참조)라고 하는 새로운 질량 분석 기술을 사용하여 EGF 경로를 연구했다. 이 방법을 통해 EGF 경로에 관여하는 10개의 단백질을 검출했는데, 그 중 2개가 새롭게 발견되었다. 더 중요한 것은 단백질 SHIP-2, Hrs, Cbl, STAM, STAM2에서 5개의 새로운 인산화 사이트를 발견한 것이다.

전하로 하전된 아미노산 잔기가 결합한다는 것이다. 이는 인산화단백질은 부족하지만 다른 음이온성 단백질이 경쟁 상대로 많이 존재할 때 문제가 된다.

비특이적 음전하를 띄는 단백질의 결합은 낮은 pH 완충제를 사용하거나 크로마토그래피 전 메틸에스테르화에 의해 감소될 수 있다. IMAC과 HILIC의 조합이나 강한 음이온 교환 또는 낮은 pH의 강한 양이온 교환과 같은 보다 복잡한 다차원 크로마토그래피 방법을 사용할 수도 있다. 역상 또는 다공성 흑연 카본 비드를 이용한 크로마토그래피 방법을 사용해 인산화단백질 또는 인산화펩타이드를 농축할 수 있고 최근에는 이산화티탄(TiO_2)에 기초한 고상 매트릭스를 사용하기도 한다. IMAC과 TiO_2 레진의 조합(sequential elution from IMAC, **SIMAC**)이 단일 인산화단백질을 두 개 이상의 인산화 잔기를 포함하는 단백질로부터 분리하는 데 유용하다는 것이 입증되었다.

인산염의 친화성 정제 전 화학적 변형은 출발 물질이 많은 양을 필요로 한다는 제한을 받지만, 이 두 가지 방법은 풍부한 인산화단백질과 인산화펩타이드 분리에 유용하다. 첫 번째 방법에서 포스포세린과 포스포트레오닌의 인산기를 대체하기 위해 ethanedithiol이 사용되는데, 강한 알칼리 조건 하에서 베타-제거 반응(β-elimination)을 통해 티올기만을 남겨 비오틴 친화성 태그에 붙도록 해준다(그림 8.5). 스트렙타비딘이 코팅된 비드를 사용하여 인산화단백질 또는 인산화펩타이드를 복합 혼합물로부터 분리할 수 있다. 시스테인과 메티오닌 잔기 역시 이 방법을 사용하여 유도체화시킬 수 있는데, 그 전에 포름산에 의해 산화되어야 한다. Ethanedithiol 처리는 포스포타이로신에 작용하지 않기 때문에 세린/트레오닌 인산화를 선택하는 좋은 방법이

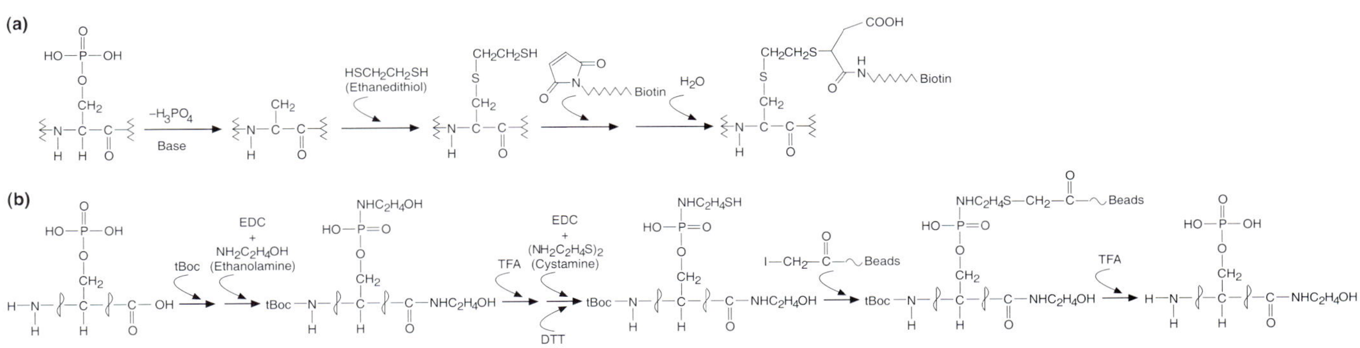

그림 8.5 인산화단백질과 인산화펩타이드 분리를 위한 화학적 유도체. (a) β-제거 기반 화학적 유도화: 인산화단백질을 포함하는 샘플을 포스포세린(그림) 및 포스포트레오닌 잔기인 경우 강염기로 처리한 후 β-제거 반응 진행. α,β 불포화 결합이 형성된다. 이는 친핵체에 대한 마이클 수용체 역할을 한다(이 경우, 에탄 또는 동위 원소 변이체는 정량 목적으로 치환될 수 있다). 비오틴화 반응물은 산성이나 중성 pH에서 설프히드릴(-SH) 그룹과 반응한다. 비오틴이 달린 단백질은 이후 단계에서 아비딘 컬럼에서 농축을 위한 태그가 된다. (b) 카르보디이미드 축합 반응에 의한 화학적 유도체화. 펩타이드의 N-말단은 *tert*-butyloxycarbonyl (tBoc) 화학으로 보호된다. 축합 반응 이온은 카르복실 그룹과 인산 그룹 사이에 발생하는데, *N*-ethyl-*N'*-(3-dimethylaminopropyl) carbodiimide hydrochloride(EDC)에 의한 촉매 반응에 과량의 아민(모노에타놀아민)의 존재 하에 발생한다. 각 아미드 결합 및 포스포아미데이트 결합은 카르복실기와 인산 결합의 축합 반응으로 형성된다. 인산기는 트리플루오아세트산(TFA)에 의해 급속한 가수분해에 의해 재생되고 샘플은 역상 물질에서 탈염된다(이 중간 단계는 여기에 도시되지 않음). 두 번째 축합 반응(EDC에 의한)은 과량의 시스타민으로 수행된다. 샘플은 dithiothreitol(DTT)에 의해 환원되는데, 시스테인의 이황화 결합은 설프하이드릴 그룹으로 변환하여 인산 잔기를 태그한다. 샘플은 다시 한 번 역상 물질을 사용하여 탈염한다. 태그된 펩타이드는 설프하이드릴기와 반응하는 요오드아세틸기를 함유하는 유리구슬에 의해 붙잡힌다. 인산화펩타이드의 회수는 강산 가수분해에 의해 수행되는데, 이것은 포스포아미데이트 결합과 tBoc 보호기 모두를 잘라내어 인산기와 *N*-말단을 재생시킨다.

다. 그러나 *O*-당화된 세린과 트레오닌 잔기(나중에 다뤄진다)는 유도체가 형성될 수 있어 추가 실험을 통해 단백질이 인산화가 아니라 글리코실화된 것인지 확인할 필요가 있다. 반면, 두 번째 방법을 통해 카르보디이미드 축합 반응으로 시스타민이 인산기에 첨가되어 모든 세 가지 잔기가 변형된다(그림 8.5). 이 요오드초산화 비드를 사용하여 친화성 기반 분리를 할 수 있다.

8.5 질량분석기를 이용한 인산화단백질의 분석

에드먼 분해 및 질량 분석의 조합은 인산화 위치를 맵핑하는 데 사용될 수 있다

1990년대 말까지 인산화 부분을 분석하기 위한 표준방법은 박층 인산화단백질을 ^{32}P으로 표지한 뒤 펩타이드로 분해하고, 일차원 박층 전기영동으로 분리한 뒤 이차원 박층 전기영동으로 분리하는 방법이었다(**이차원 펩타이드 맵핑**으로 알려진 방법). Autoradiography로 인산화펩타이드를 확인한 뒤 겔을 잘라내어 에드먼 화학 반응을 사용하여 서열화한다. 인산화 부위는 해당 서열화 주기에 따라 방출되는 방사능 표지된 아미노산에 의해 결정된다. 이 방법의 변형 방법으로는 화학적으로 유도된 인산화펩타이드를 사용하는 것인데, 이것은 특정 체류 시간이나 형광 표지에 의해 검출될 수 있다. 이차원 펩타이드 맵핑이나 에드먼 시퀀싱은 인산화 분위 분석에 이용되고 있지만 대용량 분석에 적용하기에는 매우 힘들다.

단백질체학의 다른 분야와 같이 인산화단백질 분석은 질량 분석법에 의해 발전되었다. 두 가지 주요 원칙은 인산화되지 않은 펩타이드와 비교하여 하나의 인산기를 포함한다면 질량이 약 +80(실제로 +79.983) 증가하고, 인산화펩타이드는 분해될 때 진단 표적 이론과 중성자를 잃은 생산물을 얻는다. 실제로 질량 분석은 인산화되지 않은 단백질이 더 많은 경우 인산화단백질을 분석하기 더 어렵다. 또한, 아직 밝혀지지 않은 요인 때문에 같은 몰수의 펩타이드 혼합물이 다양한 강도의 신호를 생성하거나 어떤 펩타이드의 신호는 모두 잃게 되어 완전한 단백질 범위를 분석할 수 없게 된다. 이 현상은 변형되지 않은 단백질보다 인산화된 단백질에서 더 많이 일어나는데, 그 이유는 변형된 단백질은 이온화되기 어려워 변형되지 않은 단백질의 신호에 인산화단백질의 신호가 묻히기 때문이다. 이러한 문제는 이 장 앞에서 설명한 방법 중 한 가지를 사용해서 인산화단백질을 농축하고 질량 분석 전에 분해하여 해결할 수 있다. 또한 이론적 질량과 실험적 질량의 상관관계를 분석하는 알고리즘에 의해 예측할 수 있지만 인산기는 트립신에 의한 단백질 가수분해를 저해하는 경향이 있어 단백질의 전체 범위를 분석하는 데 어려움이 있다.

손상되지 않은 인산화단백질 이온은 MAIDI-TOF 질량 분석법에 의해 확인될 수 있다

제3장에서 설명한 바와 같이, MALDI-TOF 질량 분석법은 손상되지 않은 펩타이드를 분석하는 데 가장 많이 사용된다. 상호 데이터베이스 검색(펩타이드 질량 지문)으로 알려진 단백질의 이론적인 질량과 유도단백질의 질량을 비교할 수 있다. 따라서 펩타이드의 정체를 알거나 추론할 수 있다면 79.983의 질량 변화나 배수에 대한 질량 스펙트럼을 조사하는 것만으로 펩타이드를 식별할 수 있다. 알칼리성 탈인산화

효소가 처리된 시료의 병렬 분석은 미처리된 시료의 인산화펩타이드 피크를 제거하는 데 도움이 된다(그림 8.6). 이 방법은 인산화된 잔기를 직접적으로 식별하지 않지만 펩타이드 서열에 하나의 부위를 포함하는 경우와, 키나아제 표적 부위가 존재하는 경우(표 8.3), 또는 인산화된 잔기가 위의 방법 중 하나를 사용하여 화학적으로 식별된 경우에 인산화된 부분이 정확하게 식별될 가능성이 높다.

인산화펩타이드는 진단 표지 이온과 중성 손실 생산물을 만든다

단편 이온의 분석(일반적인 개요는 제3장 참조)은 인산화단백질체학에 두 가지 목적을 수행한다. 먼저, 인산화단백질은 97, 79, 63 질량을 갖는 $H_2PO_4^-$, PO_3^-, and PO_3^-와 진단의 성질을 가진 인산염 특이적 표지이온을 생산한다. 포스포세린과 포스포트레오닌은 포스포타이로신보다 불안정해서 낮은 충돌 에너지에서 표지 이온을 생산한다. 두 번째로 폴리펩타이드 백본의 단편화는 펩타이드 단편을 생성하여 드 노보 방법(66쪽)으로 아미노산 서열을 생성할 수 있다. 이 서열은 인산아미노산을 포함함으로써 만약 2개의 연속적인 단편(예를 들어, 이온의 *b* 계열)의 질량이 포스포세린 잔기의 질량과 같다면 이것은 최종적인 위치를 제공한다.

ESI 또는 MALDI 이온 소스 및 표준, 삼중, 사중, 또는 하이브리드-사중 TOF 질량분석방법을 사용하여 MS/MS에 의해 인산염에 특이적인 단편 이온을 얻을 수 있다. 이것은 전통적인 **충돌 분열 유도(collision induced dissociation, CID)** 또는 **인 소스 CID**에 의해 단편화되는데, 후자는 여러 충돌을 유도하는 데 많은 에너지가 필요하고 새로운 이온 흐름에서 인산염 리포터 이온을 생성한다(그림 8.7). 이 방법은 낮은 규모의 펩타이드 백본을 절단하여 펩타이드 서열 정보를 제공하기도 한다. 일반적인 이온화 에너지 레벨은 **전구체 이온 스캐닝(precursor ion scanning)**하는 데 사용된다. 이 모드에서 첫 번째 사중 극자(Q_1)는 이온 흐름을 검색하는 데 사용되고, CID는 Q_2에서 발생하며(RF 모드에서 실행), 세 번째 분석기(Q_3 또는 TOF)는 충돌에 의해 발행한 PO_3와 같은 리포터 이온을 검출하는 데 사용된다. Q_1에서 전구체 이온 검

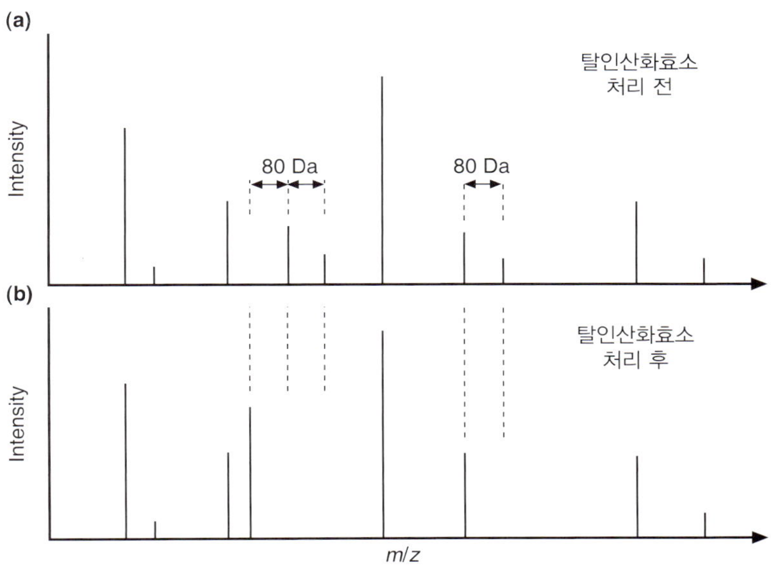

그림 8.6 알칼리 탈인산화효소 처리와 결합된 MALDI-TOF 질량 분성 맵핑에 의한 인산화펩타이드 식별. (a) 단백질 분해의 MALDI-TOF 질량 분석 스펙트럼. 인산화단백질은 예측되는 비인산화 펩타이드에 80 Da (HPO_3 = 80 Da)의 배수만큼 이동된 피크로 표시된다. (b) 인산화펩타이드는 탈인산화효소 처리 시 사라지는 피크로 확인할 수 있다. (McLachlin DT & Chait BT (2001) *Curro Opin. Chern. Biol.* 5, 591에서 인용. Elsevier로부터 허가를 득함.)

표 8.3 다양한 키나아제에 인식되는 인산화 서열 모티프 정리.

시퀀스 모티프	효소	단백질 (기질)
Ser/Thr 인산화		
Ser-Ser-Xaa-Ser(P)	뼈 형태 형성 단백질 수용체 키나아제	TGF-β 가족 중재 Smad 1
Arg-Xaa-Arg-Yaa-Zaa-Ser(P)/Thr(P)-Hyd	프로틴 키나아제 B	합성 단백질
Ser(P)-Xaa-His	프로틴 키나아제 C	알파 1 Na, K-ATPase
Ser(P)-Leu-Gln-Xaa-Ala	cGMP-의존 키나아제	렌티바이러스 Vif 단백질
Glu-Val-Glu-Ser(P)	c-Myb 키나아제	척추 c-Myb 단백질
Arg-Xaa-Xaa-Ser(P)	Phosphotransferase	세럼 반응 인자, c-Fos, Nur77, 40S 리보솜 단백질 S6
Ser(P)/Thr(P)-Pro-Xaa (basic), Pro-Xaa-Thr(P)-Pro-Xaa (basic)	사이클린-의존 키나아제 2	사이클린 A or E
Thr(P)-Leu-Pro	세라마이드-활성 단백질 키나아제	Raf 단백질
Arg-Xaa-Ser(P)	cAMP-의존 단백질 세린 키나아제	PII 단백질 (*gln*B 유전자 생성물)
Ser-Xaa-Xaa-Xaa-Ser(P)	글리토겐 합성효소 키나아제 3	cAMP 반응 요소 결합 단백질
Arg-Xaa-(Xaa)-Ser(P)/Thr(P)-Xaa-Ser/Thr	자가 인산화 의존 단백질 키나아제	미엘린 기본 단백질
Hyd-Xaa-Arg-Xaa-Xaa-Ser(P)/ Thr(P)-Xaa-Xaa-Xaa-Hyd	Ca^{2+}/칼모듈린 의존 단백질 키나아제 Ia	팹티드 유사체
Ser-Xaa-Glu-Ser(P)	카세인 키나아제	bovine osteopontin, 상어, 양, 쥐, 소, 사람의 비타민 K-의존 메트릭스 Gla 단백질
Ser-Xaa-Xaa-Glu-Ser(P)	카세인 키나아제 II	bovine osteopontin
Xaa-Ser(P)/Thr(P)-Pro-Xaa	프로린-지시 단백질 키나아제	타우 단백질
Ser-Pro-Arg-Lys-Ser(P)-Pro-Arg-Lys Ser(P)-Pro-Lys/Arg-Lys/Arg	히스톤 H1 키나아제	sea-urchin, 정자-특정 히스톤 H1m H2B
Lys-Ser(P)-Pro	세린 키나아제	쥐 신경 미세 섬유 단백질
Tyr 인산화		
Tyr(P)-Met-Asn-Met, Tyr(P)-Xaa-Xaa-Met, Tyr(P)-Met-Xaa-Met	Phosphatidylinositol 3-키나아제, 세포내 말단	CD28 T세포 보조 자극 수용체
Asn-Pro-Xaa-Tyr(P)	국소 접착 키나아제, 세포내 구역	인테그린 β_3
Tyr(P)-Xaa-Xaa-Leu	단백질 Tyr 키나아제, 세포내 말단	비만 세포 기능 관련 항원
Glu-Asp-Ala-Ile-Tyr(P)	단백질 Tyr 키나아제	합성 단백질
Thr and Tyr 이중 인산화		
Thr(P)-Xaa-Tyr(P)	미토젠-활성 단백질 키나아제	p38 미토젠-활성 단백질
Thr(P)-Glu-Tyr(P)	미토젠-활성 단백질 키나아제	미토젠-활성 단백질 키나아제

Xaa is any amino acid; Yaa and Zaa are small residues other than Gly; Hyd is a hydrophobic amino acid residue Phe or Leu. (Yan A et al. (1998). *J. Chromatogr*. 808, 23으로부터 재인쇄. Elsevier.의 허가를 득함)

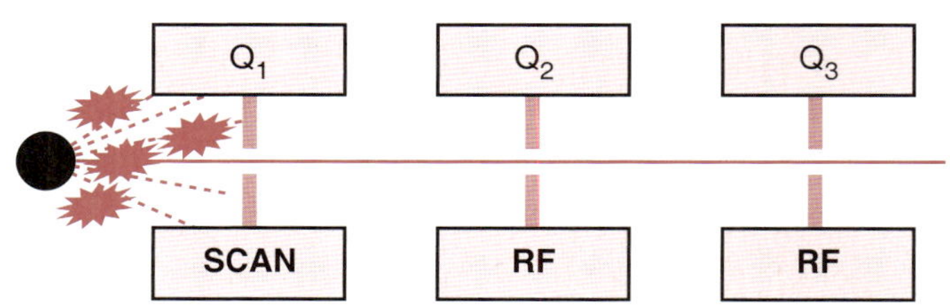

그림 8.7 **삼중 사중극자 질량분석기에서 소스 코드를 사용하여 인산화펩타이드 검출**. 이온화 동안 사용한 잉여 에너지는 이온화 동안 발생하는 분열을 야기한다. 이온 흐름은 PO_3^-(m/z = 79^-)와 같은 인산염 리포서 이온을 검출하기 위해 Q_1에서 스캔된다. 이것은 다른 사중극자(RF 모드)를 통해 검출기에 전달된다.

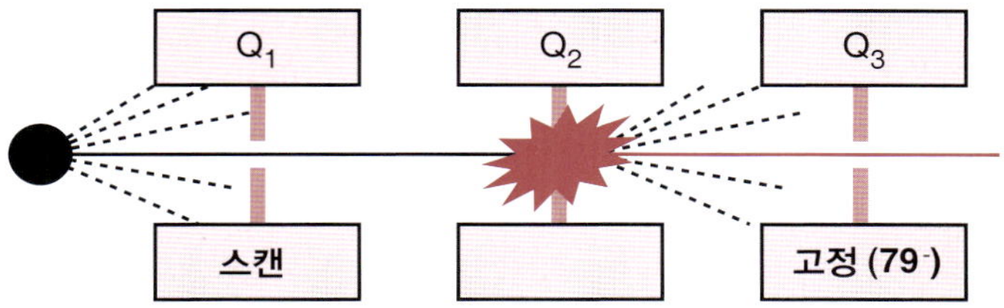

그림 8.8 **삼중 사중극자 질량분석기에서 전구체 이론 스캔 모드를 사용한 인산화펩타이드 검출**. 전체 이온 흐름은 Q_1에서 스캔되어 선택된 이온이 Q_2의 충돌실을 통과하게 한다. 그 다음 조각난 이온은 인산염 리포터 이온을 검출하기 위해 고정된 Q_3를 통과한다. 손상되지 않은 인산화펩타이드가 Q_1을 통과하는 경우에만 Q_3를 통과하여 검출기에 도달한다.

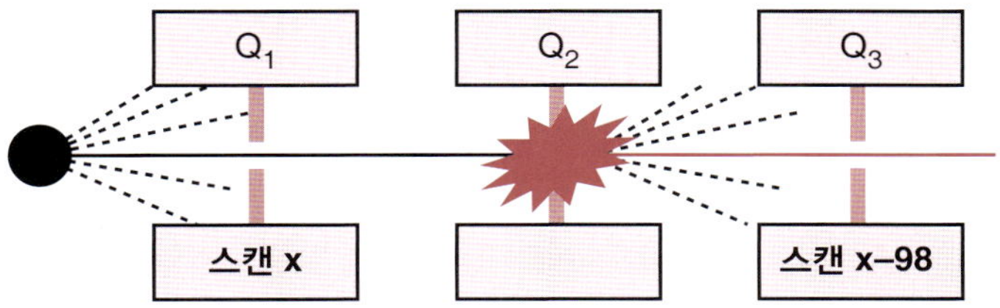

그림 8.9 **삼중 사중극자 질량분석기의 중성자 손실 스캔 모드를 사용한 인산화펩타이드 검출**. 전체 이온 흐름은 Q_1에서 스캔되어 선택된 이온(x)이 Q_2의 충돌실을 통과하게 한다. Q_3는 낮은 질량 범위에서 Q_1과 평행하게 조각난 이온을 스캔한다(예를 들어, x-98에서 98은 H_3PO_4의 질량이다). CID 과정에서 H_3PO_4를 잃은 인산화펩타이드만 Q를 통과해 검출기에 도달한다.

색은 인산염 단편을 생산하는데, Q_3에서 검출되어 식별된다(그림 8.8). **중성 손실 스캔 모드(neutral loss scan mode)**에서 Q_1과 Q_3는 모두 이온 흐름을 검색하도록 설정된다. Q_1은 전체 질량 범위를 스캔하고, Q_2는 충돌 전지로 사용되며, Q_3는 Q_1과 병렬 범위를 스캔하지만 98/*z*보다 낮은 *m*/*z* 범위에서는 H_3PO_4의 중성자 손실을 검색하는 목적으로 설정된다(그림 8.9).

개별 인산화단백질을 단편화하기 위해 최근 발전된 높은 감도의 FT-IR 및 Orbitrap 질량분석기를 사용할 수 있다. 이론 트랩은 CID 모드에서 단백질체에 사용되는 가장 일반적인 질량분석기로 MS^3(세 번의 충돌) 또는 다단계 활성화와 결합을 통해 백본 분열을 유도하여 펩타이드 시퀀싱을 하는 데 사용된다.

이온 흐름에 준열적(subthermal) 전자를 부딪치는 방법으로 **전자 이동 분해(Electron transfer dissociation, ETD)** 및 **전자 포획 분해(Eletron capture dissociation, ECD)**를 CID 또는 post-source decay(PSD, *source 이후에 분자이온이 분해된다는 의미) 대신 사용할 수 있는데, 인산염 활성화 과정이나 후에도 남아있기 때문이다. 이 방법은 더 민감하고 보다 포괄적인 범위를 제공해 CID 스펙트럼보다 해석하기 쉬운 확장된 이온 시리즈를 제공한다. 인산화 부위는 작은 단백질에서 분해 없이 식별이 가능하다(**하향식 단백질체학, Top-down proteomics**).

최근에는 포스포타이로신의 잔기 양 옆의 폴리펩타이드 백본의 이중 단편화에 의해 생성된 암모늄 이온(질량 216.043)을 쉽게 검출할 수 있는 장비가 개발되었다[**포스포타이로신-특정 임모늄 이온 주사, PSI 주사(phosphotyrosine-specific immonium ion scanning, PSI scanning)**]. 이 방법은 다른 인산화 잔기에 적용되지 않지만 인산화 부위를 식별하기 위해 다른 방법들과 조합한 양이온 모드에서는 사용할 수 있다. 표 8.1에서 이야기한 바와 같이, PSI는 EGF 신호 경로의 구성요소를 식별하는 데 사용되어 왔다.

일반적으로, 인산화 부위의 시퀀싱과 식별은 전체 스캔 모드를 사용하여 MS/MS로 수행하게 되는데, 특정 전구체 이온은 Q_1을 통과하려 Q_2에서 조각화되고 Q_3에서 생성된 이온을 스캔한다(제3장). 해석되지 않은 CID 스펙트럼은 인산기에 의한 질량 변화를 고려하여 데이터베이스를 통해 일치하는 단백질을 검색하는 데 사용될 수 있고, 질량 스펙트럼은 아미노산 시리즈를 생성하는 데 사용될 수 있다.

제3장에서 설명한 바와 같이, CID 스펙트럼 해석은 전체 시리즈를 만들 수 있는 펩타이드 세트에 대응하는 단편 이온을 식별하는 복잡한 과정이다. 이 시리즈는 일련의 이온과 이온 사이의 질량 차이를 아미노산의 표준 표를 참고하여 계산함으로써 만들 수 있다. 이 방법에 필요한 유일한 조절은 인산염의 질량 계산이 허용되어야 한다는 것이다. 경우에 따라서는 화학적 유도화로 이온 시리즈에서 인산화된 잔기를 쉽게 식별할 수 있다. 예를 들어, β-제거는 포스포세린을 S-에틸시스테인으로, 포스포트트레오닌은 β-메틸-*S*-에틸시스테인으로 변환할 수 있다. 이는 인산염을 제거하여 단편화가 폴리텝티드 백본에 좀 더 잘 분포되어 일어나게 유도해서 펩타이드를 보다 완벽하게 다룰 수 있도록 한다.

8.6 인산화단백질의 정량 분석

우리는 제4장에서 정량적 단백질체학의 원리를 자세히 설명했다. 이 장에서 설명할 일반적인 단백질 분석 기술은 단백질 변형체에도 동일하게 적용 가능하다. 단일 시료에서 인산화 화학량을 대략적인 예측이나 두 시료의 인산화 수준의 차이는 인산화된 단백질의 분리, 인산화되지 않은 펩타이드를 HPLC로 분리, 정량적 아미노산 분석 및 피크 비교를 통해 얻을 수 있다. 대략적인 정량적 데이터는 이차원 겔에서 신호의 세기를 비교하여 얻을 수 있다. 그러나 위에서 이야기한 바와 같이, 압력이 발생하면 인산화된 펩타이드와 변형되지 않은 펩타이드에서 얻어지는 신호의 강도를 질량 분석계에서 비교하는것이 불가능하다. 대신 안정한 동위 원소나 질량을 태그하여 정량화를 하게 되는데, 이것은 동일한 효율로 검출 가능한 2개의 매우 비슷한 분자를 생성하며, 시료를 합쳐서 분석하게 되면 질량 변화로 구별할 수 있게 된다.

인산화단백질의 분석에서, 제4장에서 논의된 일반적인 표지 방법이 항상 적합하지는 않다. 그 이유는 인산화단백질에 대해 선택적이지 않기 때문이다. 예를 들어, 표준 ICAT 방법(85쪽)은 시스테인을 포함하는 펩타이드를 표지하고 이를 이용한 인산화단백질 분석은 같은 펩타이드의 표지된 시스틴의 존재 여부에 따라 달라진다. 특이적이지 않고 모든 펩타이드가 같은 방법으로 표지된다는 점에서 ^{15}N나 방사능 동위원소를 포함한 아미노산(heavy amino acids)을 사용하여 생체 내 대사를 활용한 표지 방법이나 SILAC 절차(90쪽)가 더 유용할 것이다. 2개의 관련된 시료를 비교할 때 각각의 인산화펩타이드는 4개의 피크로 나타나야 하는데, 하나는 인산화 인해 변형되고 표지된 것이고, 다른 하나는 변형되지 않은 펩타이드에 표지된 것이며, 또 다른 하나는 인산화되었지만 표지되지 않은 것이고, 나머지 하나는 변형되지 않고 표지되지 않은 것이다. 표지/비표지된 펩타이드 쌍은 표지의 질량 값에 따라 분리된 이중선으로 나타나는 반면, 각각의 변형된 펩타이드와 그렇지 않은 펩타이드의 질량 차이는 약 80이 되어야 한다(그림 8.10). 포스포세린 및 포스포트레오닌의 특이적인 표지가 일어나는 ICAT 방법이 변형되어 왔다. 이 경우, 오직 인산화펩타이드만이 표

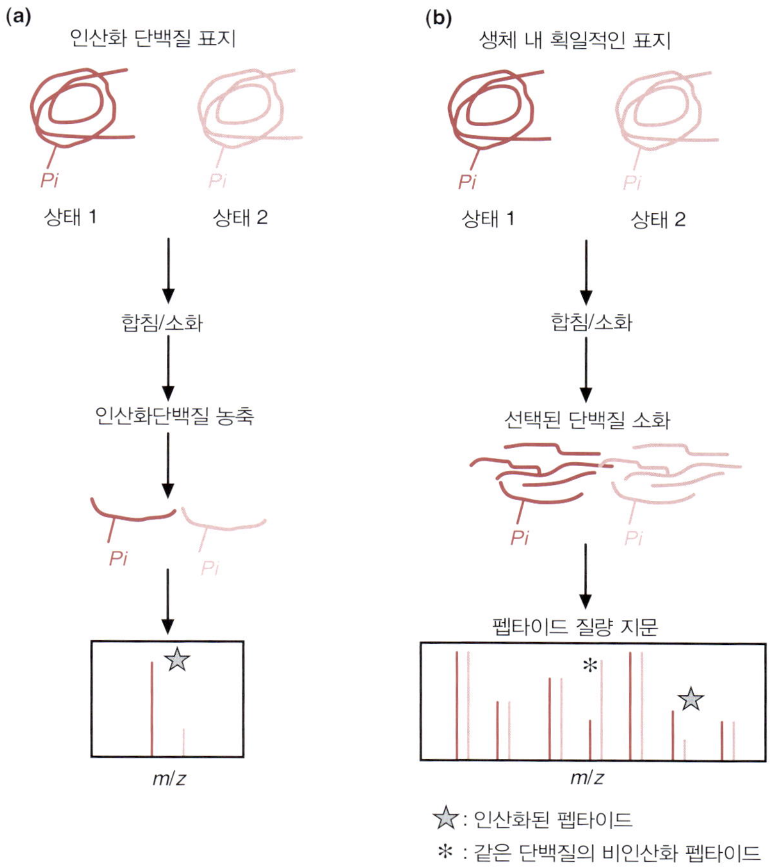

그림 8.10 **질량 분석법에 의한 인산화 단백질의 정량화.** (a) 인산화단백질을 질량 태그로 표지하고 친화성에 의해 분리할 수 있는 경우, 피크의 세기를 비교해서 시료 간의 직접적인 정량 비교가 가능하다. (b) 펩타이드가 균일하게 표지된 경우 같은 시료의 인산화된 펩타이드와 그렇지 않은 펩타이드 간의 피크는 약 80 질량 단위만큼 차이 난다. 각 시료의 단백질량이 같다면 인산화펩타이드만 질량 변화를 보여야 한다. (Sechi S & Oda Y (2003) *Curro Opin. Chern. Biol.* 7, 70에서 인용. Elsevier로부터 허가를 득함.)

지되며 각각 2개의 피크로 표시되는데, 하나는 표지된 경우를 다른 하나는 표지되지 않은 경우를 나타내어 시료 간의 직접적인 비교를 가능하게 한다.

표지 방법에 대한 대안으로, 각 시료 사이의 펩타이드 인산화 정량 차이는 각 시료에 내부 표준으로 화학적으로 합성된 무거운 유도체를 포함시켜 계산할 수 있다. 이 방법은 단백질체 규모에는 적용될 수 없지만 알려진 인산화단백질 분석에는 유용하다.

8.7 당단백질체학

당단백질은 진핵생물 단백질체의 절반 이상에 해당한다

글리코실화(Glycosylation)는 합성 동안 또는 합성 후 단백질에 짧은 길이의 탄수화물 잔기[**올리고당(oligosaccharides) 또는 글라이칸(glycans)**]를 추가하는 과정을 포함한다. 이 종류의 변형은 진핵세포(전체 단백질의 50% 이상은 글리코실화 됨)에서 매우 일반적이며, 원핵생물에서는 적게 발생한다. 진핵세포에서, 대다수의 글리코실화된 단백질이나 당단백질은 분비 경로로 통과한다. 그러나 그 모두가 실제로 분비되는 것은 아니다. 일부는 소포체(ER) 또는 골지 장치 내에서 유지되고 다른 일부는 리소좀의 목표물이 되며, 대부분은 세포막에 흘러 들어간다. 포유동물 세포의 분비 경로에서 발생하는 글리코실화의 세 가지 주요 유형은 *N*-결합 글리코실화, *O*-결합 글리코실화, 그리고 GPI 앵커의 추가이다. *N*-결합 글라이칸은 Asn-Xaa-Ser/Thr 문맥의 아스파라긴 잔여물에 부착된다. 여기서 Xaa는 프롤린을 제외한 임의의 아미노산일 수 있다. *O*-결합 글라이칸은 세린 또는 트레오닌 잔기의 히드록실기에 연결되어 있다. GPI 앵커는 C-말단 신호 서열이 제거된 후, 단백질의 C-말단에 부착된다. 드물게 세포질 또는 핵 기공 복합체를 표적으로 하는 이 단백질은 단일 *O*-결합의 GlcNAc 잔기의 첨가에 의해 변형될 수도 있다. 트립토판의 C-결합 글리코실화 또는 시스테인의 S-결합 글리코실화 등과 같이 잘 특정되지 않은 글리코실화의 추가적인 형태가 있다.

***N*-결합 글리코실화**는 진핵생물에서 발생한다. 그것은 가지가 있는 14-잔류 올리고당-코어 글라이칸 $GlcNAc_2Man_9Glc_3$의 부착과 함께 시작된다. 반응을 담당하는 효소가 ER막 지역에 한정되어 위치하기 때문에 이 변형은 ER에서만 발생한다. 그리고 코어 글라이칸은 그 잔기의 일부를 제거하는 **글리코시데아제(glycosidases)**에 의해 다듬어지고, 골지체에 부분적으로 글리코실화된 단백질을 이동시킨다. 이 과정에서 특정 핵심 글라이칸 잔기의 치환 및 글라이칸 사슬의 정교화를 포함한 추가적인 변형이 발생한다. 분자당 30개 이상의 상이한 유형이 추가될 수 있고, 사슬의 구조는 매우 다양할 수 있다. 이 정교화 과정은 **고농도 만노오스**, 하이브리드 그리고 **복합체** 유형으로 알려진 글라이칸 구조의 세 가지 유형을 생산한다(그림 8.11). 이 변형은 각 종별로 잔여물 간의 복잡성, 구성, 가지 구조 그리고 결합에 따라 구별되는 글라이칸 구조에 따라 식물, 포유류, 효모 그리고 곤충이 각각 다르게 발생한다. *N*-결합 글리코실화가 박테리아에서 발생하지 않기 때문에, 박테리아에서 생산된 재조합 단백질은 글라이칸 사슬이 부족하다. 일부 단백질에서는 다른 종류의 비-글리코실화는 덜 활성화되거나 완전히 비기능적인(예를 들어, 인터루킨-2, thyroperoxidese) 반면에 생물학적 활성(예를 들어, 성장 호르몬)에 영향이 없는 것으로 보인다.

각 단백질은 단일 분자로 정의하지 않지만, 글리코형의 집합으로 생성되지 않도록 *N* 글라이칸 변형 이질성의 정도는 일반적으로 존재한다. 단백질은 *N*-결합 **글리코실화**에 대해 둘 이상의 수용체 작용 위치가 있어서, **미세불균일(microheterogeneity)** 및

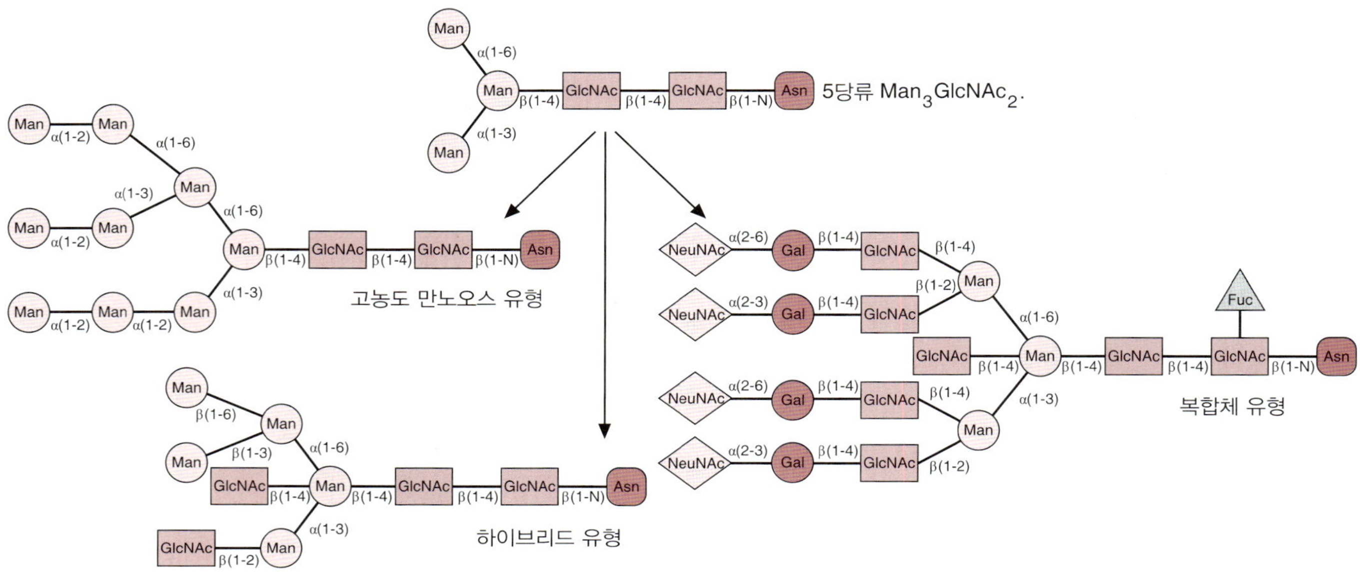

그림 8.11 5당류에서 추출된 *N*-연결 글라이칸의 세 가지 종류인 고농도 만노오스, 하이브리드 및 복합체. 5당류는 14개 잔기의 중심 글라이칸을 다듬어 생성되며 도시된 형태로 변형된다.

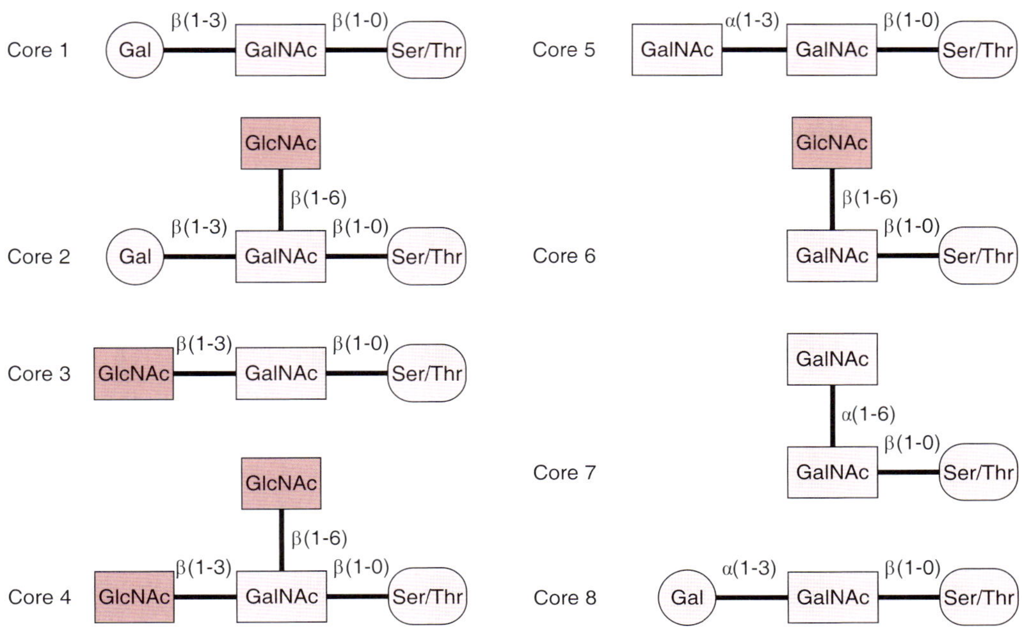

그림 8.12 *O*-연결 글라이칸은 종류가 매우 다양하며, 중심 잔기의 종류에 따라 분류된다.

거대 이종(macroheterogeneity)에 같은 위치에서 다른 글라이칸 사슬이 있을 수 있다. 당단백질은 반드시 모든 가능한 글리코형으로 존재하지 않으며 모든 잠재적 수용체 위치를 변형하지 않는 것이 명백하지만, 이것은 광범위한 구조적 다양성의 가능성을 제공한다.

N-결합된 글라이칸을 가진 많은 단백질은 세린 및 트레오닌 측쇄(때로는 히드록시리신 또는 히드록시 프롤린)의 히드록실 그룹에 노출된 당 첨가를 포함하여 골지체에서 ***O*-연결 글리코실화(*O*-linked glycosylation)**를 겪는다. 2차 및 3차 구조에 의존할 수 있음을 나타내는 변형, 뮤신 타입의 글라이칸, *O*-연결 글리코실화의 가장 일반적인 형태의 첨가에 대한 동일한 과정을 보여주지 않는다. 그러나 프롤린 과다의 도메인에서 *O*-연결 글리코실화를 찾는 것은 특이한 것이 아니다. 뮤신 종류의 글라이칸은 구조적으로 매우 불균일하며, 대개 코어 구조(그림 8.12)에 따라 분류된다. 그 외의 *O*-연결 글라이칸은 단일 글루코사민, 푸코스, 갈락토오스, 만노오스, 또는 크실로오스 잔기를 포함하고 이러한 특정 합의 서열을 요구한다.

분비 경로에서 발생하는 글리코실화의 제3의 주요 형태는 세포막에 고정될 필요가 있는 단백질 GPI 잔기의 첨가이다. GPI-고정 단백질인 phosphoethanolamine를 수반하는 phosphodiester 결합을 통해 트리만노실-비아세틸 글루코사민(Mans-Glcbl) 코어의 C-말단에 부착된다. 이는 상기 일부 세포 유형으로 변경될 수 있다. GleN 잔기의 환원 말단은 막(그림 8.13)에 고정되는 또 다른 phosphodiester가 phosphatidylinositol (PI)에 결합을 통해 연결된다.

글라이칸은 단백질의 안정성, 활성, 위치 파악에 중요한 역할을 하고 질병의 중요한 지표가 된다

진핵세포의 대부분의 분비단백질은 글리코실화되지만, 그 목적이 항상 명확한 것은

된 Asn 잔기의 아민기를 제거하여 Asp로 만든다. 이 변형은 변이되지 않은 단백질의 예측된 질량과 비교했을 때 하나의 염기가 차이나기 때문에 잠재적 글리코펩타이드를 식별하는 데 유용하다. 그러나 이 효소는 α(1-3)-fucose(식물 및 곤충에서 발견되지만 포유류에서는 발견되지 않는 잔기)를 포함하는 글라이칸에는 작용하지 않아 PNGases A를 사용해야 한다. β-제거를 통한 약한 알칼리 처리는 유용하고 성공적인 방법이지만 O-연결 글라이칸에 상응하는 효소는 없다.

여러 글리코실화 부위 또는 여러 글리코형이 있는 경우 글라이칸 사슬은 단편화되어야 하며 각각의 글라이칸 종이 분리되어야 한다. 글라이칸 구조를 결정하기 위해 여러 가지 분석 방법이 사용될 수 있다. 각 글라이칸은 산분해법에 의해 단당류로 분해될 수 있고 각각의 당이 식별될 수 있다. 이는 각 글라이칸의 **단당류 조성(monosaccharide composition)**을 분석할 수 있지만 단백질 순서나 구조 정보를 제공하지는 않는다. 그럼에도 불구하고 모든 단당류는 동일한 질량을 가져서 질량 분석법에 의해 구별될 수 없기 때문에 단당류 조성물은 여전히 유용한 방법이다. 서열 및 구조를 얻기 위한 하나의 기존 방법은 2차원 또는 3차원 맵핑을 이용하는 것인데, 여러 번의 크로마토그래피를 거쳐 당으로 분류되며 표준 시료의 위치 비교를 통해 구조를 예측할 수 있다. 또한 구조 정보는 질량 분석 및 NMR 분광법으로 유추할 수 있다. 각 글라이칸은 표지되거나 **엑소글라이코실라아제(exoglycosylases)**로 분해되어 서열을 결정할 수 있다. 이러한 기술들의 조합으로 단백질 시료로부터 서열과 사슬의 패턴 및 당량을 추론할 수 있다. 이러한 분석 방법은 재조합 발현 시스템에서 생산된 당단백질의 개별 분석을 위해 최적화되어 왔으며 재조합된 단백질 의약품의 제조 배치(batch) 간 차이를 모니터링하기 위해 이용되고 있다.

이러한 분석 방법은 단백질 시료 내의 글라이칸 사슬의 분포를 보여주지 않는다. 예를 들어, 만약 하나의 단백질에 2개의 글리코실화 부위(A와 B)가 있고 두 종류의 글라이칸 사슬(1과 2)이 있을 때, 기존 당 분석방법이 각 글라이칸이 똑같이 충만하다고 보인다면 무엇을 의미하는가? 이것은 시료에 있는 모든 단백질이 A 부위에 글라이칸 1을 갖거나 B 부위에 글라이칸 2를 갖는다는 것을 의미할 수도 있고, 또는 그 반대의 경우에 해당할 수도 있으며, 아니면 50%의 단백질은 2개의 글라이칸 1을 갖고 나머지 50%는 2개의 글라이칸 2를 가질 수도 있다(그림 8.15). 새로운 렉틴 칩 기술은 제9장에서 서술하는 바와 같은 문제점을 해결하기 위해 개발되었다.

당단백질 염색법은 2DGE를 사용하여 당단백질을 연구할 수 있게 한다

전체 단백질체 수준에서 당 분석은 높은 처리량과 풍부한 정보 분석 기술이 필요하다. 인산화단백질에 대해 이야기한 바와 같이, 당단백질체 분석은 선택적인 검출과 단백질 분리 및 글리코실화 부위 식별 방법이 필요하다. 그러나 이 경우에는 글리칸 체인의 구조적 및 구성적 분석이 조사에 포함되어야 하며, 종합적인 당단백질 분석이 약물 분석보다 더 복잡하다.

제2장에 기술된 분리 기술은 모든 당단백질에 적용할 수 있으며, 2DGE를 이용하여 당단백질체를 시각화 할 수 있다. 겔 내부에 포함 단백질이나 막 단백질을 염색하는 표준 기술을 당단백질에는 적용하기 힘드므로 다른 방법이 요구된다. 가장 먼저 소개된 방법 중 하나는 겔 또는 막 상의 당단백질을 검출하기 위한 당 잔기 산화 방법

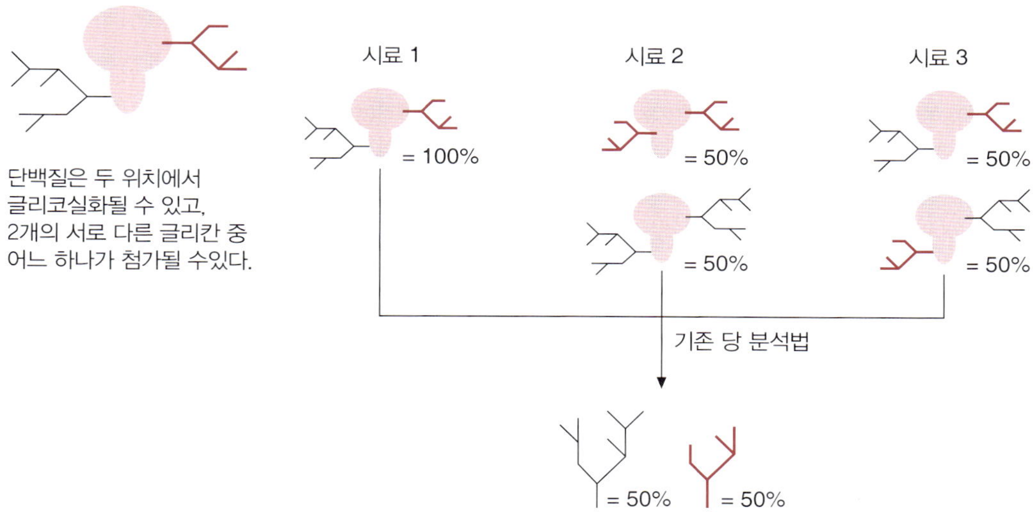

그림 8.15 **글라이칸 사슬을 제거하는 기존 당 분석법은 글라이칸의 서열이나 구조를 밝힐 수 있고 각 유형의 상대적인 비율을 알 수 있지만 다른 글리코형의 혼합물은 알 수 없다.** 도면에 도시된 3개의 시료는 동일한 것은 아니지만 기존 방법으로는 구분될 수 없다. 하나의 단백질의 두 부위에 2개의 다른 글라이칸 종류가 글리코실화될 수 있다.

인 **과요오드산/시프(priodic acid/schiff, PAS)**이다. 이것은 비오틴 하이드라자드(스트렙타비딘 퍼옥사이다아제와 적절한 색채 또는 화학 발광으로 검출할 수 있다) 또는 형광 세미카자이드(민감한 형광 검출)로 글라이칸 사슬이 변형될 수 있다면 더 민감한 검출방법과 결합될 수 있다. 최근 여러 회사는 SYPRO 시약(78쪽)과 같은 당단백질에 적용될 수 있는 보편적인 염색제나 Pro-Q Emerald(PAS보다 50배 민감하여 SYPRO 염색과 결합될 수 있다) 같이 당단백질을 특이적으로 염색할 수 있는 시약을 개발하였다.

2DGE의 문제점은 글라이칸 이질성이 각각의 글리코프로테인을 일련의 이산 반점으로 만들어 서로 다른 분자 질량이나 다른 pI 값을 가진 당단체로 나타낸다는 것이다.(그림 8.16). 동일한 단백질이 여러 가지 다른 형태로 나타날 수 있으며, 종종 사슬과 단백질의 농도가 감소되어 보일 수 있다. MS를 이용한 개별 점의 분석(아래 참조)은 종종 글라이칸 수용체 부위, 글라이칸 크기, 전하의 불균일성을 나타내어 단당백질의 구조와 이차원 겔 내에서의 이동이 복잡하다는 것을 나타낸다. 고해상도의 당 형

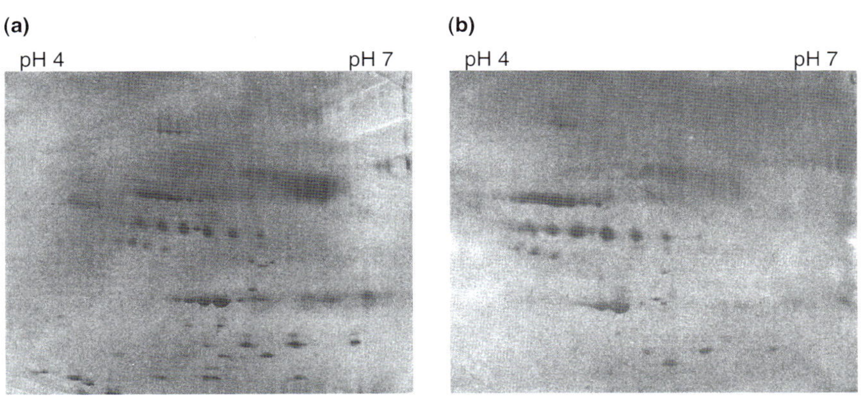

그림 8.16 **PVDF 막의 당단백질 형광 염색.** (a) Coomassie Brilliant Blue 염색. (b) 형광 탄수화물 염색. 1 마이크로 리터의 혈청을 재수분화를 통해 로딩하고 2DGE를 통해 분리한 뒤 PVDF막 상에서 일렉트로블로팅을 한다. 형광 염색은 바이오 래드 당단백질 검출 키트에 포함된 당의 산화를 이용해 왔지만 샌드위치 항체 염색 대신 0.05mg/ml 형광 세미카바자이드(molecular probes)가 50% (v/v) 메탄올을 포함하는 1 mM sodium acetate Ph 5.5 용액을 사용했다. 형광은 Fluor S imager(바이오 레드)로 시각화되었다. (Nicolle Packer의 제공.)

태 종류는 역상 HPLC, 강한 음이온 교환 크로마토그래피, 모세관 전기영동과 결합하여 분류할 수 있다.

최근 이차원 PAGE 전기영동과 PVDF(polyvinylidene difluoride) 막으로 일렉트로블로팅(electro blotting)한 이후 분리된 *N*-과 *O*-연결 올리고당을 분석할 수 있는 방법이 소개되었다. 니콜 패커와 동료들은 *N*-결합된 올리고당을 PNGase F 처리 후 β-제거를 통한 *O*-연결 올리고당의 화학적 방출로 분리되는 기술을 설명하였다(Wilson 등, 더 읽기 참조). 방출된 단백질은 LC-ESI 질량분석기를 통해 분리되고 분석된다. *N*-결합 부위에 대한 정보를 트립신 분해와 MALDI-MS 분석을 통해 얻을 수 있다.

보완적인 기능을 갖는 당단백질 농축을 위한 두 가지 주요 방법

현재 당단백질체 분석은 당단백질에 대한 특정 농축 단계를 포함하는 글라이칸과 관련된 구성요소가 추가된 일반적인 숏건 단백질체학 방법을 따른다(그림 8.17). 두 가지 주요 방법이 있다. 첫 번째는 탄수화물-특이적 결합 단백질이라고 알려진 **렉틴**을 사용하는 **렉틴-친화성 크로마토그래피(lectin-affinity chromatography)**이다. 많은 **렉틴**은 특정 리간드를 가지고 있는데, 콘카나발린 A(concanavalin A, Con A)는 만노실 및 글루코실 잔기에 특이적으로 결합하고 자칼린(Jacalin)은 갈락토실 (β1-3) *N*-아세틸갈락토사민을 인식하며, wheat germ 응집소(agglutinin)는 di-*N*-아세틸글루코사민(di-*N*-acetylglucosamine) 및 *N*-acetylneuraminic acid(*N*-아세틸뉴라미닉산)과 특이적으로 결합한다. 또한 *m*-아미노페닐붕소산(*m*-aminophenylboronic acid)은 1,2-*cis*-diol group과 결합한다. 피마자 렉틴(*Riccinus communis* letctin)과 같이 다른 렉틴은 또한 여러 특이성을 가지고 있다. 최근 필터를 이용한 시료 제조 방법(FASP)을 사용한 것과 같이 일부 렉틴-친화성 방법은 다른 종류의 글라이칸 사슬을 선택하기 위해 하나씩 사용될 수 있다. 대안으로 구배 용출 방법을 사용하여 여러 가지 글리코형을 분

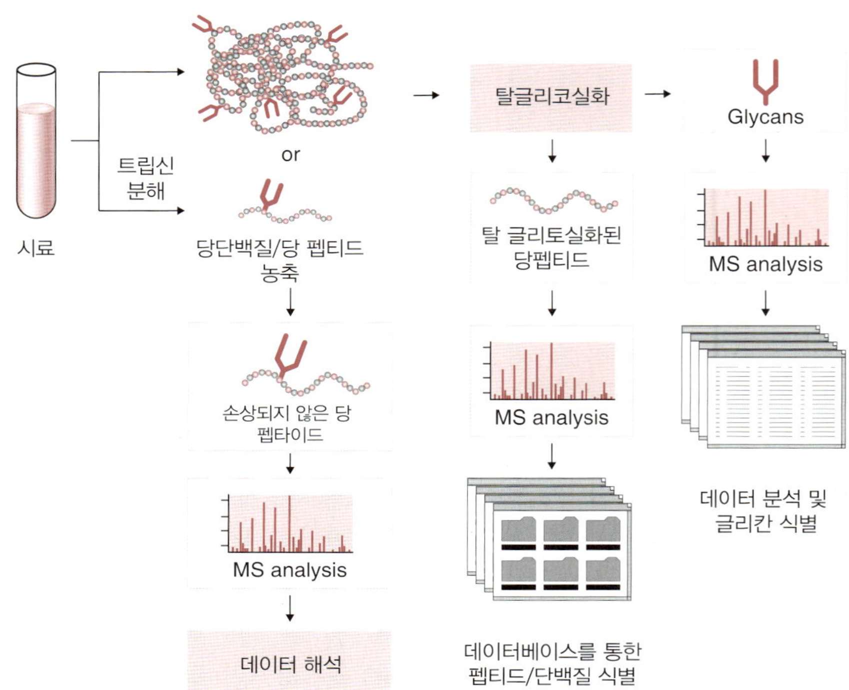

그림 8.17 숏건 당단백질체학의 전형적인 방법. (Pan S, Chen R, Aebersold R & Brentnall TA (2011) *Mol. Cell. Proteomics* 10, R110.003251에서. The American Society for Biochemistry and Molecular Biology, Inc의 허가를 득함.)

류할 수 있다(경쟁 결합제의 단차 증가 방법을 이용한다). 렉틴 친화적 크로마토그래피는 당 펩타이드를 단백질 효소 분해 후 정제하고 효소나 질량분석기를 사용한 시퀀싱에 대비한 당단백질의 글라이칸 사슬을 정제하는 것에 유용하다.

두 번째 주요 방법은 **하이드라진 기반 고체상 추출 방법**으로 당단백질은 알데히드 형태로 산화되어 하이드라진이 고정된 레진과 반응하게 된다. 이 방법은 PNGaseF 같은 효소를 사용하여 캡처 및 세정 후의 단백질 효소 분리에 의존하지만 N과 O에 연결된 당단백질을 캡처하는 데 효율적이다. 따라서 글라이칸 성분이 아닌 단백질 성분만이 하향 분석에 사용될 수 있다. 또한, PNGase F는 *N*-결합 글라이칸만을 선택적으로 분리할 수 있어 *O*-연결 당단백질은 레진에 남아있게 되고 분석에서 제외된다. 따라서 렉틴 기반의 농축 및 히드라진 캡처는 특정 글라이칸 분리에 더 유연하고 유용하며, 모든 당단백질 포획에 좀 더 포괄적이고 효율적이다. 아직 널리 적용되지 않았지만, HILIC 및 크기 배제 크로마토그래피(size exclusion chromatography), 흑연 분말 마이크로 비즈에서의 흡착, 붕소산(boronic acid)을 이용한 선택적 당단백질 농축 방법이 보고되었다.

질량 분석법은 당단백질의 식별 및 특성 분석의 대용량 처리를 위해 사용된다

질량 분석은 고전적인 상향 방식을 사용하거나 최근 전체 당단백질 이온 단편화 방법을 포함하는 하향 방식을 사용하여 당단백질을 식별할 수 있다. 두 가지 접근 방식은 글리코실화 부위에 대한 정보와 글라이칸이 손상되지 않은 경우 당 사슬 구조의 정보를 제공할 수 있다. 상향 방법은 상부 질량 한계에 의해 제한되지 않아 더 널리 사용된다. 단편화가 펩타이드의 백본이나 탄수화물 및 두 가지의 조합을 나타내는 이온을 생성하기 때문에 글라이칸이 연결된 손상되지 않은 당 펩타이드의 직접적인 분석이 어려우므로 탈 글리실코화된 펩타이드와 분리된 글라이칸을 각각 직접 분석하는 것이 더 간단할 수 있다(그림 8.17). 탈 글리코실화된 펩타이드 분석(글리칸의 효소적 제거에 의해 생성된)은 제3장과 제4장에서 소개된 표준 MS 및 MS/MS 분석과 같은 정보를 제공한다. 그러나 펩타이드가 데이터베이스 탐색으로 식별되면 서열 모티프의 존재로 *N*-글라이칸 수용체 부위를 식별할 수 있다 하더라도 글라이칸에 대한 구체적인 정보는 알 수 없다.

여러 번의 단편화를 가능하게 하는 정교한 질량분석기의 도입은 당단백질 및 글리코펩타이드의 분열로부터 펩타이드와 글라이칸 구조의 보완 정보를 얻을 수 있는 것을 의미한다. 표준 CID에 의해 생성된 MS/MS 스펙트럼은 일반적으로 *b*-시리즈나 *y*-시리즈 펩타이드 조각 및 글리코 절단 이온에 의해 지배되지만, 생성물의 특정은 충동 에너지의 변화에 따라 어느 정도 제어할 수 있다. 따라서 낮은 에너지의 CID는 글리코 절단 이온을 생성하며 높은 에너지의 CID는 펩타이드 이온을 주로 생성한다. 하나의 전하를 띄는 전구체를 생성하는 MALDI 소스는 CID 또는 PSD 단편화 방법 중 하나를 사용하여 펩타이드와 글리코 절단 이온의 균일한 혼합물을 생성할 가능성이 높다. 최근 고해상도의 FR-ICR 및 Orbitrao 질량분석기와 함께 사용되는 ECD 및 적외선 광자 해리(IRMPD)와 같은 장비의 발전으로 연결된 글라이칸에 손상을 주지 않고 펩타이드의 백본을 절단하여 글라이칸 수용체 부위의 위치에 대한 매우 구체적인 데이터를 제공할 수 있다. 특정 단편 이온을 선택하는 기능과 그것을 추가적으로 단편화하는 기능이 결합된다면 펩타이드 식별을 위한 더욱 풍부한 정보를 제공할 뿐만 아니라 글라이칸의 정확한 구조 맵핑도 가능할 것이다.

읽을거리

Beltran L & Cutillas PR (2012) Advances in phosphopeptide enrichment techniques for phosphoproteomics. *Amino Acids* 43, 1009-1024.

Chen PC, Na CH & Peng J (2012) Quantitative proteomics to decipher ubiquitin signaling. *Amino Acids* 43, 1049-1060.

Ficarro SB, McCleland ML, Stukenberg PT et al. (2002) Phosphoproteome analysis by mass spectrometry and its application to *Saccharomyces cerevisiae*. *Nat. Biotechnol.* 20, 301-305.

Hoofnagle AN & Heinecke JW (2009) Lipoproteomics: using mass spectrometry-based proteomics to explore the assembly, structure, and function of lipoproteins. *Lipid Res.* 50, 1967-1975.

Mann M & Jensen ON (2003) Proteomic analysis of posttranslational modifications. *Nat. Biotechnol.* 21, 255-261.

Merbl Y & Kirschner MW (2011) Protein microarrays for genome-wide posttranslational modification analysis. *Wiley Interdiscip. Rev. Syst. Biol. Med.* 3, 347-356.

Mischerikow N & Heck AJ (2011) Targeted large-scale analysis of protein acetylation. *Proteomics* 11, 571-589.

Morelle W, Faid V, Chirat F & Michalski JC (2009) Analysis of *N*- and *O*-linked glycans from glycoproteins using MALDI-TOF mass spectrometry. *Methods Mol. Biol.* 534, 5-21.

Nilsson CL (2012) Advances in quantitative phosphoproteomics. *Anal. Chem.* 84, 735-746.

Pan S, Chen R, Aebersold R & Brentnall TA (2011) Mass spectrometry based glycoproteomics—rom a proteomics perspective. *Mol. Cell. Proteomics* 10, R110.003251.

Pandey A, Podtelejnikov AV, Blagoev B et al. (2000) Analysis of receptor signaling pathways by mass spectrometry: identifi cation of Vav-2 as a substrate of the epidermal and platelet-derived growth factor receptors. *Proc. Natl Acad. Sci. USA* 97, 179-184.

Pandey A, Fernandez MM, Steen H et al. (2000) Identification of a novel immunoreceptor tyrosine-based activation motifcontaining molecule, STAM2, by mass spectrometry and its involvement in growth factor and cytokine receptor signaling pathways. *J. Biol. Chem.* 275, 38633-38639.

Pasing Y, Sickmann A & Lewandrowski U (2012) *N*-glycoproteomics: mass spectrometry-based glycosylation site annotation. *Biol. Chem.* 393, 249-258.

Roth AF, Wan J, Green WN et al. (2006) Proteomic identification of palmitoylated proteins. *Methods* 40, 135-142.

Steen H, Kuster B, Fernandez M et al. (2002) Tyrosine phosphorylation mapping of the epidermal growth factor receptor signaling pathway. *J. Biol. Chem.* 277, 1031-1039.

Tichy A, Salovska B, Rehulka P et al. (2011) Phosphoproteomics: searching for a needle in a haystack. *J. Proteomics* 74, 2786-2797.

Wilson NL, Schulz BL, Karlsson NG & Packer NH (2002) Sequential analysis of *N*- and *O*-linked glycosylation of 2D-PAGE separated glycoproteins. *J. Proteome Res.* 1, 521-529.

Witze ES, Old WM, Resing KA & Ahn NG (2007) Mapping protein post-translational modifications with mass spectrometry. *Nat. Methods* 4, 798-806.

Ytterberg AJ & Jensen ON (2010) Modifi cation-specific proteomics in plant biology. *J. Proteomics* 73, 2249-2266.

Zhang Y, Yin H & Lu H (2012) Recent progress in quantitative glycoproteomics. *Glycoconj. J.* 29, 249-258.

Zhao Y & Jensen ON (2009) Modification-specific proteomics: strategies for characterization of post-translational modifications using enrichment techniques. *Proteomics* 9, 4632-4641.

CHAPTER 9

단백질 마이크로어레이

9

9.1 개요

이 장에서는 많은 여러 종류의 단백질을 하나의 실험에서 분석할 수 있는 다수의 병렬 분석 방식들의 적용을 통해 개발된 단백질체학의 모든 핵심 기술을 설명할 것이다. 다른 생명 분야의 연구에서처럼, 높은 처리량 경향은 소형화 및 자동화 경향과 일치하고 있다. 거의 모든 단백질체학 분석 방법은 소형화되고 자동화될 수 있다. 이는 크로마토그래피 또는 전기영동에 의한 단백질 분리, 질량 분석을 위한 시료의 처리, 단백질 서열, 구조 및 작용의 결정 그리고 단백질 체액, 세포 또는 조직 시료의 대규모 분석 등을 포함한다. 전형적으로, 분석 포맷은 현미경 이하의 크기로 감소하고 있으며 마이크로칩이 생산되는 기판의 소형화를 참조하여 **칩(Chip)**이라 불린다.

장치는 크게 두 가지로 분리해서 구별할 수 있다. 첫 번째는 **DNA 마이크로어레이**(제1장)로 개념은 비슷하지만 핵산 대신 단백질이 포함되어 있다. 이것은 **단백질 마이크로어레이**라 불리며, 이 장 나머지 부분의 주제이다. 두 번째 유형은 다양한 디자인에 변수가 있다. 일부 장치는 미세 유체 및/또는 나노 기반으로 소량의 액체나 가스의 이동을 제어함으로써 단백질 같은 분자를 분리한다. 몇몇의 회사는 **랩온어칩(lab-on-a-chip)** 장치를 개발했다. 다른 이들은 표면 화학을 기반으로 화학적으로 유사한 단백질의 다양한 클래스를 수집하는 방법을 사용한다. 이것은 결합 및 용출 크로마토그래피의 등가물로 칩을 기반으로 한다. 이러한 장치의 예는 Box 9.1에서 다뤄진다.

9.2 단백질 마이크로어레이의 진화

제1장에서 설명한 바와 같이, **DNA 마이크로어레이**는 많은 cDNA 서열, 게놈 DNA 조각 혹은 올리고뉴클레오티드가 그리드 형태로 배열될 수 있는 소형 장치이다. 얻어진 장치는 현미경 슬라이드 정도의 크기지만, 수천 개의 유전자를 약 수십 마이크로리터 만큼의 분석물만 사용하여도 분석할 수 있다. 작은 용량으로 분석할 수 있다는 것은 대용량(하이브리드 나일론 혹은 니트로셀룰로스 필터)을 사용하는 분석 기법보다 나은 감도를 가지며, 사용자 오류를 줄이고 재현성과 신뢰성을 증가시킨다. 마이크로어레이 분석은 샘플의 반복실험을 요구하는 정량 분석에 적합하다. 많은 학술 및 산업에서 DNA 마이크로어레이 합성을 위한 사내 시설을 설치할 때는 경제적

BOX 9.1 연관 기술
단백질 칩

몇몇 회사는 단백질체 분리 기술이 매우 작은 부피의 액체에 적용되도록 하는 소형 장치를 개발했다. 이로 인해 감도와 처리량이 향상되고 실험 시간이 단축되며 거의 자동화가 가능하다. 예를 들어, 널리 사용되는 2DGE의 기존 분리 방법을 생각해 보자(제2장). 이를 위해서는 상대적으로 큰 샘플 부피가 필요하고, 분리 작업을 완료하는 데 24시간 이상 걸릴 수 있으며, 최대 감도는 낮은 나노그램 범위이다. 겔은 질량 분석법과 같은 다운 스트림 분석 절차이다. 이와는 달리, 온-칩 분리(on-chip separation)는 30분 이내에 작은 분석 물질에서 수행할 수 있으며, 동시에 10개 이상의 분리를 수행할 수 있다. 최근 혁신 기술은 온-칩 프로테아제 분해, 펩타이드 분리, 트립신 세포막을 이용한 질량 분석 그리고 마이크로 모세혈관 전기영동 등에 사용되고 있다. 칩은 전기영동 및/또는 크로마토그래피 분리를 이차원적으로 수분 내에 행할 수 있도록 개발되었으며, 직접적인 시료 처리가 필요 없어 분석 물질의 손실이 없고 피코몰 단위의 감도를 가지게 해준다.

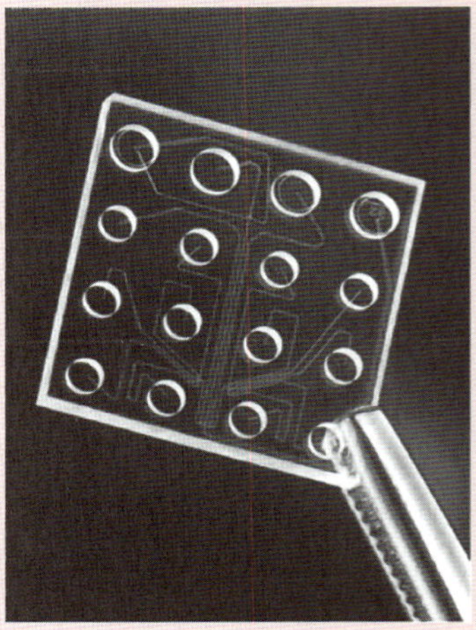

그림 1 Agilent Technologies**가 개발한 미세 유체 채널 시스템 프로토타입.** 실시간 분리와 함께 10시간 이내에 10개의 전기영동 분리가 완료될 수 있다.

그림 1은 Agilent Technologies에서 개발한 프로토타입 미세유체 채널 시스템을 보여주며, 이는 10개의 전기영동 분리를 실시간 관찰과 함께 한 시간 이내에 가능하게 해주었다.

다른 단백질 칩들은 분석 물질로부터 단백질을 포획하는 목적에 있어서 분석 마이크로어레이와 유사하다. 그러나 구체적인 포획 물질을 가지고 있지 않고, 대신에 화학적으로 유사한 단백질들을 포획할 수 있는 다양한 표면 화학을 가지고 있다. 예를 들어, Ciphergen Biosystems에서 단백질 칩이라는 이름으로 판매되는 칩을 만드는데, 이것은 많은 크로마토그래피 표면에서 다양한 종류의 단백질을 보유한다. 그림 2에서와 같이 항체와 비교하여 상대적으로 비특이적이지만 단백질 복합 혼합물의 경우 단순화한 뒤 질량 분석이 가능하다.

이 시스템의 장점은 각각의 칩이 다운스트림 MS 분석에서 통합된 것으로 MALDI plate의 두 배에 해당하는 용이성이 있다. 단백질 칩은 MALDI 분석에 앞서 매트릭스 코팅이 필요했던 반면에, 더 새로운 칩은 표면 화학에 결합된 매트릭스 화합물을 가지고 있다. 칩은 또한 항체 배열 같은 기존의 배열 준비에 이용될 수 있고, 이는 포획된 단백질의 직접적인 MS 분석을 가능하게 해준다.

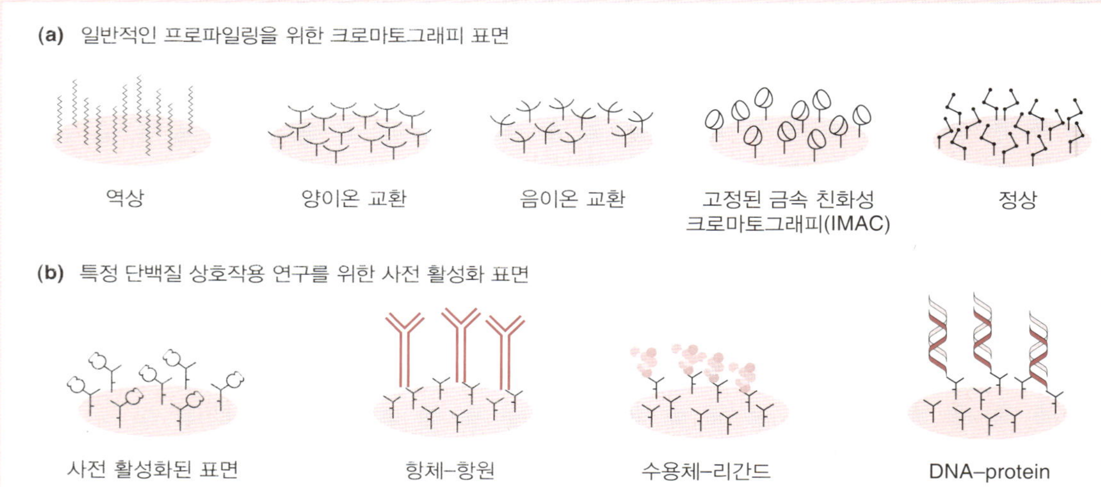

그림 2 다양한 단백질 칩의 배열 표면 (a) 크로마토그래피 표면과 (b) 사전 활성화 표면 모두를 보여주고 있다. 크로마토그래피 표면은 역상, 이온교환, 고정된 금속 친화성 크로마토그래피(IMAC) 혹은 유사 특정 친화성 포획을 사용하여 단백질을 추출하는 정상 상태 화학으로 구성된다. 사전 활성화된 표면은 1차 아민 또는 알코올과 공유 결합을 형성할 수 있는 반응성 화학 그룹을 포함한다. 따라서 이들은 항체, 수용체, 또는 생체 분자 상호작용 연구를 위해 종종 사용되는 올리고뉴클레오티드와 같은 특정 포획 분자를 고정시키는 데 사용된다. (Scot Weinberger, Ciphergen Biosystems, Inc., Fremont, CA)

이고 실용적이어야 한다. 그리고 이에 따른 실험 결과들은 유용한 데이터를 산출한다. 놀랍지 않게도 유사 단백질 마이크로어레이 개발이 활발히 이루어지고 있으며, 단백질체학의 분야에서도 같은 혜택을 받고 있다.

단백질 마이크로어레이라는 개념은 새로운 것이 아니다. 1980 년대 쯤 소형화된 다중 고체 위상 면역학적 검정이 개발되었고, 이것은 니트로셀룰로스 시트와 다른 고체 지지체 위에서 단백질 마이크로 도트(microdot)를 사용하였다. 이러한 **다수의 분석 면역학적 검정(multi-analyte immunoassay)** 형식은 미세역가 적정(microtiter) 플레이트에서 수행되는 표준 면역학적 검정보다 훨씬 민감하다. 비슷한 시기에, 최초의 **구획 cDNA 발현 라이브러리**가 개발되었고, 이는 대량으로 배열되고 고정된 단백질의 기능과 결합력을 동시에 시험할 수 있게 해 주었다. 배열은 니트로셀룰로스나 나일론 시트에 인쇄되어 나오는데, 현재의 발달된 기술에 비해 번거로운 작업이었다. 그러나 당시 이러한 작업은 인쇄물에서 촬영하는 표준 라이브러리(클론은 무작위로 배포되었다)보다 용이하게 사용되었고 실험실끼리도 효율적으로 공유할 수 있었다.

9.3 여러 종류의 단백질 마이크로어레이

분석, 기능성, 역위상 마이크로어레이는 그 목적 및 작용에 의해 구별된다

단백질 마이크로어레이는 목적, 배열된 대상의 특성, 분석 물질의 제조 방법, 검출 방법 등 많은 기준에 따라 분류될 수 있다. 허나 사용하는 단어가 동일한 개념을 설명하더라도 익숙하지 않은 사람들에게는 혼란을 야기할 수 있다.

일반적으로, 단백질 마이크로어레이를 목적에 따라 크게 세 가지로 분류할 수 있다.

1. **분석 마이크로어레이.** 이 분석 방법에서 표면에 배열된 구성요소의 기능은 항체와 같은 역할, 즉 세포 용해물 등의 복잡한 혼합물에서 단백질만을 포착하는 **친화성 시약(affinity reagent)**에 따른다. 이 분석 어레이는 감지/식별하고 정량화하기 위해서 사용된다. 때때로 **포획 마이크로어레이(capture microarrays)**라고도 불린다.
2. **기능 마이크로어레이.** 이것은 표면의 다양한 단백질(예: 전체 단백질체를 나타냄)에 의해 기능이 결정된다. 이는 생화학적 및 분자적 기능 분석에서 이용되는데, 단백질-단백질 상호작용, 단백질과 핵산 또는 저분자 리간드의 상호작용, 효소 활성 그리고 항체와의 상호작용 등이 해당된다. 때때로 **표적 단백질 배열(target protein arrays)**이라 불린다.
3. **역위상 마이크로어레이.** 역위상 마이크로어레이의 주된 특징은 표면 위에 배열된 성분이 세포 용해물 또는 혈청 샘플같은 복합물이라는 것이고, 이들은 다양한 소스로부터 분석 물질을 비교하기 위한 표지된 친화성 시약에 의해 탐지된다. 예를 들어, 다양한 샘플에서 특정 단백질 수준을 정량화한다.

분석 마이크로어레이나 기능 마이크로어레이 모두 **전향 배열(forward arrays)**이라 설명될 수 있는데, 이것은 하나의 구성요소(친화성 시약 혹은 단백질)로 배열되고 분석은 복잡하지만, 역위상 마이크로어레이와는 반대다. 역위상 마이크로어레이의 경우 배열된 표적은 복잡하나 항체같은 단순한 프로브가 배열에 적용되어 신호를 발생시킨다.

항체 또는 다른 포획 시약을 포함한 분석 마이크로어레이

분석 마이크로어레이는 고밀도의 특정한 항체를 포함하고 있다. 항체는 하이브리도마 세포에서 발현된 최대 크기의 면역 글로불린 또는 박테리아에서 발현된 단일 사슬 F_V(scFv) 또는 Fab 절편 같은 재조합 유도체일 수 있다. 분석 용액 속에서 칩은 항체의 항원 포획을 허용하고 포획되지 않은 단백질을 제거한다. 검체의 단백질이 형광 스캐닝 또는 오토라디오그래피에 의해 직접 검출되도록 표지할 수 있으며, 분석 물질 내의 단백질은 표지되어서 형광 스캐닝 또는 오토라디오그래피에 의해 직접 검출이 가능하고, 그들은 표면 플라즈몬 공명 분광기 같은 무표지 과정을 사용해 검출될 수 있으며, 결합된, 표지되지 않은 항원은 2차, 표지된 항체를 사용해 샌드위치 분석에서 검출될 수 있다.

항체 배열의 개발을 제한하는 두 가지의 기술적인 문제는 대규모 연구에 있어서 충분한 양의 항체를 얻는 것과 특이성 항체를 얻는 것이다. 2010년까지 보고된 바에 의하면 암 특이적 항체를 포함한 항체 마이크로어레이는 810개다. 그러나 더 정교하고 상용화된 마이크로어레이는 500개의 다른 항체를 포함하고 일반적인 마이크로어레이는 약 100개 정도를 포함한다. 적은 양의 항체는 단백질의 발현 양상을 모니터링하는 적당한 크기의 실험에는 적합하지만, 단백질체 규모의 분석에서 약 10배 이상의 양이 요구될 때 상대적으로 간단한 박테리아나 효모와 같은 것에만 적용할 수 있다.

종래의 하이브리도마 기술은 노동과 시간적인 면에서 많은 것을 소모하고 전체 단백질 분석 칩의 제조를 위한 항체의 양이 많이 필요하기에 다른 방법이 요구된다. 현 시점에서 가장 좋은 선택지는 **항체 파지 디스플레이(phage antibody display)** 기술로, 단일 사슬 항체의 복잡한 라이브러리를 파지 입자 표면 위에 디스플레이하는 것이다. 이 방법으로 18,000개 이상의 프로브를 만들 수 있다.

파지 디스플레이는 항체의 신속한 생성을 가능하게 해줄 뿐만 아니라, 여러 차례의 성숙과 친화성 패닝을 통해 고친화성 바인더의 선택 역시 용이하게 해준다. 이를 통해 현재 항체 마이크로어레이의 두 번째 한계인 불충분한 항체 특이성을 해결할 수 있다. 그 특이성 문제는 대부분의 항체 배열이 현재 제한된 종류의 단백질, 주로 사이토카인(cytokine)이나 혈청 또는 배양 배지로 방출되는 기타 분비 인자의 검출에 사용된다는 사실을 반영한다. 이러한 항체는 특히 혈청 프로파일링을 위해 개발되었으며, 많은 경우에(예를 들어, 세포 용해물에서) 보다 넓은 교차 반응성이 확인되지 않았다. 이러한 문제를 다뤄 온 몇몇 연구 데이터에 따르면, 항체들의 50%까지가 비표적 항원과 교차반응을 한다(Box 9.2). 일반적인 분석 물질에 있는 단백질은 광범위한 동적 범위를 커버하기 때문에 부족한 표적 항원에 대한 높은 친화성과 풍부한 비표적 항원에 대한 낮은 교차친화성을 갖는 항체가 두 항원 모두에 동등하게 잘 결합할 수 있다. 이는 분석 물질에서의 두 항원의 상대적 존재량에 관하여 완전히 잘못된 정보를 제공할 수 있다. 따라서 현재 특정한 분석 용도로 사용되는 항체 중 많은 것들이 단백질체 전반에 적용하기에는 부적합할 수 있다. 2개의 비경쟁 항체(즉, 항원의 서로 다른 항원결정부를 인식하는 항체)가 각 표적 단백질에 필요할 것이기 때문에 교차 반응성 문제는 샌드위치 측정법(sandwich assay approach)을 이용하여 제거되었다. 그러나 이는 두 배나 많은 항체를 필요하므로 또 다른 부피에 관한 문제를 야기한다.

BOX 9.2 사례 연구
이중 색의 항체 배열과 분석 단백질 칩

이중 라벨링은 DNA 마이크로어레이에서 널리 사용되는데, 이것은 전체 여러 샘플에서 유전자 발현 수준을 비교하는 것이다. 전형적으로, 2개의 샘플이 얻어지며, mRNA 또는 유도된 cDNA는 2개의 형광 분자 중 하나에 의해 보편적으로 표지되고, 두 시료 모두 배열에 적용된다. 배열은 차례로 각 형광단의 여기 파장에서 스캔되고 신호는 해당 방출 파장에서 읽혀진다. 각 형광단의 이미지는 잘못된 색상으로 표현되고 결합되어 차등 유전자 발현의 글로벌 스냅 샷을 제공한다(제1장).

이중 라벨링 기술에서는 균일 라벨링이 더 어렵기 때문에(9.4절 참조) 단백질체학에서 덜 빈번하게 적용되었다. 이중 라벨링을 포함하는 겔 전기영동의 차이 기술은 80쪽에서 논의된다. 이중 라벨링이 단백질 미세 배열과 함께 사용된 여러 보고서가 있다. 이중 형광 미세 배열 분석의 타당성에 대한 초기 및 광범위한 연구는 2001년 Brian Haab와 동료에 의해 발표되었다(Further Reading 참조). 이들 연구자는 3개의 상업적 출처로부터 115개의 잘 특성화된 항체-항원 쌍을 수득하고 폴리-L-라이신으로 코팅된 유리 슬라이드 상에 항체를 옮겼다. 그런 다음 각 단백질의 농도가 1.6 μg/ml에서 1.6 ng/ml로 다양하게 변하는 여러 항원을 준비했다. 6가지의 다른 종류의 샘플에 형광 분자 Cy5 라벨을 달았다. 1.7 μg/ml의 농도로 항원 제제를 기준 제제와 Cy3 라벨과 함께 혼합하였다. 다른 조합의 시료의 배열은 레이저 스캐닝에 의해 Cy3와 Cy5의 표지로 적용이 되었다. 실험 결과 항체의 약 18%만이 실험에 사용되었지만, 이들 항체는 표적 항원을 검출할 수 있고 어떤 것은 100 pg/ml 수준까지 내려갈 수 있어 임상 평가에 적합하다.

Sreekumar과 그의 동료들은(읽을거리 참조) 대장암에 이중 라벨 단백질 프로파일 기술을 적용했다. 이들은 세포주기 조절, 스트레스 반응 세포 사멸에 관여하는 146개(총 1,920 기능)의 항체 마이크로어레이를 제작하였다. 단백질을 추출해 Cy3와 라벨하기 전 VoLo 암종 세포는 코발트-60 소스로 방사선 처리를 하고 4시간 동안 배양하였다. 동시에 처리를 안 한 세포들에서 추출해낸 단백질은 Cy5로 표지하였다. 두 시료는 혼합한 뒤, 배열에 적용되었다. 이 실험을 통해 암에 규제된 11개의 단백질을 규명하였고, 그 중 6개는 이전에 알려지지 않았던 것이다. 대부분의 단백질은 세포 사멸에 역할을 하였고, 방사선 치료 후 세포의 사멸은 증가하였다. 또 다른 단백질(암 배아 항원)은 하향 조절된 것임을 밝혀냈다. 이러한 유형의 실험은 그림 1에 설명되어 있다.

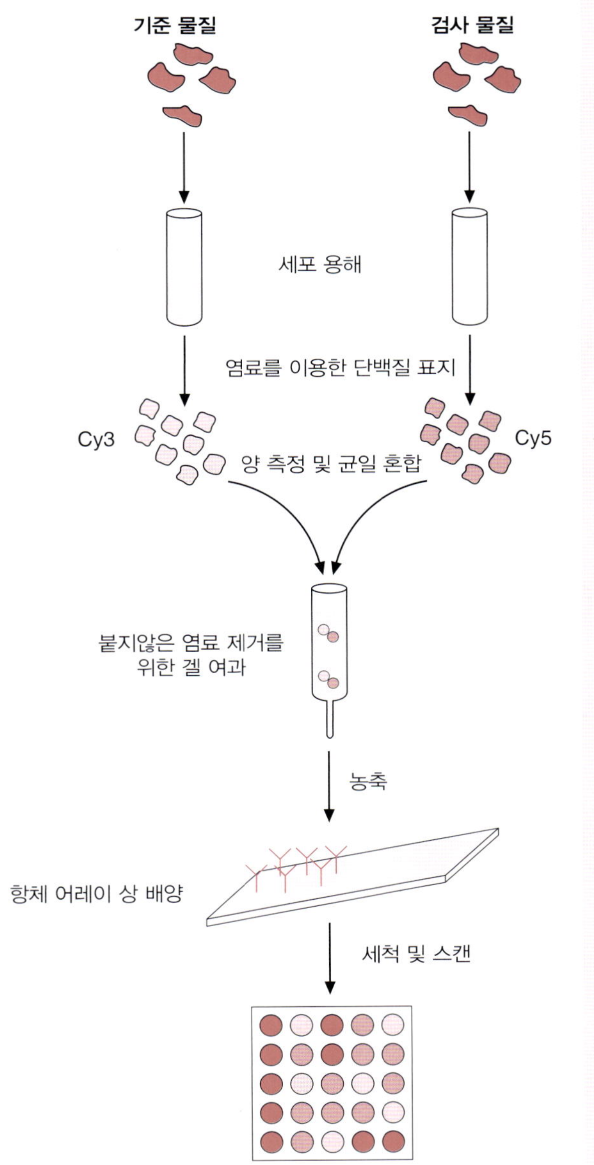

그림 1 **항체 마이크로어레이를 사용하여 단백질 프로파일링을 위한 이중 라벨링 기술**

단백질의 검출을 위해 배치될 수 있는 특별한 포획분자가 항체만은 **올리고뉴클레오타이드(oligonucleotide)**와 **펩타이드 앱타머(peptide aptamers)** 같은 대안 시약은 매우 복잡한 라이브러리로부터 획득될 수 있으며 시험관 내에서의 진화를 통하여 특이적 결합 활성을 위해 최적화될 수 있다. 펩타이드 배열은 항체 배열보다 안정성이 있을 뿐 아니라 사진 석판술(Affymetrix Inc, DNA 마이크로어레이, 제1장)을 이용하여 칩 표면상에 직접 인쇄할 수 있어서 매우 흥미롭다. 또 다른 전략은 완벽 affibodies나 Trinectin 분자 같은 합성 **항체 모방(antibody mimics)** 혹은 **단백질 골격(protein scaffolds)**을 이용하는 것이다. 단백질 외 친화성 분자로 사용될 수 있는 것은 합성화학, 효소 기질 및 리보자임에 의해 확인된 합성 리간드이다. **분자 각인 고분자(molecular imprinted polymers, MIP)**라 알려진 신규 포획제로 특정 결합을 모방해 사용하는 원리이다. 이 플랫폼 기술에서는 특정 표적 분자로 가득한 칩 표면에서 중합 반응이 유도된다. 중합체가 표적 주위에서 형성되고 그 형태로 양각된다. 표적 분자가 제거될 때, 각인이 남아 용액으로부터 유사한 분자를 포획하는데 사용될 수 있다. 이러한 각인이 항체의 민감도나 특이성을 달성할 수 있을지, 또는 단백질체 응용에 적합한 규모로 개발될 수 있을지는 알려지지 않았다. 다른 포획제가 단백질의 특정한 기능적 분류를 검출하는 데 사용될 수 있다. 예를 들어, 탄수화물 배열은 렉틴 및 기타 탄수화물 결합 단백질을 포획하는 데 사용될 수 있다. 반대로 렉틴 칩(lectin chip)은 당쇄 구조(제8장 참조)당단백질을 포획하고 분석하는 데 사용될 수 있다.

기능 단백질 마이크로어레이는 광범위한 생화학 기능 연구에 활용될 수 있다

기능 유전자 마이크로어레이는 그 기능이 조사하고자 하는 단백질에 배열되어 있다. 단백질 검출 및 발현 프로파일링에 사용되는 분석 유전자 마이크로어레이와 달리, 기능 유전자 마이크로어레이는 결합 활성, 복합체 형성 및 생화학적 기능을 포함한 단백질의 다양한 특성을 조사하는 데 사용될 수 있다(그림 9.1).

이것은 단백질 패널이 생화학적 활성에 대해 체계적으로 검사되는 단백질 기능(때때로 **기능 단백질체학** 또는 **활성 기반의 단백질체학**으로 기술됨)에 대한 미량 정량판 분석의 진화이다. 이러한 분석은 **활성 기반의 단백질 정보 수집(activity-based protein profiling, ABPP)**이라 알려진 더욱 목표된 접근법을 제시한다(Box 9.3).

위에서 항체 배열에 대해 논의한 바와 같이, 결합 분석(binding assay)은 분석 물질에서의 단백질의 직접 표지, 샌드위치 측정법, 무표지 검출 방법을 포함한다(9.6절). 기능 유전자 마이크로어레이의 개발을 제한하는 두 가지 주요 문제점은 대규모의 단

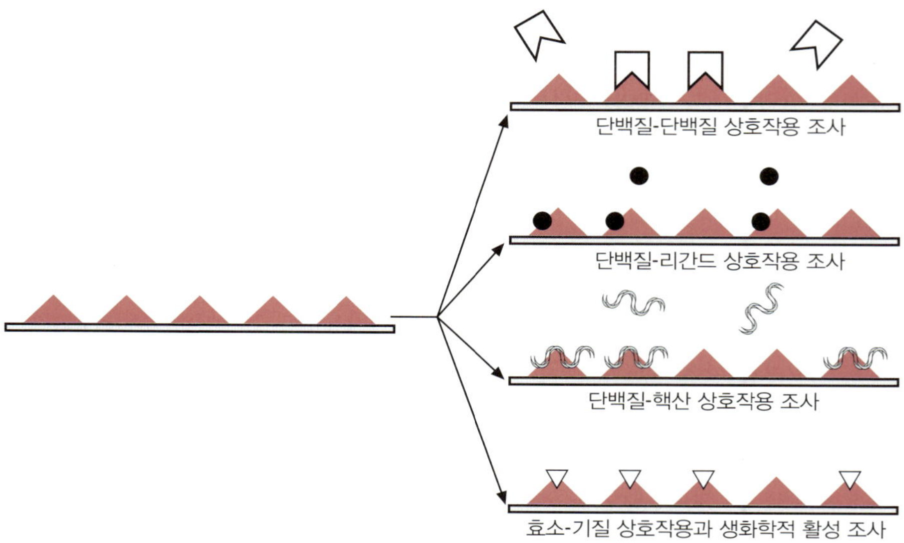

그림 9.1 기능 단백질 마이크로어레이 대한 몇 가지 다른 용도.

백질 라이브러리를 발현하는 것의 어려움과 그러한 단백질을 표준 조건 하에서 활성 상태로 유지하는 것의 어렵다는 것이다. 최대 100개의 단백질을 포함한 기능 유전자 마이크로어레이가 수년 동안에 가능해졌고, 특정 기능성으로 분류되는 단백질, 예를 들어 G-protein 결합 수용체를 포함하는 마이크로어레이가 특정 유형의 상호작용을 스크리닝하는 데 사용된다. **전체 단백질체 마이크로어레이(whole-proteome**

BOX 9.3 사례 연구
활성 기반 단백질체학/단백질 프로파일링(ABPP)

활성 기반 단백질체학의 초기 예는 1999년에 Martzen과 동료들이 생화학적 유전체학(biochemical genomics)이라는 용어를 써서 묘사했었다. 그들은 6,144개의 효모 균주를 생성하고, 특정 유전자의 경우 GST를 융합하여 발현시켰으며, 이들은 미세 적정 플레이트에서 정의한 풀(pool)에서 성장시켰다. 균주는 생화학적 활동을 평가하고 풀들은 GST-태그 단백질을 발현하는 균주를 식별하기 위해 시퀀스 분석을 했다. 이 방법으로 기능이 전에 알려져 있지 않던 세 가지 단백질의 생화학적 활동을 밝혀냈다.

활성 기반 단백질체학(일명, 활성 기반 단백질 프로파일링, activity-based protein profiling, ABPP)의 처리량 및 특이성은 특정 기능의 프로브를 이용해 MS의 분석 기술을 조합함으로써 증가시킬 수 있다. 또한 ABPP-MudPIT 같은 액체상이나 기능성 단백질 평가 같은 고체상 평가를 사용하여 달성할 수 있다.

ABPP-MudPIT의 원리는 그림 1에서 설명한다. 단백질체는 ABPP 프로브와 같이 표지가 되는데, 이는 비오틴(포획 목적)이나 로다민(가시화 목적)으로 태그된 연결 반응기를 사용한다. 반응기는 특정 부류의 효소에 특이적이며 활성 부위의 친핵성 잔기에 공유 결합한다. 한 예로, serine hydrolase superfamily에 특이적이고 활성화된 세린 친핵체에 비가역적으로 결합하는 fluorophosphonate (그림 2의 형광 표지 로다민에 접합된 것으로 표시)이다. 그러나

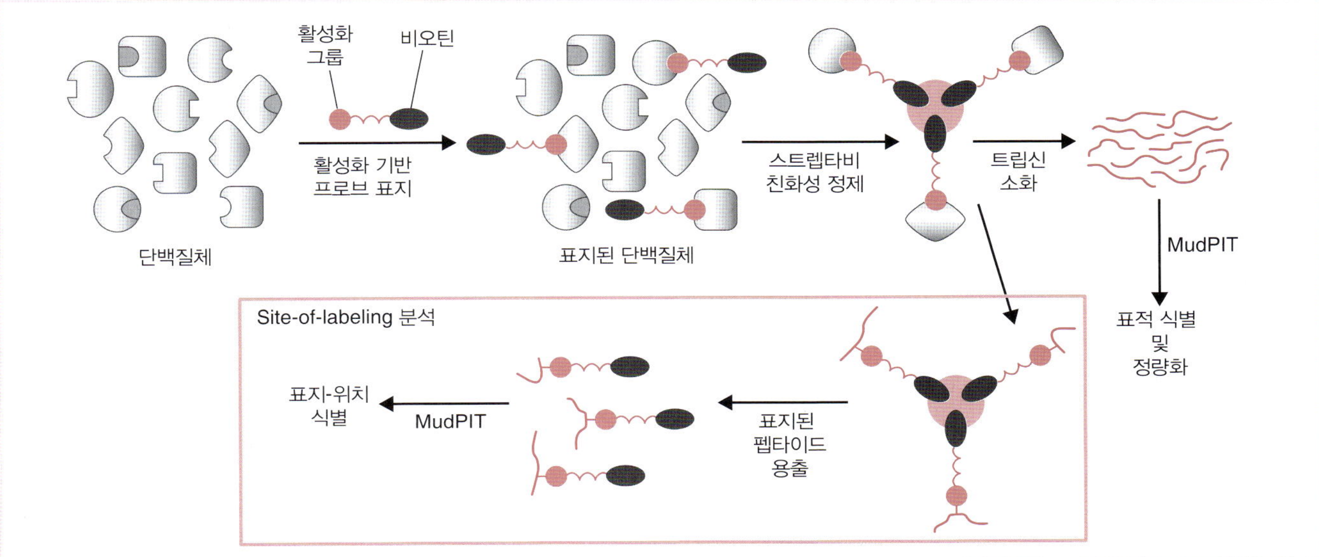

그림 1 MudPIT**에 의한 활성 기반의 단백질 정보수집**. 활성 관련 리간드에 의해 확인된 단백질을 친화 정제하고 다차원 리간드 크로마토그래피에 이어 MS/MS로 분리하여 단백질을 확인한다. 트립신 다이제스트가 용출 전에 조각된 경우, 라벨의 위치가 결정될 수 있다. (Speers AE & Cravatt BF (2009) *Curr. Protoc. Chem. Biol.* 1, 29에서 인용. John Wiley & Sons, Inc의 허가를 득함.)

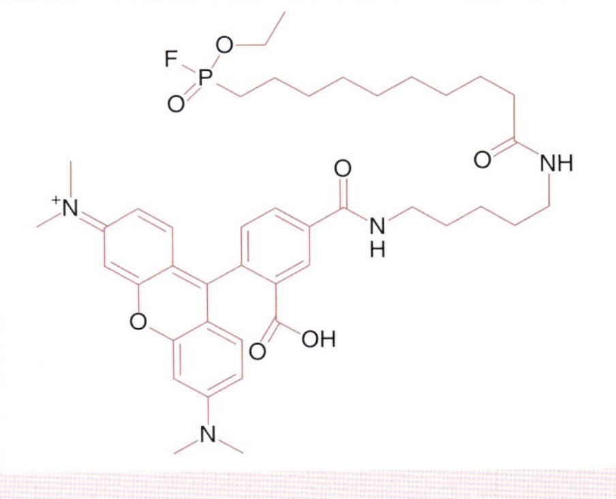

그림 2 **로다민에 결합된** Fluorophosphonate (FP).

BOX 9.3 사례 연구(계속)
활성 기반 단백질체학/단백질 프로파일링(ABPP)

ABPP 프로브는 20개 이상의 효소 클래스에 대해 개발되어 왔다. 형광이 달린 단백질은 전기영동과 MALDI-TOF MS에 의해 개별적으로 식별할 수 있는 반면 비오틴이 달린 단백질의 경우 스트렙타비딘 비드(streptavidin beads)에 친화성으로 식별 및 정량화 한다(제3장).

부피가 큰 부가물의 사용은 생체 내 표지와 양립할 수 없지만, 이것은 2단계 프로세스에 의해 이뤄질 수 있다. 먼저 azide 그룹과 같이 작고 잠복해 있는 화학적 핸들에 연결되어 있는 리포터 그룹을 포함하는 ABPP 프로브로 효소 활동을 조사함으로써 프로브가 세포막을 통과할 수 있게 한다. 균질화 후, 리포터 태그는 Cu(I)-catalyzed azide-alkyne cycloaddition (click chemistry)를 이용하여 프로브에 첨부될 수 있다.

ABPP는 제10장에서 논의한 화학적 단백질체학과 원칙적으로 비슷하지만, 중요한 차이점은 화학적 단백질체학은 단백질과 상호작용하고 약물로서 유용할 수 있는 작은 분자를 추구하는 반면, 활성 기반 단백질체학은 반응성 그룹과 상호작용하는 단백질을 추구한다. 활성 효소를 선택하고 비활성 돌연변이 또는 심지어 화학적으로 억제된 활성 효소와도 상호작용하지 않는다.

microarray)는 2003년 효모 *Saccharomyces cerevisiae*를 위해 개발되었고(약 5,000개의 단백질을 포함한 **효모 프로토 마이크로어레이**), 2007년에는 박테리아 *Escherichia coli*를 대상으로 유사한 장치 개발이 보고되었는데, 여기에는 4,200개 이상의 단백질을 포함하고 있다. 기능 유전자 마이크로어레이의 이용을 포함한 몇몇 주목할 만한 사례 연구를 Box 9.4에 나타내었다.

BOX 9.4 사례 연구
기능성 단백질 칩

지난 10년 동안, 중소 규모의 기능성 단백질 어레이의 사용과 관련된 여러 연구가 발표되었다. 2000년에 첫 번째로 보고된 것 중 하나는 96개의 단백질 스팟이 있는 12cm × 8cm 크기의 니트로셀룰로오스 시트(Ge, Further Reading)를 포함하는 보편적 단백질 배열(UPA)을 기술한 것이다. 이들은 전사 인자, RNA 프로세싱 단백질 및 DNA 복제와 관련된 효소를 포함하여 48개의 잘 특성화된 인간 단백질(각각 내부 대조를 제공하기 위해 2개씩 발견됨)을 나타낸다. 단백질은 모두 박테리아 또는 바큘로 바이러스 벡터를 사용하여 발현되었으며, 96-웰 도트-블롯 배열을 사용하여 마이크로 타이터 접시에서 시트로 옮겼다. 배열은 단백질, 핵산 및 작은 분자와의 단백질 상호작용을 시험하는 데 사용될 수 있다. 다른 관찰들 중에서, 인산화된 버전의 전사 활성 인자인 단백질 PC4는 변형되지 않은 버전보다 DNA에 더 강하게 결합한다는 것이 밝혀졌다.

MacBeath와 Schreiber가 출판한 또 다른 주목할 만한 연구(읽을거리 참조)에는 높은 공간 밀도를 갖는 유도체화 유리 슬라이드 상의 단백질 인쇄가 포함되었다. 단백질은 슬라이드 표면에 공유 결합되었지만 생화학적 활성 및 상호작용 가능성을 유지했다. 단백질-단백질 상호작용(예: IκBα와 p50), 단백질-리간드 상호작용 및 효소-기질 상호작용을 비롯한 몇 가지 특성이 테스트되었다. Zhu 등은 효모에서 키나아제 활성을 연구하기 위해 다소 다른 접근법을 사용했다(2000)(읽을거리 참조). 그들은 실리콘 엘라스토머 시트에 140 마이크로 웰을 포함하는 나노 웰 단백질 칩을 현미경 슬라이드 위에 놓았다(9.3절). 16개의 칩을 다른 기질로 코팅한 다음 방사성 표지된 ATP와 함께 다른 단백질 키나아제로 각 웰을 조사했다(122개의 알려진 및 예측된 키나아제 중 119개를 연구했다). 실험 형식은 따라서 칩에 다른 표적을 배열하는 일반적인 아이디어와는 다르다. 왜냐하면 이 경우에는 칩이 동일한 표적으로 배열되었고 각기 다른 기판이 각 어드레스에 적용되었기 때문이다. 이 실험은 많은 알려져 있는 키나아제-기질 상호작용을 확인하고 새로운 것들을 확인했다. 그러나 가장 놀랍고 도발적인 결과는 모든 효모 키나아제의 거의 1/4이 티로신 키나아제 계열의 전형적인 특징이 결핍되었지만 티로신 인산화가 가능하다는 것이었다.

지금까지 수행된 가장 야심적인 기능성 칩 기반 분석에는 약 5,800개의 분리된 단백질 기능을 포함하는 프로토타입 Yeast ProtoArray(216쪽)가 포함되었다. 본문에서 논의한 바와 같이, 효모 유전자는 His6 태그된 융합 단백질로 발현되었고, 단백질은 친화성 태그를 사용하여 니켈 코팅 슬라이드에 고정화되었다(Zhu et al., 2001, Further Reading 참조). 그런 다음 칩은 칼모듈린(calmodulin)과 인지질(phospholipid)을 포함한 다양한 리간드로 프로브를 조사했다. 이 실험은 12종의 알려진 칼모듈린 결합 단백질 중 6종과 30종의 추가 단백질, 특정 포스파티딜로니시드(PI)가 포함된 표지 리포좀과 상호작용하는 150종 이상의 단백질을 밝혀냈다. 이들 단백질 중 50개는 특정 부류의 PI에 결합하고 PI 조절 신호 전달경로에 관여할 수 있다.

9.4 기능성 단백질 마이크로어레이의 제조-단백질 합성

단백질은 많은 발현 벡터의 병렬 구성에 의해 합성될 수 있다

단백질체 규모의 기능성 유전자 마이크로어레이의 개발은 대규모 클로닝, 단백질 발현 및 정제 전략과 함께 공동 발전을 필요로 한다. 위에서 논의한 효모 전체 단백질 유전 정보 마이크로어레이의 경우에, 이는 His_6-tagged glutathione-S-transferase(GST)의 발현을 가능하게 하는 벡터에 있는 각 유전자를 체계적으로 복제함으로써 이루어졌다. 이런 식으로 효모 게놈의 약 95%가 성공적으로 복제되었고, 구성물의 80%가 최대 길이의 고품질 단백질로 발현되었다. 이 단백질은 GST 풀 다운(153쪽)에 의해 세포 용해물로부터 분리되었고, His6 태그를 통해 니켈-니트릴로트리아세테이트(nickel-nitrilotriacetate, Ni-NTA) 코팅된 유리 슬라이드에 부착되었다. 다른 대중적인 접근법은 *E.coli*에 있는 Gateway ligation-free cloning system을 이용하여 동시에 많은 구성물을 생산하는 것이다. 다른 연구자들은 단백질 정제 과정을 단순화하기 위해 GST 및 His6 태그뿐만 아니라, TAP 카세트(제7장 참조)나 광분해성 비오틴(biotin) 태그를 사용하였다. 효모 상동재조합 및 게이트웨이 시스템은 그림 9.2에서 비교한다.

무세포 발현 시스템은 단백질 마이크로어레이의 *in situ* 직접 합성을 가능하게 한다

수많은 재조합 단백질을 생산하는 엄청난 수의 벡터와 세포주를 준비하는 힘든 과정은 배열된 DNA 구조체에서인 *in situ*에서 단백질을 합성할 수 있는 **무세포 발현 시스템(cell-free expression systems)**을 사용함으로써 피할 수 있다. 마이크로어레이는 또한 합성 펩타이드를 가지고서 생산될 수 있는데, 이는 표준 로봇 기술을 이용하여 현미경 슬라이드 상에 배치될 수 있다. 또한 개별 펩타이드를 선택적으로 확장하기 위해 광 불안정 보호 그룹을 사용하는 **사진석판술(photolitography)**과 소량의 활성화된 아미노산을 순차적으로 추가하는 **SPOT법(SPOT method)**을 포함하여 *in situ* 펩타이드 합성을 위한 몇 가지 방법이 존재한다.

전체 길이의 단백질 마이크로어레이 구조화의 경우, 원래의 **protein *in situ* array (PISA)** 또는 DiscernArray 기술은 DNA 마이크로어레이 제조 원리의 간단한 확장 방법이었고, 여기서 PCR에 의해 생산된 DNA 구조체는 그들을 고정하기 위해 유리 슬라이드의 활성화된 표면 위에 결합된다. PISA 방법의 혁신적인 점은 두 번째 스포팅 공정(spotting operation)이 *in vitro* 전사 및 번역[예를 들어, 토끼 망상적혈구 용해물(rabbit reticulocyte lysate)]에 적합한 시약들로 DNA 스팟을 덮어씌우기 위해 이용되고, 이것이 *in situ* 단백질 합성으로 이어진다는 점이다. 슬라이드는 또한 각각의 단백질에 대한 친화성 태그에 결합하는 시약들로 코팅된다(예를 들어, GST 태그된 단백질을 위한 glutathione이나 HaloTag 리간드로 활성화된 표면에 단단히 결합하는 33 kDa의 제조된 박테리아 가수분해효소 유도체인 HaloTag). 더욱 더 프로세스를 간소화하려면 DNA 및 전사/번역 시약을 동시에 슬라이드에 올려 놓으면 된다.

2004년에 처음 보고된 또 다른 방법은, **핵산 프로그램 단백질 배열(nucleic acid programmable protein array, NAPPA)**이라는 방법으로, 이는 GST 융합 단백질을 암호화하는 비오티닐화(biotinylated) cDNA 플라스미드를 아비딘이 코팅된 슬라

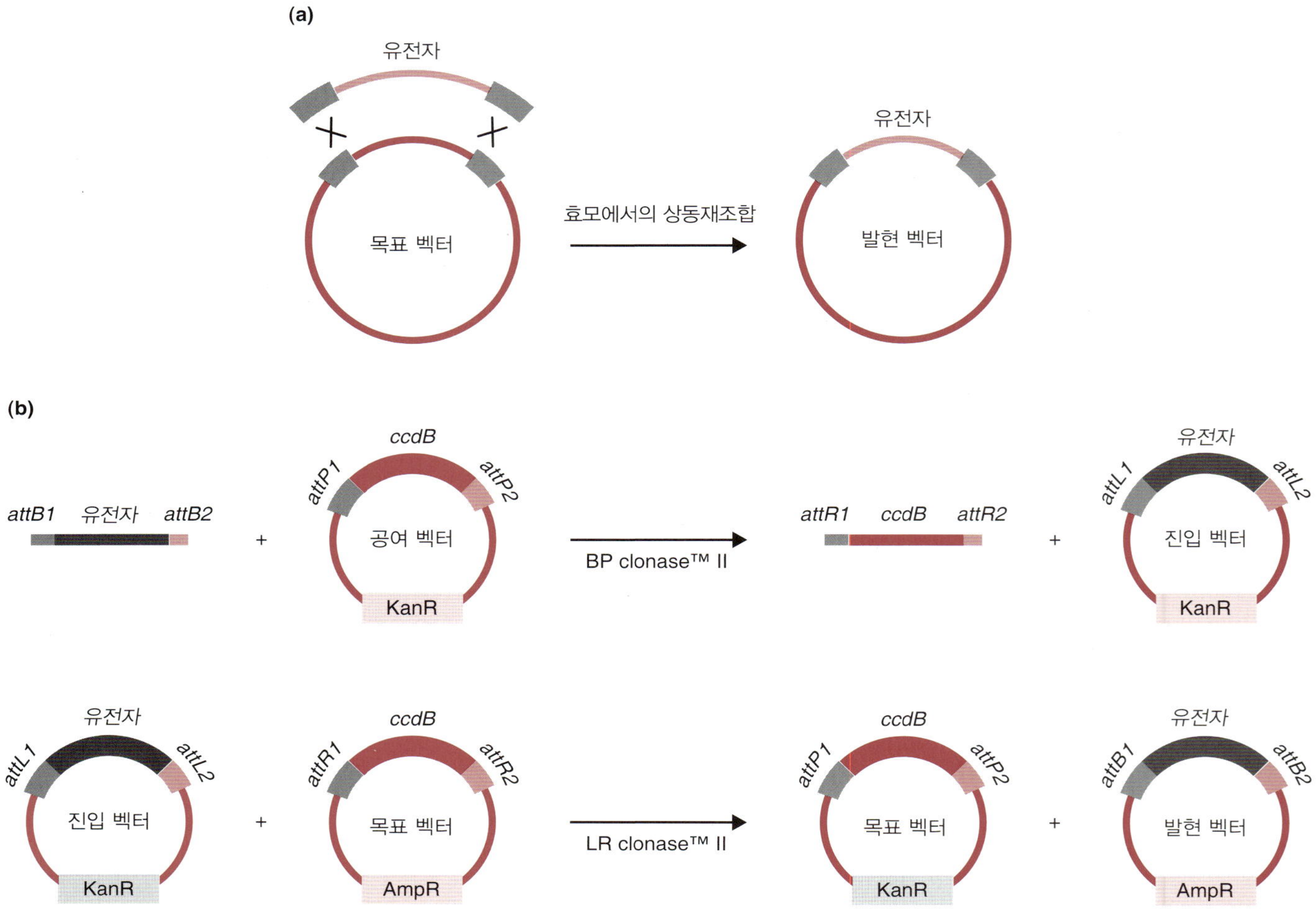

그림 9.2 **마이크로어레이를 위한 재조합 단백질을 생산하는 데 사용되는 발현 구조의 대규모 준비를 위한 효모 상동재조합과 게이트웨이 방법의 비교**. (a) 효모 상동재조합은 벡터와 내인성 효모 DNA 서열 사이에 상호 교환을 포함하여 벡터를 발현한다. (b) 게이트웨이 재조합 시스템에서는, *att*B1과 *att*B2에 측면 DNA 단편은 *art*P1와 *att*P2 및 대항선택이 가능한 마커를 포함하는 도너 벡터와 함께 *ccdB*와 결합한다. 결합 발현 벡터는 항목 벡터 및 *att*R1 및 *att*R2 서열과 동일한 counterselectable 마커를 가지고 특정 대상 벡터 간의 재조합에 의해 제조된다. (Huang W, Wu L, Lu G & Lui S (2010) *Front Biol.* 5, 331에서 인용. Springer의 허가를 득함.)

이드 위에 항 GST 항체와 함께 인쇄하는 것이다. 토끼 망상적혈구 용해물(rabbit reticulocyte lysate)의 추가는 단백질 발현을 유발하고, 단백질은 항체에 의해 제자리에 갇히게 된다. 이것은 1,000개 이상의 서로 다른 단백질을 포함하는 배열을 구성하는 데 사용되어 왔다.

가장 최근에 개발된 것은 **DNA array to protein array(DAPA)** 방법으로, 이는 평행한 DNA 각인(imprint)을 남기지 않고 같은 단백질 배열의 여러 복사본을 만드는 데 사용할 수 있다는 점에서 복제판과 원칙적으로 유사하다. 무세포 단백질 합성은 2개의 현미경 슬라이드 사이에 끼워진 반투과성 막에서 이뤄지는데, 하나는 DNA 구조체로 배열되고 다른 하나는 재조합 단백질에 결합하는 시약으로 코팅된다. 단백질은 막을 통해 확산하여 코팅된 슬라이드에 고정되는 반면에 고정된 DNA는 장벽을 지날 수 없다. 단백질은 DNA 배열과 동일한 레지스터에 고정되고, 동일한 DNA 배열은 복제본을 생성하기 위해 20회까지 사용될 수 있다.

PISA, NAPPA 그리고 DAPA 과정은 그림 9.3에서 비교된다. 또한 인테인, 리보좀 디스플레이, 그리고 광분해성 태그를 기반으로 하는 것을 포함하여 다양한 발달 단계에서 무-세포 단백질 합성에 필요한 많은 공학 기술이 있다.

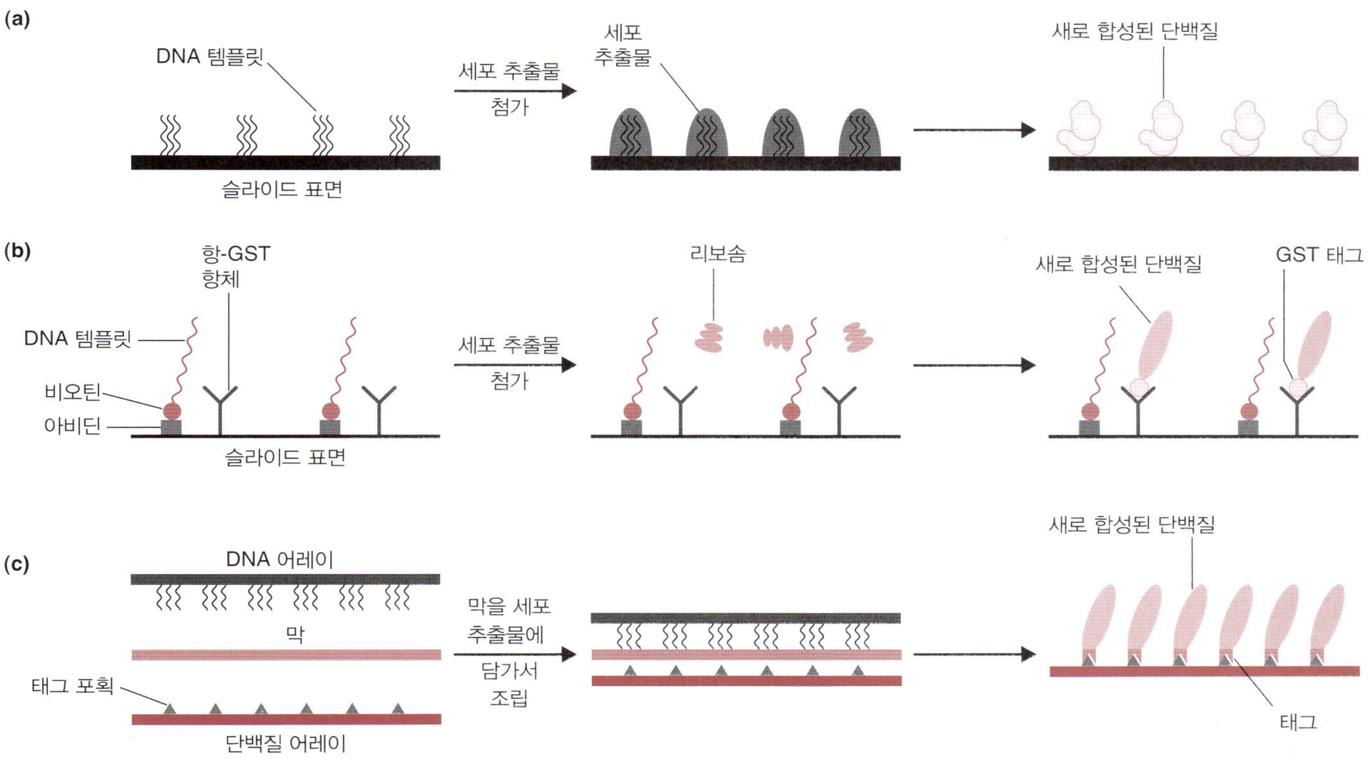

그림 9.3 **마이크로어레이에 대한 *in situ* 단백질 합성 방법 비교** (a) PISA, (b) NAPPA 및 (C) DAPA. (Huang W, Wu L, Lu G & Lui S (2010) *Front. Biol.* 5, 331에서 인용. Springer의 허가를 득함.)

9.5 기능성 단백질 마이크로어레이의 제조-단백질 고정화

단백질 마이크로어레이의 성능은 표면에 부착된 단백질의 질뿐만 아니라, 단백질의 부착 방식, 구조 및 생화학적 활성을 유지하는지 여부를 결정하는 기질의 성질에 달려있다. 단백질을 활성 상태로 유지하는 문제는 그것의 다양한 특성 때문에 다루기 어렵다. DNA 마이크로어레이는 서로 다른 DNA 서열의 유사한 성질로 인해 성공적인 결과를 보였으며, 이는 보편적인 혼성화(hybridization) 조건 하에서 다형 혼성화(multiplex hybridization)에 적합하다. 핵산 또한 균일하게 표지될 수 있으며, 고체 기판에 결합 능력의 방해 없이 고정될 수 있다. 반면에 단백질은 화학적 및 물리적으로 다양하므로 모든 단백질이 그들의 본래의 형태를 채택하고, 정상적인 생리학적 리간드와 상호작용하고 정상적인 생물학적 활성을 나타내도록 할 수 있는 보편적인 일련의 조건을 구상하는 것은 어렵다.

대부분의 단백질 마이크로어레이는 표준 마이크로어레이 접촉 인쇄 장치와 호환되며 저렴한 코팅 유리 슬라이드를 기반으로 한다. 슬라이드의 표면은 특정 물질로 코팅된다. 그 물질은 배열된 단백질을 수동적인 방식으로 흡수하거나 단백질이 반응성 표면에 가교 결합되도록 한다. 니트로셀룰로스, 아가로스 및 폴리-L-라이신은 이전 범주에 속하며, 니트로셀룰로스 시트 또한 자체적으로 지지체로 사용될 수 있다(표 9.1). 침착된 단백질의 1차 아민과 반응하는 알데하이드, 아미노, 또는 에폭시 그룹을 제공하는 가교 결합 표면이 개발되었다. 작용기가 2개인 타이오-알킬렌(thio-alkylene)은 단백질을 금으로 코팅된 슬라이드에 가교 결합시키는 데 사용되어 왔는데, 이것은 표면 플라즈몬 공명 분광법에 의한 검출에 필요하다(아래 참조). 수동적으로 또는 가교 결합에 의해 흡착되는 단백질은 무작위로 배열되고, 두 경우 모두 고정된 단백질

표 9.1 단백질 마이크로 어세이를 위한 표면적 화학의 특성.

표면	부착 방법	장점	단점
PVDF	흡착 및 흡수	단백질 변성 요구 안함, 높은 단백질 결합능	임의 방향의 단백질 흡착
Nitrocellulose	흡착 및 흡수	단백질 변성 요구 안함, 높은 단백질 결합능	비특이적 결합, 높은 배경, 저밀도 배열
Poly-L-lysine coated	흡착	단백질 변성 요구 안함	비특이적 흡착
Aldehyde-activated	공유 가교 결합	강한 고밀도 단백질 첨부, 고해상도 검출	표면 부착 단백질의 임의 방향
Epoxy-activated	공유 가교 결합	강한 고밀도 단백질 첨부, 고해상도 검출	표면 부착 단백질의 임의 방향
Avidin-coated	친화성 결합	강력한 특이 고밀도 단백질 첨부, 낮은 배경	단백질이 비오틴화(biotinylated) 될 수 있다.
Ni-NTA-coated	친화성 결합	강력한 특이 고밀도 단백질 첨부, 낮은 배경, 표면 부착 단백질의 방향 균일	His6-tagged가 달려야 한다.
Gold-coated silicon	공유 가교 결합	강력한 특이 고밀도 단백질 첨부, 낮은 배경, SPR과의 결함에 쉬운 질량 분석	표면 부착 단백질의 무작위 방향, 제작 한계, 상업적 불가능
PDMS nanowell	공유 가교 결합	강력한 특이 고밀도 단백질 첨부, 정교한 생화학적 분석에 적합	표면 부착 단백질의 무작위 방향
3D gel pad and agarose thin film	확산	고단백질 결합능, 단백질 변성 요구되지 않음	제작 한계, 상업적으로 불가능
DNA/RNA-coated	혼성화	고밀도 단백질 부착, 낮은 배경, 표면 부착 단백질의 균일한 방향	표지 단백질의 정교한 시험관 내 생산

PVDF, polyvinylidene difl uoride; NTA, nitrilotriacetate; PMDS, polydimethylsiloxane.
From Zhu H & Snyder M (2003) *Curr. Opin. Chem. Biol.* 7, 55. With permission from Elsevier.

에 상대적으로 큰 비율이 중요한 항원결정부나 작용기에 영향을 주는 결합으로 인해 접근 불가능하거나 비활성화될 가능성이 있다. 이러한 문제는 친화성 태그를 사용해 표면에 단백질을 부착함으로써 해결할 수 있다. 예를 들어, 분석 물질에 노출된 항체의 항원-결합 도메인을 갖는 항체 배열을 만들기 위해, 5개의 IgG-결합 도메인을 갖는 재조합 포도상구균 단백질 A를 금 코팅 슬라이드의 표면에 공유결합시켰다. 항체는 Fc 도메인을 통해 단백질 A에 결합하고, 따라서 적어도 하나의 항원-결합 도메인은 용매에 접근 가능해야 한다. 유사한 원칙이 Ni-NTA 수지로 코팅된 칩 표면에 배향된 방식으로 고정화될 수 있는 His6 태그 단백질의 사용에도 적용된다(그림 9.4).

코팅된 유리 슬라이드의 한 가지 단점은 제조 과정에서 단백질 용액이 증발되는 경향이 있다는 것인데, 습도 조절 챔버에서 인쇄하거나 시료 버퍼에서 고농도의 글리세롤을 사용하여 해결해야 하는 문제이다. 상기에서 논의된 무세포 발현 시스템은 이 문제를 어느 정도 해결해 주지만, 배열 형식은 에칭된 채널이나 웰을 갖는 기판[예를 들어, **나노웰 칩(nanowell chip)**, 여기서 단백질은 유리 슬라이드에 고정된 폴리디메틸실록세인 표면 내부에 위치], 슬라이드 표면에 인쇄된 폴리아크릴아미드 **겔 패드(gel pads)**(단백질이 확산할 수 있는 다공성 3차원 매트릭스를 제공함), 그리고 가장 최근에는 비드 및 입자 기반 배열 같이 증발을 감소시키기 위해 발전되어 왔고, 그것들이 미세유체를 사용해 분류 가능하고, 형광 활성 세포 분류와 같은 기술로 분석될 수 있다는 추가적인 이점을 갖는다.

마이크로어레이 기판에 단백질을 적용하는 기술 역시 지난 10년 동안 발전하여 장치의 해상도를 높였고, 따라서 더 작은 장치에 더 많은 단백질을 포함시킬 수 있게 되었다. **모세관 전사(접촉 프린팅)**에 의해 스팟을 만드는 전형적인 로봇 기술뿐만 아니라, 더 최근의 방법은 **잉크젯 프린팅**(액체의 작은 액적들이 기판 상에 분사되는 비

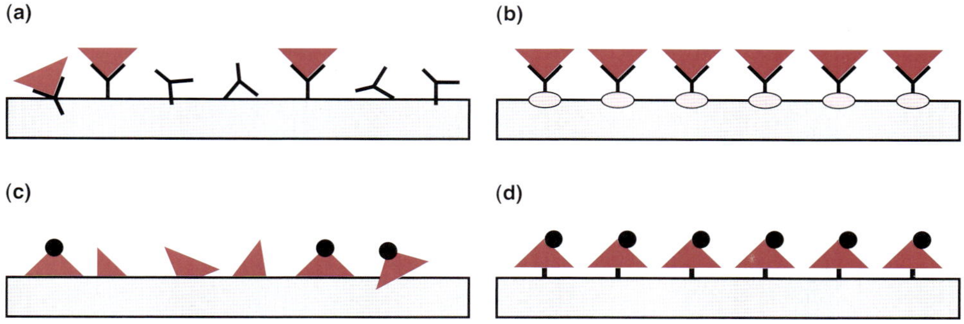

그림 9.4 **표면 화학의 중요성.** (a) 항체는 많은 표면에 비특이적 결합을 통해 무작위로 결합한다. 따라서 항원-결합 도메인의 대부분은 불활성화되거나 모호해질 가능성이 있다. (b) 칩을 초기에 포도상구균 단백질 A로 코팅하여 항체가 Fc 도메인을 통해 균일하게 부착되고, 항원 결합 도메인을 분석 물질에 노출시킨다. (C) 마찬가지로, 기능성 칩 위의 단백질이 종종 임의의 결합으로 불활성화된다. (d) His 6- 태그 단백질은 니켈 코팅된 칩을 균일하게 결합시켜 준다.

접촉 프린팅 방법) 및 **팁 기법(tipnology)**으로 알려진 압전 방법(piezoelectric method)을 포함하며, 이는 333 피코리터의 액체를 정확히 전달할 수 있다. 단백질은 또한 ESI 질량 분광계에 시료를 주입하는 데 사용되는 것과 동일한 기술인 **전기 분무(electrospray)**를 사용해 침착될 수 있다. 가장 정확한 방법 중 하나는 원자력 현미경 탐침을 사용하여 초점이 맞춰진 입자 빔에 의해 생성된 나노미터 크기의 움푹 들어간 곳에 단백질 용액을 전달하는 방법인 **딥펜 리소그래피(dip-pen lithography)**이다.

9.6 마이크로어레이에서의 단백질 검출

단백질 마이크로어레이는 주로 단백질-단백질, 단백질-핵산 또는 단백질-저분자 간의 상호작용 같은 결합 현상을 검출하고 특징짓는 데 사용된다. 각 경우에서, 결합 현상은 반드시 검출되고 이상적으로 정량화되어야 하는 신호를 생성한다.

단백질 마이크로어레이와 함께 사용될 수 있는 3가지 광범위한 분류의 검출 방법이 있다(표 9.2). 첫 번째 방법에서, 분석 물질이 방사성 동위원소 또는 효소나 형광 접합체로 보편적으로 표지되고, 신호는 배열상에 결합된 분석 분자로부터 직접 검출된다. 두 번째 방법에서, 분석 물질이 표지되지 않지만, 샌드위치 반응이 배열에 결합된 분자를 검출하는 데 사용되고, 신호는 표지된 검출 시약에 의해 생성된다. 마지막으로, 배열 표면상의 시약을 포획하기 위해 결합된 단백질을 검출 및/또는 동정하기 위해 여러 가지 라벨 없는 방법을 사용할 수 있다. 이러한 서로 다른 전략의 상대적인 장점은 필요한 감도 및 마이크로어레이에서 검출된 상호작용의 표지 전략의 효과에 의존한다.

표지가 필요한 방법은 직접 또는 간접 검출을 포함할 수 있다

방사성 표지 및 비색 분석법은 저밀도 단백질 마이크로어레이와 함께 사용될 수 있지만, 형광 라벨은 보다 안전하고 민감하고, 더 큰 공간 해상도(resolution)를 제공하며, 또한 다른 스펙트럼 질을 갖는 형광 라벨을 사용해 멀티플렉스 분석의 편리성을 제공한다. **유기 형광 물질(Organic fluorophores)**이 널리 사용되지만, 형광 무기 **양자점(Quantum dots)** 역시 항체에 접합되어서 더욱 밝고 광퇴색(photobleaching)에 저항성이 있게 되었다. 형광 표지는 분석 물질 또는 마이크로어레이가 미결합 단백질을 제거하기 위해 세척됐을 때 적용된 2차 검출 시약에 직접적으로 결합될 수 있다. 두 방법 모두 장단점이 있다.

표 9.2 단백질 마이크로어레이 실험에 사용되는 전류 검출 방법의 요약.

검출 방법	프로브 표지	데이터 취득	실시간	해상도
ELISA	Enzyme-linked antibodies	CCD imaging	No	Low
Isotopic labeling	Radioisotope-labeled analyte	X-ray film or phosphorimager	No	High
Sandwich immunoassay	Fluorescently labeled antibodies	Laser scanning	No	High
SPR	Not necessary	Refractive index change	Yes	Low
Noncontact AFM	Not necessary	Surface topological change	No	High
Planar waveguide	Fluorescently labeled antibodies	CCD imaging	Yes	High
SELDI	Not necessary	Mass spectrometry	No	Low
Electrochemical	Metal-coupled analyte	Conductivity measurement	Yes	Medium

ELISA, enzyme-linked immunosorbent assay; CCD, charge-coupled device; SPR, surface plasmon resonance; SELDI, surface-enhanced laser desorption/ionization

Zhu H & Snyder M (2003) *Curr. Opin. Chem. Biol.* 7, 55에서 인용. Elsevier의 허가를 득함.

직접 염색(direct labeling)의 이점은 단백질 검출 및 정량을 단일 단계 반응에서 수행하고, 필요 시 다중 분석이 가능하다는 것이다(Box 9.1). 직접 염색의 한 가지 단점은 아비딘(avidin), 비오틴(biotin) 같은 내재적 증폭 단계를 도입하여 해결할 수 있지만, 샌드위치 분석법에 비해 민감하지 않다는 것이다. 직접 염색의 또 다른 단점은 모든 단백질이 동일한 효율로 염색되는 것은 아니며, 염색 자체가 일부 단백질의 구조를 변경하고 결합 기능을 방해할 수 있다는 점이다. 따라서 직접 염색은 역위상 마이크로어레이로 자주 사용되는데, 여기서 복합 기판이 고정되고 염색된 검출 시약은 그것의 행동이 부착된 표지가 확인되거나 그렇지 않은 단일 항체이다. 전방 검출법에서, 정량적 데이터가 특히 필요한 경우 장치와 복잡한 분석 물질에 배열된 각각의 단백질로 많은 수의 다양한 단백질을 염색하는 것의 예측할 수 없는 결과는 간접적인 샌드위치 분석법에 유리하다. 그러나 샌드위치 분석법의 주된 단점은 마이크로어레이에서 포획된 각각의 항원에 대한 서로 다른 항원 결정부를 인식하는 두 가지 항체가 필요하다는 것이다. 이 문제는 수백 개 혹은 수십 개의 단백질 검출이 필요한 경우에 더욱 심화된다.

샌드위치 분석의 변형은 **회전환 증폭(rolling circle amplification)**에 의한 3차 레벨의 검출을 포함하는 **면역-RCA 기법(immuno-RCA technique)**이다. 원리는 고정된 항체의 의해 포획된 단백질이 위의 샌드위치 분석법에서 두 번째 항체에 의해 인식되지만, 두 번째 항체는 그것에 공유 결합된 올리고 뉴클레오티드를 갖는다(그림 9.5와 컬러 플레이트). 원형 DNA 주형, 가닥 변위 DNA 중합효소 및 4개의 dNTP의 존재 하에서 주형의 회전환 증폭이 발생하여, 형광 올리고 뉴클레오티드 프로브를 이용해 검출될 수 있는 수백 개의 원 사본을 포함하는 긴 **연쇄동일순서(concatemer)**로 이어진다.

무표지 방법은 상호작용하는 단백질의 내재적인 특성에 영향을 주지 않는다

무표지 방법은 단백질 마이크로어레이의 결합을 보고 단백질의 고유 속성을 사용한다. 사이퍼젠 단백질 칩(Ciphergen's Protein Chips, Box 9.1)은 MALDI 플레이트

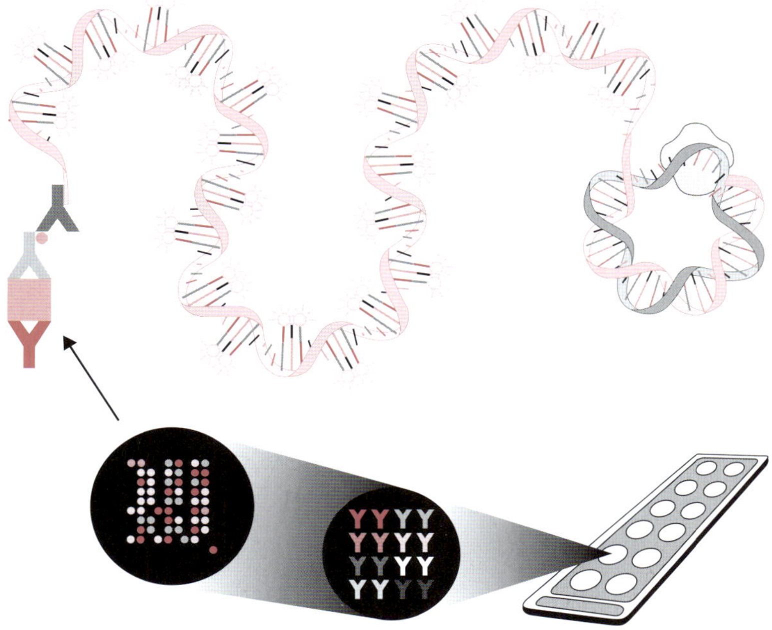

그림 9.5 RCA **항체 칩을 이용한 민감한 단백질 검출**. 칩은 각 프로브 256개 항체의 배열을 포함하는 16웰 테플론으로 분할된다. 분홍색 사각형으로 표시되는 단백질, 프로브(빨간색) 중 하나에 의해 포착되는 경우, 후속 연결된 3차 범용 항체(어두운 회색), 2차 비오틴화 항체(밝은 회색)를 사용하여 인식할 수 있다. 가닥-변위 DNA 중합효소는 이 원형 템플릿을 사용하여 긴 연결자를 생성할 수 있다. 컬러 플레이트를 참조하라(Kingsmore SF & Patel DD (2003) *Curr. Opin. Biotechno.* 14, 74에서 인용. Elsevier의 허가를 득함.)

로 사용하며, MALDI-TOF 질량 분석에 의해 직접 스캔되어 결합한 단백질을 밝혀내고, 가능하다면 펩타이드 질량 지문감식을 통해 그것들을 식별하기도 한다(54쪽). 단백질 칩에 결합한 단백질의 이온화는 칩 표면의 특성에 의해 강화되고, 이는 표준 MALDI-MS 분석으로 얻어지는 것보다 더욱 균일한 질량 스펙트럼을 유발한다. 이 현상을 **SELDI(surface-enhanced laser desorption/ionization)**이라 부른다(그림 9.6). 질량 스펙트럼의 질은 칩 표면에 매트릭스 복합체를 결합시킴으로써 더욱 향상될 수 있고, 이를 **SEND(surface-enhanced neat desorption)**라 부른다.

Biacore 주식회사에서 Flexchips라 불리는 다양한 기기를 생산했는데, 여기서 단백질 상호작용을 **표면 플라즈몬 공명(surface plasmon resonance, SPR)**의 변화에 의해 검출할 수 있다. 이것은 단색 편광을 금속 박막으로부터 반사되는 경우에 발생하는 광학 효과이다. 입사광 에너지의 일부는 반사광 강도에 약간의 저하를 초래하는 **플라즈몬**(금속 내의 비국재화된 전자)과 상호작용한다. 이 음영 효과가 발생하는 입사각은 금속 필름에 흡착된 물질에 의해 결정되는데, 이러한 경우에 이 물질은 1개 또는 그보다 많은 단백질이다(그림 9.7). 고정화된 분자의 질량 사이의 직접적인 관계와 금속 표면의 공명 에너지 변화를 이용해 실시간 상호작용을 연구할 수 있다. 더 간단히 말해서, 빛이 금으로 코팅된 유리 칩 밑에서 비칠 때 SPR을 유도하는 입사각은 분자가 칩 표면에 결합하면서 변화할 것이고, 그 변화는 상호작용하는 분자의 크기를 반영할 것이다. 이와 관련된 기술로는 **편광해석법(ellipsometry)**이 있는데, 이 기술에서는 반사광의 편광 상태가 샘플 표면의 유전성 또는 굴절률의 변화에 의해 달라진다. 이것은 종종 **경사투사 반사 차이(oblique incidence reflectivity difference)**로써 측정된다.

SPR 분석법과 질량 분석법의 직접적인 결합은 상호작용의 역학적인 특성과 이를 통한 상호작용 단백질의 식별을 가능하게 한다. 일반적인 SPR 셋업은 개별 단백질-단백질 상호작용의 분석에 이상적이지만, 단색 편광의 넓은 빔으로 전체 칩을 조명하

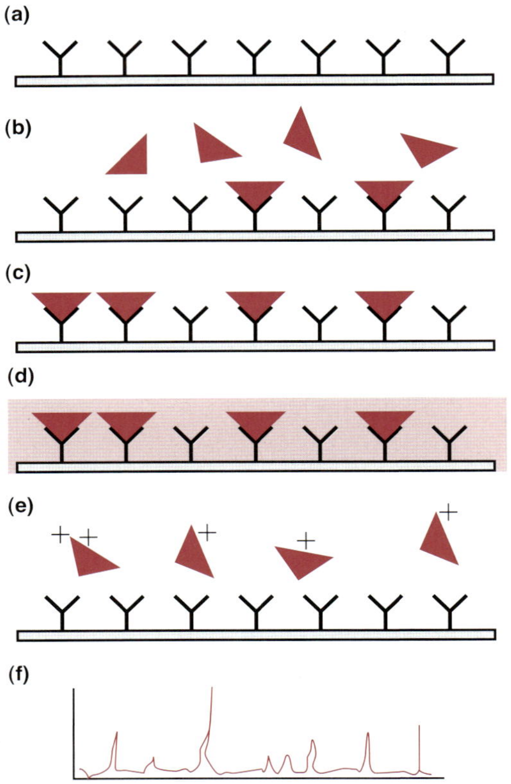

그림 9.6 **SELDI 분석과 SEND 분석의 원리**. (a) SELDI 분석의 경우, 미리 활성화 항체로 배열되어 있는 단백질 칩이 분석 물질에 노출된다. (b) 용액에서 항원을 포획한다. (c) 칩은 결합되지 않은 단백질을 제거하기 위해 세척되고, (d) 질량분석기에 들어가기 전에 매트릭스로 코팅된다. 펄스 레이저의 경우는 포착 단백질을 (e) 이온화하여, (f) 질량 스펙트럼을 제조한다. 단백질을 칩에 균일하게 결합 시키면 종래의 MALDI보다 가능한 균일하고 재현성 있는 질량 스펙트럼이 생성되어 상대적으로 단백질을 정량 할 수 있다. SEND 분석에서, 절차는 매트릭스 화합물이 칩의 표면 화학에 포함된다는 것을 제외하고는 동일하다. 따라서 추가 매트릭스가 필요 없으며 매트릭스 이온은 질량 스펙트럼에 나타나지 않는다.

고 CCD 카메라로 반사광을 포착함으로써, 이 기술은 마이크로어레이 어플리케이션에 적합하다. 전체 표면에 걸친 변화가 동시에 그리고 실시간으로 기록되기 때문이다. 이 접근법은 종래의 SPR과 구별하기 위해 때때로 **SPR 이미지(SPR imaging)**라 명명된다. 그 효과는 주기적인 나노홀이 입사 광자를 표면 플라즈몬에 결합시키기 때문에 **나노 홀 배열(nanohole arrays)**을 사용하여 증폭될 수 있다. 이 방법의 변형법은 티타늄 오산화물(Ti_3O_5) 막의 소멸 도메인을 이용하여 배열 표면에 결합된 표지 단백질의 형광 물질을 여기시키고(excite), 이는 세척 단계 없이 결합된 단백질을 검출할 수 있게 해준다. 최근에 생겨난 다른 무표지 검출 방법은 **간섭계(interferometry)**로, 간섭 줄무늬라 알려진 관찰 가능한 강도 변동을 통해 파면의 위상차 변화를 측정한다. 다양한 접근방법 중 **spectral reflectance imaging biosensing(SRIB), on-chip interferometric backscatter detection, arrayed imaging reflectometry**가 대부분 적용에 가능하다.

마지막으로, **원자력 현미경(atomic force microscopy)**은 만약 단백질 칩 표면에의 결합이 표면 위상에 변화를 유발한다면, 비록 간접적일지라도 단백질 상호작용을 검출할 수 있다. 예를 들어, 이 방법은 금 박막 상에 고정화된 항체와 상보적인 항 IgG의 결합을 높이의 변화에 따라 검출하는 데 사용되어 왔다. 주사 켈빈 프로브 현미경(scanning Kelvin probe microscopy)은 또한 단백질 칩의 표면 전위의 지역적 변화를 검출하는 데 사용되어 왔다.

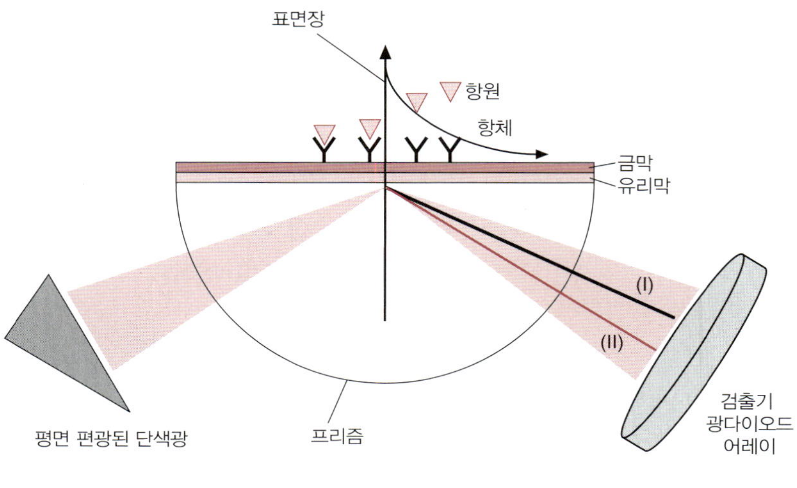

그림 9.7 **표면 플라즈몬 공명 분석법의 원리**. 평면 편광은 고정(또는 다른 캡처 에이전트)된 항체를 포함하는 금 코팅 유리 칩에서 일어난다. 항원 결합에 의한 표면에서의 질량 변화는 굴절률 및 공명 상태의 변화를 일으킨다. 이것은 포토다이오드 배열을 사용하여 감지할 수 있는 반사광의 각도(I에서 II)의 변화에 의해 알 수 있다.

9.7 최신 단백질 칩 기술

용액 안의 비드와 입자들은 차세대 단백질 마이크로어레이를 대표한다

이 장에서 지금까지 논의된 단백질 배열들은 특정 위치에 고정된 수의 프로브와 함께 제조되는 2차원 장치이다. 각각의 프로브는 배열 상에서 공간적인 위치에 의해 식별된다. 이 형식의 단점은 유연성의 부족, 즉 새로운 프로브를 통합할 수 있는 유일한 방법이 새로운 배열을 제조하는 것이라는 점이다. 이 문제를 해결하는 한 가지 방법은 이차원 배열 포맷을 해제하는 대신, 프로브로서 용액에 비드를 사용하는 것이다. **비드 배열** 또는 **용액 배열**(**Bead array** 또는 **solution arrays**)은 처리량 및 감도의 측면에서 고체상 배열의 모든 장점을 가지고 있지만, 용액 동역학을 개선했고, 사용할 수 있는 프로브의 수 관점에서 훨씬 더 유연하다. 문제는 용액 상태에서 특정 프로브를 어떻게 식별하는가이다. 내세워진 몇 가지 답변에는 형광 인코딩 비드와 바코드화 된 금속 입자의 사용 등이 있다.

형광 인코딩은 서로 다른 농도의 여러 형광 염료를 이용하여 각 비드에 고유한 **분광 지문**(**spectral fingerprint**)을 제공한다. 예를 들어, 10개의 서로 다른 형광 염료의 사용은 10개의 고유 표지를 제공하지만, 10개의 서로 다른 농도에서 10개의 염료는 100개의 고유 표지를 제공한다. 100개가 넘는 다양한 형광 염료들이 현재 이용 가능하고, 다양한 범위의 농도를 사용해 시스템은 빠르게 확장된다. 이러한 접근의 한 예는 퀴아젠/루미넥스 LiquiChip **단백질 현탁액 배열**(**protein suspension array**)이다.

바코딩(**Barcoding**)은 유사한 전략으로, 여기서 항체나 다른 단백질을 수용하기 위해 기능화된 금속 입자들이 금, 은 및 백금 줄무늬의 유니크한 조합으로 만들어진다. 그 줄무늬는 서로 다른 금속을 이용한 전기화학적 환원을 통해 생산되고, 그 폭은 전류를 조절함으로써 다양해질 수 있다. 이 시스템은 또한 잠재적으로 무한한 스케일을 갖고, 디코딩 단계는 자동화될 수 있으며, 입자는 형광 이미징이나 질량분광기에 의해 하류 분석(downstream analysis)과 결합될 수 있다.

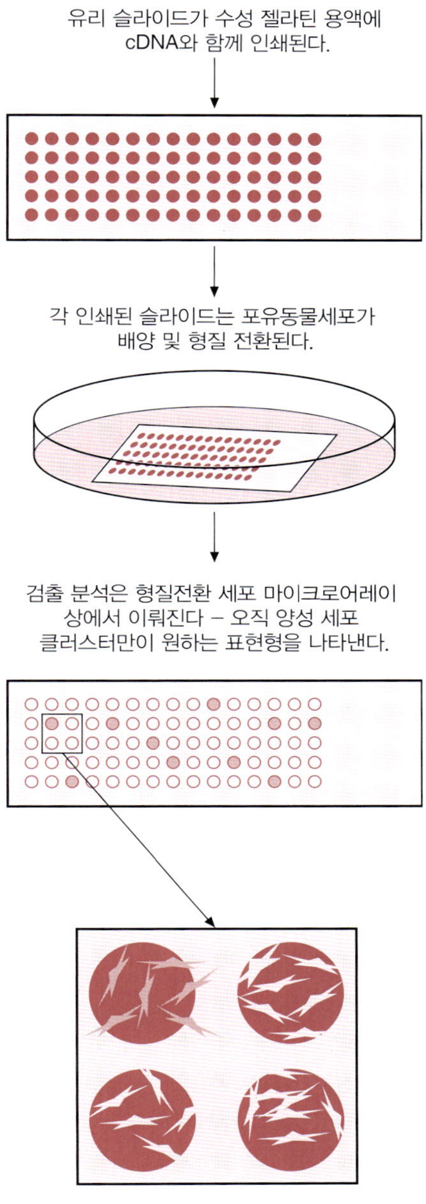

그림 9.8 **세포 배열의 준비 및 이용.**

세포 및 조직 배열은 생체 내 단백질의 직접 분석을 가능하게 한다

심화된 분석을 위해 단백질이 용액으로 추출될 때, 그들의 공간적 분포와 세포 내 위치를 포함한 많은 유용한 기능적 정보가 손실된다. 제7장에서 논의한 바와 같이, 단백질 지방화에 대한 대규모 연구는 DNA 포획을 촉진하기 위해 지질 형질전환 시약으로 처리된 cDNA 발현 구조물의 마이크로어레이 상에서 접착성 포유동물 세포를 성장시키는 과정을 통해 수행되었다. 이러한 **세포 마이크로어레이**에서, 각각의 DNA 스팟 위에서 즉시 성장하는 세포는 cDNA를 발현하고 단백질을 생산할 수 있는데, 그 행동은 세포 내 분포, 세포 주기 맥락에서의 진동, 외부 자극에 대한 반응의 관점에서 면역 세포 화학 염색 및 형광 현미경을 이용해 관찰할 수 있다(그림 9.8).

단백질의 공간 분포에 대한 정보는 또한 기존의 조직학적 검사에 의해 얻어질 수 있지만, 시간이 오래 걸리고 고처리량 방식에는 적용할 수 없다. **조직 마이**

크로어레이(tissue microarrays) 현미경 슬라이드에 조직 시료를 다수 배치하고 고도의 병렬 현장 검출법이 일정한 조건 세트 하에 적용되도록 하여 이 문제를 해결한다. 조직 마이크로어레이는 서로 다른 표본의 **천자 생검(needle biopsies)**을 취하고 배열 구조에 있는 파라핀 블록으로 이러한 긴 원통형 조직 시료를 포함시킴으로써 구성된다. 이후에 파라핀 블록은 단면으로 절단되고(블록당 300개까지), 같은 배열의 많은 복사본이 만들어진다(그림 9.9). 이러한 접근법의 장점은 분석하는 데 적은 양이 필요하고 원본 샘플의 손상 또한 최소화된다는 점이다. 이는 또한 필요에 따라 기존의 분석을 수행할 수도 있다.

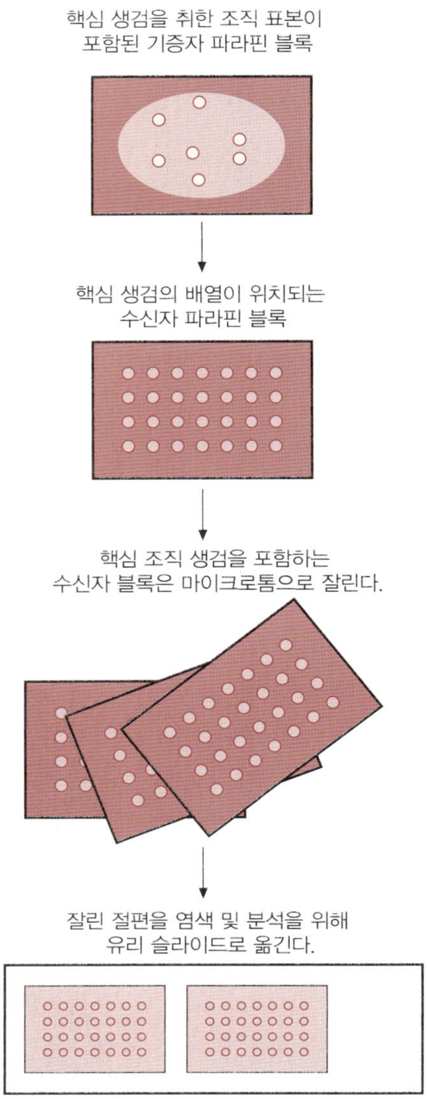

그림 9.9 **세포 조직 배열의 준비 및 이용**. (Howbrook DN, van der Valk AM, O'Shaughnessy MC et al. (2003) *Drug Discov. Today* 8, 642에서 인용. Elsevier의 허가를 득함.)

읽을거리

Austin J & Holway AH (2011) Contact printing of protein microarrays. *Methods Mol. Biol.* 785, 379-394.

Braun P & LaBaer J (2003) High throughput protein production for functional proteomics. *Trends Biotechnol.* 21, 383-388.

Campbell DA & Szardenings AK (2003) Functional profiling with affinity labels. *Curr. Opin. Chem. Biol.* 7, 296-303.

Chandra H, Reddy PJ & Srivastava S (2011) Protein microarrays and novel detection platforms. *Expert Rev. Proteomics* 8, 61-79.

Chandra H & Srivastava S (2010) Cell-free synthesis-based protein microarrays and their applications. *Proteomics* 10, 717-730.

Chen R & Snyder M (2010) Yeast proteomics and protein microarrays. *J. Proteomics* 73, 2147-2157.

Cretich M, Monroe MR, Reddington A et al. (2012) Interferometric silicon biochips for label and label-free DNA and protein microarrays. *Proteomics* 12, 2963-2977.

Cutler P (2003) Protein arrays: the current state-of-the-art. *Proteomics* 3, 3-18.

de Wildt RMT (2000) Antibody arrays for high throughput screening of antibody antigen interactions. *Nat. Biotechnol.* 18, 989-994.

Fang Y, Lahiri J & Picard L (2003) G protein-coupled receptor microarrays for drug discovery. *Drug Discovery Today* 8, 755-761.

Ge H (2000) UPA, a universal protein array system for quantitative detection of protein-protein, protein-RNA, protein-RNA and protein-ligand interactions. *Nucleic Acids Res.* 28, e3i-e3vii.

Gershon D (2003) Proteomics technologies: probing the proteome. *Nature* 424, 581-587.

Gonzalez-Gonzalez M, Jara-Acevedo R, Matarraz S et al. (2012) Nanotechniques in proteomics: protein microarrays and novel detection platforms. *Eur. J. Pharm. Sci.* 45, 499-506.

Haab BB, Dunham MJ & Brown PO (2001) Protein microarrays for highly parallel detection and quantification of specific proteins and antibodies in complex solutions. *Genome Biol.* 2, 0004.1-004.13.

Hahm JI (2011) Polymeric surface-mediated, high-density nanoassembly of functional protein arrays. *J. Biomed. Nanotechnol.* 7, 731-742.

Hall DA, Ptacek J & Snyder M (2007) Protein microarray technology. *Mech. Ageing Dev.* 128, 161-167.

He M, Stoevesandt O & Taussig MJ (2008) *In situ* synthesis of protein arrays. *Curr. Opin. Biotechnol.* 19, 4-9.

Hu S, Xie Z, Qian J et al. (2011) Functional protein microarray technology. *Wiley Interdiscip. Rev. Syst. Biol. Med.* 3, 255-268.

Kingsmore SF & Patel DD (2003) Multiplexed protein profiling on antibody-based microarrays by rolling circle amplification. *Curr. Opin. Biotechnol.* 14, 74-81.

Liu B, Huang L, Sihlbom C et al. (2002) Towards proteome-wide production of monclonal antibody by phage display. *J. Mol. Biol.* 315, 1063-1073.

Lopez MF & Pluskal MG (2003) Protein micro- and macroarrays: digitising the proteome. *J. Chromatogr. B Analyt. Technol. Biomed. Life Sci.* 787, 19-27.

MacBeath G (2002) Protein microarrays and proteomics. *Nat. Genet.* 32 (Suppl), 526-532.

MacBeath G & Schreiber SL (2000) Printing proteins as microarrays for high-throughput function determination. *Science* 289, 1760-1763.

Martzen MR, McCraith SM, Spinelli SL et al. (1999) A biochemical genomics approach for identifying genes by the activity of their products. *Science* 286, 1153-1155.

Mehan MR, Ostroff R, Wilcox SK et al. (2013) Highly multiplexed proteomic platform for biomarker discovery, diagnostics, and therapeutics. *Adv. Exp. Med. Biol.* 735, 283-300.

Niu Y & Jin G (2011) Protein microarray biosensors based on imaging ellipsometry techniques and their applications. *Protein Cell* 2, 445-455.

Phizicky E, Bastiaens PI, Zhu H et al. (2003) Protein analysis on a proteomic scale. *Nature* 422, 208-215.

Ray S, Mehta G & Srivastava S (2010) Label-free detection techniques for protein microarrays: prospects, merits and challenges. *Proteomics* 10, 731-748.

Sreekumar A, Nyati MK, Varambally S et al. (2001) Profiling of cancer cells using protein microarrays: discovery of novel, radiation-regulated proteins. *Cancer Res.* 61, 7585-7593.

Stoevesandt O, Taussig MJ & He M (2009) Protein microarrays: high-throughput tools for proteomics. *Expert Rev. Proteomics* 6, 145-157.

Voshol H, Ehrat M, Traenkle J et al. (2009) Antibody-based proteomics: analysis of signaling networks using reverse protein arrays. *FEBS J.* 276, 6871-6879.

Wiese R, Belosludtsev Y, Powdrill T et al. (2001) Simultaneous multianalyte ELISA performed on a microarray platform. *Clin. Chem.* 47, 1451-1457.

Wilson B, Liotta LA & Petricoin E 3rd (2010) Monitoring proteins and protein networks using reverse phase protein arrays. *Dis. Markers* 28, 225-232.

Zhu H, Bilgin M, Bangham R et al. (2001) Global analysis of protein activities using proteome chips. *Science* 293, 2101-2105.

Zhu H, Bilgin M & Snyder M (2003) Proteomics. *Annu. Rev. Biochem.* 72, 783-812.

Zhu H, Klemic JF, Chang S et al. (2000) Analysis of yeast protein kinases using protein chips. *Nat. Genet.* 26, 283-289.

CHAPTER 10

단백질체학의 적용

10

10.1 개요

앞 장에서는 대량의 단백질이 연구될 수 있는 여러 다른 종류의 기술에 대해 논의했다. 이러한 기술은 우리의 기초 과학 지식을 늘리는 다양한 방법으로 적용될 수 있고, 일부는 의약, 농업 그리고 공업 생명공학 같은 분야에 적용될 수 있다.

첫 번째 유형의 적용은 지식의 획득이다. 이는 세포 내에서 단백질 및 생물뿐만 아니라 서열, 구조, 기능, 작용, 변형, 발현 양상, 세포 내 지역화 및 변경의 판정을 열거하고 식별하는 단계를 포함한다. 또한 단백질체 데이터들을 포함하는 연결은 유전체학(genomics), **전사체학(transcriptomics)**, **대사체학(metabolomics)**과 돌연변이, 간섭기술에 의한 교란의 영향, 환경 영향 등에 의해 **발현형체학(phenomics)**에 관여한다. 모두를 합친 이러한 데이터 세트는 **시스템 생물학(systems biology)**의 실증적인 핵심을 구성하는데, 이는 컴퓨터 모델링을 사용하여 복잡한 **생물학적 시스템**에 (간단한 유전자 회로에서 전체 세포, 유기체를 거쳐 생태계까지) 대한 특정의 검증 가능한 가설을 제안하고, 이를 대단위 데이터 세트로부터 정량적 데이터를 이용한 실험을 통해 검증 및 수정하는 데 사용되도록 한다.

두 번째 유형의 적용은 검출 및 진단을 위한 프로테오믹스의 사용을 포함한다. 여기서 목표는 개별 시료에서 마커를 찾거나 관련된 과정의 지표를 제공하는 관련 샘플 간의 차이, 예를 들어 질병의 발병 또는 진행을 반영하는 단백질 존재량의 변화, 지역화, 수정 또는 상호작용을 찾는 것이다. 또한 혈액 샘플, 환경 및 식품 감시 그리고 미생물 식별에 있어서의 항원 및 항체 검출 등을 포함한다.

세 번째 적용 유형은 발견 및 발명을 용이하게 하는 단백질체학의 활용을 포함한다. 여기서 목표는 접근방법을 검증하기 위해 단백질체학의 증거를 사용하여 새로운 제품 또는 프로세스를 개발하는 것이다. 예를 들어, 단백질체학은 새로운 약물 표적과 백신으로 표적화하기에 가장 적합한 병원체 단백질을 확인하는 데 도움이 되기 때문에 신약 개발에 널리 사용된다. 또한 화학 물질, 연료 및 물질의 생산을 향상시키는 새로운 효소의 발견 같은 경우에서 처럼 작물과 식품 저장 및 새로운 산업 공정의 보호를 위한 신제품 개발에 도움이 될 수 있다.

이 장에서는, 단백질의 양과 활성도의 고처리량 분석 연구가 가장 큰 영향을 미치기 때문에 질병 진단 및 약물 개발에 초점을 맞춰 실제적인 문제를 해결하기 위해서 단백질체학이 어떻게 적용될 수 있는지 간단히 살펴보고자 한다. 실제로, 단백질체학 기술 및 연구에 대한 현재의 투자는 제약회사가 단백질체학을 새로운 약물 및 진단법의 개발에 지름길로서 인식하고 지원하는 것이 대부분이다. 단백질체학은 제약 연구 및 개발 가치 사슬의 전 분야에서 중요한 역할을 할 수 있으며, 다른 생물학적 데이터 세트[게놈 시퀀스, 전사체 프로파일, 단일 뉴클레오티드 다형성(SNP) 카탈로그 및 돌연변이 라이브러리]와 함께 사용할 때 매우 강력하다. 단백질체학은 또한 특징지어지지 않은 게놈의 신속한 맵핑을 위한 새로운 유전적 마커를 제공하는 데 사용될 수 있다. 이처럼 우리는 게놈에서 단백질체로, 그리고 게놈으로 다시 돌아오는 주기를 만난다.

10.2 단백질체학의 진단 응용

단백질체학은 질병 상태의 바이오마커를 식별하는 데 사용된다.

바이오마커(biomarker)는 특정한 생리학적 상태에 해당하는 세포, 조직 또는 유기체의 생물학적 특징을 말한다. 의학적 맥락에서 가장 중요한 바이오마커는 질병 상태(질병 바이오마커)에서 특이적으로 나타나거나 사라지는 것과 약물(독성 바이오마커, 다음에 설명한다)에 반응하여 나타나거나 사라지는 것들이다. 여기에는 특정 병원성 개체의 존재(Box 10.1), 질병 특이적인 세포학적 또는 조직학적 특성, 유전자 또는 염색체 돌연변이, 특정 전사체 또는 단백질의 존재, 새로운 번역 후 변형(PTM), mRNA 또는 단백질 발현 수준의 변이 등의 다양한 유형의 질병 바이오마커들이 포함된다. 돌연변이, 전사물 및 단백질과 같은 분자 바이오마커는 질병의 증상이 나타나기 전에 잘 나타나는 경향이 있어 조기 발견 및 즉각적인 치료가 가능하기 때문에 가장 유용하다. 또한, 다른 바이오마커를 사용하여 질병 또는 그 치료의 진행 상황을 모니터링할 수 있다.

제1장에 논의한 바와 같이, 단백질의 직접 분석은 DNA 염기서열 분석이나 mRNA 프로파일링으로 확인할 수 없는 번역 후 변형(PTM)과 같은 특성을 나타낼 수 있기 때문에 단백질은 유익한 바이오마커이다. 더 중요한 것은, 단백질 마커는 체액에서 분석될 수 있으며, 특히 그중에서도 혈청은 신체의 모든 부분에 접촉하고 또 그 조성물은 질병에 의해 손상된 세포로부터 분비 또는 누출(leakage)의 영향을 받기 때문에 가장 중요하다. 그중 가장 유용한 것은 체액에서 분석될 수 있다. 여러 종류의 질병에 대한 잠재적인 혈청 바이오마커는 다양한 단백질체학 방법을 이용하여 많이 개발되었다(표 10.1). 이상적인 바이오마커는 특정 질병 상태에 대해 매우 특이적이어야 하며, 광범위한 인구에서 광범위한 유효성 확인에 의해서만 확정되어진다. 불행하게도, 그러한 바이오마커는 드물고 대부분의 후보 바이오마커는 다양한 종류의 질병에서 발견되며, 각각의 경우에 서로 다른 발현 수준을 보이고 있다. 상대적으로 비특이적인 바이오마커의 조합은 특정한 질병 지수를 제공할 수 있으며, 단백질체학은 수백 가지 단백질의 발현 프로파일을 동시에 연구할 수 있기 때문에 유용하다. 질병 진단을 위해 단백질을 사용하는 대부분의 검증된 분석법은 쉽게 접근할 수 있는 유체에서 발견되는 단백질 바이오마커를 이용한 비침습적 ELISA 기반 분석 시스템이다. 그러나 대부분의 경우, 이들 분석법은 질병 상태에서 과발현되거나 이상 형태로 발현된 개별 단백질의 우연한 발견 이후에 개발되고 있다. 단백질체학이 제공할 수 있는 것은 건강한 사람들과 주어진 질병을 가진 사람들의 단백질 프로파일

BOX 10.1 사례 연구
질량 분석에 의한 병원균 확인

전형적인 단백질체학의 실험은 시료의 철저한 준비와 체외에서의 분리, 용해, 분해된 단백질의 분석을 포함한다. 그러나 종래 단백질체학 발전에 의거하면 이 책에서 설명하는 많은 기술들은 그 자체의 진단 방법으로서 사용되었다. 예를 들어, 단백질체학이 주류 분야가 되기 전에는 2DGE와 다른 생물 정보학 방법들이 임상 샘플을 분석하는 데 사용되어 왔고, 비슷하게는 MALDI-TOF와 같은 질량 분석은 미생물학 진단에 오랜 시간 동안 사용되었으며, 단백질체학의 기술 개발에 병렬적으로 이용되었다. 이것은 **셀 질량 분석(intact-cell mass spectrometry, ICMS) 전체 셀 질량(whole-cell mass spectrometry, WCMS)** 개발에서 사용되었다.

ICMS 기술은 MALDI-TOF MS 분석을 이용하는데, 다단백질 정제 및 분리 없이 다른 미생물 종의 변족에 특이 진단 지문을 생성한다. 세포들은 통상적인 방법을 사용하여 배양 후 MALDI 플레이트에 전달하고 직접 분석을 위해 matrix와 같이 겹쳐진다.

기존의 단백질체학은 비슷한 시료(동적 단백질체)에서의 차이를 식별하기 위해 맞춘 반면, ICMS은 안정적인 단백질체에 초점을 맞추고 서로 다른 조건에 변경되지 않는 구성이다. 이것은 일반적으로 분석을 위해 적절한 질량 범위(예를 들어, 효소 단백질 및 신호전달 단백질 보단 2~20 kDa의 구조가 안정한 단백질)를 선택함으로써 달성된다. 따라서 샘플 사이에 상당한 차이를 강조하는 구조 구성 요소의 정적 차이를 나타낸다(그림 1).

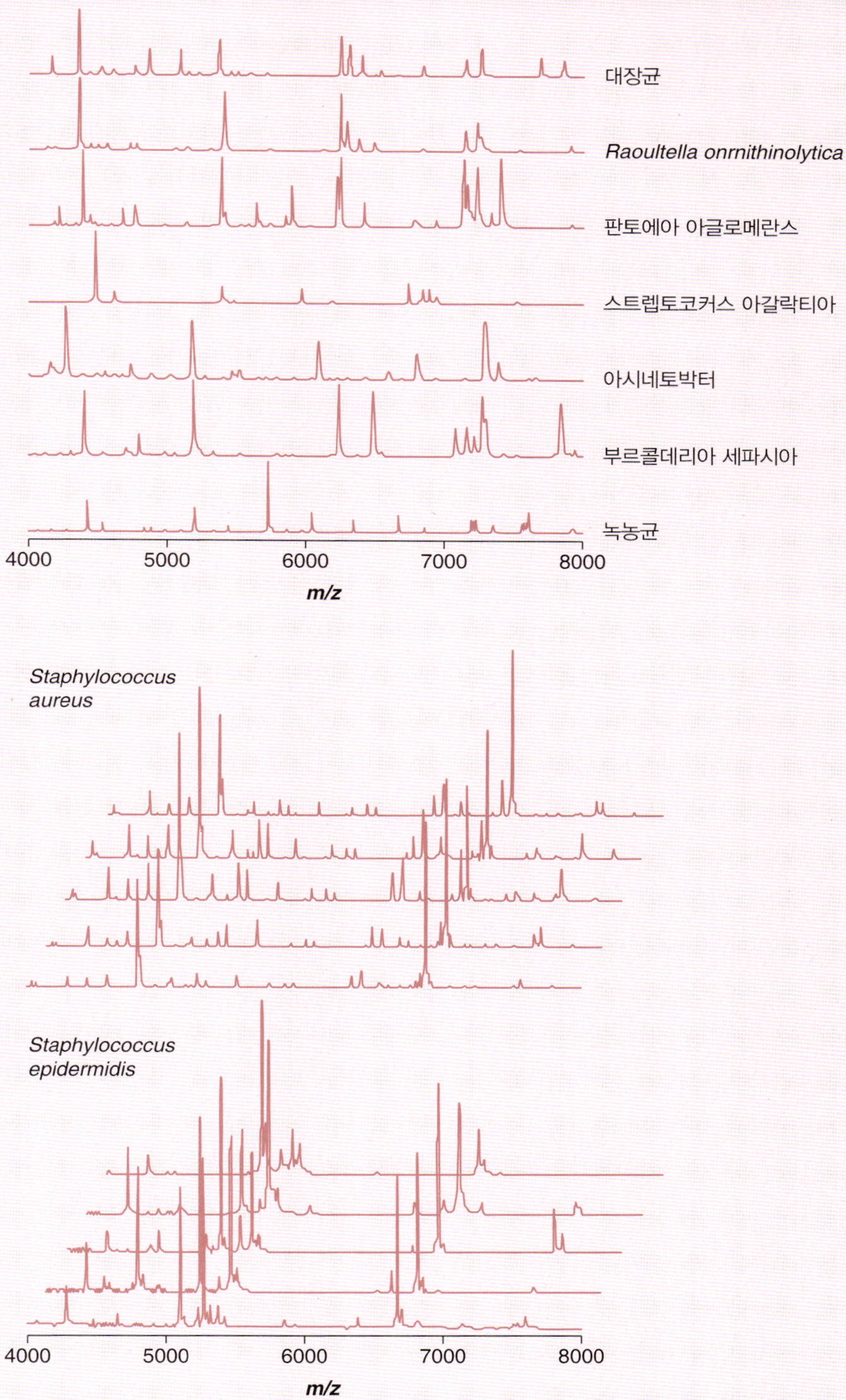

그림 1 MALDI-TOF **질량 분석법에 의해 세균 종 및 균주 구별**. 다른 균주들은 종에 공통이며 그 변형에 따라 달라질 구성 요소를 식별하는 반면, 다른 박테리아 종의 온전한 세포 스펙트럼은 매우 차별적이다. (Welker M (2011) *Proteomics* 11, 3143에서 인용. John Wiley & Sons, Inc.의 허가를 득함.)

표 10.1 혈청 바이오마커.

질병	단백체 기술	혈청 바이오마커/식별 검출
암		
전립선암	항체 마이크로어레이	폰 빌레브란트 인자, 면역 글로불린 M(IgM), α_1-항키모트립신, Villin, IgG
	2D DIGE와 MALDI-TOF/TOF-MS 결합	표피 지방산 결합 단백질 5, methylcrotonoyl-CoA 카르복실라제(2), 팔미 단백질 A2, ezrin, stomatin-like 단백질 2, 평활근 22
대장암	2D DIGE	S100A8와 S100A9(calgranulin A와 B)
	2D DIGE	Transaldolase 1와 갑상선 수용체 인터랙터
	LC-MS/MS	성장/분화 인자(15)와 트레포일요소 3(trefoil factor 3)
간암	모세관-HPLC 분석, 안정 동위 원소 희석-다중반응 모니터링 -MS	클러스테린, 비트로넥틴
	2D DIGE와 MALDI-TOF/TOF-MS 결합	비멘틴
	2D DIGE와 MALDI-TOF/TOF-MS 결합	열 충격 단백질 90
췌장암	2DGE-MS	사이클린 I 및 Rab GDP 분리억제제 P
	단백질 마이크로어레이	포스포글리세르산염 키나제 1과 히스톤 H4
뇌종양	SELDI-TOF-MS, 단백질 칩	신경교종 서열 64와 뇌 my035 단백질
	SELDI-TOF-MS	α_2-Heremans-Schmid 당단백질
유방암	핵산 프로그램 단백질 마이크로어레이 (NAPPA)	TP53-특정 항체
	MALDI-TOF-MS	CEA, CA15-3, 사이토 케라틴 조각 21.1, 렙틴과 오스테오폰틴
	항체 마이크로어레이	표피 성장인자, 가용성 CD40 리간드 및 proapolipoprotein A1, Kininogen, 가용성 혈관 세포 부착 분자 1, 플라스미노겐 활성화 억제제 1, 비타민 D 결합 단백질 및 비트로넥틴
난소암	단백질 어레이	업스트립 자극인자, 카텝신 G, HLA-B-관련 전사체 4, zinc-finger와 BTB 도메인 함유 단백질 22
	ESI MS/MS, 역상 단백질 마이크로어레이	S100A6 (calcyclin)
	2DGE, MS/MS, 역상 단백질 마이크로어레이	FK506-결합 단백질, Rho G-단백질 분해효소 억제제 및 glyoxalase I
	MALDI 직교 TOF-MS	Complement C3 and inter-α (글로불린) 억제제 H4, C4-A에서 나온 단일 펩타이드, 트랜스타인(transthyretin) 및 피브리노겐(fibrinogen)
폐암	2DGE와 MALDI-TOF/TOF 결합	햅토글로빈(Haptoglobin), 트랜스타인(transthyretin) 및 종양 괴사 인자 superfamily 8
위암	SELDI-TOF-MS, 항체 마이크로어레이	IPO-38 (H2B 히스톤)
자가 면역 질환		
전신성 홍반성 루푸스	단백질 마이크로어레이	사이토인, 케모카인, 성장인자, 수용체 및 가용성 인자
류마티스 관절염	2D LC-MS/MS	C-reactive 단백질 및 S100 칼슘과 결합하는 6가지 단백질
	나노-LC-MS/MS, 삼중 사중극자 MS	C-reactive 단백질
	항원 마이크로어레이	종양 괴사 인자 α, interleukin(IL)-ip, IL-6, IL-13 그리고 IL-15
다발성 경화증	2DGE, MS	α_1-산당단백질(α_1-acid glycoprotein 1), α_1-B-당단백질, 트랜스타인, 아포지단백질(apolipoprotein C-III), 혈청 아밀로이드 P 성분(serum amyloid P component), complement factor I, clusterin, gelsolin, hemopexin, kininogen-1, hCG1993037 isoform, 비타민-D 결합 단백질
	MALDI-TOF-MS	A fragment of complement C4 (1741 Da peptide)
장질환 CD, 궤양성 대장염	나노-LC-MS	Complement C3 및 C4A, 피브로넥틴 α-체인, fibrinopeptide A 및 아포지단백질(apolipoprotein) E
	SELDI-TOF-MS와 항체 마이크로어레이	혈소판 응집 인자(Platelet aggregation factor) 4, 골수성 관련 단백질(8), 피브리노겐 결합 펩타이드 및 햅토글로빈 α_2
강직성 척추염	NAPPA	자가항원; glypican 3 및 4, 결합조직 성장인자, osteonectin, melanocortin 4 수용체, chondromodulin 1, matrix Gla protein, purinergic receptor 및 세포외 기질 단백질 SPARC-related modular 칼슘-결합 단백질 1

질병	단백체 기술	혈청 바이오마커/식별 검출
감염성 질환		
결핵	SELDI-TOF-MS	아밀로이드 A 및 트랜스티레틴
나병	2DGE, MALD-TOF-MS/MS	이소폼 of α_2-chain of haptoglobin
SARS	2DGE, MALDI-TOF-MS	Peroxiredoxin II
	2DGE, MALDI-TOF-MS	α_1-antitrypsin
간염	2DGE, LC/MS-MS	Haptoglobin(β- 및 α_2-chains, 아포지단백질 A-I 및 A-IV, α_1-antitrypsin, transthyretrin 및 DNA topoisomerase IIβ
	2DGE, LC/MS-MS	α_2-매크로글로불린, 햅토글로빈, 알부민, complement C4, 레티놀-결합 단백질 및 아포지단백질 A-1, 그리고 A-IV
그 외		
뇌졸중	2DGE, MALDI-TOF-MS	심장 지방산-결합 단백질
	SELDI-TOF-MS, 나노-LC/MS-MS	아포지단백질 C-I 및 C-III, 아밀로이드 혈청 A, 그리고 항트롬빈 III 조각
지방간 질환	LC/MS-MS	피브로넥틴 B-chain, paraoxonase 1, prothrombin, complement C7, 그리고 serum amyloid P component
당뇨병 환자	2DGE, ESI-Q-TOF MS/MS	세포 외 글루타티온 과산화 효소와 아포지단백질
다운 증후군	2D-DIGE, MALDI-TOF/MS, MudPIT-LC/LC-MS/MS	α_1-산 당단백질, α_2-항플라스민 전구체, 항트롬빈 III, α_2-매크로 글로불린 전구체, 아밀로이드 혈청, inter-α-트립신 억제제 heavy chain H4, afamin 및 셀루로플라스민(ceruloplasmin)
	iTRAQ	Igλ-chain C 부분, 아밀로이스 혈청 P 부분, 아밀로이드(β A4, γ-actin, titin)
유육종증	SELDI-TOF-MS, 2DGE, MALDI-TOF	α-chain of 합토글로빈
정신분열증	Label-free LC-MS/MS	아포지단백질 A-I 및 zinc finger- 그리고 BTB 도메인 함유 단백질 38

Ray S, Reddy PJ, Jain R, et al. (2011) *Proteomics* 11, 2139에서 인용. John Wiley & Sons, Inc의 허가를 득함.

을 비교하여 체계적인 방식으로 단백질 바이오마커를 확인하는 것이다. 지금까지 단백질체학 분석을 통해 발견된 바이오마커가 병원 클리닉에 거의 도입되지 않았는데, 이는 완벽한 검증에 필요한 장기간의 테스트를 반영하기 때문이다.

바이오마커는 시료 간의 플러스/마이너스 또는 양적 차이에 의해 알 수 있다

바이오마커의 발견은 아마도 단백질체학이 적용되어 응용된 첫 사례일 것이다. 1982년 이차원 겔은 건강한 사람과 특정 질병으로 고통 받는 사람들 사이의 단백질 프로파일의 양적 차이를 탐지하는 데 사용될 수 있다고 제안되었지만, 당시에는 발견된 차별적 발현 단백질을 확인하기가 쉽지 않았다. 이것은 모두 1990년대 초에 질량 분석 기술의 출현으로 상관 데이터베이스 검색(제3장)에 의해 단백질들을 확인하는 것이 가능하도록 변화되었다. 2DEG와 질량 분석법의 조합은 곧 잠재적인 단백질 바이오마커를 찾을 수 있는 표준 방법이 되었다. 초기 전략은 실버 염색된 겔을 눈으로 비교하거나 시각적 분석 소프트웨어를 사용하여 비교하는 것이었다. 한 겔에 존재하고 다른 겔에 존재하지 않는 스팟 또는 겔 사이에 분명한 양적 차이를 보이는 스팟을 선택하고 이를 질량 분석법으로 분석하는 것이다. 따라서 스팟 내에 포함된 단백질을 동정하고 다른 샘플의 상대적 존재량은 다른 방법을 사용하여 재확인되었다(그림 10.1).이러한 방법은 다양한 형태의 암, 심혈관 질환, 신경 질환, 자가 면역 및

은 세포에서 세포 표면 단백질의 세포 외 부분을 표지하여 암 세포에서 특이적인 세포 표면 단백질을 선택하는 것이 첫 번째 접근법의 한 예이다(그림 10.4). 두 번째 접근법의 한 예는 특정 물리 화학적 성질을 가진 단백질을 선택하기 위한 좁은 pH 범위의 겔 또는 간단한 크로마토그래피의 사용이다. 그러나 이러한 경우에, 미량의 단백질을 확인하는 데에 충분한 양의 단백질 시료를 제공하기 위해 더 많은 양의 출발물질을 사용하는 것이 유용하다.

불행히도 대부분의 임상 샘플은 작고 이질적이며, 오염된 정상 조직으로 둘러싸여 있어 유용한 바이오마커의 검출을 훨씬 어렵게 만든다. 오염 문제를 해결하는 한 가지 방법은 특정 세포 집단을 직접 현미경으로 관찰할 수 있는 기술인 **레이저 포획 미세-절제(laser capture micro-dissection, LCM)**를 이용하여 분리하는 기술을 사용하는 것이다(그림 10.5). 이러한 방법의 조합으로 여러 가지 신규 암 바이오마커(예: 침윤성 난소 암 세포에 더 풍부한 글리옥살라아제-1 및 FK506BP)가 발견되었지만 충분한 양의 출발 물질을 생산하는 것은 여전히 어려운 문제로 남아있다.

보다 민감한 기술이 바이오마커의 정보를 식별하기 위해 사용될 수 있다

제2장에서 설명하는 바와 같이, 2DGE 방법의 민감도는 겔의 패턴 사이의 차이를 탐지하는 능력에 의해 제한된다. LC-MS 및 단백질 마이크로어레이의 사용과 같은 다른 방법은 덜 편향되어 보다 높은 처리량으로 샘플을 처리할 수 있으므로 바이오마커를 발견할 가능성이 증가한다. 이러한 기술은 개별적인 바이오마커(MS 및 MS/MS 방법을 사용하여 류마티스 관절염에 대한 바이오마커의 검출을 설명하는 Box 10.2 참조)뿐만 아니라 질병의 신뢰성 있는 지표를 제공하는 상이한 단백질을 포함하는 진단 지문 또는 프로파일을 식별하는 것을 돕는다. 예를 들어, Bateman과 동료 연구원은 LC-MS를 사용하여 25명의 유방암 환자에서 미세 절제된 암 상피 세포의 분석을 통해서, 알려진 바이오마커 후보와 질병 단계를 알려주는 몇 가지 새로운 특이 단백질을 포함하여 0 단계와 III 단계 사이의 113개 단백질을 확인하였다. 단백질 마이크로어레이는 각각의 바이오마커 및 프로파일의 식별에 사용되어왔는데, 예를 들어, 대장암의 프로파일을 위한 항체 배열의 이종 형광물질 표지(213쪽) 그리고 SELDI 질량 분석법을 이용한 진단 단백질 프로파일 식별(223쪽)은 CD8 세포 내의 바이러스에 의해 유발되는 몇몇 디펜신들을 식별하는데 도움을 주었다(그림 10.6). 질병 진단은 서로 다른 시료들에 의해 생성된 SELDI 스펙트럼의 관찰을 통해서 행

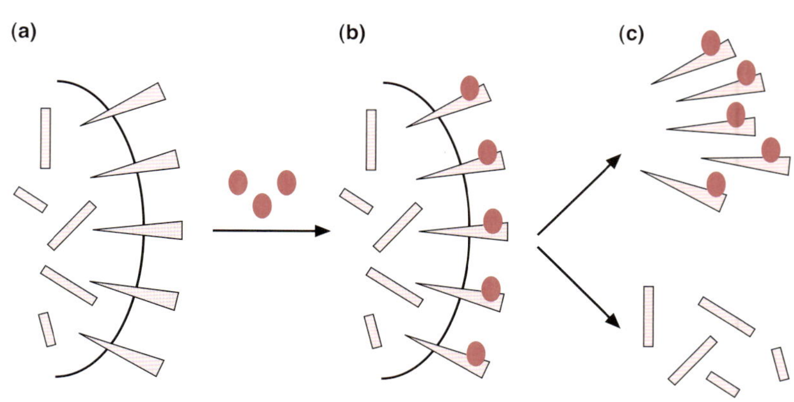

그림 10.4 **세포 표면 단백질체는 세포막을 침투할 수 없는 친화성 시약을 사용하여 분리한다.** (a) 세포 단백질체는 세포 표면과 내부의 단백질을 모두 포함한다 (b) 친수성 비오틴 유래 시약을 셀에 첨가하여 세포 표면 단백질 라벨로 만든다. (C) 세포 파쇄 후에, 표면 단백질은 친화성 크로마토그래프(스트렙타비딘 비드)를 이용해서 포획할 수 있고, 내부 단백질은 용출액에서 다시 얻어진다.

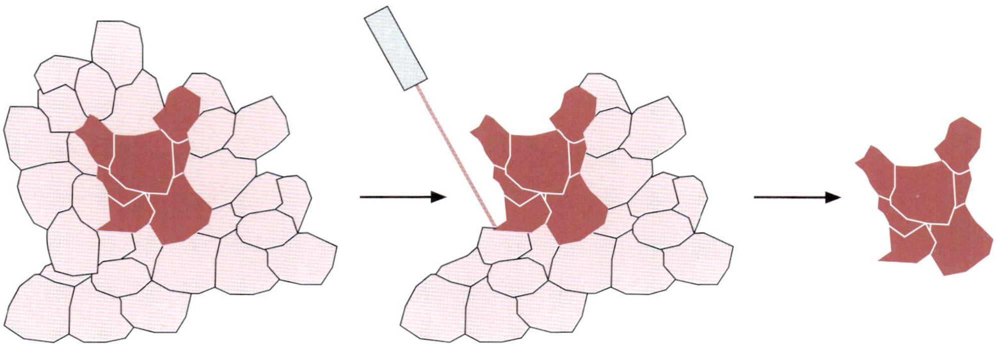

그림 10.5 레이저 캡처 미세 절제는 미세 초점 레이저 빔을 사용해서 이종 조직 샘플로 각 셀을 선택한다. 종량 셀(어두운)은 정상 세포와 함께 이종 조직 검사에 의해 검출된다.

해졌고, 스펙트럼의 피크는 대응하는 단백질을 꼭 식별할 필요 없이 자체적으로 진단되었다. 이론적으로, SELDI 스펙트럼은 단일 바이오마커의 분석보다 높은 민감도를 제공하는데, 후자의 경우 여러 질환에서 종종 발현되어 정확한 진단을 어렵게 하기 때문이다.

SELDI 패턴 프로파일링의 유용한 예는 암 세포가 이미 퍼지고 예후가 나쁜 후기 단계에서 보통 발견되는 난소암의 조기 진단이다. 원래 연구에서 혈청 시료에서 유래한 질량 스펙트럼으로 난소암을 가진 여성과 영향을 받지 않은 대조군을 패턴 일치 알고리즘의 훈련 세트로 사용하였었다. 차별된 패턴은 다른 시료 세트에 적용되고 확인되었다. 이로 인해 모든 난소암(신생아 세포가 난소에 여전히 들어 있는 예후가 좋은 I단계 암을 포함한다)에 대해 허위 양성률 5% 미만에 불과한 정확한 진단이 이루어진다. 유사한 알고리즘이 유방암과 전립선암을 진단하는 데 사용되었다. 각각의 경우에 패턴 프로파일링 방법의 민감도는 단일 바이오마커의 민감도보다 훨씬 높고 일부 질병의 경우에 최대 100%까지 정확한 진단을 얻을 수 있다.

10.3 약물 개발에서의 단백질체학 응용

단백질체학은 약물 표적을 선정하고 선도 화합물을 개발하는 것을 도울 수 있다

신약의 마케팅은 복잡하고, 길며, 값 비싼 공정의 끝을 의미한다(그림 10.7). 의료계에 진입하는 모든 약 후보들은 개발하는 데에 1억 달러의 비용과 개발 과정 동안 연간

BOX 10.2 사례 연구
류마티스 관절염에 대한 바이오마커

류마티스 관절염에 대한 신뢰성 있는 초기 마커가 없었지만, 최근 질병의 적혈구 침강 속도의 변화 및 C-반응성 단백질(CRP) 레벨에 의해 존재하지만, 예측성이 없다. 그러나 혈청 및 활액 사용 단백질체학 방법의 분석은 염증 활성(예, 스트로멜리신-1)에 대응하며 연골 무결성(예: CS846, 연골 aggrecan 매출의 마커), 뼈 및 결합 조직의 분해(각종 단백질 분해 효소와 콜라겐의 neoepitopes)는 류마티스 관절염에서 증가된다. 몇몇 사이토킨이 바이오마커로 제안되었는데, 그 예로 소아 류마티스 인터루킨-15(IL-15) 관절염 및 종양 괴사 인자 tumor necrosis factor-α(TNF-α) IL-12, IL-15과 IL-18이 있다. 이들은 혈청 또는 활액에서 시험될 수 있으나, 후자가 더 믿을 만하다.

혈청 및 활액의 MS/MS 응용은 matrix metalloproteinase 13, myeloid-related protein 8, and calgranulins A-C에 의해 나타난다. 중요하게도, 혈청 및 활액에서 류마티스 관절염에 대한 특정 바이오마커의 민감한 검출은 질병의 다양한 형태를 구분하고 또한 관절염과 같은 다른 관절 질환과 구별하는 데 도움이 된다.

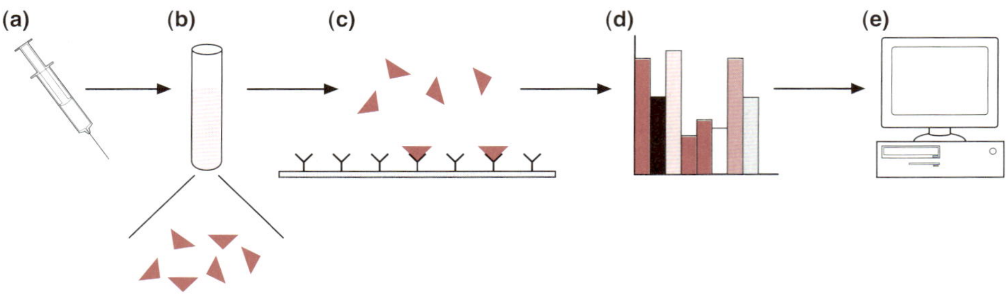

그림 10.6 **단백질 패턴 질병 진단**. 혈액 시료(a)에는 다양한 단백질(b)이 포함되고, 이는 분석 단백질 칩(c) 상에서 포획되고 정량화될 수 있다. 단백질의 상대적인 풍부함은 특별한 시그니처, 또는 지문(d)을 제공하고, 이는 패턴-매칭 알고리즘(e)에 의해 검출될 수 있고, 질병을 진단하고 다양한 종류의 종양을 분류하는데 사용될 수 있다.

250명의 직원이 필요할 것으로 추정된다. 많은 약물들이 후기 임상 단계에서 실패하기 때문에, 신약을 시장에 출시하는 실질적인 비용은 대략 10억 달러에 달할 것이다. 극소수의 약물만이 개발에 투자한 비용을 다시 회수할 수 있다. 제약 산업에서 폐기량이 개발 비용의 대부분을 차지하기 때문에 신약 개발 속도를 향상시키고 **폐기율**(개발 중에 버려지는 제품의 수)을 줄이기 위해 새로운 기술을 빠르게 채택하고 있다. 이 기술에는 합성 화학, 고처리량 탐색, *in silico* 스크리닝, 유전체학, 그리고 위의 단백질체학이 포함된다.

질병 바이오마커는 질병 상태나 건강 상태에서 특이적 또는 우선적으로 발현되는 단백질을 나타낸다. 많은 경우에, 이런 단백질이 질병의 결과로써 나타나거나 사라지는데, 그 존재 유무가 질병 증상에 영향을 줄 수도 있다. 비교 단백질체 분석에서 질병 상태에 발현되는 단백질을 확인한 경우, 이러한 단백질은 질병의 바이오마커가 될 뿐만 아니라 치료 표적이 될 수도 있다. 따라서 바이오마커의 발견은 약물 개발의 표적 확인 단계에서 매우 중요한 것을 제공하다(그림 10.8a). 또한, 특정 단백질이 질병 상태에서 사라지는 경우라면, 이 단백질은 그 자체가 가능성 있는 약물로 개발될 수 있다. 따라서 비교단백질체 분석은 새로운 치료 단백질을 향한 지침을 제공할 수 있다(그림 10.8b).

건강한 상태와 질병 상태의 조직의 직접적인 비교 만큼, 성장 인자나 사이토카인과 같은 조절 인자로 처리한 세포나 조직 또는 동물 모델의 단백질 프로파일을 비교 분석하는 것이 목표물 확인에 유용한 전략이다. 이들 분자들은 세포의 증식, 분화, 접착과 같은 다양한 세포 행동을 자극하기 때문에 질병의 결과를 모델링하는 데 이용될 수 있다. 위의 예는 장 상피세포의 사이토카인에 의해 조절 받는 단백질의 발견과 백혈병 세포에서 포르볼에스터(phorbol ester)에 의해 조절되는 타깃 단백질 발견, HeLa 세포에서 표피 성장인자 처리에 의해 유도된 인산단백질의 동정 등을 포함한다. 마지막 예시가 흥미로운 이유는 항체를 사용하여 포스포타이로신을 포함하는 단백질을 분리하게 되고, 이를 이용한 인산화단백질체(제8장)의 선택적 정제에 의해 그 비교 분석이 가능하게 된 점 때문이다. 인터페론-α 및 인터루킨-2로 처리된 림프

그림 10.7 **약물 개발의 주요 과정**.

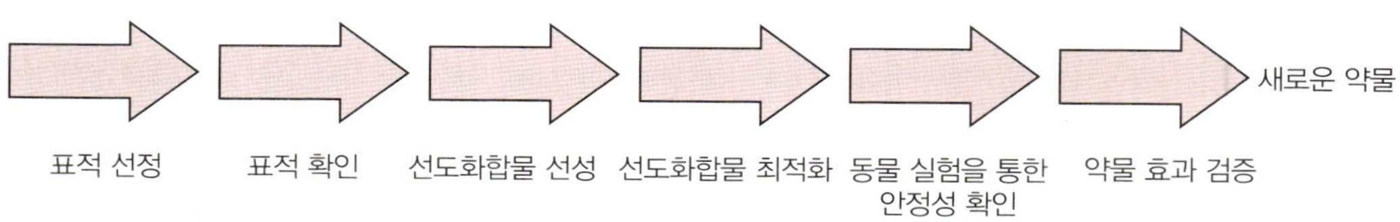

구의 잠재적 약물 표적 또한 이러한 방법으로 확인되었다.

단백질체학은 인간의 질병 관련 단백질 기반의 새로운 치료 표적을 확인할 수 있을 뿐만 아니라 병원체 단백질체의 표적 식별을 위한 많은 방법을 제공함으로써 감염성 질환에 대한 약물 및 백신 개발에 단서를 제공한다(표 10.2). 감염 또는 발병 기전에 관여하는 세포 표면 단백질 또는 분비 단백질의 특성의 규명은 신약이나 백신 표적의 식별을 위한 빠른 경로를 제공한다. 여러 생물 정보학 방법은 병원체 단백질의 서열을 분석하고, 분비신호 및/또는 소수성 통과막 부위 등을 식별함으로써 분비되거나 또는 소수성 막 도메인에 내재되거나 또는 세포막 외부 환경에 노출되는 단백질들을 식별하는 데 사용될 수 있다. 이러한 방법은 종 또는 분류학적 그룹(예를 들어, 그람 양성 또는 음성 박테리아)에 맞춰 수정될 수 있다. 다른 기술은 표면 단백질 단백질체를 풍부하게 하는 데 초점을 맞추고 있다. 또 하나의 접근방법은 2DGE를 사용하여 병원체 단백질체를 분리하고 면역 단백질을 식별하기 위해 다른 환자의 고 면역 혈청을 사용하는 것이다. 이러한 단백질체의 한 부류로, "면역체학(immunome)"은 약물 표적뿐만 아니라 백신 표적의 좋은 원천 자료가 될 가능성이 높다(이들 단백질의 부위가 숙주 면역계에 노출된 것으로 알려져 있기 때문에). 말라리아 기생충인 *Plasmodium falciparum*의 경우에서 입증된 된 바와 같이, 이러한 전략은 병원균 생애주기의 특정 단계에서 발현되는 단백질을 확인하는 데 사용될 수 있다. 다양한 방법이 미생물 배양물로부터 표면 단백질 분획물을 분리하기 위해 개발되었는데, 염료, ^{18}O 또는 친화성 태그(인간 세포에 적용되는 유사한 방법은 그림 10.4를 포함)로 **세포 표면을 표지**하거나, 미생물 배양물로 세포 표면 단백질이 방출되도록 하는 세포벽 분해, 프로테아제를 이용한 손상되지 않은 세포의 분해를 포함하는 **세포 표면 쉐이빙**을 포함한다. 트립신은 방출된 펩타이드를 MS로 바로 적용할 수 있기 때문에 유용한 분해효소이지만 세포막으로부터 돌출된 짧은 서열의 펩타이드는 잘 절단하지 않는다. 따라서 낮은 특정성을 가지는 프로테아제(예를 들어, 프로테아제 K)를 이용한 불완전한 분해는 이러한 펩타이드를 확인하는 데 유용할 수 있다.

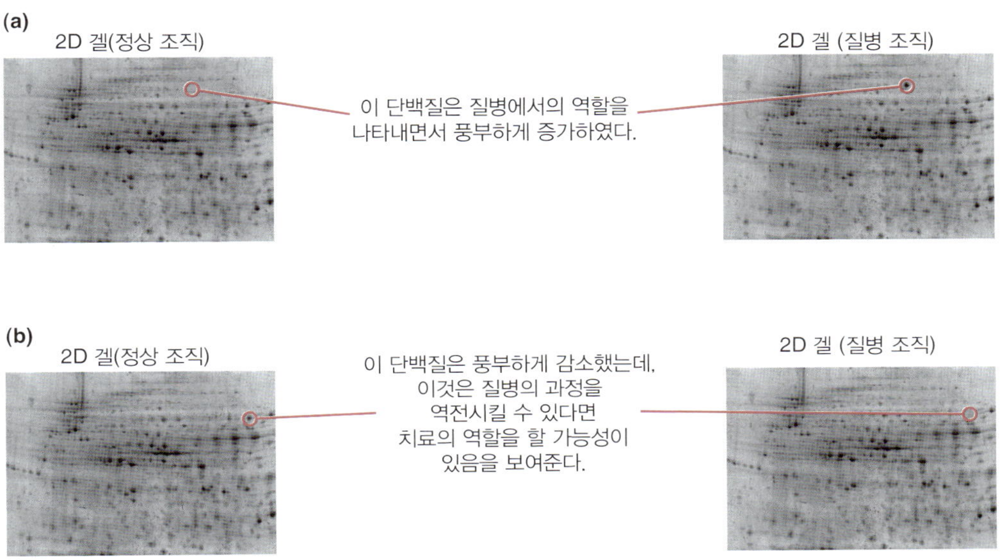

그림 10.8 **단백질체학의 중요성.** (a) 표적 식별과 (b) 잠재적 단백질 치료법의 식별

표 10.2 미생물 및 식물에 대한 2DGE 데이터베이스.

데이터베이스	내용	URL 주소
에버딘 대학, 의료 미생물학과	인플루엔자 균, 폐렴 구균, 나이세리아 뇌수막염	http://www.abdn.ac.uk/~mmb023/2dhome.htm
유럽 세균 단백질체 프로젝트	클라미디아 폐렴, 헬리코박터 파이로리 및 결핵균	http://www.mpiib-berlin.mpg.de/2D-PAGE/
SWICZ: Swiss-Czech Proteomics Server	*Caulobacter crescentus* and *Streptomyces coelicolor*	http://proteom.biomed.cas.cz/
Various	*Borrelia garinii, Francisella tularensis* LVS, and *Mycoplasma pneumoniae* M129	http://www.mpiib-berlin.mpg.de/2D-PAGE/microorganisms/index.html
COMPLUYEAST-2DPAGE	*Candida albicans* and *Saccharomyces cerevisiae*	http://compluyeast2dpage.dacya.ucm.es/
이스트 단백질 지도	*Saccharomyces cerevisiae*	http://www.ibgc.u-bordeaux2.fr/YPM/
CNRS/INRA/Bayer CropScience	*Arabidopsis seed proteome*	http://www.seed-proteome.com/
애기장대 미토콘드리아 단백질체 프로젝트	*Arabidopsis* mitochondrion	http://www.gartenbau.uni-hannover.de/genetik/AMPP

미생물 약물 표적을 찾기 위한 대체 방법으로는 감염 기전과 관련된 단백질을 확인하기 위해 동일한 유기체의 병원성 및 비병원성 균주의 비교단백질체 분석과 숙주-병원체의 상호작용에 관련된 단백질을 식별하기 위한 숙주 또는 병원체 조직의 비교분석이 있다. 결핵의 원인균 *Mycobacterium tuberculosis*은 병원성 균주에 특이적인 단백질을 확인하기 위해 비병원성 *M. bovis* BCG와 비교 분석되었다. 2DGE 비교 분석은 96개의 스폿 차이에서 결핵균에 특이적인 56개의 단백질을 밝혀냈고, 그 중 32개의 단백질은 질량 분석법에 의해 확인되어 현재 신규 백신 표적으로 연구되고 있다. 감염의 체외 모델은 생리학적으로 관련이 있는 한 매우 유용하다. 예를 들어, 웨인 모델(적은 산소 환경에서 증식되지 않는 상태를 유지하는 세균)과 시험관 내 대식세포 감염과 관련된 질병 모델을 포함하여 결핵 감염의 여러 모델이 확립되었다. 후자의 경우에서 16개의 단백질은 감염에 의해 유발된 것으로 밝혀졌고, 28개 단백질은 억제된 것으로 나타났다.

단백질체학은 목표 단백질 확인에 유용하다

단백질체학 및 다른 대규모 기술은 **목표 단백질 발견**을 용이하게 했지만 **목표 검증** 단계에서 병목 현상이 초래되었다. 표적 단백질의 활성을 방해하는 방식으로 병이 호전되는 것을 보여주는 것으로 이를 지지할 수 있다. 표적 식별과 비교할 때 표적 단백질 검증은 낮은 처리량을 갖는데, 이는 각각의 새로운 표적단백질의 유효성을 검증하는 데에 1~2년이 걸릴 수 있기 때문이다.

다양한 유전체 및 단백질체 방법이 검증 단계에서 사용될 수 있는데, 구조 분석, 단백질 상호작용, 특정 단백질이 과발현되거나 억제되었을 때 유익한 표현형을 생성하는지를 알아보는 발현 분석, 표적 단백질 개체군의 유적적 변이 분석 등을 포함한다. 표적 개체군 내의 높은 다형성은 후보 약물에 대한 다른 반응을 보이기 때문에 적합하지 않다. 이러한 경우 유전적, 생화학적 상호작용 연구는 동일 대사 또는 신호전달 경로와 관련된 잠재적 상호작용 단백질을 밝힐 수 있으며, 이러한 단백질은 낮은 다형성을 보이거나 표적에 적합할 수 있다. 단백질체학이 표적 유효성 확인에 사용될 수 있는 한 가지 방법은 특정 작은 분자와 결합하는 기능을 기준으로 단백질을 선정하기 위해 결합 가능한 친화성 기반 프로브를 사용하는 것이다(표 10.3). 이러한 **화**

표 10.3 겔, 막 및 미세배열 상에서 단백질의 기능을 식별하기 위한 기능-특이적 친화성 시약.

선호도 프로브	단백질 계열
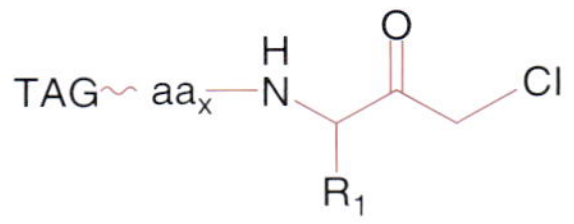	세린단백질분해효소
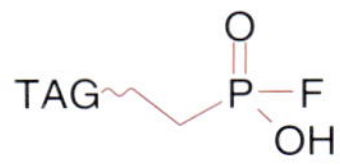	세린가수분해효소
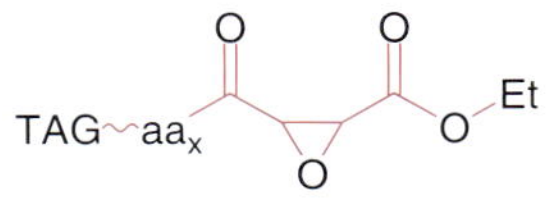	시스테인단백질분해효소
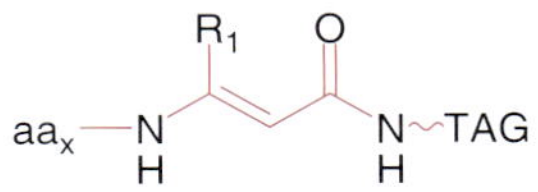	시스테인단백질분해효소
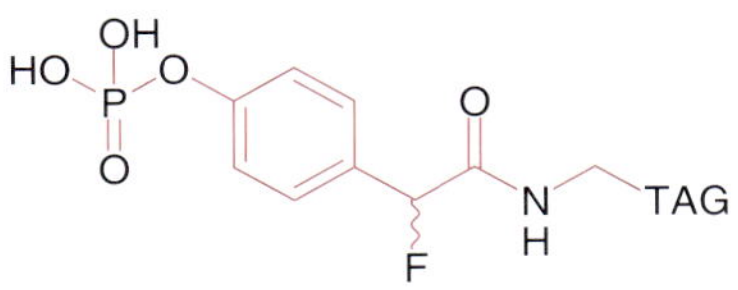	티로신인산가수분해효소
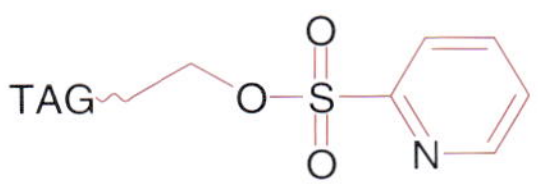	알데히드탈수소효소
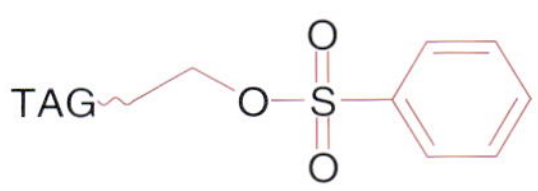	티올라아제 NAD/NADP-의존적 산화환원효소 Enoyl CoA 수화효소 에폭시드 가수분해효소 글루타티온-*S*-전달효소
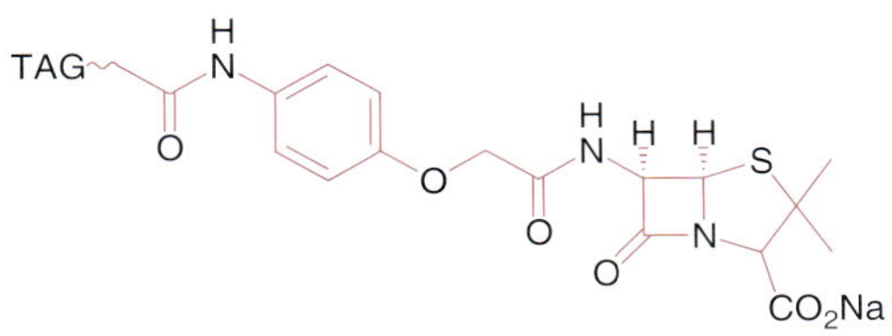	페니실린결합단백질
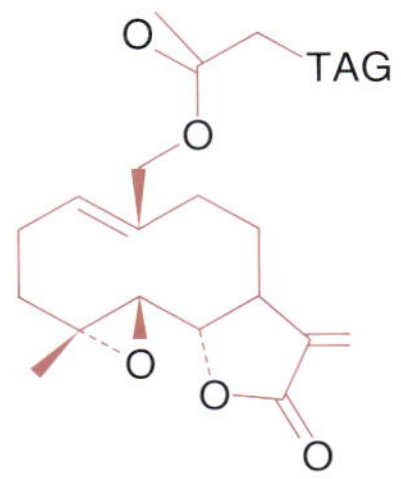	키나아제 (IKKβ)
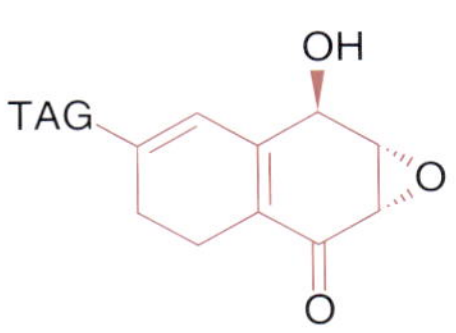	NF-κB

Campbell DA & Szardenings AK (2003) *Curr. Opin. Chem. Biol.* 7에서 인용, 296. Elsevier의 허가를 득함.

학 단백질체학으로 확인된 표적 단백질은 작은 분자에 의한 억제에 더 민감하게 반응하는 단백질이므로 후보 약물에 긍정적으로 반응할 수 있다. 친화성 기반 프로브는 세포 기반 및 동물 실험 프로그램과 결합하여 아래에서 설명하는 것처럼 신규 화학물질 개발을 위한 출발점으로 사용될 수 있다.

화학 단백질체학은 선도 화합물을 선택하고 개발하는 데 사용될 수 있다

약물 개발의 화학 단계에서 특정 단백질체 기술은 **선도 화학물(lead compound)**의 확인 및 최적화를 위한 고처리량 접근방법을 제공할 수 있다. 예를 들어, 단백질-단백질 상호작용을 확인하는 방법은 단백질 활성을 방해하여 인체에 유용한 생리 효과를 줄 수 있는 선도 화합물 스크리닝에 사용될 수 있다. 기능성 단백질 칩은 시험관 내에서 선도 화합물의 존재 및 부재하에 단백질-단백질 상호작용을 분석하여 정상적인 결합 현상을 방해하는 분자의 신속한 식별을 가능하게 한다. 이러한 분자는 살아 있는 세포에서 단백질 상호작용을 방해할 확률이 훨씬 높다. 적합한 선도 화학물이 확인되면 동일한 방법을 선도 화합물의 최적화에 사용할 수 있다. 이 경우 단백질 상호작용 실험을 사용하여 선도 화합물에서 선정된 화학적 유도체 중 가장 강력한 효과를 갖는 화합물을 동정한다. 단백질 상호작용 방해를 실험하기 위해 효모 역 투-하이브리드 시스템과 그 유도체(168쪽)를 사용하여 생체 내에서 유사한 실험을 수행할 수 있다.

구조 단백질체학은 선도 화합물을 최적화하는 데에 중요한 역할을 하는데, 이는 잠재적인 약물 표적의 구조 분석을 통해 단백질-소분자 간 상호작용의 스크리닝 실험 전 인실리코(컴퓨터 시뮬레이션)에서 모델링할 수 있기 때문이다. 구조적 정보를 갖춘 연구진은 강력한 컴퓨터 프로그램을 사용하여 다양한 화학 화합물의 구조를 포함하는 데이터베이스를 검색할 수 있다. 컴퓨터는 표적 대상과 상호작용할 가능성이 가장 높은 화합물을 선택할 수 있으며 이를 실험실에서 시험할 수 있다. 다른 유사한 접근법으로는 친화성 프로브를 사용하여 표적 단백질을 사전 선택하는 것인데, 이것은 상호작용하는 분자 그룹에 기초하여 선도 화합물을 설계하고, 표적 단백질의 알려진 리간드에 기초하여 선도 화합물을 디자인하는 것을 포함한다. 이러한 접근 방식은 복잡한 화학 라이브러리의 고처리량 스크린에 대한 필요성을 없애고 원칙적으로 화학적인 스크리닝 없이 선도 화합물이 컴퓨터 시스템을 이용하여 완성될 수 있도록 한다. 이것은 합리적 약물 설계로 알려져 있으며, 현재 많은 약물 개발에 성공해 왔다. 합리적 약물 설계에 의해 생성된 첫 번째 약물은 인플루엔자를 치료하는 데 사용되는 Zanamvir(상품명 Relenza)이다. Zanamivir는 감염된 세포에서 새로 형성된 바이러스를 방출하는 데 필요한 바이러스 생산 효소인 뉴라미니데아제(neuraminidase)와 상호작용할 가능성이 가장 큰 분자를 선택함으로써 개발되었다. HIV 감염을 치료하기 위해 최근 개발된 약품의 대부분(예를 들어, ritonavir와 indinavi)은 바이러스 단백질을 분리하여 그들을 적절히 조합하게 하는 바이러스 단백질 분해 효소와 상호작용하도록 설계되었다.

단백질체학은 임상 개발 중 약물 독성을 평가하는 데 사용될 수 있다

단백질체학은 약물 개발의 임상 단계에서 유용한 데이터를 제공하는 약물 활성 및 독성 기작을 조사하는 데 적용할 수 있다. 약물 부작용은 미국에서 소송의 가장 큰 원인이며 제약 산업에서 매년 수백만 달러가 소비된다. 이러한 부작용은 약물이 독성을 띠는 수준으로 축적되거나 독성유도체로 분해되기 때문에 발생하며, 각각의 경우 임상 증상은 약물 또는 대사 부산물의 세포 내 비표적 단백질과의 예상치 못한 상호작용에 의해 발생한다. 약물 독성 경과는 종종 유전자 발현과 단백질 개체수 변화를 야기하는데, 이것은 독성 바이오마커로 검출될 수 있다.

기존 2DGE 또는 단백질 칩을 사용하여 약물에 대한 반응으로 변형되어진 단백질 프로파일 연구는 약물의 생화학적 기초 및 약물 활성에 따른 약물의 전달 경로, 네트워크에 대한 방대한 데이터를 제공한다. 급성 전 골수성 백혈병 세포의 레티노산 처리 전과 후 및 버킷(Burkitt) 림프종 세포의 5′-아자시티딘으로 처리 전과 후를 비교하는 것과 같이 다양한 시스템들이 연구되어 왔다. 이 접근방법은 질병과 관련된 인간의 단백질 또는 동물 모델에서 뿐만 아니라 항생제에 반응하는 병원균의 단백질체를 연구하는 데 사용될 수 있다. 발현 단백질체학이 특정 항생제에 의해 발현되거나 억제되는 단백질을 보여줄 수 있지만 상호작용 지도(interaction maps)는 중심(hub)과 중복 경로(redundant pathway)를 파악하는 데 유용하다. 이것은 어떠한 약물의 조합이 각각의 표적들에 대해 가장 강력하게 병원균의 생애주기를 파괴적으로 방해하는지 예측하는 데 도움을 줄 수 있다.

독성 바이오마커는 2DGE 및 질량분석기 통해 주로 발견되었다. 좋은 예로는 칼빈딘(calbindin)이 있는데, 이것은 칼슘 결합 단백질으로서 면역 억제제 약물인 사이클로스포린 A(cycloporin A, 또한 시클로스포린이라고도 함)를 투여한 환자의 신장에서 소진된다. 이 약물은 아이들의 장기 거부 반응을 방지하기 위해 광범위하게 사용되지만 신장 독성을 포함하는 치명적인 부작용이 있으며 환자의 40%까지 발생한다. 독성은 소변의 칼슘 손실과 관련이 있으며, 이것은 신장 세뇨관의 석회화를 일으킨다. 쥐와 인간 신장의 처리/미처리된 시료의 2차원 겔을 비교한 결과 칼빈딘의 존재량에 확연한 차이가 있었으며 약물 처리에 따른 이 단백질의 손실과 이에 의한 독성 효과 기작을 설명할 수 있다. 인간과는 달리 원숭이는 사이클로포린 A의 독성에 반응하지 않고 원숭이의 신장의 단백질체 분석은 약물 처리 후에 칼비딘이 고갈되지 않는다는 것을 보여주었다. 따라서 약물에 대한 원숭이의 대사 방식의 연구는 인간의 부작용을 방지하기 위한 새로운 방법에 대한 통찰력을 제공할 수 있다.

10.4 농업에서의 단백질체학

단백질체학은 식물 교배 및 유전학의 새로운 지표를 제공한다

생물의학적 응용 프로그램이 단백질체학을 지배하고 예측 가능한 미래에 그렇게 할 것 같지만, 단백질체학은 농업에서 또한 오랜 역사를 가지고 있다(Box 10.3 참고). 1980년대 초반부터, 이차원 겔은 천연 식물 개체군에서 유전적 다양성 정도를 연구하는 데에 사용되었으며, 최근에 동일한 기술이 유전자 변형(GM) 작물의 분석에 적용되고 있다. 단백질체학은 또한 그것이 방어 및 스트레스 반응에 관여하는 단백질 및 개선된 농업 품종으로 표현되는 단백질을 확인하는 데에 도움을 주고 있다는 점에서, 식물 발달, 생리학, 그리고 다른 생물과의 상호작용의 연구에 사용되어 왔다.

BOX 10.3 사례 연구
식물에서의 스트레스 내성 바이오마커

농업 생산성의 가장 큰 제약조건 중 하나는 생물적 스트레스 요인(잡초, 해충, 질병) 및 비생물적 스트레스 요인(기후, 온도, 낮은 토양 품질, 염분)에 의해 발생하는 수확량의 손실이다. 예를 들어, 인류를 먹여 살리는 두 가지 주요 곡물(쌀과 옥수수)은 (불임의 원인인) 높은 온도와 (수확량을 감소시키고 성장과 발생 억제하는) 염분의 영향을 강하게 받는다. 식물은 그 스트레스에 반응할 수 있도록 하고 궁극적으로 견디도록 하는 기작을 가지고 있으며, 스트레스에 강한 내성을 갖는 것들이 배양을 위한 좋은 대상이다. 단백질체학은 스트레스 하에서 비조절 또는 하향 조절된 단백질을 식별하는 데에 사용될 수 있다; 예를 들면, 밀에 열적 자극을 가하는 것은 저분자의 열충격 단백질과 그에 해당하는 내성 유전자의 활성화를 담당하는 전사 인자의 유도를 초래한다. 그러한 단백질은 식물에 유전공학이 적용될 때, 열 자극에 대한 내성을 부여하는 것으로 나타났다. 단백질-단백질 상호작용 연구들은 특정 열 자극 단백질이 칼모듈린-결합 단백질과 상호작용하는 것으로 나타났다; 스트레스 내성을 유도하는 신호 경로에 대한 통찰력을 제공하고 외부 화학물질을 적용하여 내열성을 유도할 수 있는 기회를 제공한다.

염분 자극은 잠재적인 농지가 탈수 및 염분에 영향을 받고, 내염분성 작물의 개발이 경작 가능한 토지를 확장시킬 수 있기 때문에 단백질체학의 주요한 표적이다. 식물은 아브시스산(ABA) 호르몬에 의해 조절되어 기공을 닫고 수분 손실을 감소시키는 방법으로 가뭄에 대처한다. 여러 단백질체학 연구는 가뭄이나 염분 스트레스에 노출된 식물이 많은 단백질은 중복 유도하는 것으로 나타났는데, 이중 많은 단백질은 ABA 신호에 대해 반응하는 것으로 밝혀져 가뭄 내성을 유도하는 기본 기작과 잠재적 전략에 대한 통찰력을 제공했다. 다양한 형태의 스트레스는 반응성 산소 종을 생성하여 아스코르브산과 같은 산화 대사를 합성하는 효소인 디뮤타제(자유 라디칼을 제거)와 같은 효소를 생성시켰다.

또한 단백질체학은 생물적 스트레스를 분석하는 데 유용한데, 해충 및 병원체에 접촉하여 발현된 단백질과 공격 가능한 해충/병원균에 의해 유도된 단백질을 식별할 수 있기 때문이다. 두 가지 모두 식물이 공격에 필수적인 dsRNA 표적 단백질이나 항체를 발현하도록 디자인하여 외부 공격에 대한 저항력을 증가시킨다. 예를 들어, 2DGE는 *the fungus Fusarium graminearum*에 의해 유도된 41개의 밀 단백질을 식별하였는데, 그중 많은 단백질이 자스모닉 신호, 병원체 방어, 질소/아미노산 대사 경로에 관련된 반면 광합성 관련 단백질은 줄어들었다. 상향 조절된 곰팡이 단백질은 산화방지제(아마도 "산화적 폭발" 반응에 대응하는) 생산에 관련되어 있는 단백질과 탄소 습득에 관련된 단백질을 포함했다.

de Vienne와 동료들이 다른 밀 품종을 구별하기 위해 수행한 실험은 식물에서의 초기 단백질체학 연구들 중 하나였다(읽을거리 참고). 이러한 실험은 쌀, 보리, 사탕수수, 고추 등의 몇몇 중요한 작물과 더불어 여러 가지 나무 종에서 수행되어 왔다. 단백질체학은 재배된 밀과 다른 곡물들 사이에서 종들 간의 다양성을 연구하는 데에 사용되었다. 초기 연구에서 여러 밀 종자들은 2DGE로 분석되었으며, 단백질 스팟의 분포와 양적 유사성 및 차이점을 사용한 유사성 지수를 계산하는 데에 사용되었다. 이를 통해 분류계통도(phylogenetic tree)가 만들어졌으며, DNA 서열과 고전 분류학에 기초한 분류계통과 매우 일치하는 것으로 밝혀졌다. 의학적 단백질체학과 마찬가지로, 많은 농업적 중요성을 감안하여 다양한 식물 종의 단백질체(proteomes)를 분류하기 위한 데이터베이스가 구축되어 있다.

많은 단백질체학 연구들은 유용한 작물학적 특성에 해당하는 단백질을 확인하기 위한 목적으로 식물의 생리학적 과정을 조사하기 위하여 수행되었다. 어떤 경우에는, 이러한 연구가 전체 단백질체 수준에서 돌연변이의 하류 효과를 연구하기 위해 돌연변이와 야생형 품종의 비교 분석하는 데 사용되었다. 예를 들어, 씨앗의 형태를 결정하는 고전적인 멘델 유전자자리 R에서만 차이나는 서로 다른 동종 완두콩 품종을 연구하기 위해 2DGE가 사용되었다. RR 씨앗(둥근형)과 rr 씨앗(주름형)을 비교해 본 결과 광범위한 차이가 나타났는데, 단백질체 중 약 10%의 양에 영향을 미치고 이것은 또한 이전 연구에서 관찰된 씨앗 사이의 다양한 생화학적 및 생리학적 차이와 동일했다.

단백질체학은 유전적 지표로 사용할 수 있는 다형성을 확인하기 위해 사용되고 있다. 다형성(polymorphism)은 세 가지 수준으로 나타나는데, 위치 이동(PS), 존재/부재 다형성(P/A), 그리고 정량적 다형성(quantitative polymorphisms, 단백질 양의 유전자자리, PQLs라고도 한다)으로 설명된다. 앞선 두 가지 종류의 다형성은 같은 폴리펩타이드가 질량 또는 전위만 다를 경우 유용한 유전자 지표가 되지만 같은 유전자자리의 유전자 변화를 표현하지 않기 때문에 다른 번역 후 변형을 나타낼 수도 있다. 이러한 지표는 DNA 지표를 포함하는 광범위한 유전자 지도를 생성하기 위해 밀, 옥수수, 소나무 등에서 사용된 바 있다. 양적 다형성은 기존의 지도 기반 복제 또는 후보 유전자 접근 방식에 의해 알 수 없는 정량적 형질 위치(quantitative trait loci, QTLs)를 식별하는 데 유용하다. 이 방법의 기본은 QTLs과 같은 곳에 있는 단백질 정량적 다형성(PQLs)이 후보 유전자를 확인하는 데 사용될 수 있다는 것이다. 한 가지 예는 de Vienne 등에 의해 제공되었다(읽을거리 참조). 이 연구자들은 가뭄 반응에 영향을 주는 QTL에 대해 옥수수의 10번 염색체에서 후보유전자를 식별했다. 후보 유전자는 수분 스트레스와 숙성에 의해 유도된다고 알려진 *ASR1*이었다. 같은 도메인으로 맵핑된 야생형과 가뭄-스트레스가 가해진 옥수수 식물의 이차원 겔 비교에서 단백질 정량적 다형성이 발견되어 그 연관성이 검증되었다. 정량적 다형성은 상이한 가뭄 스트레스 조건 하에서 ASR1 단백질 양의 상이한 수준을 반영한다.

식물 생물학의 대부분 단백질체 연구는 건강한 식물과 병원균에 감염된 식물을 비교하거나 안정한 식물과 특정 스트레스에 노출된 식물을 비교하는 것을 포함한다. 벼(*Oryza sativa*)와 애기장대(*Arabidopsis thaliana*)의 모델 식물이 가장 많은 주목을 받았는데, 그 이유는 두 종의 게놈의 염기 서열이 밝혀졌고 광범위한 EST 자원을 이용할 수 있어 펩타이드 질량 지문 및 단편 조각 이온 분석으로 단백질 식별이 용이하기 때문이다. 쌀은 전 세계 인구의 50% 이상의 주식이기 때문에 세계에서 가장 중요한 식량 작물이며, 단백질체학이 벼의 농업적 가치 특성에 영향을 미칠 수 있는 단백질을 식별하는 데 사용되어 왔다. 예를 들어, 진균 유도자로 잘 알려진 자스몬산(jasmonic acid)으로 처리된 벼 잎은 야생형과 비교했을 때 12개의 단백질이 발현된 것이 검출되었고, 그중 9개는 병원성 관련 단백질과 유사하였다. 벼가 세균성 마름병 병원균(*Xajithomonas oryzae*)으로 감염되었을 때 21개의 단백질의 양이 변화한 반면, 아세포 진균 *Magnaporthe grisea*으로 감염되었을 때는 17개의 단백질이 발현되었다. 야생형 볍씨와 반왜성 품종의 종자를 비교했을 때 각각의 씨앗에 저장된 단백질 글루텔린(glutelin)의 다른 형태의 특정한 발현이 밝혀졌다. 이러한 모든 연구는 방어 또는 농업 개선에 있어서 특정 역할을 할 수 있는 단백질들을 밝혀냈다.

단백질 상호작용 분석은 식물 단백질의 기능을 예측하는 데 유용하다. 예를 들어, 애기장대의 개화는 MADS 상자라고 알려진 DNA 결합 도메인을 갖는 전사 조절인자와 밀접하게 관련된 그룹에 의해 제어된다. 유사한 전사 조절인자가 다른 식물에서 발견되었지만, 그것의 정확한 역할은 돌연변이들을 힘들게 분석하지 않고는 알아내기 힘들다. 하나의 빠른 방법은 보존된 단백질 상호작용을 기반으로 기능을 유추하는 것이다. 예를 들어, 노르웨이 소나무의 DAL13 단백질은 MADS 상자 단백질으로서 이것은 애기장대 단백질과 기능적으로 동일할 수 있다. 그러나 상호작용 스크린에서 DAL13은 애기장대 단백질 PISTILLATA와 특이적으로 상호작용하여

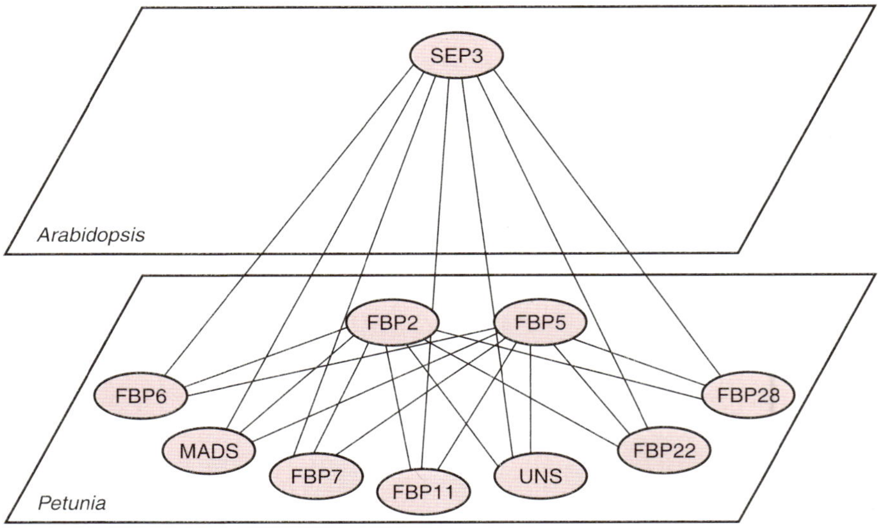

그림 10.9 **애기장대의 SEPALLATA3 (SEP3)에 MADS 상자 단백질 사이의 이종 상호작용을 효모 이차원 하이브리드 시스템을 통해 확인**. SEP3의 상호작용 파트너는 FBP2 및 FBP3 단백질의 파트너와 동일하다는 것이 밝혀져서, SEP3, FBP2, FBP5가 동종이라는 것이 밝혀졌다. 약자: FBP, FLORAL BINDING PROTEIN; pMADS, petunia MADS-상자 protein; SEP, SEPALLATA; UNS, UNSHAVEN. (Immink RG & Angenent GC (2002) *Trends Plant Sci.* 7, 531에서 인용. Elsevier에서 허락을 득함.)

DAL13과 PISTILLATA가 기능상 동종(orthologs)임을 제안하고 있다. 그림 10.9에 나타낸 바와 같이, 유사 상호작용 스크리닝으로 보존된 상호작용 세트가 관찰되어 Petunia FBP2와 FBP5의 기능적 동종으로 애기장대 SEPELLATA3(SEP3)을 동정하였다.

단백질체학은 유전자 변형 식물들의 분석을 위해 사용될 수 있다

식물 생명 공학의 주요 응용 중 하나는 GM 작물의 개발이다. 어떤 경우에는 작물이 유용한 단백질이나 대사산물을 생성하기 위한 반응기로 사용되지만 다른 작물들은 작물학적 특정을 개선하거나 식품 또는 사료로서 사용되기 위해 변형되기도 한다. GM 상품의 안정성에 대한 우려는 실직적인 동등성의 개념을 중심으로 발생하는데, 이는 기주 식물의 유전자 변형 과정에서 예기치 못한 (바람직하지 않은) 변경 사항의 발생 여부이다. 식물 게놈에 임의의 DNA가 무작위로 도입되고 이것이 내인성 유전자에 미칠 수 있는 영향으로 인한 변화는 신진 대사 장애의 유발과 영양분 및 잠재적인 독성 화합물의 농도 변화 등을 포함한다. GM 및 비-GM 작물의 비교 분석을 위한 전략은 종종 특정 영양소, 대사산물 또는 독소와 같은 특정 화합물에 초점을 맞춘다. 그러나 발생할 수 있는 변화를 완전히 분석하기 위해서는 전사 프로파일링, 단백질체학, 대사체학(제1장 참조) 등의 글로벌하고 표적 비지향적인 접근법을 사용하는 것이 좋다.

단백질체학은 잠재적으로 식품 안전 평가에서 중요한 역할을 하는데, 이는 다른 글로벌 분석방법을 사용하여 검출할 수 없는 단백질 존재량의 변화 및 번역 후 변형을 식별할 수 있기 때문이다. 예를 들어, 영국 식품기준청(Food Standards Agency)은 다차원 액체 크로마토그래피 및 ICAT 기반의 양적 질량 분석을 사용하여 GM 및 비-GM 작물을 비교하는 프로젝트에 자금을 지원하고 있다. 이 연구의 중요한 구성 요소는 모델 작물 내에서의 자연적인 단백질체 변화를 평가하는 것으로 이는 GM-특이적 변형을 더욱 식별하기 어렵게 한다.

10.5 산업에서의 단백질체학—이차 대사의 수율 향상

식물은 복잡한 구조의 다양한 화학물질을 생산한다. 이 물질들은 핵심 대사의 일부가 아니기 때문에 이차대사 산물로 알려져 있지만, 수분 매개자를 끌어들이고 병원균에 대한 방어 등의 많은 유용한 기능을 수행한다. 이차 대사산물은 약물, 염료, 향수, 영양 보충제 및 향료로 사용될 수 있기 때문에 수 세기 동안 인간의 관심 대상이었다. 불행하게도 가장 유용한 이차 대사산물의 대부분은 매우 적은 양만 생산되기 때문에, 상업 추출을 실행하기 쉽지 않았다. 따라서 연구자들은 이러한 목표 화합물을 더 많이 생산하기 위하여 이차 대사 경로를 연구하고 있다. 또 다른 장애물은 이차 대사 경로가 매우 복잡하고, 많은 효소 단계를 포함하고 있으며, 광범위한 부반응 및 크로스 토크가 발생하고, 상이한 종류의 세포 또는 세포 소기관에서 여러 단계의 구획화 등을 포함하는 매우 복잡한 과정이라는 것이다. 이차 대사를 연구하는 전통적인 방법에는 먹이 실험과 표시된 중간체를 이용하여 개별 반응을 단계별로 분석하는 것이다. 단백질체학은 식물에서 이차 대사 물질의 발견을 가속화할 수 있는데, 이는 효소뿐만 아니라 구획 사이의 중간체 이동에 관여하는 단백질과 이동을 조정하는 조절단백질도 확인할 수 있기 때문이다.

유용한 이차 대사산물 생산을 위한 최적의 모델 시스템 중 하나는 마다가스카르의 일일초(*Catharanthus roseus*)로 이 식물은 강력한 항종양성 약물인 빈블라스틴(vinblastine) 및 빈크리스틴(vincristine)을 포함하여 수백의 알칼로이드를 생산한다(그림 10.10). 알칼로이드 생산에 영향을 미치는 것으로 알려진 배양 조건하에서 배양된 매일초의 단백질체 분석을 통해서, 그것의 존재량 자체로 촉매 또는 조절 역할을 하는, 즉 알칼로이드의 축적 레벨을 영향을 주는 5가지 단백질을 밝혀냈다. 일일초에서 테르페노이드 인돌 알칼로이드(terpenoid indole alkaloid) 생합성에 관여하는 많은 유전자의 공통적 조절은 이 시스템에서 알칼로이드의 수준을 증가시키기 위한 유용한 전략이 이들 유전자의 발현을 조절하는 전사인자를 확인하고 조작할 것이라고

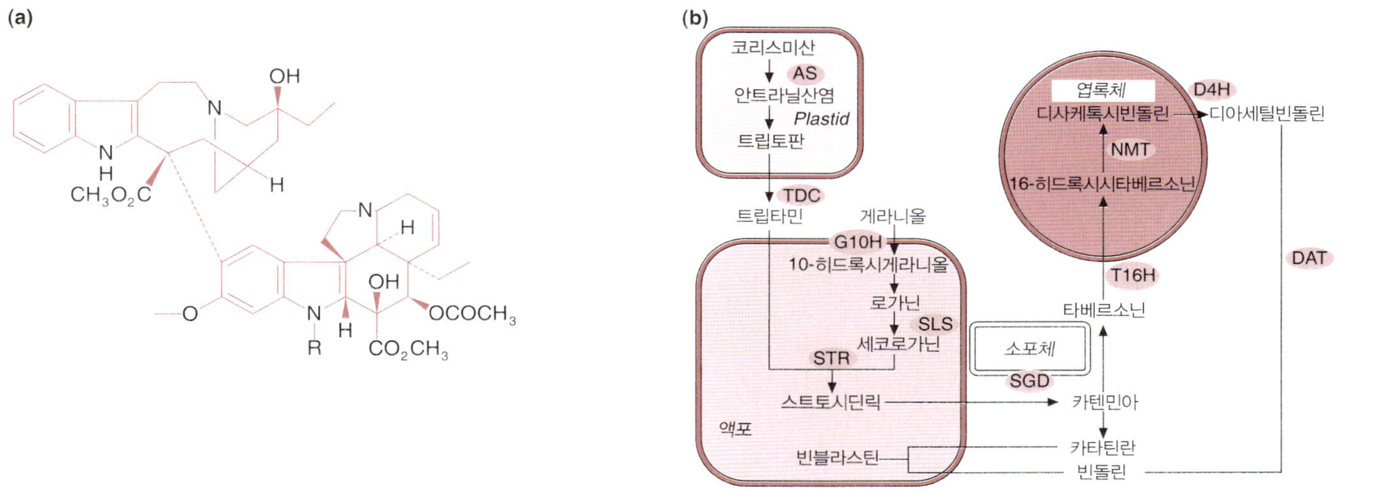

그림 10.10 *C. roseus*의 TIA pathway 개요. (a) 알칼로이드 항종양 약물, Vinblastine과 vincristine의 일반 화학 구조(vinblastine에서 R = $-CH_3$, vincristine에서 R = CHO), (b) 이 화학물들의 매우 복잡하고 고도의 구획 생합성 경로의 약식 표현.

제안한다. ORCA2로 알려진 이 전사인자는 효모 원하이브리드 시스템(one-hybrid system, 155쪽)을 사용하여 확인되었고, 또 다른 것은 삽입성 돌연변이를 포함하는 스크린(11쪽)에서 발견되었다. 단백질체학은 크립토젠(cryptogein) 같은 곰팡이 유출자에 노출된 강낭콩(*Phaseolus vulgaris*), 병아리콩(*Cicer arietinum*), 그리고 담배(*Nicotiana tabacum*)의 세포 배양에서 피토알렉신(phytoalexin) 합성 경로 연구를 가능하게 하였다. 처리 후에 병아리콩 세포 배양물의 이차원 겔에서 11개의 스팟이 존재량이 증가하는 것으로 나타났으며, 담배 세포에서는 23개 단백질이 존재량의 변화를 보였다. 여기에는 두 가지 핵심 효소인 페닐알라닌암모니아분해효소(phenylalanine ammonia lyase, PAL) 및 칼콘합성효소(chalcone synthase, CHS)를 포함한다.

읽을거리

Alaiya AA, Roblick UJ, Franzen B et al. (2003) Protein expression profi ling in human lung, breast, bladder, renal, colorectal and ovarian cancers. *J. Chromatogr. B* 787, 207-222.

Bateman NW, Sun M, Bhargava R et al. (2011) Differential proteomic analysis of late-stage and recurrent breast cancer from formalin-fixed paraffin-embedded tissues. *J. Proteome Res.* 10, 1323-1332.

Bumpus SB, Evans BS, Thomas PM et al. (2009) A proteomics approach to discovering natural products and their biosynthetic pathways. *Nat. Biotechnol.* 27, 951-956.

Celis JE, Kruhoffer M, Gromova I et al. (2000) Gene expression profiling: monitoring transcription and translation products using DNA microarrays and proteomics. *FEBS Lett.* 480, 2-16.

de Vienne D, Leonardi A, Damerval C & Zivy M (1999) Genetics of proteome variation for QTL characterization: application to drought-stress responses in maize. *J. Exp. Bot.* 50, 303-309.

Eldakak M, Milad SI, Nawar AI & Rohila JS (2013) Proteomics: a biotechnology tool for crop improvement. *Front. Plant Sci.* 4, 35.

Hanash S (2003) Disease proteomics. *Nature* 422, 226-232.

Hanash SM, Madoz-Gurpide J & Misek DE (2002) Identification of novel targets for cancer therapy using expression proteomics. *Leukemia* 16, 478-485.

He QY & Chiu JF (2003) Proteomics in biomarker discovery and drug development. *J. Cell Biochem.* 89, 868-886.

Hewitt SM (2009) Tissue microarrays as a tool in the discovery and validation of tumor markers. *Methods Mol. Biol.* 520, 151-161.

Lee JM, Han JJ, Altwerger G & Kohn EC (2011) Proteomics and biomarkers in clinical trials for drug development. *J. Proteomics* 74, 2632-2641.

Mattoon D, Michaud G, Merkel J & Schweitzer B (2005) Biomarker discovery using protein microarray technology platforms: antibody-antigen complex profiling. *Expert Rev. Proteomics* 2, 879-889.

Moseley FL, Bicknell KA, Marber MS & Brooks G (2007) The use of proteomics to identify novel therapeutic targets for the treatment of disease. *J. Pharm. Pharmacol.* 59, 609-628.

Petricoin EF, Ardekani AM, Hitt BA et al. (2002) Use of proteomic patterns in serum to identify ovarian cancer. *Lancet* 359, 572-577.

Petricoin EF & Liotta LA (2004) SELDI-TOF-based serum proteomic pattern diagnostics for early detection of cancer. *Curr. Opin. Biotechnol.* 15, 24-30.

Petricoin EF, Zoon KC, Kohn EC et al. (2002) Clinical proteomics: translating benchside promise into bedside reality. *Nat. Rev. Drug Discov.* 1, 683-695.

Ray S, Reddy PJ, Jain R et al. (2011) Proteomic technologies for the identification of disease biomarkers in serum: advances and challenges ahead. *Proteomics* 11, 2139-2161.

Sahab ZJ, Semaan SM & Sang QX (2007) Methodology and applications of disease biomarker identification in human serum. *Biomark. Insights* 2, 21-43.

Shin BK, Wang H, Yim AM et al. (2002) Global profiling of the cell surface proteome of cancer cells uncovers an abundance of proteins with chaperone function. *J. Biol. Chem.* 278, 7607-7616.

Solis N & Cordwell SJ (2011) Current methodologies for proteomics of bacterial surface-exposed and cell envelope proteins. *Proteomics* 11, 3169-3189.

Van Eyk JE (2002) Proteomics: unraveling the complexity of heart disease and striving to change cardiology. *Curr. Opin. Mol. Therapeut.* 3, 546-553.

Voelkerding KV, Dames SA & Durtschi JD (2009) Next-generation sequencing: from basic research to diagnostics. *Clin. Chem.* 55, 641-658.

Welker M (2011) Proteomics for routine identification of microorganisms. *Proteomics* 11, 3143-3153.

Williams M (2003) Target validation. *Curr. Opin. Pharmacol.* 3, 571-577.

Wulfkuhle JD, Liotta LA & Petricoin EF (2003) Proteomic applications for the early detection of cancer. *Nat. Rev. Cancer* 3, 267-275.

Zhu H & Qian J (2012) Applications of functional protein microarrays in basic and clinical research. *Adv. Genet.* 79, 123-155.

용어해설

%C : 폴리아크릴아미드겔에서 가교제인 비스아크릴 아미드의 단량체 질량의 비율.

%T : 폴리아크릴아미드 겔에서 장착 전 겔 부피의 %로서 단량체의 전체 농도.

ABPP-MudPIT : 활성 기반의 단백질 프로파일(기계적 반응과 관련이 있는 효소들과 상호 반응하는 화학적 탐침 이용)로 단백질 확인을 위해 다차원 크로마토그래피와 질량분석기를 결합하였음.

absorption peak (흡수 정점) : 시료 성분에 의해 최대 흡수 정점을(예를 들어, 자외선) 나타내는 크로마토그램의 피크.

activation trap (활성화 트랩) : 인근 유전자들을 활성화시키는 강력한 외향 프로모터를 포함하는 통합 DNA 구조.

activity-based protein profiling (ABPP, 활성 기반의 단백질 정보 수집) : 기계적으로 관련된 효소들과 반응하는 탐침을 이용한 단백질의 기능적 분석.

activity-based proteomics (활성 기반의 단백질체학) : activity-based protein profiling 참조.

affine gap penalty : 서열 비교에 있어, 공백을 만드는 초기 패널티와 확장 위한 더 작은 패널티로 구성된 갭 패널티.

affinity capture (친화성 포획) : 특정 결합 리간드를 이용해서 용액 내 특정 분자를 포획.

affinity chromatography (친화성 크로마토그래피) : 친화성 포획에 기반한 크로마토그래피 방식.

affinity depletion (친화성 제거) : 혼합물에서 다량의 단백질들을 제거하고 소량의 단백질을 분석하는 친화성 크로마토그래피의 이용.

affinity pull-down (친화성 풀다운 분리법) : 리간드에 코팅된 비드와의 결합으로 용액 내 특정 단백질 분리.

affinity purification (친화성 정제) : 특정 목적 단백질을 정제하기 위해 친화성 크로마토그래피를 이용.

affinity reagents (친화성 반응 물질) : 특정 단백질을 포획하기 위해 사용되는 리간드.

alignment score (상동성 점수) : 서열 정렬 분석 정도를 나타나는 점수.

amino acid (아미노산) : 특유의 측쇄와 아민과 카르복실산 기능 그룹을 포함하는 유기 분자.

amino acid composition (아미노산 조성) : 단백질 내 각기 다른 아미노산 비율 조성.

analogous (유사체) : 구조적으로 그리고/또는 기능적으로 연관되어 있으나 같은 기원에서 유래한 것이 아닌 서열을 설명하는 것. 즉, 수렴진화의 산물.

analytical microarray (분석 미세배열) : 항체처럼 고정화 된 포획물로 이뤄져 있고 용액 내 단백질의 존재량을 연구하는 데 이용되는 단백질 미세배열.

angle restraints (각도 제한) : NMR 분광학에서, 화학결합의 비틀림 각도의 한계.

anion exchange(AEX) chromatography (음이온 교환 크로마토그래피) : 양이온 수지에 음전하 이온 교환에 기초한 크로마토그래피 모드. 예로 4차 아민 그룹.

anomalous scattering (변칙 산란) : 강한 X-선 흡수가 일어나는 원자의 존재(주로 중금속)에 의해 발생하는 X-선 회절상의 변화.

antibody mimics (항체 모방체) : 항체와 구조적 성질이 유사한 단백질성 분자.

anti-phosphotyrosine antibodies (항-인산타이로신 항체) : 단백질의 인산타이로신 잔기를 특이 인식하는 항체.

array (배열, 집합체) : 일반적으로 소형 형식으로 제공되는 그리드 상에 배열되어 있는 분석 대상. microarray 참조

arrayed imaging reflectometry (배열된 이미징 반사 간섭 측정) : 결합된 단백질의 양에 비례하는 방식으로 결합하면 표면에서 빛을 반사하게 만들어서 비반사 표면에 결합하는 단백질을 확인하는 방법.

atomic force microscopy (원자 현미경) : 켄틸레버에 부착된 작은 바늘 끝을 이용해 표면의 특성을 관찰하는 고해상도 방법.

attrition rate (자연 감소율) : 성장 저해 약물의 비율.

autoactivation (자체 촉매 작용) : 효모 단백질 잡종법과 그 파생체에서, 흔히 전사인자이기 때문에 상호작용 파트너 없이도 발현 카세트를 활성화 시키는 단백질의 능력.

automated crystallization workstations (자동 결정화 작업기) : 다양

한 결정화 전략을 동시에 테스트할 수 있는 고도의 병렬 자동화 장치.

bait (미끼) : 효모 단백질 잡종법 및 그 파생물에서, 상호작용 파트너를 확인하기 위해 사용되며, 주로 전사인자의 DNA-binding 도메인과 융합됨으로써 발현되어지는 단백질.

barcoding (바코딩) : (1) 고용량의 처리에서, 예를 들어 혼성화로 확인하거나 다량의 시퀀싱 분석의 경우, 구조를 확인하기 위해 특정 올리고 뉴클레오타이드를 사용하는 것.

(2) 비드 배열에서 개별 비드를 확인하기 위해 줄무늬의 특이 서열 사용.

Basic Local Alignment Search Tool (기본 국소 정렬 검색 도구) : 휴리스틱하지만 동적 프로그램밍에 기반하지 않는 빠른 서열 정렬 알고리즘.

bicinchoninic acid(BCA) assay (BCA 분석법) : 용액 내 전체 단백질 농도를 측정하는 분석법.

bead arrays (비드 배열) : 그리드 포맷으로 제한되지 않지만 자유롭게 퍼지는 비즈로서 표시되는 미세배열.

bimolecular fluorescence complementation(BiFC, 2분자 형광 상보성) : 형광표지단백질 2개의 무기능성 절편을 결합시켜 기능성 복합체로 만드는 단백질 상호작용을 확인하기 위해 사용되는 분석법.

binary interactions (이원 상호작용) : 두 인자 사이 상호작용.

biochemical genomics (생화학적 유전체학) : 관련된 단백질의 생화학적 성질을 연구하여 유전자 기능을 대규모 분석.

bioinformatics (생물 정보학) : 다량의 생물학 데이터베이스의 보관, 검색, 체계화, 분석을 포함하는 컴퓨터 생물학 분야.

bioluminescence resonance energy transfer (BRET, 생물 발광 공명 에너지 전달) : 두 종류의 생물 발광단백질의 형광체 사이 에너지 전이는 단백질이 근접했음을 확인하고 상호작용함을 제시함.

biomarker (생물지표) : 질환이나 약물 반응과 같은 생물학적 상태의 모든 지표.

biphasic column (이상성 칼럼) : 하나의 열에 직교분리를 허용하는 다른 화학적 성질을 갖는 두 종류의 고정상을 가진 크로마토그래피 칼럼.

BLAST : Basic Local Alignment Search Tool 참조.

BLOCKS : 단백질 내에 짧고 높은 보존성의 기능적 서열들의 데이터베이스.

BLOSUM (blocks substitution matrix, 블로섬, 블록 치환 점수표) : 특정 수준의 동일성을 갖는 정렬된 서열의 블록에서 관찰된 아미노산 치환에 기초한 치환 매트릭스.

bottom-up proteomics (상향식 단백질체학) : 펩티드의 움직임을 기본으로 단백질 동정을 포함하는 단백질체학의 전략.

Bradford assay (Bradford 분석법) : 용액 내 전체 단백질의 농도를 측정하는 분석법.

b-series and y-series ions : N-말단 단편(b-series) 또는 C-말단 단편(y-series)에 남아있는 전하를 가진, 펩티드 결합을 단편화하여 발생하는 펩티드 이온.

Capillary electrophoresis (모세관 전기영동) : 얇은 유리 모세관에서 일어나는 전기영동.

CATH(class, architecture, topology, homologous super-family) : 단백질의 구조적 분류와 관련 데이터베이스를 위한 전략.

cathodic drift (음극성의 이동) : 전기영동 중에 분석물이 양이온을 향해 움직이는 경향.

cation exchange chromatography (CAX, 양이온 교환 크로마토그래피) : 예를 들어, 황산염 및 카르복실레이트 그룹인 음이온 수지에서 양으로 하전된 이온 교환에 기초한 크로마토그래피 모드.

cell microarrays (세포 미세배열) : 고정된 핵산 또는 단백질보다는 오히려 세포의 개별 그룹이 포함된 미세배열.

cell surface labeling (세포 표면 라벨링) : 세포막을 통과할 수 없는 염료를 사용하여 세포외 단백질을 표지하는 전략.

cell surface shaving (세포 표면 처리) : 세포 내용물을 방해하지 않고 프로테아제를 사용하여 세포 표면에서 단백질을 분해하여 세포외 단백질을 분리하는 전략.

cell-free expression systems (무세포 발현 시스템) : 재조합 세포가 아닌 시험관 내에서 정제된 전사 및 번역 성분을 이용하는 발현 시스템.

census sequencing (센서스 시퀀싱) : 메신저 RNA를 나타내는 각각 다른 DNA 서열의 발생을 계수하는 것을 포함하는 유전자 발현 분석을 위한 방법.

charge density (전하 밀도) : 단백질 표면의 전하 밀도

charge-coupled device (CCD, 전하 결합장치) : 전하를 특정 위치로 이동시켜, 예를 들어 이미징을 위해 디지털 값으로 변환할 수 있는 장치.

chemical derivatization (화학적 유도체화) : 예를 들어, 안정성 향상 또는 표식을 하기 위해 특정 화학그룹을 유도체로 변환하는 것.

chemical proteomics (화학적 단백질체학) : 작은 화합물 라이브러리에 대해 단백질을 검사하여 단백질 기능의 고처리량 분석.

chemical shift (화학적 이동) : NMR 분광학에서, 표준과 비교

된 핵의 공명주파수의 변화는 인접한 화학그룹의 존재를 나타냄.

chip (칩) : 일반적으로 현미경 슬라이드의 크기와 모양의 작은 장치이며 미세 분석에 사용.

chou-Fasuman method (chou-Fasuman 법) : 특히 2차 구조에서 발생하는 서로 다른 아미노산의 성향에 기반한 단백질의 2차 구조 예측에 대한 실증적 방법.

chromatofocusing (CF, 크로마토 포커싱) : 단백질을 등전위점에 따라 분리할 수 있는 이온교환수지 및 pH 용출구배를 이용한 단백질 분리방법.

chromatogram (크로마토그램) : 각기 다른 성분을 나타내는 일련의 흡수 피크로 구성된 크로마토그래피의 시각적 출력.

chromatography (크로마토그래피) : 분자가 고체 고정상과 이동상 사이에서 분리되는 모든 분리 공정.

circular dichroism (CD, 원편광 이색성 분광 분석) : 왼쪽 또는 오른쪽 원형 편광의 차등 흡수는 단백질 2차 구조 확인에 도움.

co-immunoprecipitation (상호 면역침강법) : 단백질 A/G에 대한 친화성 또는 가교결합으로 포획된 특정 항체에 결합하는 힘을 이용한 용해성 단백질의 면역침강법.

collision cell (충돌관) : 기체상 이온이 중성 가스와 충돌하여 조각(생성 이온)을 생성하는 질량분광기의 부분.

collision induced dissociation (CID, 충돌 유도 분해) : 질량분석기의 충돌관에서 중성가스를 사용한 충돌에 의해 생성된 단백질 이온의 해.

collision induced dissociation spectrum (CID, 충돌 유도 분해 스펙트럼) : 충돌 유도된 해리에 의해 생성된 질량 스펙트럼.

combined fractional diagonal chromatography(COFRADIC) : 원 N-말단과 프로테아제에 의해 생성된 것들을 구별하는 정량적 프로테오믹스의 방법.

comparative genomics (비교유전체학) : 다양한 종의 게놈 간 연관성에 대한 연구.

comparative modeling (비교 모형) : homology modeling 참조.

complete interpretation (완전 해석) : 질량 스펙트럼에서 완전한 아미노산 서열의 도출.

complete orthogonality (완전 직교성) : 한 차원에서 단백질의 분리가 다른 차원에서 단백질의 분리에 영향을 미치지 않으면서 두 분리에서 최대 피크의 용량을 야기하는 데 영향을 주는 특성을 가진 가상의 분리. 실제로, 속성 간에는 약간의 중복이 있으며 완전한 직교성은 결코 이뤄질 수 없다.

complex (복합체) : 단일 다중결합 구조를 형성하는 단백질의 상호작용 그룹.

complex interactions (복합 상호작용) : 복합체 내의 단백질 간의 상호작용, 반드시 두 파트너만 관련된 것은 아님.

complexome (총 복합체) : 세포 또는 유기체의 모든 단백질 복합체.

comprehensive mutant library (돌연변이 유전자 은행) : 게놈의 모든 유전자를 나타내는 돌연변이체를 포함하고 있는 세포 또는 유기체의 라이브러리.

consensus sequences (공통 배열) : 정렬된 서열의 모음에서 각 위치에서 가장 공통적인 아미노산을 나타내는 서열.

conservative substitutions (보존적 치환) : 한 아미노산이 비슷한 화학적 성질을 가진 다른 아미노산으로 대체되는 아미노산 치환.

context-based searching (문맥 기반 탐색) : 단일 아미노산 수준에서의 일치가 아닌 상황에 따라 정렬 점수를 계산하여 서열 정렬의 민감도를 향상시키는 패턴 인식 전략.

context-specific BLAST (CS-BLAST, 문맥 특이적 서열 분석) : 보다 먼 관계를 확인하기 위해 주변 서열 컨텍스트의 12개 아미노산을 포함하는 BLAST의 유래체.

context-specific iterated BLAST (CSI-BLAST, 문맥 특이적 서열 반복 분석) : 보다 먼 관계를 확인하기 위해 주변 서열 컨텍스트의 12개 아미노산을 포함하는 PSI-BLAST의 유래체.

core glycan (핵심 글리칸) : glycoprotein이 소포체에 들어갈 때 형성되는 glycan 구조는 분비 경로의 다른 부분에서 꾸며지고 변형됨.

correlative database searching (상관 데이터베이스 검색) : 경험적 데이터와 데이터베이스에서 파생된 이론적인 데이터 사이에 연관된 데이터베이스 검색법으로 예로 질량분석법에 의해 유도된 펩티드 질량과 데이터베이스 시퀀스를 기반으로 한 이론적인 펩티드 질량.

COSY (correlation spectroscopy, 상관관계 분광법) : 서로 결합되어 있는 스핀(즉, 화학결합)을 식별하는 표준 형태의 2차원 NMR.

cross-correlation (상호 상관관계) : correlative database searching 참조.

c-series and z-series ions (c-series, z-series 이온) : N-말단 단편(c-series) 또는 C-말단 단편(z-series) 상에 남아있는 전하를 가진 N-C 결합을 단편화하여 생성된 펩티드 이온.

database pollution (데이터베이스 오염) : 기존 부정확한 주석을 사용하여 새로운 단백질의 자동주석으로 인해 데이터 베이스의 부정확한 데이터의 전달.

daughter ion scanning (딸 이온 스캐닝) : 2개의 질량분석기를 직렬로 사용하여 손상되지 않은 이온을 분리한 후 그 단편을 분리함(생성 이온 스캐닝으로 알려져 있음).

Dayhoff matrices (데이호프 행렬) : PAM 참조.

denatured conformations (변성 입체배열) : 주로 열 또는 화학물질의 존재로 인해 잘못된 접힘 또는 펼침에 의해서 생기는 전형적인 원상태가 아닌 모든 단백질 구조.

densitometer (밀도 측정계, 덴시토메터) : 광학 밀도를 측정하는 장치.

densitometric resolution (밀도 해상도) : 밀도계가 광학 밀도의 정도에 따라 분리할 수 있는 해상도.

deuterated (중수소화) : 수소원자가 무거운 수소 동위원소인 중수소로 대체된 분자.

Dicer (다이서) : RNA 간섭 동안 메신저 RNA를 분해하는 효소.

difference in-gel electrophoresis (DIGE, 차이 겔 전기영동) : 다른 형광염료를 갖는 각각의 샘플의 표지에 기초하여, 2차원 전기영동상에서 다양한 단백질 샘플의 동시 분리를 위한 방법.

differential display PCR (차등 발현 PCR) : 서로 다른 샘플의 cDNA 풀에 동일한 프라이머를 사용하여 증폭하여 인접한 겔 레인에 함께 표시되어 특정 밴드의 출현 또는 발현량의 차이를 확인하는 방법.

diffraction patterns (회절 패턴) : 단백질 결정에 의한 X-선 산란으로 생성된 반사체상의 패턴.

dimethylation-TAILS (탈메틸-TAILS) : 자연 N-말단과 프로테아제에 의해 생성된 것을 구별하는 정량적 프로테오믹스 방법.

direct analysis of large protein complexes(DALPC) : 분리된 단백질 복합체가 펩티드로 분해되고 MudPIT biphasic chromatography -MS 접근법을 이용해 분석되는 방법.

direct detection (직접 검출) : 초기 프로브는 표지되지 않고 2차 검출제제가 필요한 샌드위치(sandwich) 분석과 달리, 표지된 프로브를 사용한 특정 단백질 검출법.

direct labeling (직접 표지) : 별도의 표지된 프로브로 검출하는 것보다 단백질을 표지하여 단백질을 검출하는 것.

discontinuous system (불연속적 시스템) : 작업자가 용리된 시료를 수집하여 수동으로 다음 분리 단계로 공급하는 모든 직교 분리시스템. 예를 들어, 샘플은 하나의 크로마토그래피 컬럼에서 나오고 다른 컬럼으로 공급될 때 수집됨.

discovery driven (발견 지향) : 특정 가설을 테스트하기 보다는 시스템의 구성 요소를 발견하고자 하는 연구.

discovery proteomics (탐색 단백질체학) : 특정 가설에 기초하는 것이 아니라 시스템 구성 요소를 나열하고자 하는 프로테오믹스 접근법.

distance restraints (거리 제한) : NOESY NMR 분광학에서 두 핵 사이의 근접성에 기초한 제한.

distributed computing (분산 컴퓨팅) : 하나의 중앙 시설이 아닌 각자의 행동을 조정하는 컴퓨터 네트워크에 의해 해결되는 컴퓨팅 작업.

disulfide bridges (이황화 교상 결합) : 시스테인 잔기 사이에 형성되는 분자 간 또는 분자 내 결합.

DNA array to protein array (DAPA) : 동일한 유형으로 세포-무발현 단백질을 위한 주형으로서 DNA 미세배열의 사용을 포함하여 단백질 미세배열을 만들기 위한 방법.

DNA microarray (DNA 미세배열) : 교잡으로 용액 내 핵산을 검출할 때 사용되는 핵산 프로브를 포함하는 소형장치.

domain (도메인) : 구조적, 기능적, 진화적으로 독립적인 단백질의 구성 요소.

domain enhanced look up time accelerated BLAST (DELTA-BLAST) : 보존된 단백질 도메인 데이터베이스의 정보도 통합한 BLAST 검색.

domain fusion method (도메인 융합 방법) : 기능적 관계를 추론하기 위해 다른 종의 단일 도메인 단백질로 한 종에서 다중 도메인 단백질을 비교하는 기능적 주석 방법.

dual baits (이중 포촉재) : 단일 먹이 단백질과 두 종류의 다른 미끼 사이에서 각기 다른 단백질의 상호작용을 시험하기 위한 시스템.

dynamic light scattering (photon correlation spectroscopy, 동적 광산란) : 용액 내 분자의 유체역학 반경의 변화를 보고하여 단백질 상호 작용을 측정하는 비표지 방법.

dynamic programming (동적 프로그램) : 복잡한 문제를 간단한 문제로 나누어 해결하는 프로그래밍 방법.

Eedge detection filters (윤곽선 추출 필터) : 스폿의 가장자리를 나타내는 픽셀 강도의 예리한 변화로 도메인을 식별하는 이미지 스캐닝 소프트웨어.

Edman degradation (에드만 분해법) : N-말단으로부터 아미노산을 순차적으로 제거하고 동정하는 단백질 시퀀싱 방법.

electron capture dissociation (ECD, 전자 포획 분해) : 다중 양이온화된 펩티드 또는 단백질량 이온에 의한 열전자의 포획을 기반한 펩티드 분해법.

electron density map (전자 밀도 지도) : X-선 회절에 의해 만들어지는 분자 내 전자구름의 3차원 이미지.

electron diffraction (전자 회절) : X-선 회절과 유사한 구조결정법으로 평판 단백질 시트와 같은 2차원 배열에 특히 유용함.

electron tomography (전자 단층 촬영) : 거시 분자 물체의 상세한 3차원 구조를 결정할 수 있는 투과 전자현미경 확대.

electron transfer dissociation (ETD, 전자 전달 분해) : 라디칼 음이온으로부터 다중 양이온화된 펩티드 또는 단백질로의 전자전달에 기반한 펩티드 분해법.

electro-osmotic flow (전기삼투 유동) : 전기영동시 전극을 향한 용매의 대량 이동.

electrophoresis (전기영동) : 전기장이 가해질 때 용액 내 하전된 분자의 움직임.

electrospray ionization (전자분무 이온화) : 분석물을 함유한 액체를 미세 바늘을 통해 분무기로 분무시키는 소프트 이온화 방법.

ellipsometry (타원편광분석법) : 시료 표면의 굴절률 변화로 인한 반사광의 편광 상태 변화를 측정하여 칩상의 단백질 상호작용을 검출하는 기술. (경사 입사 반사율 차이).

enhancer mutations (강화 돌연변이) : 1차 돌연변이에 의해 야기되는 표현형의 중증도를 증가시키는 2차 돌연변이.

enhancer trap (인핸서 덫) : 최소 프로모터의 하류에 리포터 유전자를 포함하는 삽입 구성물로서, 내재 인핸서에 가깝게 통합될 때 활성화됨.

enzyme (효소) : 생화학 반응을 촉매하는 단백질.

enzyme-linked immunosorbent assay (ELISA, 효소 결합 면역흡착 분석법) : 검출 시약으로 효소 또는 형광 표지를 가진 항체를 사용하는 단백질의 검출 및 정량을 위한 고형상 분석.

epistasis (상위성) : 하나의 유전자에서 돌연변이가 두 번째 유전자에서 돌연변이의 표현형을 감추는 유전적 상호작용.

epistatic miniarray profiles (E-MAPs) : 상위성 상호작용을 선별하기 위해 반수체 효모 세포의 체계적인 교배를 포함하는 고처리량 방법.

ESI : electrospray ionization 참조.

exoglycosylase : oligosaccharides의 말단에서 당을 제거하는 효소.

expressed sequence tags (ESTs, 유전자 발현 서열 꼬리표) : 단일 염기서열 분석으로 생성된 부분 cDNAs.

expression proteomics (발현 단백질체학) : 단백질의 발현 수준과 존재량을 다루는 단백질체학의 한 분야.

extracted ion chromatogram(XIC) method (추출 이온 크로마토그램 방식) : 크로마토그램에서 하나 이상의 개별 분석물을 나타내는 m/z 값을 분리하여 전구이온 신호 강도를 측정.

false negative (허위 음성) : 실제로 존재하거나 활성화된 특정 구성 요소의 부재 또는 비활성을 거짓으로 표시하는 실험 결과로 실험 설정 또는 방법의 실패나 한계를 반영함.

false positive (허위 양성) : 실제로 존재하지 않거나 비활성화된 특정 구성요소의 존재나 활성을 거짓으로 표시한 실험적 결과로 실험 설정이나 방법의 실패나 한계를 반영함.

family (집합) : 진화적으로 관련된 유전자들 또는 단백질들의 그룹. 정확한 정량적 정의는 없으며 집합, 하위 집합 및 수퍼 집합에 대한 설명은 상황에 따라 달라짐.

far-UV circular dichroism spectrophotometry (CDS, far-UV 원편광 이색성 분광광도법) : far-UV 원 편광에 노출된 용액 내 단백질의 흡수 스펙트럼 측정.

FASTA : 시퀀스 정렬 확인 시 사용되는 경험적 알고리즘.

fingerprints (지문법) : (a) 펩티드 질량 지문 참조; (b) 짧고, 간격 없고, 고도로 보존된 시퀀스 그룹. (후자는 데이터베이스에 따라 모티브 또는 블록으로 설명됨)

fluorescence resonance energy transfer (FRET, 형광성 공명 에너지 전이) : 하나의 방출 파장이 다른 하나의 방출 파장과 겹칠 때 발생하는 2개의 형광 발색단 사이에서 에너지 전이.

fold (접힘 구조) : 단백질의 3차원 접힘 구조.

fold library (구조 라이브러리) : 3차원 단백질 구조의 데이터베이스.

fold recognition (구조 인식) : threading 참조.

folding@home : 여분의 컴퓨터 자원을 사용하여 단백질 구조를 모델링 하는 분산 프로그램.

forward arrays (전향 배열) : 그리드 내 정렬된 단일 성분으로(단백질 또는 친화성 시약) 이뤄진 단백질 미세배열로 복합 분석물에 노출되어짐.

forward genetics (순유전학) : 관련 유전자를 확인하기 위한 출발점으로 사용되는 돌연변이 또는 단백질 내 유전학 전략.

FSSP : 구조적으로 유사한 단백질 집합들. 단백질 구조의 세 가지 주요 데이터베이스 중 하나. CATH, SCOP 참조.

FT-ICR : 푸리에 변환 이온 사이클로트론 공명. 2개의 하전된 플레이트 사이를 공전하는 이온이 특정 m/z 값에 대응하는 개별 이온의 성분 주파수 및 진폭으로 푸리에 변환에 의해 전환되는 이미지 전류를 생성하는 정교한 형태의 질량 분석법.

functional genomics (기능 유전체학) : 유전자 기능을 결정하기 위한 모든 대규모 유전학 기반 전략.

functional microarray (기능 미세배열) : 예를 들어, 생화학적 반응이나 상호작용 등에 대해 기능적으로 시험하는 단백질을 포함하는 단백질 미세배열.

functional proteomics (기능 단백질체학) : 단백질 기능의 대

규모 분석을 다루는 단백질체학의 한 분야.

gap (갭) : 서열 정렬에서 누락된 세그먼트.

gap penalties (갭 패널티) : 시퀀스 정렬에 갭을 추가함에 따른 정렬 점수 감소.

Gaussian fitting (가우스 피팅) : 정규 분포에 값을 적합시키는 모든 방법.

gel filtration chromatography (겔 여과 크로마토그래피) : 수지 내 미세구멍에서 분자를 크기 의존적인 배제에 기반하여 분자 질량에 의한 분석물 내 분자의 분리.

gel matching (겔 매칭) : 해당 점들이 완벽한 상관관계를 보여주는 2차원 젤을의 정렬.

gel pads (겔 패드) : 증발로 인한 오류를 줄이기 위해 미세배열 구조에 사용되는 작은 3차원 겔 구조.

gene knockout (유전자 녹아웃) : 내인성 유전자를 방해하거나 비기능성 서열로 대체하기 위해 상동성 재조합을 사용하여 null (기능의 완전한 손실) 변이 생성.

Gene Ontology (유전자 존재론) : 모든 종의 유전자와 단백질의 명명과 주석을 통합하는 생물정보학적 계획.

gene silencing (유전자 발현 억제, 유전자 침묵) : 선택된 유전자의 발현을 억제하기 위한 모든 전략.

gene trap (유전자 함정) : 내인성 유전자에 통합될 때 융합 단백질로 발현되도록 이어맞춤 수용 부위의 아래쪽에 리포터 유전자를 포함하는 삽입 구조.

genome (게놈) : 세포나 유기체에서 DNA의 완전한 조합.

genomics (유전체학) : 게놈의 분석, 특히 유전체 및 분자 생물학 방법을 전체 게놈의 규모로 적용하여 분석.

global distance test (GDT, 전반적인 거리 검사) : 단백질 구조물들 사이 유사성을 측정하는 정확한 방법.

global similarity (총체적 유사성) : 전체 길이에 걸쳐 서열 간의 유사성.

glycan (글라이칸) : 당단백질의 탄수화물 부분을 표현할 때 자주 사용되는 올리고당 또는 다당류.

glycoforms (글라이코형) : 각기 다른 글리칸의 존재에 기초한 단백질의 구조적 변이체.

glycoproteins (당단백질) : 접착된 글리칸을 함유한 단백질.

glycoproteome (당단백질체) : 세포 또는 유기체 내 모든 당단백질.

glycosidase (글라이코시데이즈) : 당생성을 위해 글리코시드 결합을 분해하는 효소.

glycosylation (글라이코실화, 당화) : 번역 후 변형의 한 형태로, 단백질에 당 첨가.

glycosylphosphatidylinositol(GPI) anchor (글라이코실포스패티딜이노시톨 고정 장치) : 막에 삽입될 수 있는 단백질의 C-말단에 부착된 당지질.

GOR method(Garnier-Osguthorpe-Robson) : 인접 잔기들 사이에 알려진 구조들과 통계적인 관계를 비교하여 단백질 내 이차 구조 예측을 위한 실험적 방법.

gradient elution (기울기 용리) : 용출 완충액의 특성을 점차적으로 변화시켜 결합되어 있는 분자를 크로마토그래피 컬럼에서 용리.

green fluorescent protein (녹색 형광 단백질) : 분자 생물학에서 리포터 분자로 널리 사용되는 생체 형광 단백질.

gridded cDNA expression libraries (구획 cDNA 발현 라이브러리) : 클론이 멤브레인 또는 필터상의 격자 패턴으로 배열된 클론 라이브러리로 이는 단백질 미세배열의 선두주자로 생각되어짐.

GST pull-down (GST 풀다운, 끌어당김) : 미끼 단백질이 glutathione S- transferase와의 융합으로 발현된 다음 glutathione이 결합된 비드에 포획된 (결합된 먹이와 함께) 단백질의 상호작용을 분석하는 방법.

guide tree (가이드 트리) : 점차적 정렬에서 여러 시퀀스 간의 유사성 순서.

guilt by association : 기능을 이미 알고 있는 다른 단백질과의 연관성 또는 상호작용으로 인한 단백질의 임시 주석.

Hart scores: 다양한 상호작용 조사의 결합된 관찰에 기초한 사회친화력 지수 산출방법.

heated capillary dissociation(HCD) : 모세관 가열에 의한 열분리 유도에 의한 펩티드 단편화 방법.

helical propensity (와선 경향) : 주어진 아미노산 잔기가 나선형으로 나타날 가능성.

helical wheel (나선형 바퀴) : 아미노산의 위치가 이상적인 나선의 피치에 해당하는 원에 표시되어 있는 다이어그램.

heteronuclear (이핵) : 단백질이 다중 동위원소로 표지되는 NMR 분광학 방법.

hidden Markov model (은닉 마코브 모델) : 패턴 인식에 널리 사용되는 자율 및 부분 관찰 시스템의 확률론적 모델.

High-energy C-trap dissociation: 이온 트랩 질량분석기와 함께 사용되는 펩티드의 단편화 방법.

high mannose (고농도 만노스) : 3개의 주요 글리칸 구조 중 하나로서, 많은 만노스 잔기를 포함하는 분지형 말단을 특징으로 함.

high performance liquid chromatography (HPLC, 고성능 액체크로마토그래피) : 정상적인 크로마토그래피와 비교하여

높은 작동 압력(50~350 bar)에서 수행되는 크로마토그래피는 고정상을 통한 이동상의 이동이 중력에 의해 결정됨.

higher-energy collision dissociation (HCD, 고에너지 충돌 분리) : 고에너지 C-trap 분리 참조.

high-scoring segment pairs (높은-점수 세그먼트 쌍) : BLAST에서, 정렬을 시작하는, 완벽하지만 짧게 일치하는 세그먼트의 확장.

homologous (상동의) : 공통의 조상과 관련된.

homologous recombination (상동 재조합) : 밀접하게 관련된 2개의 DNA 염기서열 사이 재조합.

homology modeling (상동성 모형) : 밀접하게 관련된 단백질을 주형으로 사용하는 단백질 구조 모델링.

homology transfer (상동성 전이) : 한 생물체에서 단백질 간의 상호작용이 다른 종의 단백질의 ortholog 사이에서도 일어난다는 가정.

homonuclear (동핵) : 단백질이 하나의 동위원소로 표지되는 NMR 분광학 방법.

HUPO Proteomics Standards Initiative (세계인간프로테옴기구 단백질체학 표준화 국제회의) : 프로테옴 연구를 위한 표준 데이터를 개발하는 세계인간프로테옴기구(HUPO) 워킹그룹.

hydrazine-based solid-phase extraction (하이드라진 기반 고체상 추출법) : 당단백질 농축을 위해 널리 사용되는 화학적 방법.

hydrogen-deuterium exchange mass spectrometry (DXMS) : 단백질 내의 유연성 또는 무질서 도메인을 결정하는 데 사용할 수 있는 질량분석 방법.

hydrophilic interaction chromatography (친수성 상호작용 크로마토그래피) : 극성 정지상을 갖는 액체 크로마토그래피의 한 형태로서, 이는 친수성 상호작용을 기반으로 분자를 분리하는 데 사용됨.

hydrophobic collapse (소수성 붕괴) : 코어에서 소수성 잔기의 초기 치밀한 배열로 시작하는 단백질의 접힘.

hydrophobic interaction chromatography (소수성 상호작용 크로마토그래피) : 소수성 정지상을 가진 액체 크로마토그래피의 형태로, 소수성 상호작용에 기초하여 분자를 분리하는 데 사용됨.

hypothesis-driven (가설 구동) : 특정한 가설 검증을 목표로 하는 연구.

hypothetical protein (가상 단백질) : 단백질 수준에서 직접적인 증거가 없을 때, 유전자 염기서열 또는 표현형에 근거하여 존재할 것으로 예측되는 단백질.

IDBOS scores (interaction detection based on shuffing, 서플 기반의 상호작용 탐지) : 구체적으로 직접적인 물리적 상호작용을 찾고 정제된 복합체가 무작위로 교환될 수 있다고 가정하는 상호친화력 지수산출방법.

identity (동일성) : 서열 비교에서, 정렬 내 동일한 뉴클레오티드 또는 아미노산의 백분율.

identity matrix (단위 행렬) : 동일한 아미노산 점수 1과 동일하지 않은 아미노산 점수 0인 대체 점수 행렬.

image acquisition (영상 획득) : 추가 분석을 위해 영상을 디지털화하는 과정.

imino acid (이미노산) : 이미노 그룹과 카르복실 그룹을 포함하는 분자로, 예를 들어 프롤린이 있음.

Immobilines (고정화 물질) : 겔 전기영동 중에 pH 구배를 생성하는 데 사용되는 시약으로, 겔 매트릭스에 결합되어 이동할 수 없음.

immobilized metal-affinity chromatography (IMAC, 고정된 금속 친화성 크로마토그래피) : 음이온성 단백질과 펩티드를 포획하기 위해 수지에 금속 이온이 고정되어 있는 액체 크로마토그래피의 형태.

immobilized pH gradient (IPG, 고정화 pH 기울기) : Immobiline 시약의 배열에 의해 겔에서 형성된 pH 구배.

immunoaffinity enrichment (면역친화성 크로마토그래피) : 특정 항체를 이용하여 특정한 단백질이나 펩티드(인산단백질 같은)의 농축.

immunoassay (면역분석법) : 검출을 위해 항체를 사용하는 모든 분석.

immunoblot (이뮤노블롯) : 단백질을 먼저 고체상 지지체에 옮기고 고정화시키는 면역 측정법.

immuno-RCA technique (면역-RCA 기법) : 롤링 서클 증폭에 의한 3차 수준의 검출을 포함하는 샌드위치 분석법.

improved socioaffinity scores (ISAs, 강화된 상호친화 지수) : 반복적인 정제를 충분히 사용하는 상호친화 점수산출 방법.

in-cell NMR (세포 핵자기공명) : 살아있는 세포 내 단백질 구조 분석에 사용할 수 있는 비침습적 NMR 분광학 형태.

indel (삽입-결실) : 서열 정렬상에서, 어느 시퀀스가 처음 발생했는지 불분명할 때 indel은 하나의 시퀀스에 삽입을 나타내고 다른 시퀀스에는 삭제를 나타냄.

indirect detection (간접 검출) : 검출 시약에 표지가 부착되지 않고 표지가 부착된 두번째 시약에 의해 차례로 검출되는 단백질 검출법.

infrared multiphoton dissociation (IRMPD, 적외선 다 광자 해리) : 광자와 유도 충돌에 기반한 펩티드 조각화를 위한 방법.

INSDC nucleotide sequence database : International Nucleotide Sequence Database Collaboration에서 운영되는 3개의 주요 시퀀스 데이터베이스.

insertional mutagenesis (삽입 돌연변이 유발) : 유전자를 불활성화하는 DNA 염기서열을 삽입해 돌연변이 대립유전자 생성.

in-source CID : 고에너지 이온화로, 예를 들어 펩티드와 매트릭스 화합물 사이의 펩티드 백본을 분해하기 위해 다중 충돌을 유도하여 MALDI 방법을 사용함.

integrated spot intensity (통합 스팟 명암) : 전체 강도를 나타내는 2차원 겔 이미지 상에 단백질 스팟으로 할당된 값으로 모양 및 밀도 변화 등을 나타냄.

interaction hotspot (상호작용 활성지점) : 다른 단백질과의 상호작용에 있어서 중요한 단백질 표면의 영역. 주로 약물 표적에 중요함.

interaction map (상호작용 지도) : 상호작용체에서 단백질과 단백질복합체 간의 연관성을 보여주는 지형도.

interaction proteomics, interactomics (상호작용 단백질체학, 상호작용체학) : 단백질 상호작용을 다루는 단백질체학의 한 분야.

interface (인터페이스, 접속면) : 다른 분자와 상호작용하는 단백질 표면상의 국소지역.

interferometry (간섭 측정) : 간섭둘레라고 알려진 강도 변동을 유발하는 파 간의 위상 차이 측정과 관련된 표지 없는 탐지법.

intermolecular comparsion (분자 간 비교) : 두 단백질이 겹쳐지는 단백질 구조와 중첩된 원자 사이의 거리에 최소화를 시도하는 알고리즘을 비교하는 방법.

international Nucleotide Sequence Database Collaboration (INSDC, 국제 뉴클레오티드 시퀀스 데이터베이스 공동 연구) : 3개의 주요 협업 시퀀스 데이터베이스에 대한 접속을 제공하는 국제 컨소시엄.

InterPro : 단백질군 도메인 및 기능성 서열의 데이터베이스.

intramolecular comparison (분자 내 비교) : 나란히 비교하여 단백질 구조를 비교하는 방법. 알고리즘은 각 구조에서 동등한 원자 사이의 내부 거리를 측정.

ion exchange(IEX) chromatography (이온 교환 크로마토그래피) : 전하 밀도를 기준으로 분자를 분리하는 데 사용되는 극성 고정상을 가진 액체 크로마토그래피의 형태. anion exchange chromatography, cation exchange chromatography 참조.

ion packet (이온 패킷) : 균일한 자기장에서 m/z 값과 사이클로트론 주파수가 같은 이온 그룹.

ion trap (이온 트랩) : 특정 m/z 값의 이온이 필드 내에서 순환하도록 (따라서 갇힌 상태로 유지되는) 링 전극으로 둘러싸인 챔버.

isobaric tagging (등중원소 표지법) : 단백질이 명목상으로는 같은 질량을 가지지만 단편화될 때 다른 질량을 가진 리포터 이온을 생성하는 화학 그룹으로 분류되는 정량적 질량분석 기술.

isoelectric focusing (IEF, 등전 초점화) : pH 구배가 있는 전기영동의 한 형태로 단백질을 등전점 별로 분리하게 함.

isoelectric point (등전점) : 단백질이 고유한 전하를 가지지 않는 pH 구배에서의 지점.

isomorphous crystals (동형 결정체) : 단백질 구조는 동일하지만 다른 원자가 결합하여 선택적 회절 패턴을 생성하는 단백질 결정.

isothermal titration calorimetry (등온선 적정 열량 측정법) : 단백질이 용액과 연관되거나 분해될 때 발생하는 온도 변화를 기반으로 단백질 상호작용을 검출하는 방법.

isotope-coded affinity tags (ICATs) : 시스테인 잔기, 동위원소로 코드화된 링커, 친화성 분리를 위한 비오틴과 같은 친화성 시약으로 표지하는 반응 그룹으로 구성된 정량적 단백질체학에 널리 사용되는 단백질 태그.

isotope-coded protein labeling (ICPL) : 반응성 그룹이 시스테인 잔기가 아닌 자유 아미노산 그룹을 표지하는 ICAT과 유사한 기법.

iTRAQ (isobaric tags for relative and absolute quantification) : 단백질이 명목상으로는 동일한 질량을 갖지만 단편화된 경우 다른 질량을 가진 리포터 이온을 생성하는 화학 그룹으로 표지된 정량적 질량분석 기술.

knock-in (유전자 삽입) : 한 유전자 서열을 다른 것으로 대체하기 위해 사용되는 상동성 재조합 기술.

***k*-tuples :** 휴리스틱 시퀀스 정렬 방법의 기초로 사용되는 길이가 *k*인 요소의 정렬된 목록.

Lab-on-a-chip : 전기영동 및 크로마토그래피와 같은 일반적인 실험 과정을 미세한 규모로 수행할 수 있는 소형 장치.

landmarks (표지물, 현상) : 비교 2DGE 동안 모든 겔에 단백질 반점이 존재하고 따라서 겔 정렬을 위한 참고 자료로 사용될 수 있음.

Laplacian of Gaussian(LOG) : 디지털 이미지의 점을 탐지하기 위한 수학적 방법.

large-scale DNA sequencing (대용량 DNA 시퀀싱) : 고도의 병렬기술을 사용하여 수행되는 자동화 DNA 시퀀싱.

laser capture microdissection (LCM, 레이저 포획 미세해부) :

작은 조직 샘플을 해부하고 특정 세포, 예를 들어 보다 큰 생검에서 암세포를 회수하기 위해 레이저 광선을 사용하는 기술.

lead compounds (후보 물질) : 효능, 선택성 및 효능과 같은 약물과 유사한 특성을 개선하기 위한 화학적 변이의 출발점으로 사용되는 약리학적 활성을 있는 모든 화합물.

lectin-affinity chromatography (렉틴-친화성 크로마토그래피) : 렉틴에 대한 친화도를 이용하여 당단백질을 포획하는 데 사용되는 크로마토그래피의 한 형태.

lectin (렉틴) : 탄수화물과 상호작용하는 단백질로 대개 특이성이 있음.

levinthal paradox (레빈탈 역설) : 이론적으로 단백질에 의해 채택될 수 있는 천문학적으로 많은 수의 잠재적인 형태로 이것은 단백질 접힘이 모든 다른 가능한 확인을 무작위로 샘플링하여 발생하지는 않지만 순서화된 경로를 따라야 함을 나타냄.

line analysis (선 분석) : 밀도 피크를 식별하기 위해 수직 주사선을 순차적으로 분석하는 2차원 겔에서 스팟을 검출하는 방법.

liquid chromatography (LC, 액체 크로마토그래피) : 고체 고정상 및 액체 이동상을 포함하는 크로마토그래피의 모든 형태.

local similarity (부분 유사성) : 긴 시퀀스 내의 유사성 있는 짧은 영역들.

loss-of-function (기능 상실) : 유전자의 기능을 상실하게 만드는 돌연변이.

low-complexity sequences (저-복합체 서열) : 막 관통 나선과 같이 진화적으로 반드시 관련되지 않는 일반적으로 발생하는 서열.

Lowry assay : 용액의 총 단백질 농도를 측정하는 분석방법.

LTQ (linear trap quadrupole) : 선형필드 사중극자와 이차원 사극자 필드에서 이온을 포획하는 이온 트랩 질량분석기가 특징인 정교한 질량분석기.

luciferase (루시페라아제, 발광효소) : 생물 발광을 일으키는 산화효소의 일종으로 분자생물학 표지자로 널리 사용됨.

LUMIER (luminescence-based mammalian interactome mapping) : 미끼와 먹이 하이브리드가 검출을 용이하게 하기 위해 루시퍼라제에 융합되고, 상호작용하는 단백질의 친화력에 기반하여 포획을 용이하게 하기 위해 에피토프가 융합된 고속 대량 포유류 two-hybrid 플랫폼.

macroheterogeneity (거대이종) : 선택적 글라이칸(glycan) 자리 점유에 의해 특징지어지는 다른 단백질 글라이코폼.

MAD (multiple-wavelength anomalous dispersion) : 비정상적인 산란 현상을 이용하여 중금속 원자를 포함하는 단백질 결정으로부터 선택적 회절 패턴을 생성하기 위해 다양한 단색 파장의 싱크로트론 방사를 사용.

magnetic moment (자기 모멘트) : 정수가 아닌 스핀을 가진 핵의 자기적 특성.

MALDI : 매트릭스 보조 레이저 탈착/이온화. matrix assisted laser desorption/ionization 참조.

MASDI-TOF 질량분석법 : matrix assisted laser desorption/ionization, time of flight 참조.

manual alignment (수동 정렬) : 컴퓨터의 도움없이 수행하는 시퀀스 정렬 또는 컴퓨터로 정렬 후 질을 향상시키기 위한 시퀀스 정렬.

MAPPIT (mammalian protein-protein interaction trap) : JAK-STAT 신호 전달 경로의 활성을 복원하여 작업하는 고속 대용량 포유류 two- hybrid 플랫폼.

marker ion (표지 이온) : reporter ion 참조.

mark-up language : 문서 내용과 구별되는 방식으로 문서에 주석을 추가하는 모든 전략.

Mascot : 펩티드 질량 지문 감식 및 상관 데이터베이스 검색에 일반적으로 사용되는 프로그램.

mass deviations (질량 편차) : 동위원소, 질량 태그 또는 특정 번역 후 수정에 의해 발생하는 실험적 및 이론적 펩티드의 질량 차이.

mass filter (질량 필터) : m/z 비율을 기준으로 이온을 선택할 수 있는 질량분석기의 구성 요소.

mass instability mode (질량 불안정성 모드) : 특정 임계값 이상의 m/z 비율을 가진 이온을 방출하기 위해 이온 트랩 질량분석기 사용.

mass label (질량 라벨) : 펩티드, 단백질 또는 동위원소 대체에 결합된 모든 물질로서, 질량분석기로 검출할 수 있는 정해진 질량 차이를 생성함(또한 mass tag 참조).

mass spectrometer (질량분석기) : 기체상 이온을 생성, 분리 및 탐지하여 질량 스펙트럼을 생성할 수 있는 장치.

mass spectrometry : 샘플에서 분자의 질량을 나타내는 스펙트럼을 생성하는 분석 기술.

mass spectrum (질량 스펙트럼) : 서로 다른 m/z 비율로 이온을 나타내는 피크를 나타내는 질량분석장치의 출력.

mass tag (질량 태그) : 안정된 동위원소와 결합보다는 화학적 유도체에 의해 생성된 정량적 질량분석에 사용되는 질량 라벨.

mass/charge(m/z) ratio (질량/전하 비율) : 질량분석기로 분

리를 위한 선택적 기준으로 이온의 질량 대 전하 비.

mass-coded abundance tag(MCAT) : mass tag 참조.

massively parallel signature sequencing (MPSS) : 비즈에 고정된 많은 DNA 분자의 병렬 시컨싱을 포함하는 대규모 시퀀싱 방식.

matrix assisted laser desorption/ionization (기질 보조 레이저 탈착/이온화) : 레이저 에너지를 흡수하고 기체상 이온으로 탈착하게 하는 방향족 매트릭스와 분석 물질이 혼합되는 연성이온화 기법.

matrix interactions (기질 상호작용) : 복합체 내 단백질들 간의 직접적이고 간접적인 상호작용.

matrix screening method (기질 선별 방법) : 한정된 미끼와 먹이의 패널이 배열 형태로 결합되어 있는 효모단백질잡종법의 체계적인 버전.

membrane proteomics (막 단백질체학) : 세포막에 있는 단백질을 다루는 프로테오믹스의 한 분야.

membrane-based yeast two-hybrid (막-기반 효모-이중 혼성체) : split ubiquitin system 참조.

metabolic labeling (대사 표지) : 시료가 여전히 대사적으로 활성인 동안에 단백질에 동위원소 표지를 결합.

metabolic tagging (대사 태깅) : 살아있는 세포내 단백질의 화학유도체.

metabolome (대사체) : 세포 또는 유기체 내 모든 대사물(저분자)의 합.

metabolomics (대사체학) : 세포나 유기체 내 모든 저분자 대사화합물에 대한 포괄적인 분석.

microarray (미세배열) : 분석 대상이 그리드에 배열되어 있는 소형 장치. DNA microarray, protein microarray 참조.

microheterogeneity (미세불균일) : 동일한 부위에 선택적 글라이칸 구조가 특징인 다양한 단백질 글리코폼.

middle-down proteomics (middle-down 단백질체학) : 큰 펩티드로 시작해 질량분석을 하는 단백질 확인법.

Minimal Information About a Molecular Interaction Experiment (MIMIx) : 단백질 상호작용과 관련된 실험 데이터 제시를 위한 표준화의 최소한의 집합.

Minimal Information About a Proteomics Experiment (MIAPE) : 실험적 단백질체학 데이터를 표시하기 위한 표준화의 최소 집합.

Minimum Information about a Biomedical or Biological Investigation (MIBBI) : 모든 생물의학 실험을 위한 매우 중요한 표준화 이니셔티브.

Minimum Information About a Microarray Experiment (MIAME) : DNA 미세배열 데이터 제시에 대한 표준화된 접근법을 찾는 표준화 계획의 초기 최소한의 세트.

mobile phase (이동상) : 크로마토그래피 컬럼에 있는 비고정상은 기체나 액체일 수 있지만, 일반적으로 단백질체학 연구에서는 액체 상태임.

modification-specific antibodies (수식 특이 항체) : 특정 유형의 번역 후 수식을 인식하는 항체.

molecular chaperones (분자 샤페론) : 다른 단백질의 접힘이나 재접힘을 용이하게 하는 기능을 가진 단백질.

molecular exclusion (분자 제거) : 겔 여과 크로마토그래피에서 사용되는 분리 원리는 특정 질량 이상의 분자가 수지의 기공에 들어가지 못하는 것을 기반함.

molecular imprinted polymers (MIPs, 분자 각인 고분자) : 다른 분자 주위에 형성되고 모양의 흔적이 남아있는 고분자.

molecular replacement (분자 교체) : 관련된 단백질 구조의 위상을 사용하여 X-선 회절 데이터로부터 전자밀도맵 생성.

molten globule (용해된 소구체) : 중간 접힘 상태와 관련된 단백질 접힘 모델.

monosaccharide composition (단당류 구성) : 글라이칸의 당 성분을 정량적, 정성적 기술.

morpholino antisense oligonucleotide (몰포리노 안티센스 올리고뉴클레오타이드) : 유전자 침묵에 사용되는 안정적인 핵산 유사체의 일종.

motifs (모티브) : (a) 실험적으로 정의되어 기능적 관련이 있고, 짧으며 보존이 잘되어 있는 단백질 서열; (b) 다중 이차 구조(예 : 나선-턴-나선 모티프) 또는 기능적 아미노산의 특정 형태(예 : 촉매 모티프)를 포함하는 단백질의 3차원 모티프; (c) PRINTS 데이터베이스에서 짧고 갭 없이 고도로 잘 보존된 단백질 서열의 이름; (d) 단백질내 기본적으로 비구조화된 조절모듈, 짧은 선형모티프(SLIMs) 또는 미니모티프(MiniMotifs)로 더 잘 알려져 있음.

MOWSE score : 실험적인 펩티드 질량과 데이터베이스 서열로부터 유도된 이론적인 펩티드 질량이 일치할 가능성을 나타내는 확률 수치.

MS/MS : 탠덤 질량분석. 2개의 질량분석기가 연속으로 연결되어 작동하는 질량분석의 한 형태로, 충돌관에 의해 분리되어 단편 이온 분석이 가능함.

MS-BLAST : de novo 질량분석에 근거한 시퀀싱에서 나오는 작은 단백질 태그를 시퀀스 데이터베이스에서 검색하는 데 사용하는 BLAST 알고리즘의 변형.

MS^n : 고차 탠덤 질량 분석법. 여기서 *n*은 조각화 및 분석 라

운드 수를 나타냄.

MS-tag : *de novo* mass spectrometry-기반 시퀀싱에 의해 유도된 짧은 펩티드 태그를 사용하여 서열 데이터베이스를 검색하는 데 사용하는 알고리즘.

multi-analyte immunoassay (다수의 분석 면역학적 검정) : 단백질 미세점들이 고체 지지체에 찍혀 있는 면역측정법. 이것들은 단백질 미세배열의 전신으로 간주되어짐.

multidimensional liquid chromatography (MDLC, 다차원 액체 크로마토그래피) : 서로 다른 분리 원리를 연속적으로 사용하는 다단식 액체 크로마토그래피의 형태.

multidimensional protein identification technology (MudPIT, 다차원 단백질 식별 기술) : 단백질 또는 펩티드가 2상 컬럼을 사용하는 다차원 액체 크로마토그래피에 의해 분리된 후 단백질 확인을 위해 질량분석기로 자동 전송되어지는 핵심 단백질체학 플랫폼.

multiple isomorphous replacement (MIR, 다중 동형 대치법) : 서로 다른 중금속 원자를 포함하는 동형결정의 X-선 회절에 의해 생성되어진 반사의 비교.

multiple reaction monitoring (MRM, 다중 반응 모니터링) : 전구체 이온과 생성물 이온의 다중 전이쌍 분석을 포함하는 질량분석기의 정량 방법.

multiple sequence alignment (다중 서열 정렬) : 2개 이상의 시퀀스 정렬.

multiplex hybridization (복합 이종 교배) : DNA 미세배열과 같은 그리드의 형태로 주로 배열되는, 하나 이상의 표적이 있는 혼성화 실험들.

mutability scores (돌연변이성 점수) : 자연계에서 일어나는 그러한 교환의 가능성에 근거해서 대체 매트릭스 내 다른 아미노산 변이로의 가중치.

mutation data matrix (돌연변이 데이터 행렬) : 자연에서 돌연변이율을 연구하여 생성된 대체 매트릭스.

MYTH : split ubiquitin system 참조.

nanohole array (나노홀 배열) : 표면 플라즈몬 공명 분광기와 통합된 미세 유체장치로 금속막에 나노 크기의 구멍을 포함시켜 감도를 높임.

nanowell chip (나노우물 칩) : 감도를 높이고 표면 증발을 줄이기 위해 나노 크기의 홈을 특징으로 하는 칩과 같은 장치 또는 미세배열.

native conformation (선천적 형태) : 정상적인 기능 상태에 있는 단백질의 형태.

needle biopsies (천자 생검) : 얇은 구멍 바늘로 채취한 고체 형태의 생물학적 샘플.

Needleman-Wunsch algorithm : 전체적인 유사성을 검색하여 시퀀스를 정렬하는 동적 프로그래밍 알고리즘.

neutral loss scan mode (중성 손실 스캔 모드) : 첫 번째 분석기가 전체 질량 범위를 스캔하고, 두 번째 분석기는 충돌관의 역할을 하며, 세 번째 분석기는 각 레지스터에서 전체 질량 범위를 스캔하여 딸이온에서 중성 손실을 탐지하는 질량분석기 모드.

neutron diffraction (중성자 회절) : 핵에서 중성자를 산란시켜 단백질 구조를 결정하는 방법으로 수소원자를 검출할 수 있음. (X-선으로는 검출할 수 없음)

next-generation sequencing (차세대 염기서열 분석) : 동시에 수백만 개의 짧은 시퀀스를 생성하는 다양한 초-고-처리량 DNA 염기서열 분석 방법.

N-linked glycosylation (N-연관 글라이코실레이션) : 아스파라긴 잔기의 측쇄상의 아미드 질소에 당사슬 추가.

NMR spectroscopy (핵자기공명 분광기) : nuclear magnetic resonance (NMR) spectroscopy 참조.

NOESY (NOE spectroscopy) : 핵 오버하우저의 장점을 이용하는 NMR 분광기의 한 형태로 공간 내에서 가깝게 있지만 연결은 되지 않는 핵 검출을 할 수 있음.

non-equilibrium pH gradient electrophoresis (NEpHGE) : pH 구배가 형성되는 동안 단백질이 분리되는 겔 전기영동의 한 형태.

nonlinear pH gradient (비선형 pH 기울기) : 전형적인 pI 값을 갖는 단백질의 분리를 증가시키기 위해 납작해져 있고, 특정 pH 범위 이상의 Immobiline 시약 사이의 간격을 증가시킴으로써 생성되어지는 pH 구배.

N-terminome (N-말단체) : 프로테옴의 모든 단백질을 나타내는 N-말단 펩티드의 전체 모음.

nuclear magnetic resonance(NMR) spectroscopy (핵자기 공명 분광학) : 적용된 자기장에서 공명 전파에 노출된 핵에서 방출되는 전파의 측정. 핵의 상대적 위치와 분자구조에 대한 데이터를 산출함.

nuclear Overhauser effect (NOE, 핵 오버하우저 효과) : 교차이완을 통해 한 핵 스핀 집단에서 다른 핵 스핀 집단으로 핵스핀 양극화 전달은 공간에서 가깝지만 직접적으로 연결되지는 않는 핵 간의 상호작용을 탐지함.

nucleic acid programmable protein array (NAPPA, 핵산 프로그램 단백질 배열) : GST 융합 단백질을 코딩하는 비오티닐화된 cDNA를 항-GST 항체와 함께 아비딘 코팅된 슬라이드에 인쇄한 다음 제자리에서 단백질 합성을 하여 생성된 단백질이 항체에 포획되도록 하는 단백질 미세배열 제작 과정.

null mutations (삭제 돌연변이) : 유전자 기능을 완전히 잃는 돌연변이.

oblique incidence reflectivity difference (경사 발생 반사율 차이) : 엘립소메트리로 측정된 빛의 편광 상태 특성.

oligonucleotide and peptide aptamers : 특정 표적 분자에 대한 선택적인 친화성을 갖는 짧은 핵산 또는 단백질 서열로서, 단백질 미세배열에서 포획제로 사용될 수 있음.

oligonuclotide chip (올리고 뉴클레오타이드 칩) : 칩 표면에 *in situ* 상태로 올리고 뉴클레오타이드를 합성해 만든 유전자 발현 분석 장치.

oligosaccharide (올리고당) : 주로 10개 미만의 짧은 사슬의 당 잔기.

***O*-linked glycosylation (*O*-연결 글라이코실레이션) :** 하이드록실 라이신, 하이드록실 프롤린, 세린 또는 트레오닌의 측쇄에 있는 하이드록실 옥시젼에 당사슬을 추가.

'omics' (~체학) : 접미어 -ome로 정의된 생물시스템의 대규모 체계적인 분석. (예 : 프로테오믹스는 프로테옴 분석을 뜻함)

on-chip interferometric backscatter detection (온-칩 간섭 기반 후산란 탐지) : 미세배열상 단백질 상호작용을 특징짓기 위해 이용될 수 있는 간섭의 한 형태.

one-third rule (3분의 1 규칙) : 전구 이온 m/z와 포집된 조각 이온의 최저 m/z 사이의 비율은 0.3 이상으로 증가하지 않는다는 원칙에 기반하는 이온 포집 질량분석기의 제한.

organellar proteomics (소기관 단백질체학) : 특정 기관의 단백질 함량을 다루는 프로테오믹스의 한 분야.

organic fluorophores (유기 형광단) : 다른 파장의 입사광에 의한 여기 후에 하나의 파장에서 빛을 방출할 수 있는 유기 분자.

orientation restraints (방위 제한) : 잔류 쌍극자 결합으로 생기는 NMR 분광학의 제약.

orphan gene (고아 유전자) : 데이터베이스에서 기능적으로 특성화된 유전자 서열과 관련이 없기 때문에 기능이 알려지지 않은 확인된 유전자 서열.

orthogonality (직교성) : 한 차원에서 단백질의 분리에 영향을 미치는 특성이 다른 차원에서 단백질의 분리에 영향을 미치는 특성과 중첩되는 정도.

orthologs (이종상동체) : 종에 따라 분화되어 다른 종에서 같은 기능을 수행하는 유전자(그리고 그에 상응하는 단백질).

PAM : 명백한 진화 모델을 이용하여 수용된 돌연변이 확률에 기초한 치환 점수 행렬.

PAM units (PAM 단위) : 100개 아미노산의 서열당 하나의 아미노산 치환에 필요한 진화 시간.

paralogs (파라로그) : 한 종 내 공통조상으로부터 분기되었고 기능적으로 동일하지 않은 유전자(및 상응하는 단백질).

peak capacity (용량 최대치) : 크로마토그래피에서 분해능의 측정 수단으로 사용되는 사전 정의된 용량비까지 서로 분리할 수 있는 크로마토그래피 피크(정점)의 수.

peptide mass fingerprinting (PMF, 펩티드 질량 지문감식) : 실험적으로 결정된 펩티드 질량과 서열 데이터베이스로부터 도출된 이론적 질량을 상관시키는 것에 기초한 단백질 확인을 위한 전략.

peptide tag (펩티드 태그) : 데이터베이스 검색에 사용할 수 있는 질량분석에서 도출된 짧은 *de novo* 펩티드 시퀀스.

peptide-N-glycosidase F (PNGase F, 펩티드-*N*-글라이코실레이즈 F) : N_4-(acetyl-B-D-glucosaminyl) 아스파라긴 잔기를 절단하여 단백질 및 펩티드로부터 *N*-연결 글리칸을 제거하는 효소.

periodic acid/schiff (PAS, 과요오드산/시프) : 당단백질과 잘 반응하는 겔 염색 방법.

phage antibody display (항체 파지 디스플레이) : 항체 제시에 사용되고, 가장 적합한 특성을 가진 것을 선택하는 데 사용되는 파지 디스플레이 시스템의 변형.

phase problem (위상 문제) : 회절 실험에서 반사의 위상각을 결정하는 것에 대한 불능.

phenocopy (표현 모사) : 돌연변이보다는 유전자 침묵에 의해 일어나는 돌연변이의 표현형을 나타내는 세포 또는 유기체.

phenomics (형질특징학) : 표현형의 대규모 분석.

phenyl isothiocyanate : 단백질의 *N*-말단 아미노산을 표지하여 에드만 분해에 의한 시컨싱을 용이하게 하기 위해 사용되는 시약.

PHI-BLAST (pattern-hit initiated BLAST) : 사용자가 염기서열 특징을 명시적으로 포함할 수 있는 PSI-BLAST와 유사한 알고리즘.

phosphatase (탈인산화효소) : 단백질에 인산염 그룹을 추가하는 효소.

phosphoforms (인산화 형태) : 인산염 그룹의 수와 위치가 다른 여러 형태의 단백질.

phosphoproteins (인산화 단백질) : 인산염 그룹을 번역 후 수식형태로 가지는 단백질.

phosphoproteome (인산화 단백질체) : 세포 또는 유기체 내의 모든 인산 단백질의 합.

phosphotyrosine-specific immonium ion scanning, PSI scanning : 인산화 타이로신 잔기의 양쪽에서 폴리펩티드 뼈대를

파괴하여 임모늄 이온을 검출하는 인산 단백질의 분석을 위한 질량분석 기술.

photolithography (사진석판술) : 핵산 또는 펩티드의 제자리 합성을 포함하는 미세배열 제작 기술.

phylogenetic profiling (계통발생학적 체계 분석) : 계통발생학적으로 관련된 생물체에 존재하는 단백질 상호작용 및 기능을 예측하는 방법.

plasmon (플라스몬) : 전자의 집단 진동. 금속박막 표면의 플라스몬은 분자 상호작용의 동역학을 연구하는 데 사용될 수 있음. surface plasmon resonance spectroscopy 참조.

polyacrylamide gel electrophoresis (PAGE, 폴리아크릴아미드 겔 전기영동) : 폴리아크릴아마이드 겔을 지지 매트릭스로 사용하여 크기에 따라 걸러냄을 증가시키는 전기영동에 의해 전하를 띈 분자들을 분리.

pooled matrix screening method (모음 행렬 선별분석 방법) : 미끼 단백질 배열을 풀링된 먹이 단백질에 대해 시험한 다음 상호작용이 탐지되면 분해되는 체계적인 효모 단백질 잡종법.

Poppe plot : 최대 용량과 분리 속도를 비교하여 분리 시스템의 성능 한계를 나타내는 반응속도 플롯.

position-specific score matrix (PSSM, 위치-특이 점수 행렬) : 각각 다른 위치에서 나타나는 다른 아미노산의 가능성을 포함하는 보존된 서열.

post-source decay (PSD, 후 이온 분열) : 펩티드와 매트릭스 화합물 간의 다중 충돌을 유도하기 위해 MALDI 방법을 사용하는 고에너지 이온화로 펩티드 골격의 지연된 조각화를 초래함.

post-translational modification (PTM, 변역 후 수식) : 단백질 합성 후 단백질의 화학적 수식.

practical peak capacity (실제 최대치 용량) : 불완전한 직교성을 고려한 다차원 크로마토그래피의 최대 용량.

precursor ion scanning (전구 이온 스캐닝) : 제1분석기가 전구 이온의 전체 m/z 범위를 스캔하고 제2분석기가 특정 리포터 이온을 검출하도록 설정된 질량분석법.

pre-focusing (전-초점 맞추기) : pH 구배를 만들기 위해서 시료를 겔에 첨가하기 전에 전기영동을 시작하는 행위.

prey (먹이, 포획물) : 특정 미끼와의 상호작용에 대한 실험에 쓰인 단백질.

primary sequence databases (1차 서열 데이터베이스) : 원시 서열 데이터를 저장하는 데이터베이스.

probability-based matching (확률-기반 일치) : 분광 분석에서 해석되지 않은 스펙트럼 분석의 한 형태로서, 가상 스펙트럼은 관련 펩티드에서 도출되고 관찰된 조각 데이터와 비교됨.

product scan mode (생성물 스캔 모드) : 첫 번째 분석기가 특정한 전구 이온을 차단하고 충돌 후 두 번째 분석기가 생성 이온의 전체 m/z 범위를 스캔하는 질량분석법.

progressive alignment (점진적 정렬) : 가장 유사한 두 서열에서 시작하여 유사성을 줄이기 위해 나머지를 점진적으로 정렬하는 다중 정렬 방법.

propagation (전파) : 알려진 표식에서 시작하여 바깥쪽으로 작업함으로써 2차원 겔의 점을 일치시키는 방법.

protein (단백질) : 하나 이상의 아미노산 사슬로 구성된 생체 고분자 물질.

protein chip (단백질 칩) : protein microarray 참조.

protein complementation assay (단백질 상보 분석법) : 잠재적 상호작용 인자와 융합되는 두 구성요소로부터 기능성 단백질을 재조합하여 작동하는 단백질 상호작용을 검출하기 위한 분석법.

protein complex (단백질 복합체) : 여러 단백질로 구성된 다중체 구조.

protein Data Bank (단백질 데이터 은행) : 단백질 구조의 주요 데이터베이스.

protein domain (단백질 도메인) : 단백질의 기능적 및 구조적으로 독립된 영역으로, 일반적으로 분리된 상태에서 기능 가능함.

protein expression profiling (단백질 발현 정보수집) : 다른 세포 또는 조직에서의 단백질 발현 및 존재량 분석.

protein fragment complementation (단백질 단편 상보) : 효모 단백질 잡종법과 다른 단백질 상보분석법의 기본 원리는 2개의 비기능성 단편에서 기능성 단백질로 결합하는 것.

protein localization traps (단백질 위치 측정 트랩) : 특정 유형의 단백질을 세포내 위치 측정에 따라 확인하는 삽입 구조.

protein microarray (단백질 미세배열) : 그리드의 형태에 고정된 많은 단백질을 포함하는 작은 장치(디자인에 따라 다름)는 단백질의 존재량, 상호작용 및 활동을 측정하는 데 사용할 수 있음.

protein scaffolds (단백질 골격) : 특정 친화성 시약에 결합하는 재조합 단백질.

protein sequence (단백질 서열) : 단백질 또는 펩티드의 1차 아미노산 서열.

protein signature databases (단백질 서명 데이터베이스) : 고도로 보존된 짧은 단백질 서열을 포함하는 데이터베이스.

protein suspension array (단백질 현탁액 배열) : 액체 배지에

현탁된 비드 또는 입자 구성 방식의 단백질 미세배열.

protein-protein interactions (단백질-단백질 상호작용) : 이합체 또는 복합체를 형성하기 위한 2개 또는 그 이상의 단백질 간의 상호작용.

proteolysis (단백질 가수분해) : 단백질을 아미노산으로 분해.

proteome (단백체) : 세포, 기관, 조직, 생물체 또는 혈청 또는 전혈과 같은 대체 시료에 존재하는 단백질의 총체.

proteome linkage maps (단백체 연계 지도) : 단백체에서 단백질 사이의 상호작용을 보여주는 지형도.

proteomics (단백질체학) : 대규모 또는 전체적인 단백질 분석.

Proteomics Standards Initiative (PSI, 단백질체학 정보 표준화) : 단백체 연구를 위한 데이터 표준을 개발하는 인간 프로테옴 기구(HUPO)의 실무 그룹.

PSI-BLAST (position-specific iterated BLAST) : 반복 검색을 수행하고 각 단계 후에 질의 서열에 새로운 hits를 포함하는 BLAST의 변형.

pulsed q dissociation (PQD) : 고에너지로 단시간에 전구이온을 활성화시켜 저질량 조각 이온을 조각화하는 방법.

purification enrichment score (분리 농축 점수) : 개별 상호작용을 별도로 평가하는 상호친화도 지수 부여 방법.

qLIT : 사중극자 선형 이온 트랩 질량분석기.

qQ : 두 번째 사중극자가 충돌관 역할을 하는 탠덤 MS 모드의 삼중 사중극자 질량분석기.

qTOF : 두 번째 사중극자가 충돌관 역할을 하는 탠덤 MS 모드의 하이브리드 사중극자 비행시간 질량 분광기.

quadrupole (사중극자) : 질량분석기는 4 개의 평행한 금속 막대로 구성되며, 전압은 m/z 값에 따라 이온을 필터링할 수 있도록 전압이 인가됨

quadrupole ion trap (QIT, 사중극자 이온 트랩) : 일반적인 3차원 사중극자장이 있는 이온 트랩을 포함하는 사중극자 이온 트랩 질량분석기.

quantitative mass spectrometry (양적 질량 분광계) : 특정 이온의 절대 또는 상대적 양을 산출할 수 있는 질량 분석법.

quantum dots (양자점) : 양자 구속(quantum confinement)으로 인해 빛을 방출하는 능력을 지닌 소형 반도체로 주로 이미징 어플리케이션에 사용됨.

quenching (소광) : 빛의 방출을 막는 근접 거리에 있는 2개의 형광단 사이의 간섭.

questionable : 서열에 의해 존재가 추정되는 유전자이지만 표현과 기능은 검증되지 않음.

random library screening (임의 라이브러리 스크리닝) : 효모 단백질 잡종법에서, 규정된 오픈 리딩 프레임 대신 미끼 및/또는 먹이로 무작위로 합성한 DNA 조각 라이브러리를 사용함.

random mutagenesis (임의 돌연변이 유발) : 비선택적 돌연변이 유발 전략, 예를 들어 방사선 조사 또는 화학적 돌연변이 유발.

RAS recruitment system (RRS, RAS 모집 체계) : 중요한 막경계 조절인자 RAS와의 상호작용에 의존하는 세포 생존을 만들어 막 단백질 간의 상호작용을 검출하는 방법.

reductionist approach (환원주의적 접근법) : 각각의 시스템이 개별적으로 조사되는 구성 요소로 분해되는 생물학적 시스템 분석을 위한 과학적 접근법.

reflections (반사) : 단백질 결정체를 통과하는 X-선의 회절에 의해 생성된 검출기의 반점.

reflectron (리플렉트론) : 이온 거울을 사용하여 이온 방향을 역전시키고 동일한 m/z 비율의 이온에 대한 비행시간의 확산을 줄이는 일종의 비행시간 질량분석기.

reporter ion (리포터 이온) : 특정 표적 분석물 또는 표적 분석종의 존재를 나타내는 이온.

resonance excitation method (공명여기법) : 트랩 전압 진폭을 변화시키면서 엔드 캡 전극의 전압을 진동시킴으로써 이온 트랩 질량분석기로부터 검출하는 데 사용되는 방법.

reverse genetics (역유전학) : 유전자가 단백질의 기능을 결정하기 위한 출발점으로 사용되는 유전학 전략(예 : 돌연변이 또는 과발현).

reverse two-hybrid system (역방향 이중-혼성체 분석법) : 특정 단백질-단백질 상호작용을 방해하는 돌연변이 또는 화학 물질을 스크리닝하는 데 사용되는 방법. 효모 단백질 잡종법과 동일한 원리를 기반하지만 상호작용을 막을때 세포가 살아남을 수 있도록 치사 리포터유전자를 사용함. 이 시스템은 주로 단백질 상호작용을 방해하는 약물들을 검사하는 데 사용.

reversed-phase microarray (역-위상 미세배열) : 배열된 형태가 복잡한 혼합물인 모든 미세배열은 일반적으로 특정 친화성 시약으로 조사됨.

reversed-phase(RP) chromatography (역상 크로마토그래피) : 강한 소수성 (역상) 수지를 사용하는 액체 크로마토그래피의 형태.

RF-only mode (RF-전용 모드) : 사중극자 질량분석기의 작동 모드로서 사중극자에 라디오 주파수(RF) 전압만 적용되어 어떤 m/z 비율의 이온도 통과할 수 있음.

RNA-induced silencing complex (RISC 복합체) : RNA 간섭에 의한 유전자 침묵 동안 표적 메신저 RNA 분자의 절단을

매개하는 짧은 간섭 RNA를 함유하는 단백질 복합체.

RNA interference (RNAi, RNA 간섭) : 이중가닥 RNA가 동종 서열을 가진 어떤 유전자를 발현 침묵시키는 도구로서 역할을 하는 유전자 침묵 방법.

RNA-Seq : cDNA의 차세대 시퀀싱.

rolling circle amplification (회전환 증폭) : 원형 원본을 따라 계속적인 복제로 DNA 염기서열의 사본 생성.

root mean square deviation (RMSD, 제곱 평균 제곱근 편차) : 관찰된 값들과 모델에 의해 예측된 값들 사이에 차이를 측정하는 데 사용되는 오차 계산값.

Russian doll effect (러시안 인형 효과) : 단백질 패밀리 내에서 연속적인 구조 변화의 결과는 연속체 극단의 일부 구성원이 구조적으로 무관계로 나타날 수 있음을 의미.

SAD (single-wavelength anomalous dispersion, 단일 파장 변칙 분산) : 위상 문제를 해결하는 데 사용되는 X-선 결정학 방법으로, 단백질 결정에서 중금속 원자로부터 비정상적인 산란을 유도하기 위해 단색 X-선이 사용되어짐.

salvage pathway (솔베이지 경로, 대체 경로) : 구조 유전체학에서, 유용한 단백질 결정체를 생산할 가능성을 높이기 위해 사용되는 단일 기술 또는 기술의 조합.

sandwich assay (샌드위치 측정법) : 표적이 1차 항체에 포획되고 다른 에피토프를 인식하는 2차 항체에 의해 검출되는 면역학적 측정법.

sanger chain-termination method (생거 사슬 종결법) : 1977년부터 2005년까지 분자생물학 분야에서 널리 쓰인 DNA 염기서열 분석방법으로, 공통된 출발점을 가지지만 각기 다른 종결점으로 nested DNA 분자를 분리하여 염기서열을 결정하는 방법.

scanning mode (검색 방식) : 가변 전압이 사중극자에 걸쳐 적용되어 m/z 값 범위에서 이온을 순차적으로 선택하는 사중극자 질량분석기의 작동 모드.

SCOP (structrual classification of proteins, 단백질의 구조상 분류) : 단백질의 구조적 분류를 위한 세 가지 주요 데이터베이스 중 하나. CATH, FSSP를 참조.

screening for interactions between extracellular proteins (SCINEX-P) : 효모 미접힘 단백질 반응을 이용하여 분비 경로에서 단백질 상호작용을 확인하는 방법.

SDS-PAGE (sodium dodecylsulfate polyacrylamide gel electrophoresis, SDS-폴리아크릴아마이드 겔 전기영동) : 높은 음이온성 계면활성제인 SDS를 젤에 첨가하여 각 단백질이 크기에 따른 분리를 가능하게 하는 균일한 전하를 가지도록 하는 폴리아크릴아마이드 겔 전기영동.

secondary antibody (이차 항체) : 차례로 목표에 결합하여 1차 주항체를 검출하는 데 사용되는 항체.

selected ion monitoring (SIM, 선택 이온 모니터링) : 단지 하나의 m/z 값만 모니터링하는 감도 높은 질량분석기 모드.

selected reaction monitoring (SRM, 선택 반응 모니터링) : 특정 조각 반응을 검출하기 위해 특정 m/z 값에서 모이온 및 딸이온을 분석하는 고도로 선택적인 MS/MS 모드.

selenomethionine (셀레노메티오닌) : 셀레늄이 포함된 자연 발생 아미노산은 셀레늄 원자가 변칙적인 산란을 일으키기 때문에 X-선 회절 실험에 유용함.

separative transport (분리 수송) : 다른 이동 속도에 기반한 분자의 분리.

sequence identity (서열 동일성) : identity 참조.

sequence patterns (서열 패턴) : 각 위치에서 대체 아미노산을 나타내지만 그 가중치는 나타내지 않는 보존된 서열의 표현.

sequence profiles (서열 프로파일, 간격 있는 가중치 매트릭스) : 더 긴 시퀀스에 대한 위치별 특정 값 매트릭스. (위치별 특이 점수 매트릭스 참조).

Sequence Read Archive (SRA) : 초기 차세대 시퀀싱 데이터를 저장하는 데 사용되는 INSDC 시퀀스 데이터베이스 내의 전용 리소스.

sequence similarity (서열 유사성) : similarity 참조.

sequence space (서열 간격) : 존재하는 모든 단백질 서열의 전체 집합.

sequecne tag (서열 태그) : 유전자를 확인하는 데 사용할 수 있는 모든 짧은 DNA 서열.

serial analysis of gene expression (SAGE, 유전자 발현 연쇄 분석) : 짧은 DNA 태그가 sequencing을 위해 concatamer에서 함께 결합되는 대규모 sequencing 방법.

shielding (방패) : NMR 실험에서 핵의 공명 주파수에 인접한 전자의 영향으로 특정 구조를 식별하는 데 사용될 수 있는 화학적 이동 발생.

short interfering RNAs (siRNAs, 짧은 간섭 RNAs) : 이중가닥 RNA는 일반적으로 3' 끝에 짧은 말단 돌출부를 가진 길이가 약 21 염기쌍으로 이루어져 있으며, RNA 간섭을 개시하기 위해 핵산분해효소인 다이서와 상호작용함.

short linear motifs (SLiMs/MiniMotifs, 짧은 선형의 모티브) : 반드시 진화적으로 관련이 없는 짧고 가변적인 서열을 포함하는 조절 단백질 모듈.

shotgun proteomics (숏건 단백질체학) : 샘플에서 전체 단백질의 공정하고 비선택적인 검출 및 확인.

significance analysis of interactome (SAINT, 상호작용체 유의성 분석) : 질량분석기 데이터로부터 얻은 펩티드 수를 포함하는 상호친화력 평가법.

silver staining (실버 염색법) : 겔 내 단백질을 염색하기 위한 감도가 높은 방법으로, 주로 질산염의 환원에 의한 방법.

SIMAC (sequential elution from IMAC) : 인산염 그룹의 수에 따라 인산화 단백질을 분리할 수 있는 감도 높은 크로마토그래피 방법.

similarity (유사성) : 단백질 서열 비교상, 대체 점수 행렬을 사용하여 결정되어진, 정확하게 정렬되어 같거나 관련된 아미노산의 백분율.

SIRAS (single isomorphous replacement with anomalous, 단일 동형 전환 변칙) : 위상 문제를 해결하는 데 사용되는 X-선 결정학 방법으로, 단백질 결정에 비정상적인 산란을 허용하는 중금속 원자가 포함됨.

size exclusion chromatography (크기 배제 크로마토그래피) : gel filtration chromatography 참조.

Smith-Waterman algorithm (Smith-Waterman 알고리즘) : 로컬 유사성을 검색하여 시퀀스를 정렬하는 역동적 프로그래밍 알고리즘.

socioaffinity scoring methods (상호친화력 평가법) : 알려진 상호작용 네트워크의 생물학적 특성을 조사하여 단백질 상호작용 데이터를 검증하는 방법.

sodium dodecylsulfate (SDS, 소듐 도데실설페이트) : 단백질을 구조적으로 결합시키고 균일한 음전하를 부여하는 강력한 음이온성 세제.

soft ionization methods (연성 이온화 방식) : 펩티드 골격을 단편화하지 않아 손상되지 않은 펩티드 이온을 생성하는 단백질 질량분석기의 이온화 방법.

solid-state NMR (고체 핵자기공명) : 표면에 부착된 분자의 분석에 사용되는 핵자기공명 분광학

solution arrays (용액 배열) : 용액내 비드 또는 입자 형태의 단백질 미세배열.

SORI-CID (sustained off-resonance irradiation collision-induced dissociation, 지속된 비공명 조사 충돌 유도 분리) : 푸리에 변환 이온 사이클로트론 공명 질량분석기에서 사용되는 충돌 유도 해리의 한 형태로, 이온 트랩에서 회전하는 이온이 압력 증가에 노출되어 충돌이 유도됨.

SOS-recruitment system (SRS, SOS-모집 시스템) : 세포 생존을 중요한 막경계 조절요소인 SOS(CDC25)와 상호작용에 의존하게 함으로써 막단백질들 간의 상호작용을 검출하는 방법.

spare parts algorithm (예비 부분 알고리즘) : 특정 단백질 구조와 일치하는 것을 찾기 위해 루프 구조의 데이터베이스를 통해 검색하는 알고리즘.

speciation (종 분화) : 새로운 종의 기원.

spectral counting (스펙트럼 카운팅) : 특정 펩티드에 해당하는 기록된 스펙트럼의 수가 해당 펩티드의 존재량과 상관관계가 있는 라벨이 없는 정량적 질량분석기술.

spectral dictionaries (스펙트럼 사전) : 시퀀스 정보를 포함하는 스펙트럼 라이브러리로서 새로운 시퀀싱과 스펙트럼 데이터베이스 검색 간의 간격을 연결.

spectral fingerprint (스펙트럼 지문) : 다중 형광비즈에 의해 생성된 고유 코드.

spectral library Collections of deposited MS/MS (증착된 MS/MS의 스펙트럼 라이브러리) : 실험 데이터와 직접적인 비교가 가능한 스펙트럼.

spectral reflectance imaging biosensing (SRIB, 분광 반사율 영상 바이오 센싱) : microarrays에 단백질 상호작용을 특징짓는 데 사용할 수 있는 간섭 측정 형태.

split β-galactosidase assay (분할 β-갈락토시데이즈 분석) : β-galactosidase의 기능적 분자를 재조합하여 단백질 상호작용을 검출하는 단백질 보완 분석법.

split luciferase assay (분할 루시퍼라아제 분석) : 루시퍼라제의 기능성 분자를 재조합하여 단백질 상호작용을 검출하는 단백질 상보분석법.

split TEV assay (분할 TEV 분석) : 담배 etch 바이러스 프로테아제의 기능성 분자를 재조합해 단백질분해효소에 의해 reporter 분자를 방출하여 단백질 상호작용을 검출하는 단백질 상보분석법.

split ubiquitin system (분할 유비퀴틴 시스템) : 기능적 유비퀴틴 분자를 재조합하여 단백질 상호작용을 검출하는 단백질 상보분석법으로 융합된 전사인자를 절단한 후 핵에 들어가게 하여 reporter 유전자를 활성화시킴.

split-Trp assay (분할-Trp 분석) : tryptophan synthase의 기능적 분자를 재조합하여 단백질 상호작용을 검출하는 단백질 상보분석법으로, 효모가 트립토판이 부족한 배지에서도 생존할 수 있게 함.

spoke interactions : 복합체 내 단백질들 간의 직접적인 상호작용.

spot detection (입자 검출) : 점 또는 얼룩과 비슷한 디지털 이미지에서 영역들을 탐지하는 데 사용되는 수학적 방법.

spot excision robots (자동 스팟 적출기) : 단백질 겔로부터 점을 제거하는 자동화된 장치.

SPOT method (SPOT 방법) : 활성화된 아미노산을 순차적으로 첨가하는 것을 포함하는 단백질 미세배열의 제작 방법.

SPR imaging (표면 플라스몬 공명 이미지) : 칩 표면 전체의 변화를 동시에 실시간으로 기록할 수 있도록 하는 넓은 빔의 단색 편광 빛을 사용한 표준 표면 플라스마 공명 분광법의 변형.

stable isotopes (안정 동위 원소) : 방사성 붕괴를 겪지 않는 화학 동위원소.

stable-isotope labeling with amino acids in cell culture (SILAC, 세포배양 내 아미노산에 안정-동위원소 표지) : 한 세포 배양에 동위원소가 표지된 아미노산을 공급하고, 비교하는 세포 배양에는 정상 배지에 공급하여 각 시료의 펩티드 간에 작은 질량 차이가 발생하게 하는 정량적 질량분석기술.

standard MS mode : 첫 번째 사중극자만 질량분석기로 사용하고 나머지는 RF-전용 모드로 작동하는 3중 사중극자 질량분석기와 함께 사용되는 질량분석기 모드.

static light scattering (정적광 산란) : 용액에서 분자의 유체역학적 반경의 변화를 보고하여 단백질 복합체의 형성을 검출하는 방법.

stationary phase (고정상) : 크로마토그래피 컬럼에서 고정된 고체상으로 일반적으로 기능화된 표면을 가진 수지 비즈를 포함함.

sticky bait (접착성 미끼) : 많은 먹이와 비특이적으로 상호작용하는 미끼 단백질.

sticky prey (점착성 먹이) : 많은 미끼와 비특이적으로 상호작용하는 먹이 단백질.

strand propensity (가닥 성향) : B-가닥에서 발견되는 아미노산에 대한 성향.

strip gels (스트립 겔) : 등전점 전기영동에 일반적으로 사용되는 좁은 겔.

strong anion exchange(SAX) chromatography (강한 음이온 교환 크로마토그래피) : 강한 양성을 띤 양이온 수지를 사용한 음이온 교환 크로마토그래피.

structural genomics (구조 유전체학) : 존재하는 각 단백질 접힘에 대한 대표적인 단백질 구조를 해결하고자 하는 단백질체학의 한 분야.

structural proteomics (구조 단백질체학) : 단백질 구조를 다루는 단백질체학의 한 분야로, 구조(구조 게놈믹스)를 알아내고 다른 분자와의 단백질간 상호작용 분석을 포함함.

structure factor (구조 인자) : X-선 회절에 의해 생성된 반사. 즉, 입사 X-선의 파장, 진폭 및 위상에 대한 완전한 설명.

structure space (구조 공간) : 존재하는 모든 단백질 접힘의 완전한 집합.

sub-proteome (하위 단백체) : 예를 들어, 위치에 따른 용어(예; 막, 세포기관) 또는 번역 후 수식에 대한 면에서(예; 인산화, 글라이코실화)와 같이 단백체의 모든 하위 집합.

sub-proteomics (하위 단백질체학) : 프로테옴의 하위 집합(예; 멤브레인 프로테오믹스, 플라스티드 프로테오믹스)을 다루는 단백질체학의 분야.

substitution score matrix (대체 점수 행렬) : 다른 아미노산 치환 가중치에 기반하는 정렬 점수 계산에 사용되는 행렬로 일반적으로 자연 발생하는 치환에 따름.

superfolds (슈퍼폴드, 초접힘) : 다양한 3차 구조와 기능을 가진 많은 단백질에서 발견되는 단백질 도메인.

support vector machines (벡터 기계 지원) : 데이터를 분석하고 패턴을 인식하는 연관된 학습 알고리즘을 가진 감독 학습 모델.

suppressor mutants (억제유전자 돌연변이체) : 첫 번째 돌연변이를 보완하고 원래의 표현형을 복원하는 두 번째 돌연변이.

surface entropy reduction (표면 엔트로피 감소) : 단백질 결정화를 지원하는 더 작은 잔기를 가진 고엔트로피 잔기로 대체.

surface plasmon resonance (SPR, 표면 플라스몬 공명) : 금속 박막에서 단색의 편광을 반사하여 생기는 광학 효과.

surface plasmon resonance spectroscopy (표면 플라스몬 공명 분석법) : 표면 플라스몬 공명의 변화를 측정하여 금속 박막 표면의 단백질 상호작용을 검출하는 기술.

surface-enhanced laser desorption/ionization (SELDI, 표면 강화 레이저 탈착/이온화) : MALDI에 의한 칩 또는 미세배열 표면에 결합된 단백질의 직접적 이온화, 이에 따른 질량분석기에 의한 분석.

surface-enhanced neat desorption (SEND) : MALDI 매트릭스 화합물이 단백질 칩 표면에 통합된 SELDI의 변형체.

SWISS-MODEL : 상동성 모델링에 사용되는 구조 생물정보학 웹서버.

Swiss-Prot : UniProt 단백질 서열 데이터베이스의 선두주자 중 하나.

synchrotron radiation CD (SRCD, 입자가속기 방사선 CD) : circular dichroism 참조.

synchrotron radiation sources (싱크로트론 방사선원) : 고에너지 단색 방사선을 생성하는 순환 입자 가속기.

synthetic carrier ampholytes (합성 케리어 양성 전해질) : 적용된 전기장에서 pH 구배를 형성할 수 있는 범위의 pI 값을 포함하는 작은 양성 전해질 분자의 집합.

synthetic genetic array (SGA, 합성 유전자 배열) : 효모에서 합성 치사 선별을 위한 체계적인 고효율 플랫폼.

synthetic lethal screen (합성 치사 선별검사) : 반수성 효모 세포를 교차시키고 치사 조합을 선별함으로써 인핸서 돌연변이 검출.

systematic affinity purification-mass spectrometry (체계적 친화도 정제-질량 분석법) : 친화도 풀다운 기술을 사용하여 단백질 복합체를 체계적으로 선별.

system biology (시스템 생물학) : 생물학적 시스템 내 복합적인 상호작용에 대한 전체론적 분석.

tag (꼬리표, 계표) : (a) 서열 꼬리표 – 유전자와 같이 더 큰 서열을 확인하는 데 사용될 수 있는 짧은 DNA 서열(발현된 염기서열 태그 참조). (b) 단백질 꼬리표 – 식별 또는 정제를 용이하게 하거나 세포 내에서의 활성을 통제하기 위해 재조합 단백질에 첨가된 아미노산의 모든 짧은 서열(예; 특정 구획을 대상으로). (c) 펩티드 태그 – 데이터베이스 검색에 사용될 수 있는 질량분석기에 의해 추출된 짧은 *de novo* 펩티드 서열. (d) 질량 태그(질량 라벨 참조) – 질량분석기로 검출할 수 있는 규정된 질량 차이를 만들기 위해 펩티드 또는 단백질에 결합된 특정의 부가물.

tandem affinity purification (TAP, 직렬 친화도 정제) : 증가된 특이성과 민감성을 위해 2개의 단백질 꼬리표를 포함하는 체계적인 친화도 정제 – 질량분석기술.

tandem mass tag system (탠덤 질량 태그 시스템) : iTRAQ와 유사한 동중 정량 질량분석기술.

tandem mass spectrometry (MS/MS, 탠덤 질량 분석법) : 2개의 질량 분석관이 연속 연결 작동되어 충돌관에서 분해되고, 조각 이온 분석을 할 수 있게 하는 질량분석기의 한 형태.

target discovery (목표 개발) : 잠재적인 약물 표적의 확인.

target validation (목표 검증) : 잠재적인 약물 표적에 대한 정보를 수집하여 이를 "의약품으로 개발이 가능한"것인지 확인하는 것. (약물 개발에 적합함).

Taylor's Venn diagram (테일러의 벤다이어그램) : 다른 아미노산의 중첩 특성을 보여주는 벤다이어그램.

temperature factor (온도 인자) : X-선 회절에 의해 생성된 전자밀도 지도에서 확실성 측정.

terminal amine isotopic labeling of substrates (TAILS, 기질의 말단 아민 동위원소 표지) : N-말단 펩티드의 분석에 사용되는 정량적 질량분석 기술.

threading : fold library를 통한 검색을 통해 서열 수준에서 상동성이 없는 구조적 모델링에 사용될 수 있는 fold의 인식을 포함한 구조적 예측 방법.

three-state predictions (3단계 예측) : 3가지 2차 구조 중 하나에 아미노산 잔기의 지정; 헬릭스, 스트랜드 또는 비구조식 코일 구조.

time of flight (TOF, 비행 시간) : 동일한 전하를 가진 무겁거나 가벼운 이온이 각기 다른 시간이 걸려 이동하여 아래로 떨어진다는 사실을 이용하는 질량분석기.

tissue microarray (조직 미세배열) : 작은 조직샘플의 연속적인 절편으로 만들어진 미세배열.

TOCSY (total correlation spectroscopy, 총 상관 분광분석법) : 꼭 근접한 결합쌍이여야 하는 것은 아니고 커플 네트워크를 통해 상호작용하는 모든 양성자 그룹을 확인하는 핵자기 공명분광법의 형태.

top-down proteomics (하향식 단백질체학) : 단백질 자체를 조각화하여 분석하는 단백질체학의 형태.

Trace Archive (추적기록보관소) : 원시 모세관 시퀀싱 데이터를 보관하는 데 사용되는 INSDC 서열 데이터베이스 내에 있는 전용 자료.

transcriptome (전사체) : 세포나 유기체 내에 메신저 RNA의 완전한 전체 수.

transcriptomics (전사체학) : 메신저 RNA의 고감도의 검출과 정량을 포함하는 유전자 발현의 전반적인 분석.

transition pairs : 전구 이온과 딸 이온의 일치하는 한 쌍

transmembrane barrel (막통과 통구조) : β-시트로 구성된 단백질 구조가 지질막에 삽입되어 주로 막관통 단백질의 일부로 발견됨.

transmembrane helix (막통과 나선) : α-나선 구조로 구성된 단백질 구조로 지질막에 삽입되어 주로 막관통 단백질의 일부로 발견됨.

transposons (트랜스포슨) : 유전자 내에서 새로운 위치로 이동할 수 있는 이동 가능한 DNA 염기서열.

transverse relaxation optimized spectroscopy (TROSY) : 큰 단백질 및 단백질 복합체를 직접 분석할 수 있는 NMR 분광법의 변형.

TrEMBL : UniProt 단백질 서열 데이터베이스의 선두 주자 중 하나.

triple quadrupole (3연속 사중극자) : 3개의 사중극자가 연속적으로 있는 질량분석기.

trypsin (트립신) : 단백질을 펩티드로 분해하기 위해 단백질체학에서 널리 사용되는 세린프로테아제.

two-dimensional gel electrophoresis (2DGE, 2차원 겔 전기영동) : 각각 다른 분리 원리가 직각 차원으로 적용되는 겔 전기영동.

two-dimensional peptide mapping (2차원적 펩티드 지도화) : 얇은 막 크로마토그래피에 의한 인산 펩티드의 2차원 분리에 기초한 인산화 부위 분석 방법.

two-hybrid systems (이중-혼성체 분석법) : 미끼와 먹이가 상호작용에 의해서 조립될 때 기능적이 되는 두 조각의 전사인자 융합체처럼 미끼 단백질과 잠재적인 먹이를 발현하게 하는 단백질-단백질 상호작용을 검출하는 시스템.

two-step elution (2단계 용리) : 완충제 조성물 내 점진적인 변화보다 급진적 변화에 의한 크로마토그래피 컬럼에서의 용출.

Ubiquitin (유비퀴틴) : 단백질 위치 및 재활용을 조절하는 작은 조절 단백질.

ubiquitin-based split protein sensor, USPS (유비퀴틴 기반 분할 단백질 감지기) : split ubiquitin 참조.

unconfirmed (미확인의) : 서열에 의해 존재가 밝혀졌지만 표현과 기능이 검증되지 않은 추정 유전자.

uninterpreted MS/MS spectrum (해석되지 않은 MS/MS 스펙트럼) : 시퀀스 데이터를 이끌어내기 위해 해석되지 않은 MS/MS 스펙트럼.

UniProt : 단백질 서열의 주요 데이터베이스.

Watershed transformation method (분수선 변환 방식) : 이미지를 유역과 분수선으로 나누어 겔 이미지 내 단백질 반점을 검출하는 자동화 방법.

western blot (웨스턴 블롯) : immunoblot 참조.

whole-genome shotgun (전체 유전체 샷건) : 짧은 염기서열 판독이 기존의 지도 또는 스캐폴드 없이도 생성되고 조립되는 게놈 시퀀싱을 위한 전략.

whole-proteome microarray (전체 단백체 미세배열) : 단백체 내 모든 단백질을 포함하는 단백질 미세배열.

word methods (단어 방식) : 시퀀스 정렬을 위한 발견적, 경험적 방법으로 동적 프로그래밍 알고리즘보다 빠름.

word (단어) : 시퀀스 정렬상 동일하거나 거의 동일한 문자의 짧은 공백 없는 시퀀스.

Worldwide Protein Data Bank (WWPDB, 세계 단백질 데이터 은행) : 단백질 구조의 데이터베이스에 대한 접근을 제공하는 글로벌 컨소시엄.

X-ray diffraction (X-선 회절) : 단백질 결정 때문에 산란된 X-선 반사를 분석하여 단백질 구조를 결정하는 기술.

X-ray mini-beams (X-ray 미니-빔) : 작은 단백질 결정으로부터 회절 데이터를 생성할 수 있는 좁은 X-선 광선.

Yeast ProtoArray : 효모 전체-단백체 미세배열.

Zoom gels (확대 겔) : pH 범위가 좁은 등전점 포커싱 겔.

찾아보기

[기호]

[국문]

ㄱ

ㄴ

ㄷ

[영문]

A

B

C

M

N

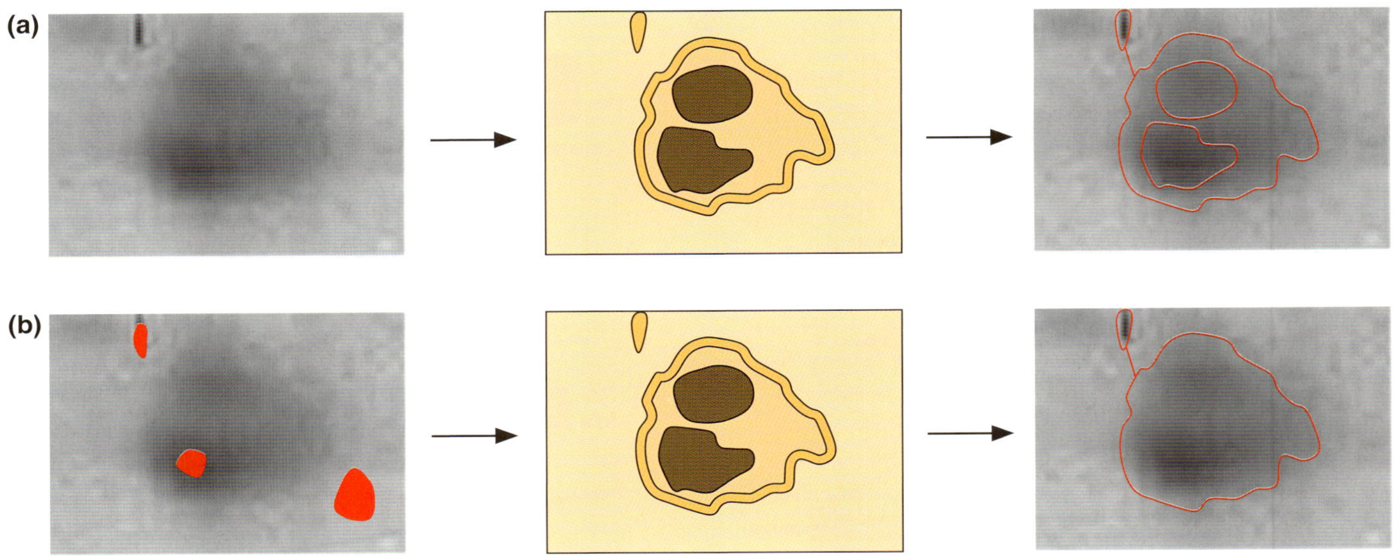

그림 4.1 **이차원 겔 이미지의 watershed 방법.** (a) 흑백 이미지는 표면을 정밀하게 표현할 수 있다. 여러 자료로부터 합병하는 경우 이미지는 유역과 경계선으로 나누어지지만 실제로 과분할 상태에 이르게 된다. (b) 그러므로 표지(적색 부분)를 사용하여 경계를 정하면 과분할을 상당히 줄일 수 있게 된다. (Serge Beucher, CMM\École Nationale Superieure des Mines de Paris에서 이미지 인용.)

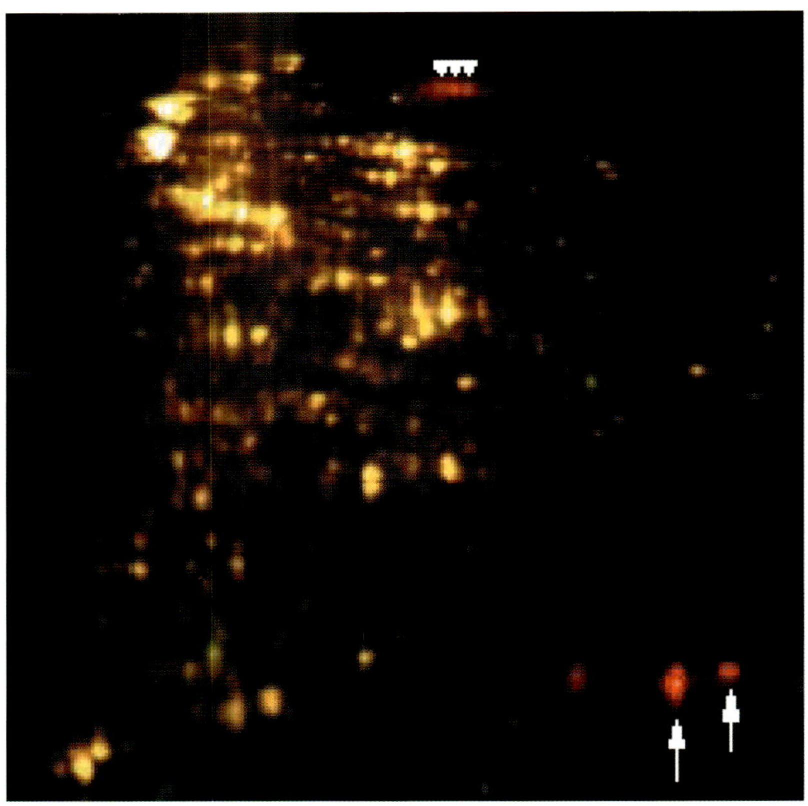

그림 4.4 **이차원 DIGE.** Cy3-(초록색)과 Cy5-(적색)로 표지된 고추무름병 병원체(Erwinia carotovora) 단백질의 이미지. 이 이미지에는 3개의 콘알부민 동형단백질(화살촉)과 2개의 미오글로빈 동형단백질(화살표)이 보인다. 동일한 세기를 갖고 있는 스팟은 이미지에서 흰색으로 보인다. Spike 단백질은 Cy5 채널에서 8배 많기 때문에 중첩된 이미지에서 적색 스팟으로 보인다. 겔은 왼쪽이 산성 방향으로 위치되어 있다.

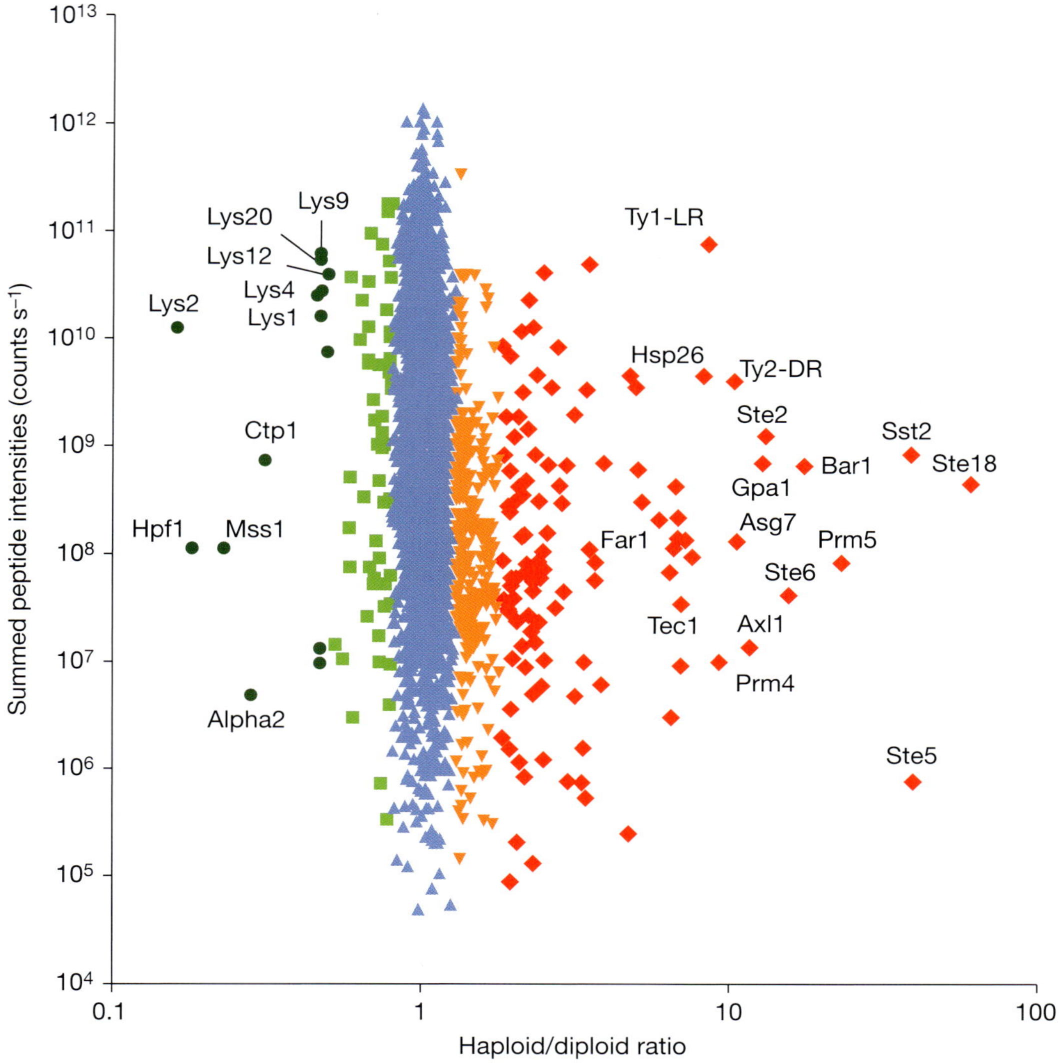

그림 2 반수체와 이배체 효모 프로테옴의 정량적 차이(전체 배수 변화). 왼쪽에 있는 단백질(진한 회색)은 반수체 세포에서 더 강하게 발현된다. 오른쪽 단백질(진한 적색)은 이배체 세포에서 보다 강하게 발현된다. (de Godoy LMF, Olsen JV, Cox J et al. (2008) *Nature 455, 1251–254.* Macmillan Publishers Ltd의 허락을 득함.)

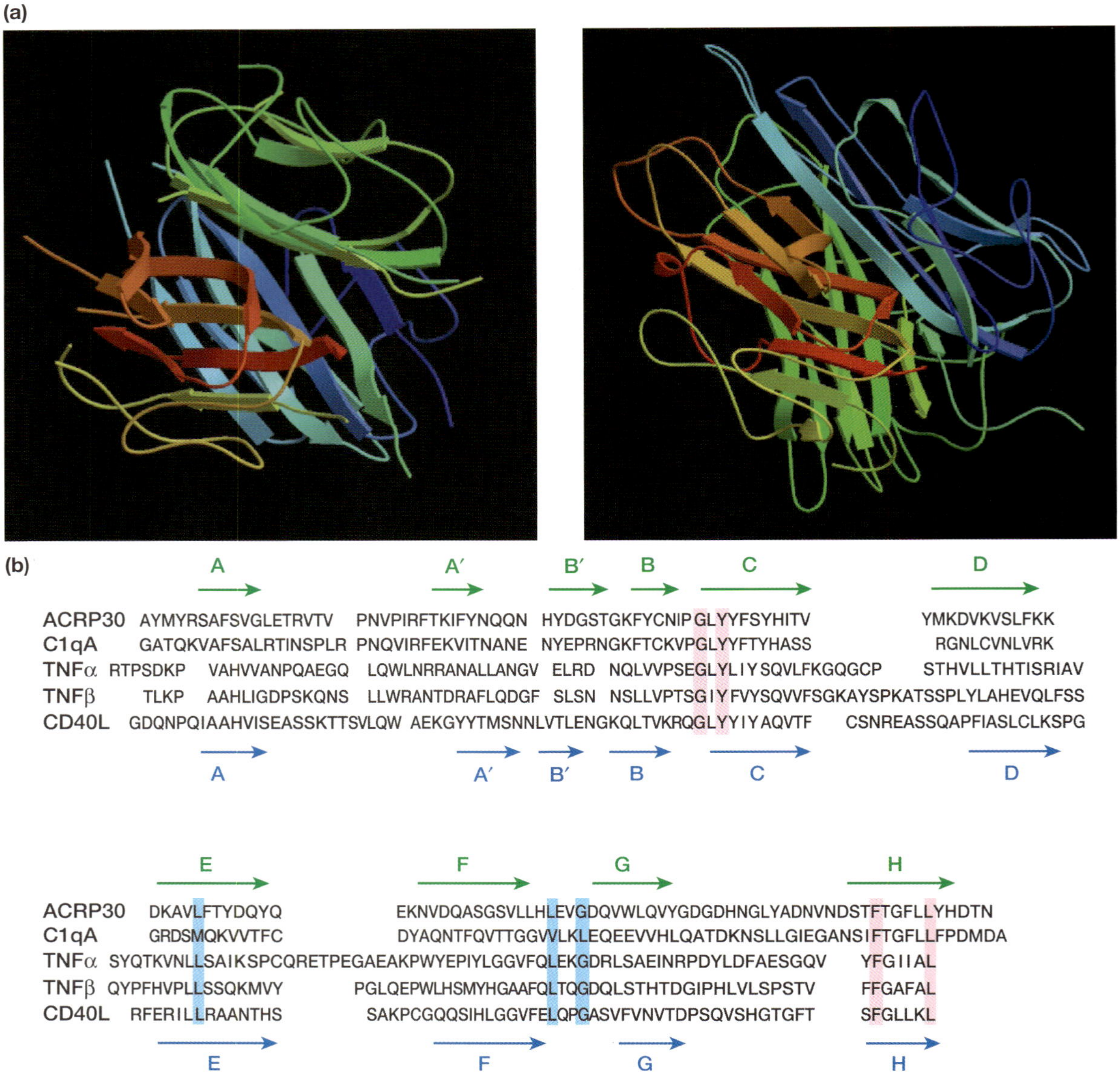

그림 6.1 구조적 분석을 통한 연관된 단백질 밝힘. (a) AdipoQ(좌측)과 TNFα(우측)의 리본 도해 비교. 구조적 유사성은 TNF 패밀리 안에서 동등하다. (b) TNF 패밀리(CD40L, TNFα, TNFβ)의 맴버들과 C1q 패밀리(C1qA와 AdipoQ, AdipoQ는 ACRP30으로 표시됨)의 맴버들 사이의 구조 기반 서열 정렬. 매우 잘 보존된 잔기(최소한 4개의 단백질에 존재)는 그림자 표시하였으며, 화살은 단백질에서 β-strand 지역을 나타낸다. AdipoQ와 TNF 단백질들(예를 들어, AdipoQ와 TNFα 사이에는 9% 동일성 존재) 사이에는 서열 보존이 적어서 BLAST 검색으로는 연관성을 밝혀낼 수 없다. (Shapiro L & Harris T (2000) *Curr. Opin. Biotechnol.* 11, 31에서 인용. Elsevier의 허가를 득함. Protein Data Bank의 제공.)

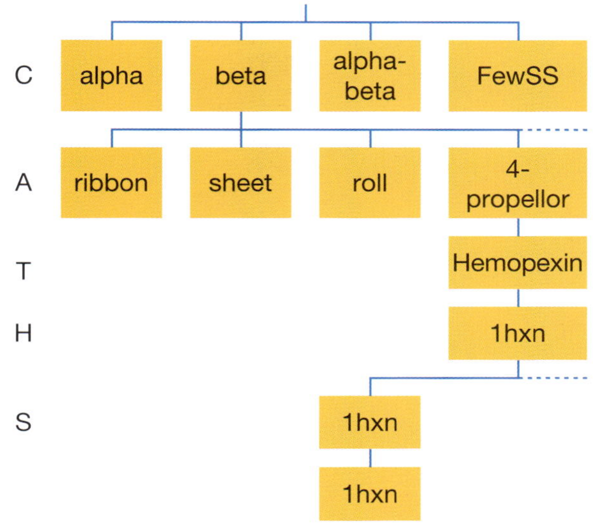

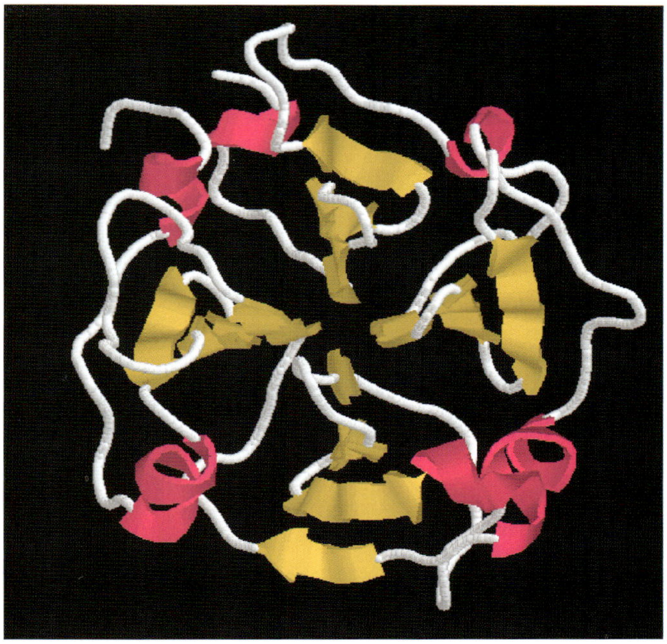

그림 6.8 CATH 데이터베이스를 이용한 단백질의 구조적 분류. 보이는 단백질은 β-시트들이 많고 α-나선형들이 적은 응혈효소이다. (Christine Orengo의 제공.)

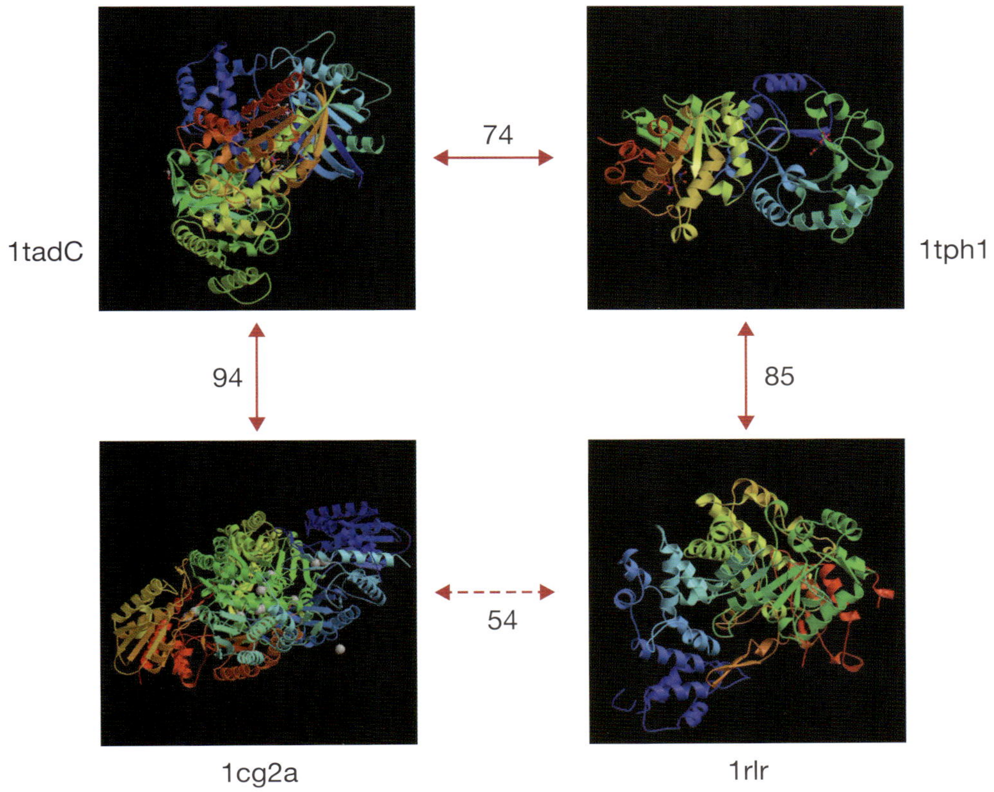

그림 6.9 러시안 인형 효과. 접힘 구조 공간에서 점진적인 구조적 변이를 보여주는 네 가지 단백질을 표시하였다. 각각의 단백질은 가장 가까운 것과 적어도 74개의 구조적으로 상응하는 잔기들을 공유하지만 두 가지 극단적인 단백질들은 직접적으로 비교했을 때 단지 54개의 구조적으로 상응하는 잔기들을 공유한다. Key: 1cg2a, carboxypeptidase G2; 1tadC, transducin-K; 1tph1, triose phosphate isomerase; 1rlr, ribonucleotide reductase protein R1. (Domingues FS, Koppensteiner WA & Sippl MJ (2000) *FEBS Lett.* *476*, 98에서 인용. Elsevier의 허가를 득함. Protein Data Bank의 제공.)

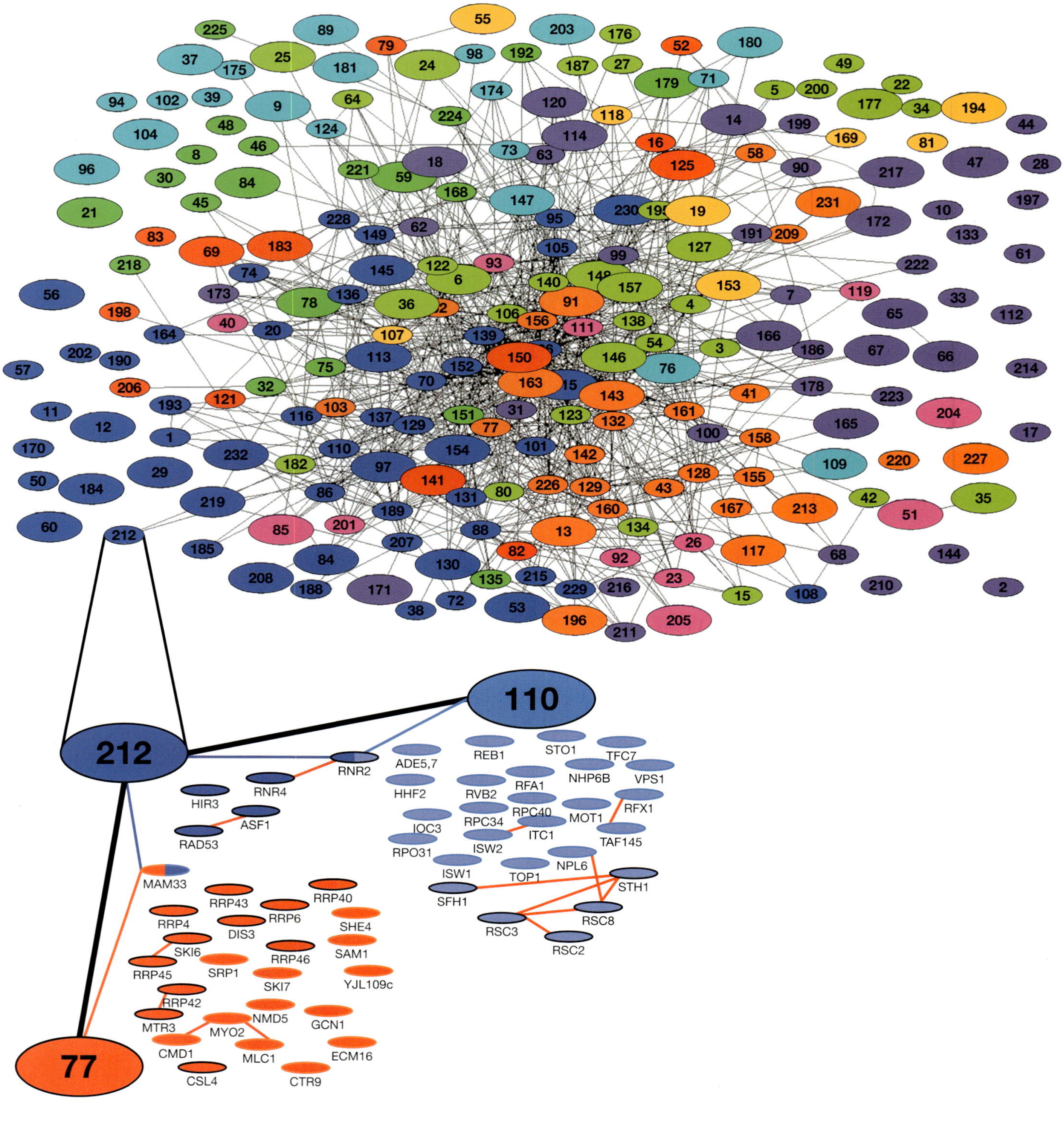

그림 7.19 **단백질 복합체 네트워크 및 연결된 복합체의 집단 분류.** 연결은 적어도 하나의 단백질을 공유하는 복합체 사이에 설정되었다. 명료하게 묘사하기 위해, 9가지 이상의 복합체에서 발견된 단백질들은 생략되었다. 연결된 마디(nodes)의 거리를 최소화하고 연결되지 않은 마디들의 거리를 최대화함으로써 마디들의 분포에 지역적 최소치를 찾아내는 완화 연산규칙(algorithm)에 의해 도식들이 자동으로 생성되었다. 상단 부분에서 개별 복합체들의 세포적 역할은 다른 음영들로 표시되고 색상판의 각 칸(section)에 있는 색상 부호(color codes)로 식별된다. 하단 부분은 공유된 구성요소에 의해 다른 두 복합체(TAP-C77와 LAP-C110)에 연결된 다른 복합체(TAP-C212)의 예이다. 그것은 단백질과 복합체 수준의 구성 사이의 연결을 도시한다. 효모 단백질체 데이터베이스(Yeast Proteome Database)에 나열된 것처럼 붉은색 선은 물리적 상호작용을 나타낸다. (Gavin AC, Bbsche M, Krause et al. (2002) *Nature* 415, 141에서 인용. Macmillan Publishers Ltd.로부터 허가를 득함.)

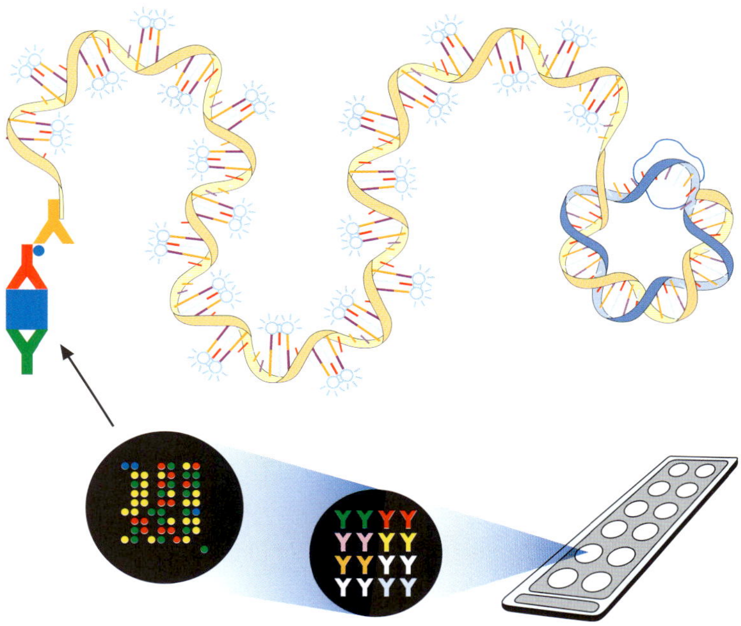

그림 9.5 RCA **항체 칩을 이용한 민감한 단백질 검출**. 칩은 각 프로브 256개 항체의 배열을 포함하는 16웰 테플론으로 분할된다. 분홍색 사각형으로 표시되는 단백질, 프로브(빨간색) 중 하나에 의해 포착되는 경우, 후속 연결된 3차 범용 항체(어두운 회색), 2차 비오틴화 항체(밝은 회색)를 사용하여 인식할 수 있다. 가닥-변위 DNA 중합효소는 이 원형 템플릿을 사용하여 긴 연결자를 생성할 수 있다. (Kingsmore SF & Patel DD (2003) *Curr. Opin. Biotechno.* 14, 74에서 인용. Elsevier의 허가를 득함.)